Best 1 엑셀 & 파워포인트 2010

신동철 저

일진사

EXCEL & POWERPOINT

이 책의 구성

21세기는 정보 사회이기 때문에 일상생활과 직업 생활에서 컴퓨터를 이용하여 직접 자신의 일을 처리해야 하는 비중이 매우 높아졌습니다. 이 책은 엑셀 2010과 파워포인트 2010에 관한 내용을 기초에서 실무까지 체계적으로 학습할 수 있도록 구성하였습니다.

엑셀 2010에서는 워크 시트의 자료를 편집하고 차트를 능숙하게 작성할 수 있도록 하였으며, 자료 관리에도 응용할 수 있도록 하였습니다.

01~05장 : 엑셀 2010 프로그램의 시작과 종료 방법, 엑셀 2010과 통합문서의 화면 구성, 자료를 나열하고 분석하는 데 사용되는 워크 시트 작업, 워크 시트를 구성하는 셀 작업을 담았습니다.

06~13장 : 문자 자료, 수치 자료, 메모 자료의 입력과 수정 방법, 동일한 자료와 증감하는 자료를 연속으로 채우는 방법, 입력된 자료의 편집과 서식 지정 방법, 작성된 자료가 변경되지 않도록 통합문서를 관리하는 방법 등을 담았습니다.

14~24장 : 수식의 정의 및 수식 복사 방법, 상대 참조와 절대 참조의 개념, 함수의 사용 방법, 페이지 설정과 인쇄 방법, 자료 관리 방법을 담았습니다.

25~34장 : 그래픽을 능숙하게 작성할 수 있는 방법, 스마트아트와 개체 및 파일 삽입 방법, 하이퍼 링크를 설정하여 응용 프로그램 및 웹페이지로 이동하는 방법을 담았습니다.

파워포인트 2010에서는 컴퓨터를 이용하여 그래픽, 소리와 동영상 등의 자료를 만들어, 기업체, 대학의 소개나 설명회 등을 제작하는 데 활용할 수 있도록 하였습니다.

01~05장 : 파워포인트 2010 프로그램의 시작과 종료 방법, 파워포인트 2010의 화면 구성, 프레젠테이션 편집 보기와 만드는 방법, 슬라이드 작업 방법을 담았습니다.

06~12장 : 글자의 입력과 수정 방법, 작성한 자료가 변경되지 않도록 자료를 관리하는 방법, 입력된 글자를 꾸미고 단락의 모양을 변경하는 방법, 개체를 능숙하게 작성할 수 있는 방법을 담았습니다.

13~23장 : 그래픽을 능숙하게 작성할 수 있는 방법, 스마트아트와 표 및 차트를 꾸미는 방법, 슬라이드의 글꼴, 크기, 배경색 등을 제어하는 슬라이드 마스터를 작성하는 방법과 인쇄 방법을 담았습니다.

24~28장 : 개체가 마치 살아 움직이는 것처럼 시각적 효과나 소리 효과를 적용하는 애니메이션 작업 방법, 한 슬라이드에서 다른 슬라이드로 넘어갈 때 실행되는 화면 전환 작업 방법, 하이퍼 링크를 설정하는 방법, 슬라이드를 청중들에게 프레젠테이션하는 슬라이드 쇼 등을 담았습니다.

각 단원마다 자신의 수준에 맞추어 공부하다 보면 조금씩 향상되는 실력을 느낄 수 있을 것입니다.

차 례

Part >> II 파워포인트 2010

1 엑셀 2010 시작과 종료

스프레드 시트(spread sheet)란 계산 처리, 그래프 작성, 자료 관리 등을 일괄 처리할 수 있는 프로그램을 말하며, 엑셀 2010은 사용하기 편리하고, 업무의 효율을 향상시킬 수 있는 대표적인 프로그램이라 할 수 있습니다.

1 엑셀 2010을 [시작]하려면, 시작 메뉴에서 [시작] ➡ [모든 프로그램] ➡ [Microsoft Office] ➡ [Microsoft Excel 2010]을 차례로 선택합니다. 바탕화면에 있는 [Microsoft Excel 2010 바로 가기 아이콘]을 더블클릭하여도 됩니다.

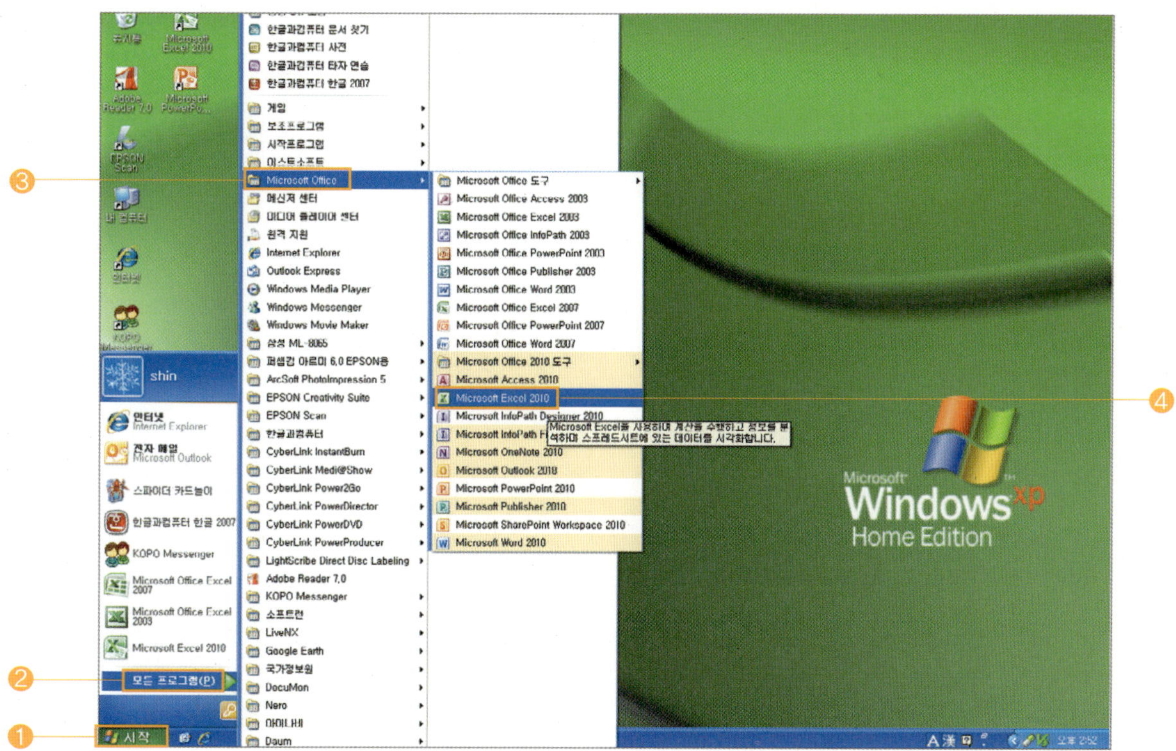

⊗ 잠시 후 [로고 화면]이 나타나고, [엑셀 2010]을 작업할 수 있는 빈 문서가 화면에 나타납니다.

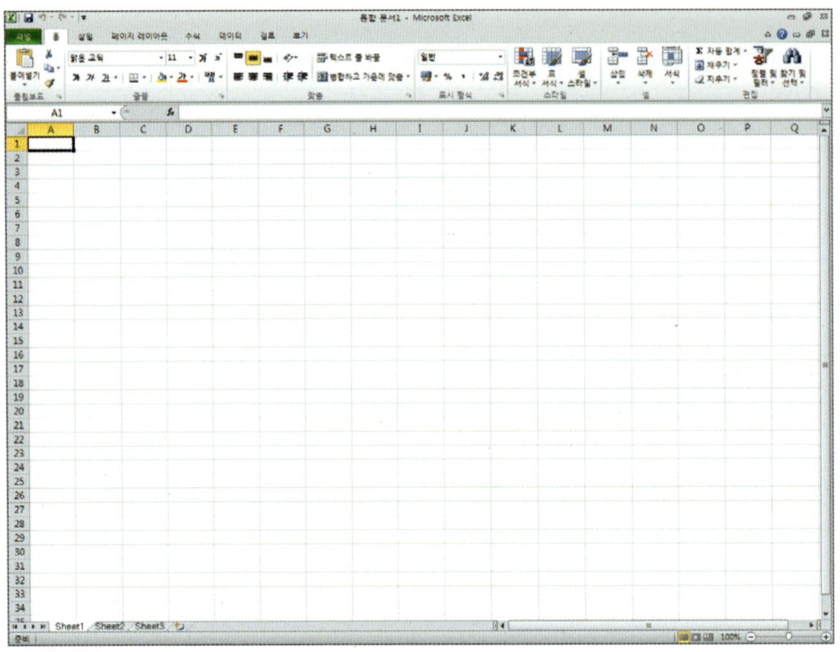

2 엑셀 2010을 [종료]하려면, [파일] 메뉴를 선택한 후, [끝내기]를 클릭하거나 [닫기] 버튼을 누르면 됩니다.

● 단축키 : Alt + F4

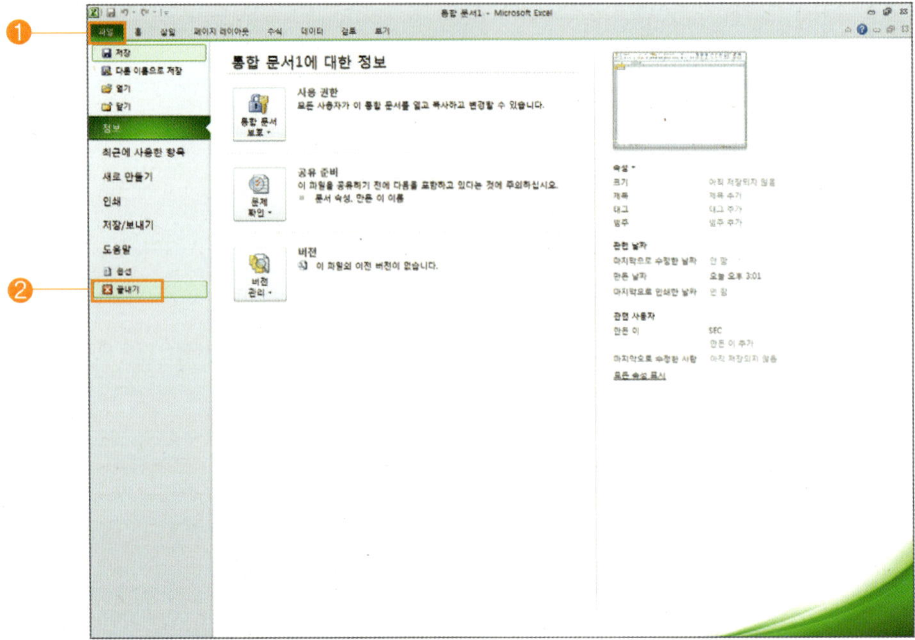

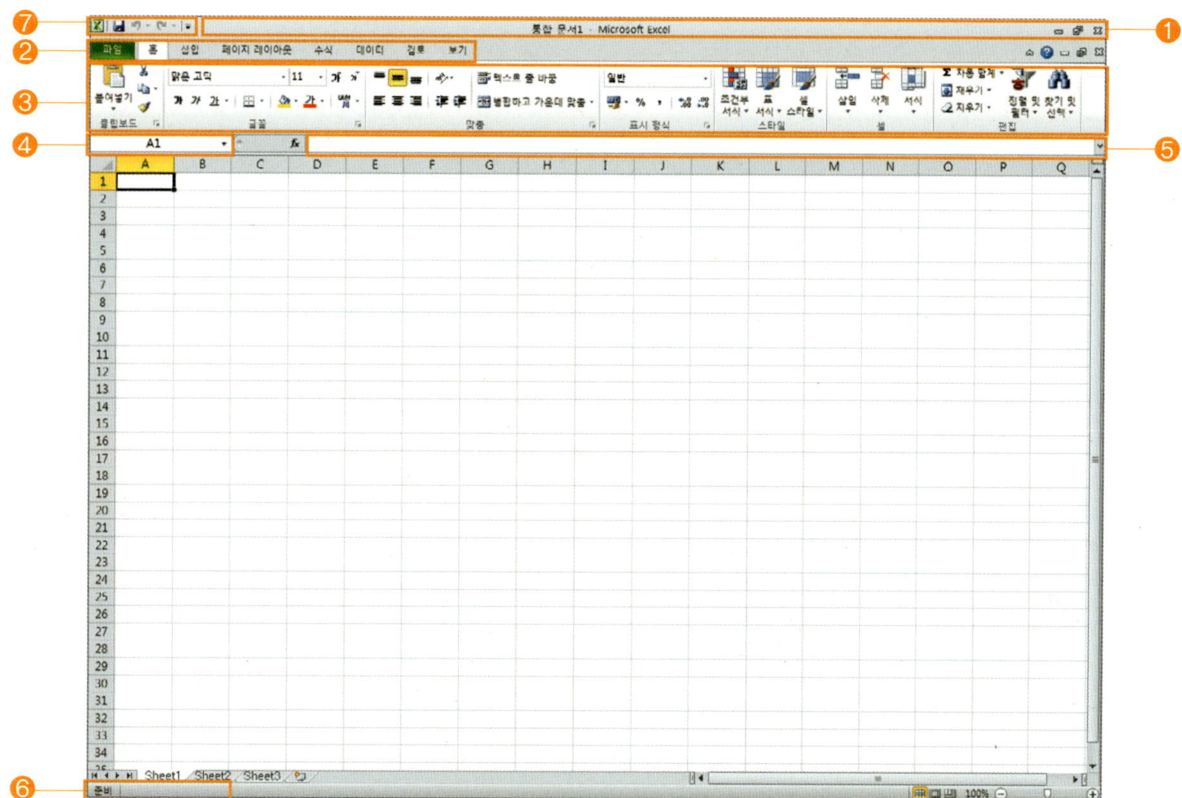

❶ **제목 표시줄** : 통합 문서의 파일 이름과 문서창을 관리할 수 있는 창 조절 버튼이 있는 곳입니다.

❷ **메뉴 표시줄** : 엑셀 2010에서 제공하는 파일, 홈, 보기 등과 같은 기능이 있는 곳으로서, 메뉴를 클릭하면 도구모음들이 나타납니다.

❸ **도구 모음줄** : 메뉴 표시줄에서 자주 사용하는 명령을 아이콘으로 만들어 놓고, 마우스를 이용하여 특정 작업을 실행할 수 있도록 도와주는 기능입니다.

❹ **이름 상자** : 현재 선택된 셀의 주소를 나타내는 곳으로서, 개체를 선택할 경우는 개체 이름이 나타납니다.

❺ **수식 입력줄** : 자료를 입력하거나 편집할 때 사용하는 곳으로서, 작업 중인 셀의 값이나 수식이 나타나는 곳입니다.

❻ **상태 표시줄** : 현재 작업 상태나 선택된 명령에 대한 정보를 알려주는 곳입니다.

❼ **빠른 실행도구 모음줄** : 현재 표시되는 기본 메뉴 탭에 사용자가 도구모음을 추가하거나 제거할 수 있는 곳입니다.

엑셀 2010의 기능에는…

문서 작성 기능, 자동 계산 기능, 차트 기능, 데이터 베이스 기능, 예측과 통계 기능, 분석 기능, 시나리오 기능 등이 있습니다.

통합 문서란 엑셀 2010에서 사용하는 기본 파일로서, 하나 이상의 시트로 구성되어 있으며, 각각의 시트는 자료를 입력하고 계산하는 워크 시트와 차트를 그려 넣은 차트 시트 등 여러 가지 형태의 시트가 있습니다.

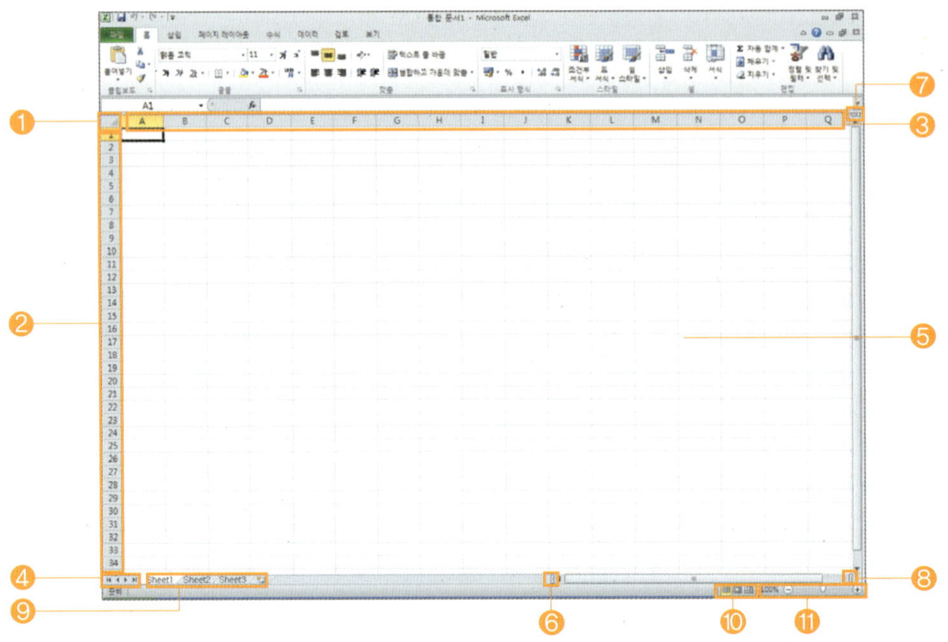

❶ **모두 선택 버튼** : 현재 작업 중인 시트 전체를 선택하는 버튼입니다.

❷ **행 머리글** : 각 행의 위치를 나타내는 표시 부분으로 왼쪽에 있는 숫자를 클릭하면 해당하는 행을 범위로 지정할 수 있습니다.

❸ **열 머리글** : 각 열의 위치를 나타내는 표시 부분으로 열 위에 있는 문자를 클릭하면 해당하는 열을 범위로 지정할 수 있습니다.

❹ **시트 이동 버튼** : 시트가 보이지 않을 경우 시트를 이동시키는 버튼입니다.

❺ **셀 구분선** : 셀과 셀을 구분하는 선입니다.

❻ **탭 분할 상자** : 시트 탭과 수평 스크롤바의 영역을 구분하는 상자로 시트 탭의 영역을 조절할 수 있는 상자입니다.

❼ **행 분할 상자** : 참조하여야 할 행의 위치가 상대적으로 너무 먼 경우 워크 시트를 수평으로 분할하는 상자입니다.

❽ **열 분할 상자** : 참조하여야 할 열의 위치가 상대적으로 너무 먼 경우 워크 시트를 수직으로 분할하는 상자입니다.

❾ **시트 탭** : 시트와 시트 사이를 이동하거나 원하는 시트를 선택할 때 이용되며, 시트의 이름이 나타나는 곳입니다.

❿ **화면 보기 버튼** : 문서의 표시 상태를 알아볼 수 있는 곳입니다. 기본, 페이지 레이아웃, 페이지 나누기 미리보기가 있는 곳으로서 작업을 용도에 따라 다양하게 전환할 수 있습니다.

⓫ **화면 확대/축소 버튼** : 작업창의 화면을 확대/축소할 수 있는 버튼입니다.

워크 시트 작업

워크 시트(work sheet)란 자료를 나열하고 분석하는 데 사용되는 작업 영역으로서, 각 행과 열이 교차하는 영역으로 구성되어 있고, 여러 워크 시트에 자료를 동시에 입력하거나 편집할 수 있으며, 이 자료를 바탕으로 계산할 수 있고, 차트를 워크 시트에 넣을 수 있습니다.

1 [시트 선택]을 하려면, 선택하려는 [시트 탭] 위에 마우스를 놓고 [마우스 왼쪽 버튼]을 누르면 됩니다.

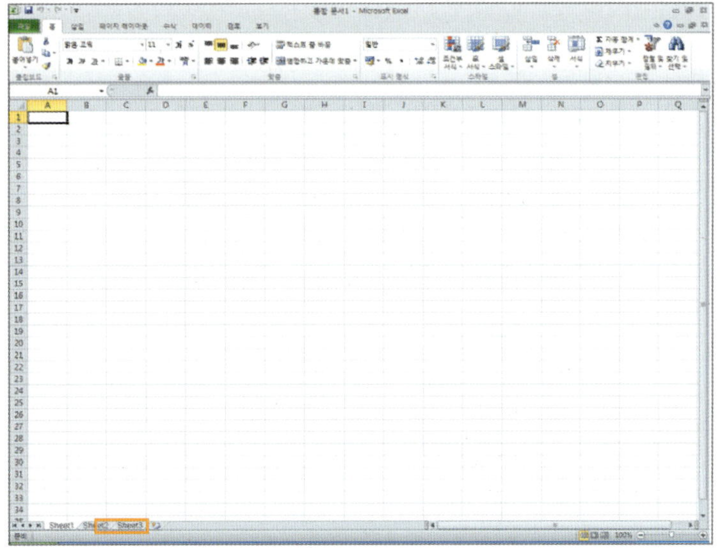

2 [시트 삽입]을 하려면, 삽입하려는 위치의 [시트 탭] 위에 마우스를 놓고 [마우스 오른쪽 버튼]을 누르면 단축 메뉴가 나타나는데, 여기서 [삽입]을 선택합니다.

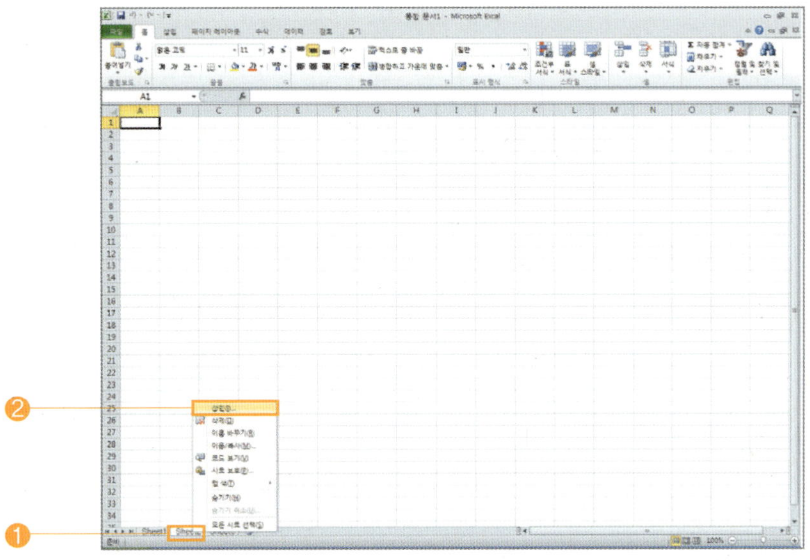

⊗ [삽입] 대화상자가 나타나면, [일반 탭]을 클릭한 후 [work sheet] 아이콘을 더블클릭하면 새 시트가 삽입됩니다.

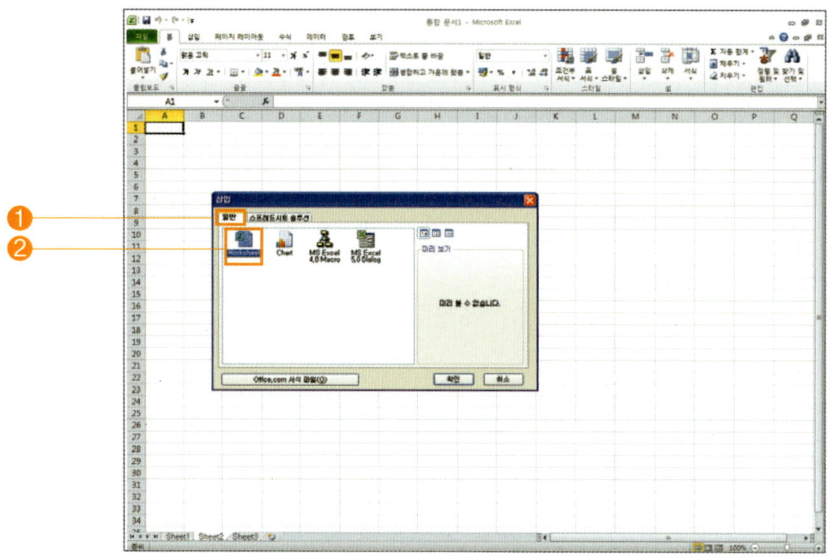

3 [시트 삭제]를 하려면, 삭제하려는 [시트 탭] 위에 마우스를 놓고 [마우스 오른쪽 버튼]을 누르면 단축 메뉴가 나타나는데, 여기서 [삭제]를 클릭하면 선택한 시트가 영구히 삭제됩니다.

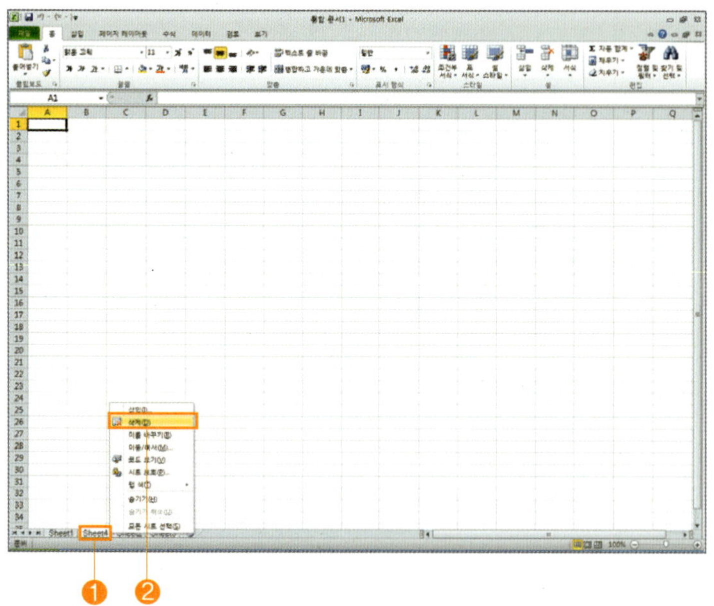

⊗ 시트를 삭제할 때 시트에 자료가 포함되어 있으면 다음과 같은 대화상자가 나타나는데, 여기서 시트를 삭제하려면 [삭제] 버튼을 누르면 됩니다.

>>> 알아두세요

여러 개의 시트를 삭제하려면...

• [두 개 이상의 연속한 시트]는 Shift 키를 누른 상태에서 선택합니다.
• [두 개 이상의 불연속한 시트]는 Ctrl 키를 누른 상태에서 선택합니다.

4 [시트 이름 변경]을 하려면, 이름 변경할 [시트]를 선택한 후 [마우스 오른쪽 버튼]을 누르고, 단축 메뉴에서 [이름 바꾸기]를 클릭하면 시트 이름을 변경할 수 있는 상태가 됩니다.

● 변경하려는 [시트]를 [더블클릭]하여도 됩니다.

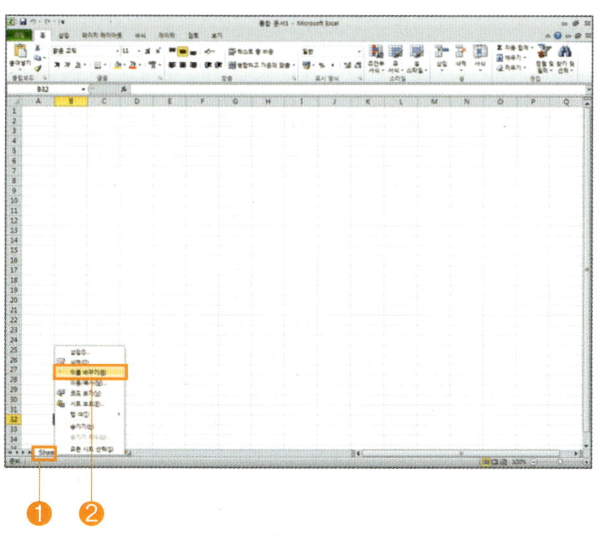

5 [시트 이동]을 하려면, 이동하려는 [시트]를 선택한 후, [마우스 왼쪽 버튼]을 누른 상태에서 원하는 위치로 [드래그]하면 됩니다.

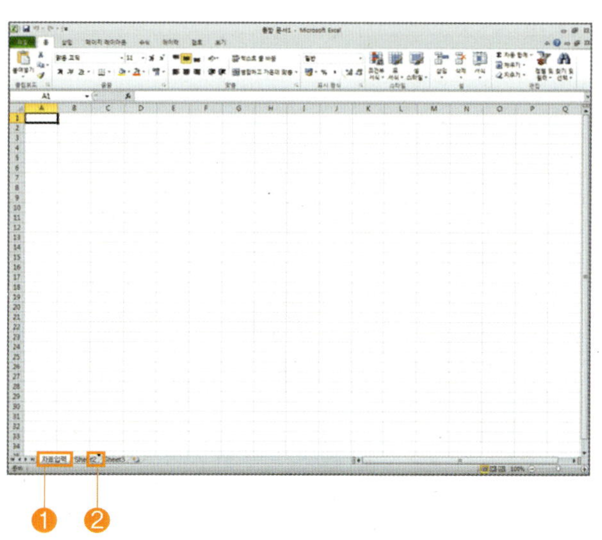

[시트 이름 변경 창]에 원하는 시트 이름을 [입력]한 후, Enter 키를 누르거나, 워크 시트 영역을 마우스로 [클릭]하면 됩니다.

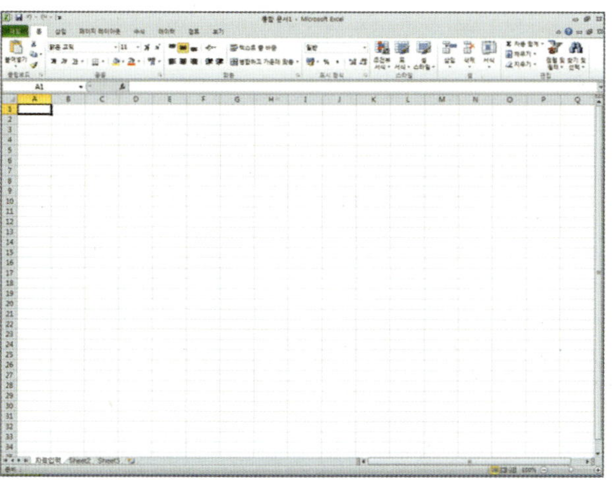

다음 화면은 [자료 입력]이라는 시트가 [새로운 위치]로 이동한 모양입니다.

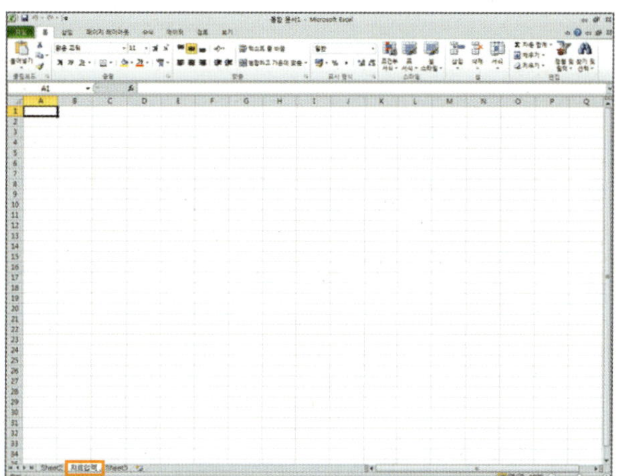

6 [시트 복사]를 하려면, 복사하려는 [시트]를 선택한 후 [마우스 왼쪽 버튼]과 Ctrl 키를 누른 상태에서 원하는 위치로 [드래그]하면 됩니다.

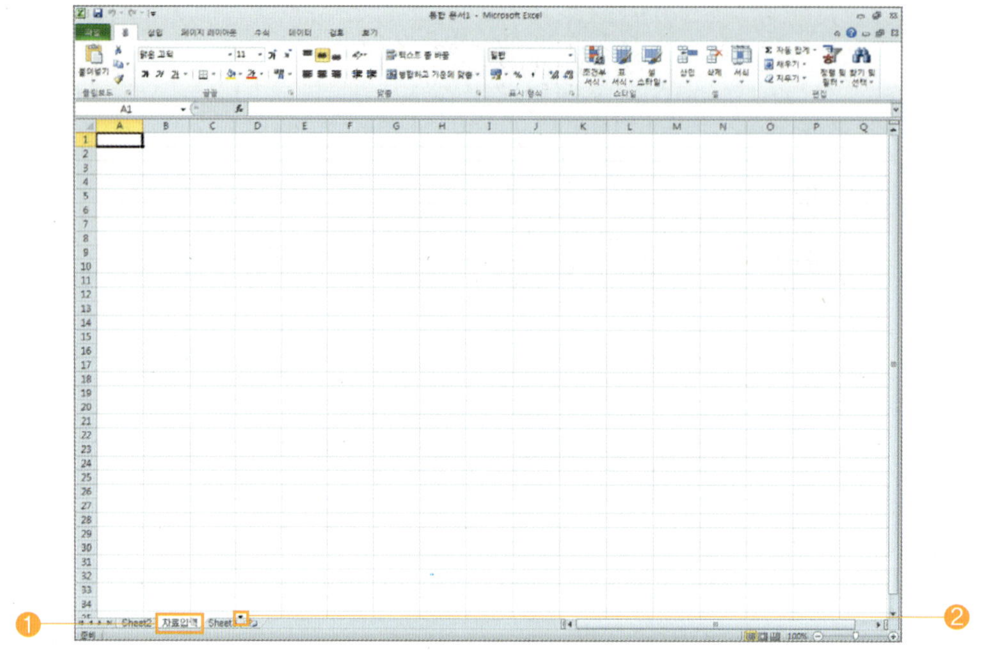

다음 화면은 [자료 입력]이라는 시트가 새로운 위치에 [자료입력 (2)]라는 이름으로 복사된 모양입니다.

● 시트 복사가 되면 워크 시트 영역의 내용도 복사됩니다.

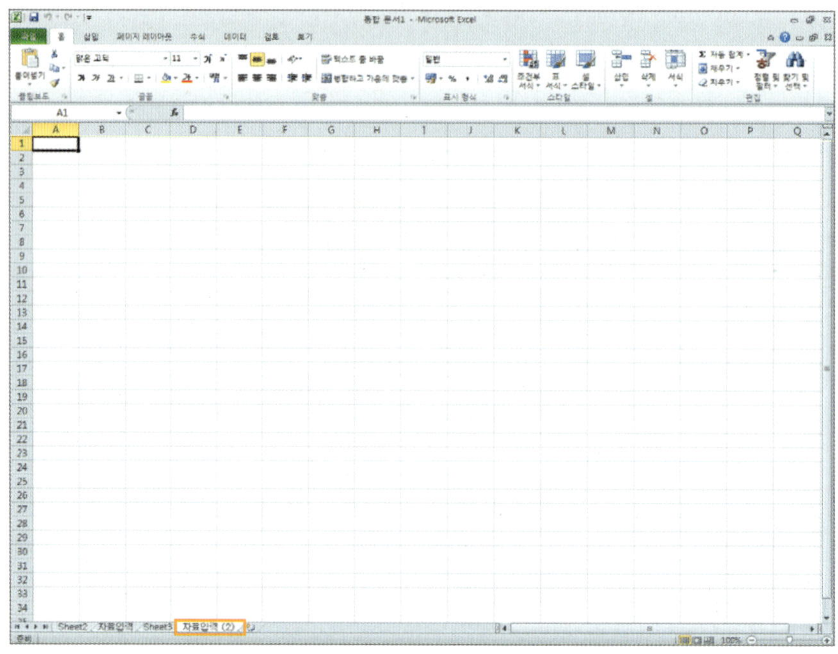

시트 보호란...

- 중요한 자료가 들어 있는 시트의 경우 다른 사용자에게 공개되거나 자료가 수정되는 것을 예방하기 위하여 시트에 암호를 설정하는 기능입니다.

- [시트 보호]를 하려면 보호하려는 [시트를 선택]하고, 메뉴 표시줄에서 [파일] ➡ [정보] ➡ [통합 문서 보호] ➡ [현재 시트 보호]를 선택합니다.

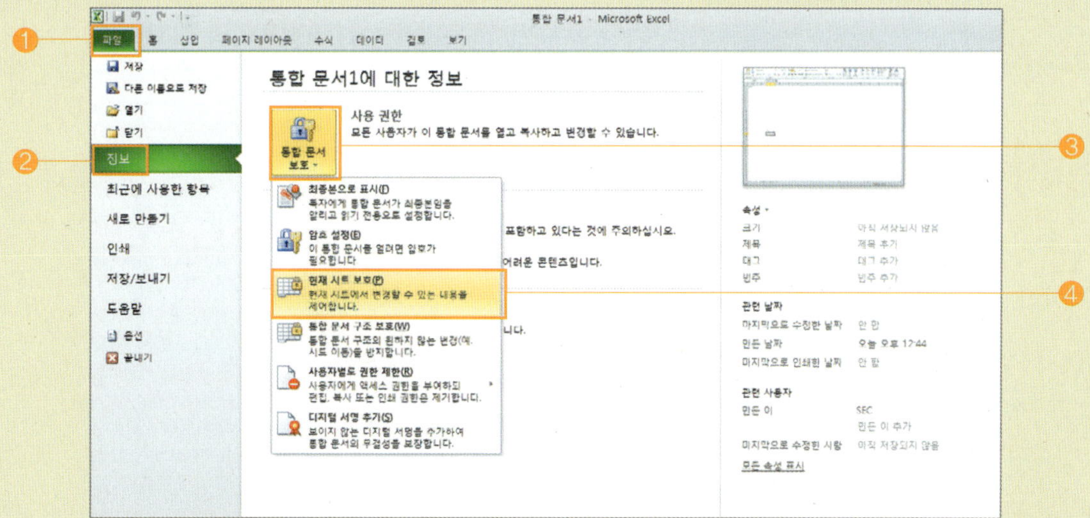

- [시트 보호] 대화상자에서 [잠긴 셀의 내용과 워크 시트 보호]란을 체크한 후, [시트 보호 해제 암호]란에 암호를 입력하고, [워크 시트에서 허용할 내용]란에서 허용할 내용을 선택한 다음 [확인] 버튼을 누르면 됩니다.

- [검토] ➡ [시트 보호]를 선택하여 시트 보호를 하여도 됩니다.

7 [시트 탭에 색 넣기]를 하려면, 색상을 넣으려는 [시트 탭] 위에 마우스를 놓고 [마우스 오른쪽 버튼]을 누르면 단축 메뉴가 나타나는데, 여기서 [탭 색]을 클릭한 후 [테마 색]에서 원하는 색을 선택하면 됩니다.

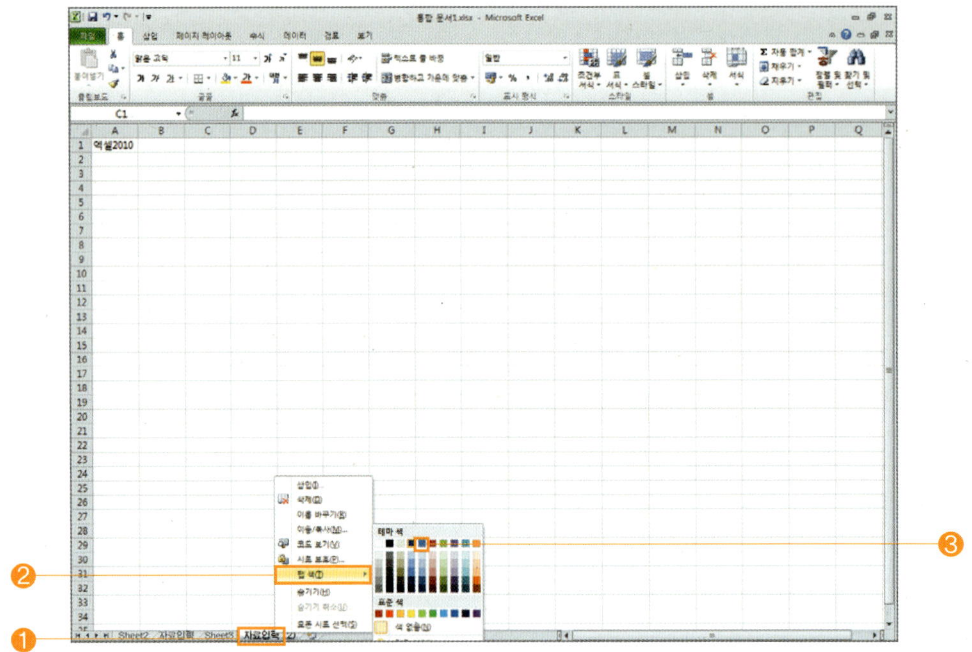

다음 화면은 [자료 입력 (2)]라는 시트 탭에 색이 지정된 모양입니다.

● 지정한 탭의 색을 보려면 다른 [시트 탭]을 선택하면 됩니다.

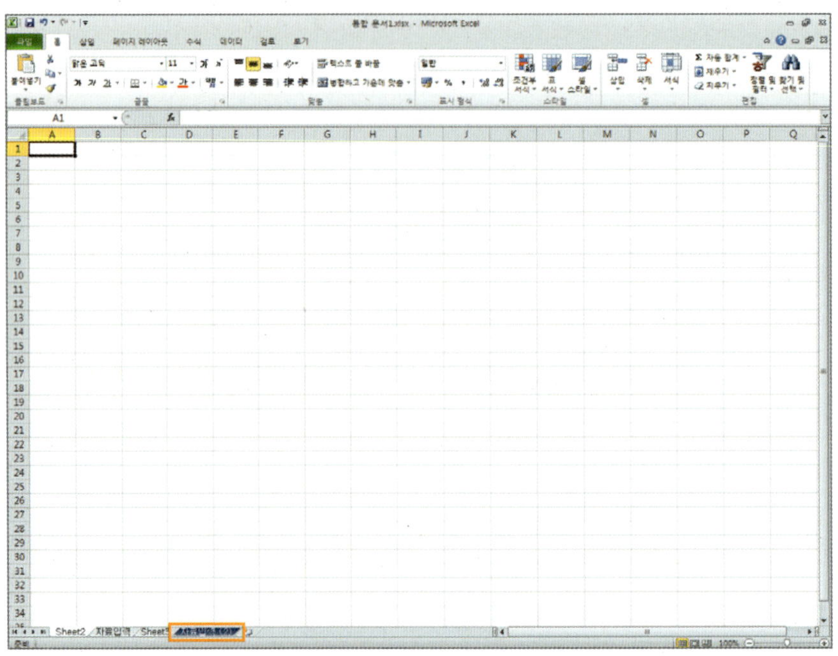

셀(cell)이란 워크 시트를 구성하는 최소 작업 단위로서, 각 행과 열이 교차하는 영역을 말하며, 셀 주소는 워크 시트의 특정 위치를 지정하기 위한 기호로 열 문자와 행 숫자가 교차하는 영역의 고유기호(A1, A2, B1, B2 등)를 말합니다.

1 [셀 선택]을 하려면,

≫ [한 개의 셀 선택]을 하려면, 선택하려는 셀의 위치로 [마우스를 이동]한 후 클릭하면 됩니다.
● 자판에 있는 [방향키]를 이용하여도 됩니다.

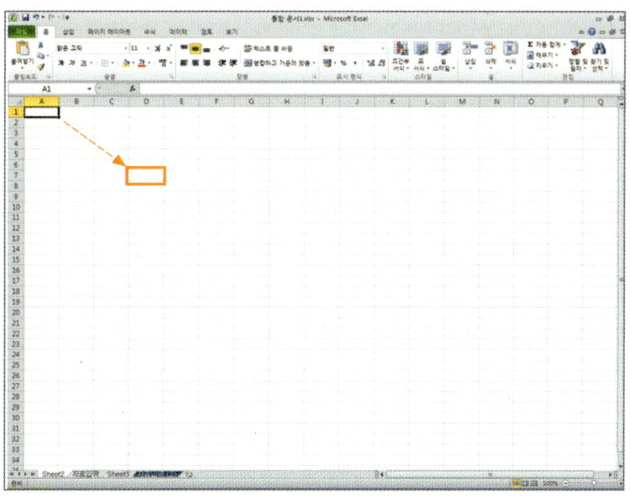

≫ [특정한 셀 선택]을 하려면, [이름 상자]를 클릭하고, 선택하려는 셀 주소를 [입력]한 후 Enter 키를 누르면 됩니다.
● 셀 주소의 입력 순서는 [열 명]을 입력한 후 [행 번호]를 입력하여야 합니다.

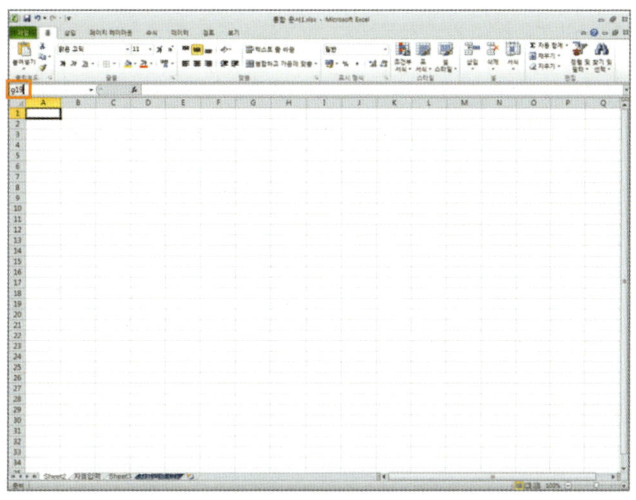

2 [마우스]를 이용하여 [연속한 범위 지정]을 하려면, 범위 지정을 하려는 [셀을 선택]한 후 원하는 위치까지 [드래그]하면 됩니다.

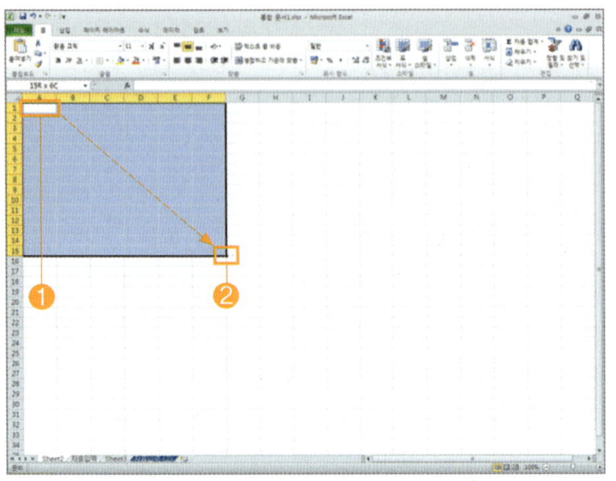

3 [키보드]를 이용하여 [연속한 범위 지정]을 하려면, 범위 지정을 하려는 [셀을 선택]한 후, Shift 키를 누른 상태에서 [방향키]를 이용하여 범위 지정을 하면 됩니다.

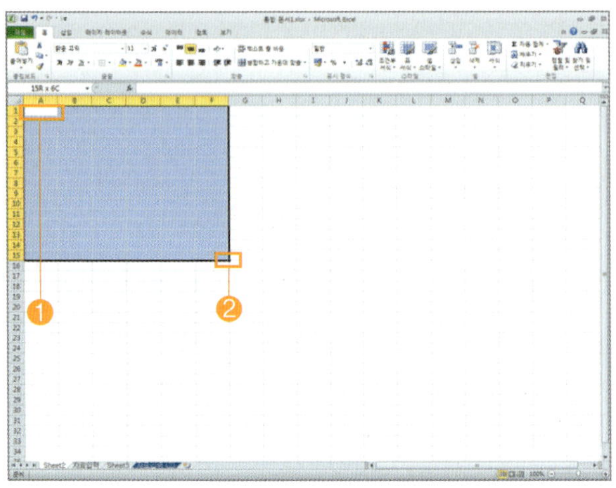

4 [불연속한 범위 지정]을 하려면, Ctrl 키를 누른 상태에서 추가로 지정하려는 셀의 범위를 마우스로 계속하여 [드래그]하면 됩니다.

● 범위 지정을 [취소]하려면, 워크 시트 영역을 [클릭]하면 됩니다.

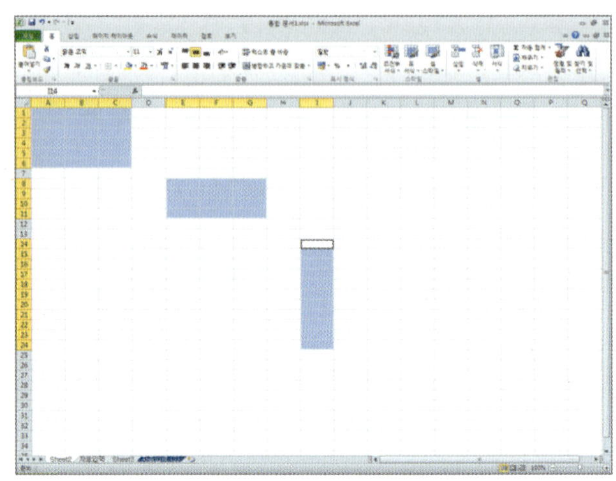

5 [한 개의 행/열 선택]을 하려면, 선택하려는 행 머리글이나 열 머리글로 [마우스를 이동]한 후, [클릭]하면 됩니다.

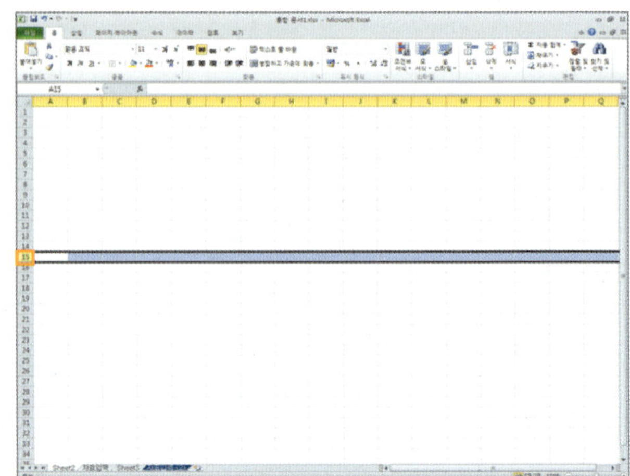

6 [여러 개의 행/열 선택]을 하려면, 선택하려는 행 머리글이나 열 머리글을 클릭한 후, 원하는 위치까지 [드래그]하면 됩니다.

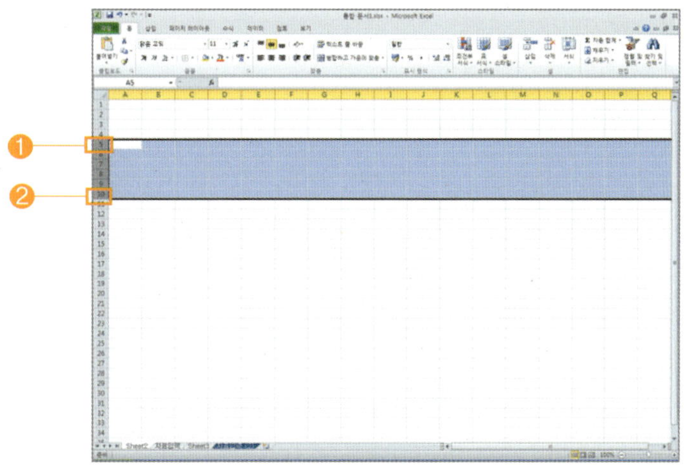

7 [전체 행/열 선택]을 하려면, 행 머리글과 열 머리글의 교차점에 있는 [모두 선택 버튼]을 누르면, 전체 영역이 선택됩니다.

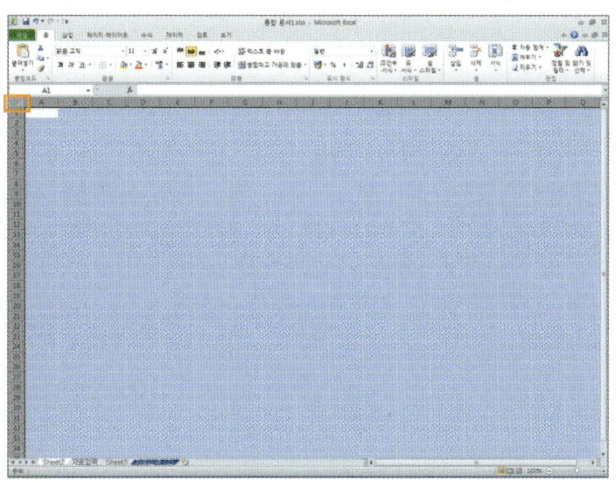

>>> 알아두세요

셀의 이동 : 셀이 현재 있는 곳에서부터...

- ← : 한 셀의 왼쪽 이동
- ↑ : 한 셀의 위로 이동
- Home : 행의 처음으로 이동
- Page Down : 한 화면 아래로 이동
- Alt + Page Down : 한 화면 오른쪽으로 이동
- Ctrl + End : 자료가 있는 마지막 셀로 이동

- → : 한 셀의 오른쪽 이동
- ↓ : 한 셀의 아래로 이동
- Page Up : 한 화면 위로 이동
- Alt + Page Up : 한 화면 왼쪽으로 이동
- Ctrl + Home : 워크 시트의 처음 셀(A1)로 이동

> **워크 시트**에 입력할 수 있는 자료에는 문자 자료, 수치 자료, 함수 자료가 있으며, 입력하는 방법에는 셀에 입력하거나 수식 입력줄에 입력하는 방법이 있습니다. 입력된 자료를 수정하려면 수정하려는 셀을 선택하고 키보드에서 F2 키를 누른 후 수정하면 됩니다.

1 [셀]에서 [자료 입력]을 하려면, 입력하려는 [셀을 선택]한 후, 원하는 [내용을 입력]하고 Enter 키를 누르면 됩니다.

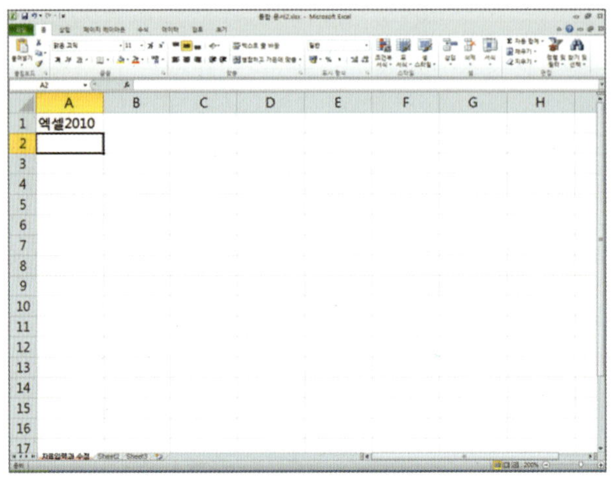

2 [수식 입력줄]에서 [자료 입력]을 하려면, 입력하려는 [셀을 선택]하고, 마우스 포인터를 수식 입력줄로 이동한 후, [클릭]하면 자료를 입력할 수 있는 상태가 됩니다.

▷ 여기서 원하는 [내용을 입력]하고 수식 입력줄의 [입력 상자]를 클릭하거나 Enter 키를 누르면 됩니다.

● 입력 도중에 입력을 [취소]하려면 Esc 키를 누르면 됩니다.

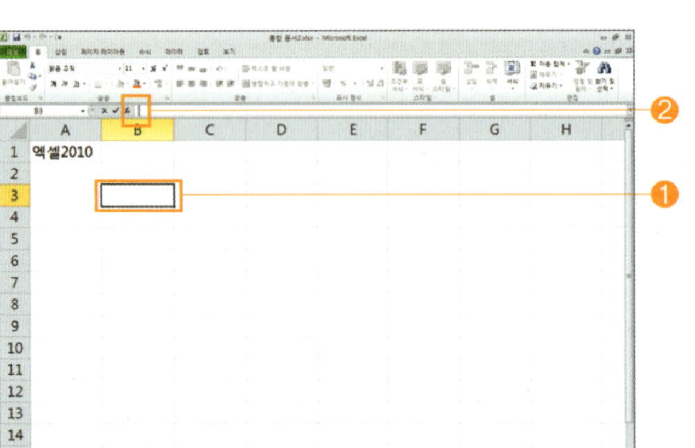

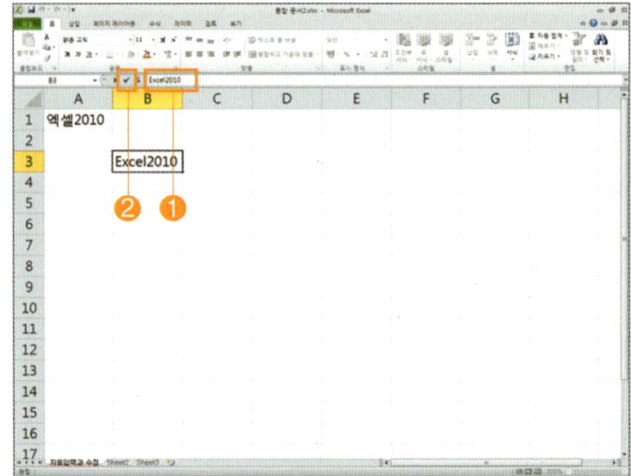

3 [셀]에서 [자료 수정]을 하려면, 수정하려는 [셀을 선택]한 후, 키보드에서 F2 키를 누르면 상태 표시줄이 [편집] 상태로 바뀝니다.

여기서 수정하려는 내용을 입력하고, Enter 키를 누르면 됩니다.

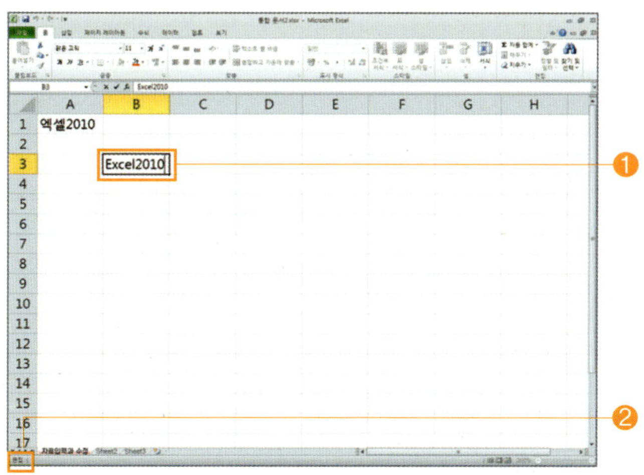

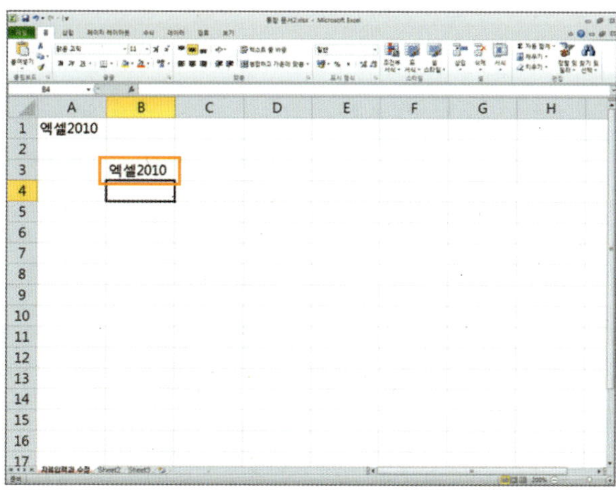

4 [수식 입력줄]에서 [자료 수정]을 하려면, 수정하려는 [셀을 선택]한 후, 마우스 포인터를 수식 입력줄로 이동하여 [클릭]하면 상태 표시줄이 [편집] 상태로 바뀌는데, 여기서 수정하려는 내용을 입력하고 Enter 키를 누르면 됩니다.

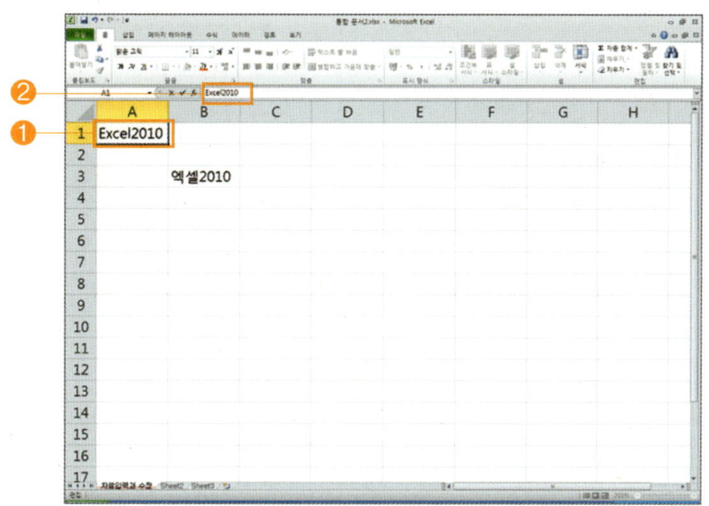

>>> 알아두세요

입력된 내용을 지우려면…

지우기하려는 [셀을 선택]한 후 Delete 키를 누르거나, [마우스 오른쪽 버튼]을 눌러서 단축 메뉴에 있는 [내용 지우기]를 선택하면 됩니다.

문자 자료는 제목이나 항목을 입력할 때 사용하는 자료로서, 셀의 왼쪽을 기준으로 정렬됩니다. 입력할 수 있는 문자 자료에는 한글, 영문, 한자, 특수 문자 등이 있습니다.

1 [한글]을 입력하려면, [한/영 입력 모드 표시기]가 [가]인 상태에서 입력하려는 셀을 선택한 후, [내용을 입력]하고 Enter 키를 누르면 됩니다.

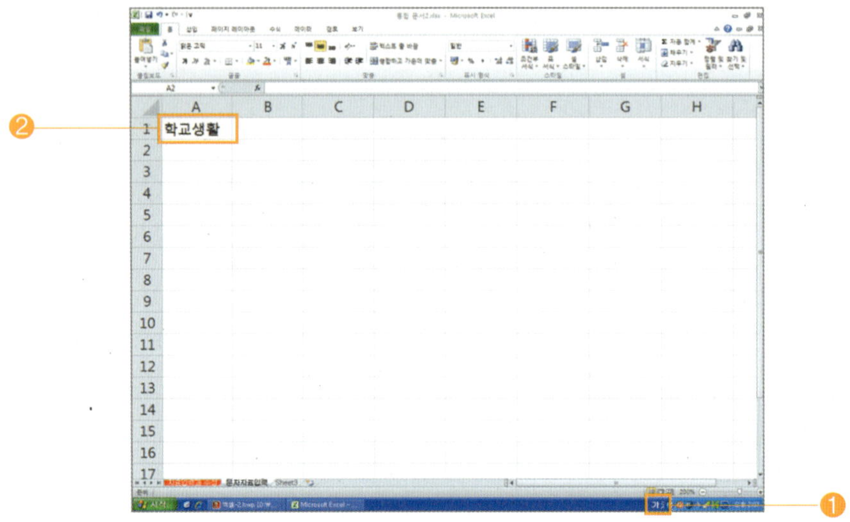

2 [영문]을 입력하려면, 마우스로 [한/영 입력 모드 표시기]를 클릭하여 [A]인 상태로 전환시킨 후, 내용을 입력하고 Enter 키를 누르면 됩니다.

- 키보드에서 한/영 키를 누르면 한글/영문 전환이 됩니다.

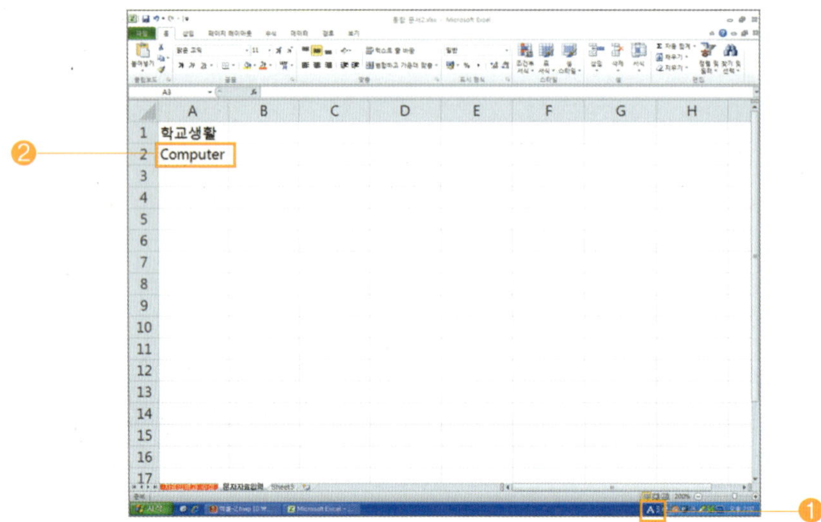

3 [한자]를 입력하려면, 입력하려는 셀을 선택하고, 한자음에 해당하는 글자를 [한글로 입력]한 후,
[셀]이나 [수식 입력줄]에서 변환하려는 글자를 [블록 설정]합니다.

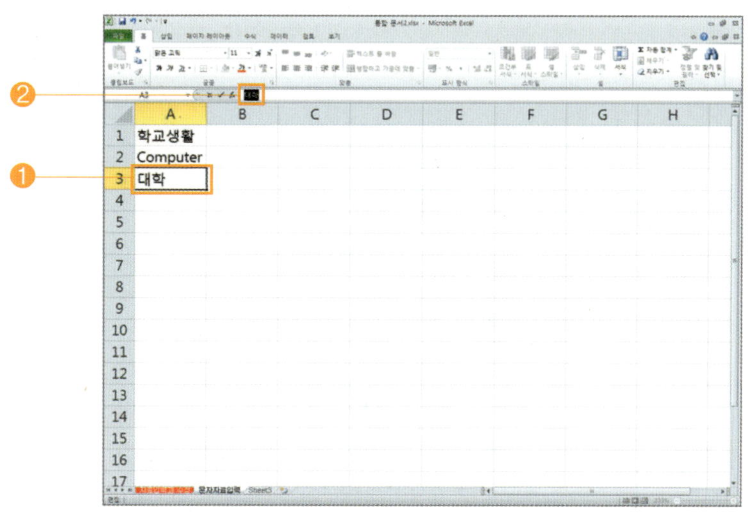

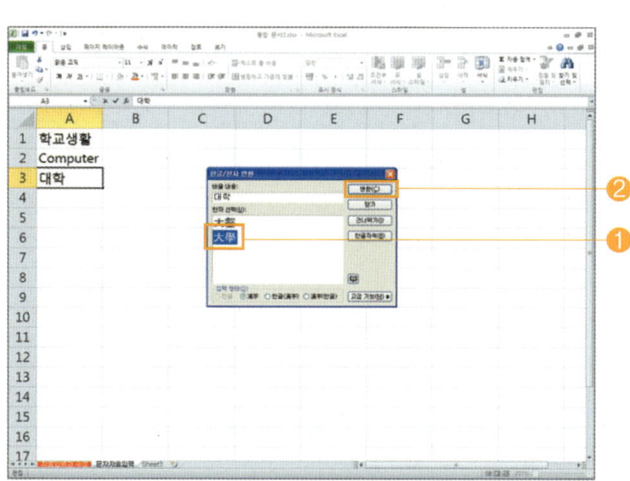
자판에서 [한자] 키를 누르면 [한글/한자 변환] 대화상자가 나타나는데, [한자 선택]란에서 변환하려는 한자를 선택한 후, [변환] 버튼을 클릭하면 됩니다.

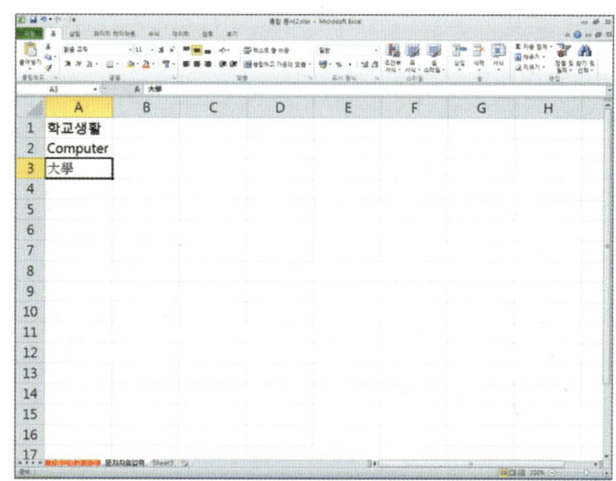
다음 화면은 한글이 한자로 변환된 모양입니다.

 >>> 알아두세요

셀의 크기보다 자료의 내용이 길어서 기존에 입력한 자료가 일부 화면에 나타나지 않을 경우는…

메뉴 표시줄에서 [홈] ➡ [서식] ➡ [열 너비]를 선택하여 열 너비를 조정하면 됩니다.

4 [특수 문자]를 입력하려면, 입력하려는 셀을 선택한 후 자판에서 원하는 한글 자음 [ㄱ]을 입력하고 [한자] 키를 누르면 [특수 문자 코드]가 나타나는데, 여기서 원하는 [문자를 선택]하면 됩니다.

● [삽입] ➡ [기호]를 선택하여도 됩니다.

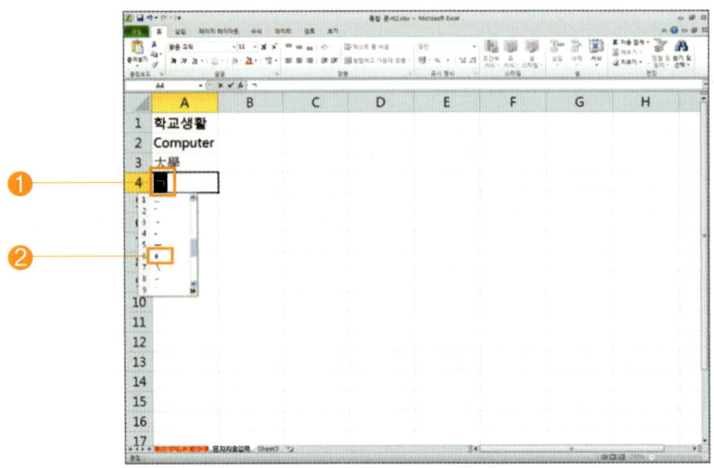

◉ 다음 화면은 [특수 문자]가 입력된 화면입니다.

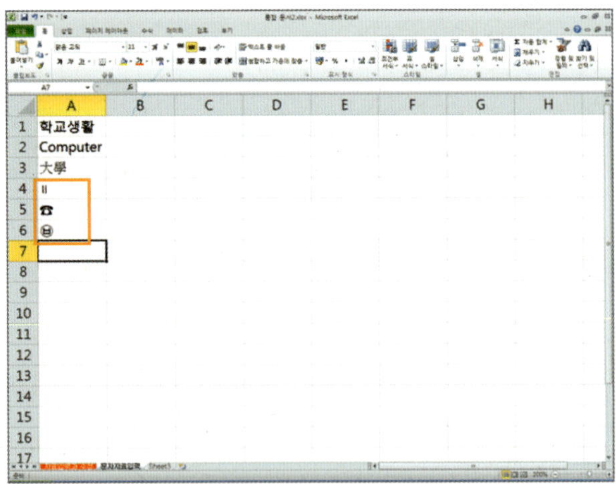

5 [숫자를 문자로 취급]하여 입력하려면, 입력하려는 셀을 선택한 후, 자판에서 [아포스트로피(')]를 입력하고 원하는 [숫자를 입력]한 다음, [Enter] 키를 누르면 됩니다.

● 숫자를 입력한 후, [표시형식]란에서 [텍스트]를 선택하여도 됩니다.

● 문자의 정렬 : 셀 왼쪽

● 숫자의 정렬 : 셀 오른쪽

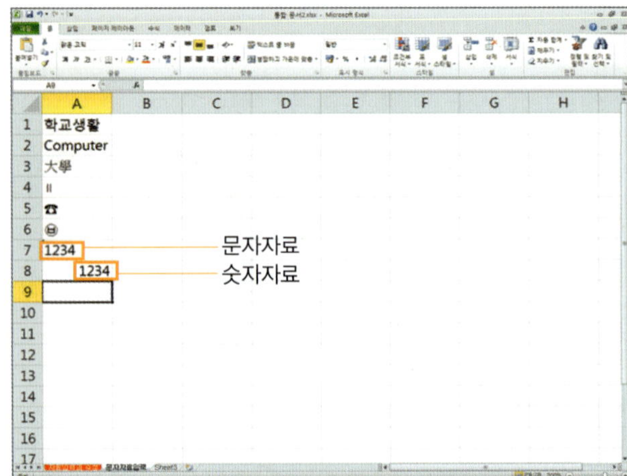

6 [문자로 저장된 숫자를 변환]하려면, 왼쪽 모서리 위에 [녹색의 오류 표식]이 있는 셀을 선택하고, 셀 오른쪽에 있는 [오류 단추 ◈]를 클릭한 후, [숫자로 변환]을 선택하면 됩니다.

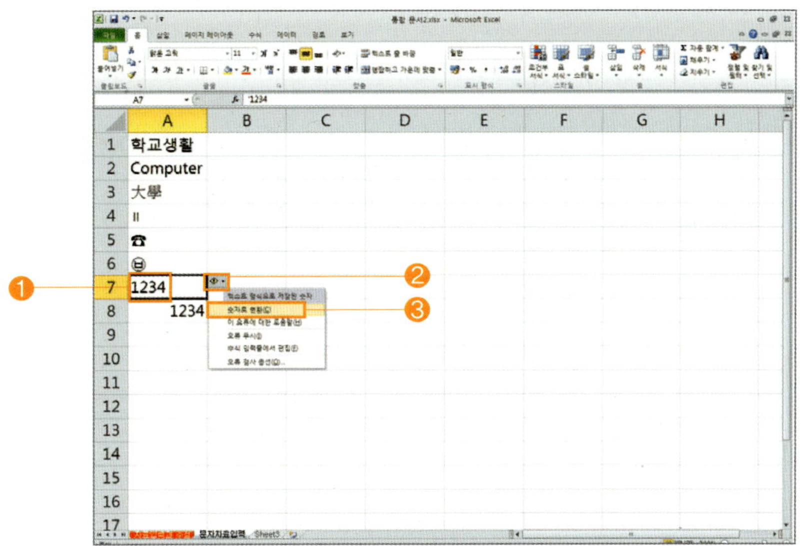

다음 화면은 [문자로 저장된 숫자를 숫자로 변환]한 모양입니다.

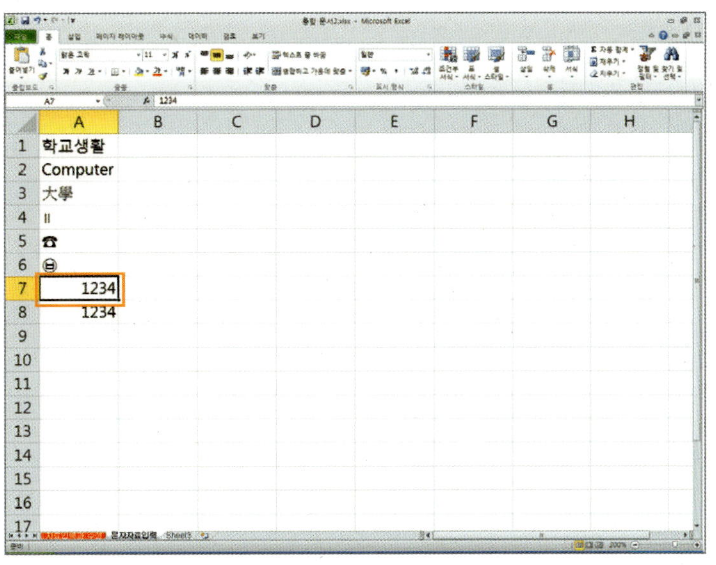

- '초대장' 자료를 입력하시오.

- 워크 시트에 있는 셀을 선택하여 한글, 영문, 한자 등과 같은 문자 자료를 입력합니다.

- 열너비를 조정합니다.

- 텍스트 줄 바꿈을 합니다.

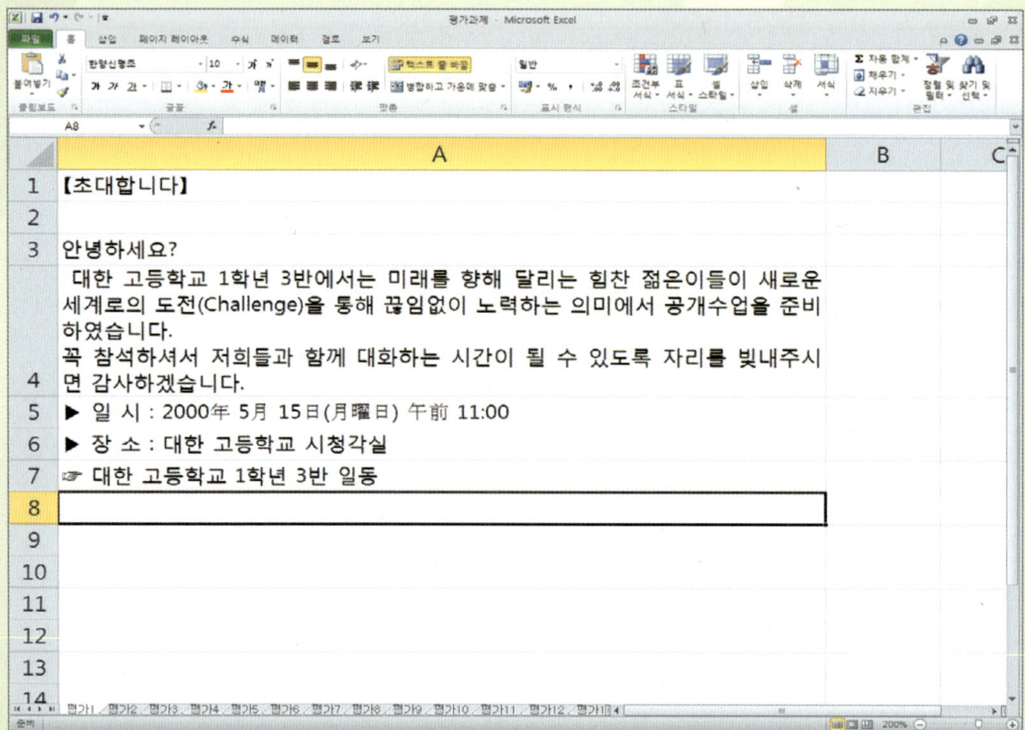

자동 채우기란 자료를 입력하는 도중에 동일한 자료를 연속된 셀에 입력하거나, 일정하게 증감하는 자료를 연속된 셀에 차례로 채우기하는 기능입니다.

1 [마우스]를 이용하여 [자동 채우기]를 하려면, 자동 채우기하려는 셀을 선택한 후, 숫자 [1]을 입력하고, 마우스를 셀 오른쪽 아래로 움직이면 마우스 포인터 모양이 [+]로 바뀝니다.

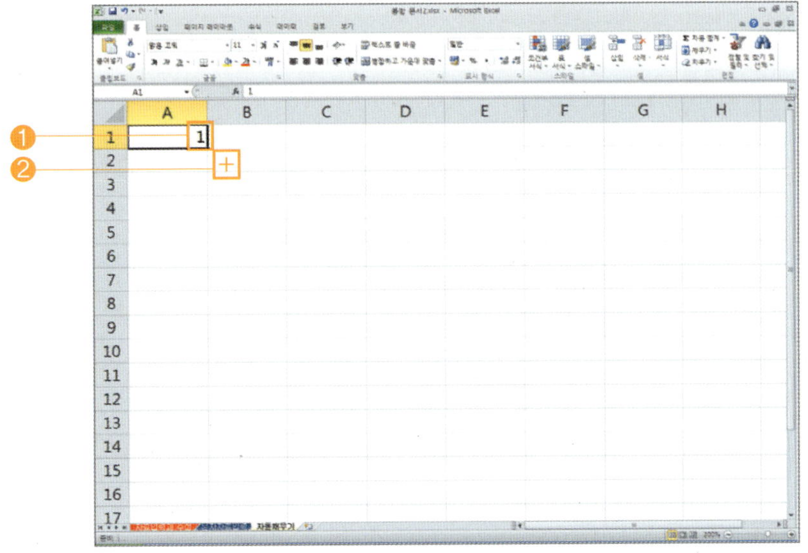

여기서 [마우스 왼쪽 버튼]을 누른 상태에서 자동 채우기하려는 셀까지 [드래그]한 후, 마우스에서 손을 떼면 됩니다.

다음 화면은 [숫자]와 [문자]가 자동으로 채우기가 된 모양입니다.

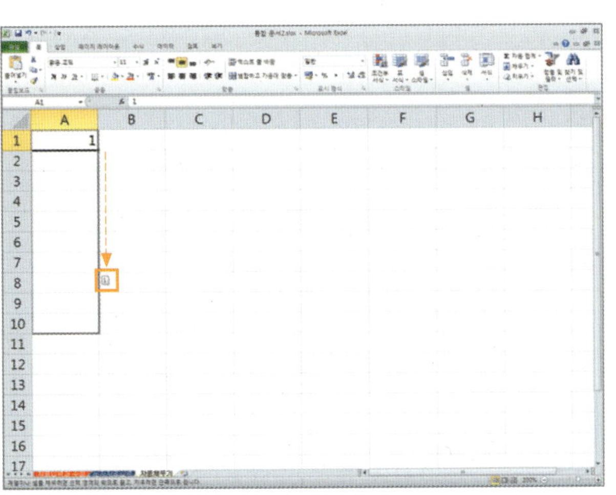

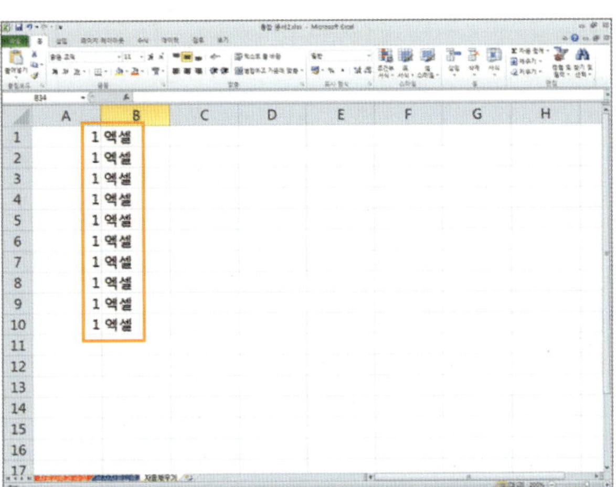

2 [메뉴 표시줄]을 이용하여 [자동 채우기]를 하려면, 자동 채우기하려는 셀에 숫자 [2]를 입력한 후, 채우기하려는 셀까지 [범위 지정]을 한 다음, [홈] ➡ [채우기] ➡ [계열]을 클릭하면 대화상자가 나타납니다.

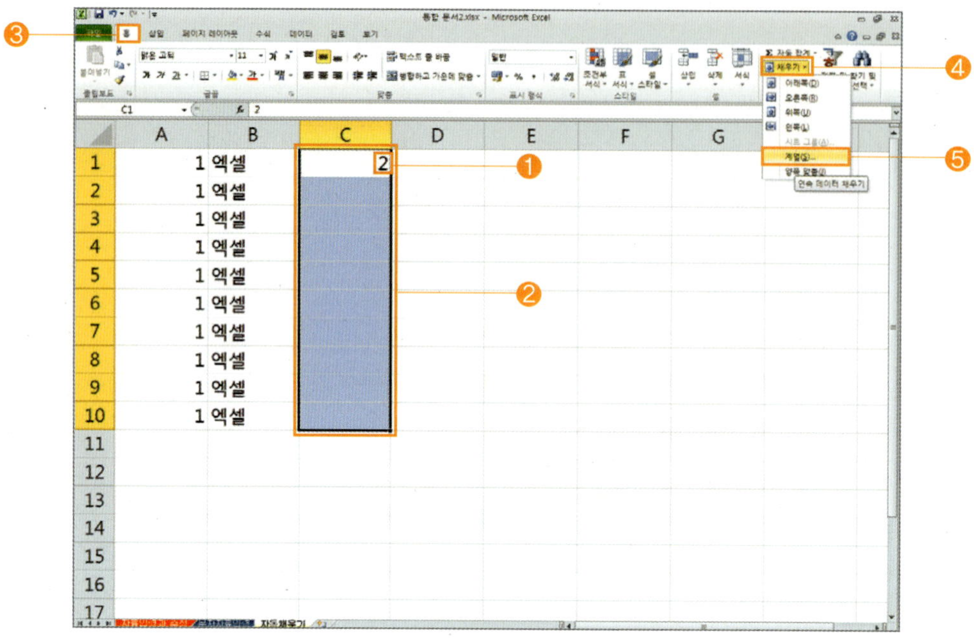

➡ 대화상자에서 [방향]을 [열]로 선택하고 [유형]을 [자동 채우기]로 선택한 후, [확인] 버튼을 누르면 됩니다.

● 채우기하려는 셀까지 [범위 지정]을 한 다음, [홈] ➡ [채우기] ➡ [아래쪽]을 클릭하여도 됩니다.

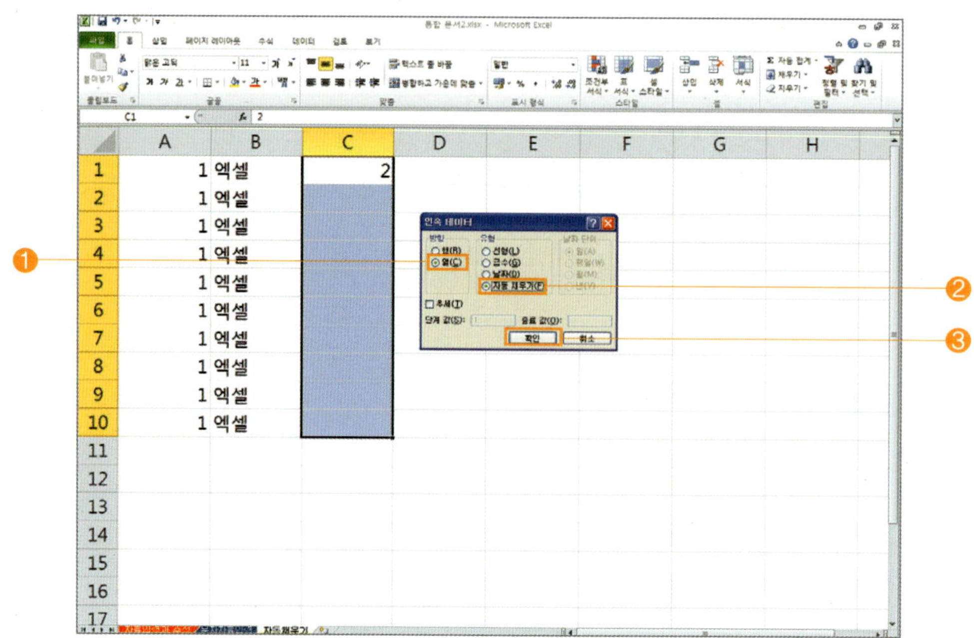

3 [연속한 자료 채우기]를 하려면, 연속한 자료 채우기를 하려는 셀을 선택한 후, 숫자 [1]을 입력하고 마우스와 포인터 모양이 [+]로 바뀐 상태에서 채우기하려는 셀까지 [드래그]합니다.

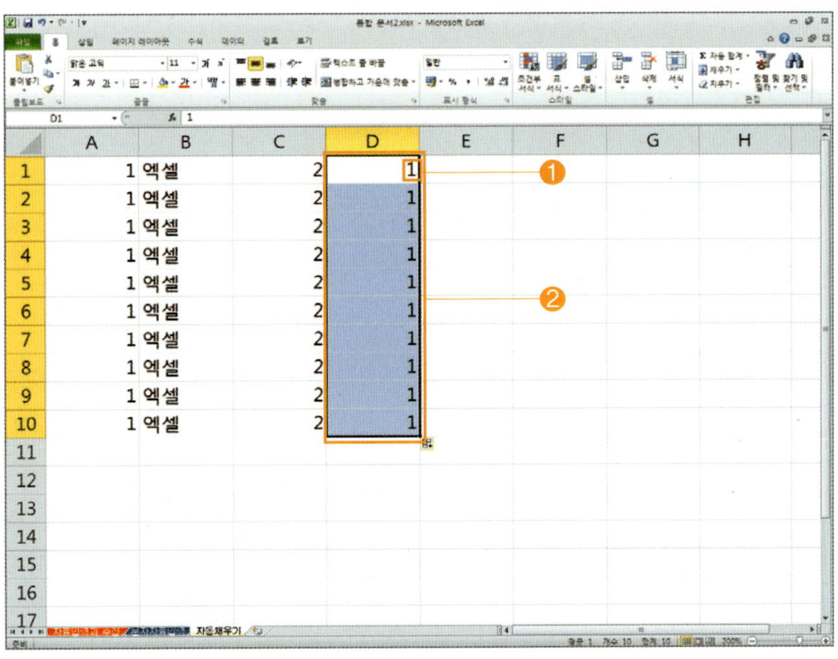

여기서, [자동 채우기 옵션] 버튼(图)을 클릭하고, 항목 중에서 [연속 데이터 채우기]를 선택하면 됩니다.

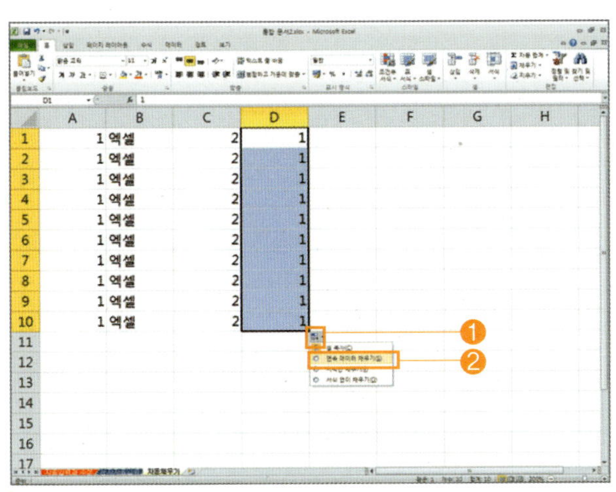

다음 화면은 [숫자]와 [문자] 자료가 연속하여 채우기된 모양입니다.

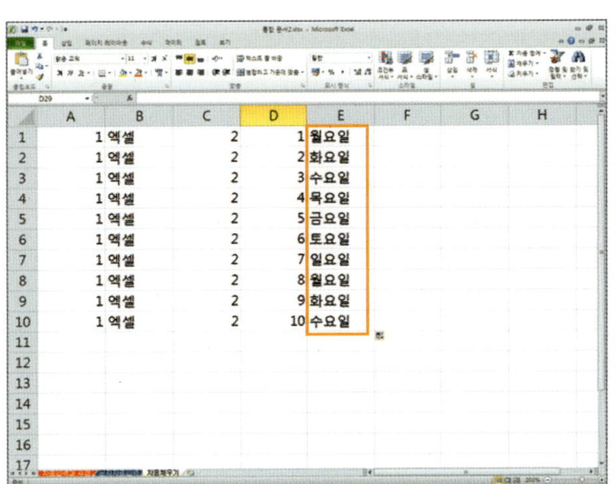

4 [자동 채우기 목록 등록]을 하려면, [파일] ➡ [옵션]을 선택한 후, [Excel 옵션] 대화상자에서 [고급] ➡ [사용자 지정 목록 편집]을 클릭합니다.

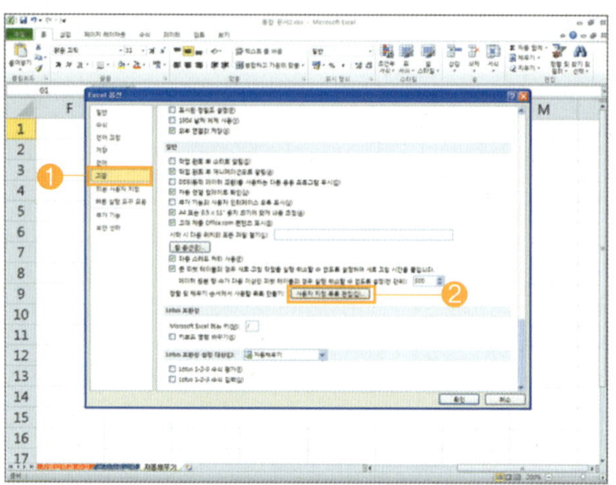

▶ [목록 항목]을 클릭하고, 항목란에 [서울]을 입력한 후, Enter 키를 누른 다음 [부산], [대구], [인천], [광주] 순으로 입력합니다.

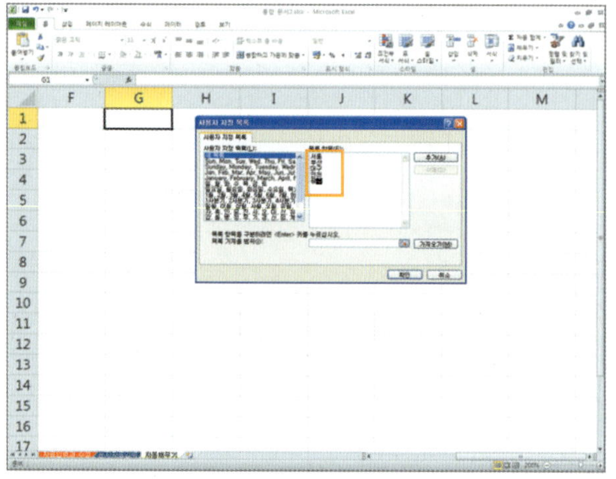

▶ [추가]를 클릭하여 [사용자 지정 목록]에 자동 채우기 내용이 추가되면 [추가] ➡ [확인] 버튼을 누르면 됩니다.

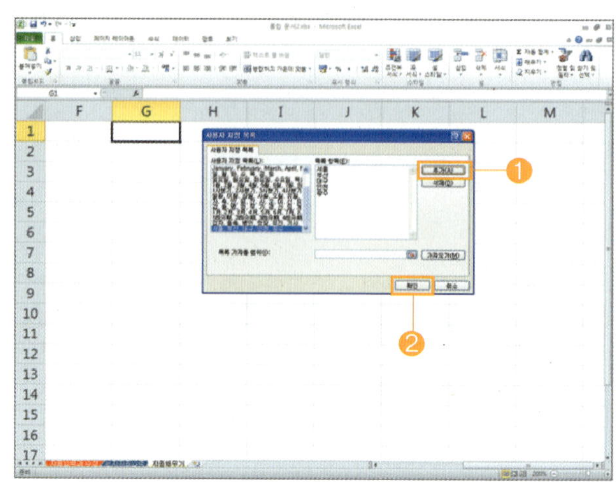

▶ 다음 화면과 같이 [서울]을 입력하고, 자동 채우기를 하면 [사용자 지정 목록]에 추가했던 내용이 자동으로 채우기가 됩니다.

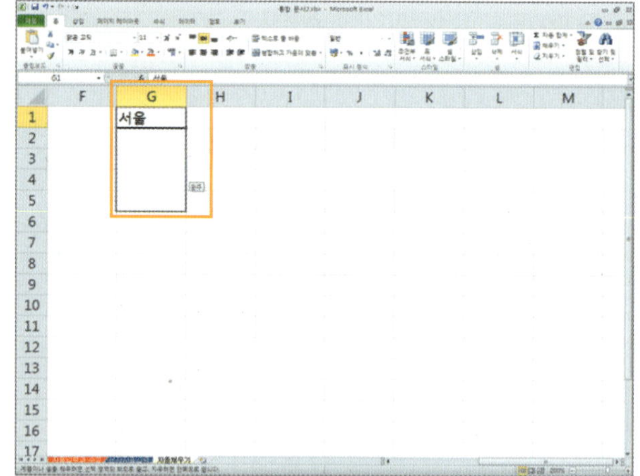

>>> 알아두세요

자동 채우기 사용자 지정 이란...

일정한 규칙이나 형식을 가진 자료를 자주 입력해야 할 경우, 그 목록을 사용자가 지정하여 사용하는 기능입니다.

■ '자동 채우기'를 이용하여 자료를 입력하시오.

• 워크 시트에 있는 셀을 선택하여 일정하게 증감하는 자료를 입력합니다.

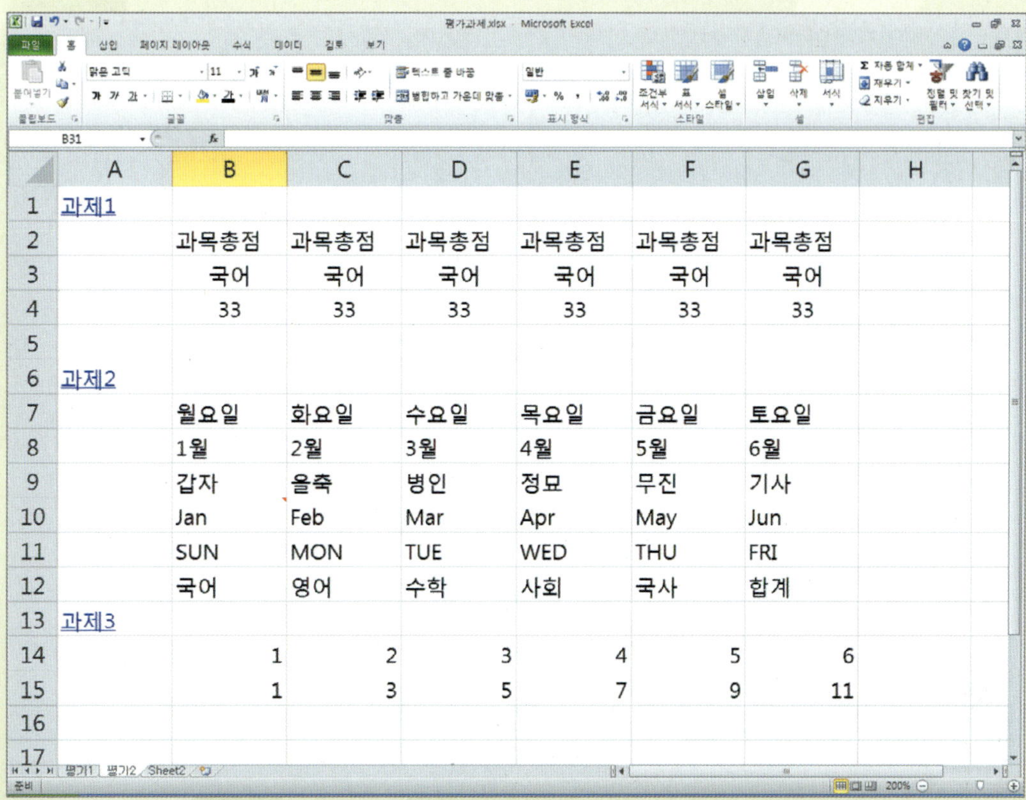

셀에 메모를 삽입하면 그 셀이 무엇을 의미하는가를 설명할 수 있으며, 삽입한 메모는 편집하거나 삭제 등을 할 수 있습니다.

1 [메모 삽입]을 하려면, 삽입하려는 [셀을 선택]한 후, [검토] ➡ [새 메모]를 클릭하면 [메모상자]가 나타납니다.

메모상자에 [내용 입력]을 한 후, 마우스로 메모상자 밖을 클릭하면 됩니다.

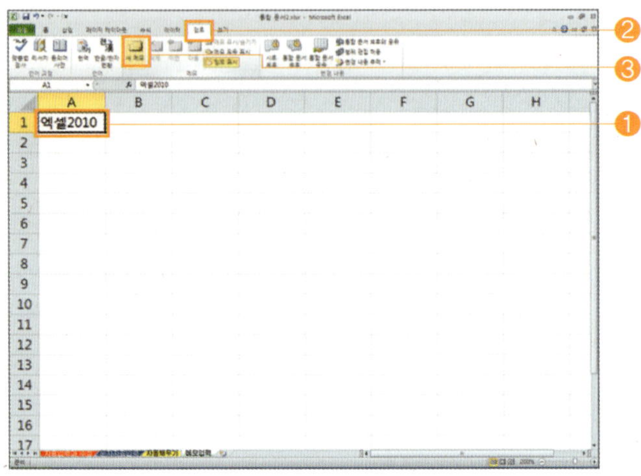

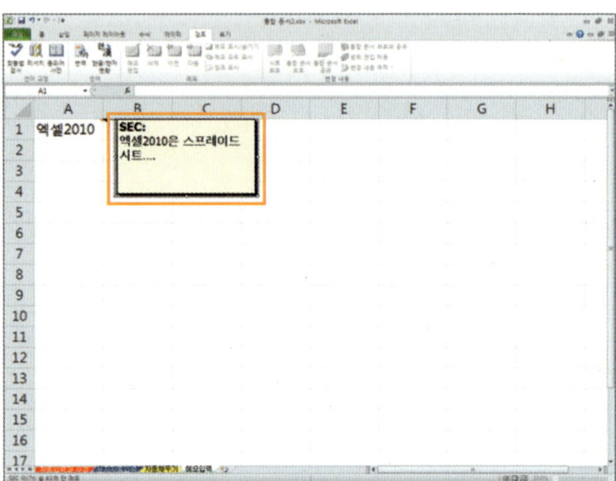

2 [메모 삭제]를 하려면, 삭제하려는 [셀을 선택]한 후, [마우스 오른쪽 버튼]을 눌러서, 단축 메뉴에 있는 [메모 삭제]를 선택하면 됩니다.

● [검토] ➡ [삭제]를 선택하여도 됩니다.

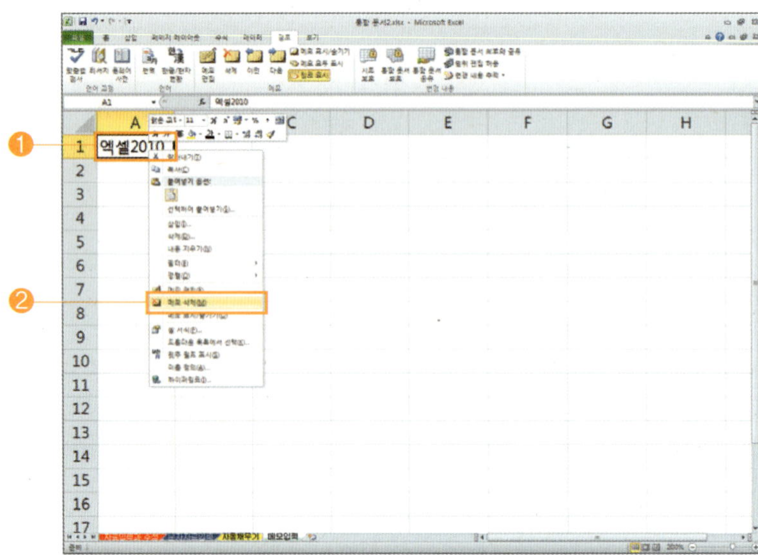

수치 자료란 연산을 할 수 있는 자료를 말하며, 입력할 수 있는 자료에는 0~9까지의 숫자와 + − ( ), / $ %. 등의 기호가 있으며, 수치 자료는 셀의 오른쪽을 기준으로 정렬됩니다.

1 [분수]를 입력하려면, 예를 들어 분수 [1/2]을 입력하려면 먼저 숫자 [0]을 입력하고, Space Bar 키를 눌러서 한 칸의 공백을 주고 [1/2]을 입력하면 됩니다.

● [홈] 탭에서 [표식형식] 목록상자를 클릭하여 [분수]를 선택한 다음, [1/2]를 입력하여도 됩니다.

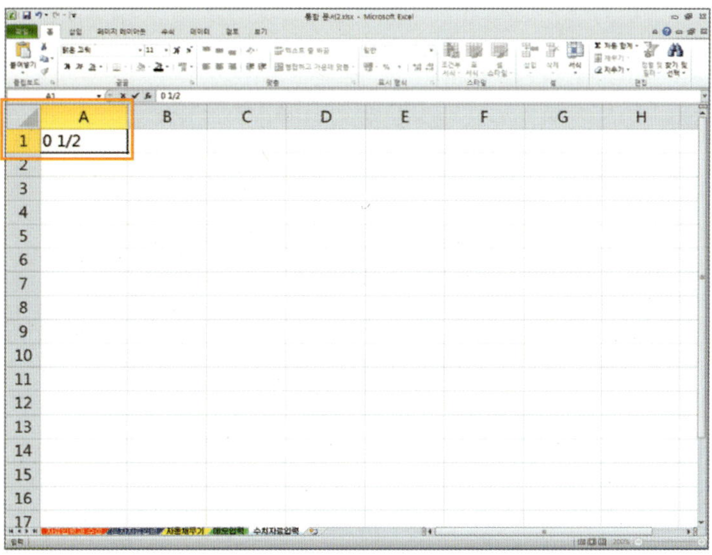

다음 화면은 [A1 셀]에 분수로 입력된 모양입니다.

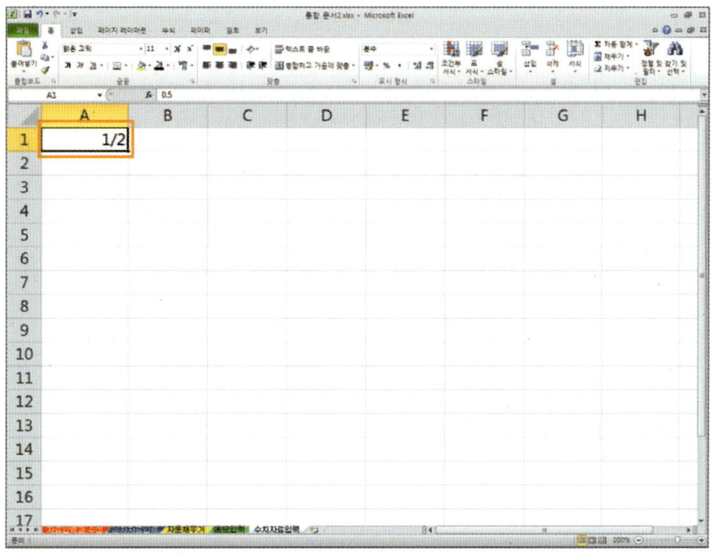

2 [날짜 표시 형식 지정]을 하려면, 표시 형식을 지정할 [셀을 선택]하고 [홈] 탭에서 [표시 형식] 대화상자 아이콘을 클릭하면 대화상자가 나타납니다.

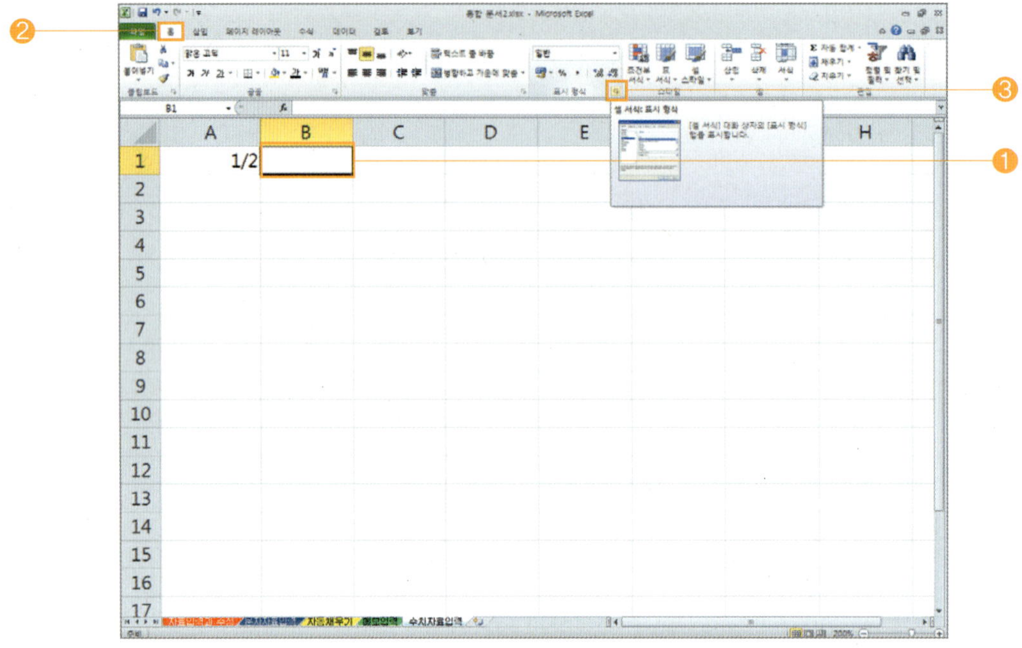

[셀 서식] 대화상자에서 [표시 형식] 탭을 클릭하여 [범주]란에서 [날짜]를 선택하고, [형식]란에 원하는 표시 형식을 선택한 후, [확인] 버튼을 누르면 됩니다.

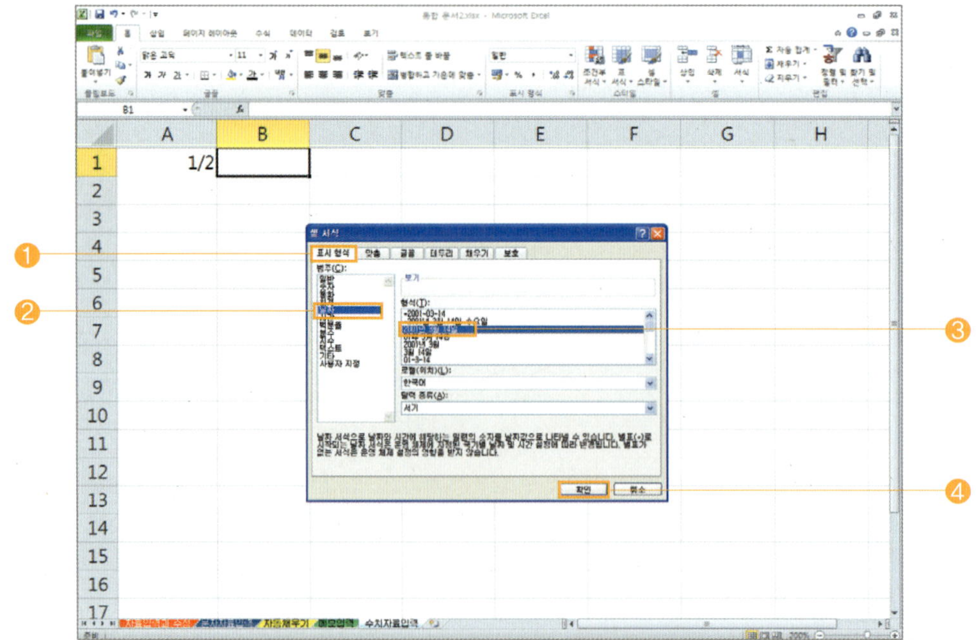

3 [날짜]를 입력하려면, 표시 형식이 지정된 [셀을 선택]하여 연월일 사이에 [하이픈(-)]이나 [슬래시(/)] 기호를 사용하여 입력하면 됩니다. 또, [시간]을 입력하려면, 표시 형식을 [시간]으로 지정하고 [콜론(:)] 기호를 사용하여 입력하면 됩니다.

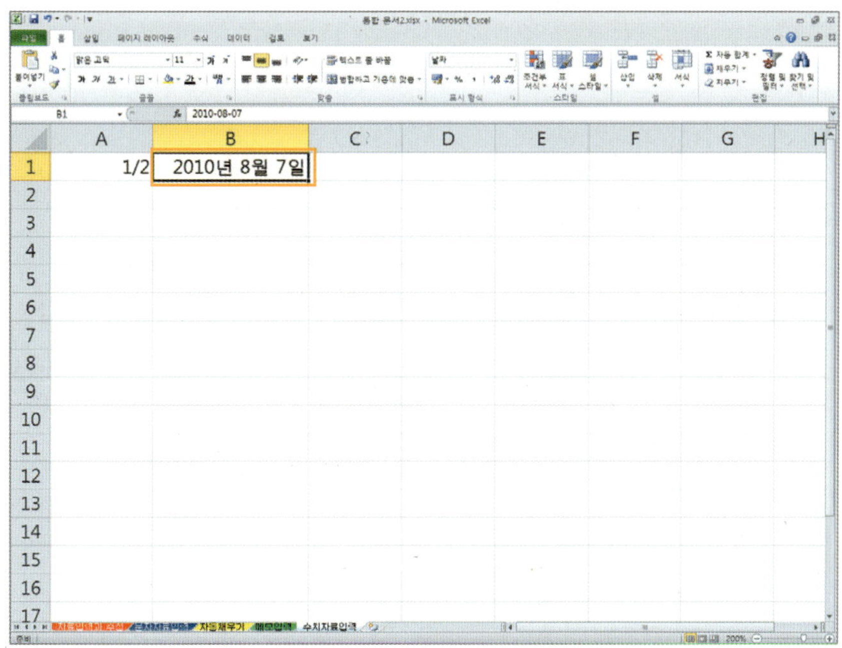

⊙ 다음 화면은 [날짜와 시간]을 형식별로 입력한 결과
  입니다.

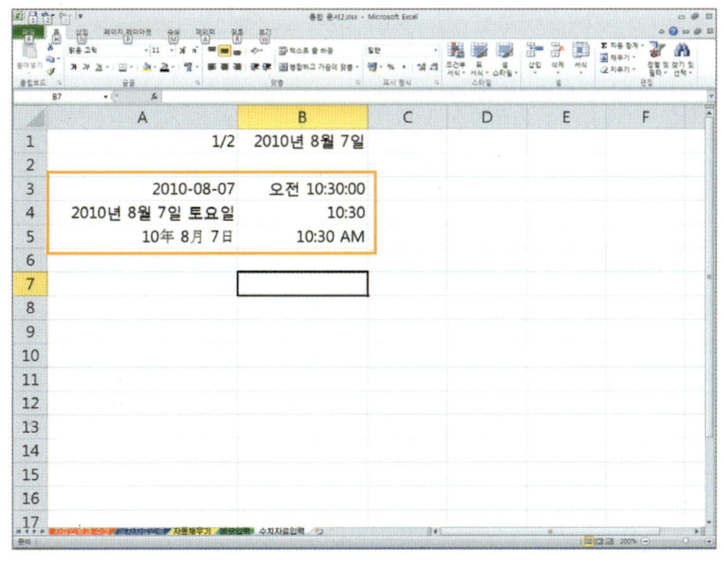

수치 자료에 관하여...

- 수치 앞에 입력된 [+]기호는 무시됩니다.
- 수치 사이에 입력된 [.]기호는 소수점으로 간주합니다.
- 음수를 입력하려면, 숫자 앞에 [-]기호를 사용하거나, 숫자를 [( )]로 묶어 사용합니다.
- 수치는 셀에서 [오른쪽 정렬]이 됩니다.
- 수치 사이에 [공백]이 입력되면 문자 자료로 간주합니다.
- 수치가 셀의 크기보다 너무 길면 [지수 형식]이나 [###] 기호로 나타납니다.

■ '주요 도시별 산성비 현황' 자료를 입력하시오.

• 워크 시트에 있는 셀을 선택하여 한글, 영문, 한자 등과 같은 문자 자료와 연산을 할 수 있는 수치 자료를 입력합니다.

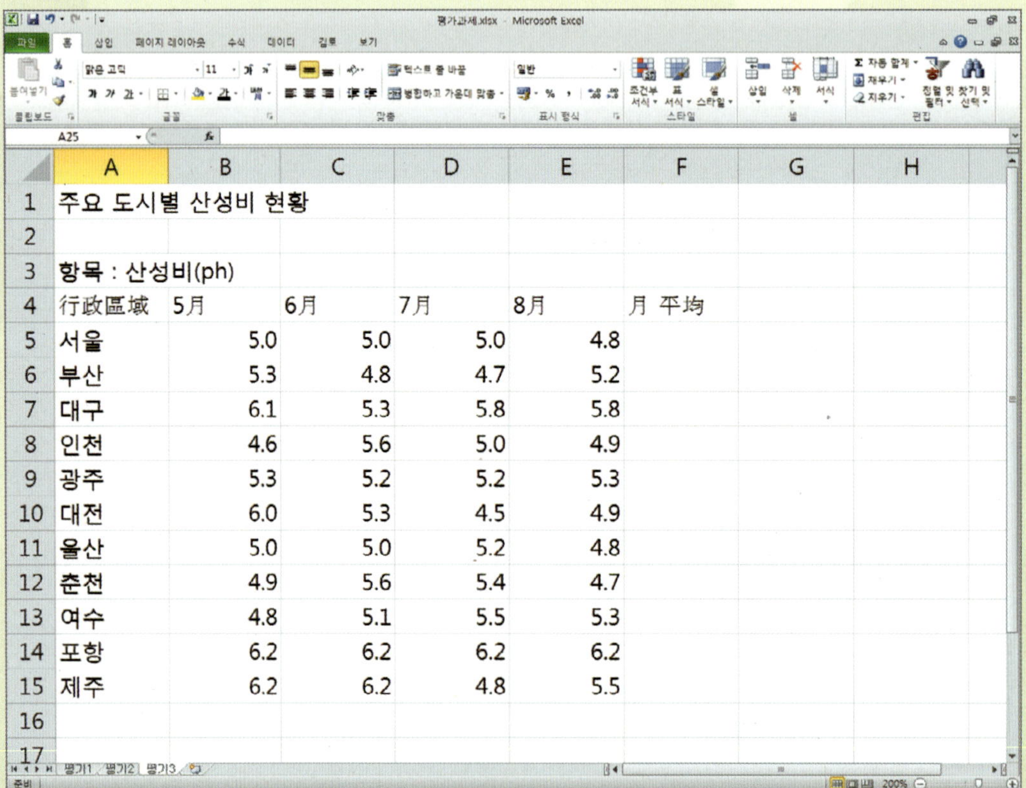

	A	B	C	D	E	F	G	H
1	주요 도시별 산성비 현황							
2								
3	항목 : 산성비(ph)							
4	行政區域	5月	6月	7月	8月	月 平均		
5	서울	5.0	5.0	5.0	4.8			
6	부산	5.3	4.8	4.7	5.2			
7	대구	6.1	5.3	5.8	5.8			
8	인천	4.6	5.6	5.0	4.9			
9	광주	5.3	5.2	5.2	5.3			
10	대전	6.0	5.3	4.5	4.9			
11	울산	5.0	5.0	5.2	4.8			
12	춘천	4.9	5.6	5.4	4.7			
13	여수	4.8	5.1	5.5	5.3			
14	포항	6.2	6.2	6.2	6.2			
15	제주	6.2	6.2	4.8	5.5			
16								
17								

■ '영수증' 자료를 입력하시오.

• 워크 시트에 있는 셀을 선택하여 한글, 영문, 한자 등과 같은 문자 자료와 연산을 할 수 있는 수치 자료를 입력합니다.

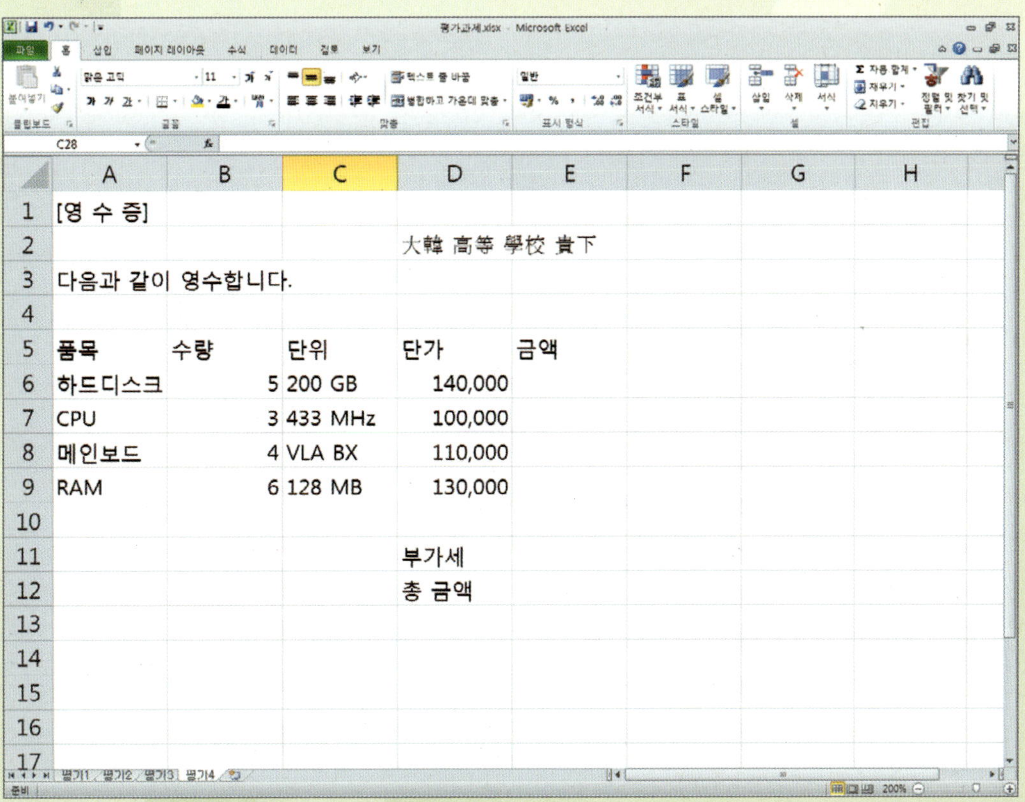

워크 시트에 입력된 자료는 셀의 범위를 지정하거나 머리글을 선택하여 복사하기, 붙여넣기, 잘라내기, 지우기, 삽입, 삭제 등의 작업을 하여 보다 효과적으로 워크 시트 작성을 할 수 있는데, 이러한 작업을 워크 시트 편집이라 합니다.

1 [메뉴 표시줄]을 이용하여 [복사하여 붙여넣기]를 하려면, 복사하여 붙여넣기하려는 [셀 범위 (A1~E5)]를 마우스나 키보드를 이용하여 지정한 후, [홈] ➡ [복사]를 선택합니다.

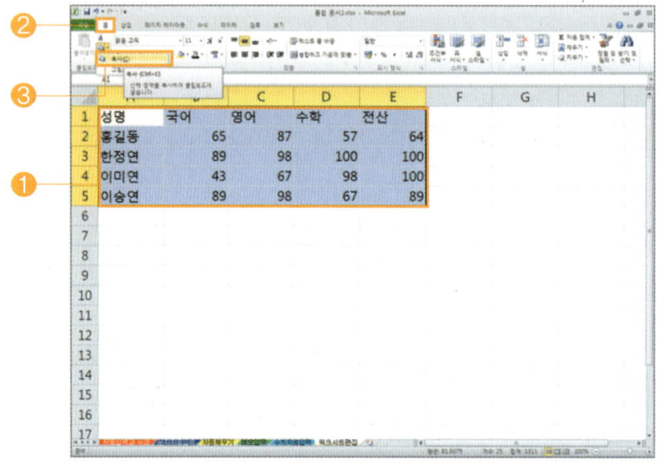

◉ 붙여넣을 자료의 [셀 (A9)]을 선택합니다.

◉ 메뉴 표시줄에서 [홈] ➡ [붙여넣기]를 선택하면 됩니다.

● 자료를 붙여넣기하려는 셀을 선택하고, Enter 키를 눌러도 붙여넣기가 됩니다.

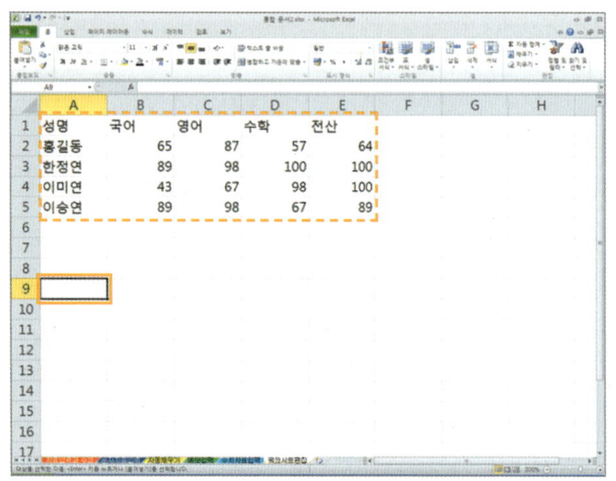

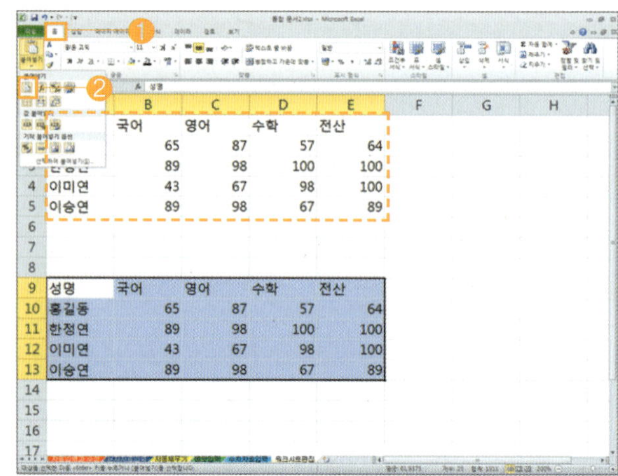

2 [단축 메뉴]를 이용하여 [복사하여 붙여넣기]를 하려면, 복사하여 붙여넣기하려는 [셀 범위]를 지정한 후, [마우스 오른쪽 버튼]을 누르면 단축 메뉴가 나타나는데, 여기서 [복사]를 선택합니다.

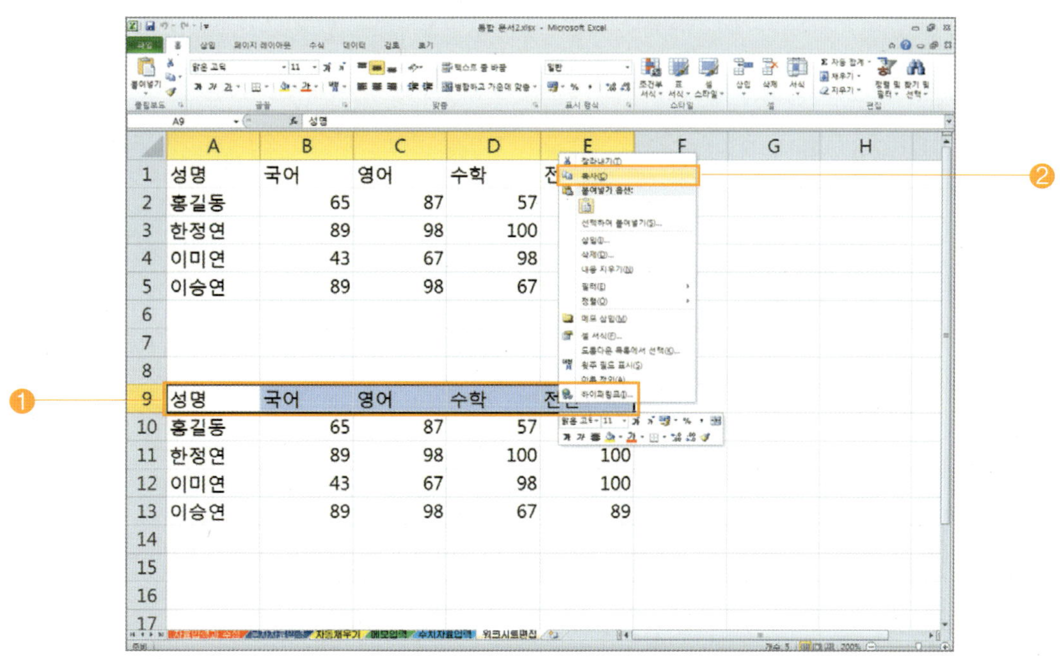

▶ 붙여넣을 자료의 [셀을 선택]한 후, Enter 키를 누르면 됩니다.

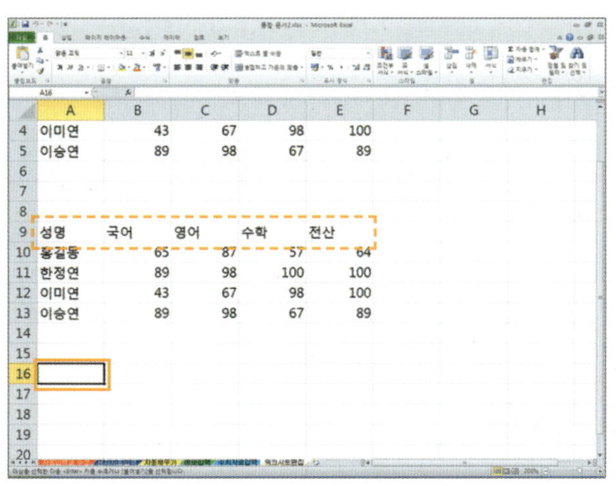

▶ 다음 화면은 자료가 [복사하여 붙여넣기]된 모양입니다.

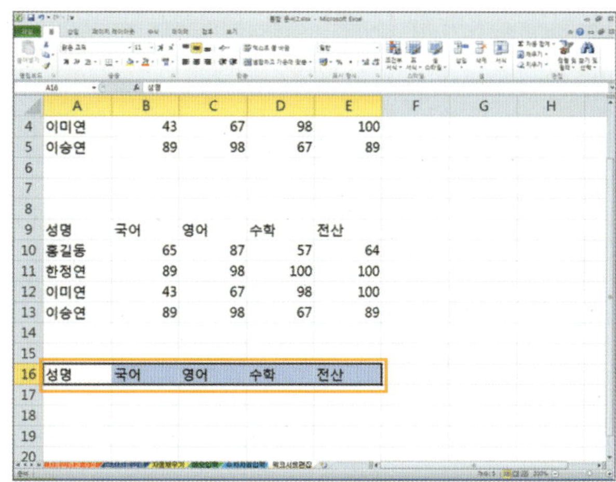

3 [메뉴 표시줄]을 이용하여 [잘라내어 붙여넣기]를 하려면, 잘라내기하려는 [셀 범위(A10~E13)]를 지정한 후, [홈] ➡ [잘라내기]를 선택합니다.

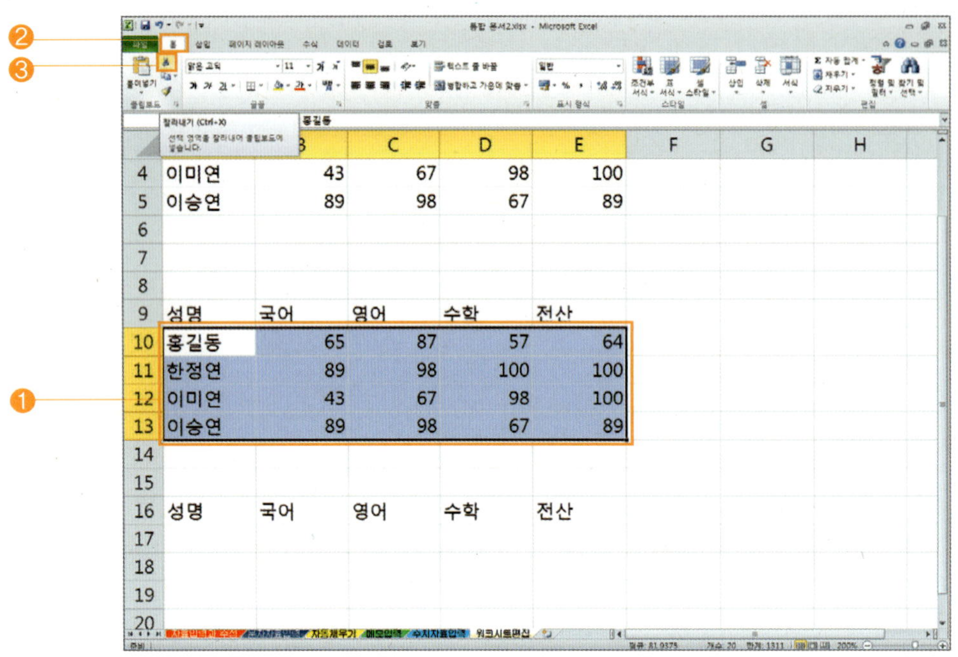

⑨ 붙여넣을 자료의 [셀 (A17)]을 선택합니다.

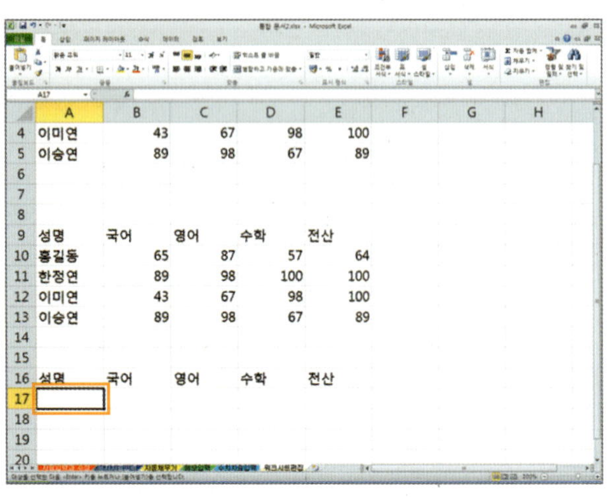

⑨ 메뉴 표시줄에서 [홈] ➡ [붙여넣기]를 선택하면 됩니다.

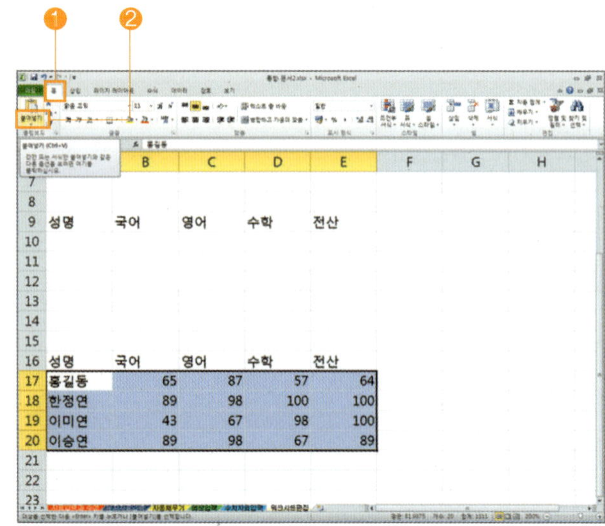

4 [단축 메뉴]를 이용하여 [잘라내어 붙여넣기]를 하려면, 잘라내어 붙여넣기하려는 [셀 범위]를 지정한 후, [마우스 오른쪽 버튼]을 누르면 단축 메뉴가 나타나는데, 여기서 [잘라내기]를 선택합니다.

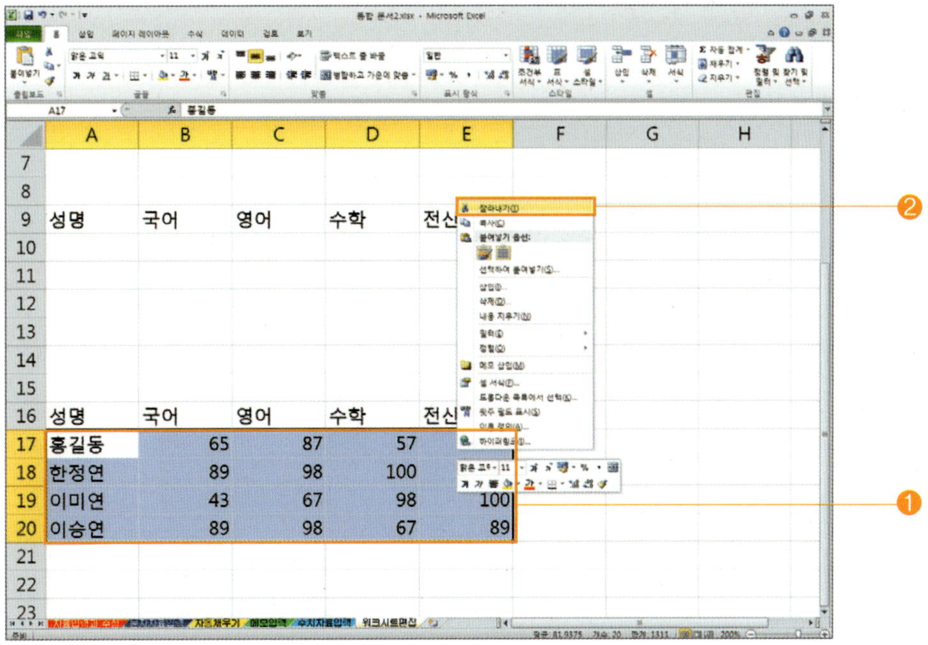

⊙ 붙여넣을 자료의 [셀을 선택]한 후, Enter 키를 누르거나 단축 메뉴에서 [붙여넣기]를 선택하면 됩니다.

⊙ 다음 화면은 자료가 [잘라내어 붙여넣기]된 모양입니다.

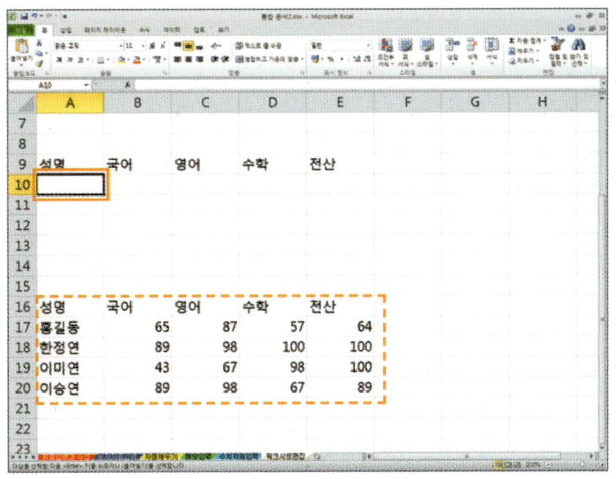

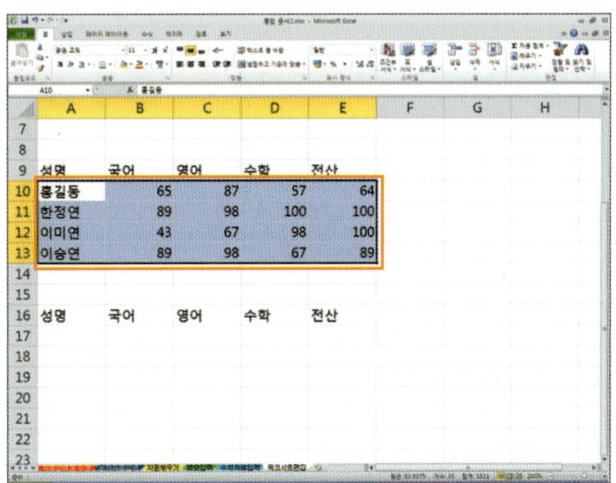

5 [자료 지우기]를 하려면, 지우기하려는 [셀 범위]를 지정한 후, [홈] ➡ [지우기] ➡ [내용 지우기]
를 선택하거나, 키보드에서 Delete 키를 누르면 됩니다.

● 단축 메뉴에서 [내용 지우기]를 선택하여도 됩니다.

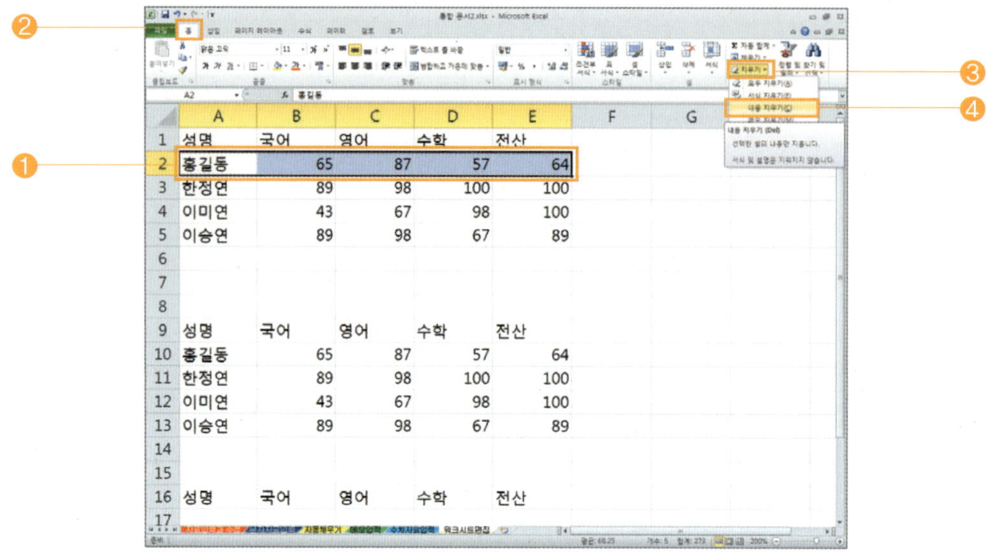

▷ 다음 화면은 셀에 있는 내용만 지워지고, 셀은 그대로 남아 있는 모양입니다.

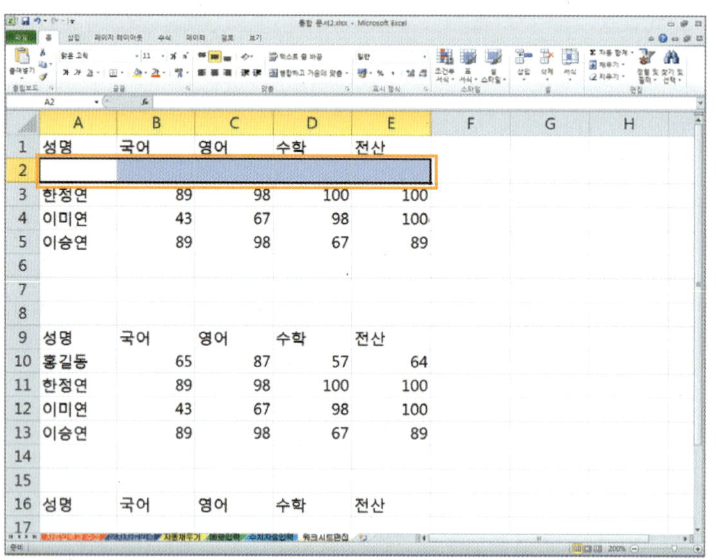

>>> 알아두세요

[홈] ➡ [지우기] ➡ [모두 지우기]를 선택하면...

셀에 있는 서식, 내용, 메모까지 지워집니다.

6 [셀 삽입]을 하려면, 삽입하려는 셀을 선택한 후, [마우스 오른쪽 버튼]을 누르면 단축 메뉴가 나타나는데, 여기서 [삽입]을 선택합니다.

● [홈] ➡ [삽입] ➡ [셀 삽입]을 선택하여도 됩니다.

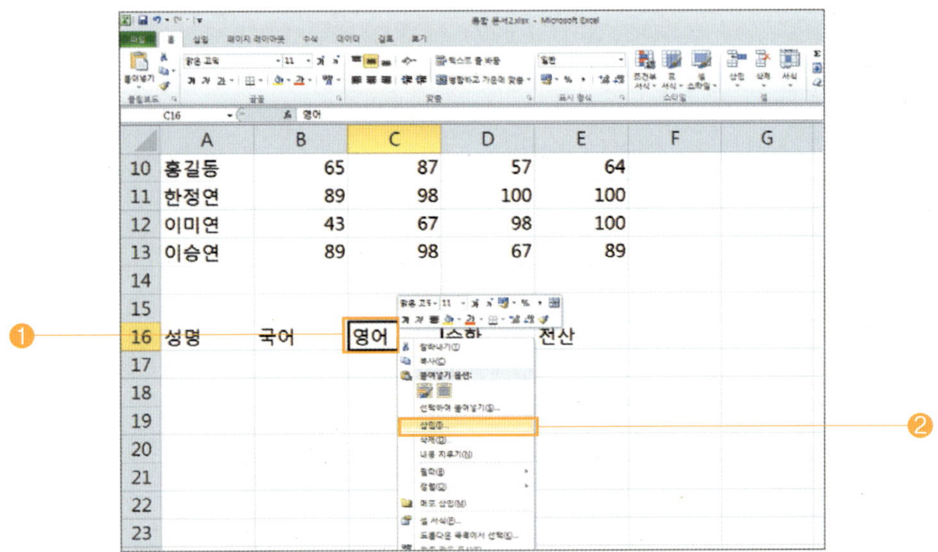

⊚ [삽입] 대화상자에서 삽입하려는 항목을 선택하고, [확인] 버튼을 누르면 됩니다.

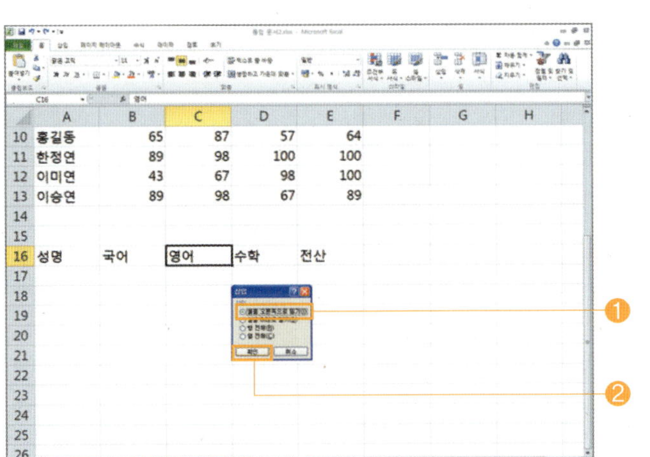

⊚ 다음 화면은 [셀을 오른쪽으로 밀기]를 선택하여 한 셀이 [삽입]된 모양입니다.

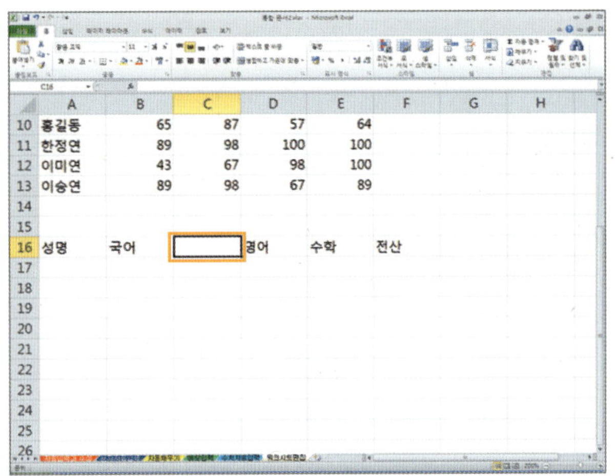

• [삽입] 대화상자에서 [행 전체/열 전체]를 선택하면 셀 표시기가 위치한 곳에서 행/열 전체가 [위쪽/왼쪽]으로 삽입됩니다.

7 [셀 삭제]를 하려면, 삭제하려는 셀을 선택한 후, [마우스 오른쪽 버튼]을 누르면 단축 메뉴가 나타나는데, 여기서 [삭제]를 선택합니다.

● [홈] ➡ [삭제] ➡ [셀 삭제]를 선택하여도 됩니다.

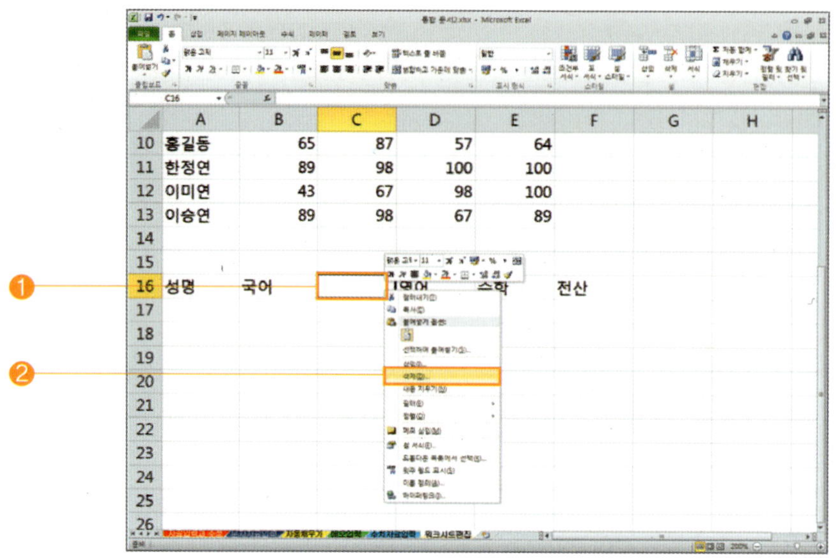

⊙ [삭제] 대화상자에서 삭제하려는 항목을 선택하고, [확인] 버튼을 누르면 됩니다.

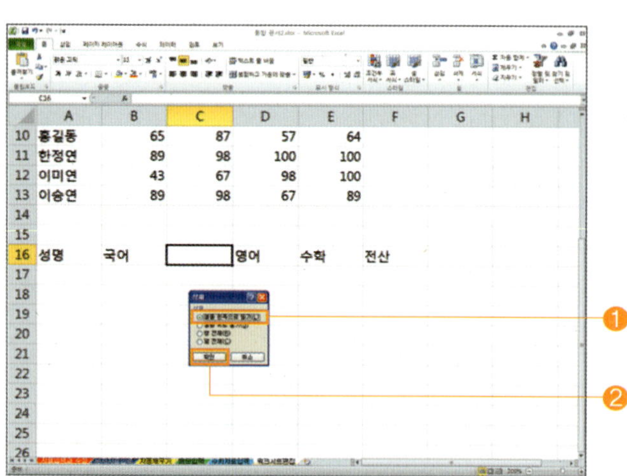

⊙ 다음 화면은 [셀을 왼쪽으로 밀기]를 선택하여 한 셀이 [삭제]된 모양입니다.

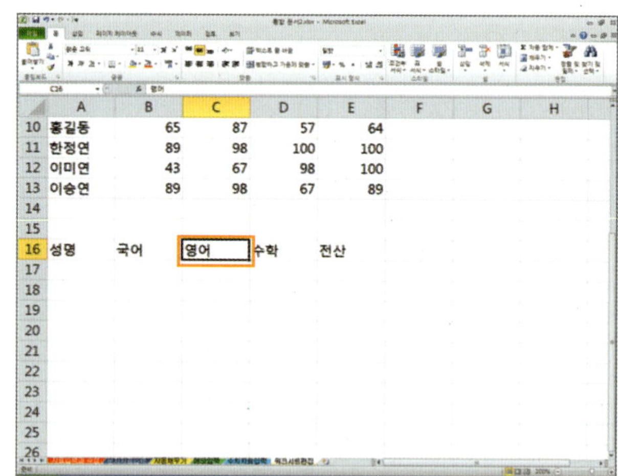

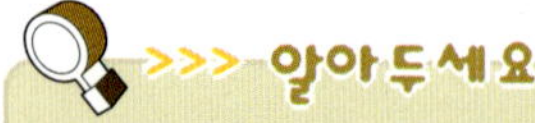

>>> 알아두세요

• [삭제] 대화상자에서 [행 전체/열 전체]를 선택하면 셀 표시기가 위치한 행/열 전체가 [삭제]됩니다.

8 [행 삽입]을 하려면, 삽입하려는 [행 바로 다음 행]에 마우스 포인터를 놓고 [마우스 오른쪽 버튼]을 누르면 단축 메뉴가 나타나는데, 여기서 [삽입]을 선택하면 됩니다.

● 삽입하려는 행 바로 다음 행을 선택한 후, 메뉴 표시줄에서 [홈] ➡ [삽입] ➡ [시트행 삽입]을 선택하여도 됩니다.

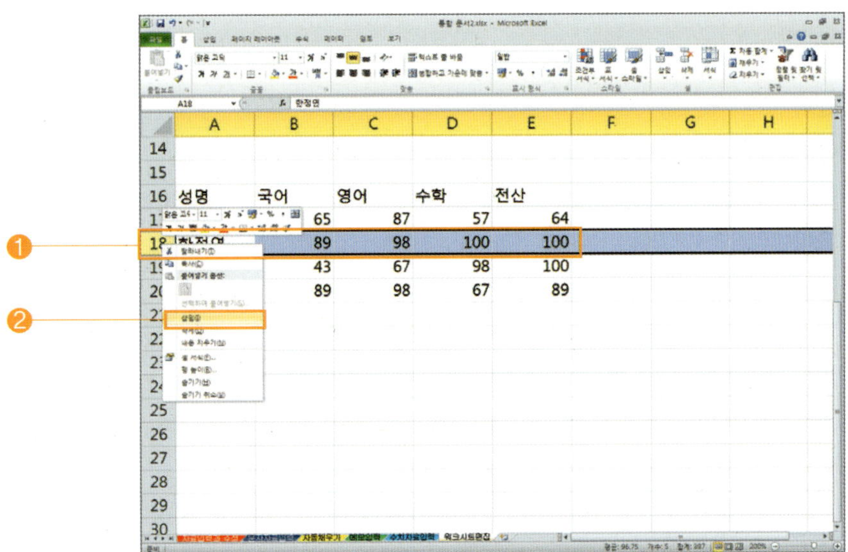

▶ 다음 화면은 [17행]과 [19행] 사이에 [새로운 행이 삽입]된 모양입니다.

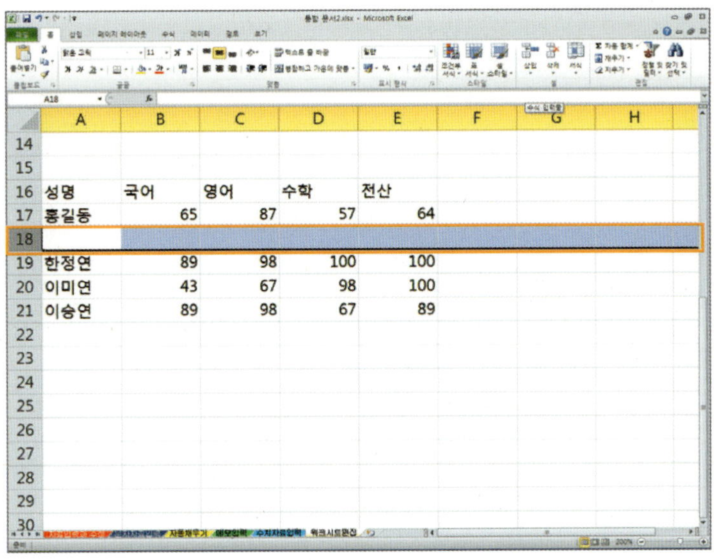

>>> 알아두세요

[열 삽입]을 하려면…
- 삽입하려는 [열 바로 다음 열]을 선택합니다.
- 단축 메뉴에서 [삽입]을 선택하면 [새로운 열]이 왼쪽에 삽입됩니다.

9 [행 삭제]를 하려면, 삭제하려는 행에 마우스 포인터를 놓고 [마우스 오른쪽 버튼]을 누르면 단축 메뉴가 나타나는데, 여기서 [삭제]를 선택하면 됩니다.

● 삭제하려는 행을 선택한 후, [홈] ➡ [삭제] ➡ [시트행 삭제]를 선택하여도 됩니다.

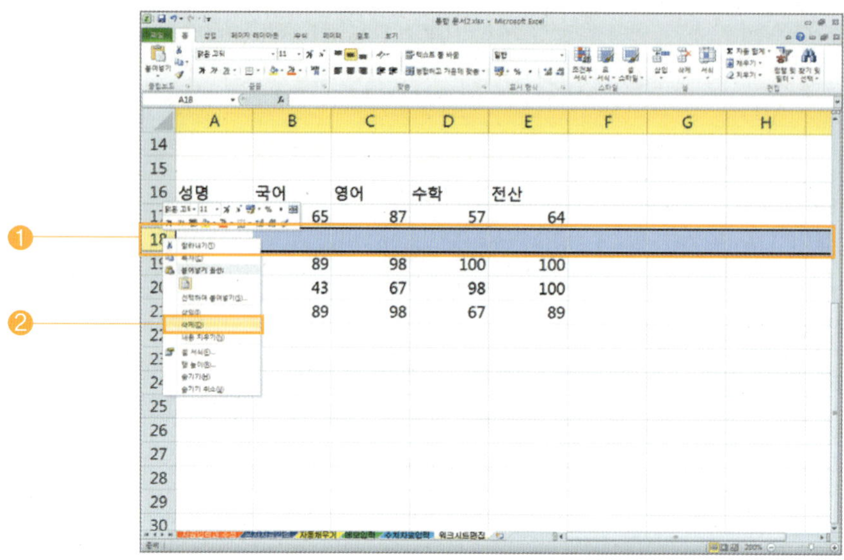

⟫ 다음 화면은 [17행]과 [19행] 사이에 있던 [18행]이 [삭제]된 모양입니다.

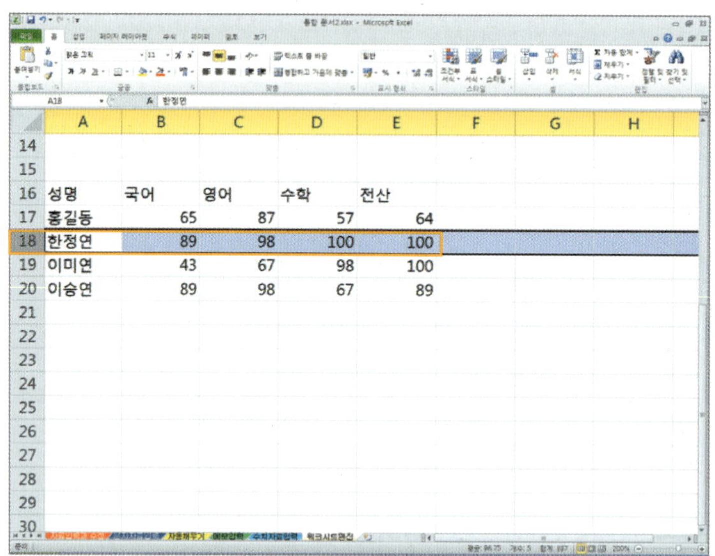

시트 전체를 삭제하려면…

[모두 선택 버튼]을 선택하고, 단축 메뉴에서 [삭제]를 선택하면 됩니다.

10 [마우스]를 이용하여 [열 너비 변경]을 하려면, [A15] 셀을 선택하여 [1학기 성적표 만들기]라 고 자료를 입력하고 Enter 키를 누릅니다.

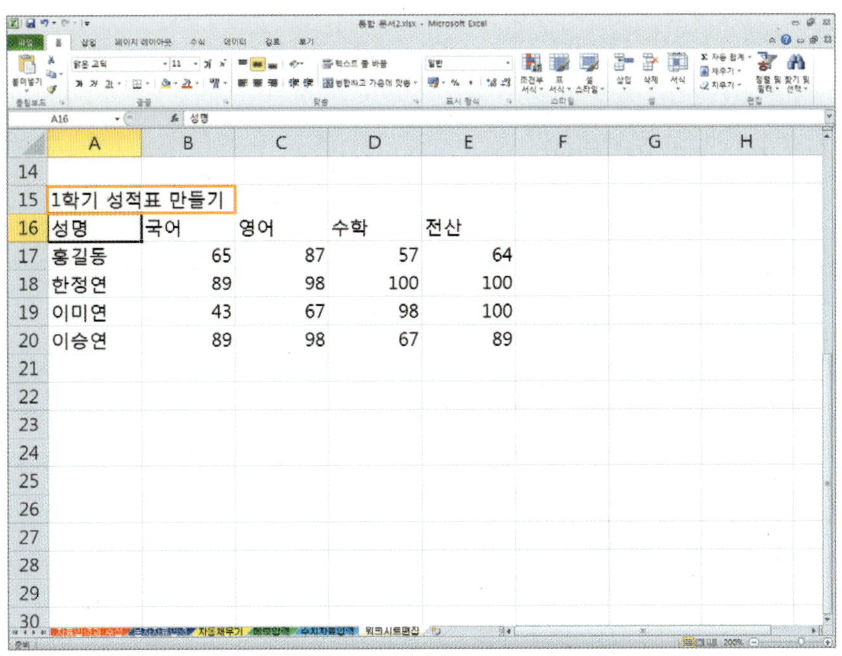

⊙ 열 너비를 변경하려는 A와 B열 머리글 [경 계선] 사이에 마우스 포인터를 놓으면 [↔]모양으로 변경됩니다.

⊙ 이런 상태에서 마우스를 [더블클릭]하거나 원하는 너비만큼 [드래그]하면 됩니다.
● 더블클릭하면 열에 입력된 자료 중 가장 긴 열에 맞게 너비가 [자동 조절]됩니다.

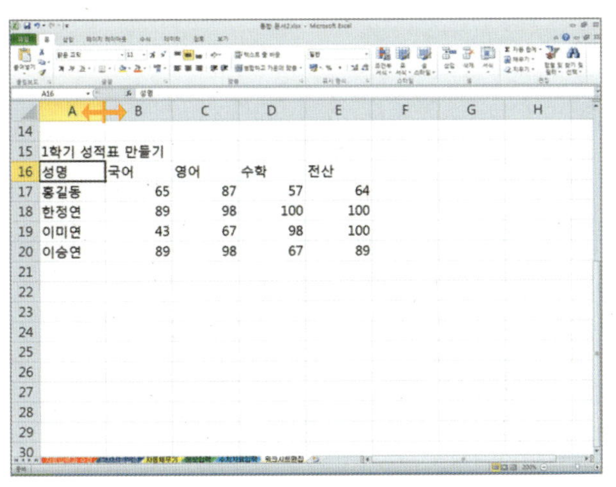

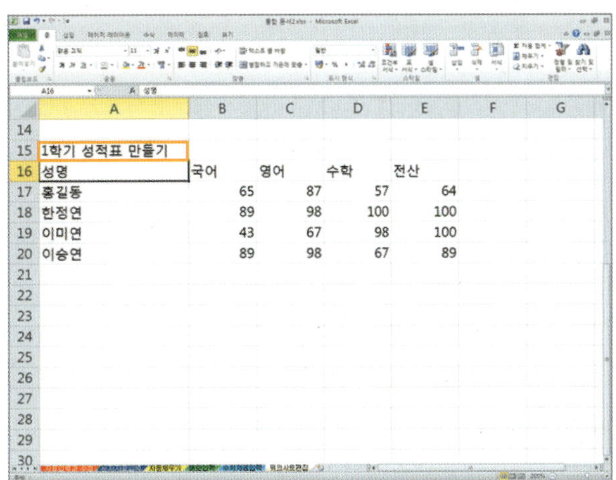

11 [메뉴 표시줄]을 이용하여 [열 너비 변경]을 하려면 변경하려는 셀을 선택한 후, [홈] ➡ [서식] ➡ [열 너비 자동 맞춤]을 클릭하면 됩니다.

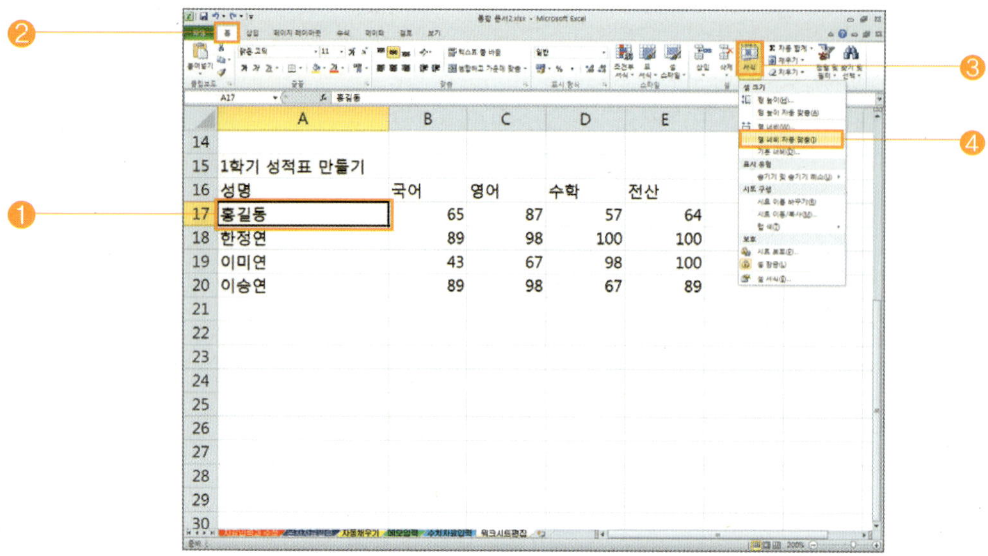

12 여러 개의 열을 [균등한 너비]로 변경하려면 변경하려는 [셀 범위]를 지정한 후, [홈] ➡ [서식] ➡ [열 너비 자동 맞춤]을 선택하면 됩니다.

➲ 다음 화면은 선택한 셀의 내용을 모두 나타낼 수 있게 열 너비가 [균등]하게 변경된 모양입니다.

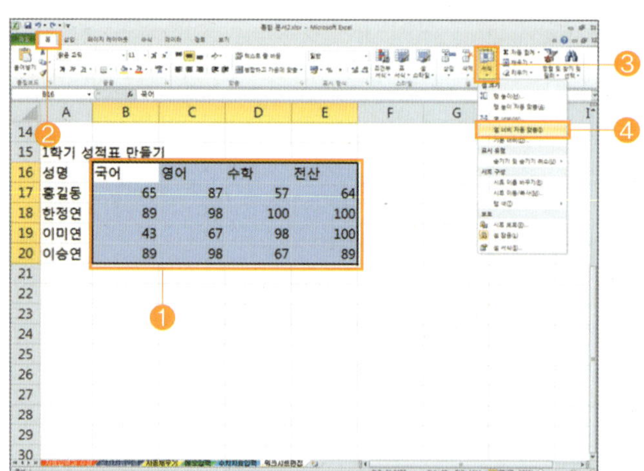

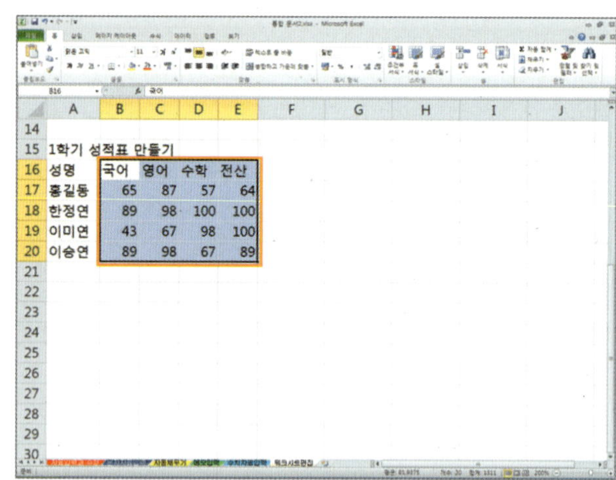

>>> 알아두세요

[서식] ➡ [열 너비]를 선택하면…
- 대화상자에 있는 [열 너비]란에 사용자가 0~255 사이의 값을 입력하여 너비를 변경할 수 있습니다.
- 열 너비를 [0]으로 입력하면 숨긴 열이 됩니다.

평가과제

- '주요 도시별 산성비 현황1' 자료를 작성한 후, '주요 도시별 산성비 현황2'와 같이 자료를 추가로 작성하시오.

- 셀 삽입 기능을 이용하여 셀을 삽입한 후, '4月' 자료를 입력합니다.

- 행 삽입 기능을 이용하여 행을 삽입한 후, '독도' 자료를 입력합니다.

- '月 平均'의 열너비를 '15'로 조정합니다.

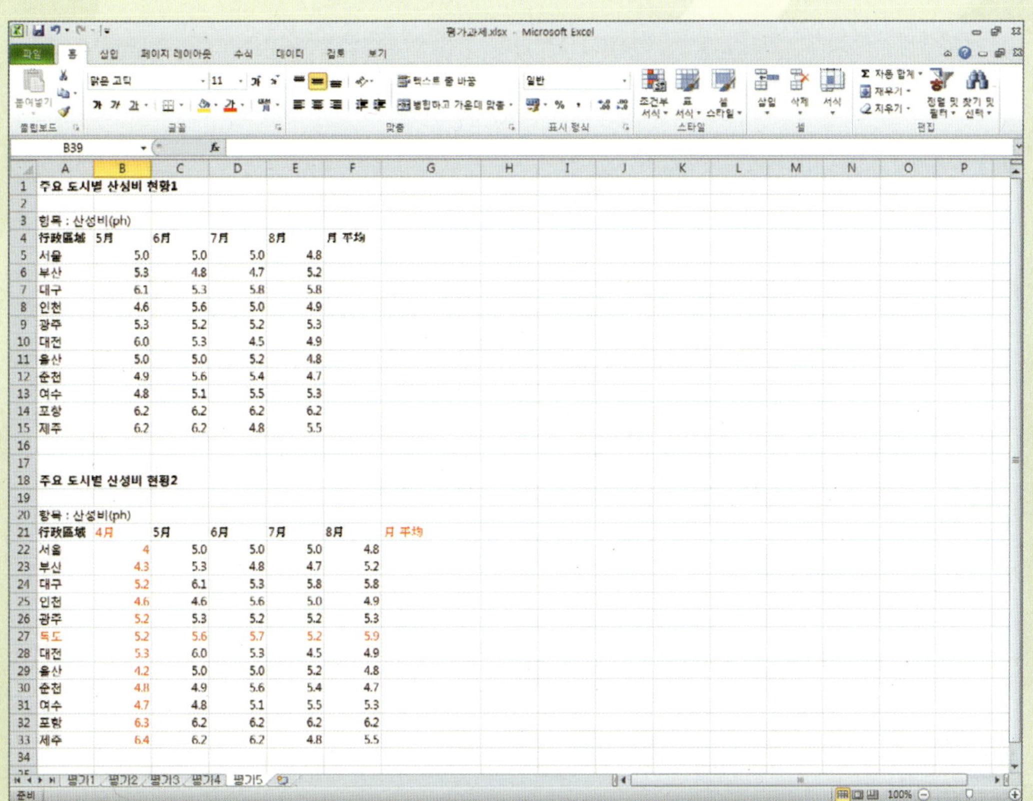

주요 도시별 산성비 현황1

항목 : 산성비(ph)

行政區域	5月	6月	7月	8月	月 平均
서울	5.0	5.0	5.0	4.8	
부산	5.3	4.8	4.7	5.2	
대구	6.1	5.3	5.8	5.8	
인천	4.6	5.6	5.0	4.9	
광주	5.3	5.2	5.2	5.3	
대전	6.0	5.3	4.5	4.9	
울산	5.0	5.0	5.2	4.8	
순천	4.9	5.6	5.4	4.7	
여수	4.8	5.1	5.5	5.3	
포항	6.2	6.2	6.2	6.2	
제주	6.2	6.2	4.8	5.5	

주요 도시별 산성비 현황2

항목 : 산성비(ph)

行政區域	4月	5月	6月	7月	8月	月 平均
서울	4	5.0	5.0	5.0	4.8	
부산	4.3	5.3	4.8	4.7	5.2	
대구	5.2	6.1	5.3	5.8	5.8	
인천	4.6	4.6	5.6	5.0	4.9	
광주	5.2	5.3	5.2	5.2	5.3	
독도	5.2	5.6	5.7	5.2	5.9	
대전	5.3	6.0	5.3	4.5	4.9	
울산	4.2	5.0	5.0	5.2	4.8	
순천	4.8	4.9	5.6	5.4	4.7	
여수	4.7	4.8	5.1	5.5	5.3	
포항	6.3	6.2	6.2	6.2	6.2	
제주	6.4	6.2	6.2	4.8	5.5	

통합 문서 저장이란 스프레드 시트의 내용이 변경되지 않도록 하드디스크나 USB 메모리에 파일의 형태로 보관해 두는 작업으로서, 통합 문서의 관리를 계층적으로 하면 컴퓨터 시스템을 보다 효율적으로 사용할 수 있습니다.

1 [통합 문서 저장]을 하려면, [새로운 문서]인 경우 [파일] ➡ [저장]을 클릭하면 [다른 이름으로 저장] 대화 상자가 나타납니다.

● 제목 표시줄에 통합 문서[번호] – Microsoft Excel인 경우는 새로운 문서를 의미합니다.

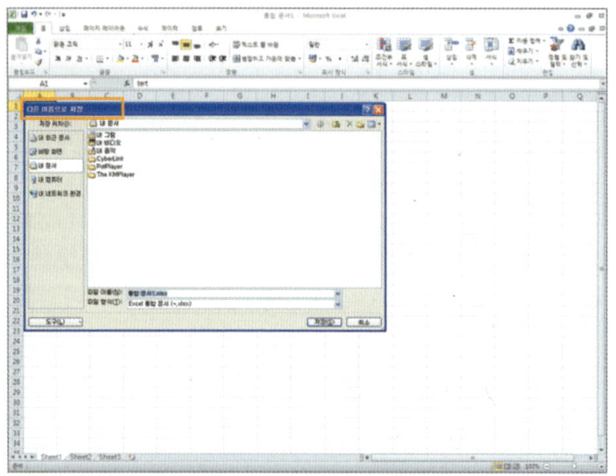

⨠ [저장 위치]를 지정하고, [파일 이름]란에 원하는 파일명을 [입력]한 후, [저장] 버튼을 누르면 됩니다.

● [파일명]이 이미 지정되어 있는 문서를 작업한 후, [저장]하면 [다른 이름으로 저장]의 대화상자가 나타나지 않고 저장됩니다.

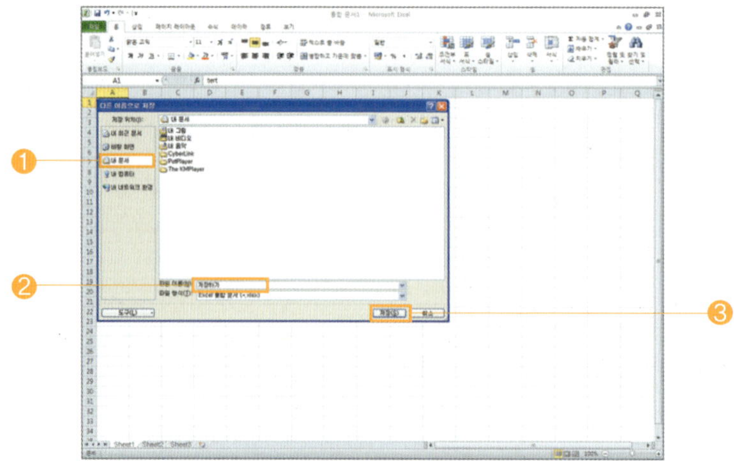

2 [통합 문서 닫기]를 하려면, [새로운 문서]에서 작업을 한 후, [파일] ➡ [닫기]를 선택하면 [Microsoft Excel] 대화상자가 나타나는데, [저장] 버튼을 누르면 [다른 이름으로 저장] 대화상자가 나타납니다.

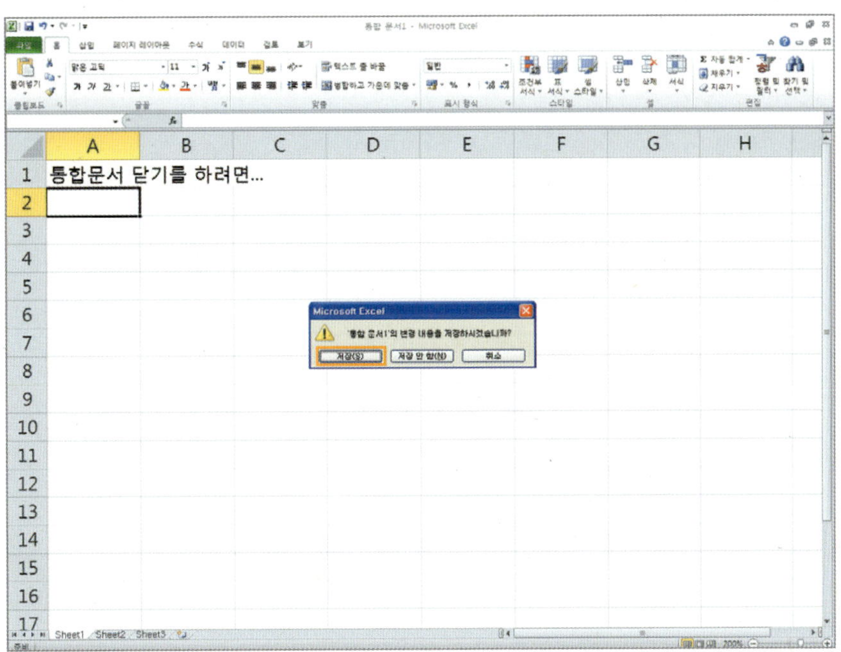

여기서, [저장 위치]를 지정하고, [파일 이름]란에 원하는 파일명을 [입력]한 후, [저장] 버튼을 누르면 됩니다.

다음 화면은 [Microsoft Excel] 대화상자에서 [예] 버튼을 선택할 경우 통합 문서가 저장되고, 빈 엑셀 프로그램 창이 나타난 것입니다.

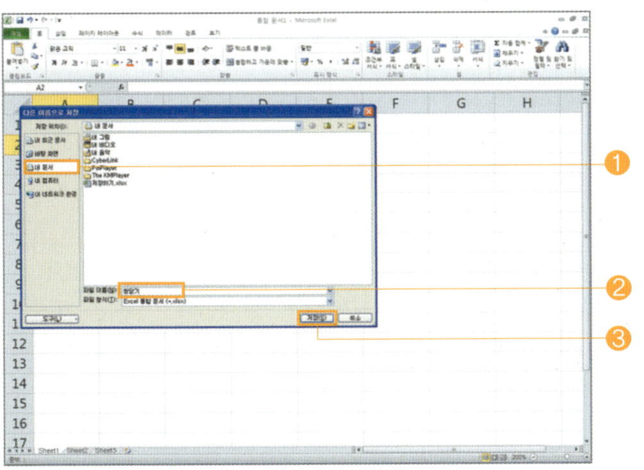

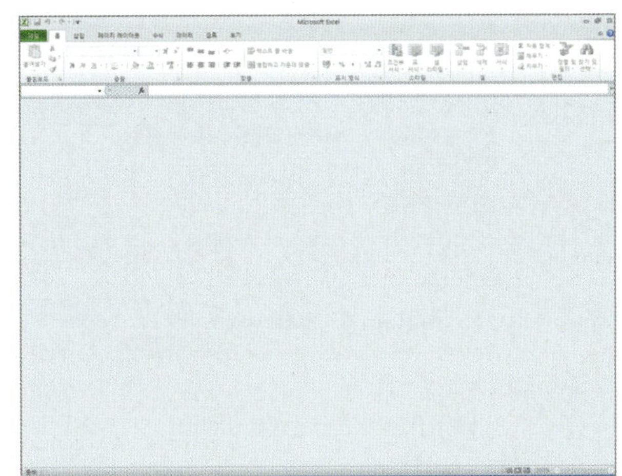

3 [새로 만들기]를 하려면, 메뉴 표시줄에서 [파일] ➡ [새로 만들기]를 선택하고, 사용 가능한 서식 파일에서 [새 통합 문서] ➡ [만들기]를 클릭하면 됩니다.

4 [문서 열기]를 하려면, [파일] ➡ [열기]를 선택한 후, 대화상자에서 문서가 있는 [찾는 위치]를 지정하고, [열기] 버튼을 누르면 됩니다.

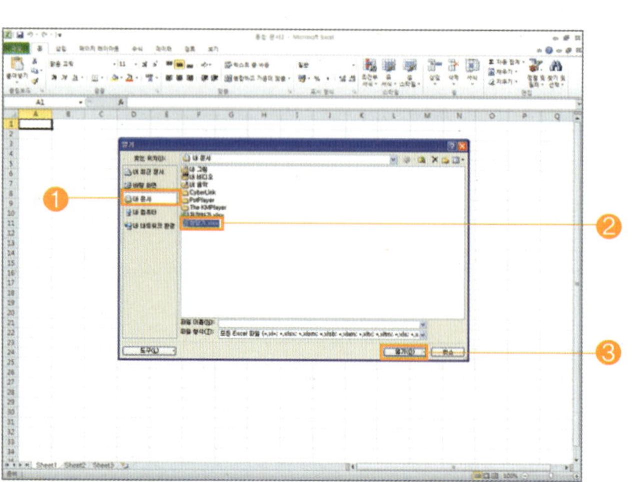

5 엑셀 2010을 [종료]하려면, [파일] ➡ [끝내기]를 클릭하거나, [닫기] 버튼을 누르면 됩니다.

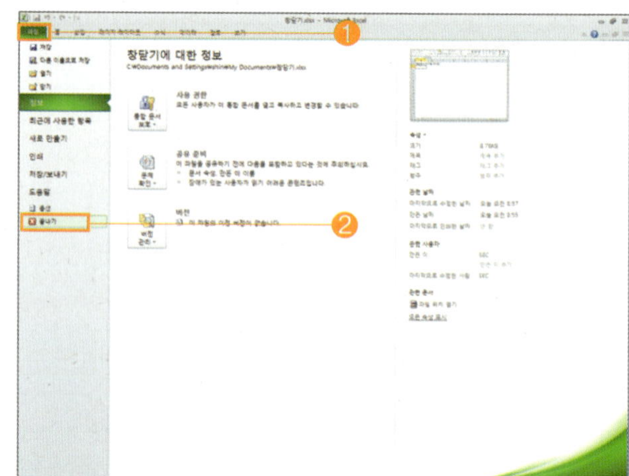

서식 지정이란 워크 시트에 작성한 자료들의 글자 모양, 맞춤, 셀 모양 등을 변경하여 보기 편하고, 알아보기 쉽게 만드는 작업으로서, 서식을 지정하려면 먼저 서식을 지정하려는 셀을 선택해야 합니다.

1 메뉴 표시줄을 이용하여 [셀 서식]을 지정하려면, [홈] 탭에서 [맞춤] 대화상자 아이콘을 클릭하면, [셀 서식] 대화상자가 나타나는데, 여기서 원하는 항목을 선택한 후 지정하면 됩니다.

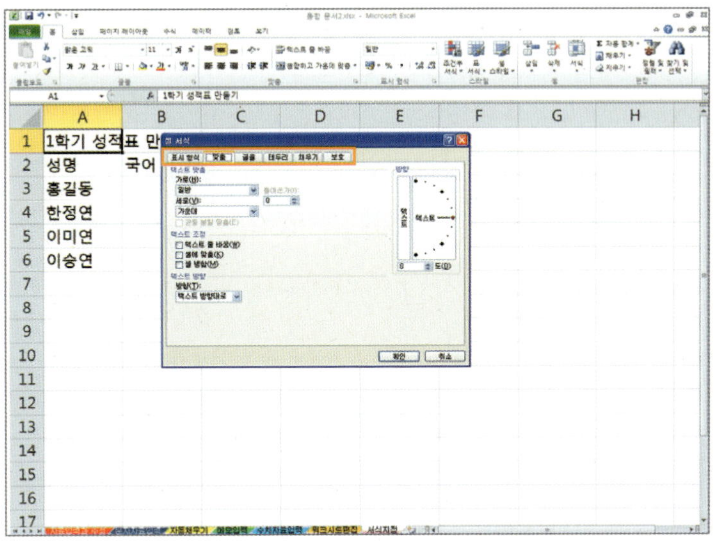

2 단축 메뉴를 이용하여 [셀 서식]을 지정하려면, 서식을 지정하려는 [셀을 선택]한 후, [마우스 오른쪽 버튼]을 누르면 단축 메뉴가 나타나는데 여기서 [셀 서식]을 선택합니다.

▶ [셀 서식] 대화상자가 나타나면, 여기서 원하는 항목을 클릭한 후 지정하면 됩니다.

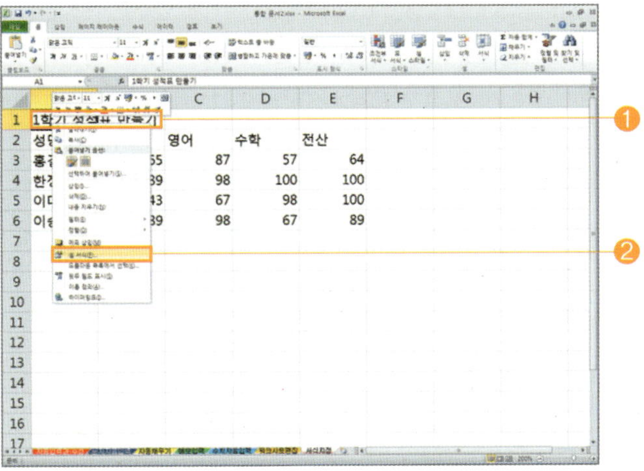

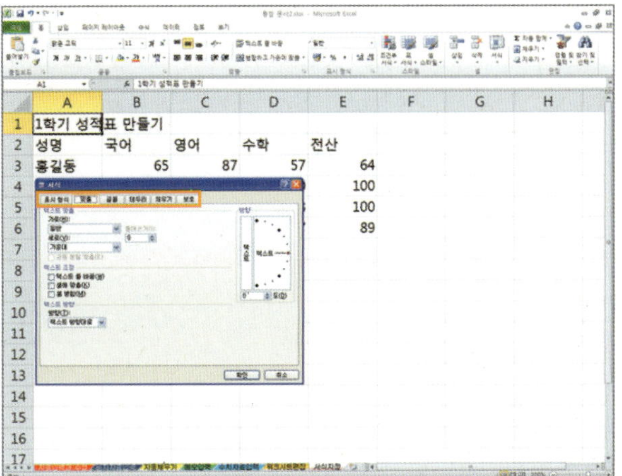

3 서식 도구 모음줄을 이용하여 [셀 서식]을 지정하려면, 서식을 지정하려는 [셀을 선택]한 후, 서식 도구 모음줄에서 원하는 항목을 지정하면 됩니다.

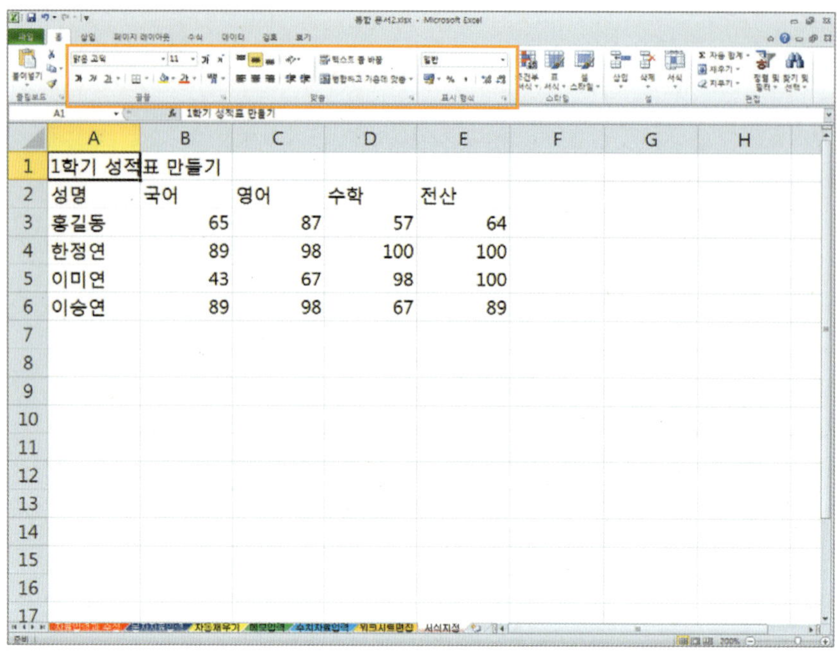

4 [글자 모양]을 지정하려면, 지정하려는 [셀을 선택]한 후, [셀 서식] 대화상자에서 [글꼴]을 선택합니다.

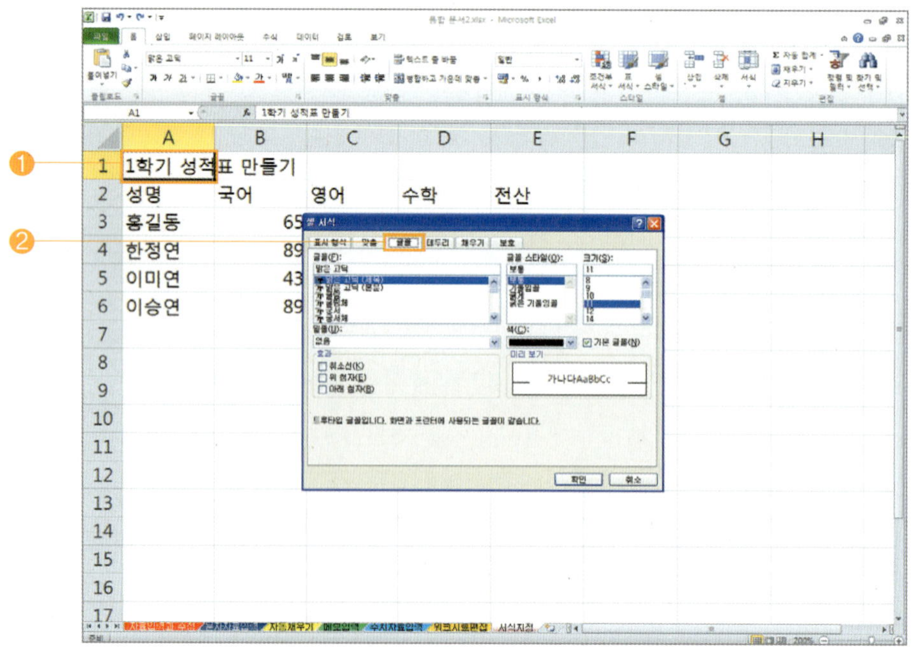

⊚ 여기서, [글꼴]을 [맑은 고딕(제목)], [글꼴 스타일]을 [굵게], [크기]를 [16]으로 선택하고, [확인] 버튼을 누르면 됩니다.

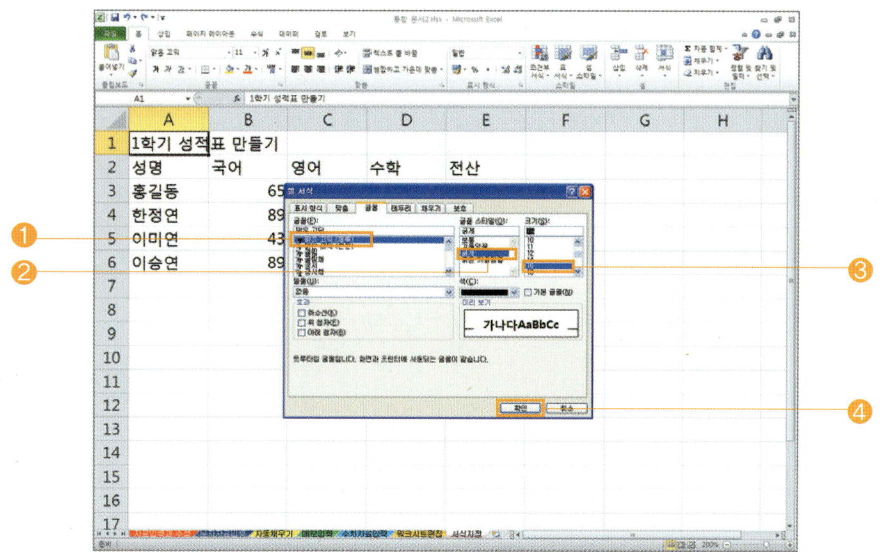

⊚ 다음 화면은 선택한 셀의 [글꼴/글꼴 스타일/크기]를 지정한 모양입니다.
● 서식 도구 모음줄에서 [글꼴/글꼴 스타일/크기]를 지정하여도 됩니다.

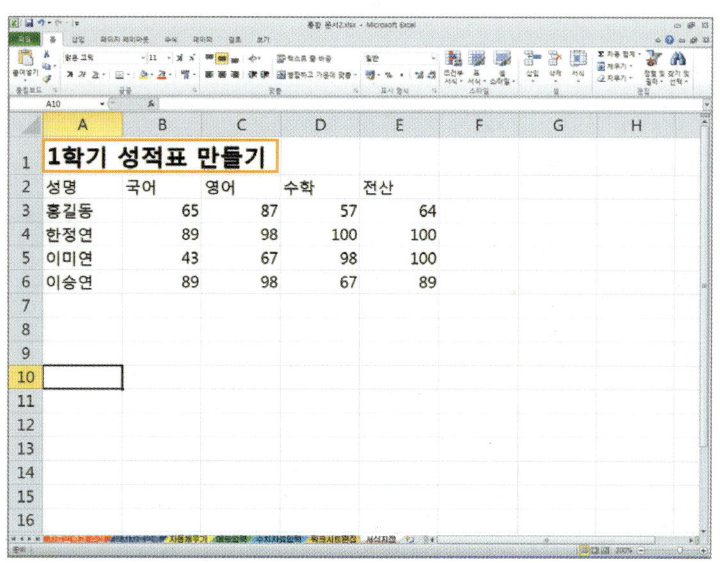

>>> 알아두세요

글자 모양이란...

셀에 입력된 글자를 여러 가지 모양으로 바꾸는 작업으로서 글자의 글꼴, 크기, 스타일, 글자색, 첨자 등을 지정할 수 있습니다.

5 [맞춤]을 지정하려면,

▶ [가운데 맞춤]을 하려면, 지정하려는 [셀 범위(A2~E2)]를 선택한 후, 서식 도구 모음줄에서 [가운데 맞춤] 아이콘을 선택합니다.

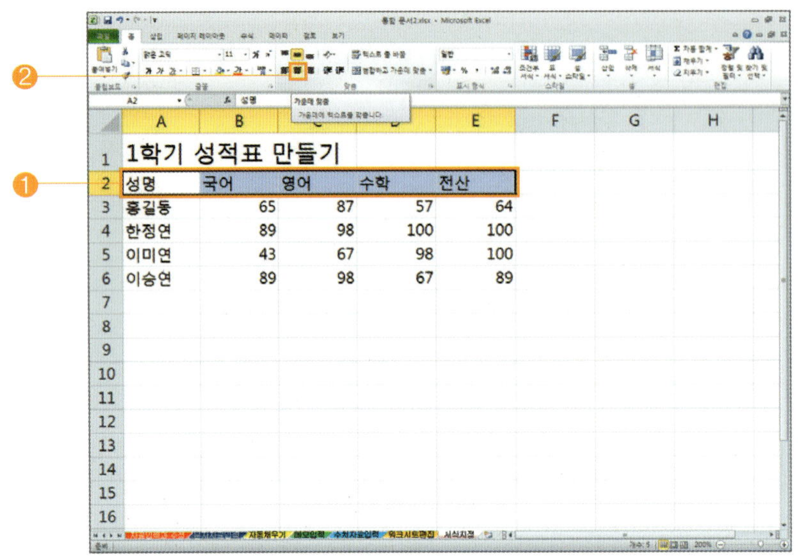

▶ [셀 병합 후 가운데 맞춤]을 하려면, 병합하려는 [셀 범위(A1~E1)]를 지정하고, [셀 서식] 대화상자에서 [맞춤]을 선택합니다.

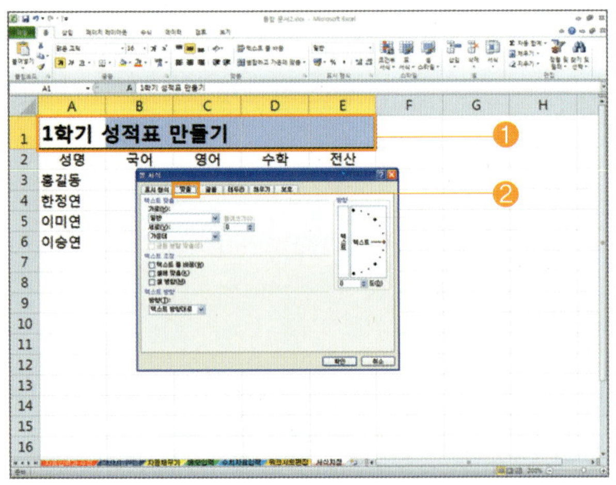

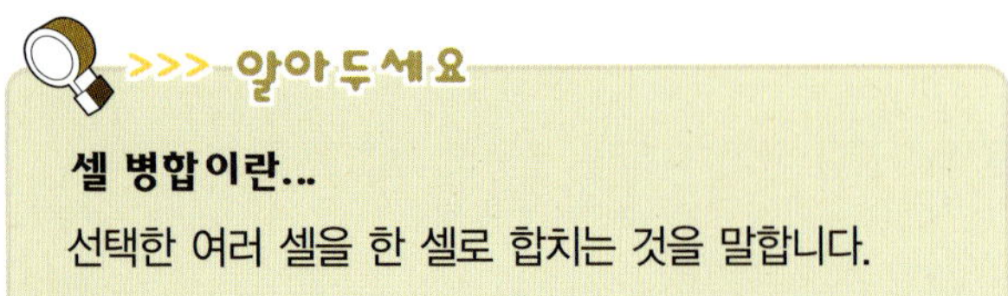

▶ [텍스트 조정]란에서 [셀 병합]을 클릭하고, 셀 내용을 가로로 맞추기 위하여 [텍스트 맞춤]란에서 [가로]의 목록 단추를 클릭하여 [가운데]를 선택한 후, [확인] 버튼을 누르면 됩니다.

● 셀 내용을 세로로 맞추기하려면 [세로]를 선택하면 됩니다.

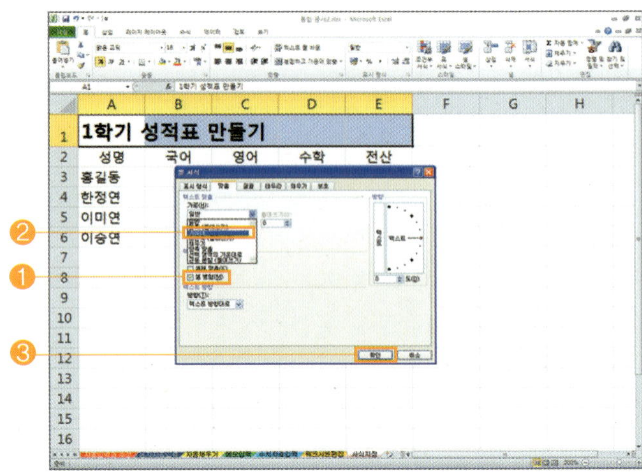

⊙ [텍스트 방향]을 지정하려면, 지정하려는 [셀 범위(A3~A6)]를 선택한 후, [셀 서식] 대화상자에서 [맞춤]을 선택합니다.

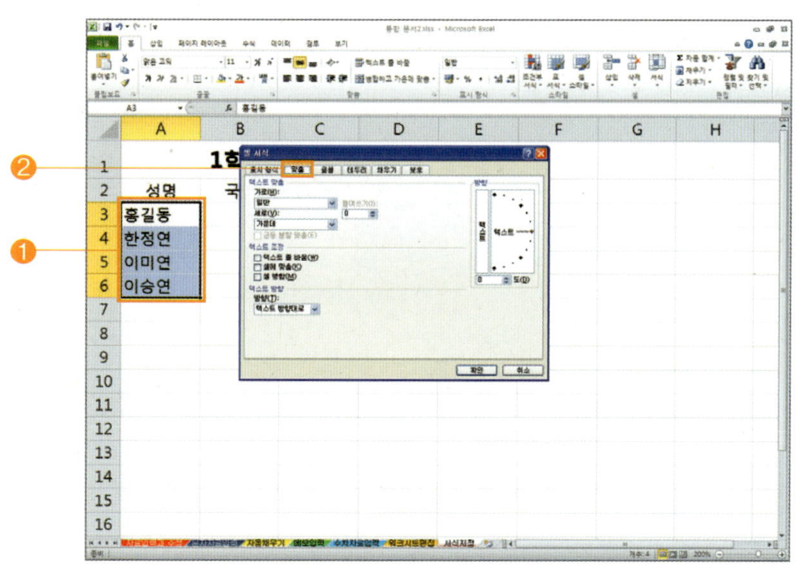

⊙ [방향]란의 각도를 [20도]로 지정하고, [확인] 버튼을 누르면 됩니다.

● [음수]를 입력하면 왼쪽 위에서 [오른쪽 아래]로 회전합니다.

⊙ 다음 화면은 선택한 셀의 [텍스트 회전 각도]를 [20도]로 지정한 모양입니다.

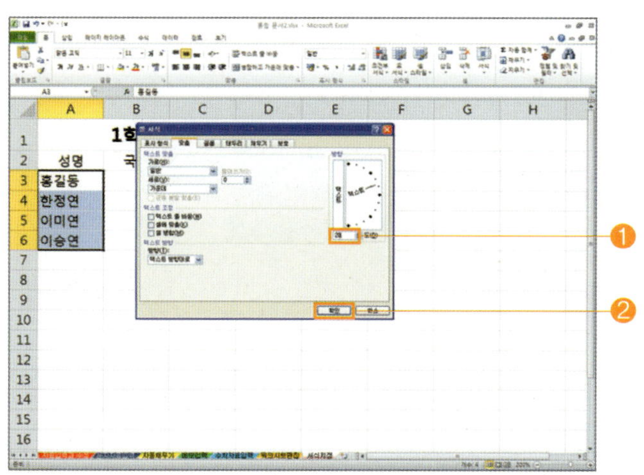

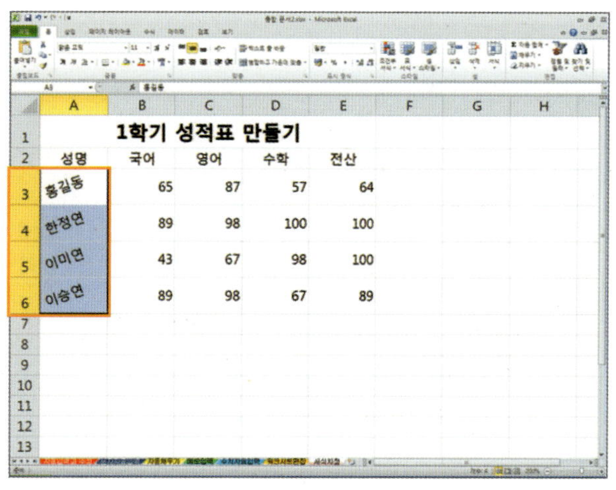

알아두세요

맞춤이란...

셀에 입력된 자료의 내용을 왼쪽, 가운데, 오른쪽, 선택된 영역의 가운데로 정렬하는 것을 말합니다.

6 [표시 형식]을 지정하려면, 지정하려는 [셀 범위(B3~E6)]를 선택한 후, [셀 서식] 대화상자에서 [표시 형식]을 선택합니다.

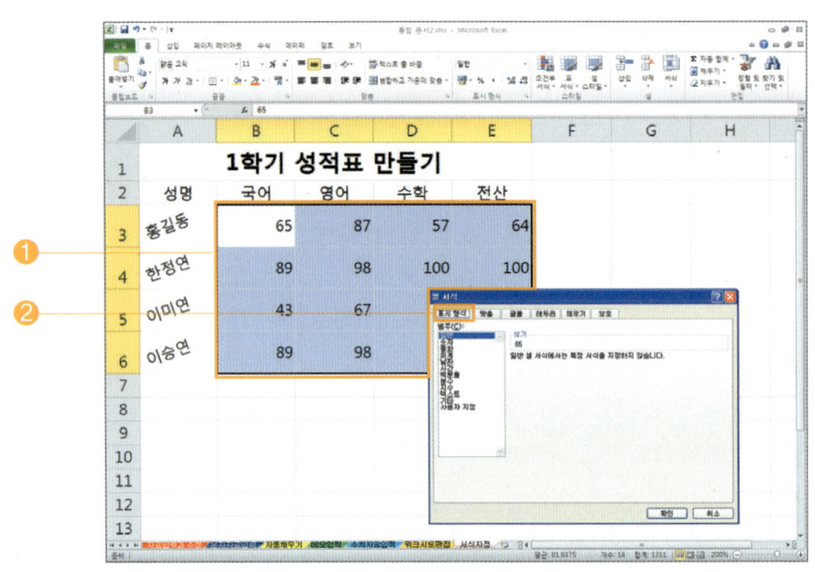

◎ [범주]란에서 [숫자]를 클릭하고, [소수 자릿수]를 [1]로 선택한 후, [확인] 버튼을 누르면 됩니다.

● 서식 도구 모음줄에서 [자릿수 늘림] 아이콘을 선택하여도 됩니다.

◎ 다음 화면은 선택한 셀의 자릿수가 [1자리] 늘어난 모양입니다.

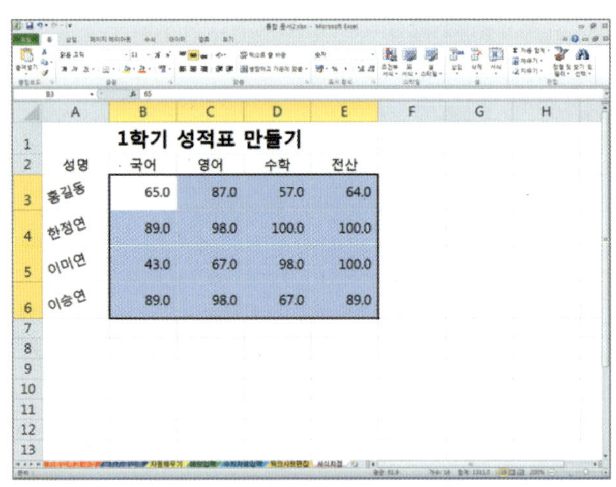

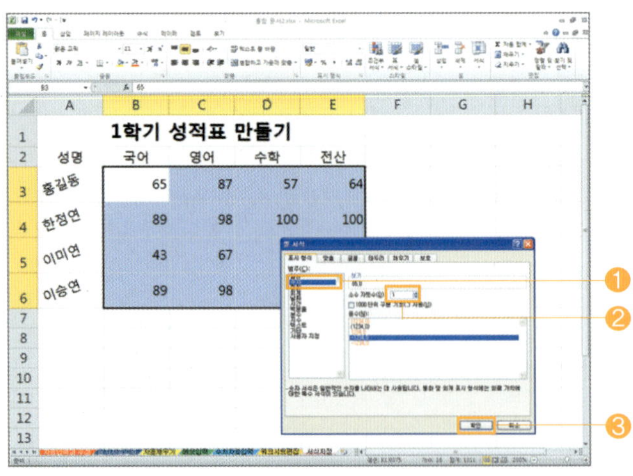

표시 형식 이란...

수치에 지정할 수 있는 형태로서 소수점, 통화, 백분율, 콤마, 시간, 지수 등을 말합니다.

7 [테두리]를 지정하려면, 지정하려는 [셀 범위(A2~E6)]를 선택한 후, [셀 서식] 대화상자에서 [테두리]를 선택합니다.

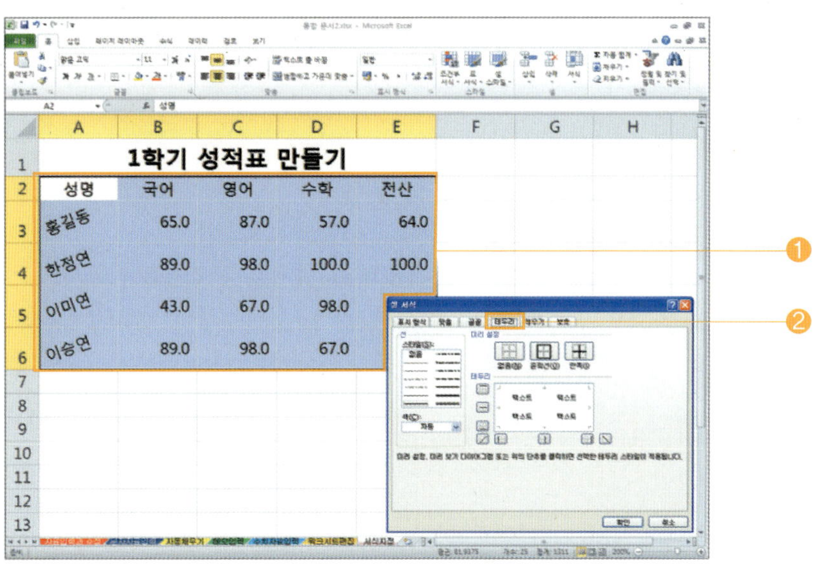

◉ [스타일]란에서 원하는 [선 종류]를 선택한 후, [윤곽선]을 클릭하고, [확인] 버튼을 누르면 됩니다.
- 서식 도구 모음줄에서 [바깥쪽 테두리] 아이콘을 선택하여도 됩니다.

◉ 다음 화면은 선택한 셀에 [테두리]가 그려진 모양입니다.
- 열 너비를 변경하려면, 열과 열 머리를 경계선 사이에 마우스 포인터를 놓고, 원하는 너비만큼 [드래그]하면 됩니다.

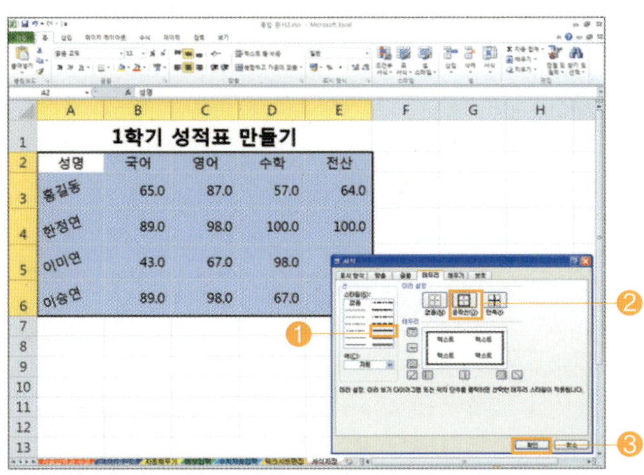

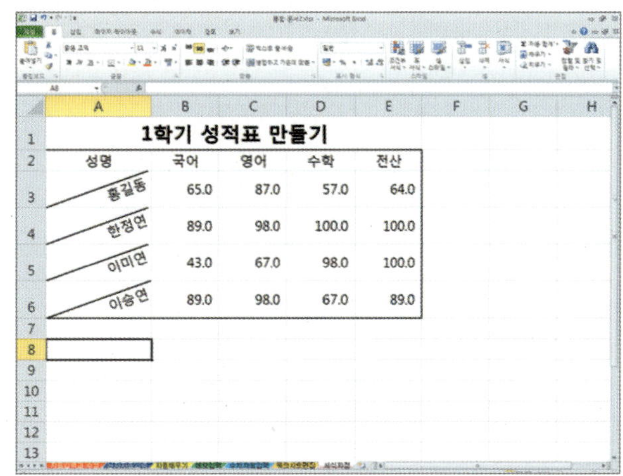

>>> 알아두세요

테두리란…

　선택된 셀의 자료를 보다 멋있게 만들고 인쇄상에서 셀 사이를 구분하기 위한 선을 말합니다.

테두리를 추가/삭제하려면…

텍스트 상자의 구역을 클릭하면 됩니다.

8 [채우기]를 지정하려면, 지정하려는 [셀 범위(A2~E2)]를 선택한 후, [셀 서식] 대화상자에서 [채우기]를 선택합니다.

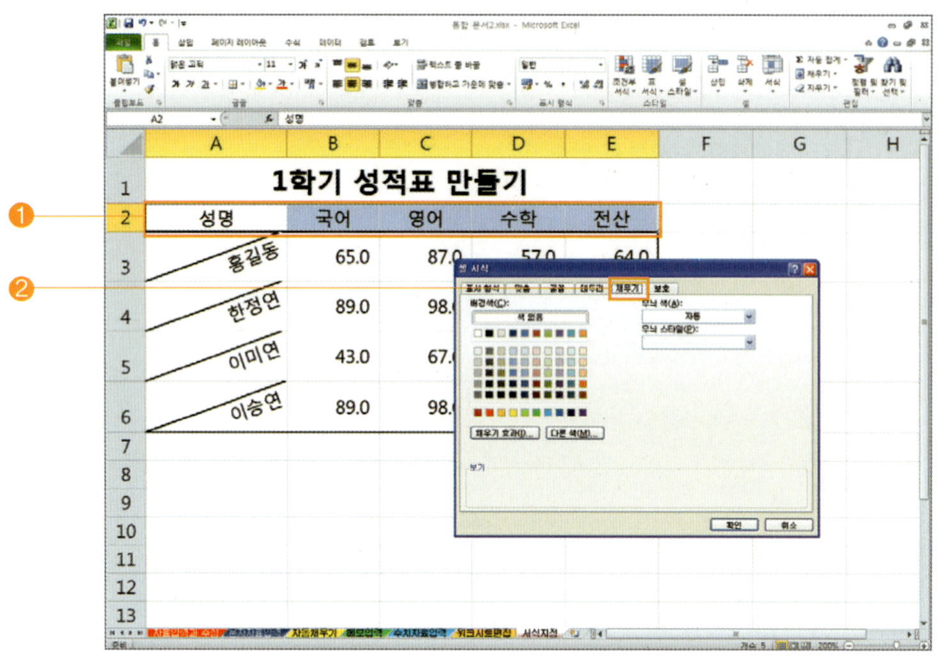

▶ [배경색]란에서 원하는 [배경색]을 선택한 후, [무늬 스타일]의 목록 단추를 클릭하여 [무늬 종류]를 선택하고, [확인] 버튼을 누르면 됩니다.

● 배경색 채우기를 하려면, 서식 도구 모음 줄에서 [채우기 색] 아이콘을 선택하면 됩니다.

▶ 다음 화면은 선택한 셀에 [배경색]과 [무늬] 가 지정된 모양입니다.

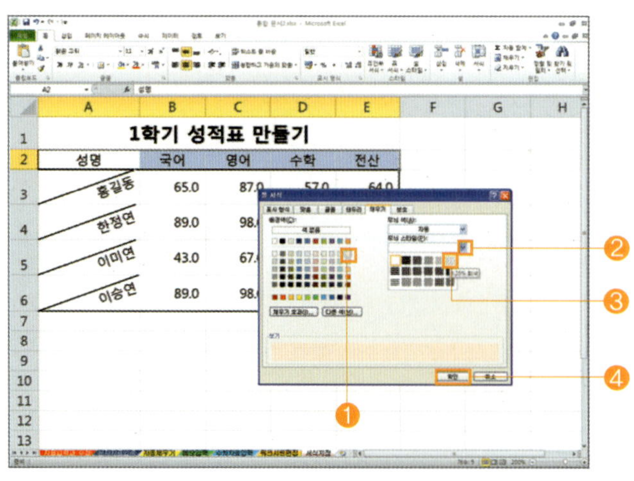

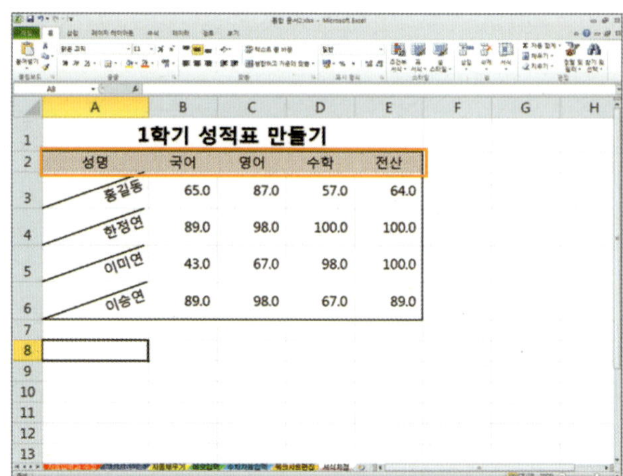

9 [표 서식]을 지정하려면, [셀 범위(B2~E6)]를 선택하고, 메뉴 표시줄에서 [홈] ➡ [표 서식]을 클릭합니다.

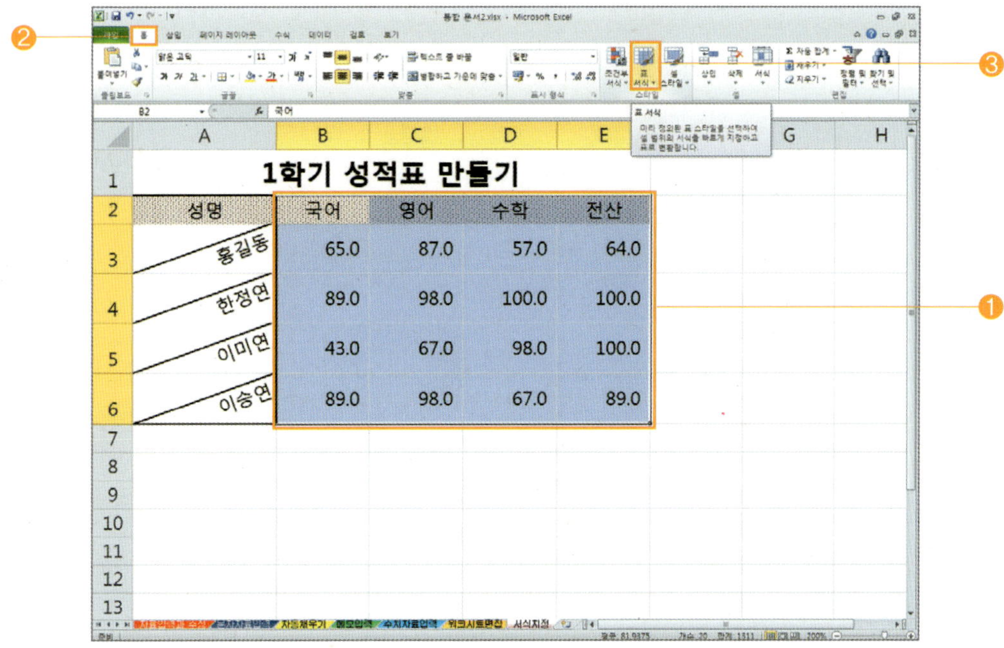

⊙ [표 서식]이 나타나면 [밝게]란에서 [표 스타일 밝게]를 선택합니다.

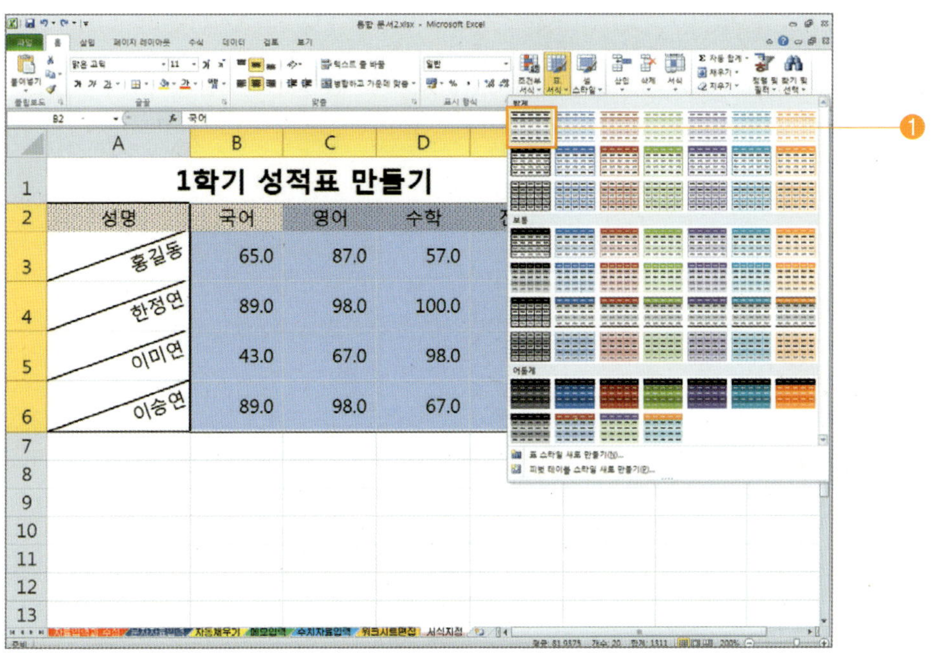

◉ [표 서식] 대화상자가 나타나면 [머리글 포함]을 체크[☑]한 후, [확인] 버튼을 누르면 됩니다.

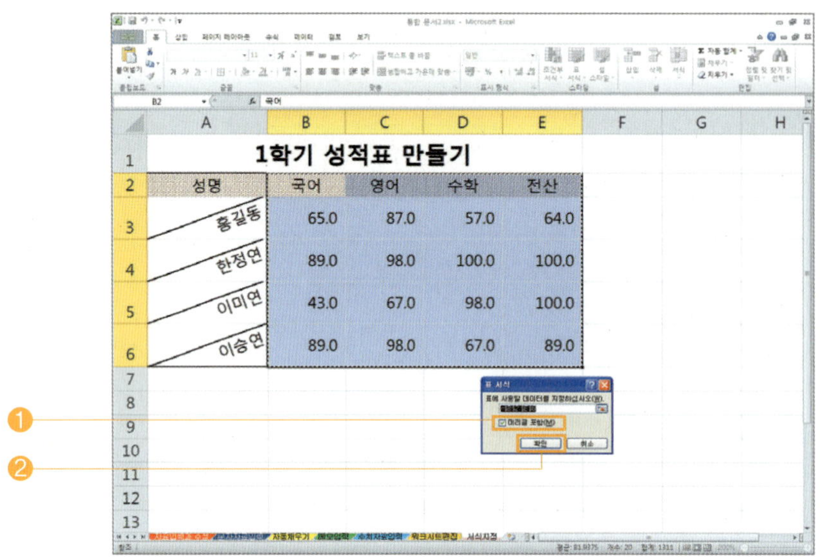

◉ 다음 화면은 선택한 셀에 [표 서식]이 지정된 모양입니다.

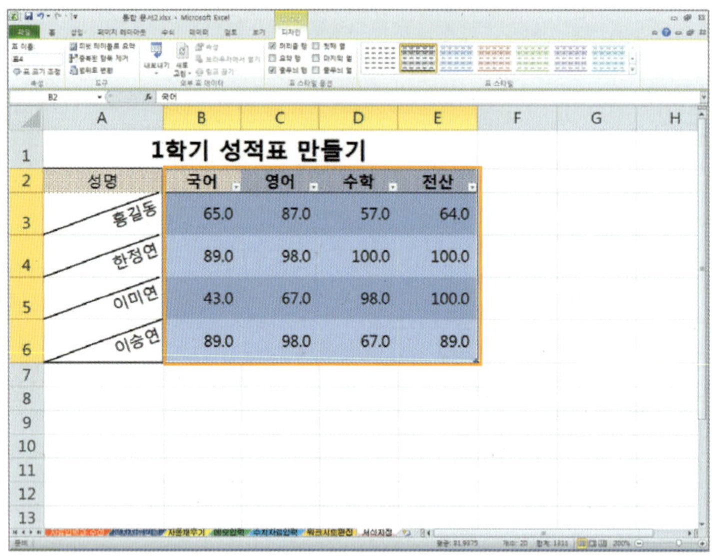

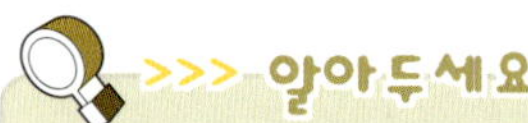

표 서식을 해제하려면...

• 해제하려는 [셀 범위]를 지정합니다.
• [표 도구] 탭에서 [표 스타일]에 있는 [없음]을 선택하면 됩니다.

10 [셀 스타일]을 지정하려면, [셀 범위(B10~E14)]를 선택하고, 메뉴 표시줄에서 [홈] ➡ [셀 스타일]을 클릭합니다.

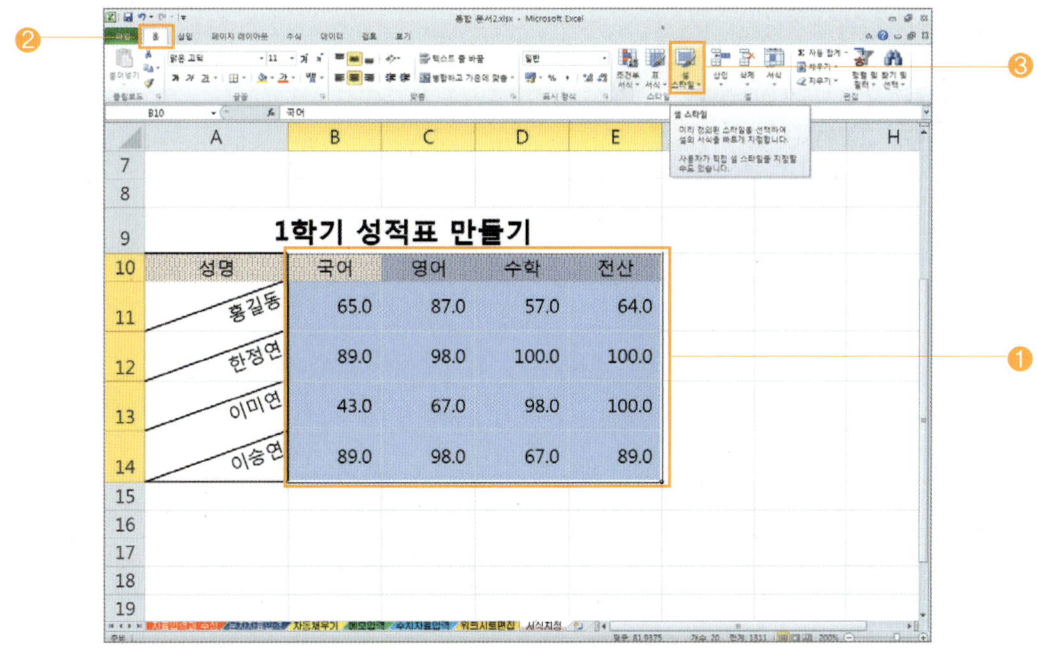

⟫ [셀 스타일]이 나타나면 [테마 셀 스타일]란에서 [20%-강조색1]을 선택합니다.

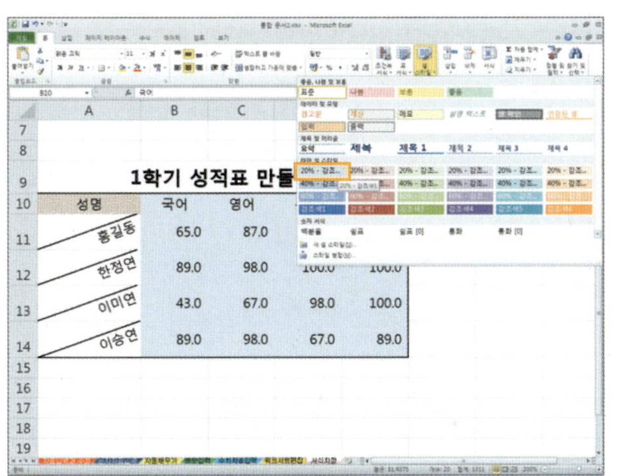

⟫ 다음 화면은 선택한 셀에 [셀 스타일]이 지정된 모양입니다.

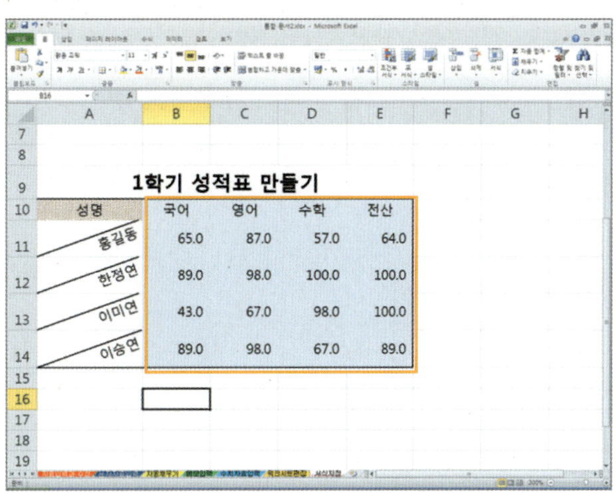

 [조건부 서식]을 지정하려면, [셀 범위(B19~B22)]를 선택하고, 메뉴표시줄에서 [홈] ➡ [조건부 서식]을 클릭합니다.

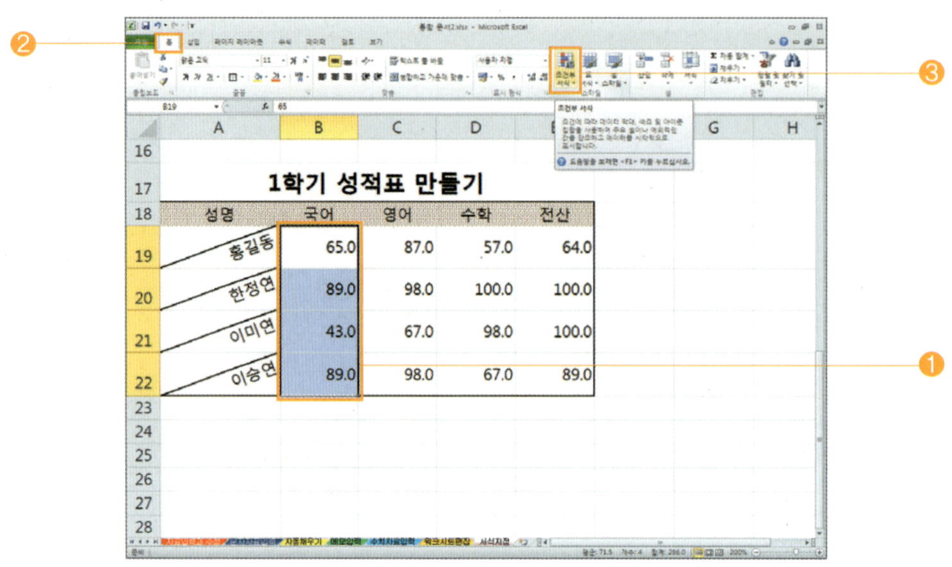

> [데이터 막대]를 지정하려면, [데이터 막대] ➡ [파란 데이터 막대]를 선택하면 됩니다.

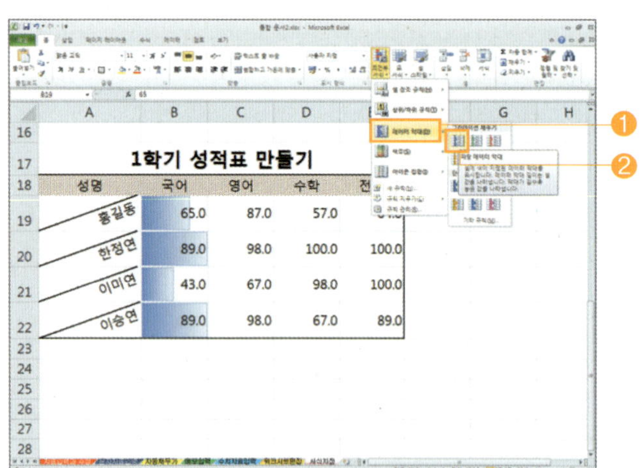

> [아이콘 집합]을 지정하려면, [셀 범위(D19~D22)]를 선택하고, 조건부 서식에서 [아이콘 집합] ➡ [3방향 화살표(회색)]을 선택하면 됩니다.

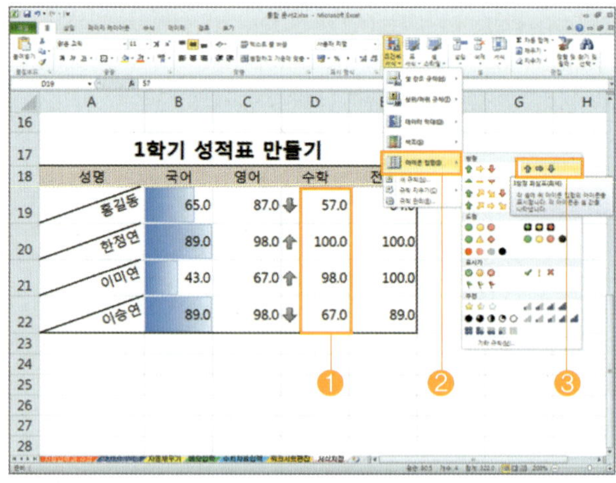

 >>> 알아두세요

조건부 서식이란...

데이터에 특정한 서식을 적용하여 값 범위에서 차이를 한눈에 알아볼 수 있도록 하는 기능입니다.

⊛ [새 규칙]을 지정하려면, [셀 범위(E19~E22)]를 선택하고, 메뉴 표시줄에서 [홈] ➡ [조건부 서식] ➡ [새 규칙]을 클릭합니다.

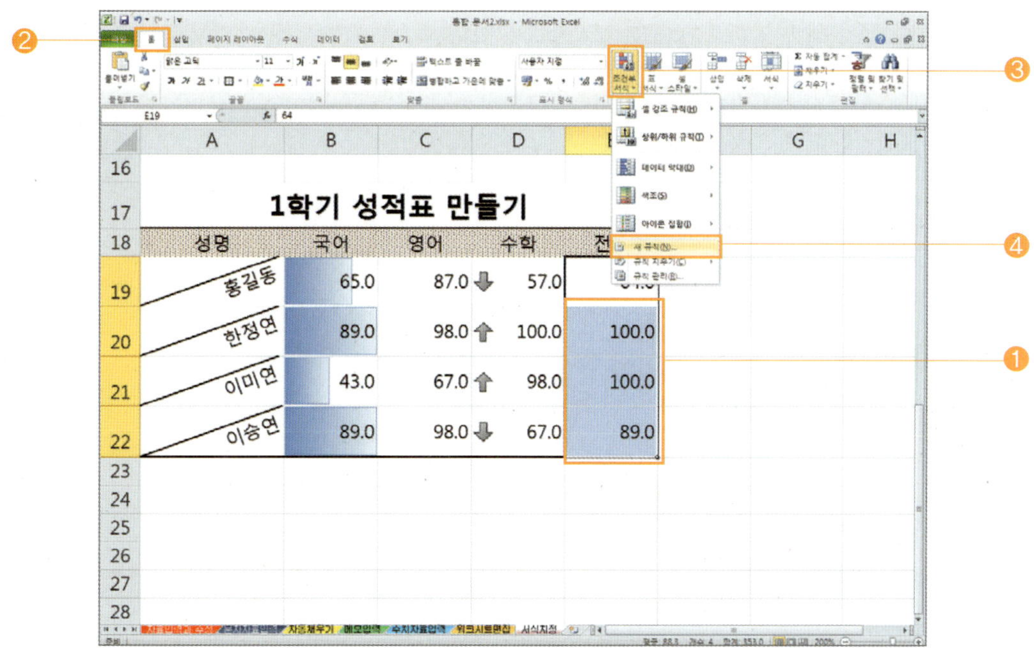

⊛ [새 서식 규칙] 대화상자가 나타나면 [다음을 포함하는 셀만 서식 지정]을 선택하고, [해당 범위]란에서 [〉]을 선택합니다.

⊛ 90 이상만 서식으로 지정하려면, [다음을 포함하는 셀만 서식 지정]란 오른쪽 칸에 [90]을 입력한 후, [서식]을 클릭합니다.

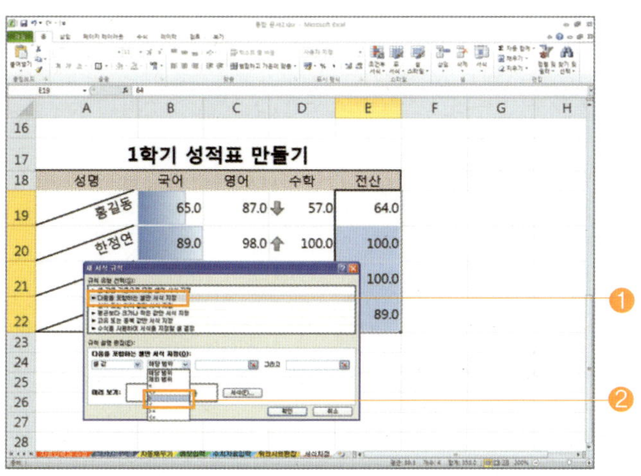

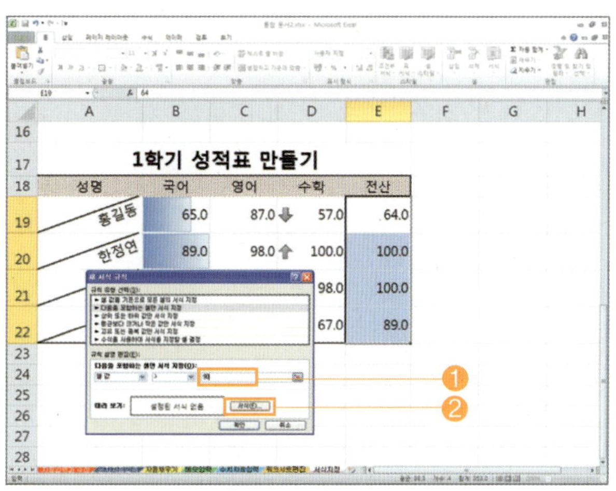

⊙ [셀 서식] 대화상자가 나타나면 [색]란에서 [빨강]을 선택하고 [확인] 버튼을 누른 후, 새 서식 규칙 대화상자의 [확인] 버튼을 누르면 됩니다.

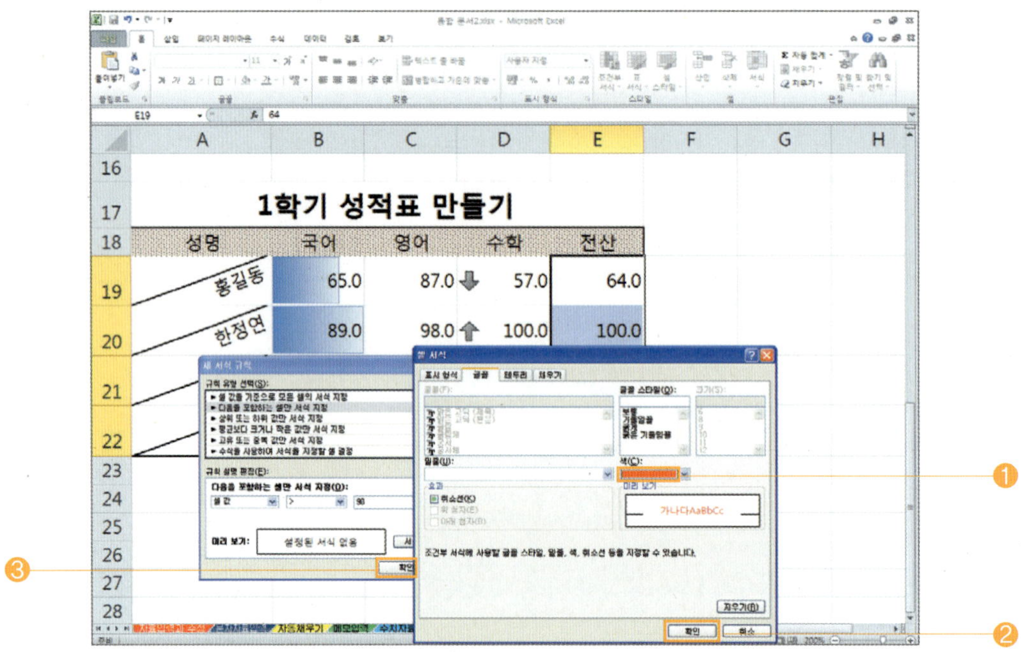

⊙ 다음 화면은 선택한 셀에 90 이상만 [조건부 서식]이 지정된 모양입니다.

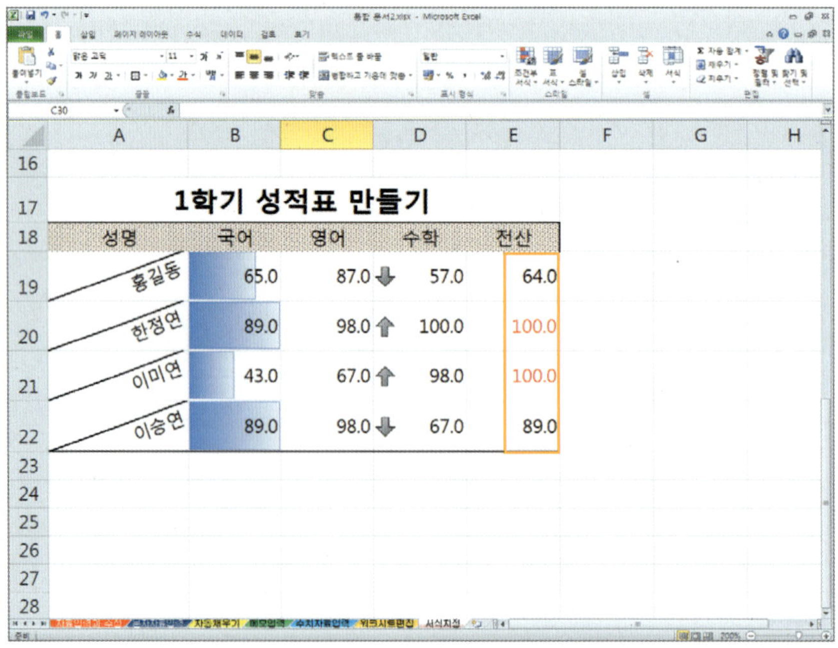

■ '사원별 컴퓨터 판매 현황' 자료를 작성하여 편집하고, 서식을 지정한 후, '대한산업 컴퓨터 판매 현황'으로 저장하시오.

• 입력된 자료의 셀 범위를 지정하거나 열과 행을 선택하여 복사하기, 붙여넣기, 잘라내기, 지우기, 삽입, 삭제 등의 작업을 합니다.

• 워크 시트에 작성한 자료는 글자 모양, 맞춤, 셀 모양 등의 서식을 지정하여 보기 편하고, 알아보기 쉽게 만듭니다.

• 작성한 문서는 내용이 변경되지 않도록 파일의 형태로 디스크에 저장합니다.

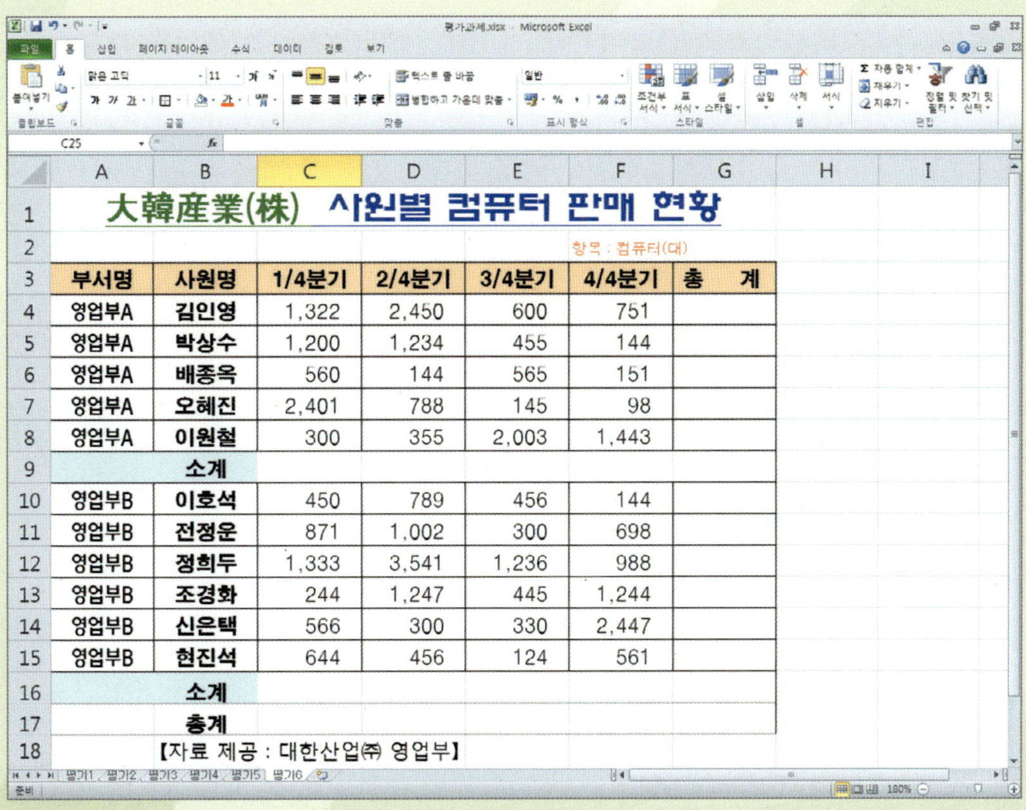

부서명	사원명	1/4분기	2/4분기	3/4분기	4/4분기	총 계
영업부A	김인영	1,322	2,450	600	751	
영업부A	박상수	1,200	1,234	455	144	
영업부A	배종옥	560	144	565	151	
영업부A	오혜진	2,401	788	145	98	
영업부A	이원철	300	355	2,003	1,443	
	소계					
영업부B	이호석	450	789	456	144	
영업부B	전정운	871	1,002	300	698	
영업부B	정희두	1,333	3,541	1,236	988	
영업부B	조경화	244	1,247	445	1,244	
영업부B	신은택	566	300	330	2,447	
영업부B	현진석	644	456	124	561	
	소계					
	총계					
【자료 제공 : 대한산업㈜ 영업부】						

■ '성적표' 자료를 작성하여 편집하고, 표 서식 및 셀 스타일을 지정하시오.

• 입력된 자료의 셀 범위를 지정하거나 열과 행을 선택하여 복사하기, 붙여넣기, 잘라내기, 지우기, 삽입, 삭제 등의 작업을 합니다.

• 워크 시트에 작성한 자료 중 셀 범위 [B4~E7]을 선택하여 표 서식을 '표 스타일 보통4'로 지정합니다.

• 워크 시트에 작성한 자료 중 셀 범위 [B14~E17]을 선택하여 셀 스타일을 '40%-강조색4'로 지정합니다.

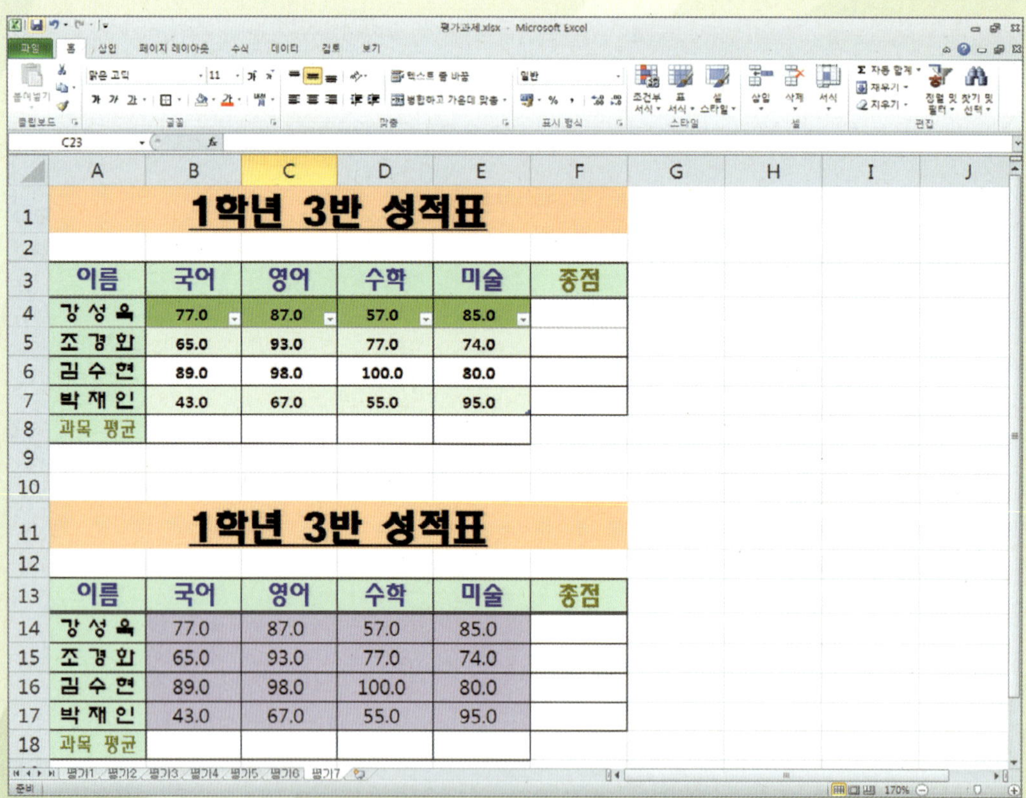

■ '과목별 성적표'를 작성하여 편집하고, 조건부 서식을 지정하시오.

• 워크 시트에 작성한 자료 중 셀 범위 [B4~B9]를 선택하여 [조건부 서식]을 '데이터 막대'로 지정합니다.

• 워크 시트에 작성한 자료 중 셀 범위 [C4~C9]를 선택하여 [조건부 서식]을 '아이콘 집합'으로 지정합니다.

• 워크 시트에 작성한 자료 중 셀 범위 [D4~D9]를 선택하여 [조건부 서식]을 '다양한 색조'로 지정합니다.

• 워크 시트에 작성한 자료 중 셀 범위 [E4~E9]를 선택하여 [조건부 서식]을 셀 값>200의 채우기색을 주황으로 지정합니다.

• 워크 시트에 작성한 자료 중 셀 범위 [F4~F9]를 선택하여 [조건부 서식]을 셀 값>80의 글꼴색은 진한 파랑으로 지정합니다.

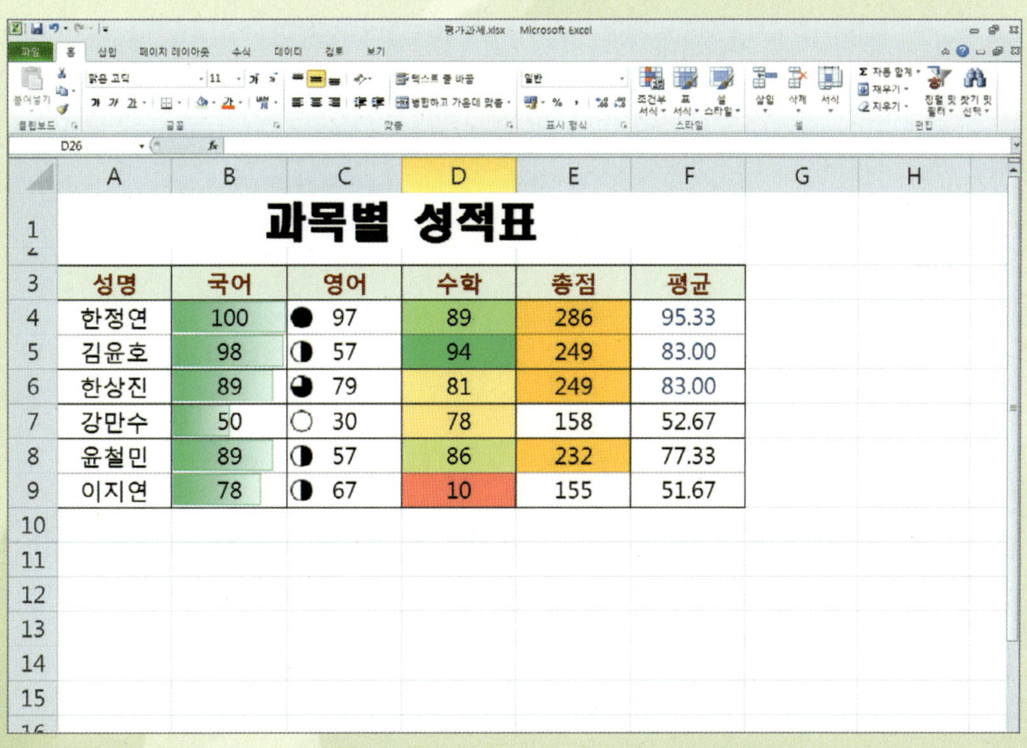

수식이란 워크 시트의 자료를 계산할 수 있는 방정식을 말하며, 수식 자료는 일반적인 수식, 셀 참조 수식, 함수 수식으로 구분할 수 있습니다. 수식 자료는 항상 등호[=]로 시작하며, 등호 다음에 입력한 수식 자료에 의해 계산된 값이 나타납니다. 수식 자료는 수학에서 사용하는 수식을 대부분 사용할 수 있습니다.

1 [일반적인 수식]을 입력하려면, [A2부터 C2] 셀에 다음 화면과 같이 수치 자료를 [입력]합니다.

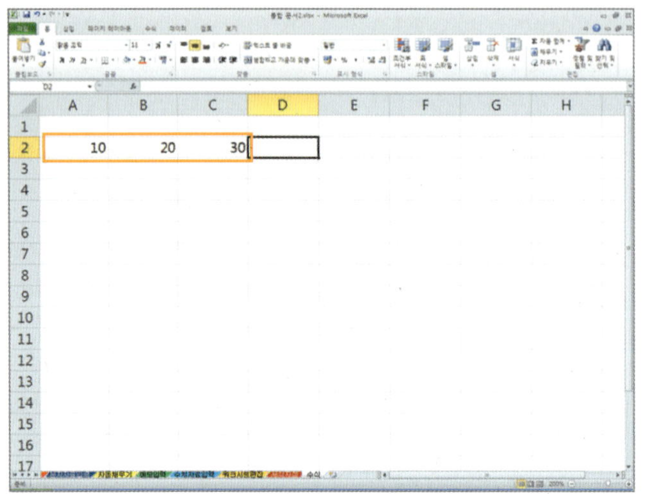

⊙ [A2부터 C2] 셀의 합을 구하기 위해서 [D2] 셀을 선택한 후, 등호(=)를 입력하면 수식을 입력할 수 있는 상태가 됩니다.
● [수식 입력줄]에 입력을 하여도 됩니다.

⊙ 등호(=) 다음에 [10+20+30]을 차례로 입력한 후, Enter 키를 누르면 됩니다.
● 수식을 입력하면 입력된 [셀]에는 항상 [수식의 결과값]이 나타나고, [수식 입력줄]에는 [수식]이 나타납니다.

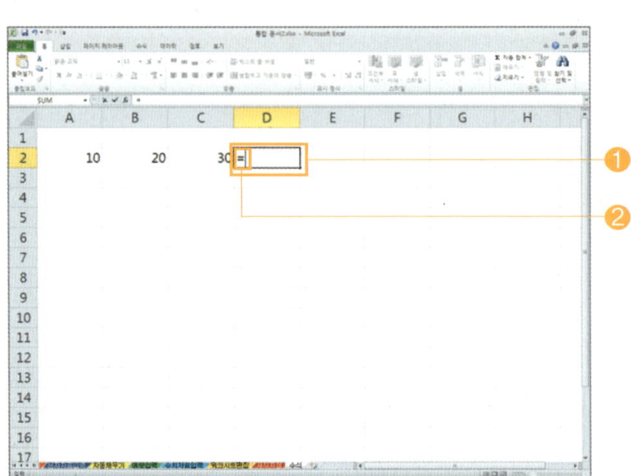

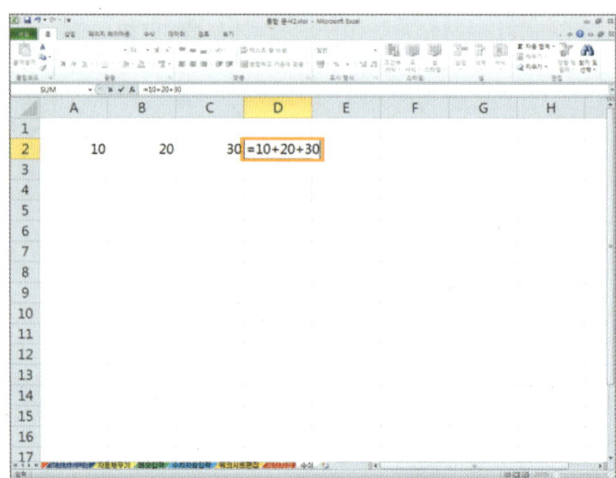

2   [셀 참조 수식]을 입력하려면, [A4부터 C4] 셀에 다음 화면과 같이 수치 자료를 [입력]합니다.

[화면]

(>) [A4부터 C4] 셀의 합을 구하기 위해서 [D4] 셀을 선택한 후, 등호(=)를 입력합니다.

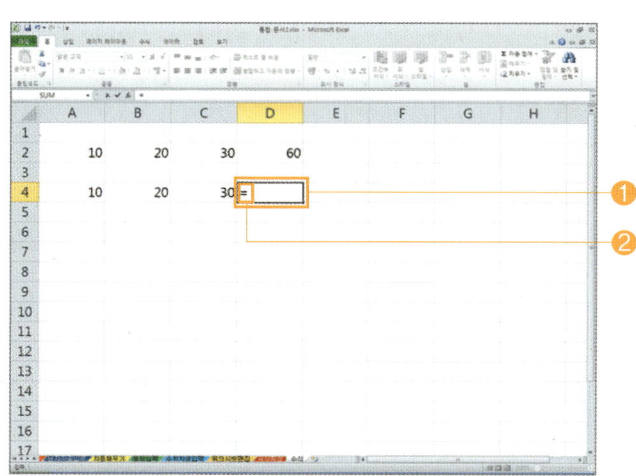

(>) 등호(=) 다음에 셀 주소를 입력하기 위해서 마우스로 [A4] 셀을 선택하면 테두리선이 나타나고, [수식 입력줄]과 [D4] 셀에 선택한 주소 [A4]가 입력됩니다.

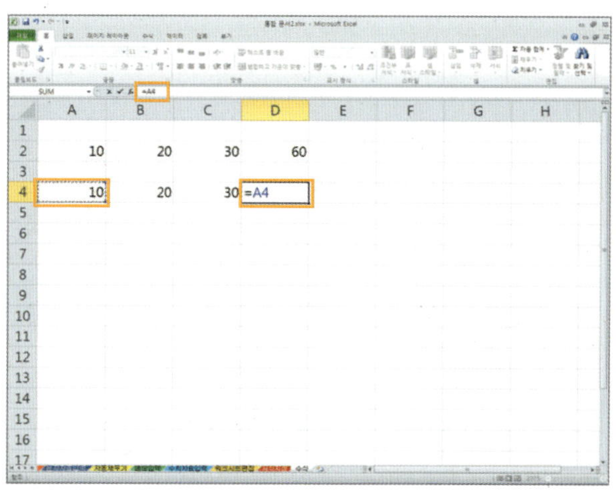

키보드에서 더하기 기호인 [+]를 입력하면, [수식 입력줄]과 [D4] 셀에 [+]가 입력됩니다.

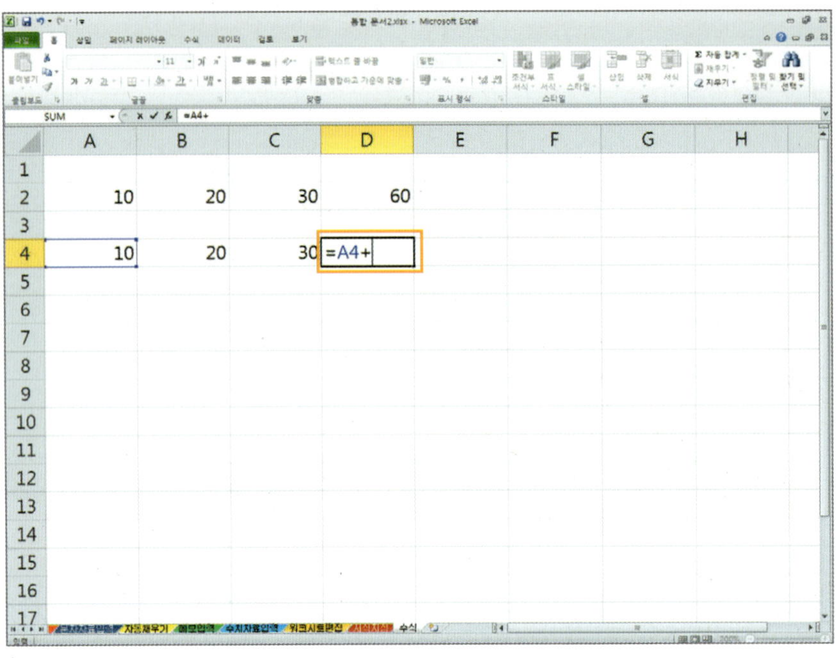

같은 방법으로 [B4], [+], [C4]를 차례로 지정하고, Enter 키를 누르면 됩니다.
- 등호(=) 다음에 셀이나 수식 입력줄에 셀 주소 [A4+B4+C4]를 직접 입력하여도 됩니다.

다음 화면은 [D4] 셀에 [셀 참조] 형식으로 입력하여 결과를 얻은 모양입니다.

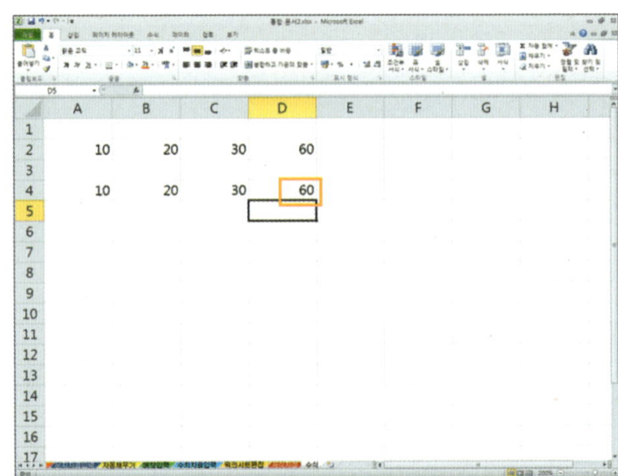

3   [함수 수식]을 입력하려면,

◈ 도구 모음줄의 [Σ자동합계]를 이용하여 [함수 수식]을 입력하려면, [A6부터 C6] 셀에 다음 화면과 같이 수치 자료를 [입력]합니다.

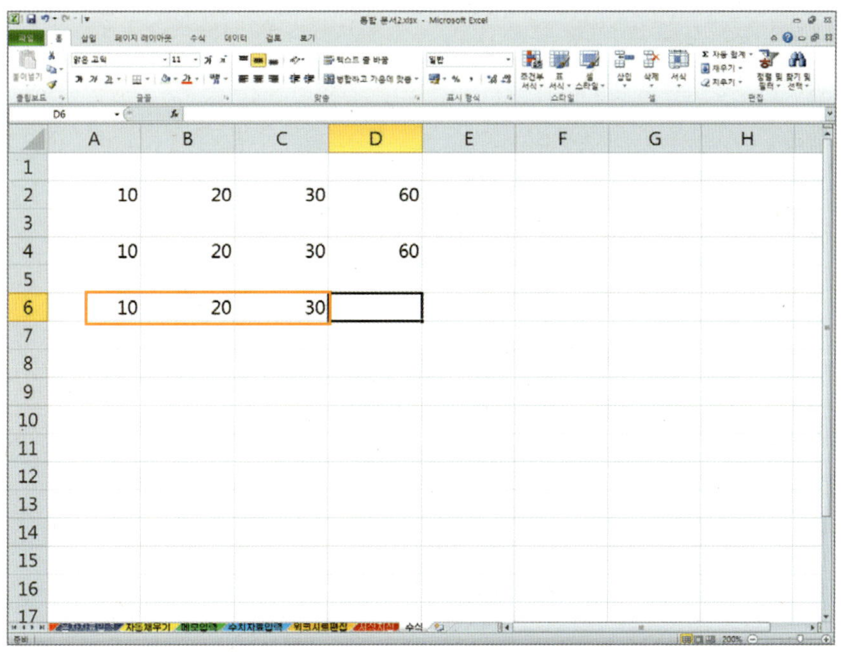

◈ [A6부터 C6] 셀의 합을 구하기 위해서 [D6] 셀을 선택한 후, 도구 모음줄의 [자동합계 목록 단추]를 클릭하고, [합계]를 선택합니다.

◈ [합계]를 실행할 셀 범위가 자동으로 나타나는데, 여기서 범위를 확인하고, Enter 키를 누르면 됩니다.

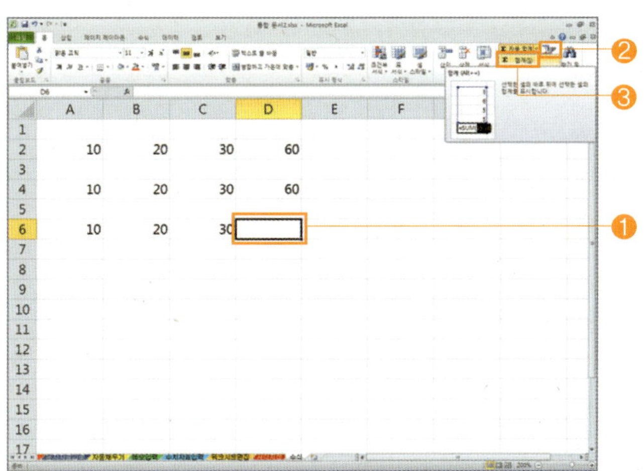

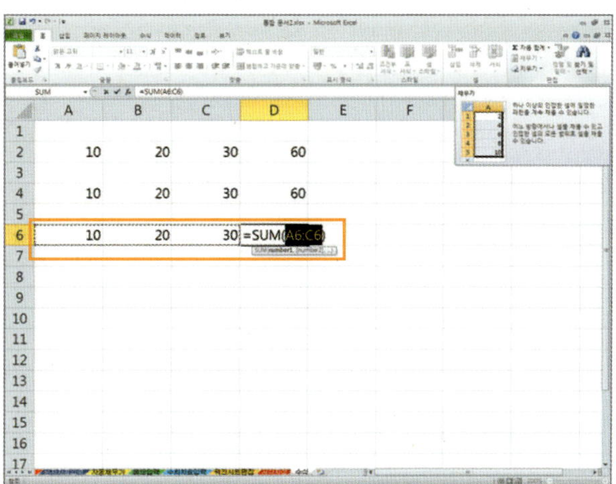

다음 화면은 [D6]셀에 [함수 수식] 형식의 [자동 합계]를 이용하여 결과를 얻은 모양입니다.

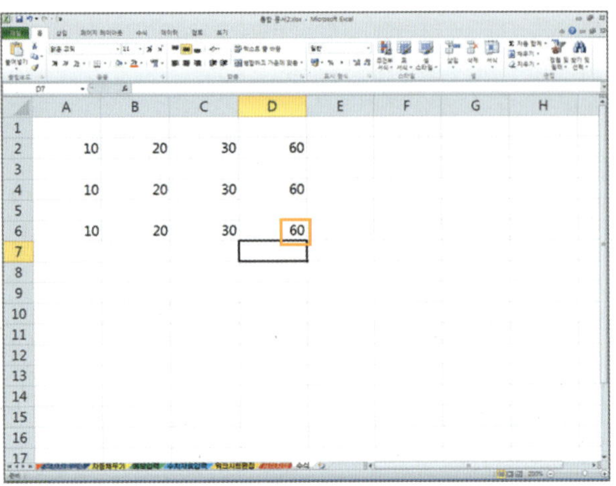

[A8부터 C8]셀의 합을 구하기 위해서 [D8]셀을 선택한 후, 수식 입력줄의 [함수 삽입] 아이콘을 선택합니다.

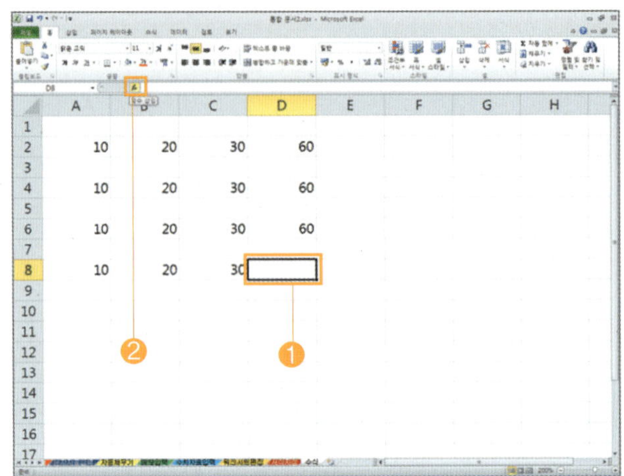

[함수 마법사]를 이용하여 [함수 수식 입력]을 하려면 [A8부터 C8] 셀에 다음 화면과 같이 수치 자료를 [입력]합니다.

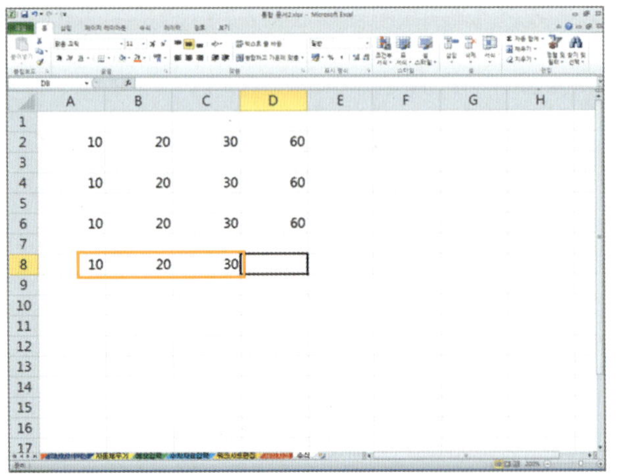

[함수 마법사]대화상자에서 [함수 선택]란에 있는 [SUM]을 클릭하고, [확인]버튼을 누릅니다.

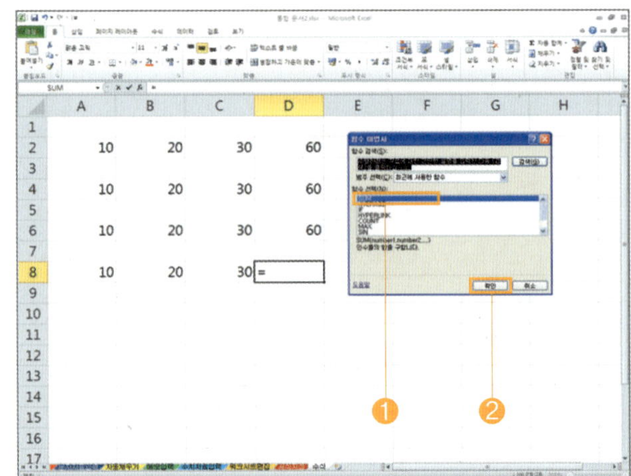

[함수 인수] 대화상자가 나타나는데, 여기서 [확인] 버튼을 누르면 됩니다.

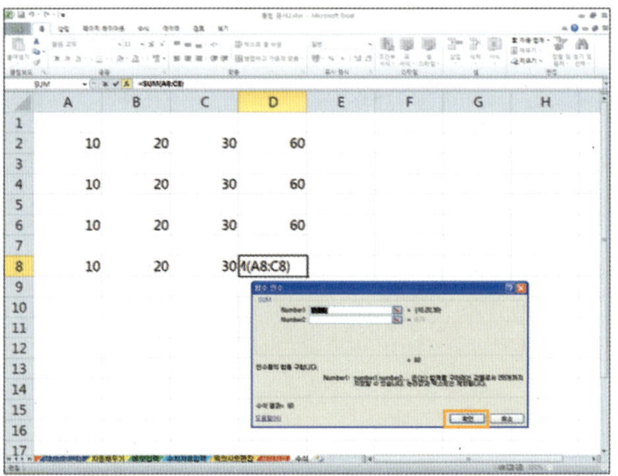

연산자란... 수식의 요소로서 계산의 종류를 나타냅니다.

연산자의 종류...

구 분	의 미	연산자	예
산술 연산자	더하기	+	4+4
	빼기, 음수	−	4−3, −2
	곱하기	*	5*5
	나누기	/	4/8
	지수	^	2^2
	백분율	%	60%
비교 연산자	같다	=	A1=B1
	크다	〉	A1〉B1
	작다	〈	A1〈B1
	크거나 같다	〉=	A1〉=B1
	작거나 같다	〈=	A1〈=B1
	같지 않다	〈 〉	A1〈 〉B1
텍스트 연산자	두 값을 연결하여 연속하는 하나의 텍스트 값으로 만듭니다.	&	"대한"&"민국" 결과값은 "대한민국"
참조 연산자	두 참조 사이에 있는 셀을 하나의 영역으로 지정합니다.	:	A1 : A9
	여러 개 참조 사이에 있는 셀을 하나의 영역으로 지정합니다.	,	SUM(A1 : A3,B4 : B6)

- 비교 연산자는 두 값을 비교하여 결과 값을 [참(TRUE)] 또는 [거짓(FALSE)]과 같은 논리값으로 나타냅니다.
- 참조 연산자는 [셀 참조 범위]를 지정할 때 사용합니다.

수식 복사란 같은 형식의 수식을 반복하여 작성하는 번거로움을 없애기 위하여 메뉴와 채우기 핸들을 이용하여 복사하는 작업을 말합니다. 이러한 방법을 이용하면 보다 편리하고, 빠르게 자료를 계산할 수 있습니다.

1 [메뉴 표시줄]을 이용하여 [수식 복사]를 하려면, [A2부터 F6] 셀에 다음 화면과 같이 자료를 [입력]합니다.

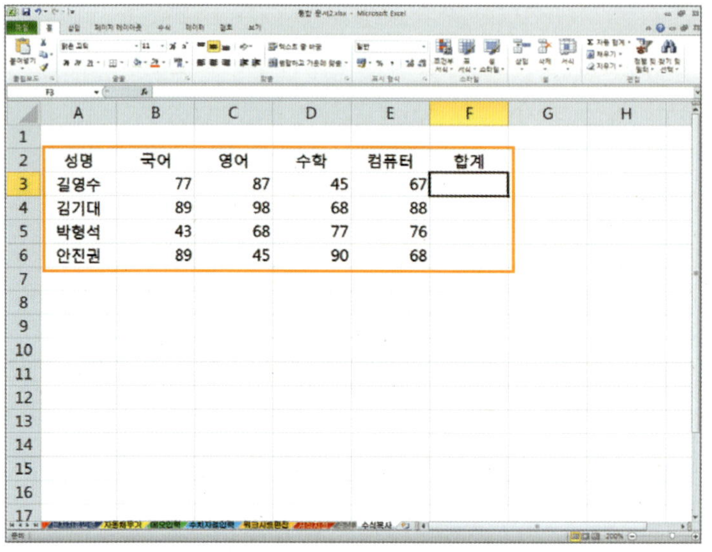

▶ [B3부터 E3] 셀의 합계를 구하기 위해 [F3] 셀을 선택한 후, 도구 모음줄의 [자동 합계]를 클릭하고, [합계]를 선택합니다.

▶ [합계]를 실행할 셀 범위가 나타나면, 범위를 확인하고, Enter 키를 누릅니다.

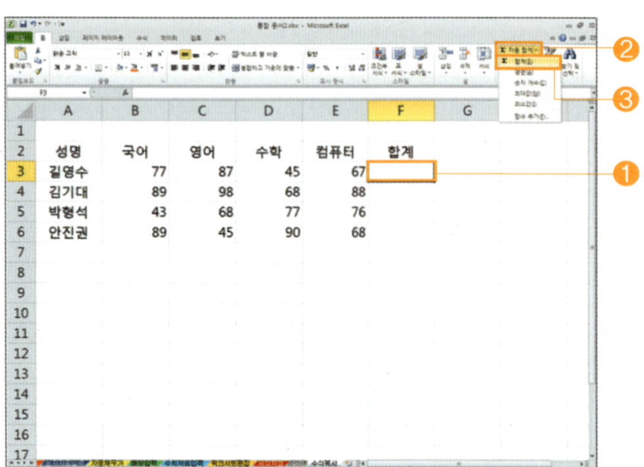

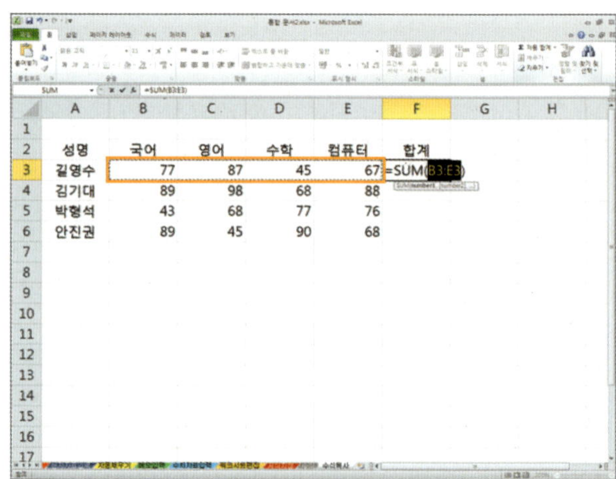

◎ 나머지 행의 합계를 구하기 위해서 합계가 계산된 [F3] 셀을 선택하고, [홈] ➡ [복사]를 클릭합니다.

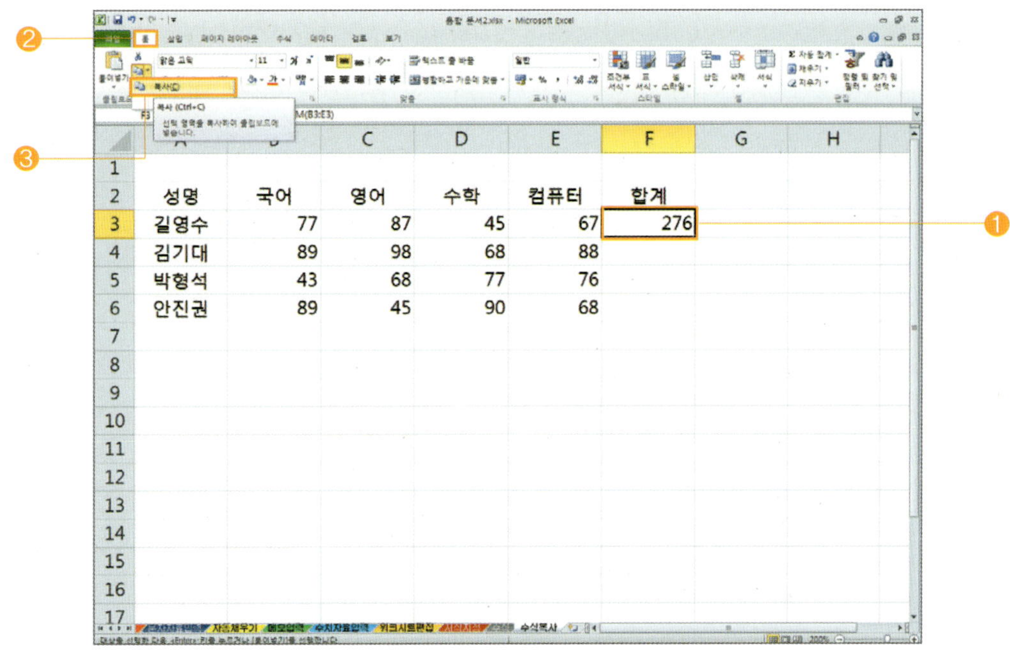

◎ 수식 복사하려는 [셀 범위(F4~F6)]를 지정한 후, 메뉴 표시줄에서 [홈] ➡ [붙여넣기]를 선택하면 됩니다.

● 수식 복사하려는 셀 범위를 지정하고, Enter 키를 눌러도 됩니다.

◎ 다음 화면은 선택한 셀에 수식이 복사되어 [합계]가 계산된 모양입니다.

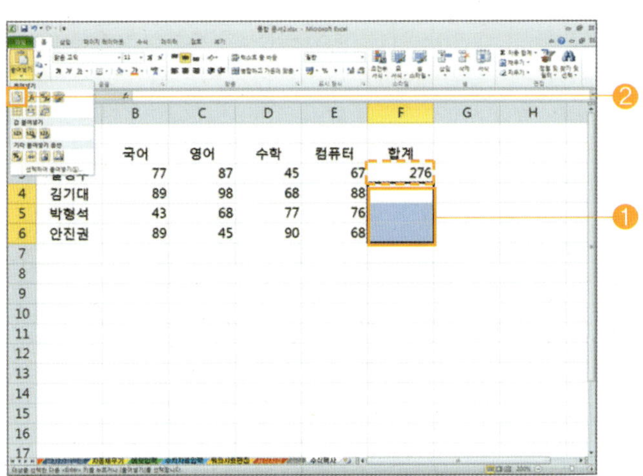

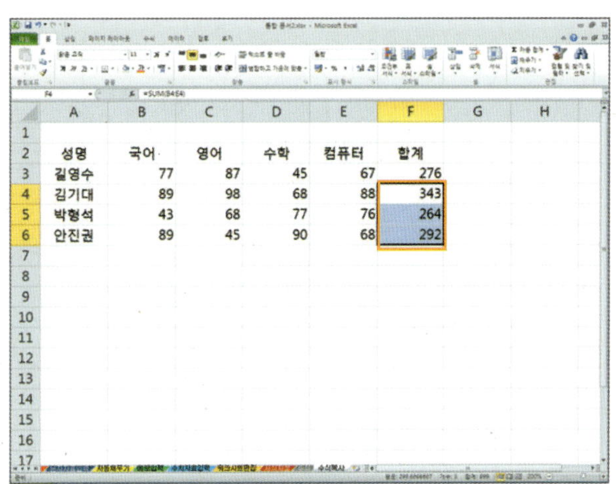

2 [채우기 핸들]을 이용하여 [수식 복사]를 하려면, 수식 복사하려는 [셀(F9)]을 선택한 후, 마우스를 셀 오른쪽 아래로 움직이면 마우스 포인터 모양이 [+]로 바뀝니다.

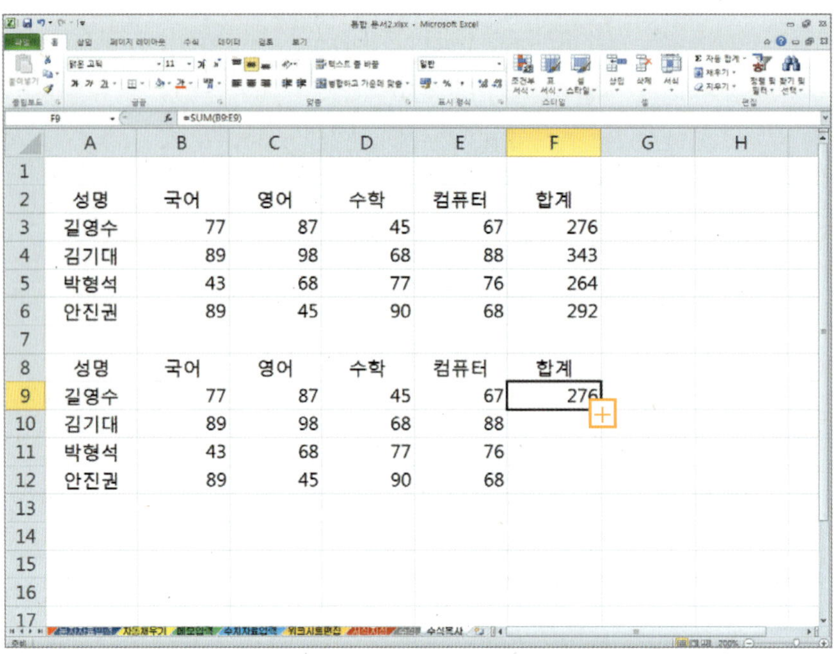

여기서, [마우스 왼쪽 버튼]을 누른 상태에서 수식 복사하려는 셀 [F12]까지 [드래그]하면 됩니다.

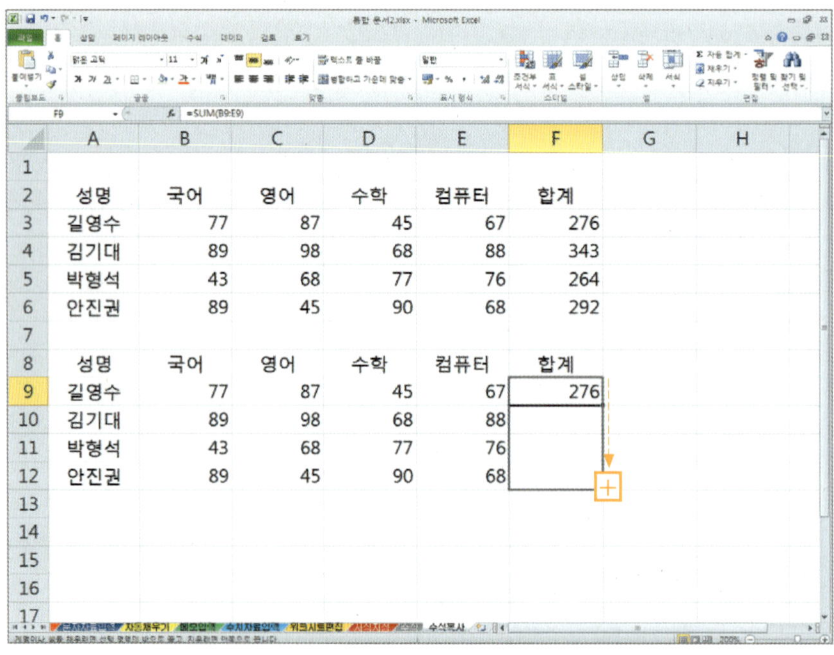

> **수식 복사**에는 수식 그대로 복사되는 것이 아니라 수식 안에 있는 셀 주소들이 일정하게 변경되어 복사하는 상대 참조와, 셀의 주소가 변하지 않고 복사되는 절대 참조가 있습니다.
> 상대 참조의 셀 주소는 'A1', 'C3'과 같이 지정하고, 절대 참조는 'A1', '$C3', 'C$3'과 같이 열 문자나 행 숫자 앞에 '$' 기호를 붙여 지정합니다.

1 [상대 참조] 지정을 하려면, 다음 화면과 같이 해당 셀에 자료를 [입력]합니다.

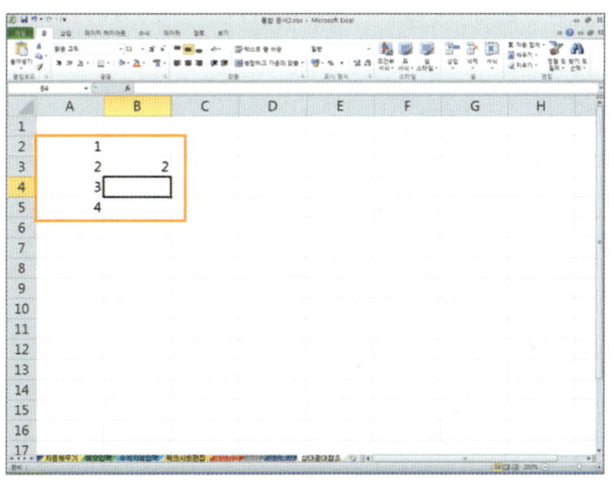

▷ A열에 있는 [1, 2, 3, 4]에 B3셀에 있는 [2]를 곱하여 C열에 결과값 [2, 4, 6, 8]이 나오게 하기 위해서 [C2] 셀에 [=A2*B3]를 입력하고, Enter 키를 누릅니다.

▷ 채우기 핸들을 이용하여 C3셀에서 C5셀까지 [수식 복사]를 합니다.

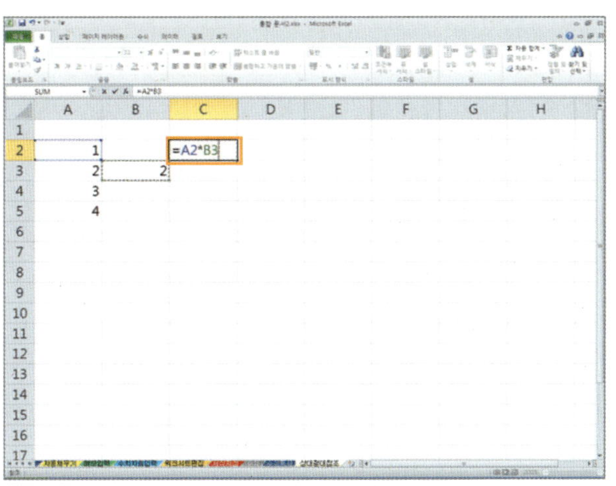

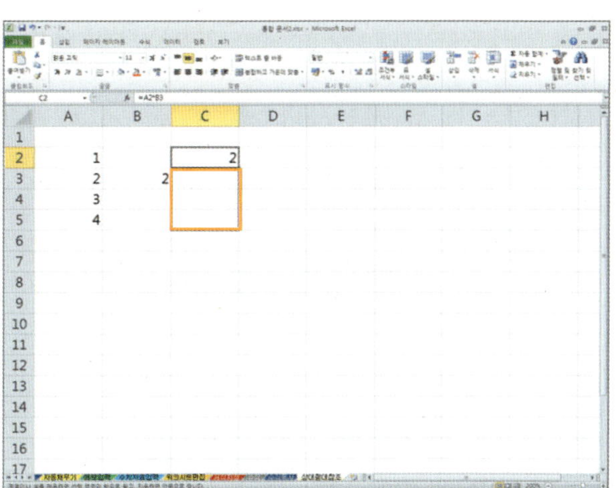

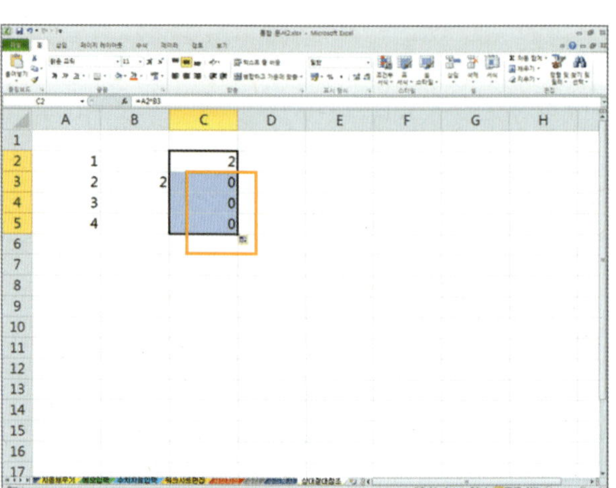 다음 화면에서와 같이 C3셀에서 C5셀까지의 결과값이 모두 [0]으로, 원하는 결과값이 입력되지 않았습니다.

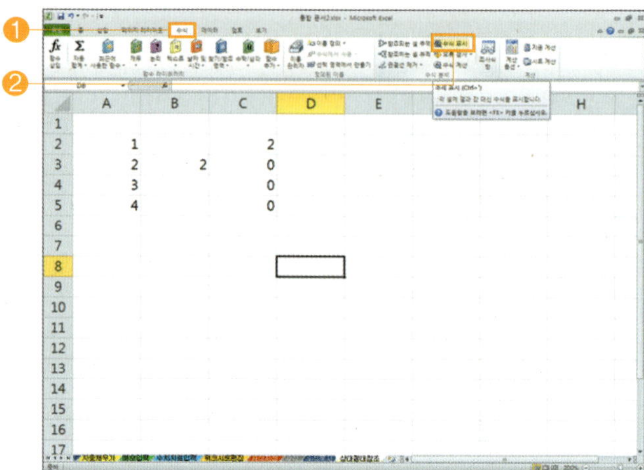 [수식 입력 상태]를 확인하기 위해서 메뉴 표시줄에서, [수식] ➡ [수식 표시] 버튼을 누릅니다.

 다음 화면에서와 같이 수식을 상대적으로 복사하게 되어 [B3]의 셀 값이 [B4, B5, B6]으로 변경되었습니다. 따라서 빈 셀의 값 [0]을 곱한 결과이므로 결과값이 잘못되었음을 알 수 있습니다. 이와 같이 참조의 위치가 일정하게 변하는 것을 [상대 참조]라고 합니다.

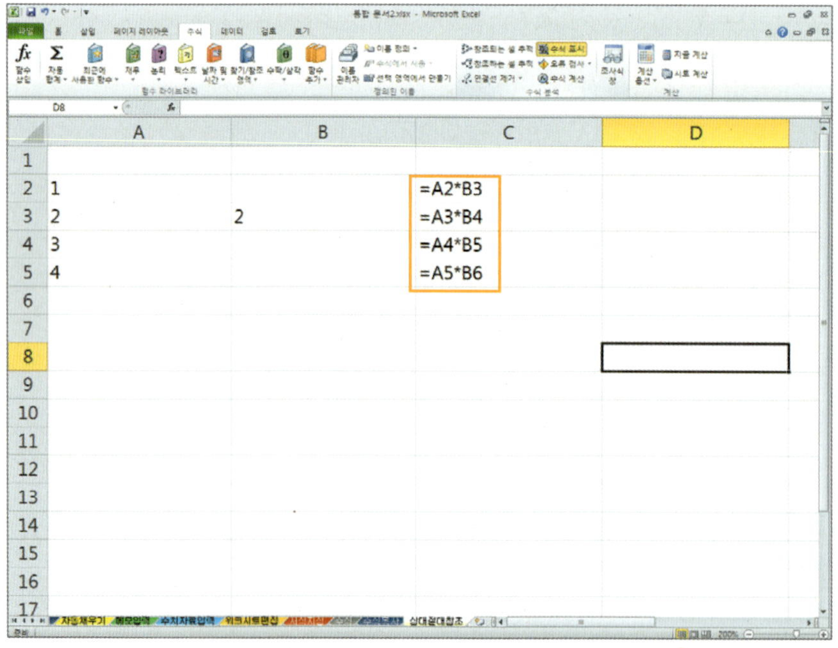

2 [절대 참조] 지정을 하려면, 수식 입력 상태를 해지하기 위하여 [수식 표시] 버튼을 누릅니다.

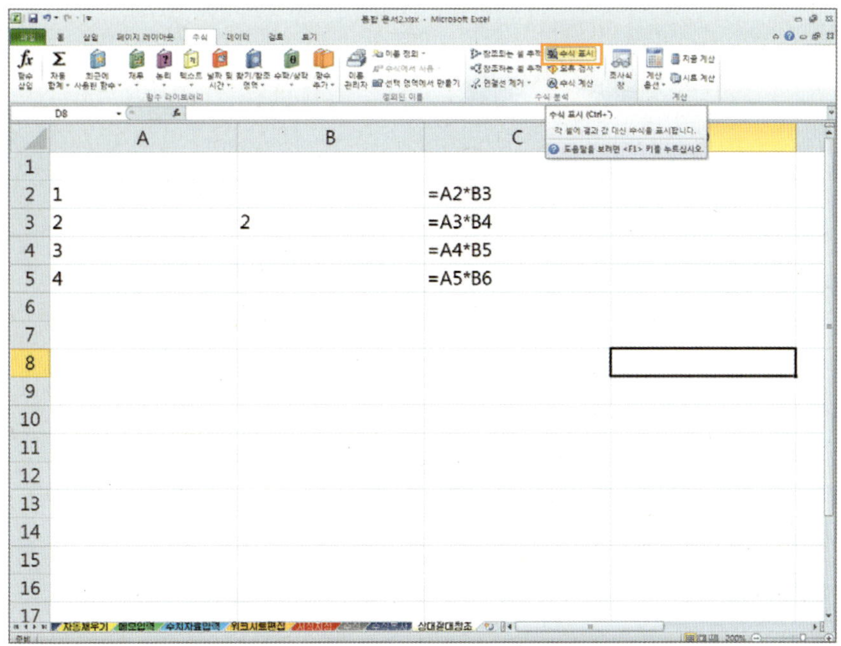

⊚ C3셀에서 C5셀까지 범위를 지정한 후, Delete 키를 누르면 수식 복사된 내용이 지워집니다.

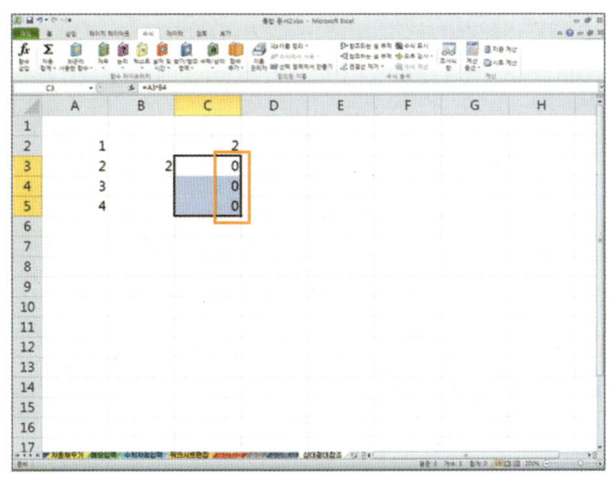

⊚ 수식이 항상 [B3] 셀을 참조하도록 하기 위하여 [C2] 셀을 선택하고, 키보드에서 F2 키를 누르면 내용을 편집할 수 있는 상태가 됩니다.

● 편집하려는 셀을 선택한 후, [더블클릭]하여도 됩니다.

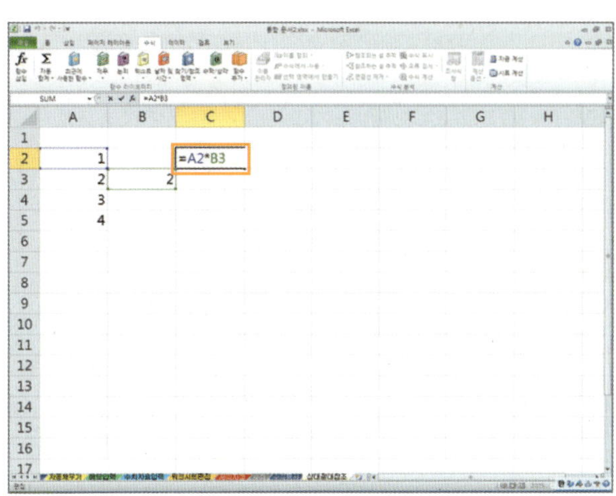

◉ [절대 참조]를 지정하기 위하여 [B3] 앞에 커서를 옮기고, 키보드에서 F4 키를 누르거나 직접 수정을 한 후, Enter 키를 누르면 됩니다.

◉ [채우기 핸들]을 이용하여 C3셀에서 C5셀까지 [수식 복사]를 한 후, 결과값을 확인하면 다음 화면과 같은 올바른 결과값이 나타납니다.

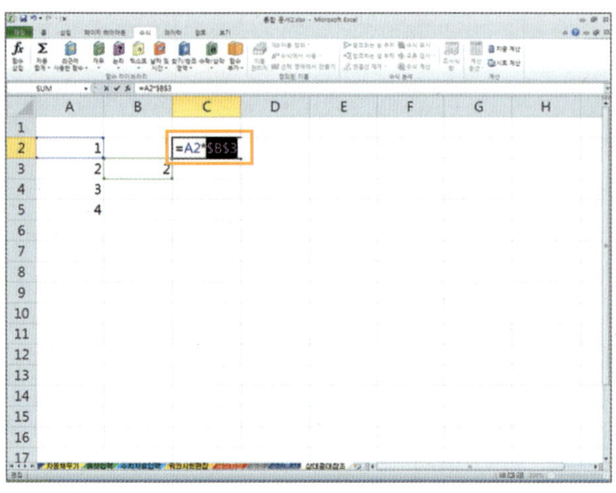

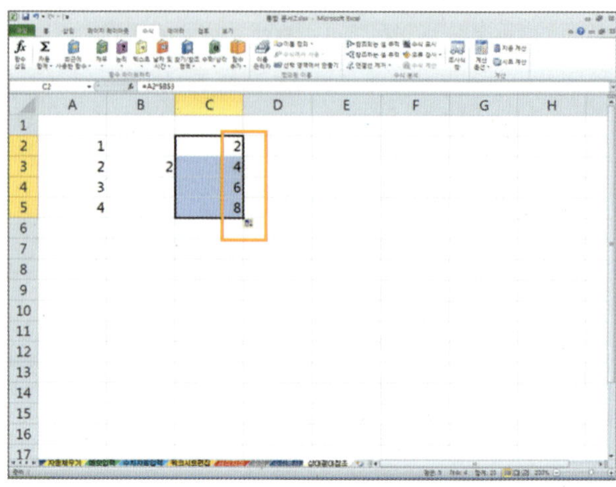

◉ 다음 화면에서와 같이 수식이 항상 [B3] 셀을 참조하도록 복사가 된 모양입니다. 이와 같이 항상 특정한 셀 주소의 값을 참조하는 것을 [절대 참조]라고 합니다.

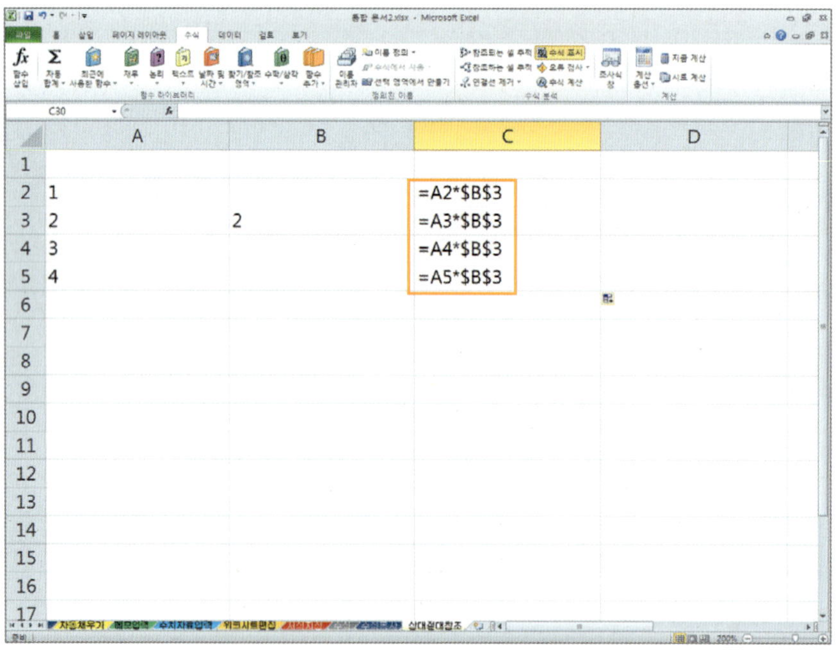

■ '3月 주유량 현황' 자료를 작성하시오.

• 상대 참조와 절대 참조를 이용하여 자료를 계산합니다.

• 계＝주유량(L)×1,000(원)입니다.

• 단가 1,000(D2)를 절대 참조로 지정합니다.

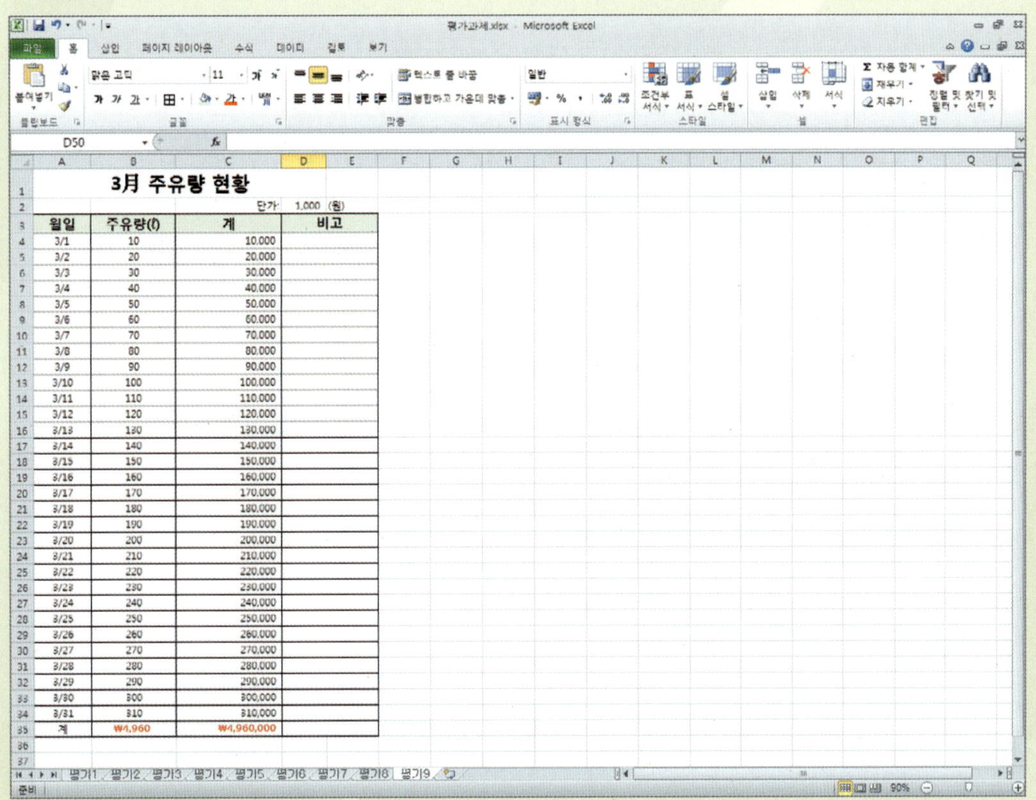

■ '구구단' 자료를 작성하시오.

• 상대 참조와 절대 참조를 이용하여 자료를 계산합니다.

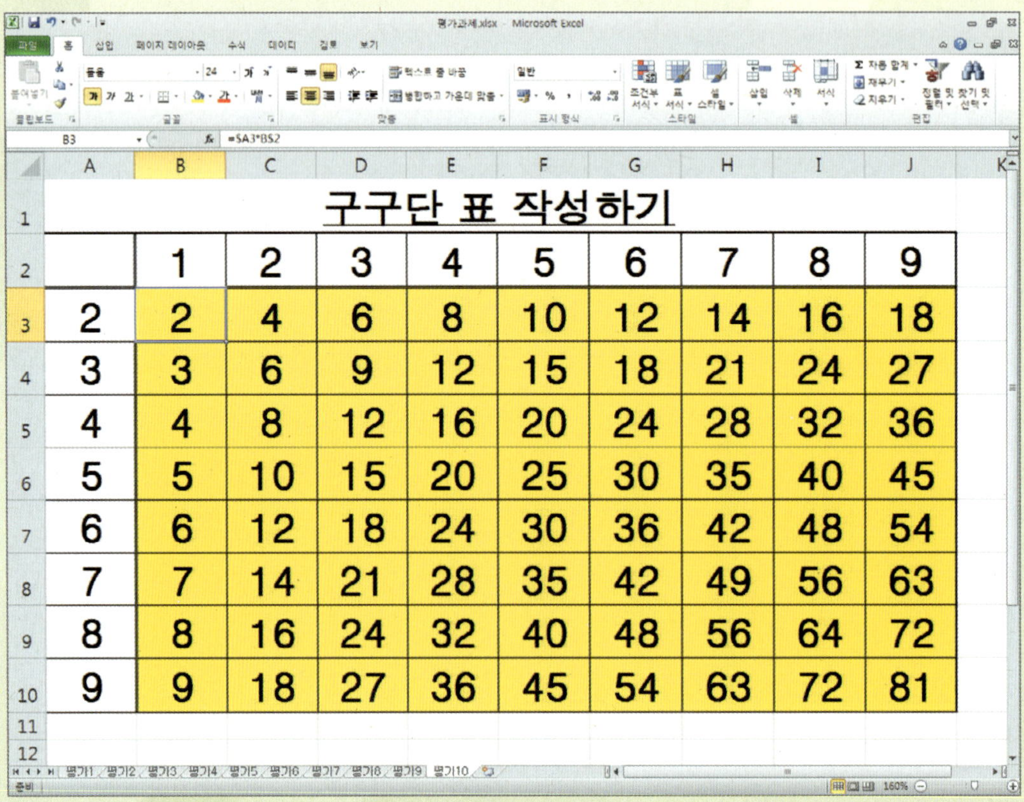

함수란 자주 사용하는 계산식을 일정한 규칙에 의해 만들어 놓고, 사용자가 정해진 규칙에 따라 편리하게 사용할 수 있도록 만든 기능입니다.

1 [함수의 구조]는 함수 이름, 왼쪽 괄호, 쉼표로 구분된 함수의 인수, 오른쪽 괄호의 순서로 되어 있으며, 함수를 사용할 때에는 해당 함수 이름 앞에 [등호(=)]를 입력합니다.

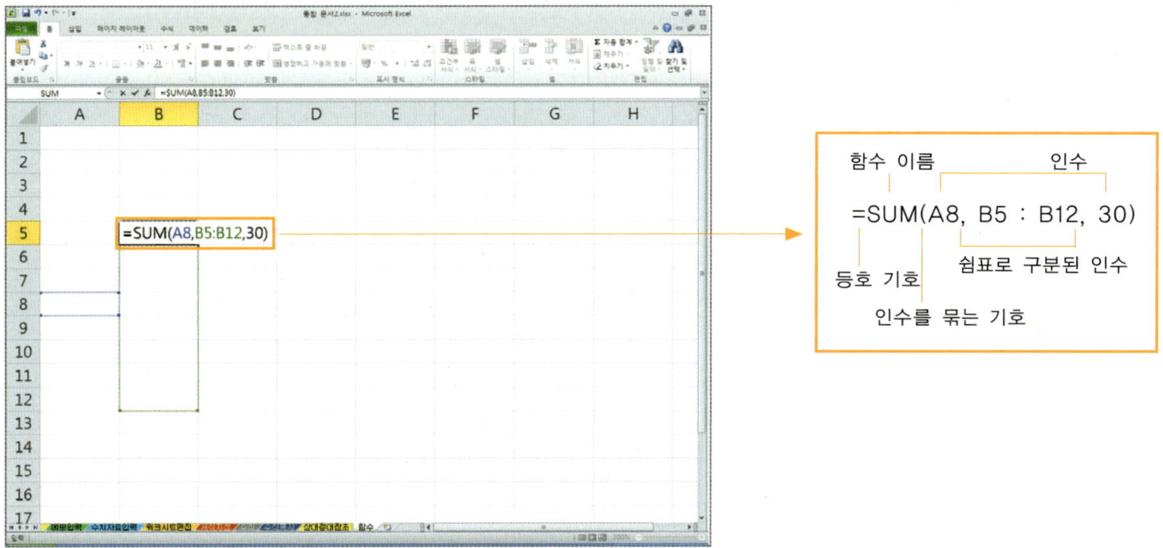

2 [셀이나 수식 입력줄]에 직접 [함수 입력]을 하려면, [A1부터 F7] 셀에 다음 화면과 같이 자료를 [입력]합니다.

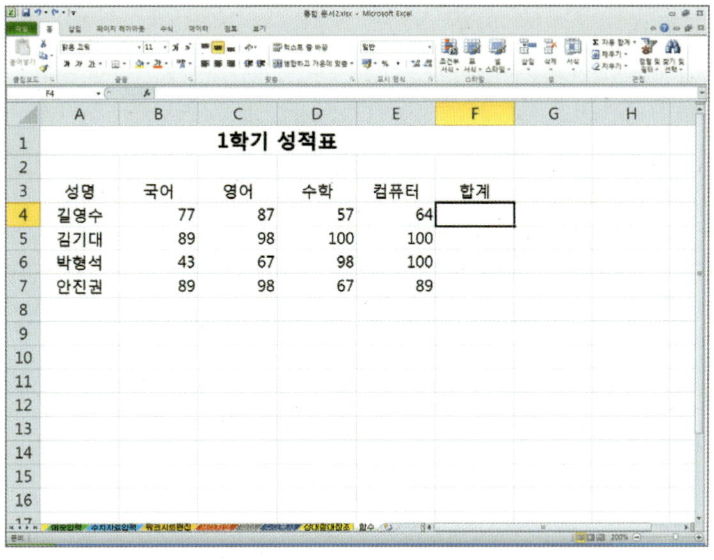

⟫ 합계를 구하려는 [F4] 셀을 클릭하고, 셀이나 수식 입력줄에 직접 [=SUM(B4 : E4)]을 입력합니다.

⟫ Enter 키를 누르면 다음 화면과 같이 [합계]가 구해집니다.
- 수식으로 사용할 함수를 잘 알고 있을 경우에 주로 사용합니다.

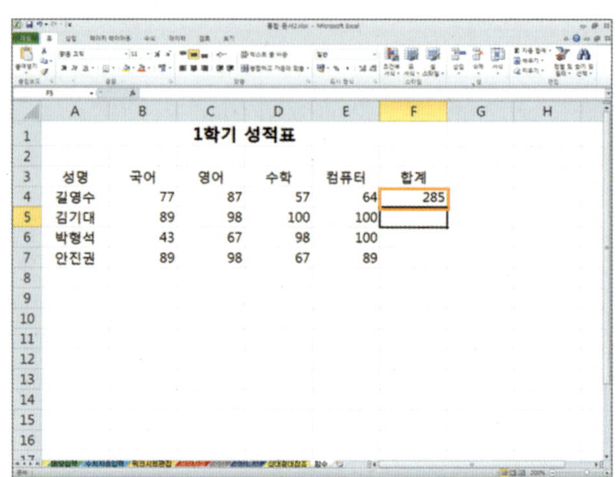

3 [함수 마법사]를 이용하여 [함수 입력]을 하려면 합계를 구하려는 [F5] 셀을 클릭하고, 수식 입력줄의 [함수 삽입] 아이콘을 선택합니다.
- 메뉴 표시줄에서 [수식] ➡ [함수 삽입]을 선택하여도 됩니다.

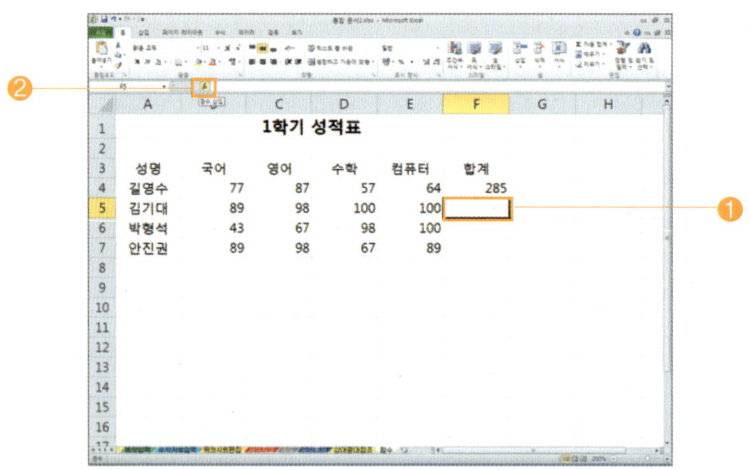

>>> 알아두세요

함수 인수 도구 팁이란…

함수식을 입력하면 셀 아래에 자동으로 함수와 관련된 인수 팁이 표시되는 기능으로 함수식을 보다 편리하게 사용할 수 있습니다.

◉ [함수 마법사] 대화상자에서 [함수 선택]란에 있는 [SUM]을 클릭하고, [확인] 버튼을 누릅니다.

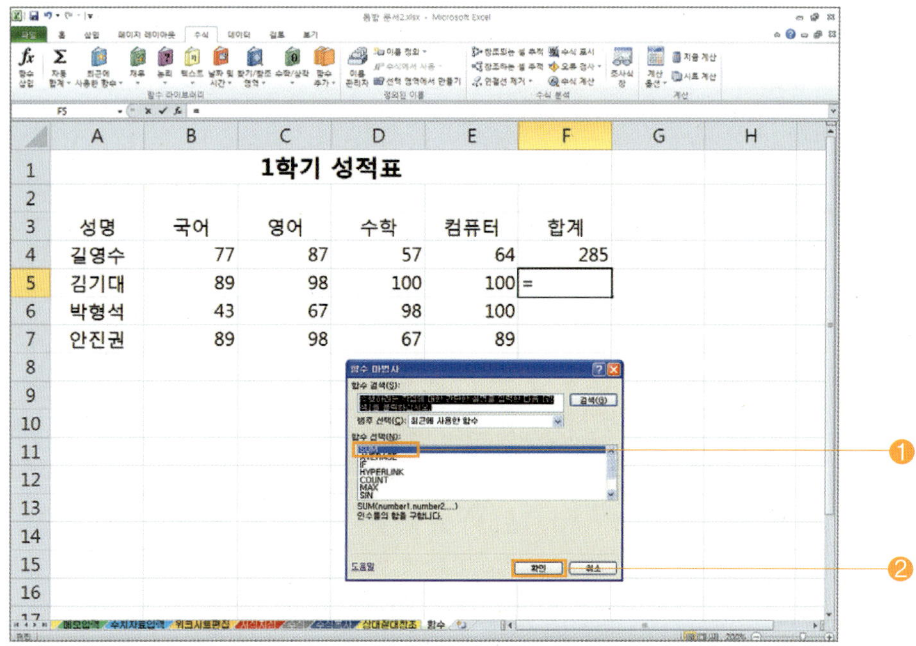

◉ [함수 인수] 대화상자가 나타나면 합계를 구하려는 [Number]의 인수 범위가 맞으면 [확인] 버튼을 누르면 됩니다.

● 참조 범위가 틀렸을 경우 [지정] 버튼을 눌러서 셀 참조 범위를 조정하면 됩니다.

◉ 다음 화면은 [함수 마법사]를 이용하여 [합계]를 구한 모양입니다.

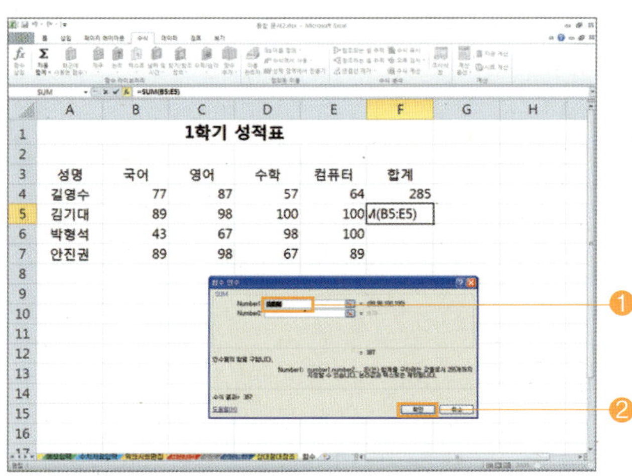

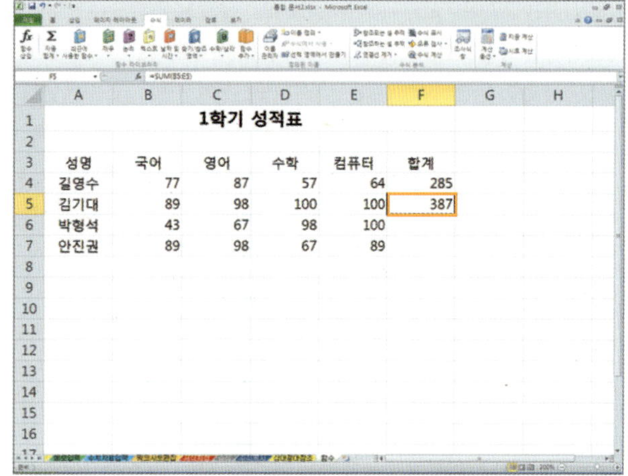

엑셀 2010에서 사용하는 함수의 종류에는 수학/삼각 함수, 논리값 함수, 텍스트 함수, 날짜/시간 함수, 찾기/참조영역 함수, 통계 함수 등이 있습니다. 기본적인 함수로는 합계, 평균, 최대값, 최소값, 조건문, 순위 등의 함수가 있습니다.

1 [수학/삼각 함수]를 구하려면,

≫ [절대값]을 구하려면, [B2)셀에 [=ABS(10)], [B3] 셀에 [=ABS(-10)], [B4] 셀에 [-16], [B5] 셀에 [=SQRT(ABS(B4))]을 입력합니다.

- 형식 : =ABS(숫자값)

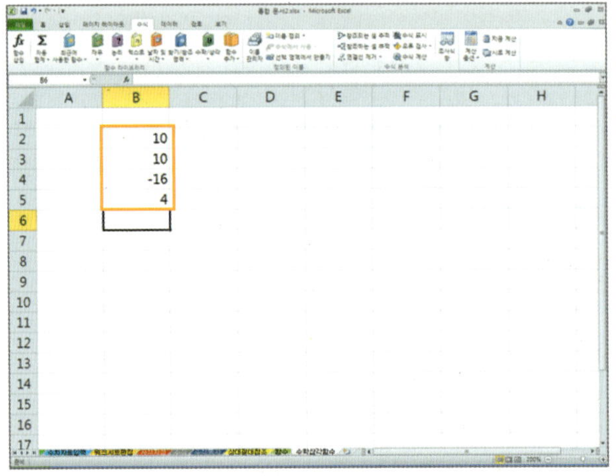

≫ [사인값]을 구하려고 [D2] 셀에 [=SIN(30*PI( )/180)]을 입력한 결과입니다.

- 형식 : =SIN(숫자값)

인수는 사인값을 구할 라디안 단위의 각도를 말하며, 인수의 단위가 도이면 [PI( )/180]을 곱하여 라디안으로 변환하여야 합니다.

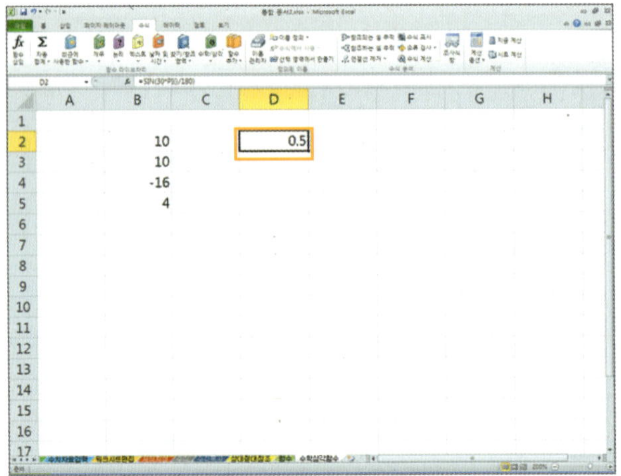

소수점 아래를 버리고 가장 가까운 [정수값]을 구하려고, [F2] 셀에 [=INT(10.9)], [F3] 셀에 [=INT(-10.9)]를 입력한 결과입니다.
- 형식 : =INT(숫자값)

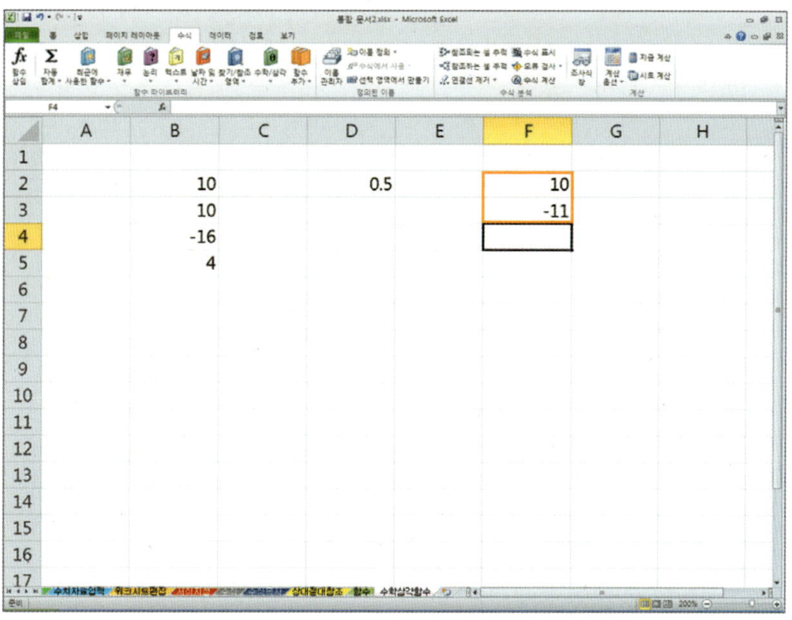

숫자값을 지정한 자릿수로 [반올림]을 하려고, [H2] 셀에 [=ROUND (3.15,1)], [H3] 셀에 [=ROUND (3.14,1)], [H4] 셀에 [=ROUND (3.15,0)]을 입력한 결과입니다.
- 형식 : =ROUND(숫자값, 자릿수)

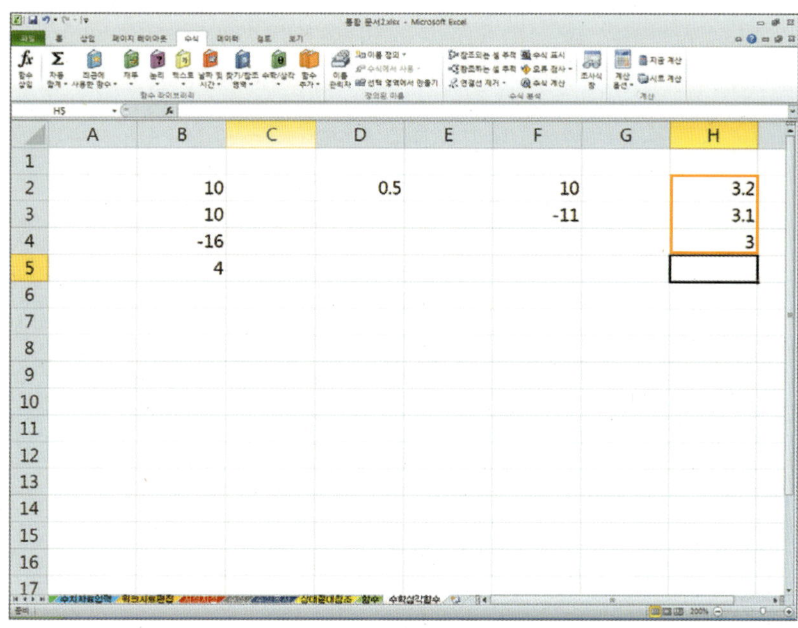

◈ [인수를 모두 곱한 결과값]을 구하려면, [B8부터 D8] 셀에 다음 화면과 같이 자료를 [입력]합니다.

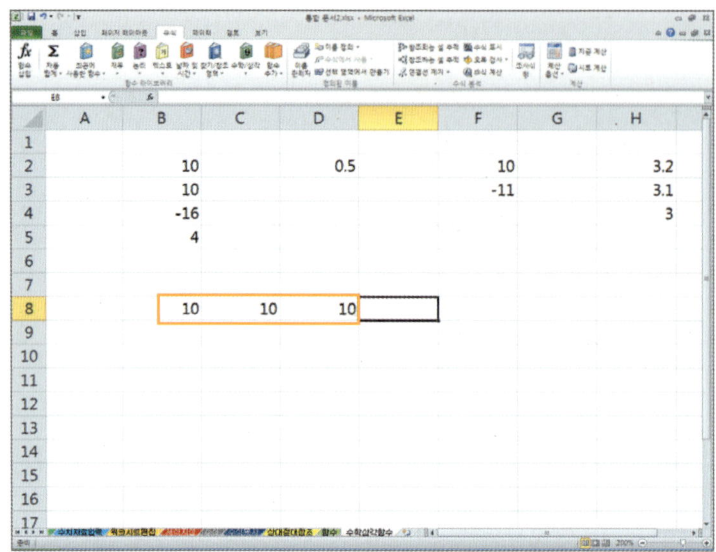

◈ 결과값을 구하려는 [E8] 셀을 선택하고, [=PRODUCT(B8 : D8)]을 입력한 결과입니다.

● 형식 : =PRODUCT(숫자값 1, 숫자값 2...)
● 숫자값은 [255개]까지 사용할 수 있습니다.

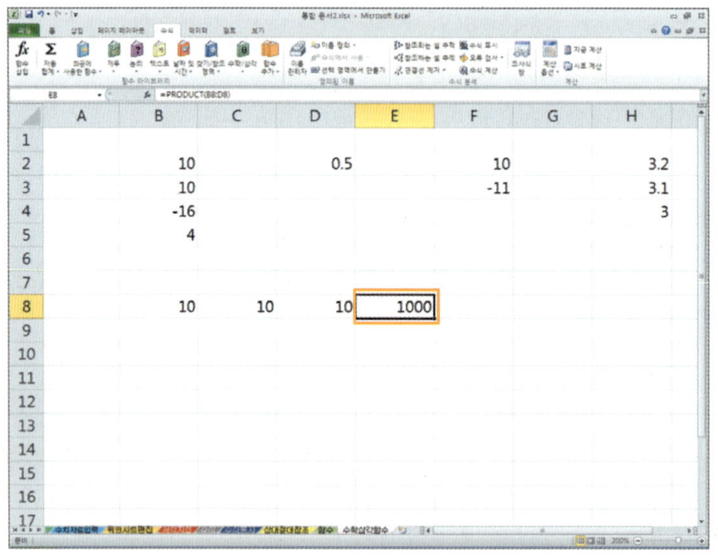

수학/삼각 함수의 도움말을 보려면...

F1 키를 누르고 Excel 도움말 대화상자가 나타나면 [검색할 단어 입력창]에 [수학/삼각 함수]라고 입력한 후, Enter 키를 누른 다음 원하는 항목을 선택하면 됩니다.

2 [논리값 함수]를 구하려면,

◎ 논리식을 사용하여 값이나 수식에 관한 [조건부 검사]를 하려면, 다음 화면과 같이 자료를 [입력]합니다.

● [합계]란은 [자동 합계] 아이콘을 이용하여 구합니다.

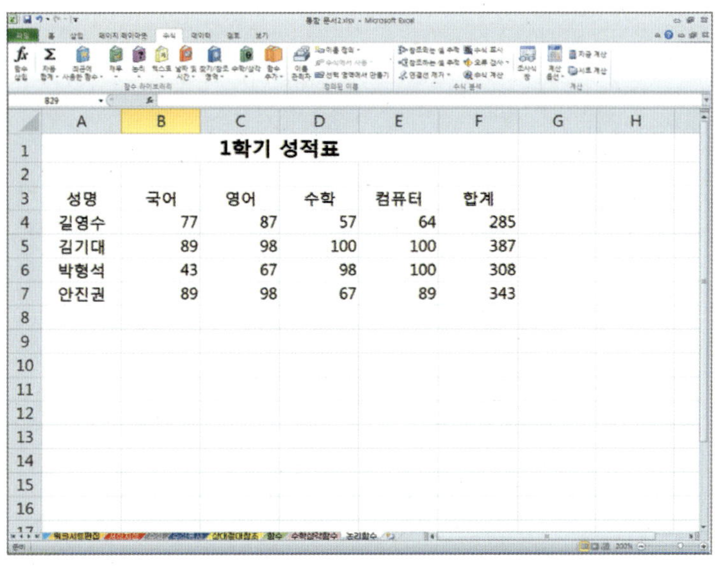

◎ [G3] 셀에 [합격여부]라고 입력합니다. 합계가 300점 이상이면 ["합격"]으로 표시하고, 300점 미만이면 ["불합격"]으로 표시하도록 [IF 함수]의 논리식을 설정합니다.

◎ [G4] 셀을 선택하고, 수식 입력줄의 [함수 삽입] 아이콘을 선택합니다.

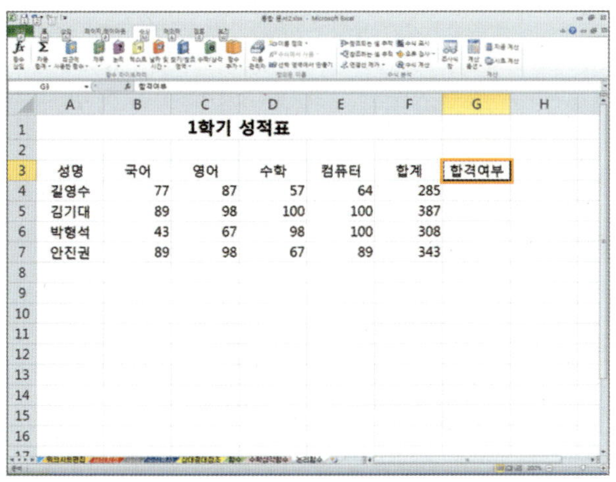

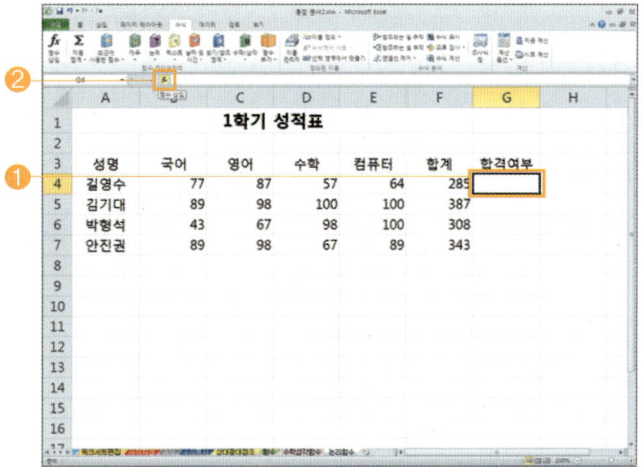

⊛ [함수 마법사] 대화상자에서 [범주 선택]란에서 [논리]를 선택한 후, [함수 선택]란에 있는 [IF]를 클릭하고 [확인] 버튼을 누릅니다.

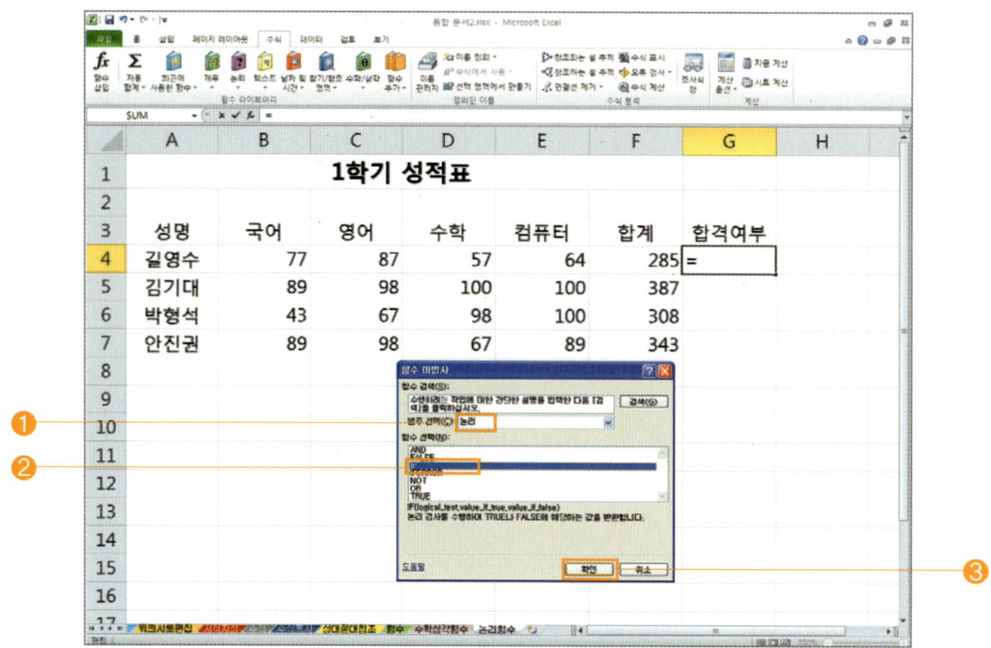

⊛ [함수 인수] 대화상자가 나타나면 [Logical_test(논리식)]란에 [F4〉=300]을 입력하고, [Value_if_true(조건이 참인 경우)]란에 ["합격"], [Value_if_false(조건이 거짓인 경우)]란에 ["불합격"]을 입력한 후, [확인] 버튼을 누릅니다.

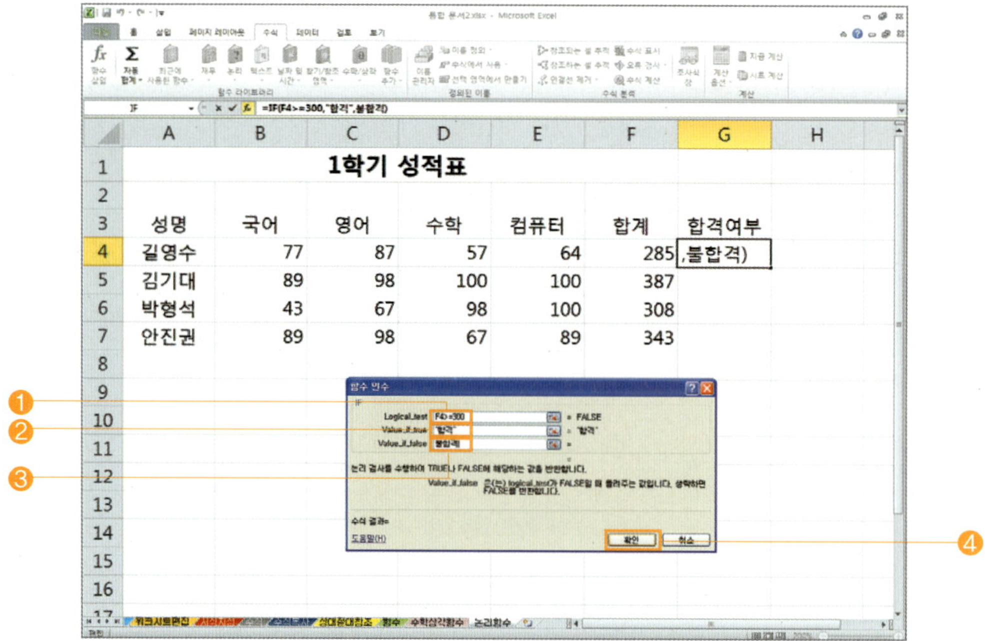

⊗ 나머지 부분의 결과값을 구하기 위하여 채우기 핸들을 이용하여 [G5부터 G7]셀까지 [수식 복사]를 합니다.

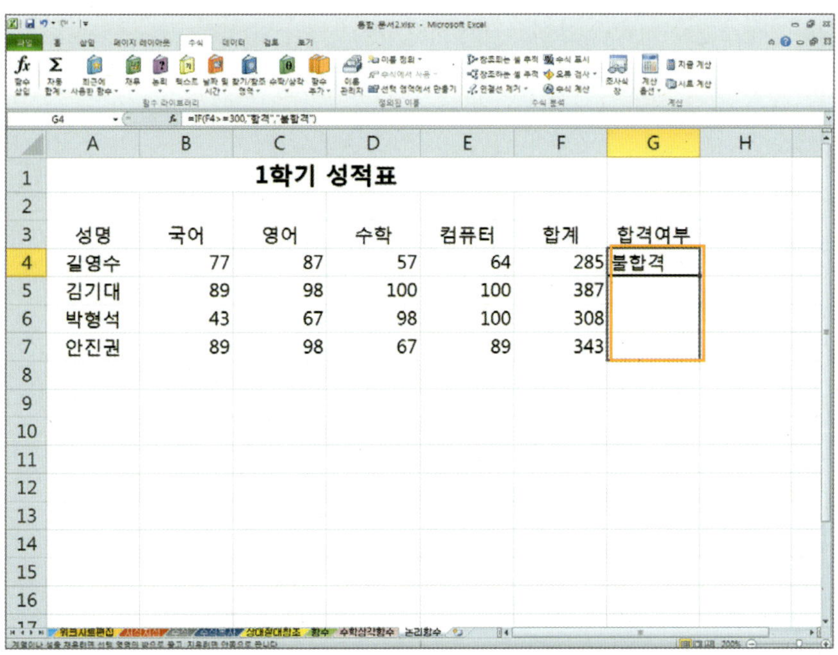

⊗ 다음 화면은 [IF 함수]를 이용하여 [조건부 검사]를 한 결과입니다.
● 형식 : =IF(논리식, 조건값 1, 조건값 2)
● IF 함수를 [64개]까지 중첩하여 사용할 수 있습니다.

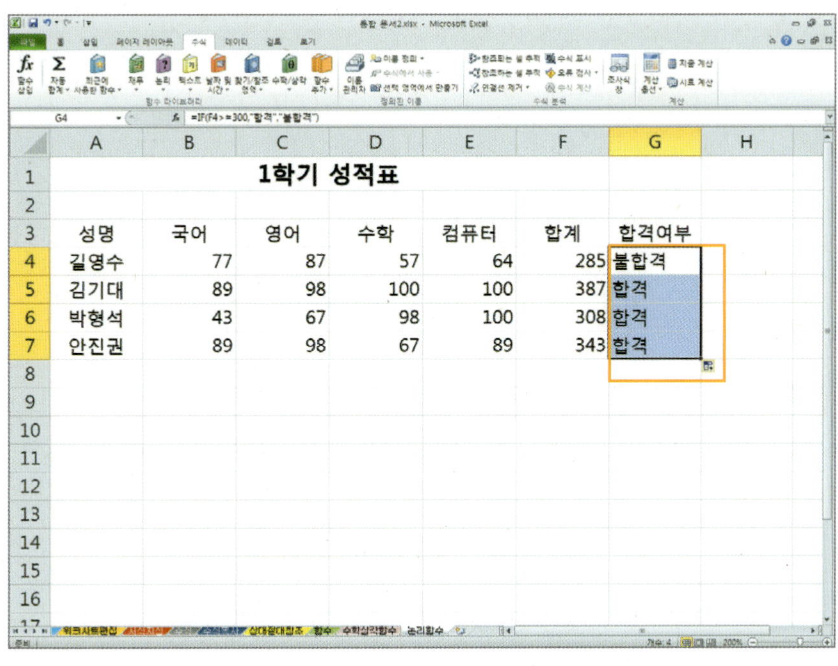

⊙ 논리식을 사용하여 인수가 하나라도 TRUE이면 TRUE를 반환하려면 다음 화면과 같이 자료를 [입력]합니다.

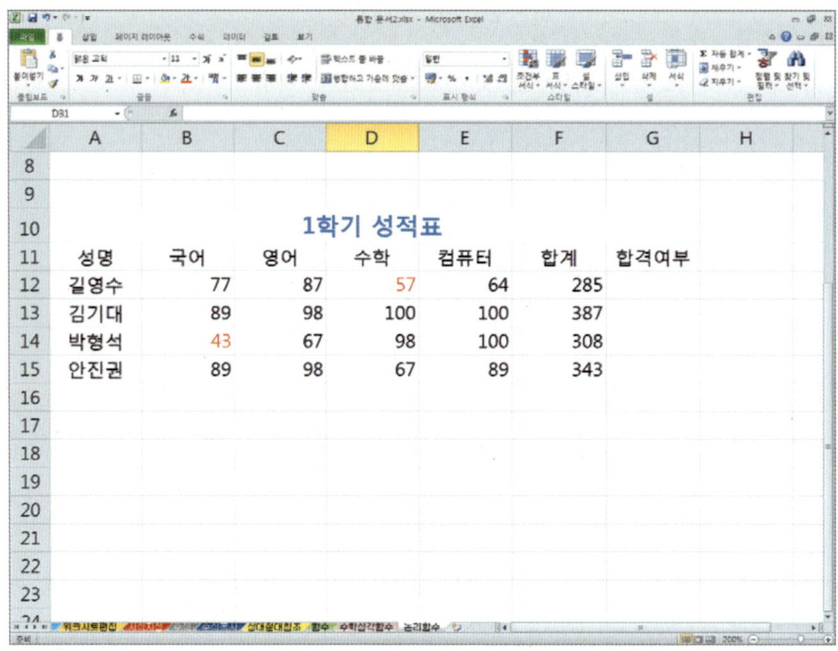

⊙ [G12] 셀을 선택하고, 모든 과목이 60점 이상이면 ["합격"], 과목 중 하나라도 60점 미만이면 ["불합격"]으로 표시하도록, [IF 함수]와 [OR 함수]의 논리식을 설정합니다.

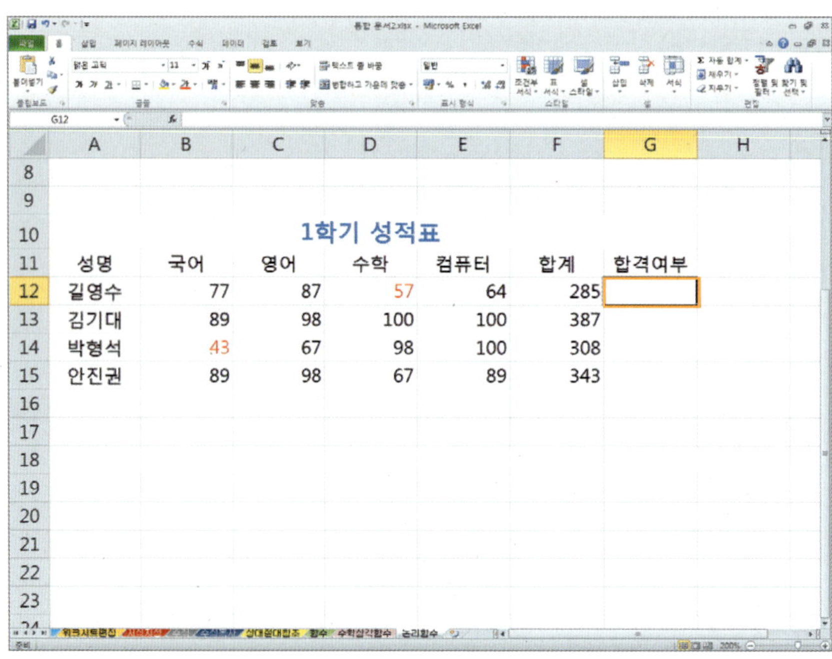

⊚ 수식 입력줄의 [함수 삽입] 아이콘을 클릭하고, [함수 마법사] 대화상자에서 [함수 선택]란에 있는 [IF]를 클릭한 후, [확인] 버튼을 누릅니다.

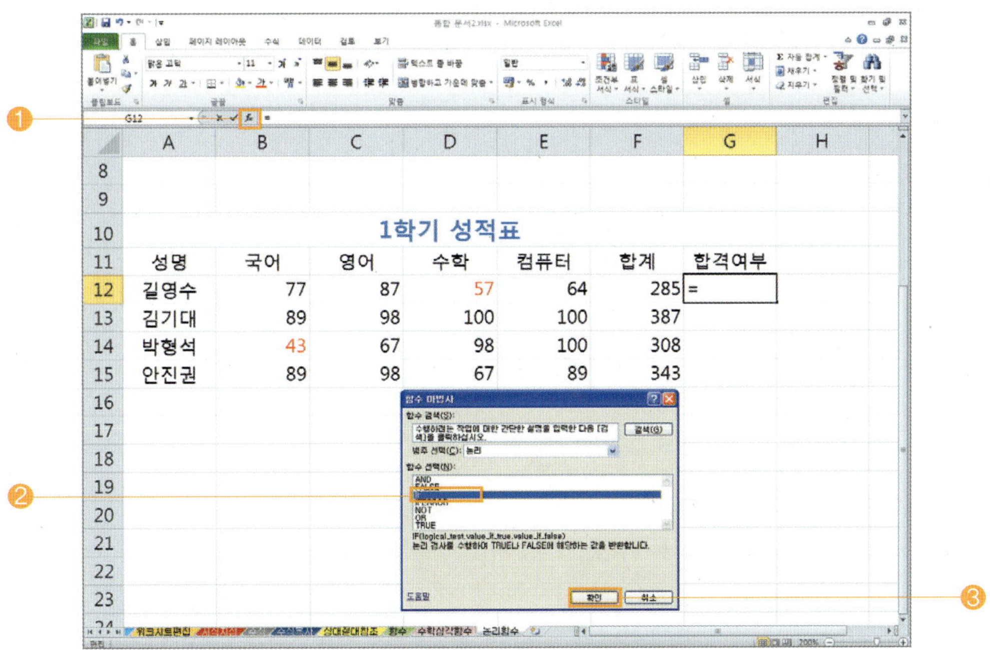

⊚ [함수 인수] 대화상자가 나타나면 [Value_if_true]란에 ["불합격"], [Value_if_false]란에 ["합격"]을 [입력]합니다.

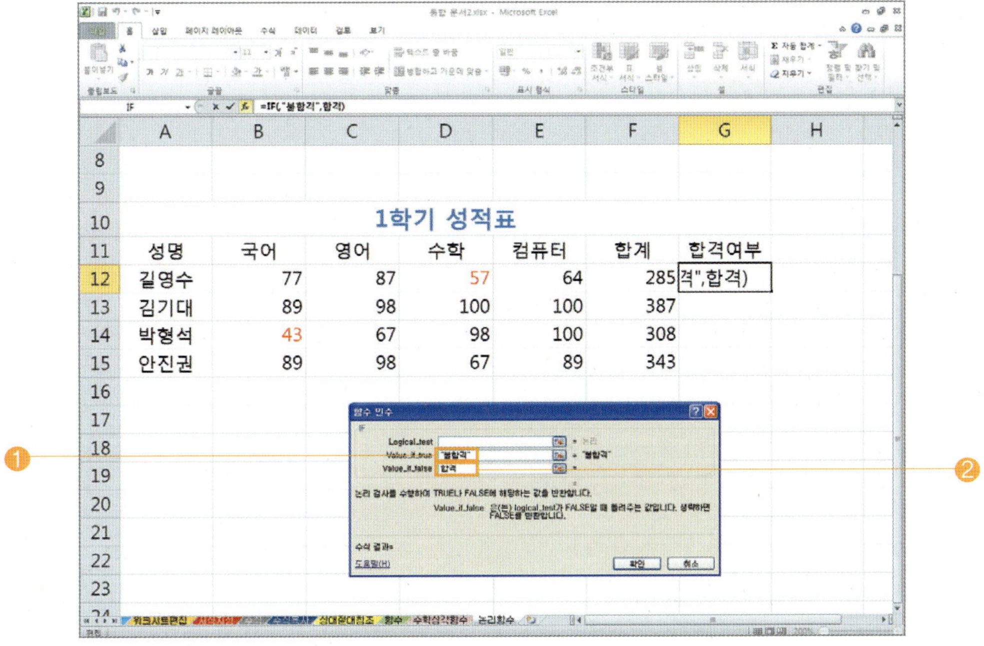

⊘ [Logical_test]란을 클릭한 후, 이름 상자에서 [OR]을 선택합니다.

● 선택하려는 함수가 이름 상자에 없으면 [함수 추가]를 클릭합니다.

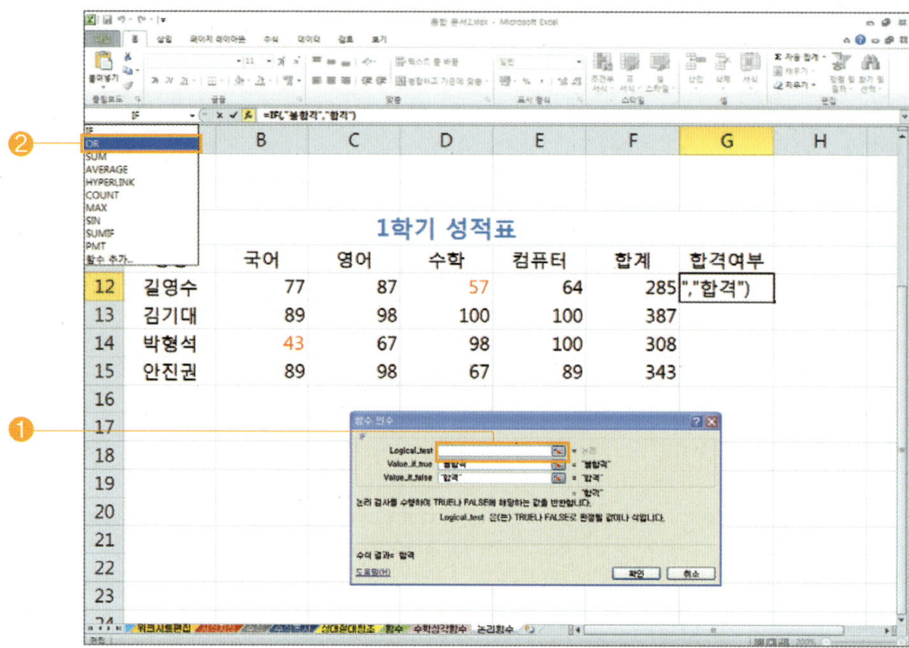

⊘ [함수 인수] 대화상자가 나타나면, [Logical1]란에 [B12<60], [Logical2]란에 [C12<60], [Logical3]란에 [D12<60], [Logical4]란에 [E12<60]을 입력한 후, [확인] 버튼을 누릅니다.

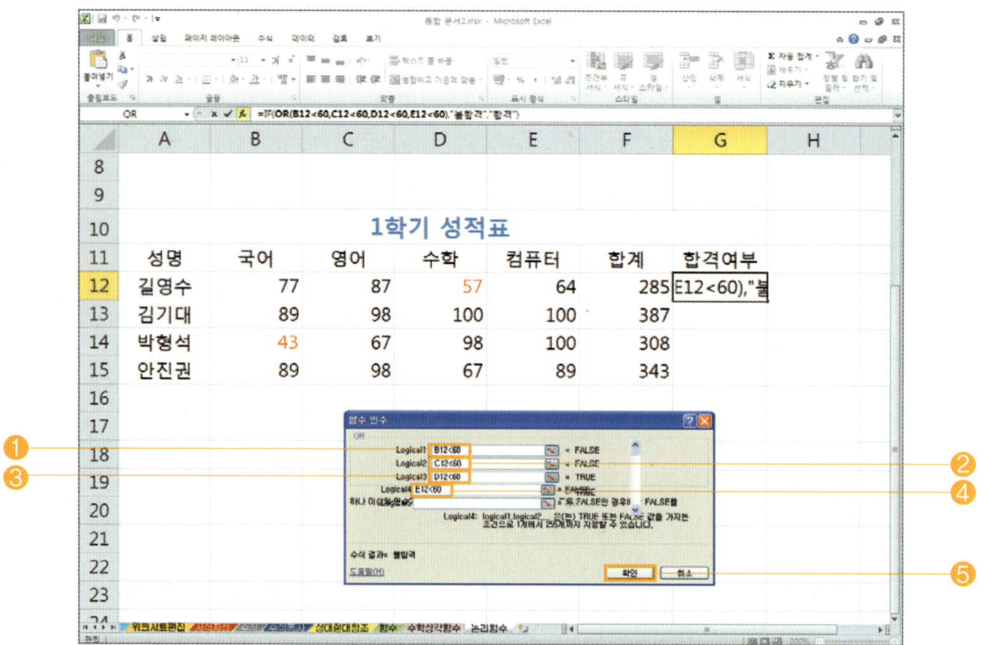

⊙ 나머지 부분의 결과값을 구하기 위하여 채우기 핸들을 이용하여 [G13부터 G15] 셀까지 [수식 복사]를 합니다.

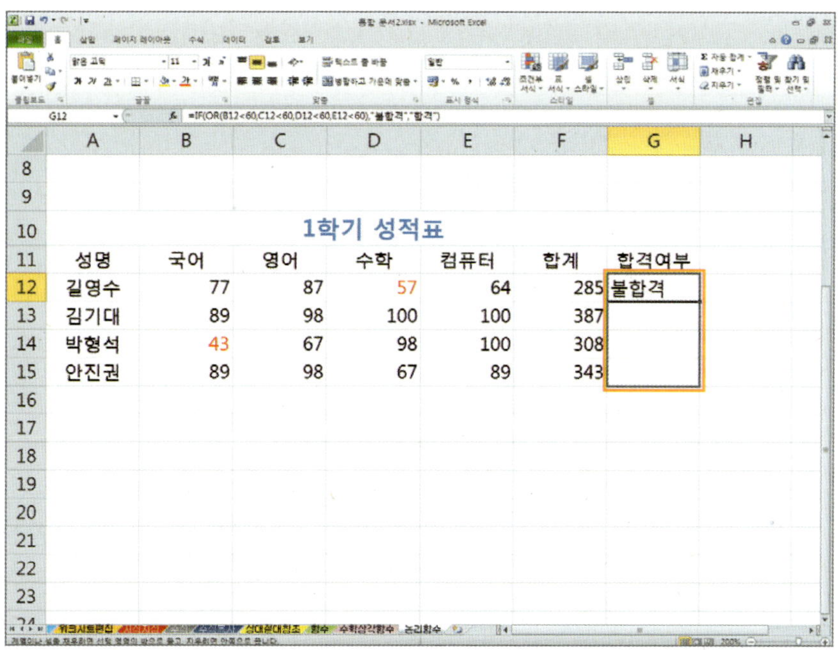

⊙ 다음 화면은 [IF 함수]와 [OR 함수]를 이용하여 [조건부 검사]를 한 모양입니다.
● 형식 : =OR(논리식1, 논리식2,…)
● OR 함수를 [255개]까지 지정하여 사용할 수 있습니다.

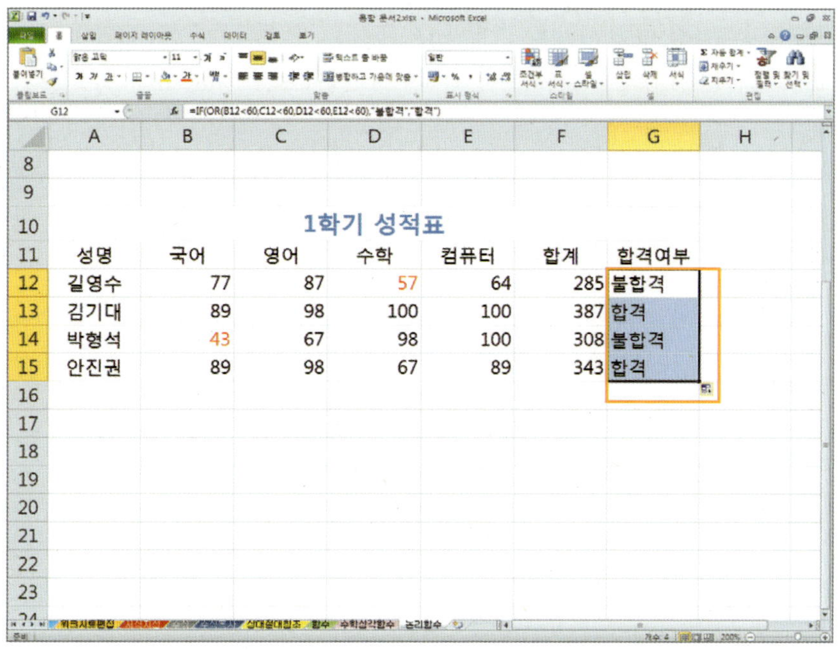

3 [텍스트 함수]를 구하려면,

⟩⟩ 문자열의 [문자 개수]를 구하려면, [B2] 셀에 [엑셀 2010]이라고 [입력]합니다.

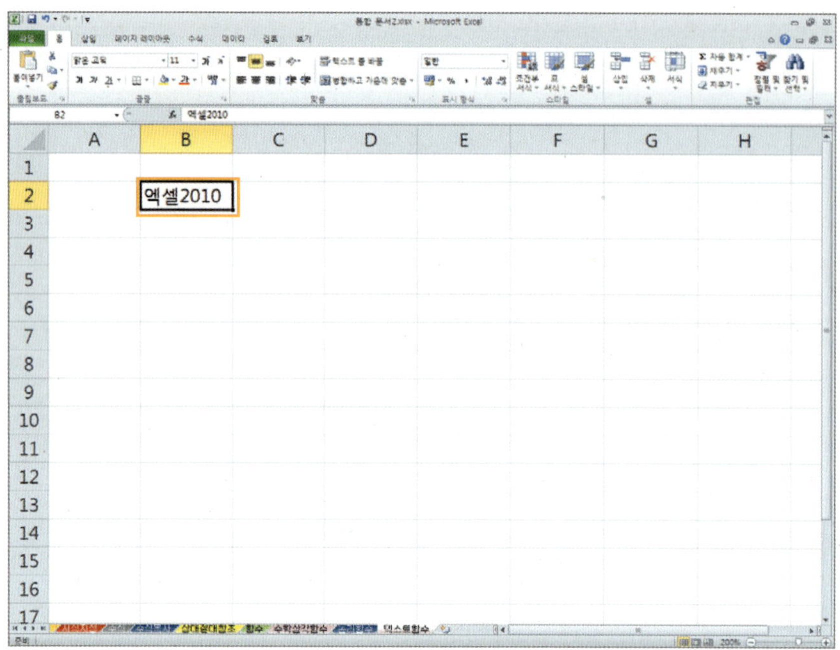

⟩⟩ [B3] 셀에 [=LEN(B2)]을 입력한 후, Enter 키를 누르면 됩니다.
- 형식 : =LEN(문자값)
- [공백]도 문자로 계산합니다.

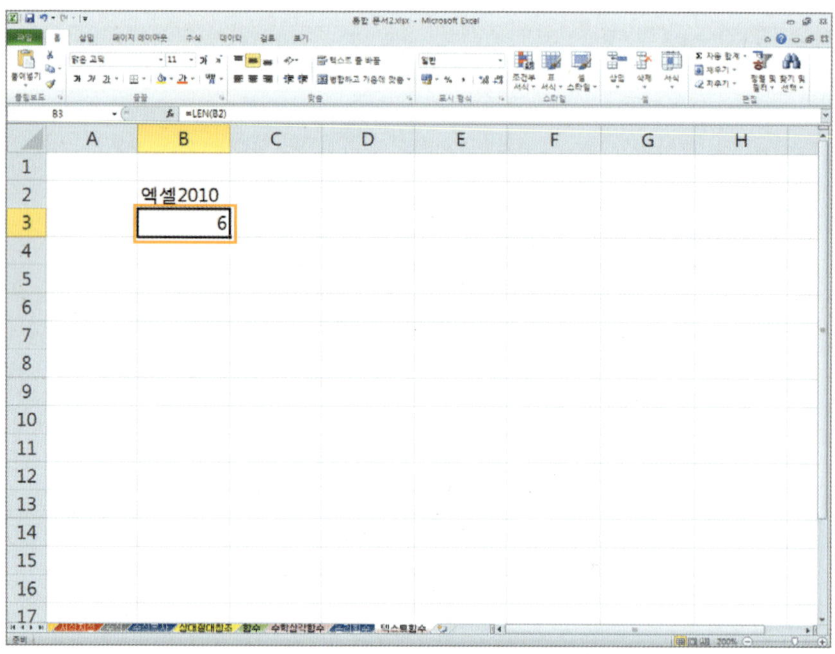

⊙ 데이터와 데이터를 [연결]하려면, 다음 화면과 같이 자료를 [입력]합니다.

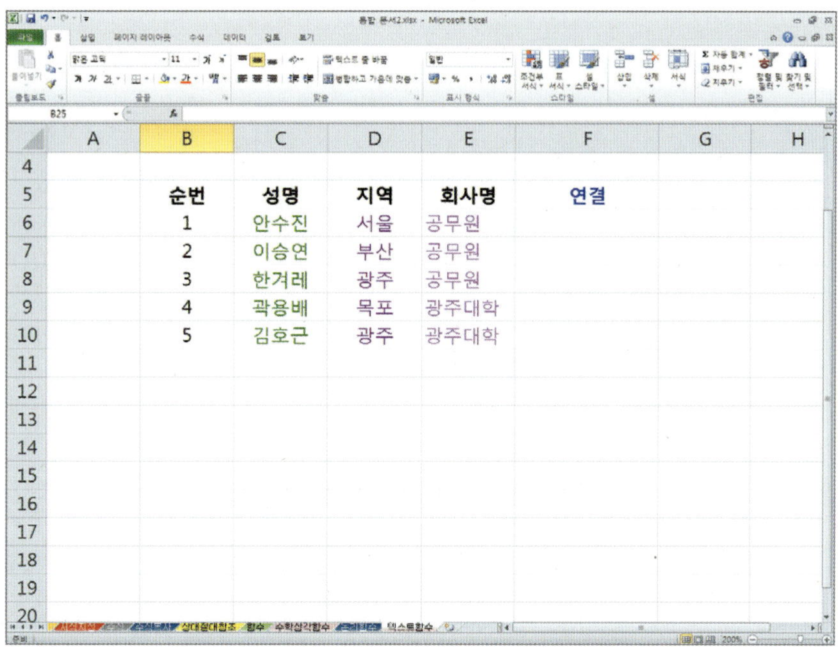

⊙ [F6] 셀을 선택한 후, [수식] ➡ [텍스트] ➡ [CONCATENATE]를 선택합니다.

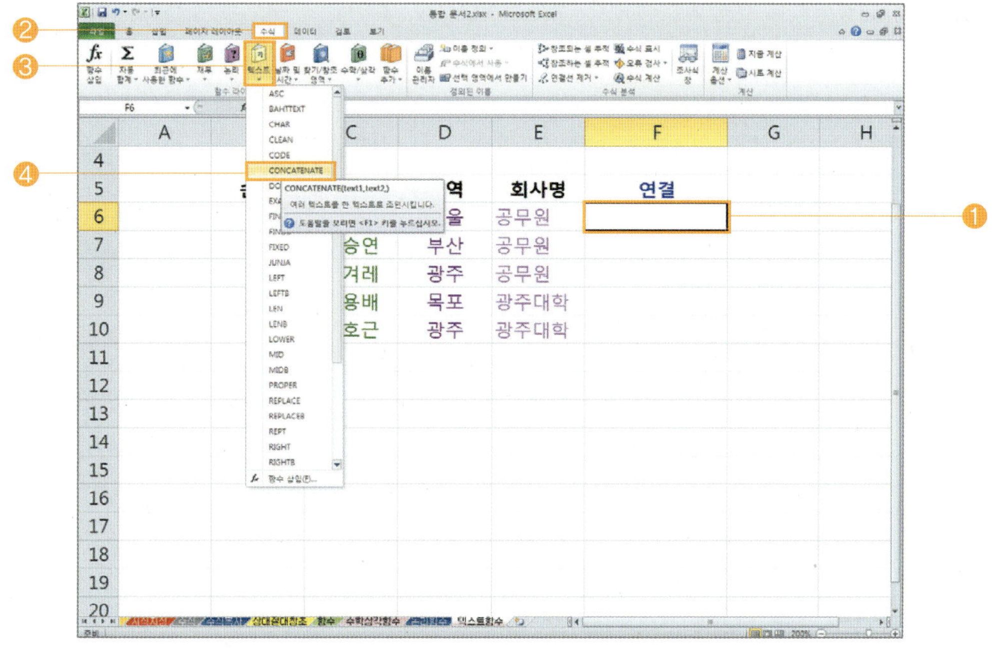

〉 [D6] 셀과 [E6] 셀을 연결하기 위하여 [함수 인수] 대화상자에서 [Text1]란에 [D6], [Text2]란에 [E6]를 선택하고 [확인] 버튼을 누르면 됩니다.

● "&"연산자를 사용하여도 됩니다.(=D6&E6)

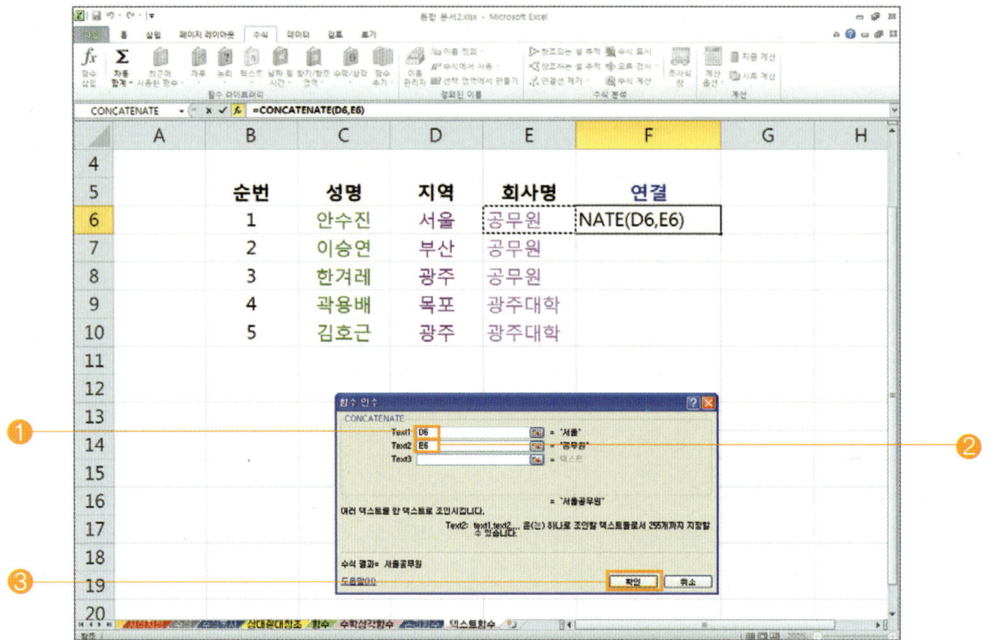

〉 나머지 부분의 결과값을 구하기 위하여 [F7 부터 F10] 셀까지 채우기 핸들을 이용하여 [수식 복사]를 합니다.

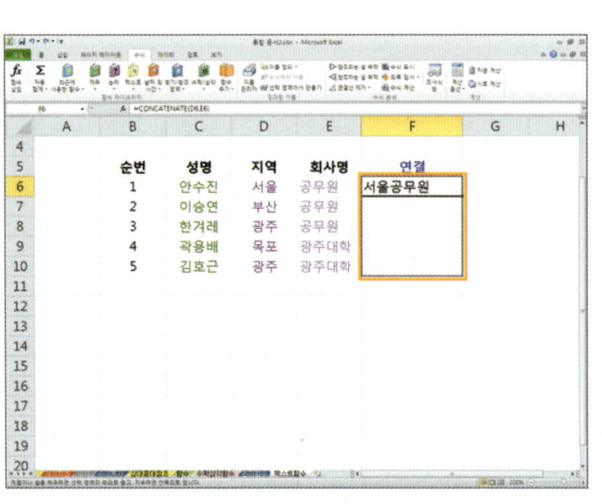

〉 다음 화면은 [CONCATENATE 함수]를 이용하여 데이터와 데이터를 [연결]한 결과입니다.

● 형식 : =CONCATENATE(문자1, 문자2, …)

● 문자값을 [255개]까지 연결할 수 있습니다.

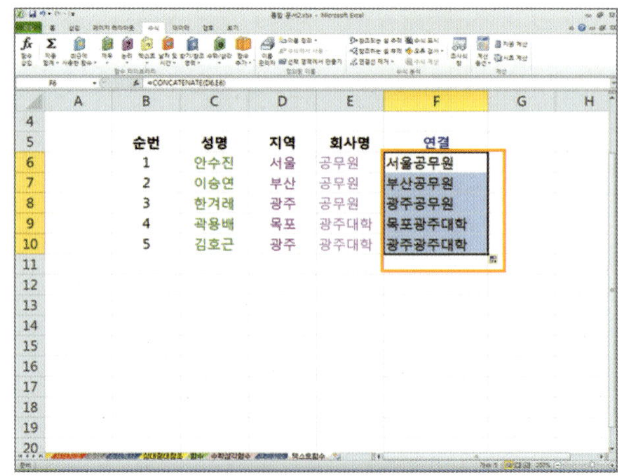

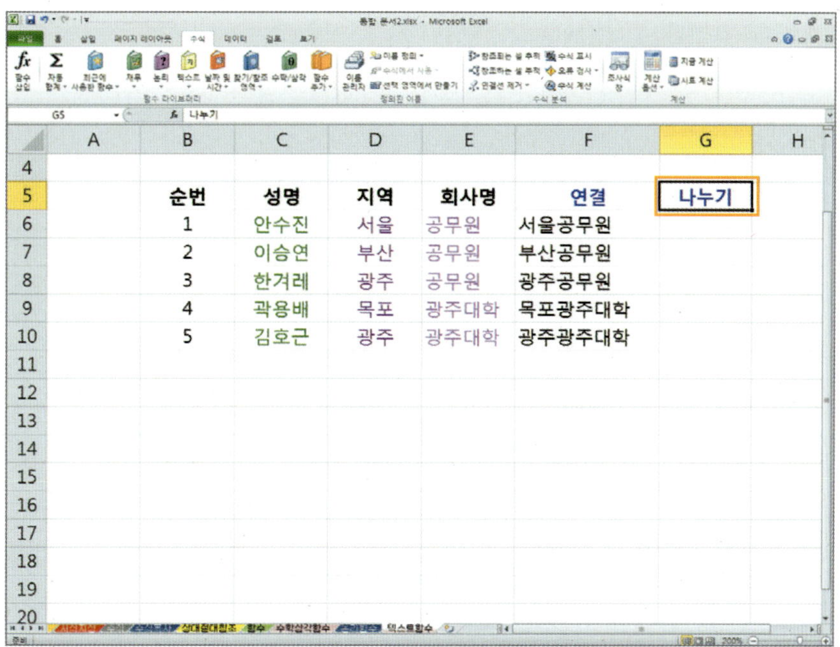

[G6] 셀을 선택한 후, [수식] ➡ [텍스트] ➡ [MID]를 선택합니다.

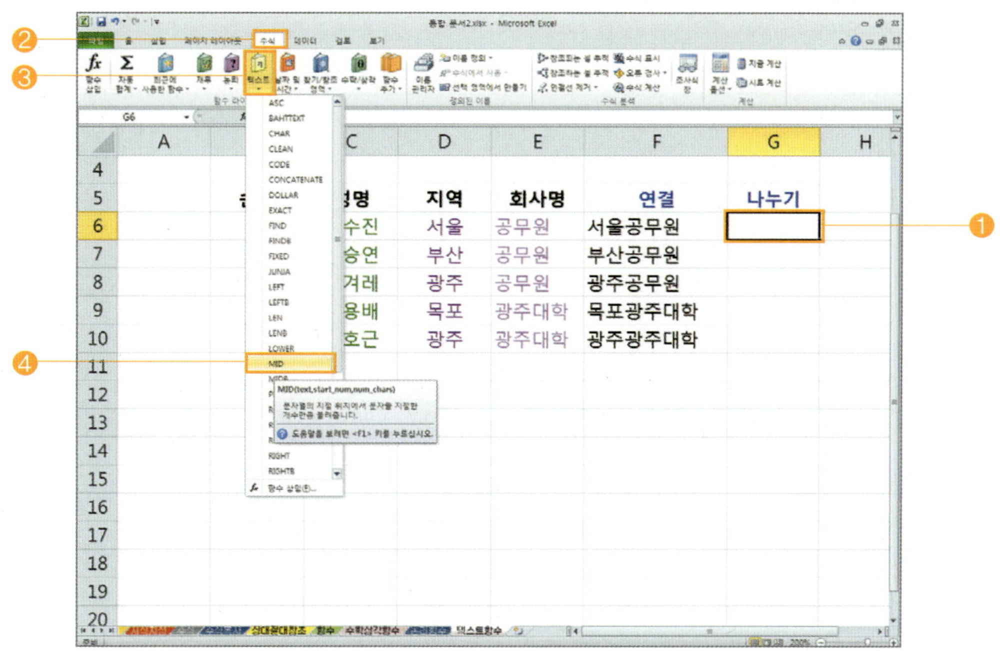

⊛ [함수 인수] 대화상자가 나타나면, [Text]란에 [F6], [Start_num]란에 [1], [Num_chars]란에 [2]를 입력하고, [확인] 버튼을 누르면 됩니다.

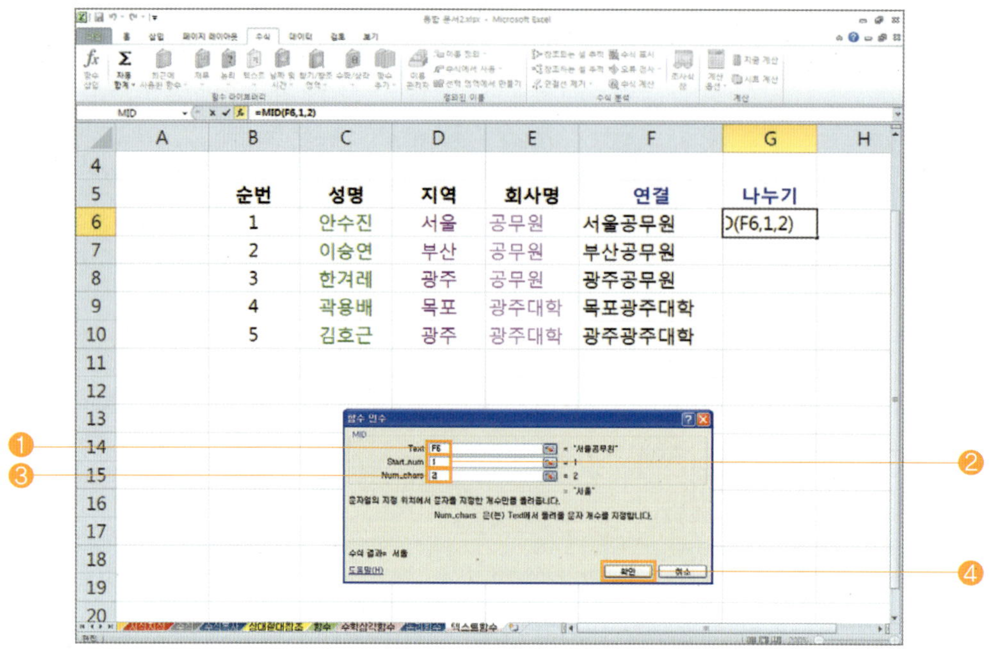

⊛ 나머지 부분의 결과값을 구하기 위하여 채우기 핸들을 이용하여 [G7부터 G10] 셀까지 [수식 복사]를 합니다.

⊛ 다음 화면은 [MID 함수]를 이용하여 데이터와 데이터를 [나누기]한 결과입니다.
● 형식 : =MID(문자, 첫문자 위치, 반환문자 개수)

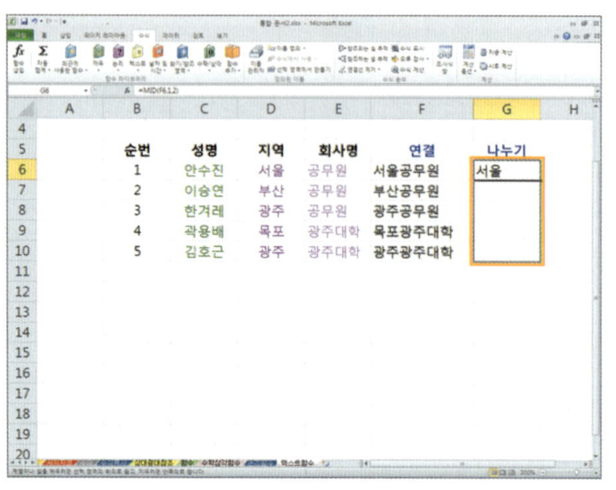

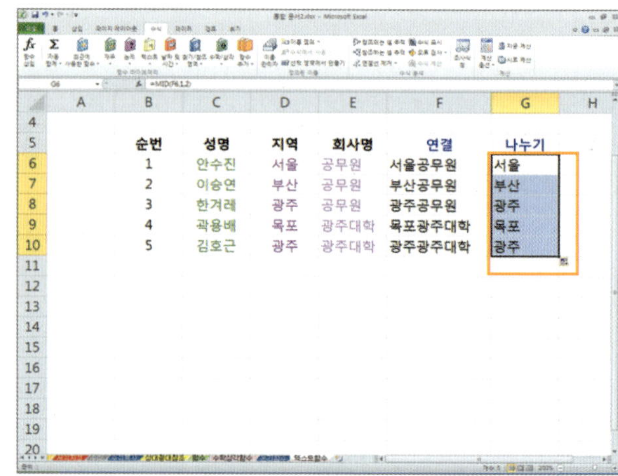

데이터 문자열의 첫 번째 문자부터 시작하여 지정한 문자 수만큼 반환하려면 다음 화면과 같이
자료를 [입력]합니다.

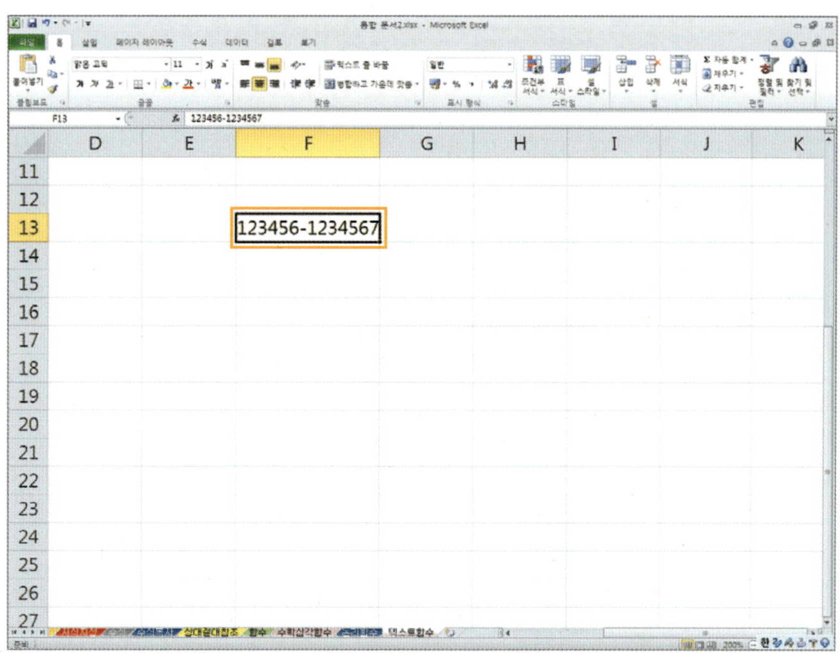

[F15] 셀을 선택하고, [수식] ➡ [텍스트] ➡ [CONCATENATE]를 선택합니다.

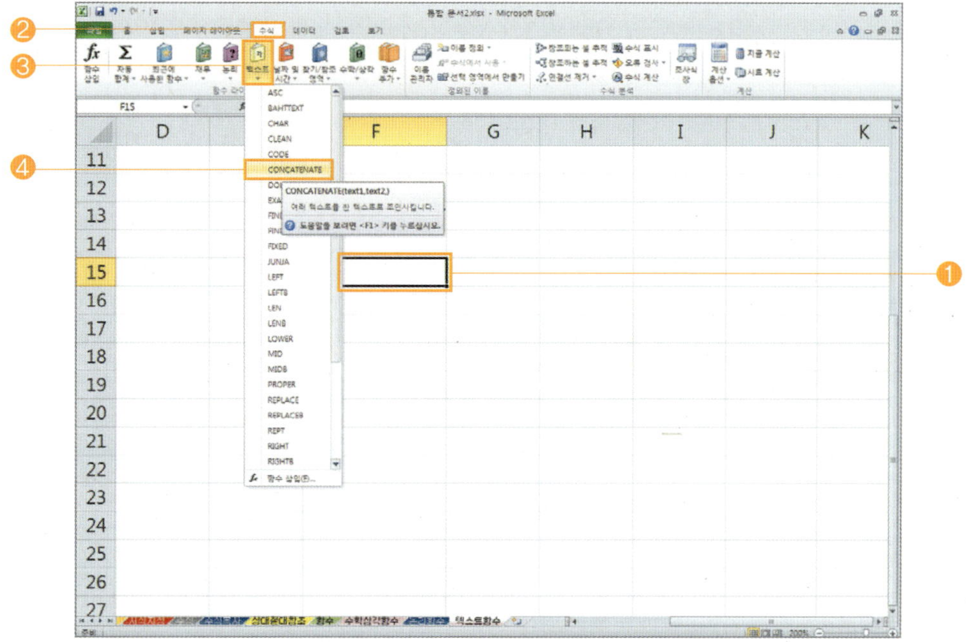

 EXCEL

⊙ [함수 인수] 대화상자가 나타나면 [Text1]란에 (LEFT(F13,6)), [Text2]란에 ["-0000000"]를 입력하고 [확인] 버튼을 누르면 됩니다.

● 형식 : =LEFT(문자, 문자수)

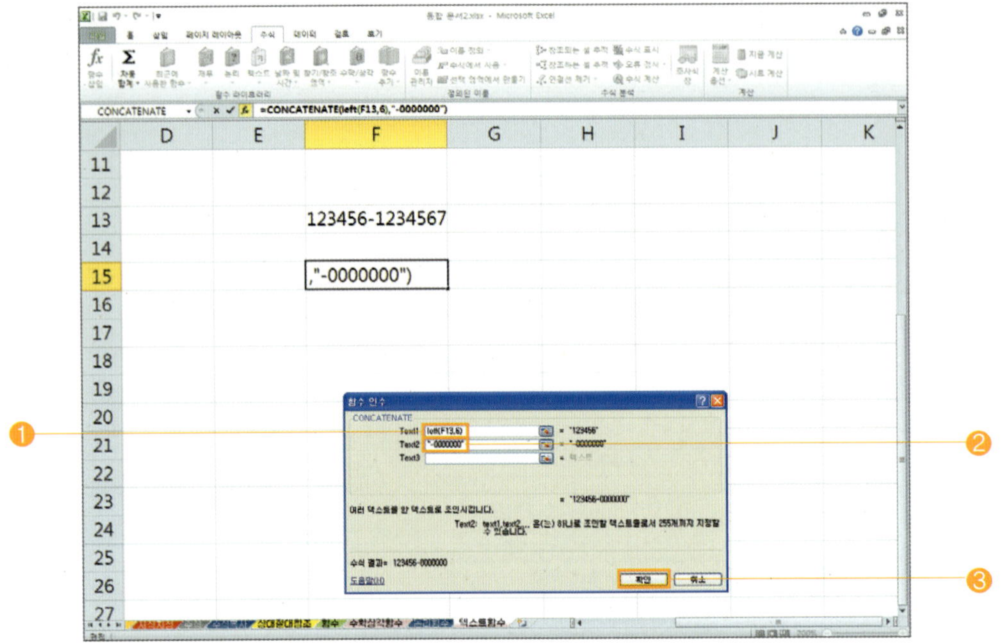

4 [날짜/시간 함수]를 구하려면,

⊙ 현재 [날짜와 시간]을 구하려면, [B2] 셀에 [=NOW( )]를 입력하고, Enter 키를 누르면 됩니다.

● 형식 : =NOW( )

⊙ [연월일]을 구하려면, 다음 화면과 같이 자료를 [입력]합니다.

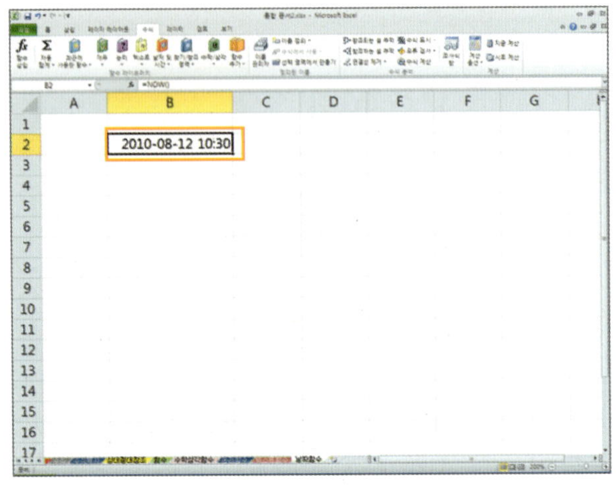

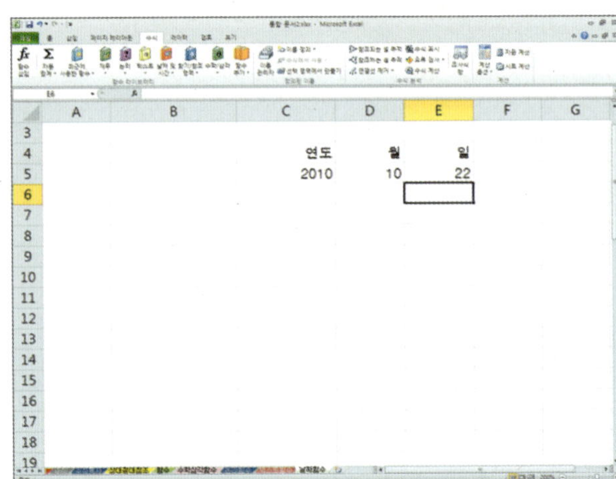

[C6] 셀을 선택하고, [수식] ➡ [날짜 및 시간] ➡ [DATE]를 선택합니다.

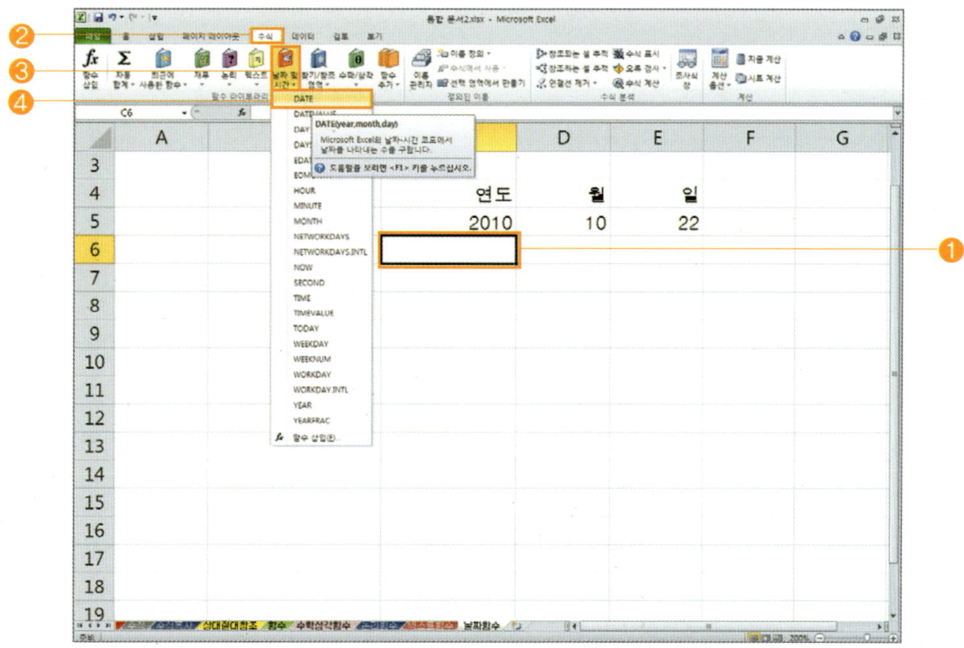

[함수 인수] 대화상자가 나타나면 [Year]란에 [C5], [Month]란에 [D5], [Day]란에 [E5]를 입력하고, [확인] 버튼을 누르면 됩니다.

● 형식 : =DATE(년, 월, 일)

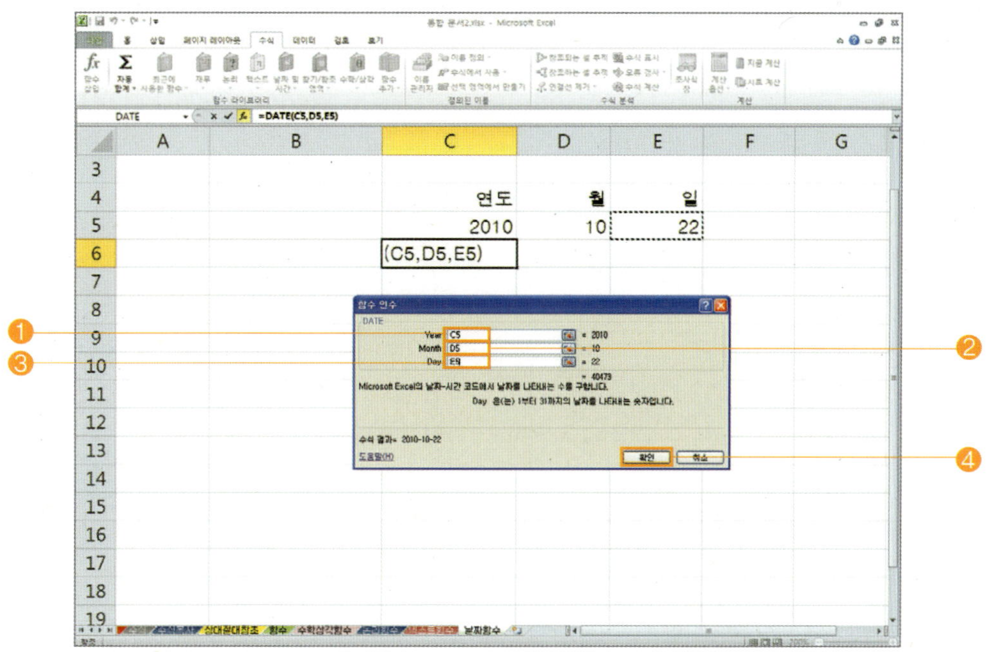

⊙ [12월보다 큰 월]을 구하려면, 다음 화면과 같이 자료를 [입력]합니다.

⊙ [C9] 셀을 선택하고, [수식] ➡ [날짜 및 시간] ➡ [DATE]를 선택합니다.

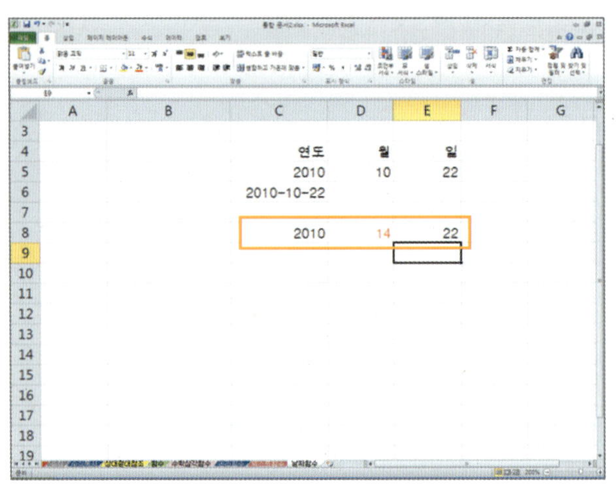 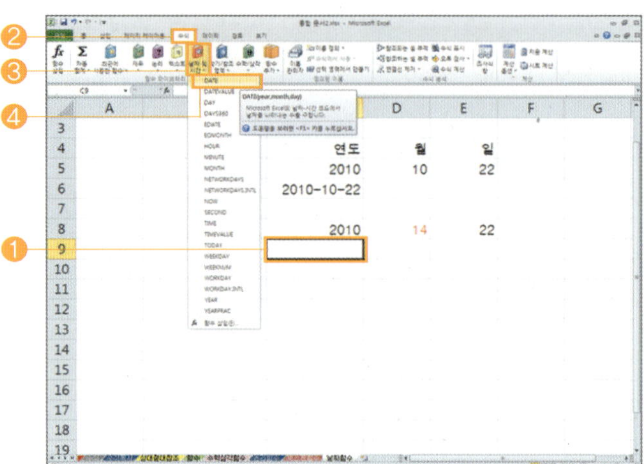

⊙ [함수 인수] 대화상자가 나타나면 [Year]란에 [C8], [Month]란에 [D8], [Day]란에 [E8]를 입력하고, [확인] 버튼을 누르면 됩니다.

● 결과값이 일련번호로 반환될 경우 서식 지정은 날짜로 변경합니다.

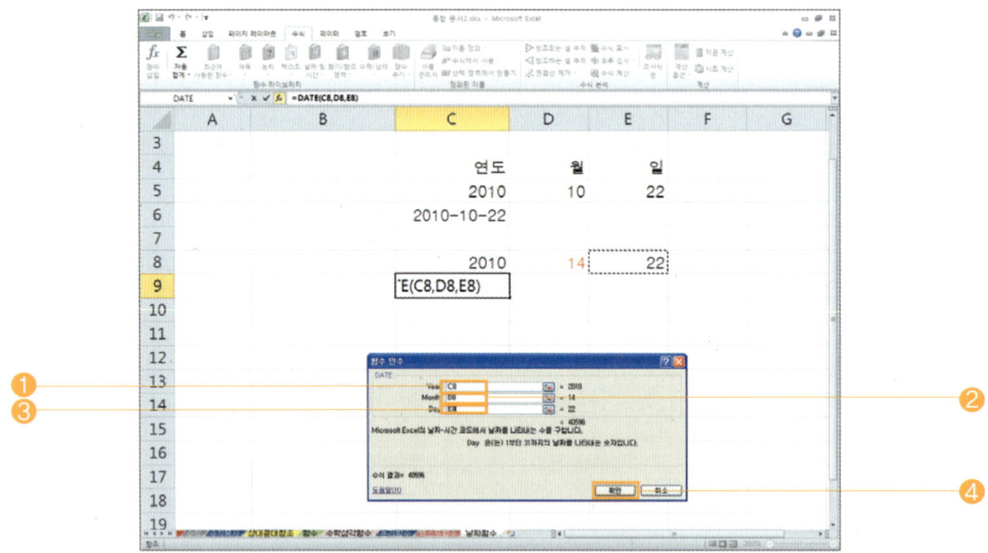

>>> 알아두세요

Day가 지정된 달의 날수보다 크면…

- 지정된 달의 첫째 날짜에 더하여 Day가 계산됩니다.
- DATE(2010, 1, 33)의 결과값은 2010-2-2로 표시됩니다.

5 [찾기/참조 영역 함수]를 구하려면,

◎ [입력한 자료에서 특정값]을 찾아 [지정한 영역에 있는 값]을 구하려면, 다음 화면과 같이 자료를 [입력]합니다.

◎ [VLOOKUP 함수]의 [참조 영역과 대응 영역]을 지정하기 위하여 [H3부터 I8] 셀에 다음 화면과 같이 자료를 [입력]합니다.
● [점수]가 입력된 [참조 영역]의 자료는 [오름차순]으로 정렬하여야 정확한 값을 얻을 수 있습니다.

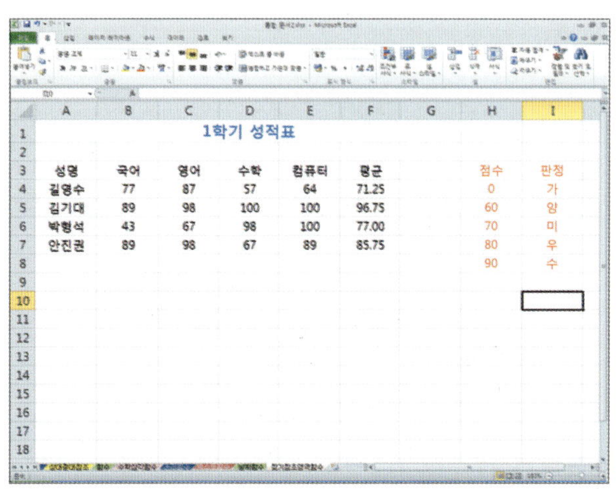

◎ [H4부터 I8] 셀까지 범위 지정을 하고, 이름 상자를 클릭하여 [판정 결과]라고 입력한 후, Enter 키를 누릅니다.

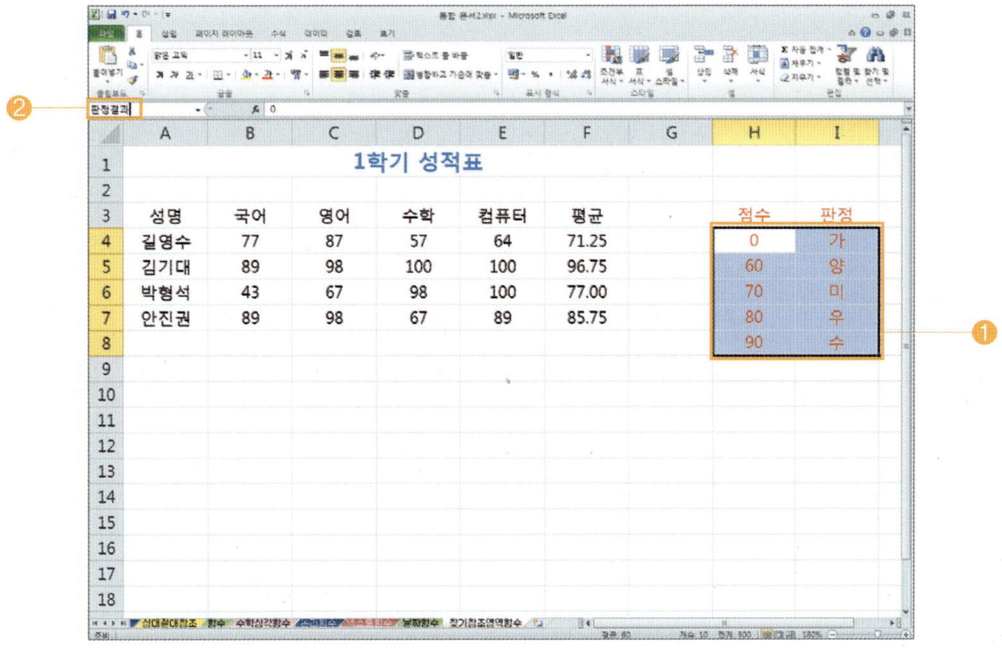

⊙ [G3] 셀에 [판정 결과]라고 입력한 후, 판정 결과를 나타내기 위하여 [G4] 셀을 선택하고, [함수 삽입] 아이콘을 클릭합니다.

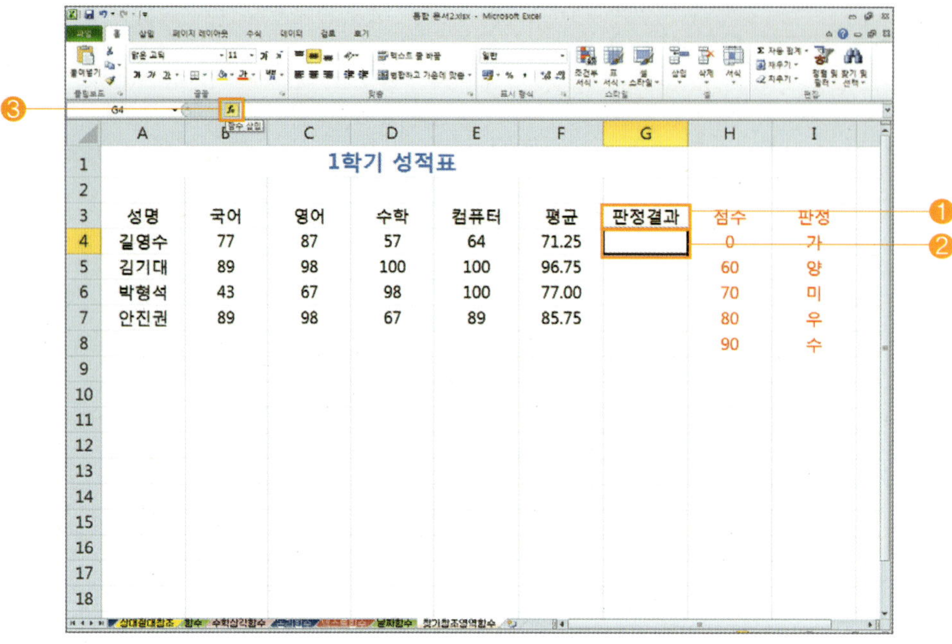

⊙ [함수 마법사] 대화상자가 나타나면, [함수 검색]란에 [VLOOKUP]을 입력하고 [검색] 버튼을 누른 후, [확인] 버튼을 누릅니다.

● [범주 선택]란의 목록 단추를 클릭하여 [찾기/참조 영역]을 선택하고, [함수 선택]란에 있는 [VLOOKUP]을 선택하여도 됩니다.

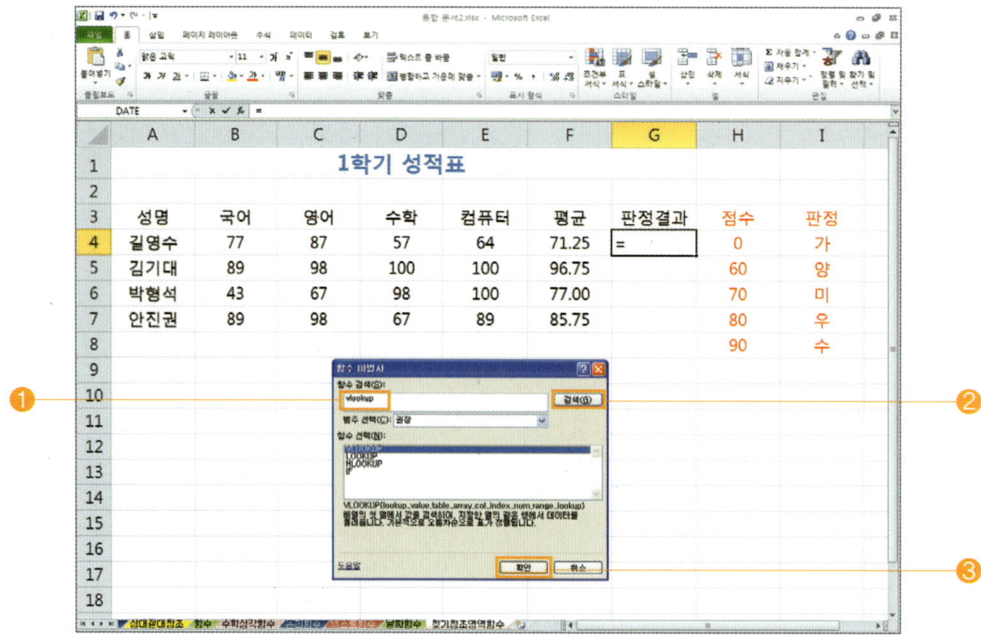

⊛ [함수 인수] 대화상자가 나타나면 [Lookup_Value(기준값)]란에 [F4], [Table-array(참조 영역)]란에 [판정결과]를 입력하고, [Col_index_num(열번호)]란에 [2]를 입력한 다음, [확인] 버튼을 누르면 됩니다.

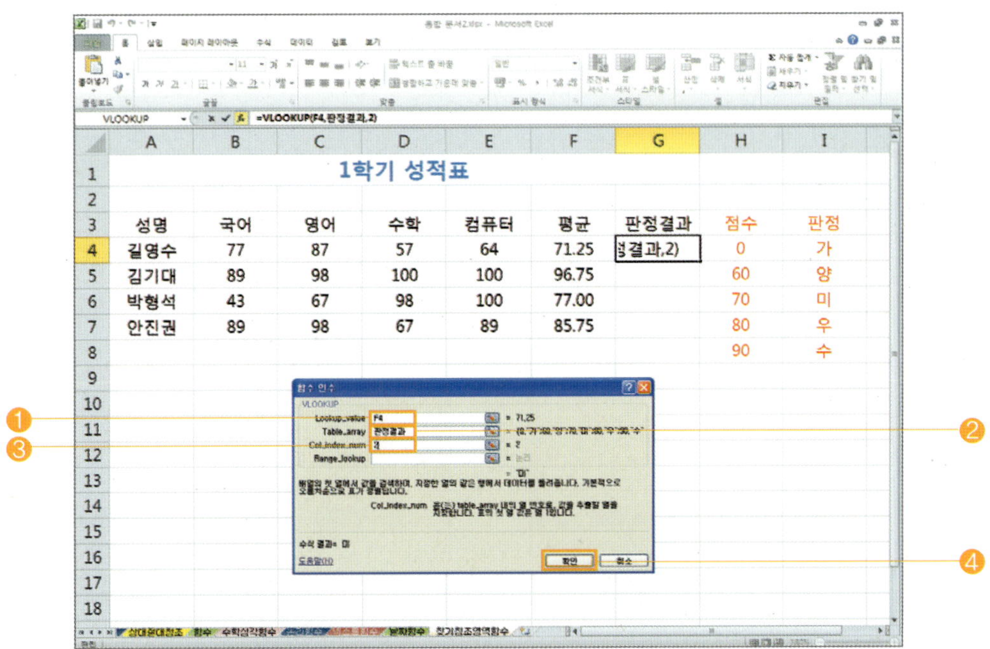

⊛ 나머지 부분의 결과값을 구하기 위하여 [G4부터 G7] 셀까지 [수식 복사]를 합니다.

⊛ 다음 화면은 [VLOOKUP 함수]를 이용하여 결과값을 구한 결과입니다.
● 형식 : =VLOOKUP(기준값, 참조 영역, 열 번호, 옵션)

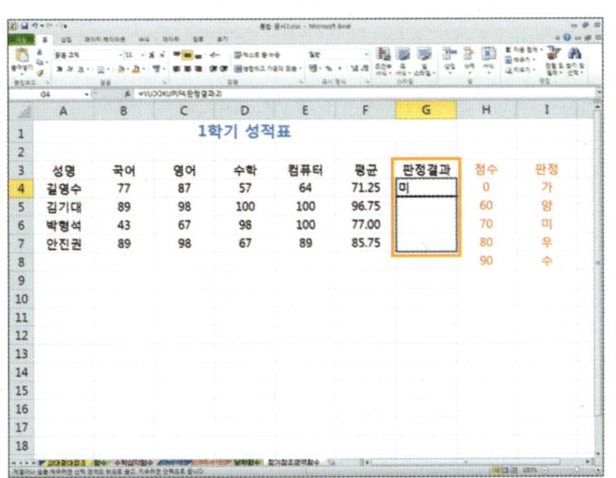

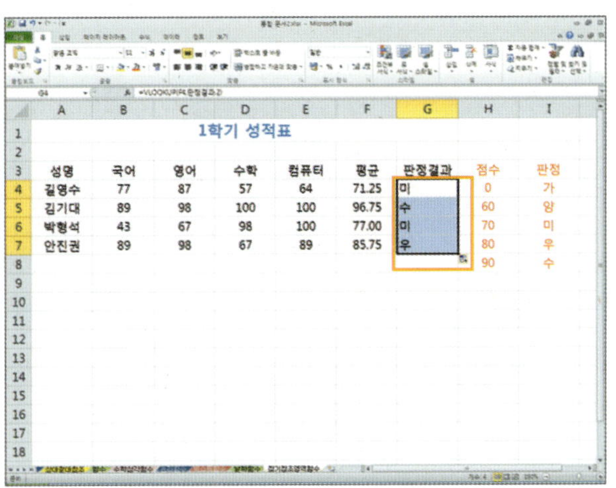

6 [통계 함수]를 구하려면,

▶ [평균]을 구하려면, 다음 화면과 같이 자료를 [입력]합니다.

▶ [G열] 머리글을 눌러 범위를 설정한 후, [마우스 오른쪽 버튼]을 눌러 단축 메뉴에서 [셀 서식]을 선택합니다.

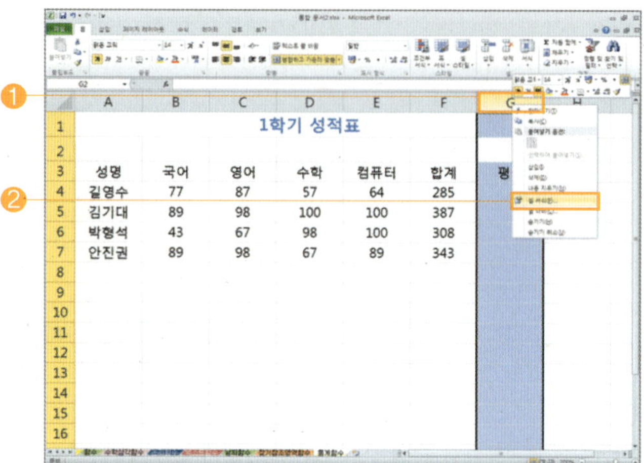

▶ [셀 서식] 대화상자에서 [표시 형식]을 클릭하고, [범주]란에 [숫자]를, [소수 자릿수]를 [0]으로 설정하고, [확인] 버튼을 누릅니다.

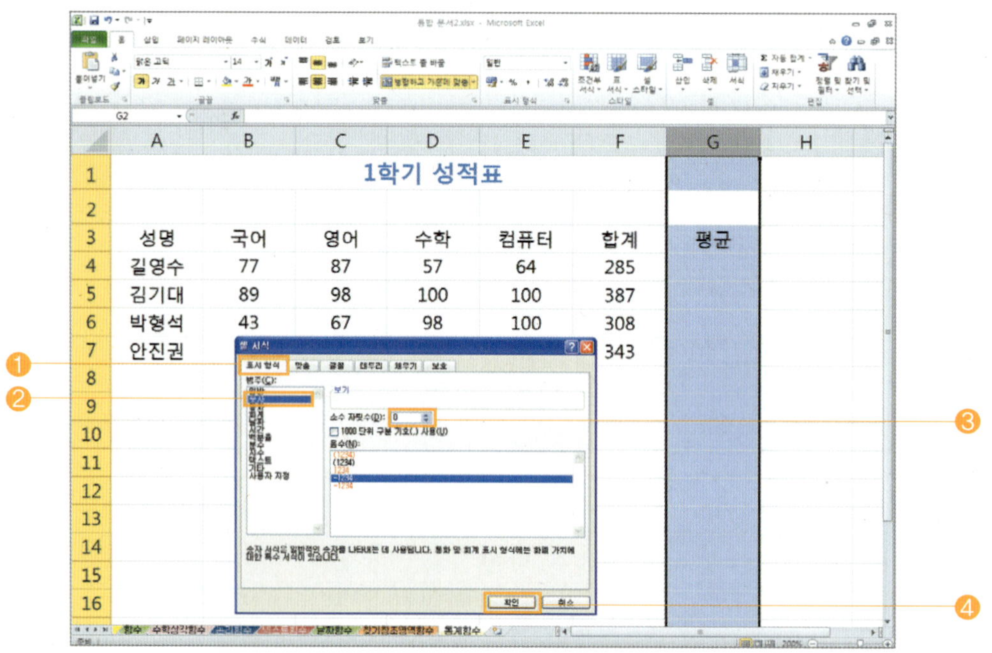

⊙ [G4]셀을 선택하여 [=AVERAGE(B4:E4)]을 입력하고, Enter 키를 누르면 됩니다.

● 도구 모음줄에 있는 [자동 합계]를 이용하여도 됩니다.

● 형식 : =AVERAGE(숫자값 1, 숫자값 2, …)

● 숫자값은 [255개]까지 사용할 수 있습니다.

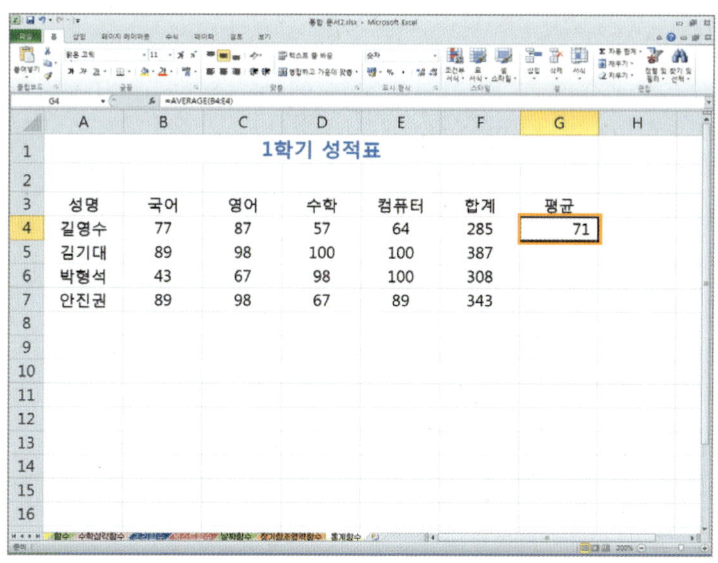

⊙ [최대값]을 구하려면, [A8] 셀에 [최대값]이라고 입력한 후, [B8] 셀을 선택하여 [=MAX(B4:B7)]을 입력하고, Enter 키를 누르면 됩니다.

● 형식 : =MAX(숫자값 1, 숫자값 2, …)

● 숫자값은 [255개]까지 사용할 수 있습니다.

⊙ [최소값]을 구하려면, [A9] 셀에 [최소값]이라고 입력한 후, [B9] 셀을 선택하여 [=MIN(B4:B7)]을 입력하고, Enter 키를 누르면 됩니다.

● 형식 : =MIN(숫자값 1, 숫자값 2, …)

● 숫자값은 [255개]까지 사용할 수 있습니다.

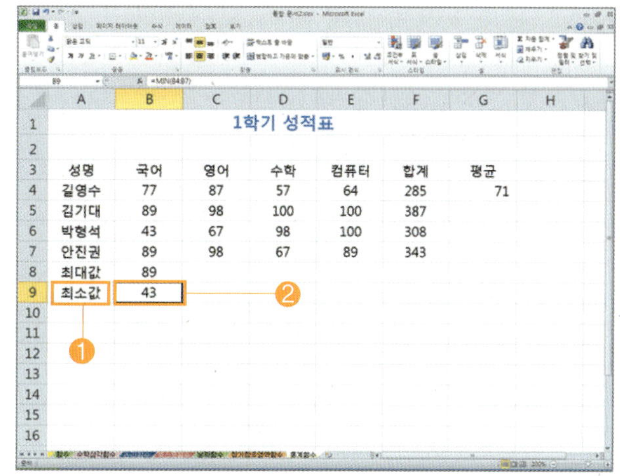

⊘ [순위]를 구하려면, 다음 화면과 같이 자료 [입력]을 합니다.

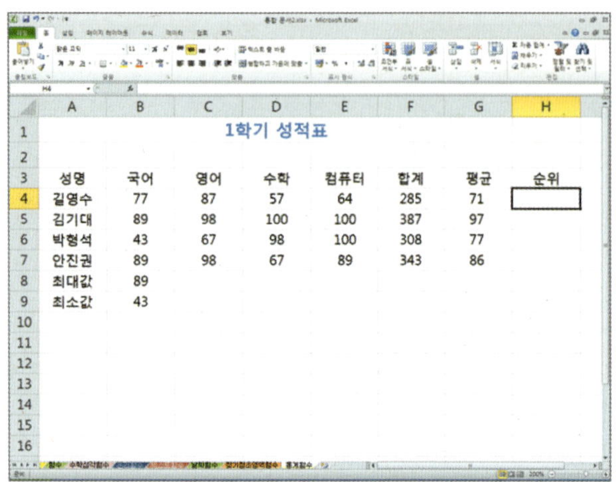

⊘ [H4] 셀을 선택하여 [=RANK.EQ(G4, 평균)]이라고 입력한 후, Enter 키를 누릅니다.
● [Order]란을 [0]이나 [생략]을 하면 내림차순으로 순위가 정해집니다.
● 수식 입력줄에 있는 [함수 삽입]을 이용하여도 됩니다.

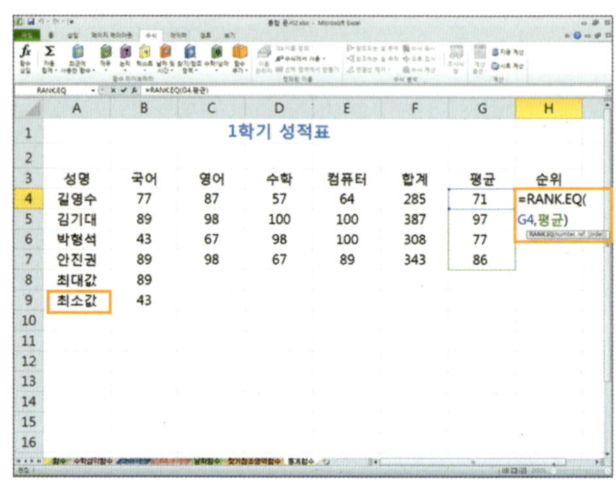

⊘ [G4부터 G7] 셀까지 범위 지정을 하고, 이름상자를 클릭하여 [평균]이라고 입력한 후, Enter 키를 누릅니다.

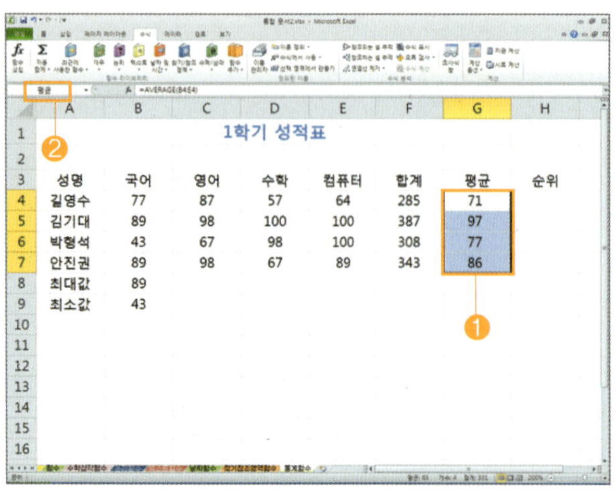

⊘ 나머지 부분의 결과값을 구하기 위하여 [채우기 핸들]을 이용하여 [H4부터 H7]까지 [수식 복사]를 하면 됩니다.
● 형식 : =RANK.EQ(숫자값, 범위값, 조건값)

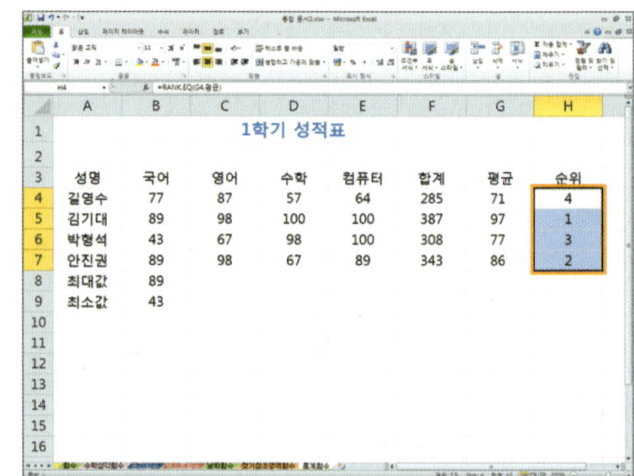

⊙ [조건에 맞는 셀의 개수]를 구하려면, 다음 화면과 같이 자료를 [입력]합니다.

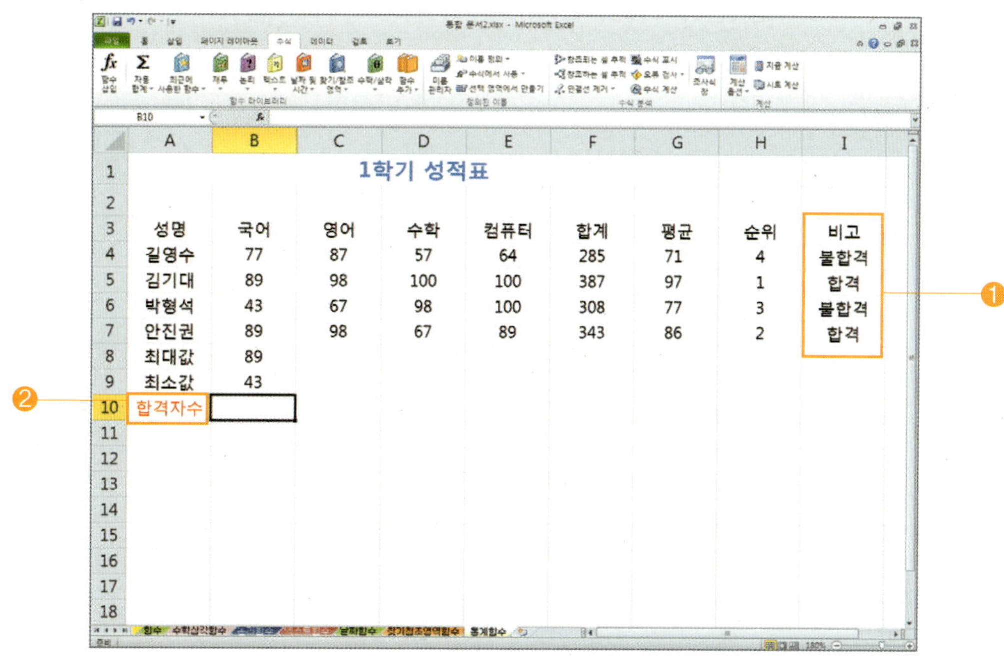

⊙ [B10] 셀을 선택하고, [수식] ➡ [함수 추가] ➡ [통계] ➡ [COUNTIF]를 선택합니다.

⊙ [함수 인수] 대화상자가 나타나면, [Range] 란에 [I4:I7], [Criteria]란에 [합격]을 입력 한 후, [확인] 버튼을 누르면 됩니다.

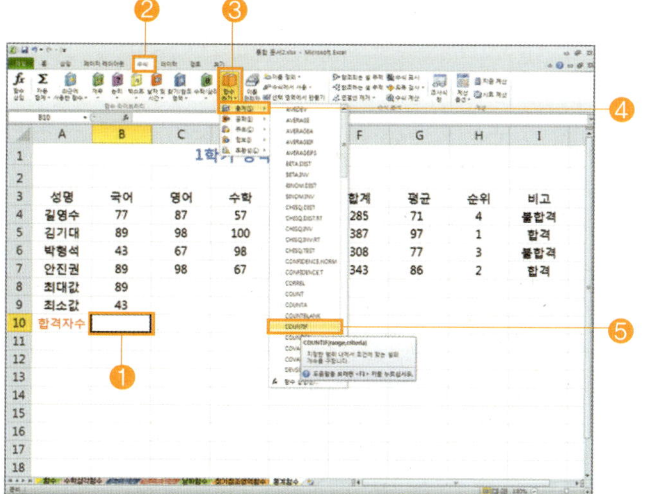

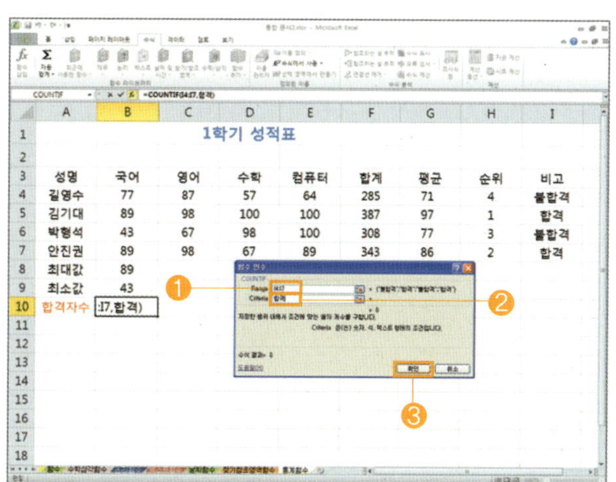

■ '성적표' 자료를 계산하시오.

• 함수 기능을 이용하여 수치 자료를 계산합니다.

• 같은 형식의 수식 자료는 수식 복사를 합니다.

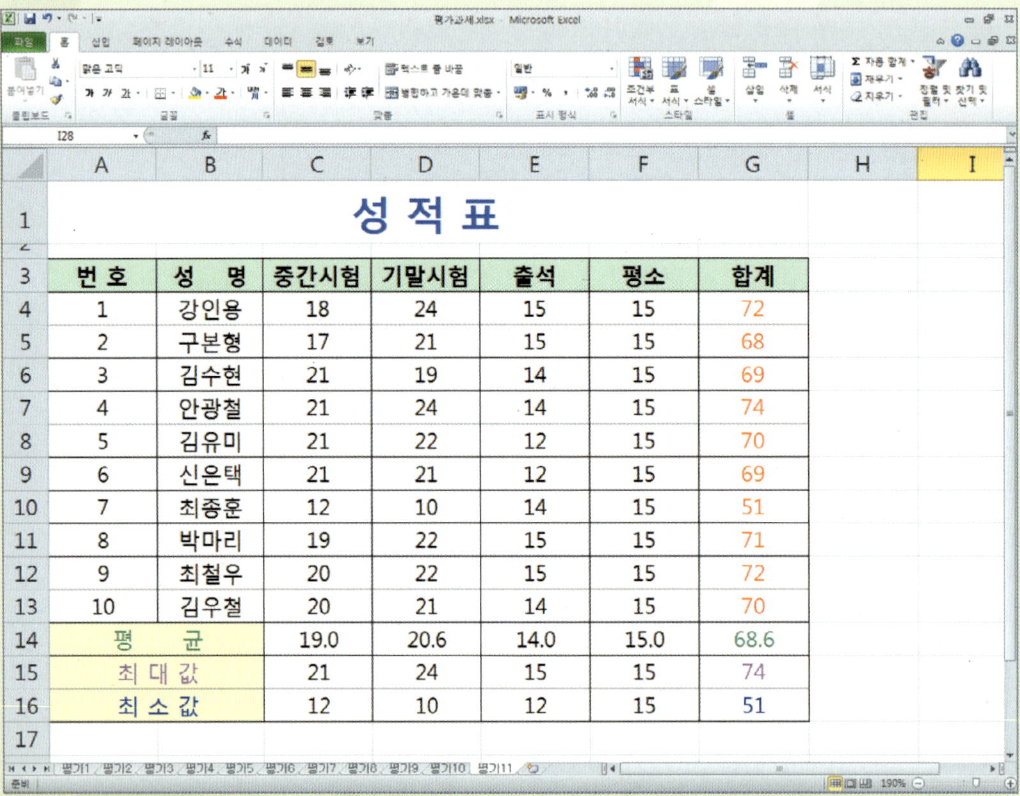

번 호	성 명	중간시험	기말시험	출석	평소	합계
1	강인용	18	24	15	15	72
2	구본형	17	21	15	15	68
3	김수현	21	19	14	15	69
4	안광철	21	24	14	15	74
5	김유미	21	22	12	15	70
6	신은택	21	21	12	15	69
7	최종훈	12	10	14	15	51
8	박마리	19	22	15	15	71
9	최철우	20	22	15	15	72
10	김우철	20	21	14	15	70
평 균		19.0	20.6	14.0	15.0	68.6
최 대 값		21	24	15	15	74
최 소 값		12	10	12	15	51

■ 다음과 같은 자료를 수집하여 작성하고 작성한 자료를 참고하여 '2030년도 인구 추이'
는 어떻게 될 것인지 분석·예측하시오.

| 조건 |

• 입력 자료는 '연령별', '남자(명)', '여자(명)' 입니다.
• 'D열' 의 '계(명)' = 남자(명)+여자(명)입니다.
• 'E열' 의 '구성비(%)' = 연령별 남녀 인구의 합/남녀 총인구의 합입니다.
• 'F열' 의 '인구 추이' 는 구성비(%)가 6% 이상이면 '높다' 로 표시하고, 6% 미만이면 '낮다'
  로 표시하도록 논리값 함수(IF)를 사용합니다.
• 'B22' 셀의 '남자 계' = 연령별 남자 총인구의 합입니다.
• 'C22' 셀의 '여자 계' = 연령별 여자 총인구의 합입니다.

| 정보 |

• 'D열' 과 '22행' 은 상대 참조를 이용하여 계산합니다.
• 'E열' 은 상대 참조와 절대 참조를 이용하여 계산합니다.
• 'F열' 은 논리값 함수(IF)를 이용합니다.

연령별(전국) 추계인구 현황

시점 : 2030년도 【자료제공 : 통계청】

연령별	남자(명)	여자(명)	계(명)	구성비(%)	인구추이
0-4세	1,448,969	1,357,678	2,806,647	5.3213	낮다
5-9세	1,446,217	1,357,717	2,803,934	5.3162	낮다
10-14세	1,462,762	1,375,122	2,837,884	5.3805	낮다
15-19세	1,521,963	1,420,282	2,942,245	5.5784	낮다
20-24세	1,628,081	1,495,523	3,123,604	5.9222	낮다
25-29세	1,711,592	1,548,218	3,259,810	6.1805	높다
30-34세	1,806,009	1,607,158	3,413,167	6.4712	높다
35-39세	1,792,191	1,577,828	3,370,019	6.3894	높다
40-44세	1,559,055	1,426,201	2,985,256	5.6599	낮다
45-49세	1,843,095	1,756,855	3,599,950	6.8254	높다
50-54세	1,839,605	1,785,140	3,624,745	6.8724	높다
55-59세	2,011,901	2,002,308	4,014,209	7.6108	높다
60-64세	1,869,216	1,928,090	3,797,306	7.1996	높다
65-69세	1,688,216	1,854,950	3,543,166	6.7177	높다
70-74세	1,377,496	1,635,778	3,013,274	5.7131	낮다
75-79세	798,790	1,035,013	1,833,803	3.4768	낮다
80세 이상	686,749	1,087,840	1,774,589	3.3646	낮다
계	26,491,907	26,251,701	52,743,608	100	

■ '8월 우리집 가계부' 통합 문서를 관리하시오.

| 조건 |

- 'B14' 셀의 잔액은 '지난 날 잔액'과 '이번 달 수입'을 합한 금액에서 월요일에 사용한 '합계'를 뺀 값을 말합니다.
- 'C14' 셀부터 'H14' 셀의 잔액은 어제의 '잔액'에서 오늘 사용한 '합계'를 뺀 값을 말합니다.
- 'G16' 셀의 '이번 달 잔액'은 '지난 날 잔액'과 '이번 달 수입'을 합한 금액에서 한 주간에 사용한 '합계'를 뺀 값을 말합니다.
- 'G17' 셀의 '최대 지출액'은 한 주간에 가장 많이 사용한 '합계'를 말합니다.

| 정보 |

- 'B13' 셀과 'I5' 셀은 SUM 함수를 이용하여 계산합니다.
- 'C13' 셀부터 'I13' 셀과 'I6' 셀부터 'I11' 셀은 수식 복사를 합니다.
- 'B14' 셀과 'G16' 셀은 절대 참조와 상대 참조를 이용합니다.
- 'G17' 셀은 MAX 함수를 이용하여 계산합니다.

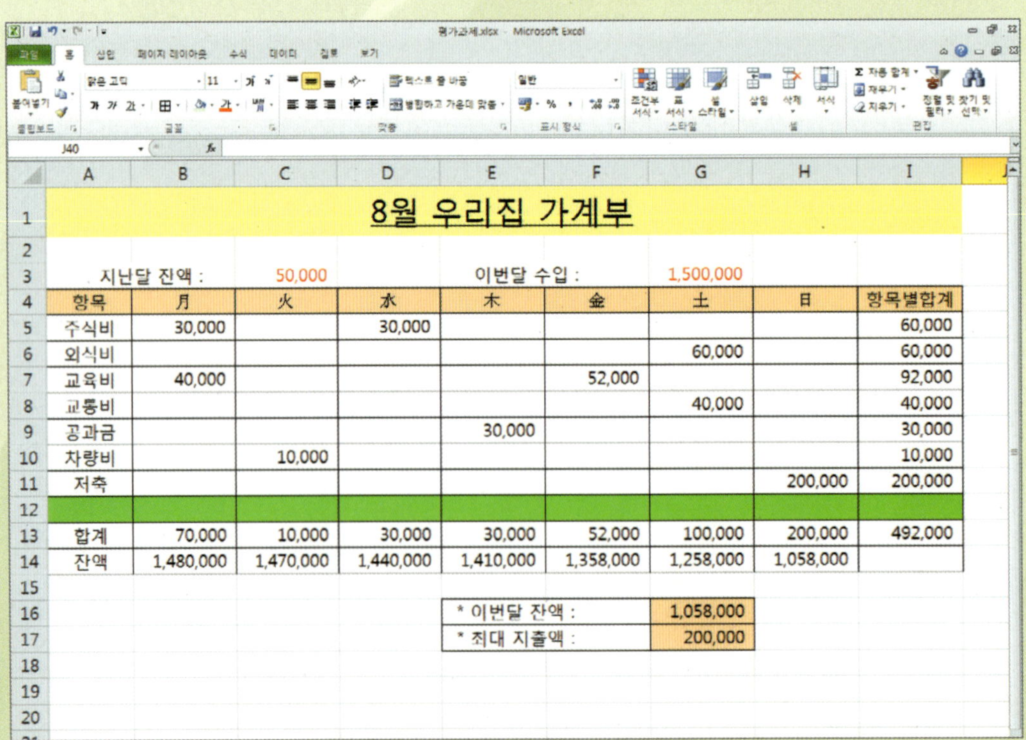

항목	月	火	水	木	金	土	日	항목별합계
지난달 잔액 :	50,000			이번달 수입 :		1,500,000		
수식비	30,000		30,000					60,000
외식비						60,000		60,000
교육비	40,000				52,000			92,000
교통비						40,000		40,000
공과금				30,000				30,000
차량비		10,000						10,000
저축							200,000	200,000
합계	70,000	10,000	30,000	30,000	52,000	100,000	200,000	492,000
잔액	1,480,000	1,470,000	1,440,000	1,410,000	1,358,000	1,258,000	1,058,000	
				* 이번달 잔액 :		1,058,000		
				* 최대 지출액 :		200,000		

■ '지출내역' 통합문서를 관리하시오.

| 조건 |

- 'E4' 셀부터 'E20' 셀의 잔액은 '회비' 에서 '지출' 을 뺀 값을 말합니다.
- 'F4' 셀부터 'F20' 셀의 지출은 '100만원' 이상이면 '이상' 으로, '100만원' 이하이면 '이하' 로 표시하도록 합니다.
- '이상' 으로 표시되는 셀의 글자색은 '진한 파랑' 색이 되도록 하고, '이하' 로 표시되는 셀의 글자색은 '빨강' 색이 되도록 합니다.

| 정보 |

- 'E4' 셀의 잔액을 구한 후, 'E5' 셀부터 'E20' 셀은 수식 복사를 합니다.
- 'F4' 셀부터 'F20' 셀은 IF 함수를 이용하여 계산합니다.
- 'F4' 셀부터 'F20' 셀의 글자색은 조건부 서식을 이용하여 표시합니다.

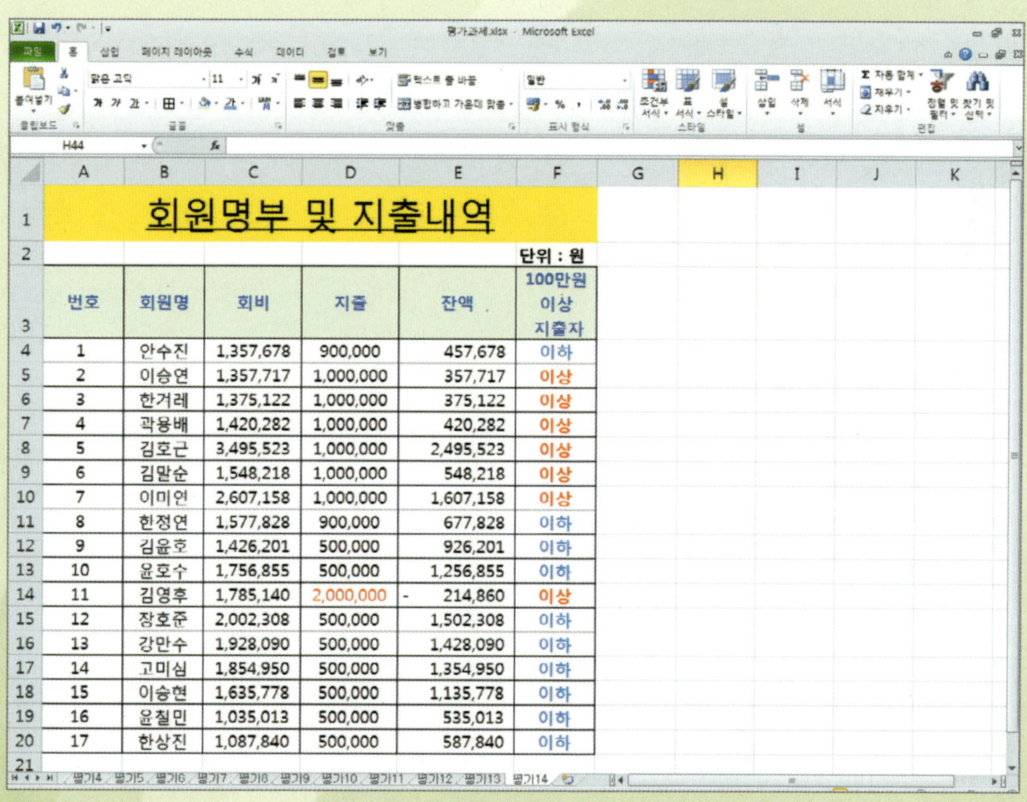

번호	회원명	회비	지출	잔액	100만원 이상 지출자
1	안수진	1,357,678	900,000	457,678	이하
2	이승연	1,357,717	1,000,000	357,717	이상
3	한거레	1,375,122	1,000,000	375,122	이상
4	곽용배	1,420,282	1,000,000	420,282	이상
5	김호근	3,495,523	1,000,000	2,495,523	이상
6	김말순	1,548,218	1,000,000	548,218	이상
7	이미연	2,607,158	1,000,000	1,607,158	이상
8	한정연	1,577,828	900,000	677,828	이하
9	김윤호	1,426,201	500,000	926,201	이하
10	윤호수	1,756,855	500,000	1,256,855	이하
11	김영후	1,785,140	2,000,000	- 214,860	이상
12	장호준	2,002,308	500,000	1,502,308	이하
13	강만수	1,928,090	500,000	1,428,090	이하
14	고미심	1,854,950	500,000	1,354,950	이하
15	이승현	1,635,778	500,000	1,135,778	이하
16	윤칠민	1,035,013	500,000	535,013	이하
17	한상진	1,087,840	500,000	587,840	이하

■ '종합 성적 일람표' 통합문서를 관리하시오.

| 조건 |

• 입력 자료는 '구분' 부터 '근태' 까지입니다.
• 'H열' 의 '총점' 은 '업무능력' + '창의력' + '성실성' + '추진력' + '근태' 입니다.
• 'I열' 의 '평균' 은 'C3' 셀부터 'G3' 셀까지의 숫자 평균입니다.
• 'J열' 의 '석차' 는 'J3' 셀부터 'J13' 셀까지 범위에서의 순위입니다.
• 'K열' 의 '등급 1' 은 '등급결정기준' 에 따라 표시하도록 논리값 함수(IF)를 사용합니다.
• 'L열' 의 '등급 2' 는 '등급결정기준' 에 따라 찾기/참조영역함수(VLOOKUP)을 사용합니다.
• 'M열' 의 '판정' 은 평균이 '60점' 미만이거나 과목 중 '40점' 미만인 과목이 한 과목 이하로 있으면 '불합격' 으로 표시하고, 그 외에는 '합격' 으로 표시하도록 논리 함수(IF, OR)와 통계 함수(MIN)를 사용합니다.
• 'C14' 셀의 '총점' 은 'C3' 셀부터 'C13' 셀까지의 합계입니다.
• 'C15' 셀의 '과목평균' 은 'C3' 셀부터 'C13' 셀까지의 평균입니다.
• 'C16' 셀의 '최고점' 은 'C3' 셀부터 'C13' 셀까지의 최대값입니다.
• 'C17' 셀의 '최저점' 은 'C3' 셀부터 'C13' 셀까지의 최소값입니다.
• 'C18' 셀의 '점수격차' = '최고점' – '최저점' 입니다.
• 'M15' 셀의 '총인원' 은 'M3' 셀부터 'M13' 셀까지에서 비어 있지 않은 셀의 개수입니다.
• 'M16' 셀의 '합격자수' 는 'M3' 셀부터 'M13' 셀까지에서의 '합격' 조건에 맞는 셀의 개수입니다.
• 'M17' 셀의 '불합격자수' 는 'M3' 셀부터 'M13' 셀까지에서의 '불합격' 조건에 맞는 셀의 개수입니다.

| 정보 |

• 'H열', 'I열', 'J열' 의 '총점', '평균', '석차' 는 'SUM', 'AVERAGE', 'RANK.EQ', 함수를 이용하여 계산합니다.
• 'K3' 셀의 '등급 1' 기준을 나타내려면 = IF(I3〉= 90, "수", IF(I3〉= 80, "우", IF(I3〉= 70, "미", IF(I3〉=60, "양", "불합격"))))을 입력합니다.
• 'L3' 셀의 '등급 2' 기준을 나타내려면 = VLOOKUP(I3,$0$3:P7,2)를 입력합니다.
• 'M3' 셀의 '판정' 기준을 나타내려면 = IF(OR(I3〈60,(MIN(C3:G3)〈40)), "불합격", "합격")을 입력합니다.

- '최고점', '최저점' 은 'MAX', 'MIN' 함수를 이용하여 계산합니다.
- '총인원' 은 'COUNTA' 함수를 이용하여 계산합니다.
- '합격자 수', '불합격자 수' 는 'COUNTIF' 함수를 이용하여 계산합니다.

종합성적일람표

구분	성명	업무능력	창의력	성실성	추진력	근태	총점	평균	석차	등급1	등급2	판정
가	김동부	68	54	90	67	87	366	73.2	5	미	미	합격
나	최진실	77	78	73	73	54	355	71.0	9	미	미	합격
다	홍길동	65	60	80	74	83	362	72.4	6	미	미	합격
라	차인표	68	68	87	76	59	358	71.6	8	미	미	합격
마	김희선	73	72	71	60	92	368	73.6	4	미	미	합격
바	강 타	65	52	72	90	81	360	72.0	7	미	미	합격
사	한희선	85	65	85	65	92	392	78.4	1	미	미	합격
아	하늘이	36	84	65	75	85	345	69.0	10	양	양	불합격
자	손지창	78	94	65	80	68	385	77.0	2	미	미	합격
차	이미연	69	34	61	57	69	290	58.0	11	불합격	불합격	불합격
파	서태지	56	78	75	78	87	374	74.8	3	미	미	합격
총 점		740	739	824	795	857						
과목평균		67.3	67.2	74.9	72.3	77.9				총 인 원		11
최 고 점		85	94	90	90	92				합격자 수		9
최 저 점		36	34	61	57	54				불합격자 수		2
점수격차		49	60	29	33	38						

등급결정기준

0	불합격
60	양
70	미
80	우
90	수

판정기준 : 평균이 60점 미만이거나 과목중 40점 미만인 과목이 한과목이라도 있으면 불합격됨

페이지 설정이란 인쇄에 필요한 옵션을 제공하여 다양한 형태의 인쇄 작업을 할 수 있게 도와주는 기능으로서 용지 방향, 용지 크기, 용지 여백, 머리글/바닥글 등을 설정할 수 있습니다.

1 [페이지 설정]을 하려면, [페이지 레이아웃] ➡ [페이지 설정 대화상자 아이콘]을 클릭하면 대화상자가 나타나는데, 여기서 [페이지], [여백], [머리글/바닥글], [시트]를 설정하면 됩니다.

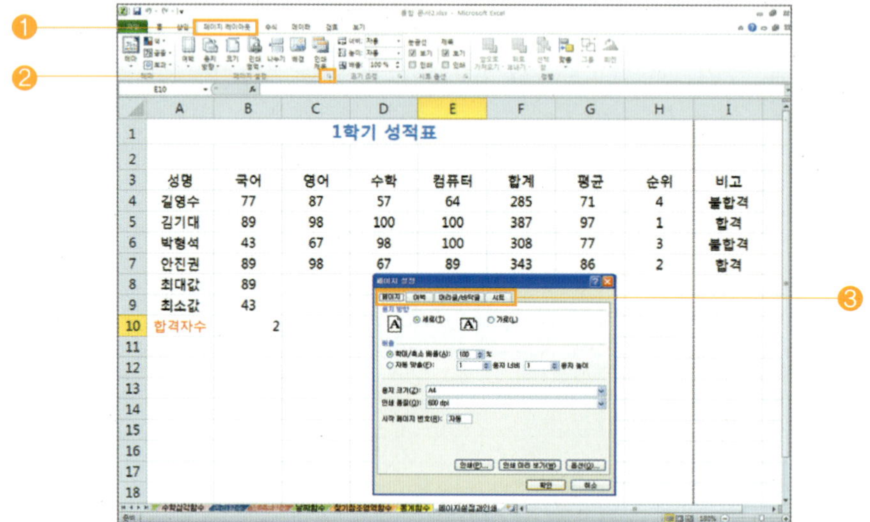

▷ [용지 크기]를 설정하려면, 대화상자에서 [페이지]를 선택한 후, [용지 크기]란에 있는 목록 단추를 클릭하여 원하는 [용지 크기]를 선택하고, [확인] 버튼을 누르면 됩니다.

● [페이지 레이아웃] ➡ [크기]를 선택하여도 됩니다.

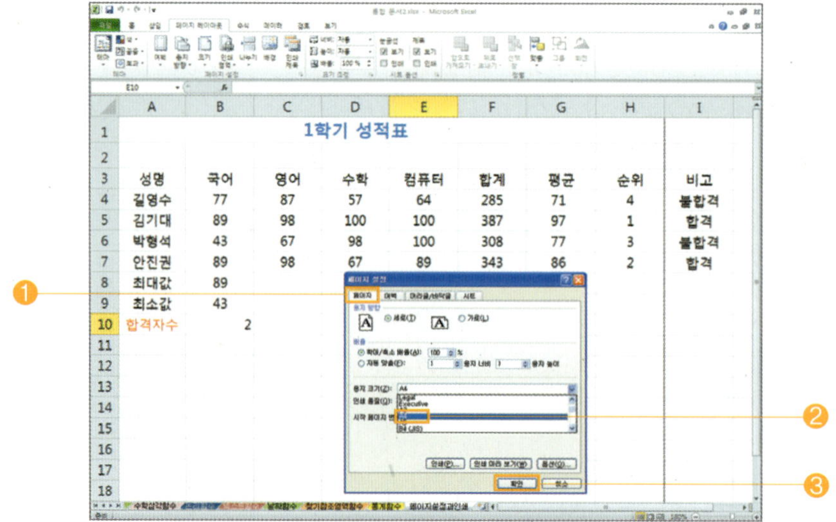

⊙ 인쇄할 문서를 [확대/축소]하려면, 대화상자에서 [페이지]를 선택한 후, [배율]란에서 [확대/축소 배율]을 선택한 다음, [%] 상자에 백분율을 입력하고 [확인] 버튼을 누르면 됩니다.

● [페이지 레이아웃] ➡ [배율]을 선택하여도 됩니다.

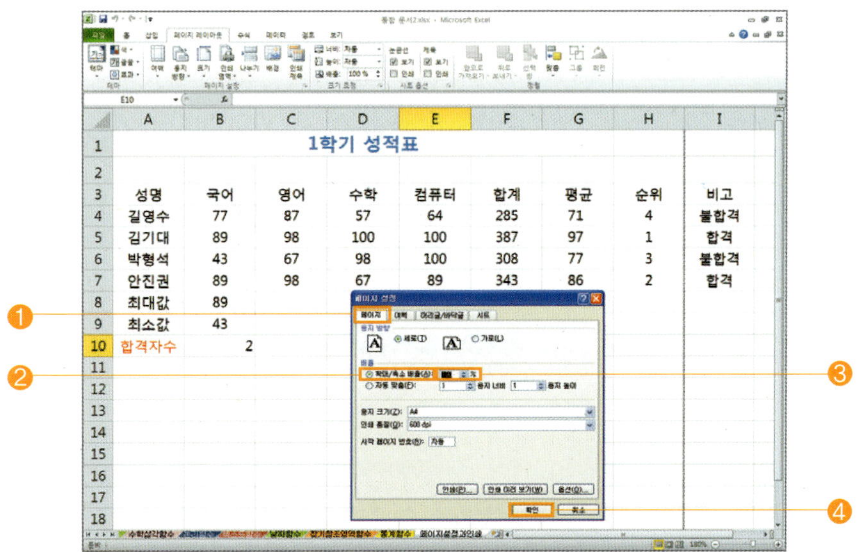

⊙ [지정한 페이지 수에 맞게] 인쇄를 하려면, 대화상자에서 [페이지]를 선택한 후, [배율]란에서 [자동 맞춤]을 선택하고, [용지 너비]란에 [1], [용지 높이]란에 [1]을 입력한 후, [확인] 버튼을 누르면 전체 페이지가 한 페이지에 맞추어 인쇄됩니다.

● [페이지 레이아웃] ➡ [너비]/[높이]를 선택하여도 됩니다.

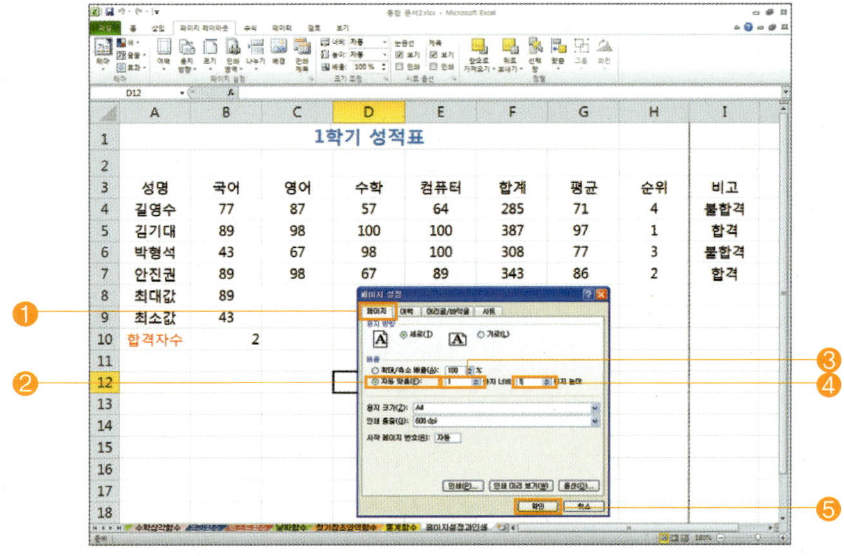

⊙ [용지 여백]을 설정하려면, 대화상자에서 [여백]을 선택한 후, 원하는 용지 여백 항목을 누르면 됩니다.

● [가로], [세로]를 모두 선택하면 자료가 [여백 안에서 페이지 가운데]로 놓이게 됩니다.

● [페이지 레이아웃] ➡ [여백]을 선택하여도 됩니다.

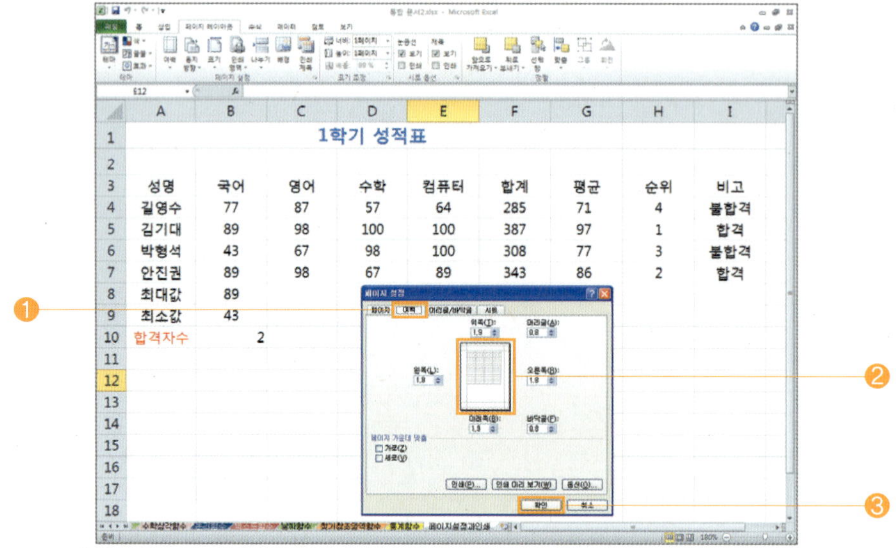

⊙ [머리글 편집]을 하려면, 대화상자에서 [머리글/바닥글]을 선택한 후, [머리글 편집]을 선택합니다.

● [페이지 레이아웃] ➡ [인쇄 제목]을 선택하여도 됩니다.

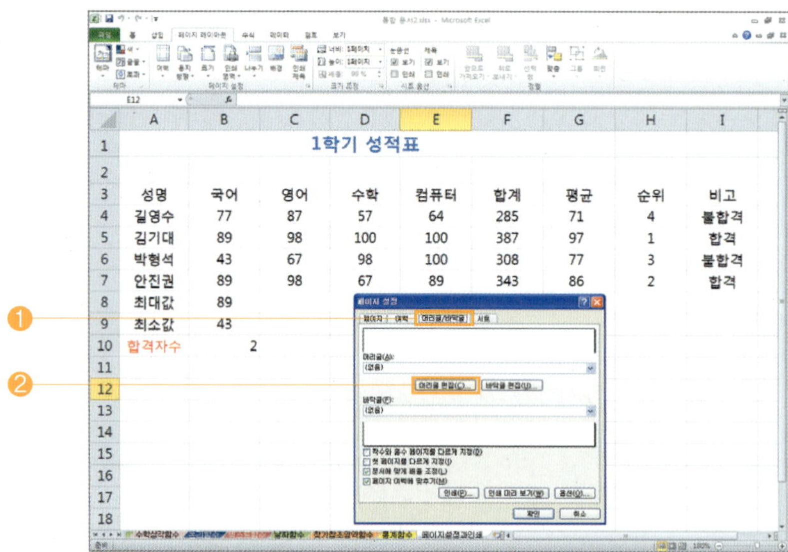

◉ [머리글] 대화상자가 나타나면 [왼쪽 구역]란에 커서가 깜빡이면, [날짜 삽입 단추]를 클릭합니다.

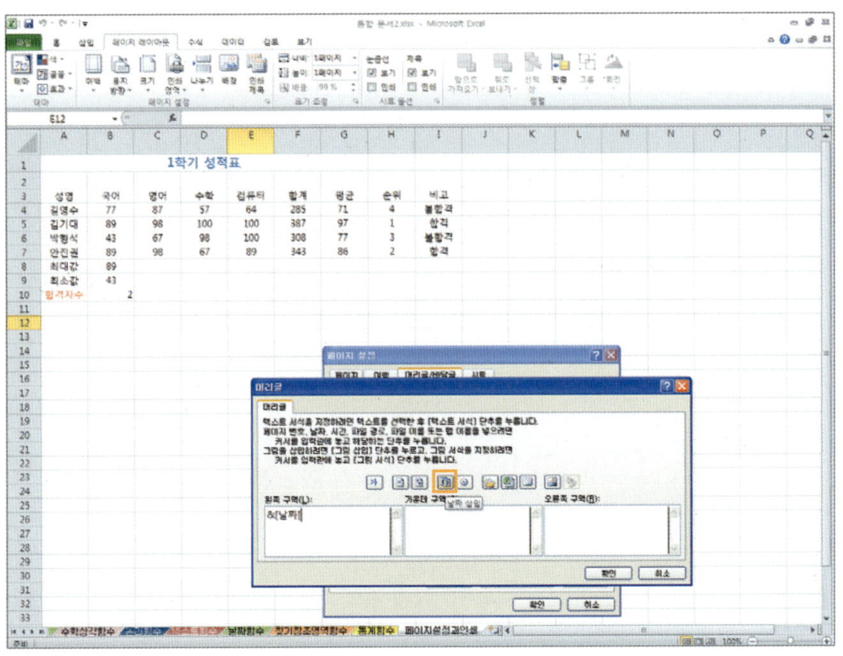

◉ [오른쪽 구역]란에 [파일 이름]을 삽입하기 위하여 마우스로 오른쪽 구역을 [클릭]한 후, [파일 이름 삽입 단추]를 선택하고, [내용]을 입력한 후, [확인] 버튼을 누릅니다.

◉ 다음 화면은 [페이지 설정] 대화상자에 머리글이 편집된 모양입니다.

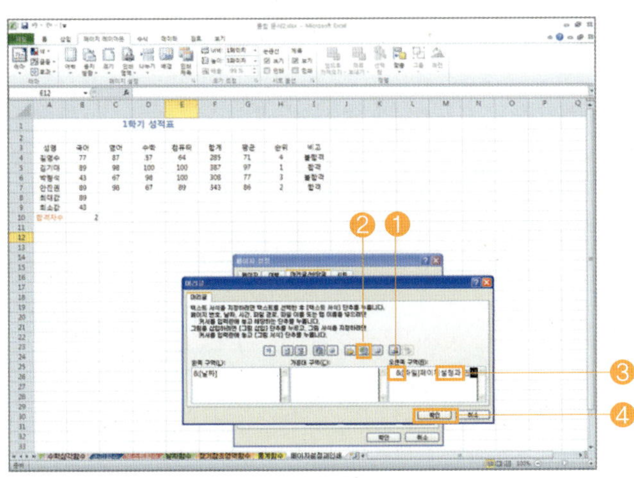

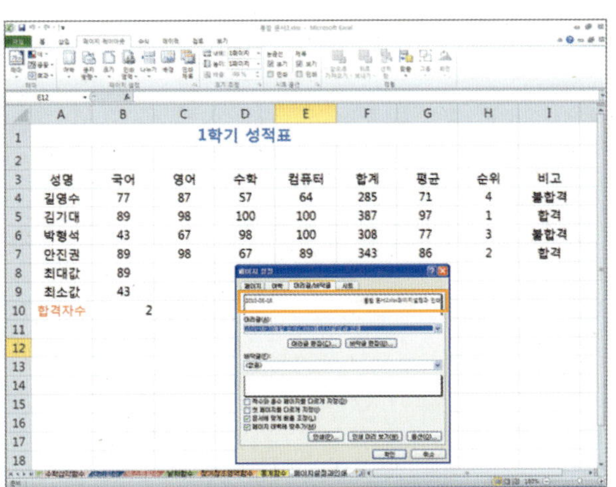

⊙ [바닥글 편집]을 하려면, 대화상자에서 [머리글/바닥글]을 선택한 후, [바닥글 편집]을 선택합니다.

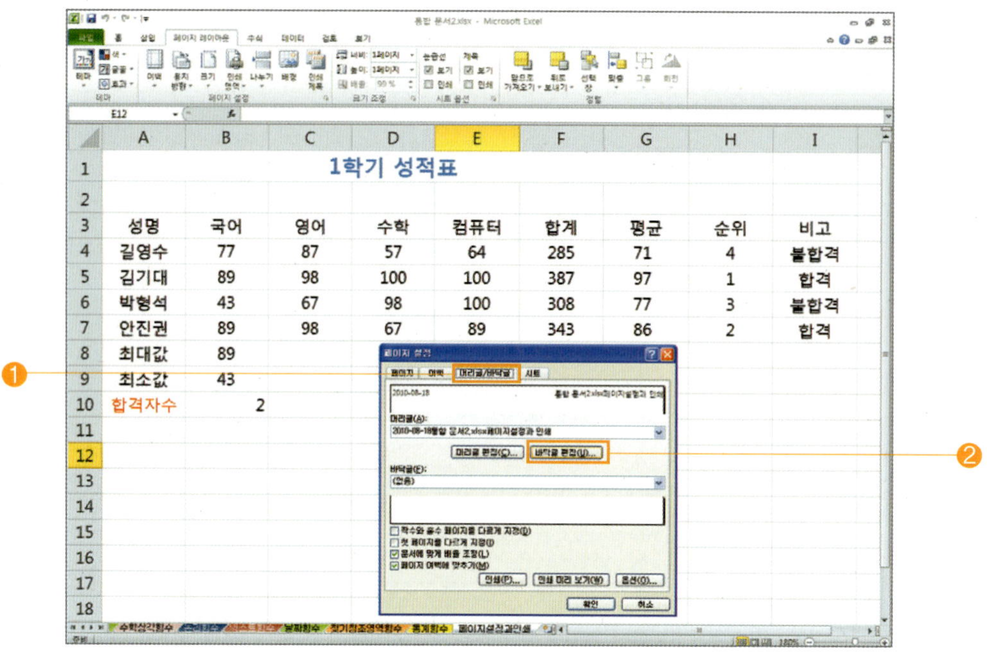

⊙ [바닥글] 대화상자가 나타나면 [가운데 구역]란을 클릭하고, [페이지 번호 삽입 단추]를 선택한 후, [확인] 버튼을 누릅니다.

⊙ 다음 화면은 [페이지 설정] 대화상자에 바닥글이 편집된 모양입니다.

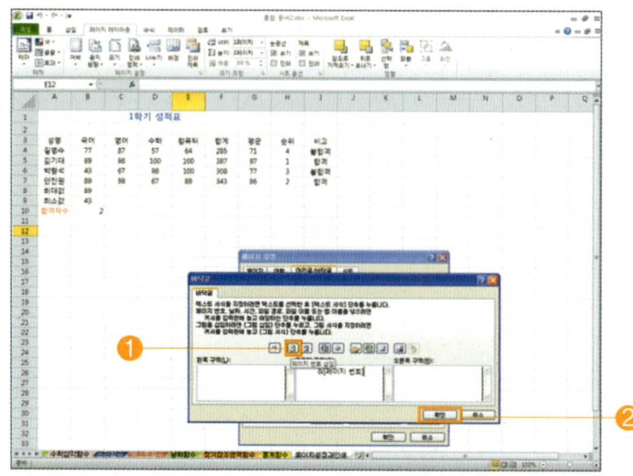

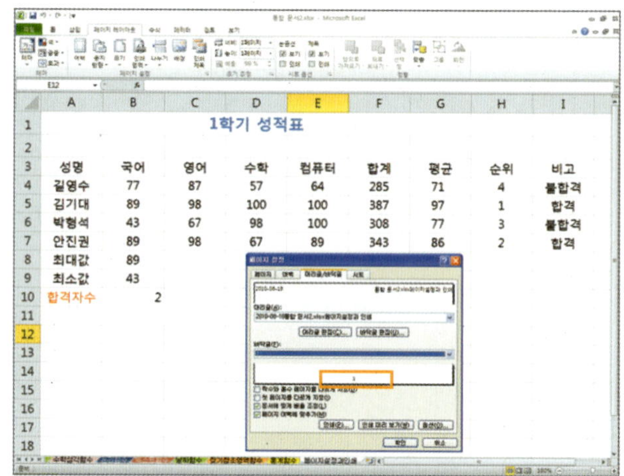

> [각 페이지에 수평 제목]을 인쇄하려면, 대화상자에서 [시트]를 선택하고, [반복할 행] 상자 오른쪽에 있는 [지정] 버튼을 선택합니다.

> 워크 시트에서 반복하여 인쇄할 행을 [지정]한 후, 다시 [지정] 버튼을 선택하면 됩니다.

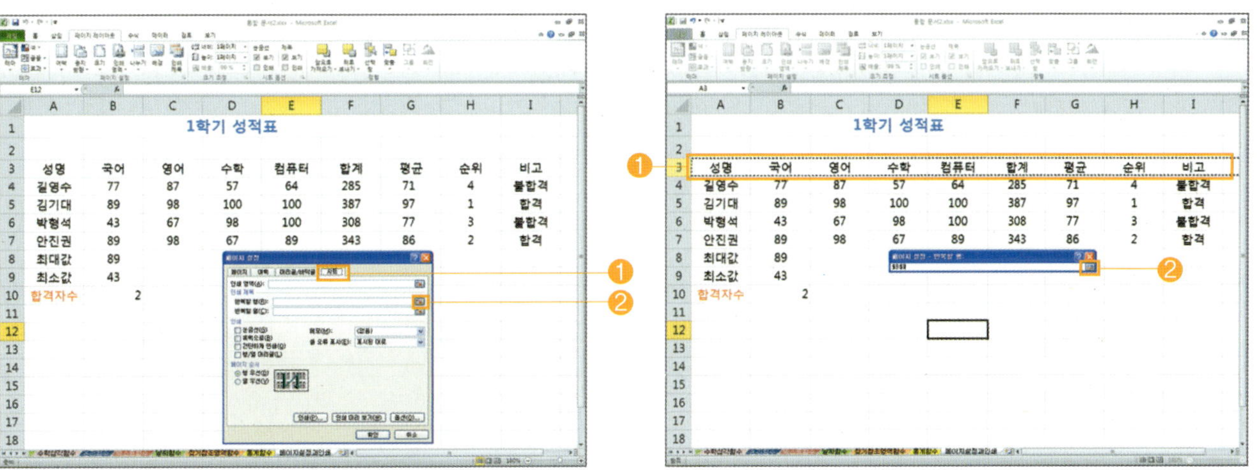

> [셀 눈금선]을 인쇄하려면, 대화상자에서 [시트]를 선택하고, [눈금선]을 선택하면 됩니다.
- [페이지 레이아웃]을 선택하고, [눈금선]란에 있는 [인쇄]를 선택하여도 됩니다.

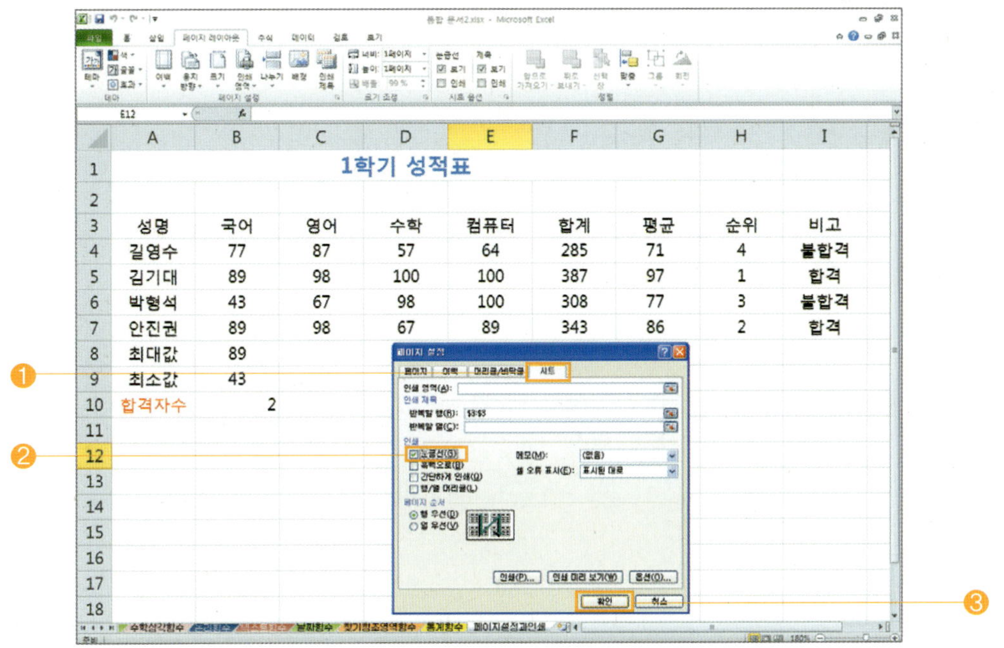

인쇄 작업이란 작성한 문서를 프린터로 출력하는 것으로서, 용지 낭비를 줄이고 시간 절약을 위하여 인쇄를 하기 전에 먼저 미리보기로 편집 상태를 확인할 필요가 있습니다.

1 [인쇄 미리보기]를 하려면, [파일] ➡ [인쇄]를 선택하면 됩니다.

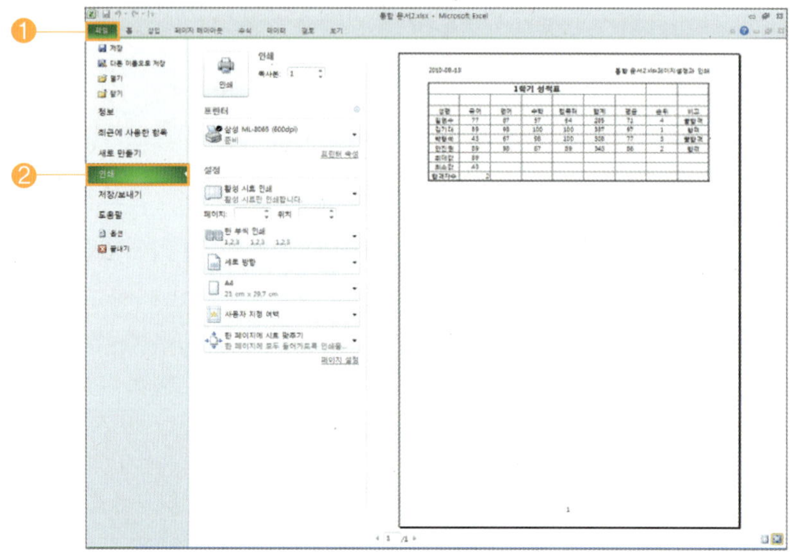

2 인쇄를 하려면, [파일] ➡ [인쇄]를 클릭하여, 여기서 원하는 항목을 선택하면 됩니다.

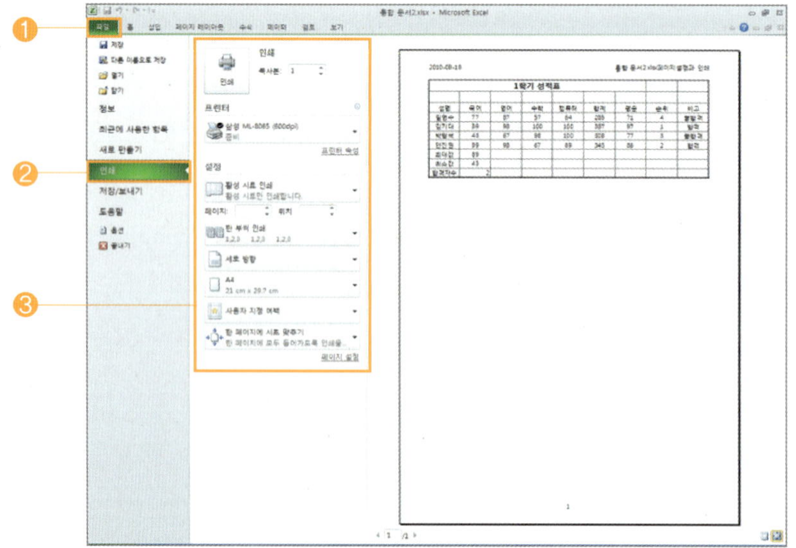

⊙ [활성 시트 인쇄]를 하려면, [설정]란에서 [활성 시트 인쇄]를 선택하고, [인쇄] 버튼을 누르면 됩니다.

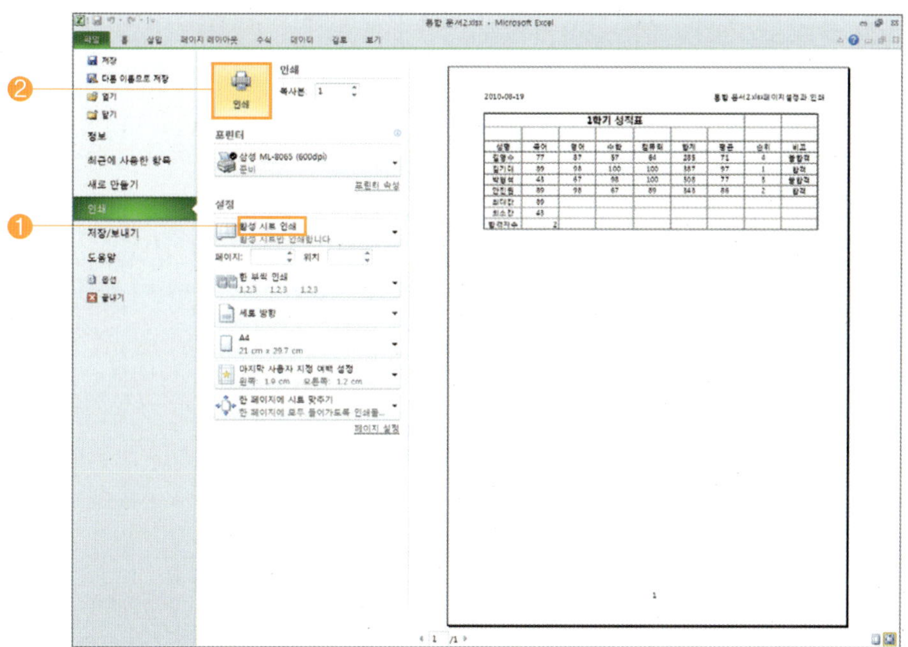

⊙ 원하는 [셀과 개체만 인쇄]를 하려면, 인쇄하려는 셀이나 개체를 선택합니다.

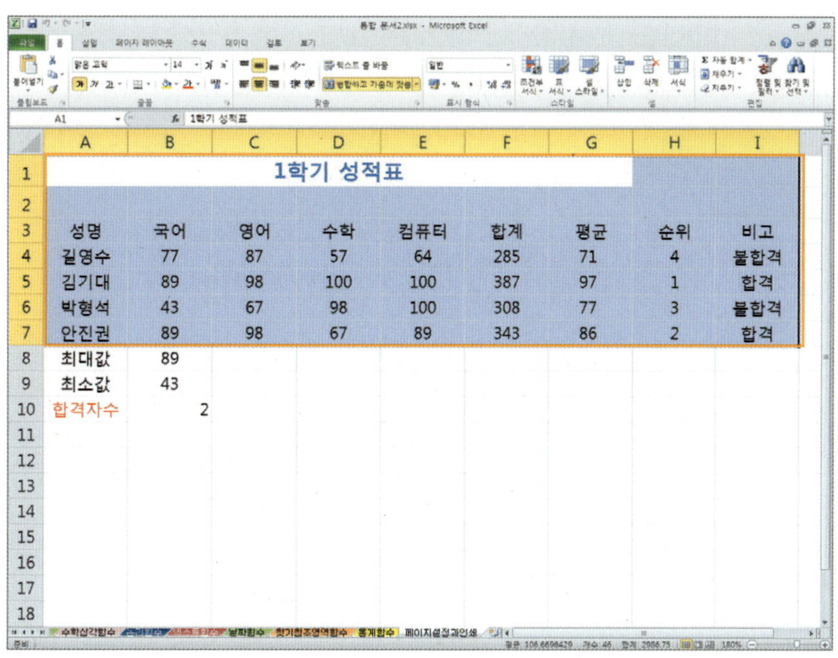

〉 메뉴 표시줄에서 [파일] ➡ [인쇄]를 선택한 후, [설정]란에서 [선택 영역 인쇄]를 선택한 다음 [인쇄] 버튼을 누르면 됩니다.

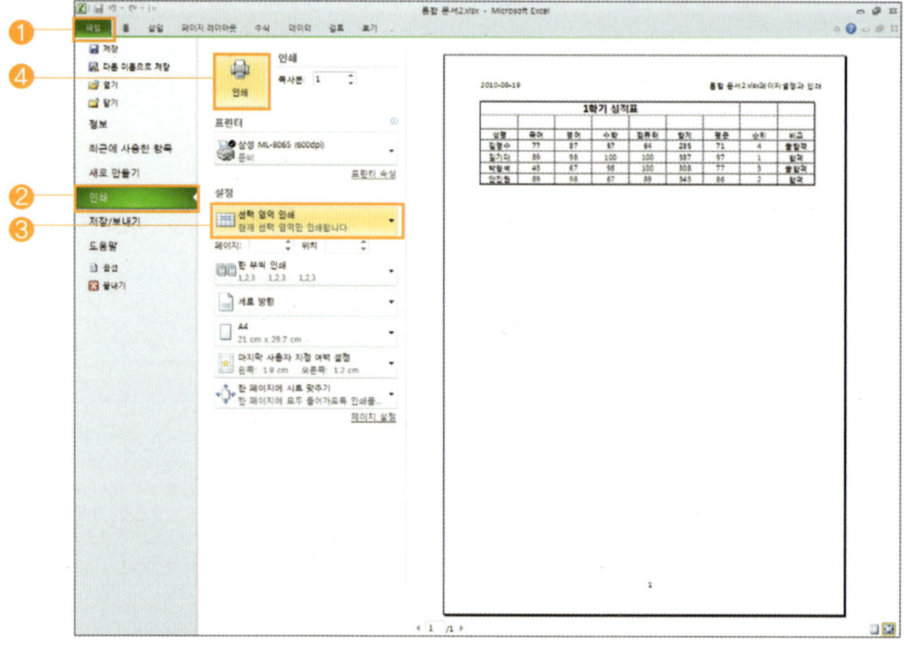

〉 [프린터 옵션]을 변경하려면, [프린터]란에서 [프린터 속성]을 선택하면 [문서 등록 정보] 대화상자가 나타나는데, 여기서 원하는 항목을 변경하면 됩니다.

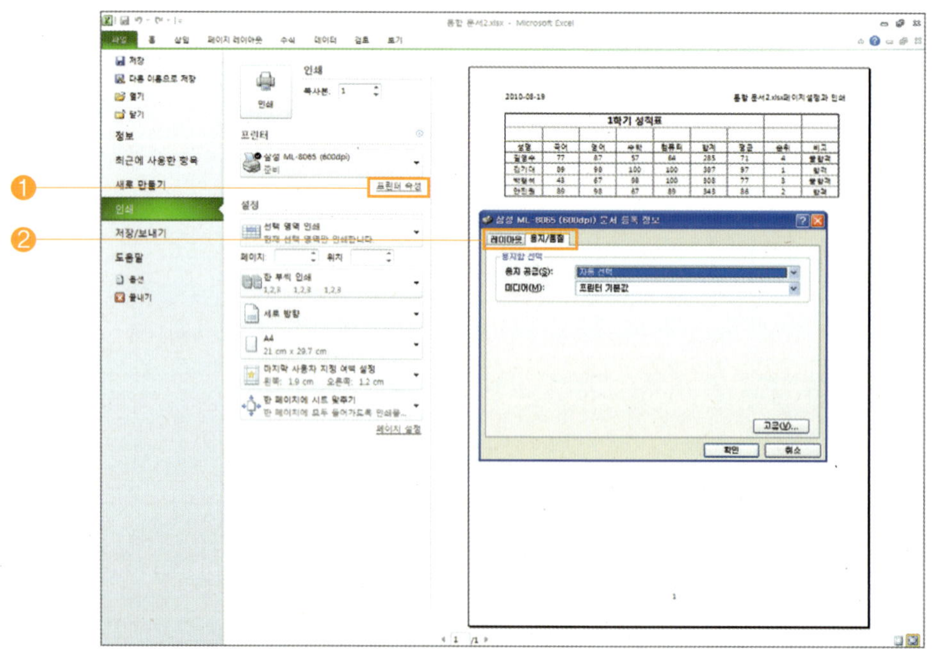

■ ‘종합성적열람표’ 통합문서를 조건에 맞게 인쇄하시오.

| 조건 |

- 용지 방향은 ‘가로 방향’ 입니다.
- 확대/축소 비율은 ‘81%’ 입니다.
- 인쇄 용지는 ‘A4’ 이고, 인쇄 매수는 ‘2장’ 입니다.
- 인쇄 설정은 ‘활성 시트 인쇄’ 입니다.
- 여백 설정은 ‘기본’ 입니다.

| 정보 |

- [파일] ➡ [인쇄]를 선택하여 조건에 맞게 항목을 설정한 후 인쇄를 합니다.

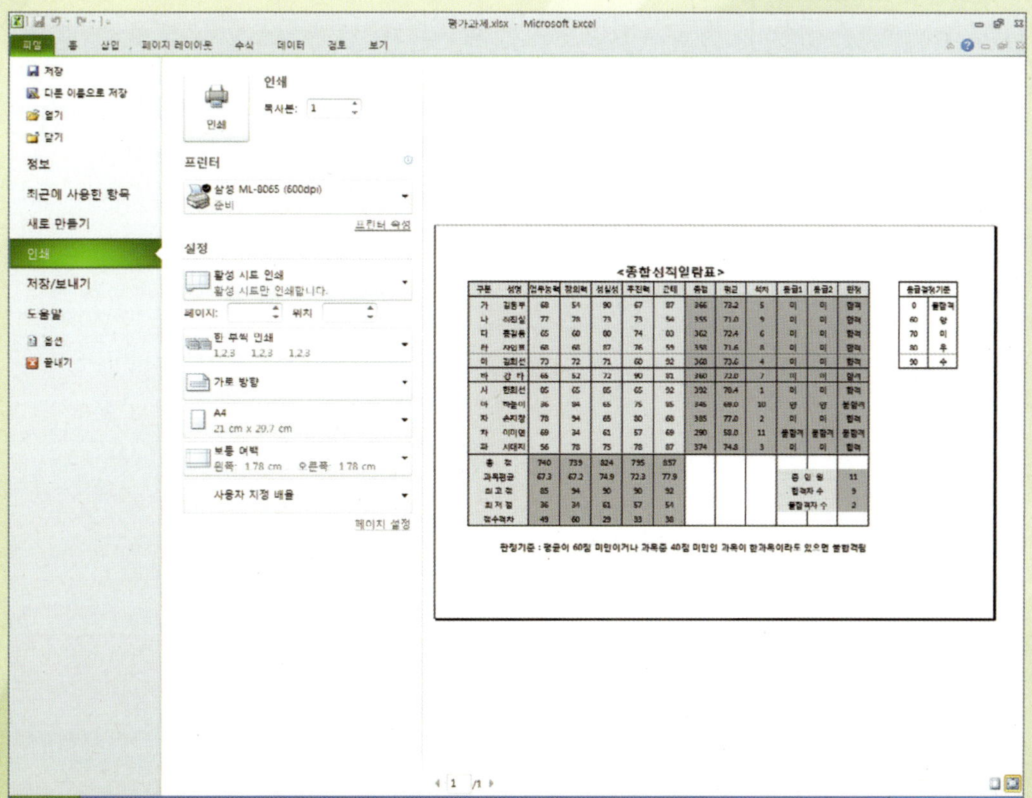

자료 정렬

정렬이란 워크 시트에 입력된 자료를 오름차순이나 내림차순으로 재배열하는 작업으로서 많은 양의 자료를 쉽고 빠르게 정리할 수 있습니다. 예를 들면, 번호 순서로 나열할 때, 번호가 작은 것에서 큰 것의 차례로 배열하는 것을 오름차순, 반대로 배열하는 것을 내림차순이라고 합니다.

1 다음 화면과 같이 자료를 [입력]합니다.

성명	국어	영어	수학	컴퓨터	합계	평균	순위
구본형	77	87	57	64	285	71	12
김수현	89	98	100	100	387	97	1
김지성	43	67	98	100	308	77	9
박재인	89	98	67	89	343	86	3
류광한	66	78	77	90	311	78	8
박상호	89	68	68	89	314	79	7
박세경	56	90	78	80	304	76	10
한창진	88	100	67	88	343	86	3
우동천	94	88	90	77	349	87	2
유성은	68	76	66	77	287	72	11
윤재숙	78	97	77	68	320	80	6
이강범	90	87	90	56	323	81	5

2 자료를 [성명]별로 정렬하려면, 임의 자료를 [마우스로 선택]하고, 메뉴 표시줄에 [홈] ➡ [정렬 및 필터] ➡ [사용자 지정 정렬]을 선택합니다.

▶ 자료 부분이 자동으로 영역 지정이 되고 [정렬] 대화상자가 나타납니다.

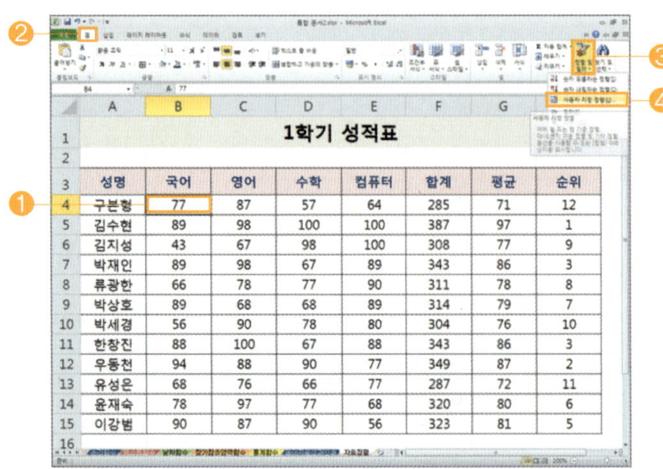

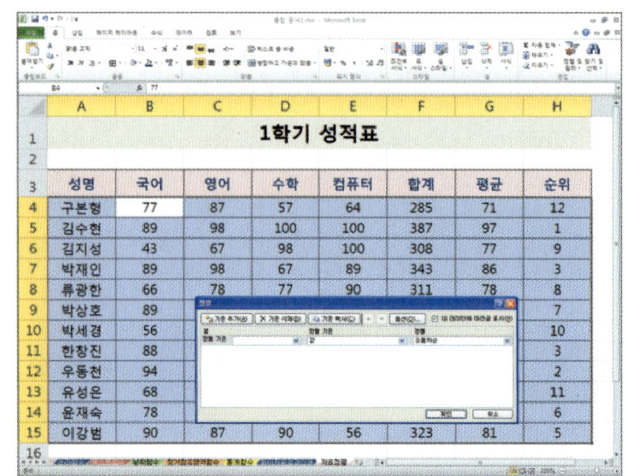

⟫ [정렬 기준] 입력줄의 목록 단추를 눌러서 [성명]을 선택하고, [오름차순]을 선택한 다음, [확인] 버튼을 누르면 됩니다.

⟫ 다음 화면은 [성명별로 오름차순 정렬]된 모양입니다.

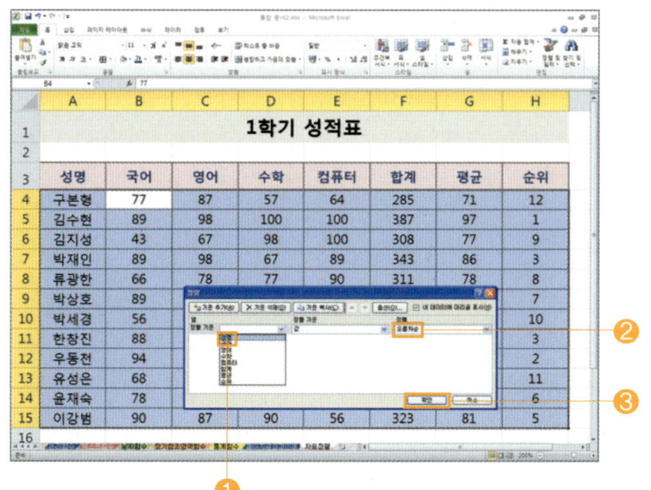

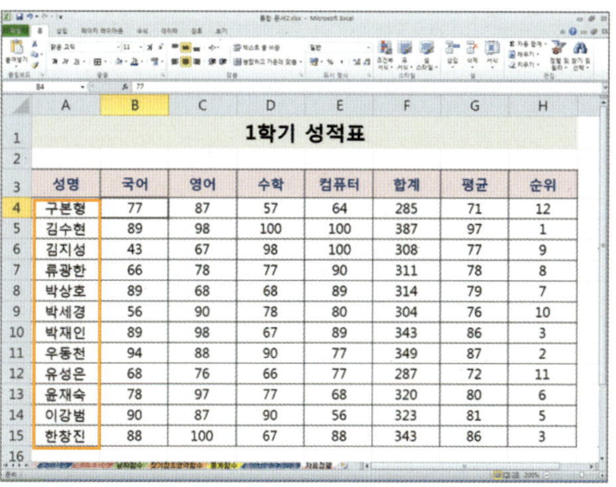

3 자료의 첫째 기준을 [평균] 점수별로 정렬하고, 평균 점수가 같은 경우 둘째 기준을 [영어] 점수별로 정렬하려면, 임의 자료를 [마우스로 선택]하고 [정렬 및 필터] ➡ [사용자 지정 정렬]을 선택합니다.

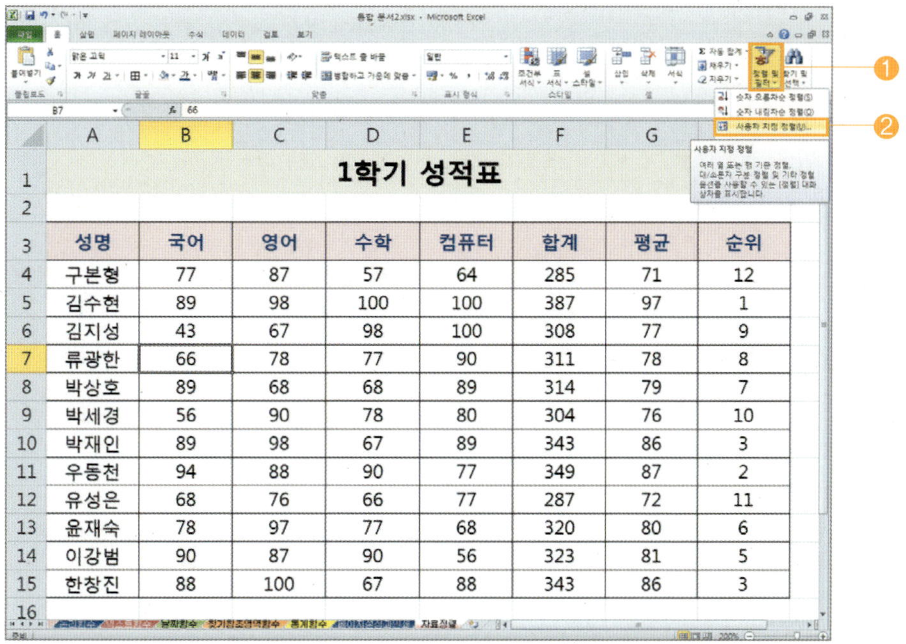

⊗ 대화상자가 나타나면 [정렬 기준] 입력줄의 목록 단추를 눌러서 [평균]을 선택하고, [내림차순]을 선택합니다.

⊗ [기준 추가]를 선택하고, [다음 기준] 입력줄의 목록 단추를 눌러서 [영어]를 선택하고, [내림차순]을 선택한 후, [확인] 버튼을 누르면 됩니다.

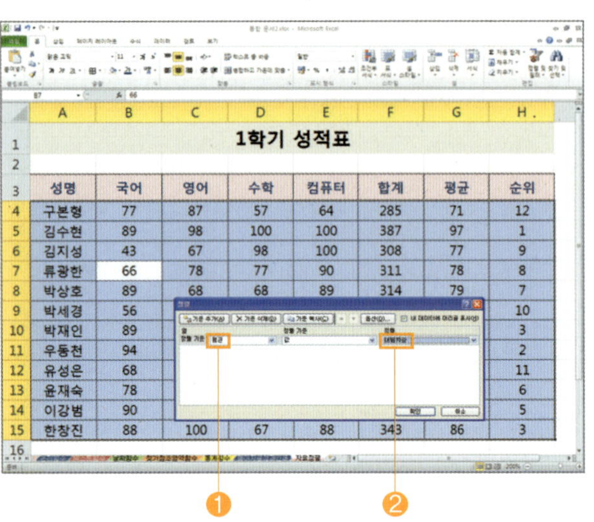

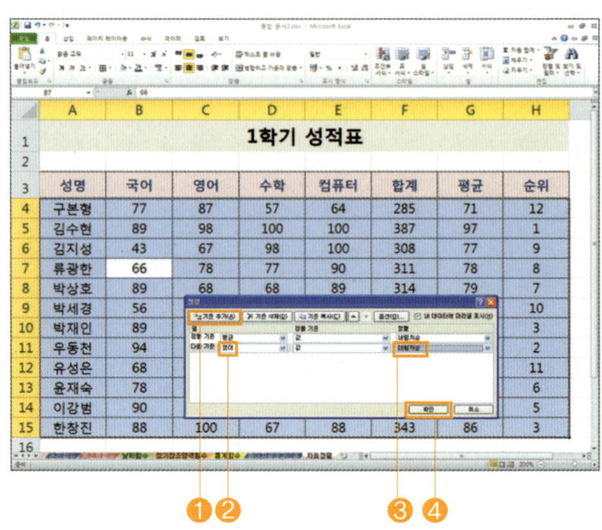

⊗ 다음 화면은 [평균], [영어] 점수별로 정렬된 모양입니다.

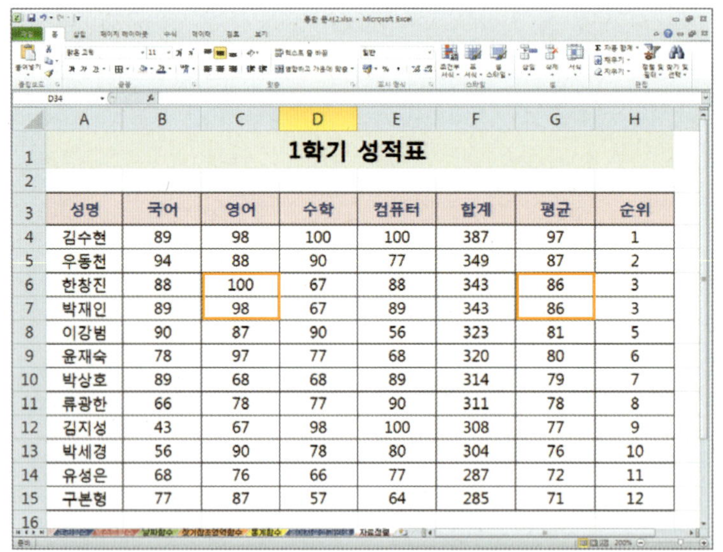

>>> 알아두세요

[오름차순 정렬], [내림차순 정렬] 아이콘을 이용하여 [정렬]하려면...
- 정렬하려는 [셀을 선택]한 후, 홈 도구 모음줄에서 [정렬 및 필터]를 선택하면 됩니다.

4 자료를 셀의 색별로 정렬하려면, 다음 화면과 같이 [평균] 자료란에 셀 색을 [지정]합니다.

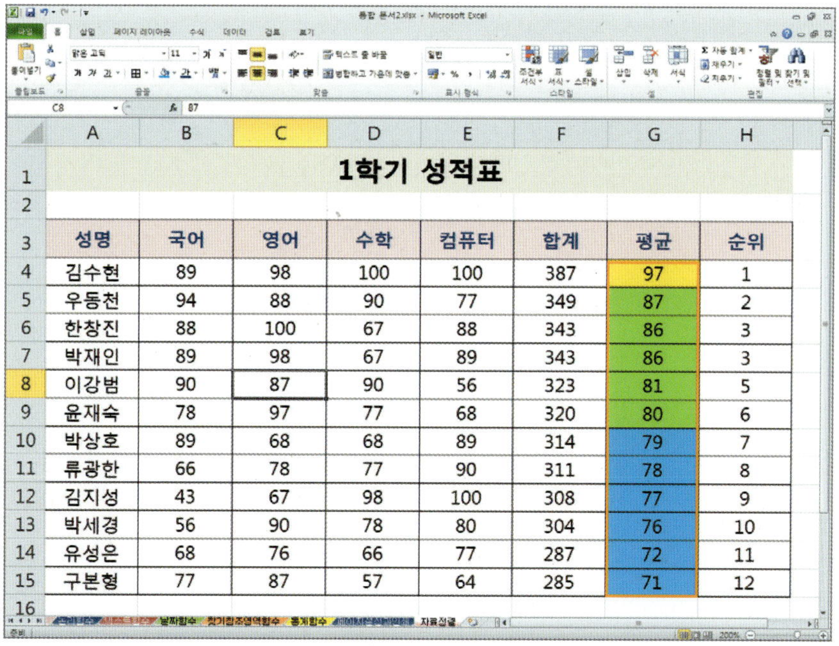

	A	B	C	D	E	F	G	H
1	1학기 성적표							
2								
3	성명	국어	영어	수학	컴퓨터	합계	평균	순위
4	김수현	89	98	100	100	387	97	1
5	우동천	94	88	90	77	349	87	2
6	한창진	88	100	67	88	343	86	3
7	박재인	89	98	67	89	343	86	3
8	이강범	90	87	90	56	323	81	5
9	윤재숙	78	97	77	68	320	80	6
10	박상호	89	68	68	89	314	79	7
11	류광한	66	78	77	90	311	78	8
12	김지성	43	67	98	100	308	77	9
13	박세경	56	90	78	80	304	76	10
14	유성은	68	76	66	77	287	72	11
15	구본형	77	87	57	64	285	71	12

- 임의 자료를 [마우스로 선택]하고, [홈] ➡ [정렬 및 필터] ➡ [사용자 지정 정렬]을 선택합니다.

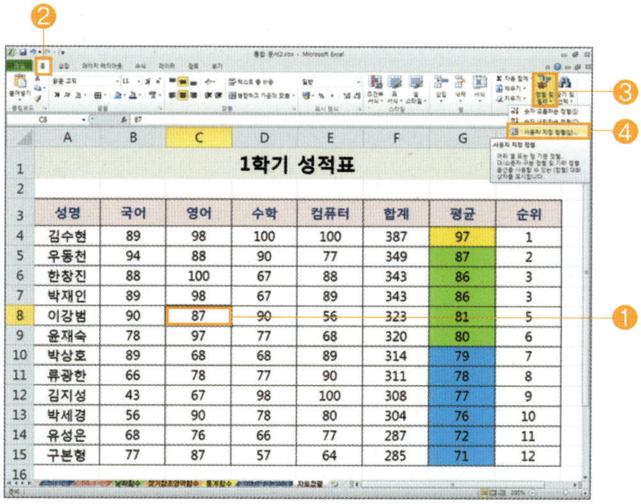

- 자료 부분이 자동으로 영역 지정이 되고 [정렬] 대화상자가 나타납니다.
- [기준 삭제] 버튼을 누르면 기존의 [기준]이 삭제됩니다.

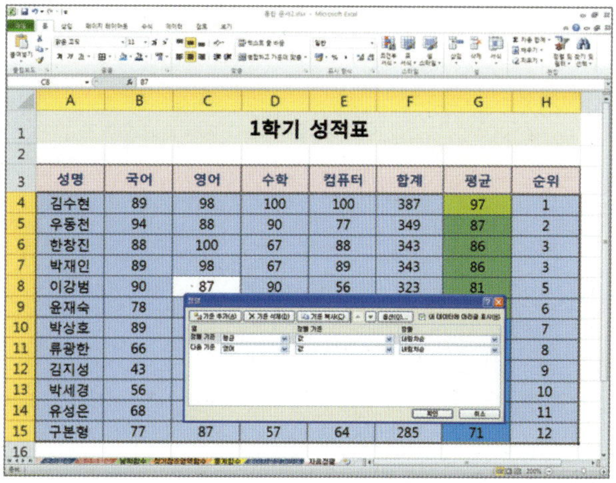

⊙ [기준 추가]를 선택하고, [정렬 기준] 입력줄의 목록단추를 눌러서 [평균]을 선택한 후, [정렬 기준]란에서 [셀 색]을 선택합니다.

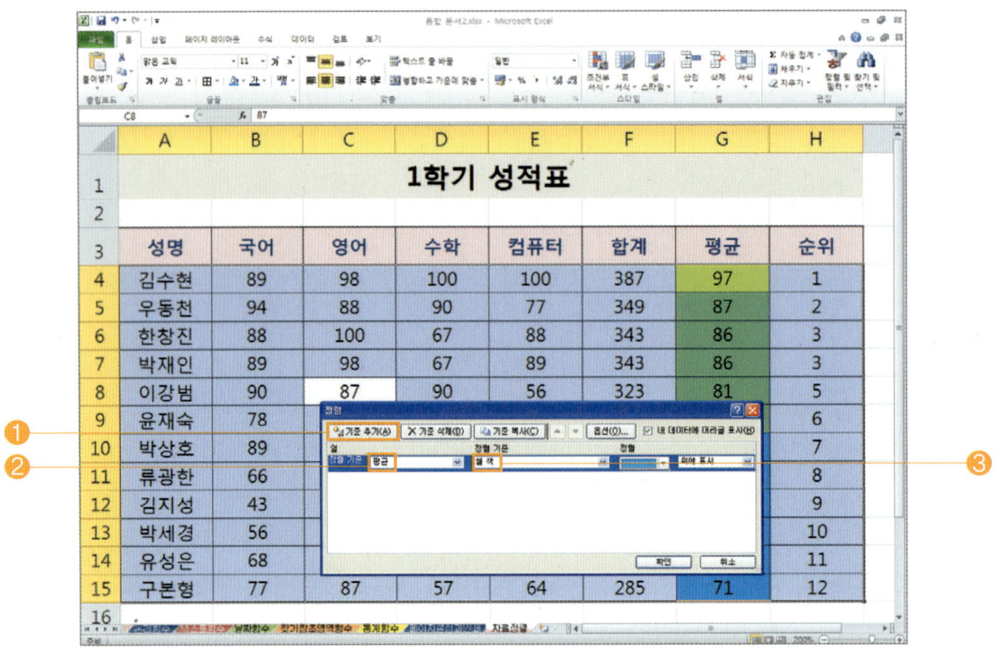

⊙ [정렬]란에서 [녹색]을 선택하고, [기준 추가] 버튼을 눌러 [다음 기준]란에서 [평균], [정렬 기준]란에서 [셀 색], [정렬]란에서 [파란색]을 선택합니다.

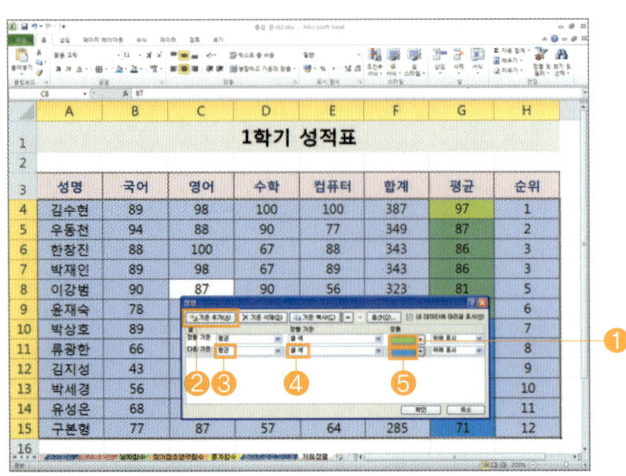

⊙ [기준 추가] 버튼을 눌러 [다음 기준]란에서 [평균], [정렬 기준]란에서 [셀 색], [정렬]란에서 [노란색]을 선택한 후, [확인] 버튼을 누르면 됩니다.

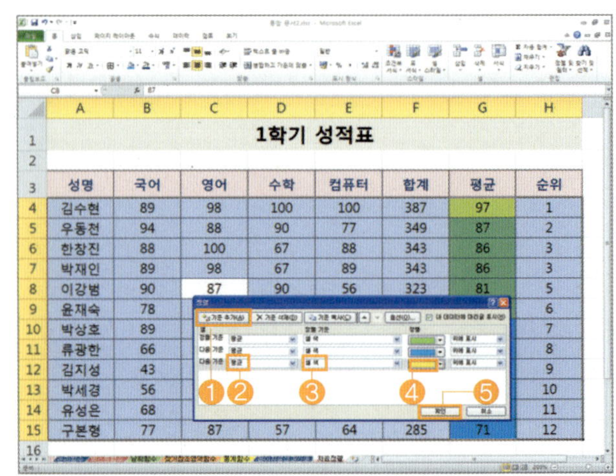

■ '종합성적열람표' 통합문서를 조건에 맞게 정렬하시오.

| 조건 |

• '성명' 을 '오름차순' 으로 정렬합니다.

• '평균' 을 '셀 색' 별로 정렬합니다.

• '판정' 을 '글자색' 별로 정렬합니다.

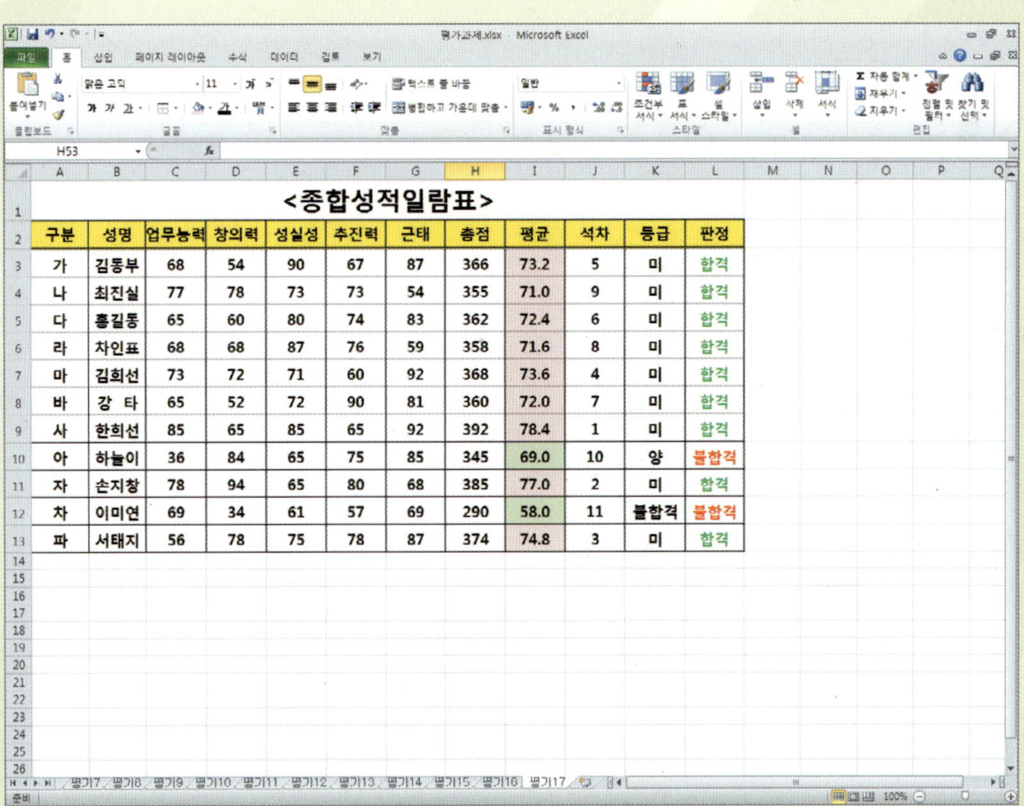

구분	성명	업무능력	창의력	성실성	추진력	근태	총점	평균	석차	등급	판정
가	김동부	68	54	90	67	87	366	73.2	5	미	합격
나	최진실	77	78	73	73	54	355	71.0	9	미	합격
다	홍길동	65	60	80	74	83	362	72.4	6	미	합격
라	차인표	68	68	87	76	59	358	71.6	8	미	합격
마	김희선	73	72	71	60	92	368	73.6	4	미	합격
바	강 타	65	52	72	90	81	360	72.0	7	미	합격
사	한희선	85	65	85	65	92	392	78.4	1	미	합격
아	하늘이	36	84	65	75	85	345	69.0	10	양	불합격
자	손지창	78	94	65	80	68	385	77.0	2	미	합격
차	이미연	69	34	61	57	69	290	58.0	11	불합격	불합격
파	서태지	56	78	75	78	87	374	74.8	3	미	합격

- [홈] ➡ [정렬 및 필터]를 선택한 후, 조건에 맞게 정렬 기능을 사용합니다.

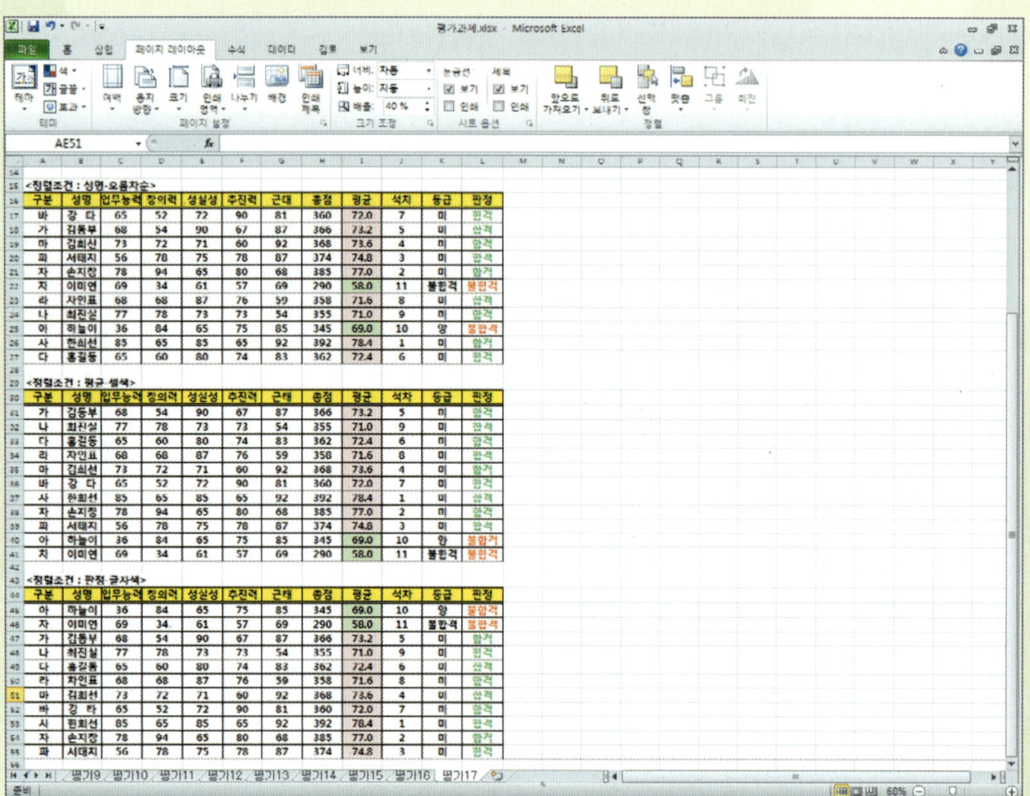

필터란 워크 시트에 입력된 자료들 중 조건에 맞는 자료들만 검색하는 기능으로서, 간단한 자료 검색은 자동 필터를, 복잡한 자료 검색은 고급 필터를 사용합니다.

1 [자동 필터]를 사용하여 [자료 검색]을 하려면, [A3] 셀을 선택하고, [홈] ➡ [정렬 및 필터] ➡ [필터]를 선택합니다.

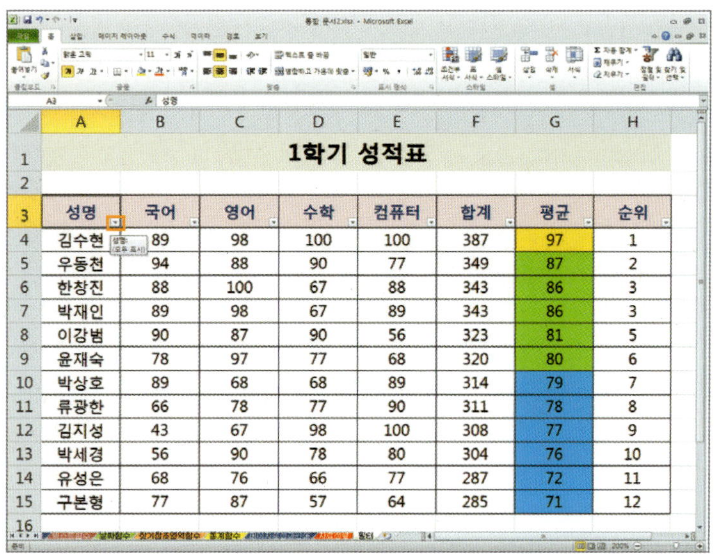

모든 필터에 [필터 단추]가 나타나고, [자동 필터 화살표]를 누르면 목록이 나타납니다.

⊗ 컴퓨터 점수가 [100점]인 학생에 대한 자료 검색을 하기 위하여 [컴퓨터 필드]에서 [모두 선택]의 ☑를 해제한 후 [100]을 선택하고, [확인] 버튼을 누르면 됩니다.

⊗ 다음 화면은 [컴퓨터] 점수가 [100]점인 학생들을 검색한 모양입니다.

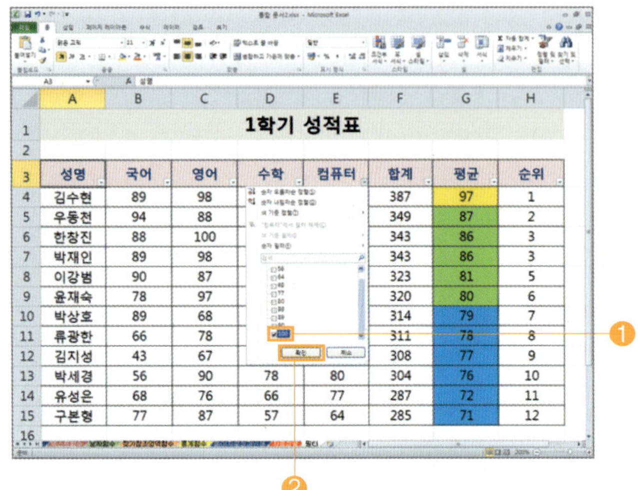

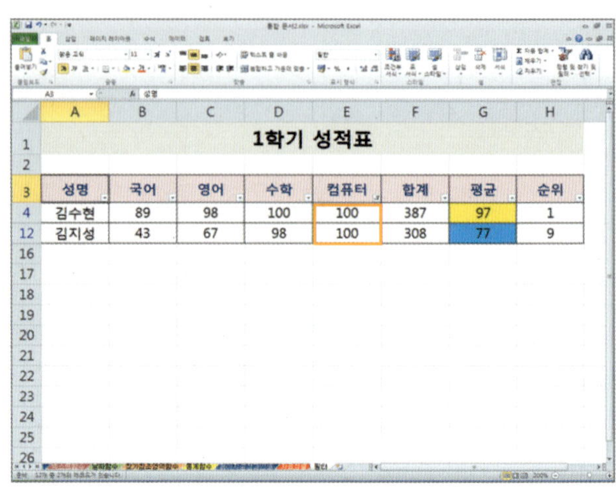

2 [모든 자료 표시]를 하려면, 메뉴 표시줄에서 [홈] ➡ [정렬 및 필터] ➡ [필터]를 선택하면 됩니다.

⊗ 다음 화면은 [모든 자료]들이 다시 나타난 모양입니다.

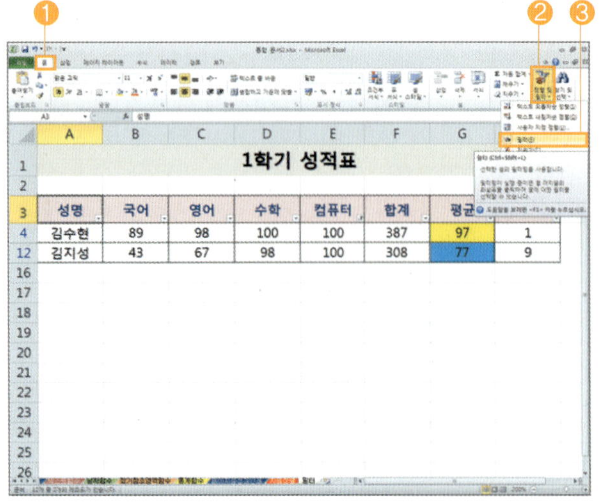

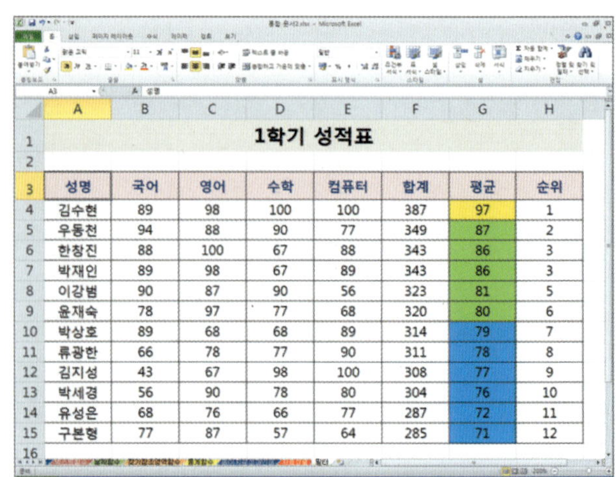

3 [고급 필터]를 사용하여 [자료 검색]을 하려면, 찾을 조건을 작성하기 위해서 [A3부터 H3] 셀까지 범위 지정을 하고, 단축 메뉴에서 [복사]를 선택합니다.

자료가 기록되지 않은 [A17] 셀을 선택하고, 단축 메뉴에서 [선택하여 붙여넣기] ➡ [붙여넣기]를 선택한 후, Esc 키를 누릅니다.

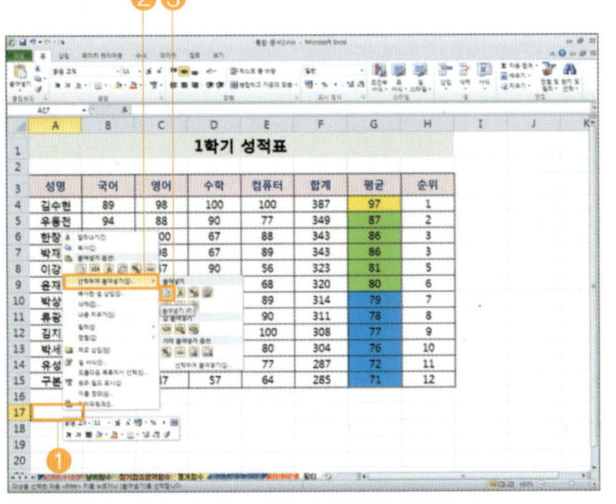

[A18] 셀에 찾을 조건 [박*]을 입력하고, [G18] 셀에 [>=75]을 입력합니다.

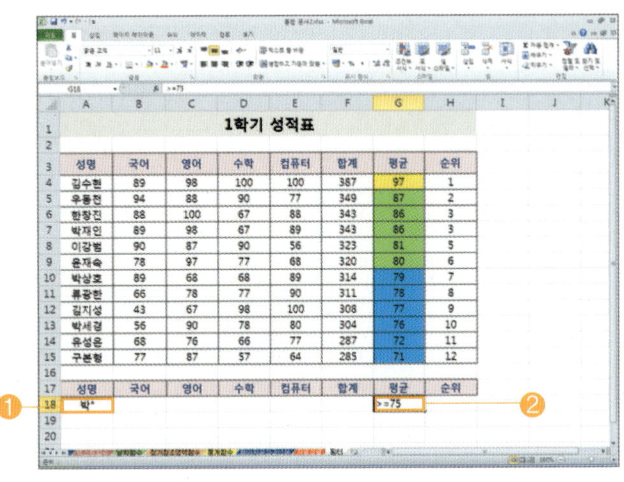

⊙ [A3] 셀을 선택하고, 메뉴 표시줄에서 [데이터] ➡ [고급]을 선택합니다.

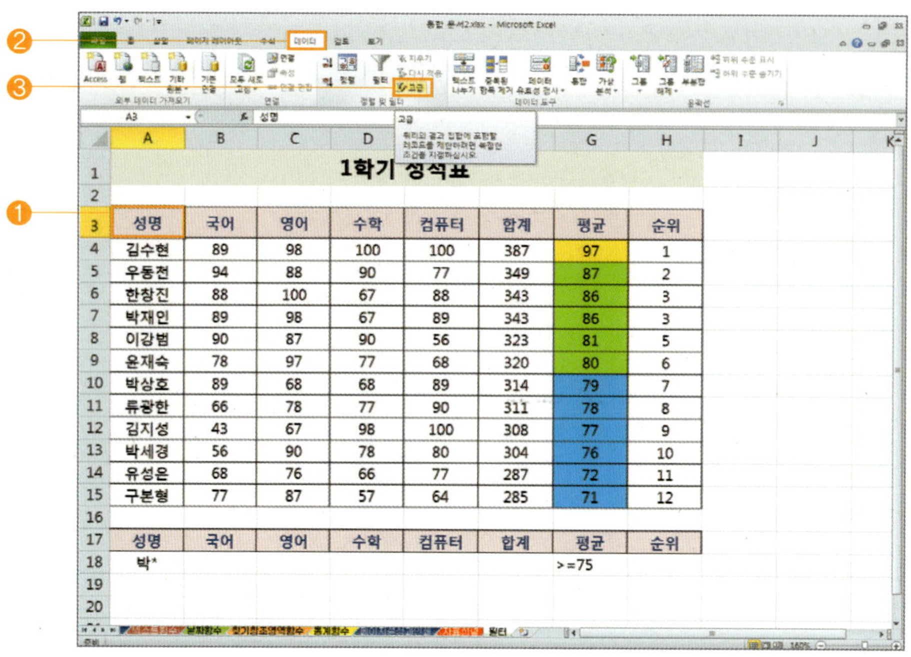

⊙ [고급 필터] 대화상자가 나타나면,
  ● [목록 범위] 상자 오른쪽에 있는 [지정] 버튼을 선택하고, [A3부터 H15] 셀까지 범위를 설정합니다.

⊙ 목록 범위 설정이 되었으면 범위가 입력된 대화상자의 [지정] 버튼을 누릅니다.

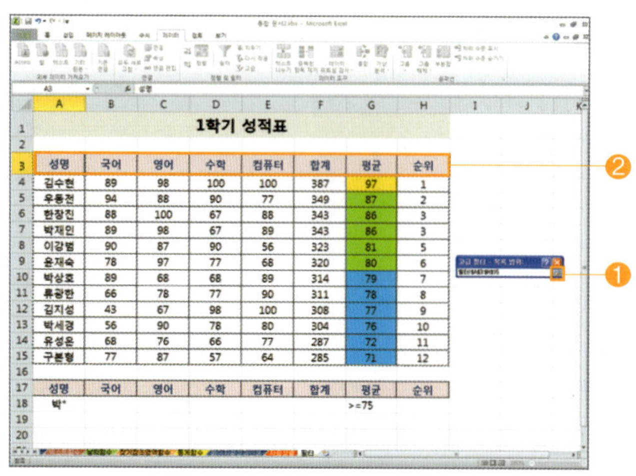

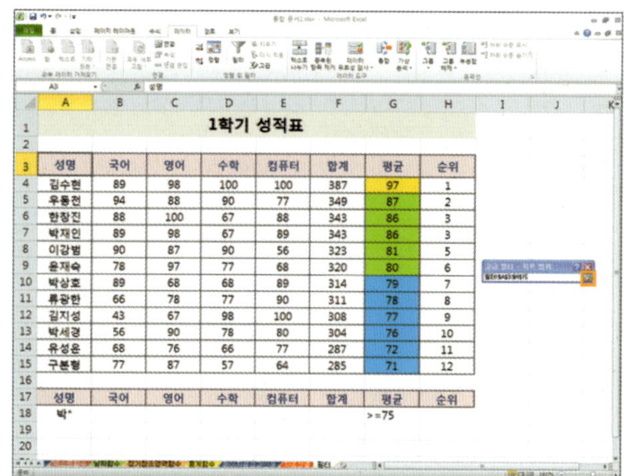

◎ [고급 필터] 대화상자가 나타나면, [조건 범위] 상자 오른쪽에 있는 [지정] 버튼을 선택하고, [A17 부터 H18] 셀까지 범위를 설정합니다.

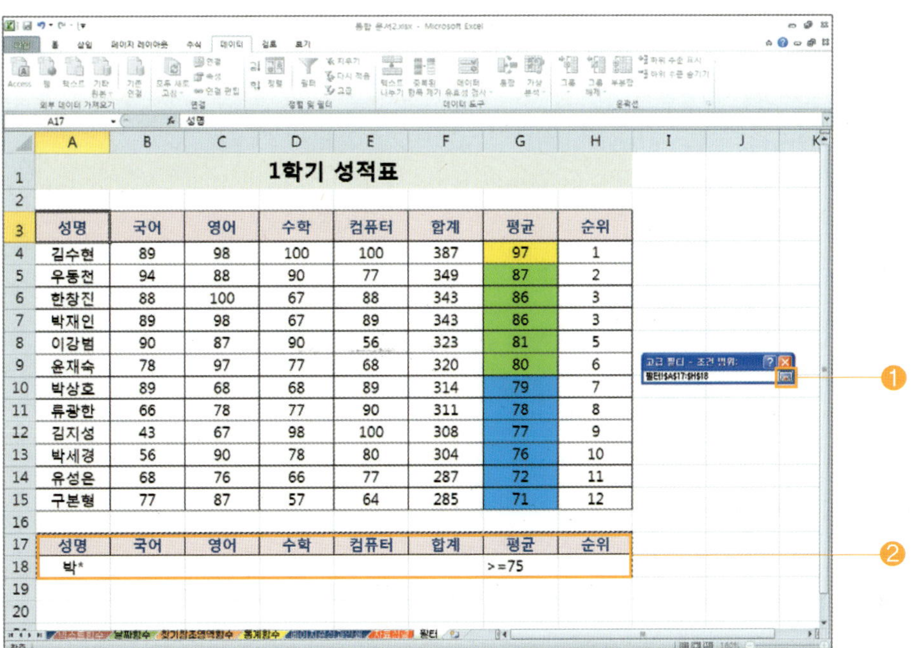

◎ 조건 범위 설정이 되었으면, 범위가 입력된 대화상자의 [지정] 버튼을 누릅니다.

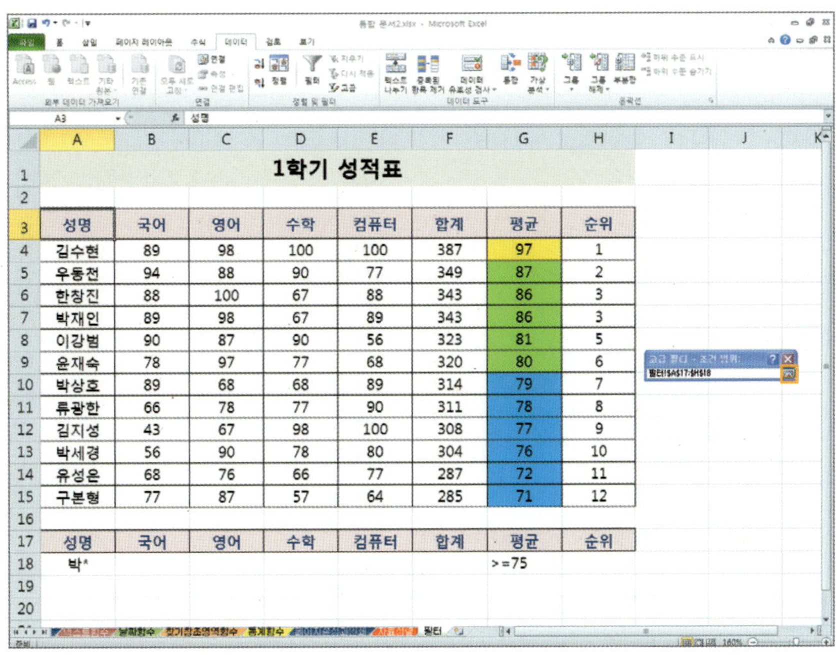

[고급 필터] 대화상자에서 [다른 장소에 복사]를 선택하고, [복사 위치] 상자 오른쪽에 있는 [지정] 버튼을 누릅니다.

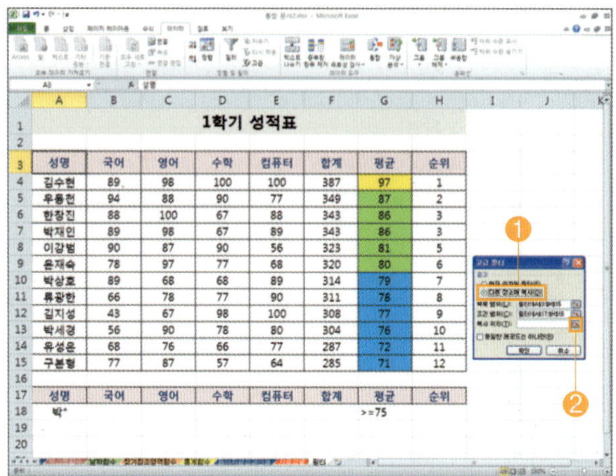

[고급 필터] 대화상자가 다시 나타나면 [확인] 버튼을 누르면 됩니다.

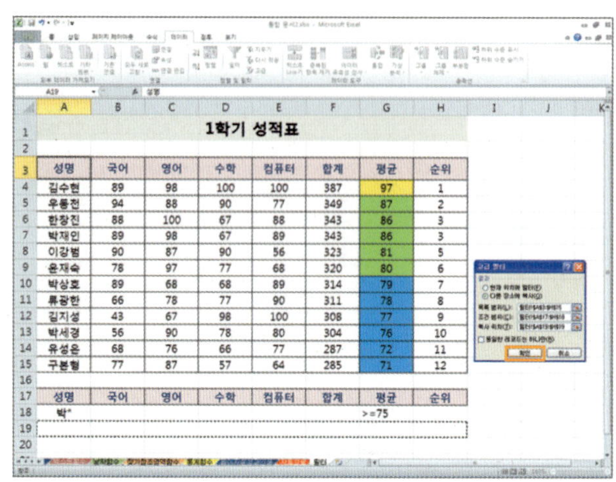

[고급 필터] 대화상자가 나타나면, [A19부터 H19] 셀까지 범위 설정을 한 후, 범위가 입력된 대화상자의 [지정] 버튼을 누릅니다.

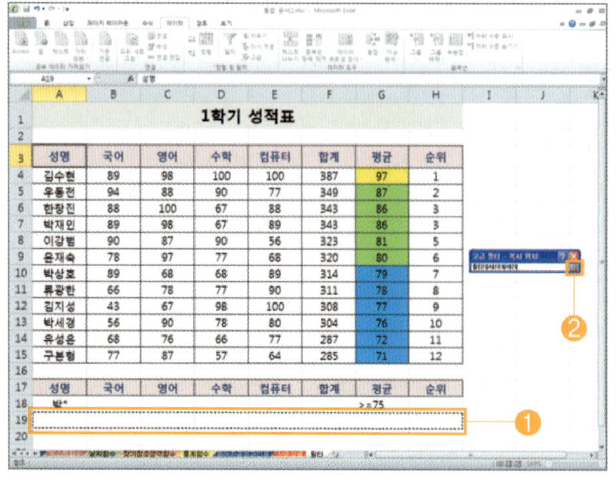

다음 화면은 [고급 필터] 기능을 이용하여 성씨가 [박씨]이고, 평균이 [75점 이상]인 학생들은 검색한 결과입니다.

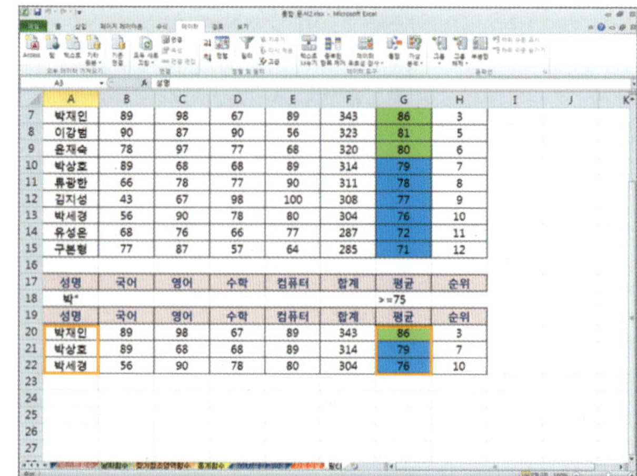

부분합이란 워크 시트에 입력된 자료를 특정 항목별로 분류하여 부분적인 합계, 개수, 평균, 최대값, 최소값 등을 구하려고 할 때 사용하는 기능입니다.

1 다음 화면과 같이 자료를 [입력]합니다.
● 판매 금액 : 수량×단가

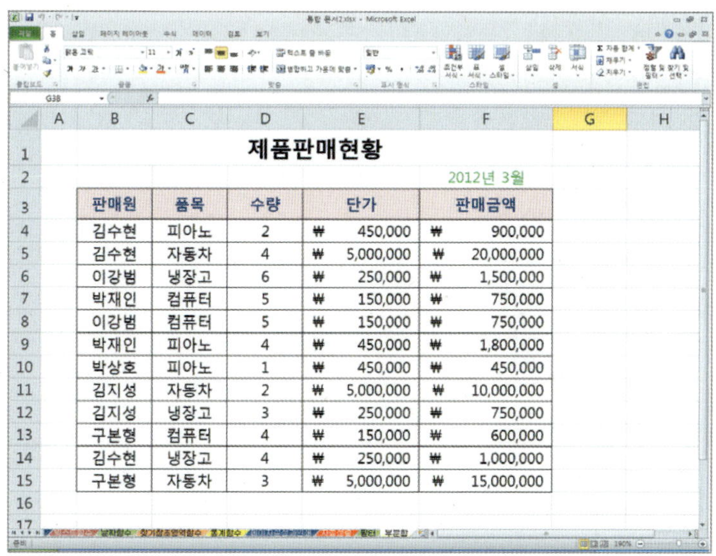

2 [판매원]별 부분합을 구하려면, 먼저 [판매원]별로 자료 정렬을 하기 위하여 [B3부터 F15] 셀까지 범위를 지정한 후, [홈] ➡ [정렬 및 필터] ➡ [사용자 지정 정렬]을 선택합니다.

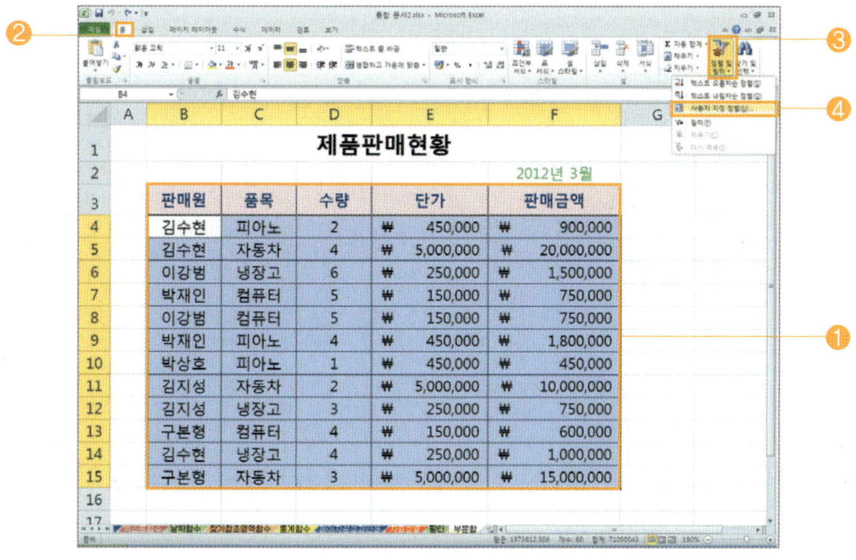

⊙ 대화상자에서 [정렬 기준] 입력줄의 목록 단추를 눌러서 [판매원]을 선택하고, [오름차순]을 선택한 다음, [확인] 버튼을 누르면 됩니다.

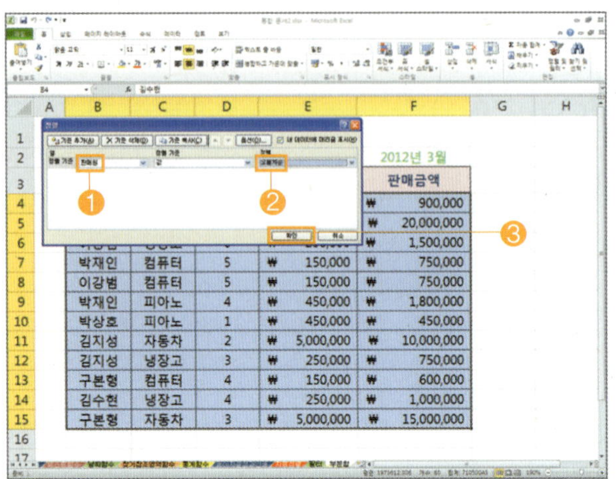

⊙ 다음 화면은 [판매원]이 [오름차순]으로 정렬된 모양입니다.

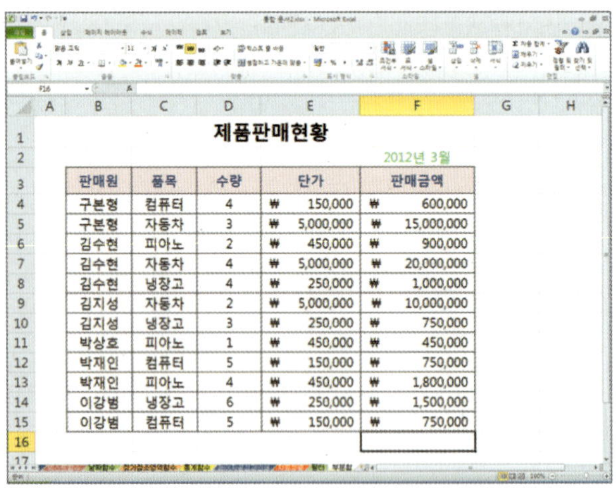

부분합을 구하려면...

• 부분합을 구하려는 항목을 먼저 [정렬]하여야 합니다.

⊙ [B3부터 F15] 셀까지 범위 지정을 한 후, 메뉴 표시줄에서 [데이터] ➡ [부분합]을 선택합니다.

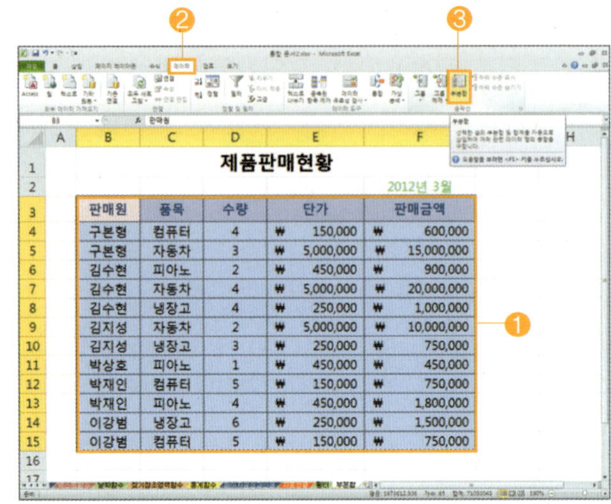

⊙ [부분합] 대화상자가 나타나면 [그룹화할 항목] 입력줄의 목록 단추를 눌러서 [판매원]을, [사용할 함수]는 [합계]를, [부분합 계산 항목]은 [판매금액]을 선택한 후, [확인] 버튼을 누릅니다.

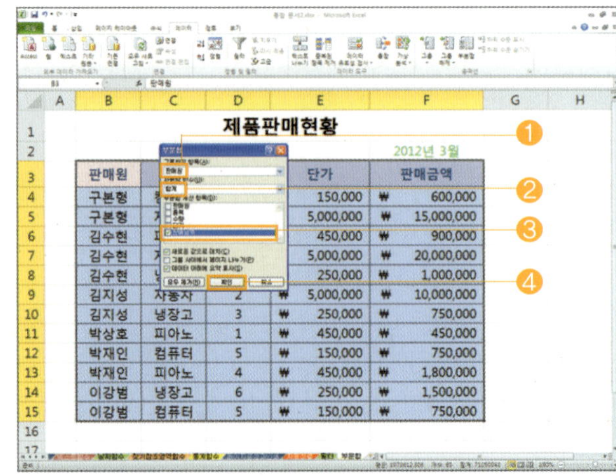

⊙ 다음 화면은 지정한 조건에 따라 [판매원]별로 [판매금액]의 합계가 구해진 모양입니다.
- 레벨 단추 : ①, ②, ③
- 선택 단추 : ⊟, ⊞

⊙ [한 단계 상위 수준의 부분합]을 구하려면, 레벨 단추 ②를 클릭하면 됩니다.
- 레벨 단추 ①은 최상위 부분합인 [총합계]가 나타납니다.

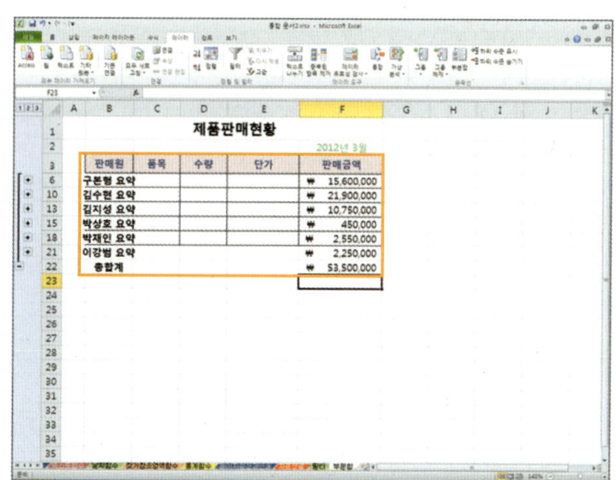

⊙ [부분합 기능 해제]를 하려면, [B3부터 F22] 셀까지 범위 지정을 한 후, [데이터] ➡ [부분합]을 클릭하고, 대화상자에서 [모두 제거] 버튼을 누르면 됩니다.

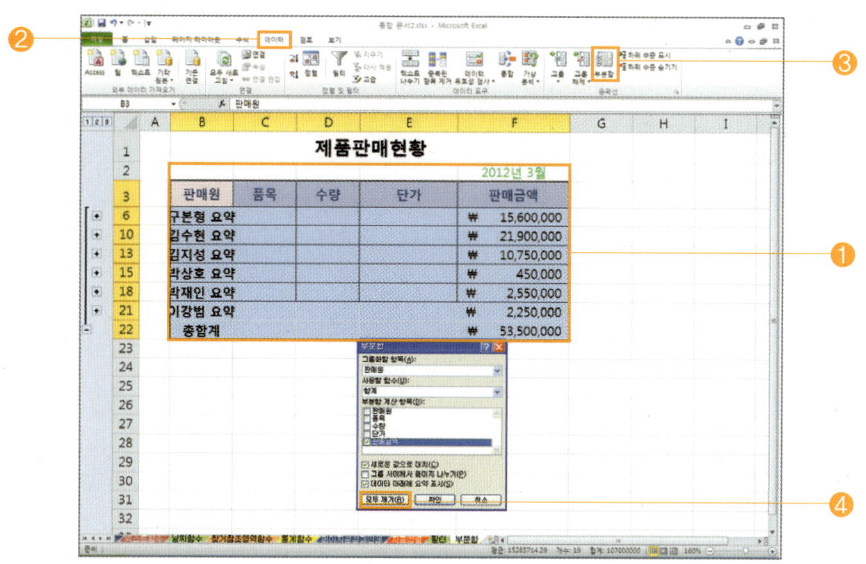

>>> 알아두세요

- [레벨 단추]는 각 그룹별 부분합을 단계별로 표시할 때 사용합니다.
- [선택 단추]는 목록별로 현 수준보다 하위 수준의 자료를 표시하거나 감추기 위하여 사용합니다.

피벗 테이블이란 워크 시트에 입력된 자료 중 필요한 부분만을 추출하여 요약 분석하는 기능입니다.

1 [피벗 테이블 작성]을 하려면, [B17] 셀을 선택하고, 메뉴 표시줄에서 [삽입] ➡ [피벗 테이블] ➡ [피벗 테이블]을 선택합니다.

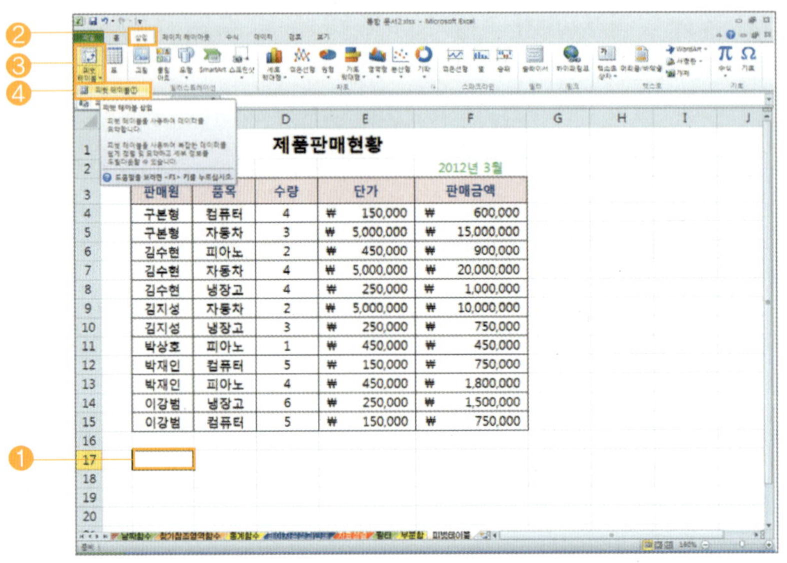

>> [피벗 테이블 만들기] 대화상자가 나타나면 [표 또는 범위 선택]을 선택하고, [표/범위] 란 오른쪽의 [지정] 버튼을 누릅니다.

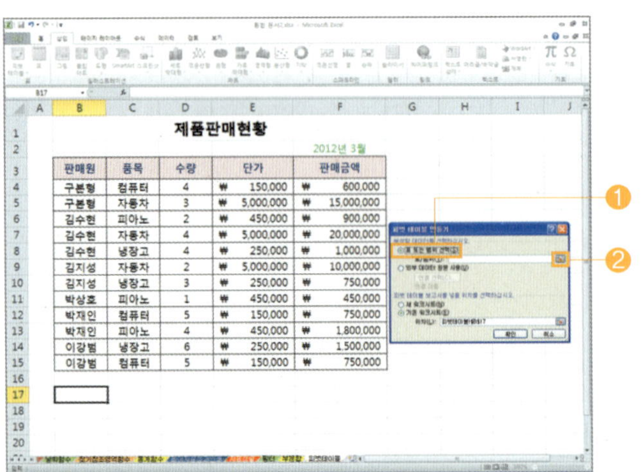

>> 대화상자에서 범위를 지정하기 위하여 자료 범위인 [B3부터 F17] 셀까지 범위 지정을 한 후, [지정] 버튼을 누릅니다.

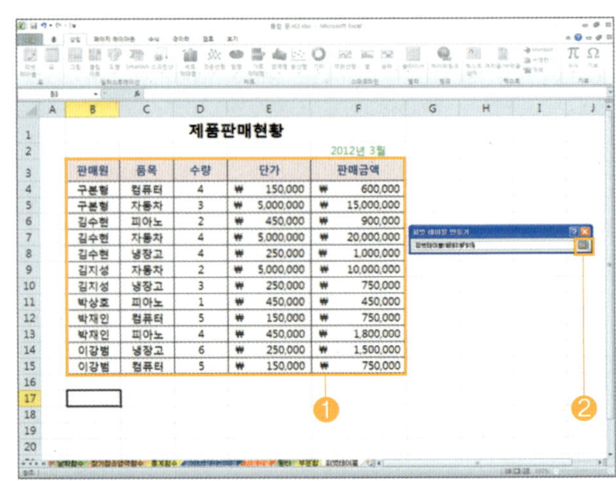

⏩ [피벗 테이블 만들기] 대화상자가 나타나면 [피벗 테이블 보고서를 넣을 위치]란에서 [기존 워크 시트]를 선택한 후, [확인] 버튼을 누릅니다.

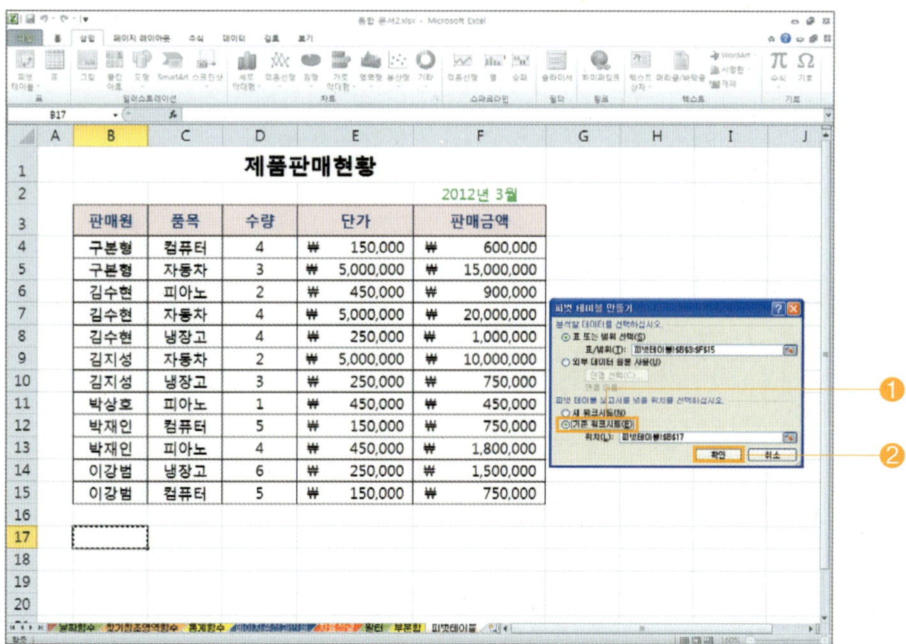

⏩ 다음 화면은 피벗 테이블을 작성할 수 있는 [피벗 테이블 필드 목록]이 나타난 모양입니다.

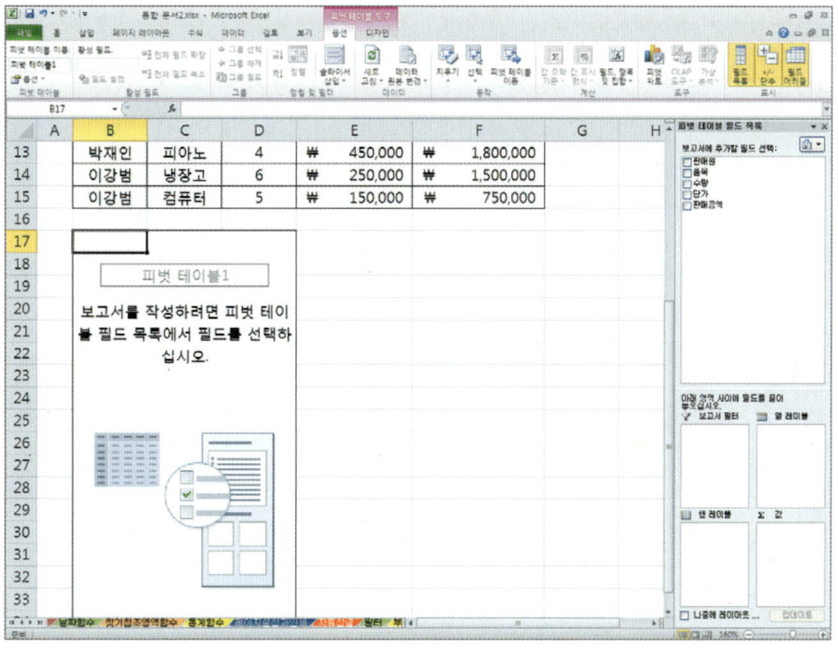

2 [필드 지정]을 하려면,

▶ [행 레이블] 지정을 하려면, 피벗 테이블 필드 목록에서 [품목] 필드를 선택합니다.

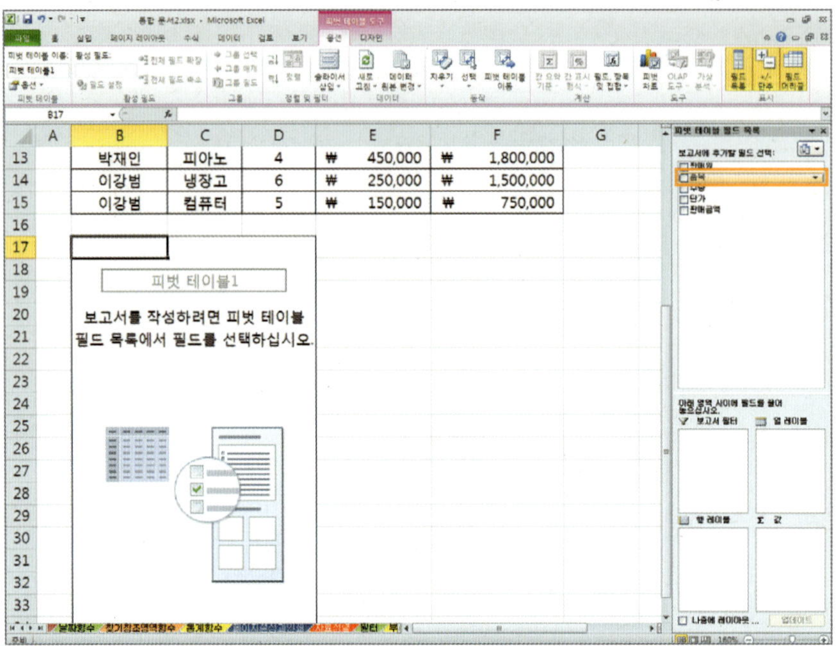

▶ 여기서, [마우스 왼쪽 버튼]을 누른 상태에서 [행 레이블] 위치로 끌어다 놓으면 됩니다.

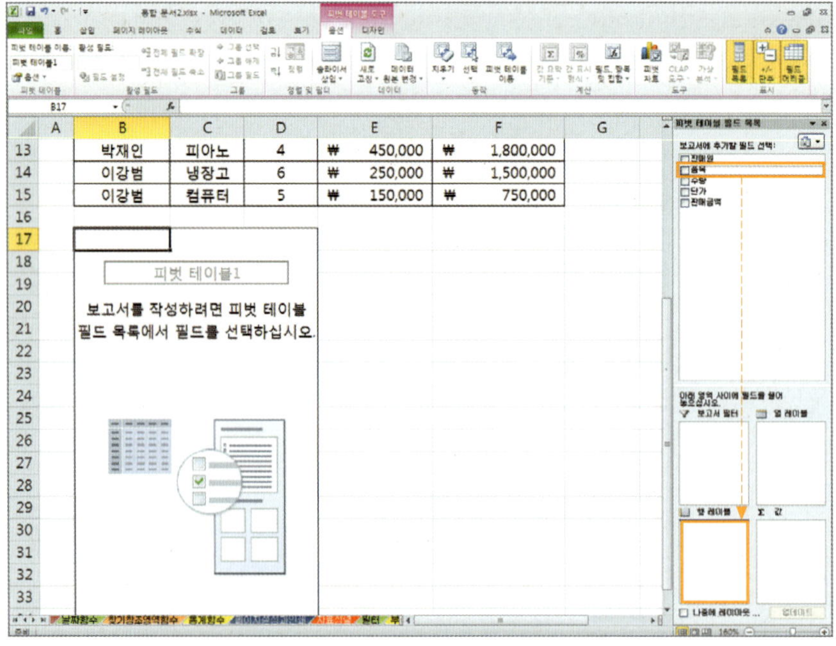

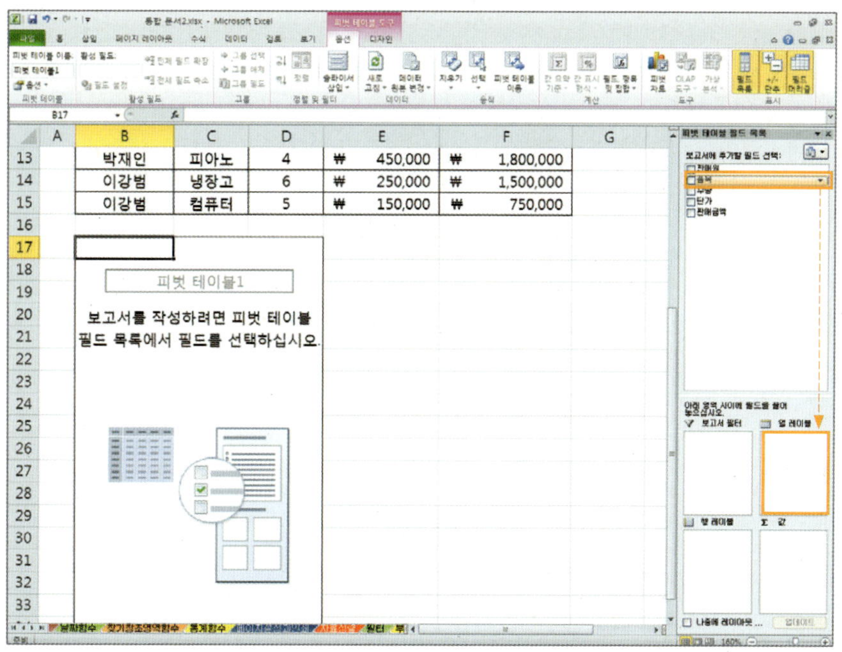

⊙ [열 레이블] 지정을 하려면, 피벗 테이블 필드 목록에서 [판매원] 필드를 선택하고, [마우스 왼쪽 버튼]을 누른 상태에서 [열 레이블] 위치로 끌어다 놓으면 됩니다.

⊙ [값] 지정을 하려면, [판매금액] 필드를 선택하고, [마우스 왼쪽 버튼]을 누른 상태에서 [값] 위치로 끌어다 놓으면 됩니다.

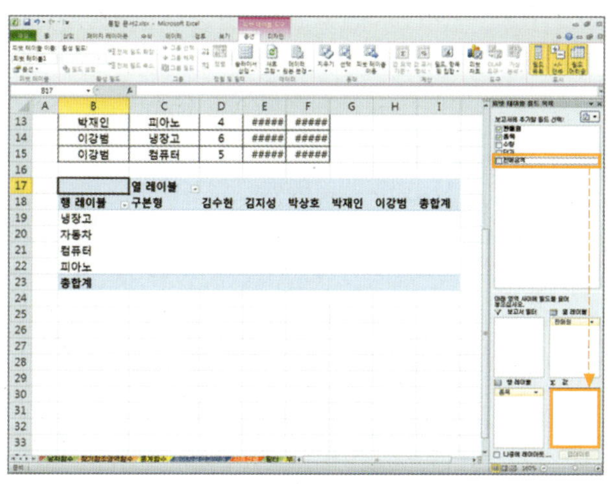

⊙ 다음 화면은 [행 레이블], [열 레이블], [값]이 지정된 모양입니다.

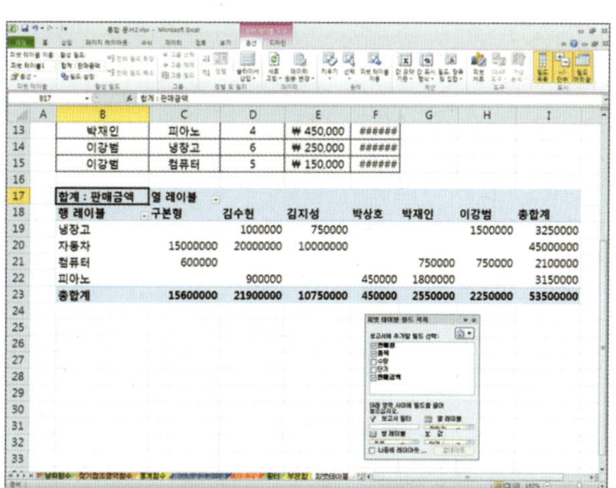

3 [피벗 테이블 디자인] 서식을 변경하려면, [피벗 테이블 도구]에서 [디자인]을 선택합니다.

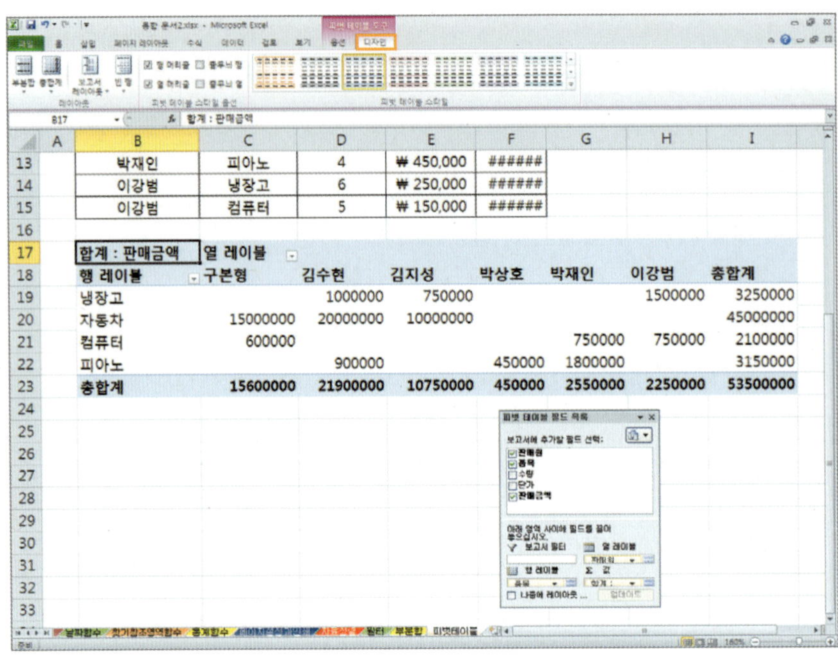

[피벗 테이블 스타일] 오른쪽 [자세히] 버튼을 선택하고, [보통]란에서 [피벗 스타일 보통 11]을 선택하면 됩니다.

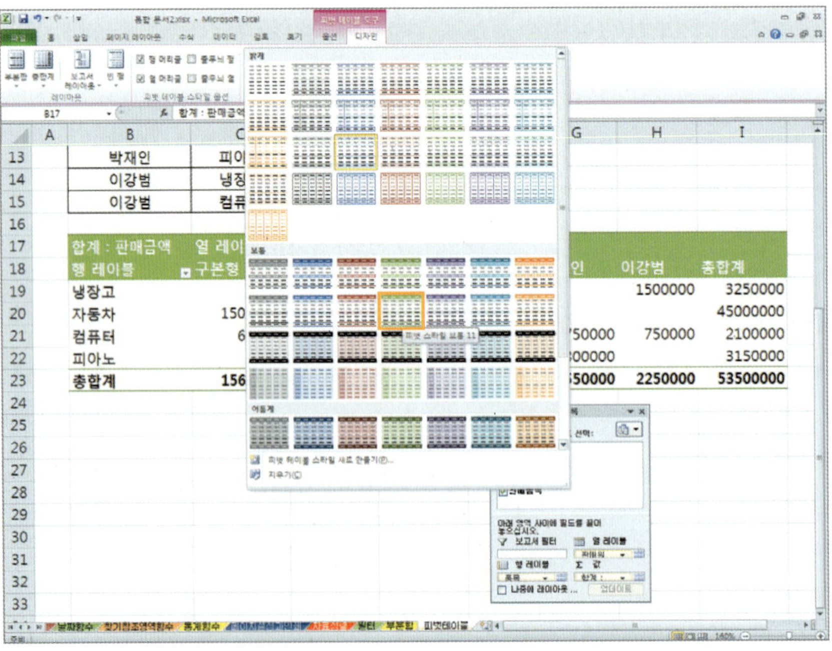

4 [피벗 차트 작성]을 하려면, [B25] 셀을 선택하고, 메뉴 표시줄에서 [삽입] ➡ [피벗 테이블] ➡ [피벗 차트]를 선택합니다.

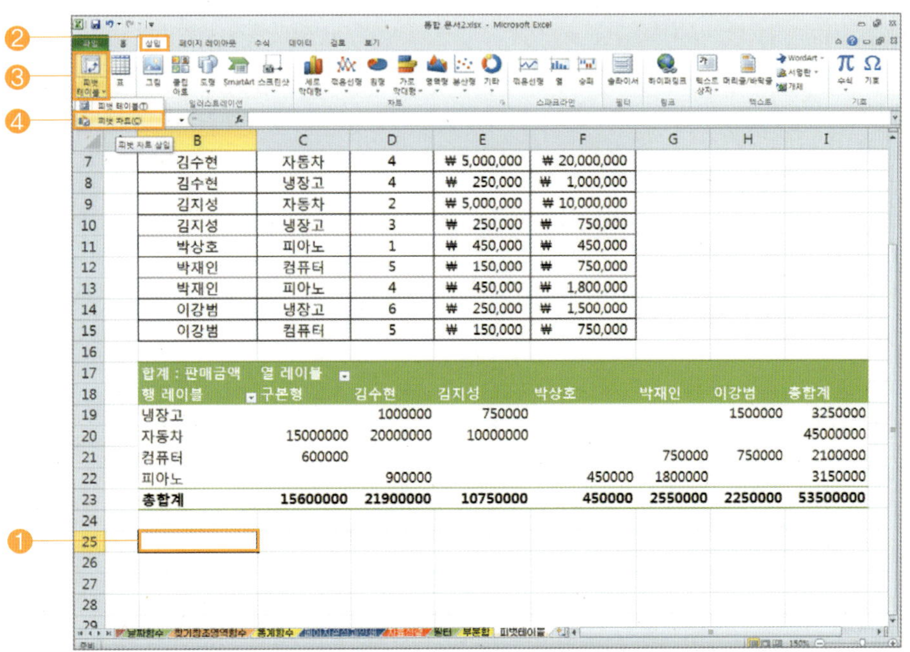

⊙ [피벗 테이블 및 피벗 차트 만들기] 대화상자가 나타나면 [표 또는 범위 선택]을 선택하고, [표/범위]란 오른쪽의 [지정] 버튼을 누릅니다.

⊙ 대화상자에서 범위를 지정하기 위하여 자료 범위인 [B3부터 F15] 셀까지 범위 지정을 한 후, [지정] 버튼을 누릅니다.

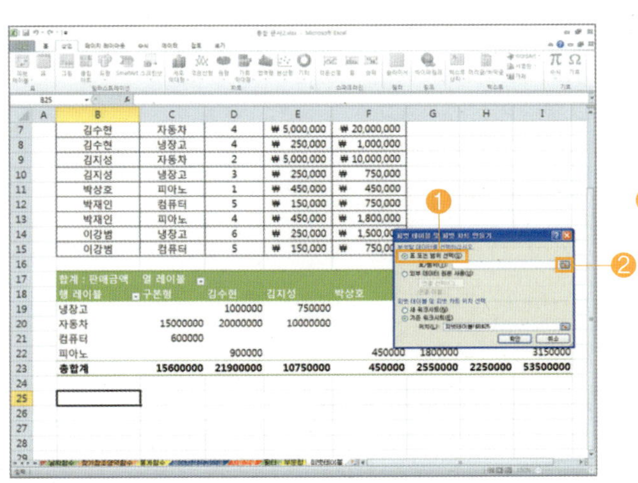

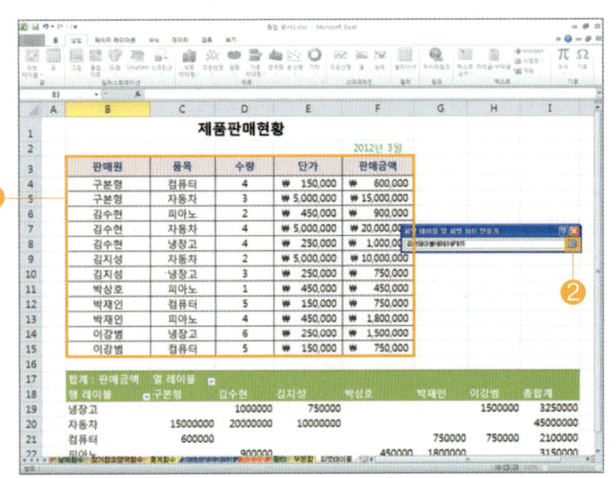

⊙ [피벗 테이블 만들기] 대화상자가 나타나면 [피벗 테이블 및 피벗 차트 위치 선택]란에서 [기존 워크시트]를 선택한 후, [확인] 버튼을 누릅니다.

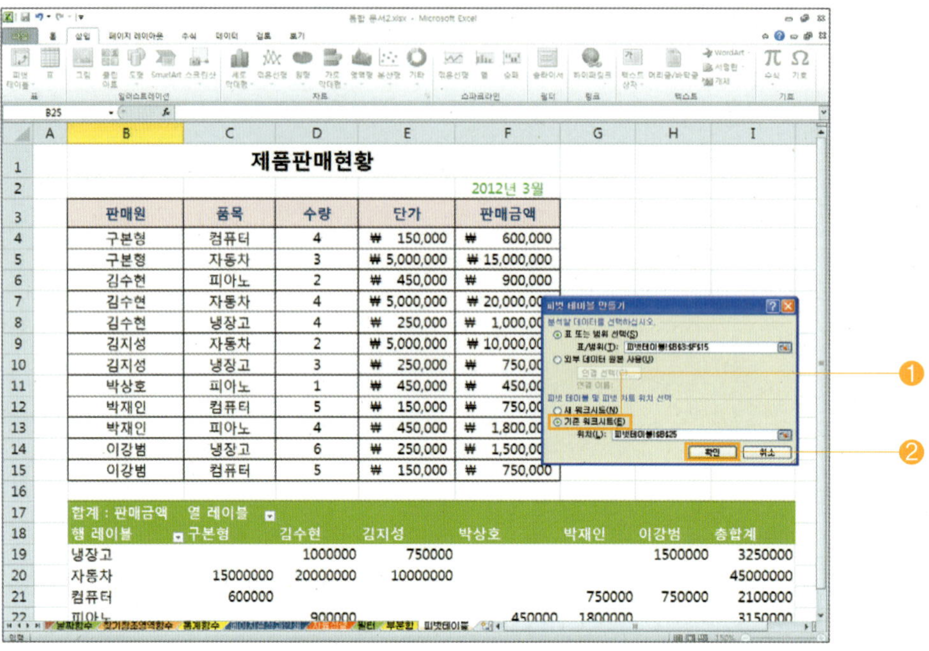

⊙ 다음 화면은 피벗 테이블과 피벗 차트를 작성할 수 있는 [피벗 테이블 필드 목록]이 나타난 모양입니다.

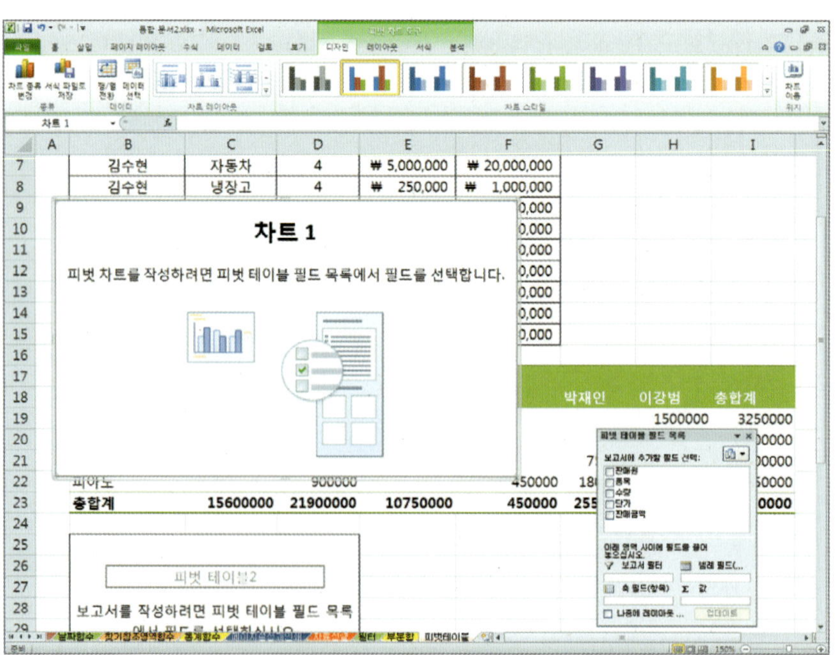

5 [필드 지정]을 하려면,

◎ [축 필드(항목)] 지정을 하려면, 피벗 테이블 필드 목록에서 [판매원] 필드를 선택하고, [마우스 왼쪽 버튼]을 누른 상태에서 [축 필드(항목)] 위치로 끌어다 놓으면 됩니다.

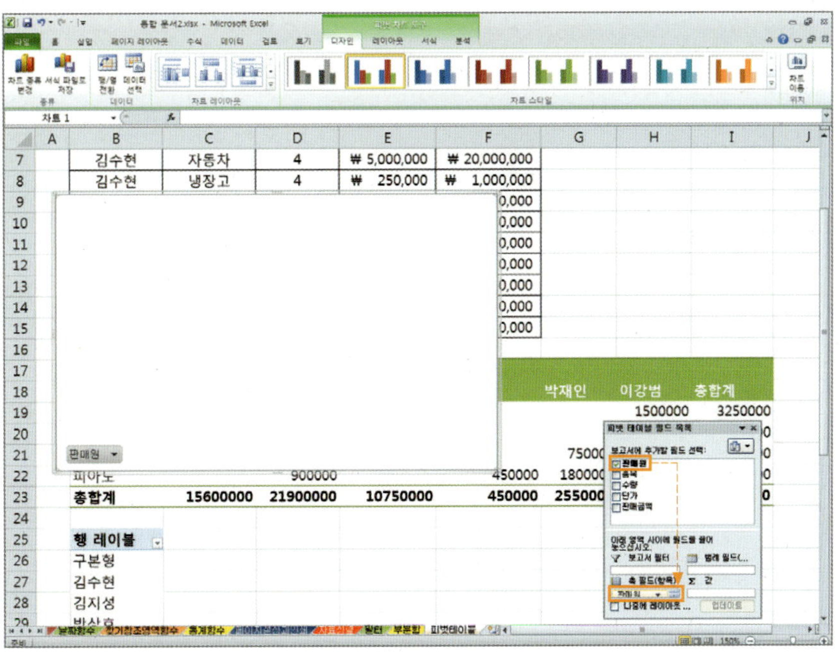

◎ [값] 지정을 하려면, [판매금액] 필드를 선택하고, [마우스 왼쪽 버튼]을 누른 상태에서 [값] 위치를 끌어다 놓으면 됩니다.

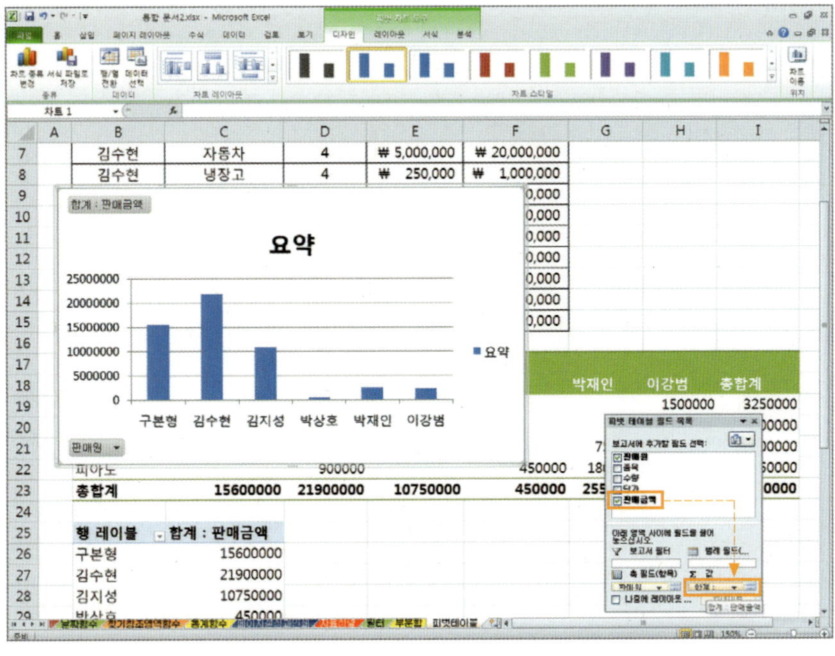

◈ [범례 필드] 지정을 하려면, [품목] 필드를 선택하고, [마우스 왼쪽 버튼]을 누른 상태에서 [범례 필드] 위치로 끌어다 놓으면 됩니다.

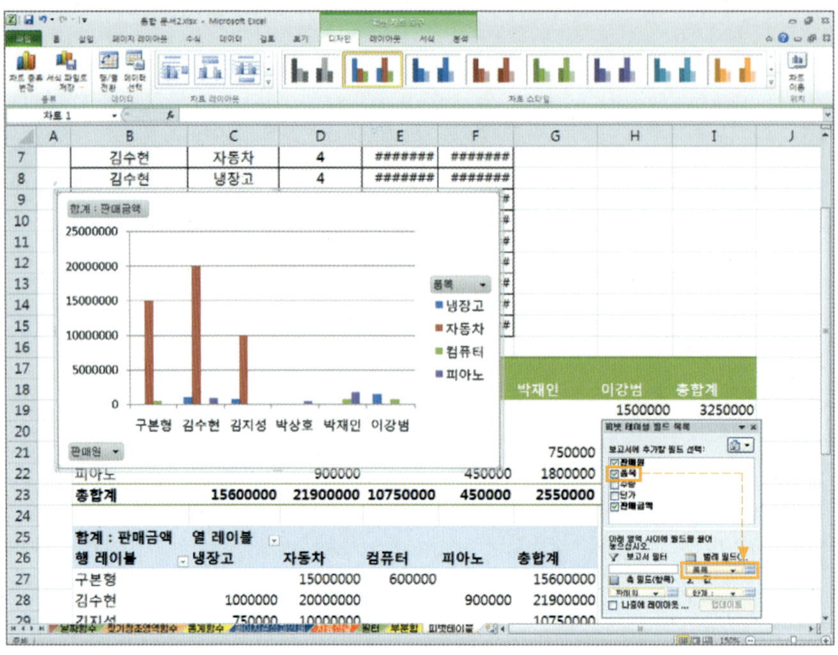

◈ 다음 화면은 [축 필드(항목)], [값], [범례 필드]가 지정된 [피벗 테이블]과 [차트]입니다.

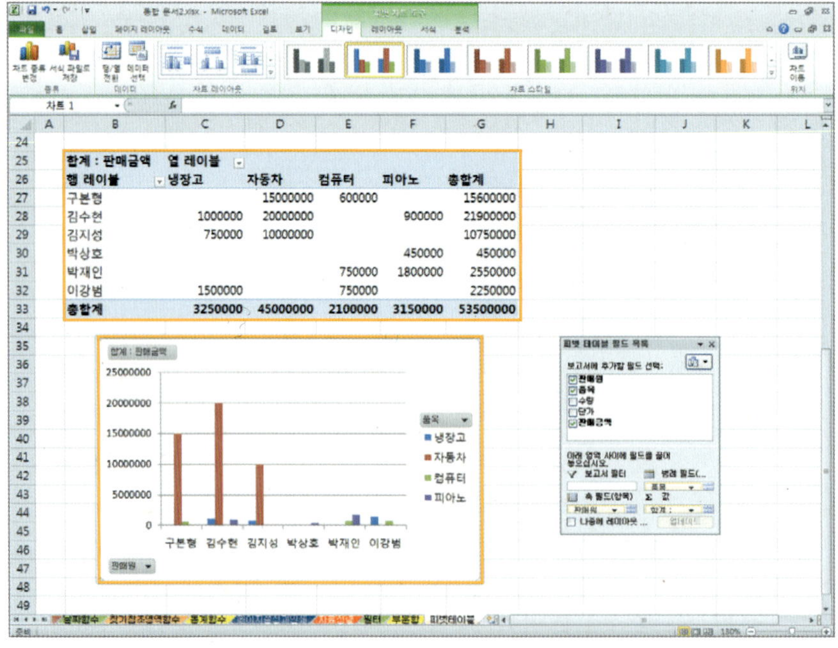

■ '대한 산업(주) 급여 명세서' 자료를 관리하시오.

| 조건 |

- 입력 자료는 '부서명', '성명', '직급', '호봉', '본봉' 입니다.
- 'F열'의 수당은 호봉이 '20' 이상이면 '200,000'으로 표시하고, '20' 미만이면 '100,000'으로 표시하도록 논리값 함수(IF)를 사용합니다.
- 'G열'의 '급여액'은 본봉과 수당의 합입니다.
- 'H열'의 '공제액'은 급여액의 10%입니다.
- 'I열'의 '실수령액'은 급여액과 공제액의 차이입니다.

| 정보 |

- 'A열'부터 'E열'에 자료를 입력하여 워크 시트를 작성합니다.
- 'F열'부터 'I열'은 'E열'의 자료 입력 조건에 따라 자동으로 계산되는 수식과 함수를 입력합니다.
- 'F5' 셀의 '수당'을 계산하려면, 'F5' 셀에 '=IF(D5>=20, "200,000", "100,000")'을 입력합니다.
- [홈] ➡ [정렬 및 필터]를 선택한 후, 조건에 맞게 정렬/필터 기능을 사용합니다.

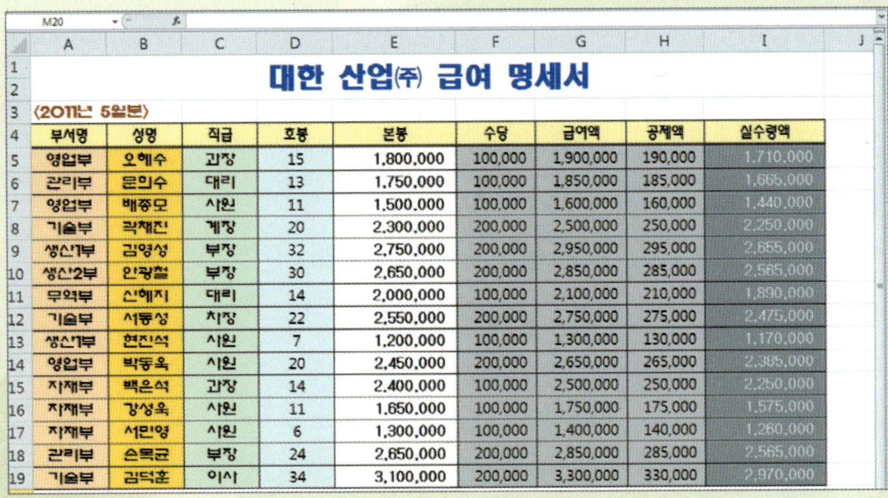

(1) 첫째 기준은 '호봉'이 가장 높고, 둘째 기준은 '실수령액'이 가장 높은 순서로 자료를 정렬하시오.

(2) 직급이 '사원'이고, 본봉이 '1,500,000' 이상인 사람의 수는 몇 명일까요?

(3) 직급이 '부장'이고, 실수령액이 '2,500,000' 이상인 사람의 수는 몇 명일까요?

(4) 직급이 '부장'이고, '호봉'이 '30' 이상인 사람의 수는 몇 명일까요?

■ '제품 판매 현황' 자료를 관리하시오.

| 조건 |

• 입력 자료는 '품목', '판매원', '수량', '단가' 입니다.
• 'F열'의 '판매금액'은 '수량 × 단가' 입니다.
• '품목' 별, '판매금액'의 합계를 구합니다.

| 정보 |

• '품목' 별로 정렬을 한 후, 부조, 부분합 기능을 사용합니다.

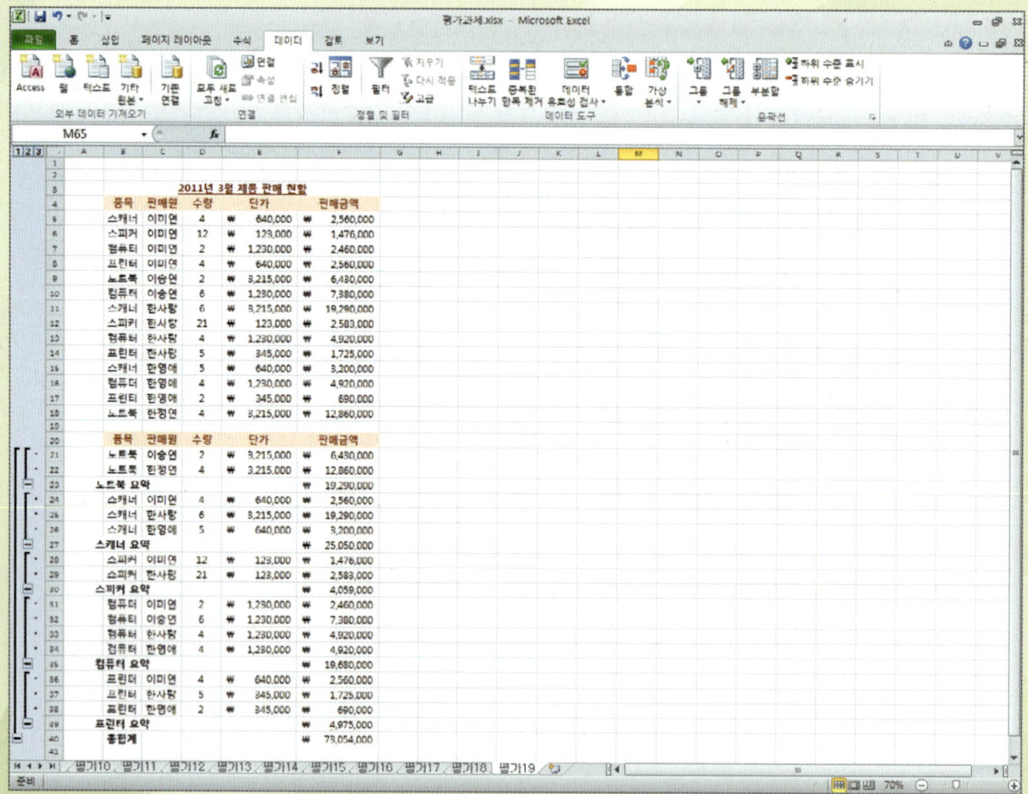

■ '제품 판매 현황' 자료를 관리하시오.

| 조건 |

- '판매원'은 '행 레이블', '품목'은 '열 레이블', '수량'은 '값'이 되도록 피벗 테이블을 작성합니다.
- 피벗 디자인은 '피벗 스타일 보통 17'로 지정합니다.

| 정보 |

- [삽입] ➡ [피벗 테이블] ➡ [피벗 테이블]을 선택한 후, 조건에 맞게 피벗 테이블 기능을 사용합니다.

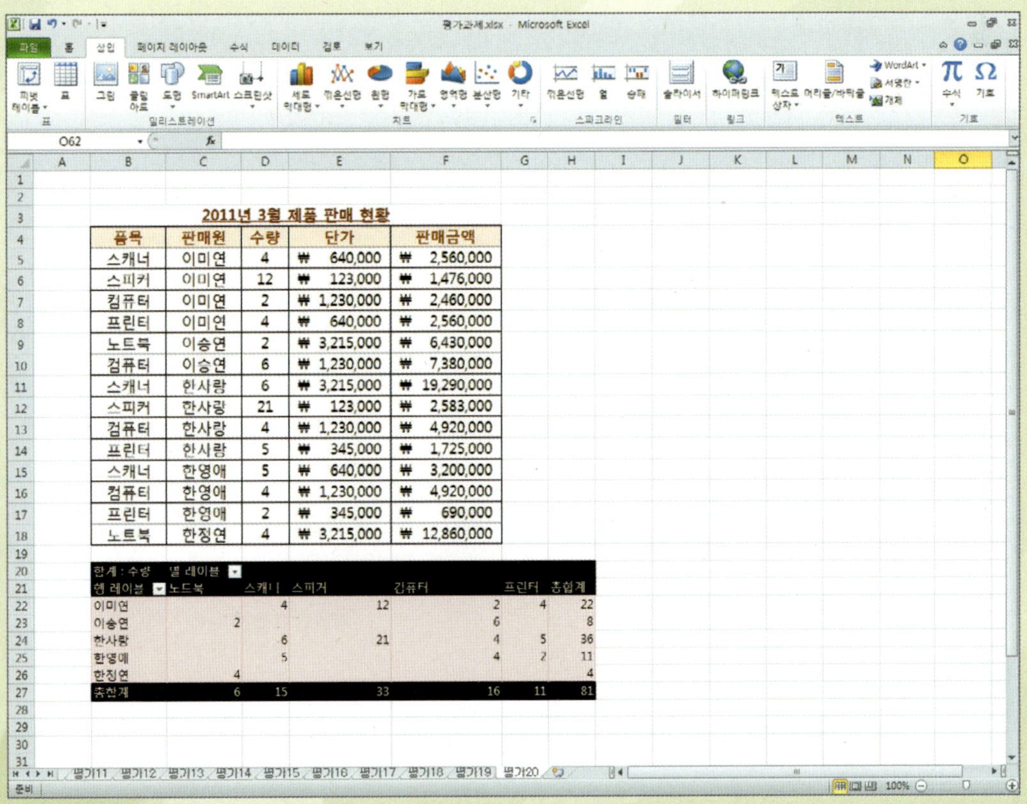

2011년 3월 제품 판매 현황

품목	판매원	수량	단가	판매금액
스캐너	이미연	4	₩ 640,000	₩ 2,560,000
스피커	이미연	12	₩ 123,000	₩ 1,476,000
컴퓨터	이미연	2	₩ 1,230,000	₩ 2,460,000
프린터	이미연	4	₩ 640,000	₩ 2,560,000
노트북	이승연	2	₩ 3,215,000	₩ 6,430,000
컴퓨터	이승연	6	₩ 1,230,000	₩ 7,380,000
스캐너	한사랑	6	₩ 3,215,000	₩ 19,290,000
스피커	한사랑	21	₩ 123,000	₩ 2,583,000
컴퓨터	한사랑	4	₩ 1,230,000	₩ 4,920,000
프린터	한사랑	5	₩ 345,000	₩ 1,725,000
스캐너	한영애	5	₩ 640,000	₩ 3,200,000
컴퓨터	한영애	4	₩ 1,230,000	₩ 4,920,000
프린터	한영애	2	₩ 345,000	₩ 690,000
노트북	한정연	4	₩ 3,215,000	₩ 12,860,000

합계 : 수량	열 레이블					
행 레이블	노드북	스캐너	스피거	긴퓨터	프린터	총합계
이미연		4	12	2	4	22
이승연	2			6		8
한사랑		6	21	4	5	36
한영애		5		4	2	11
한정연	4					4
총합계	6	15	33	16	11	81

차트란 일목요연하게 정리된 수치 자료를 더욱 보기 좋게 가시적으로 표현하여 쉽게 알아보도록 만드는 작업입니다.

1 [차트 만들기]를 하려면, 차트를 작성할 [B3부터 E6] 셀까지 범위 지정을 합니다.

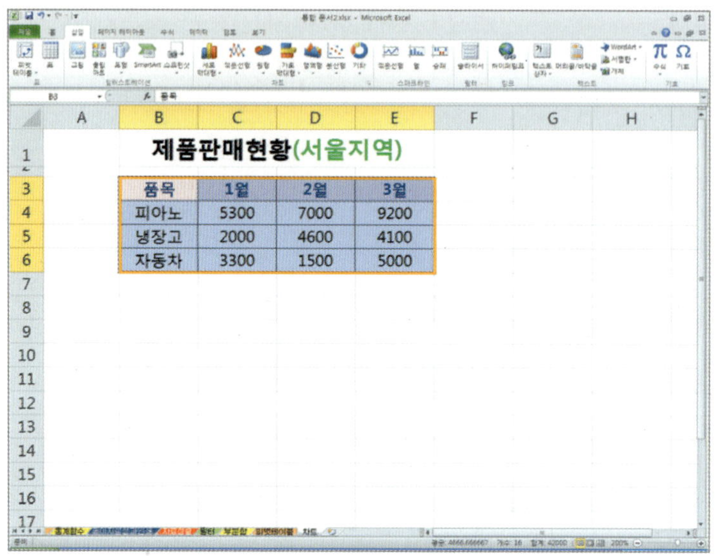

▶ 메뉴 표시줄에서 [삽입] ➡ [세로 막대형]을 선택하고, [2차원 세로 막대형]란에서 [묶은 세로 막대형]을 선택합니다.

▶ 다음 화면은 워크 시트 내에 [묶은 세로 막대형] 차트가 삽입된 모양입니다.

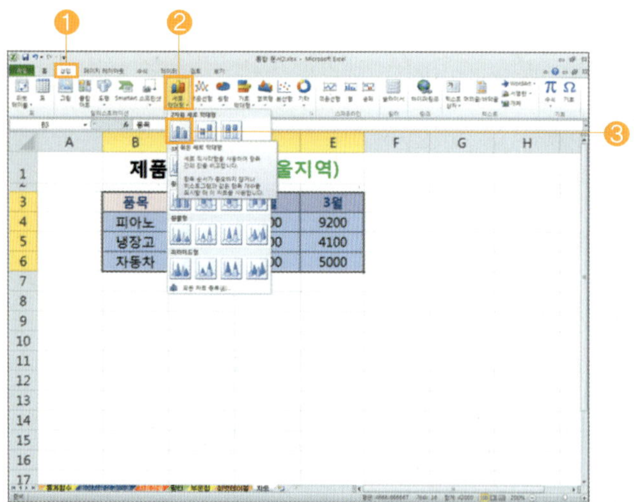

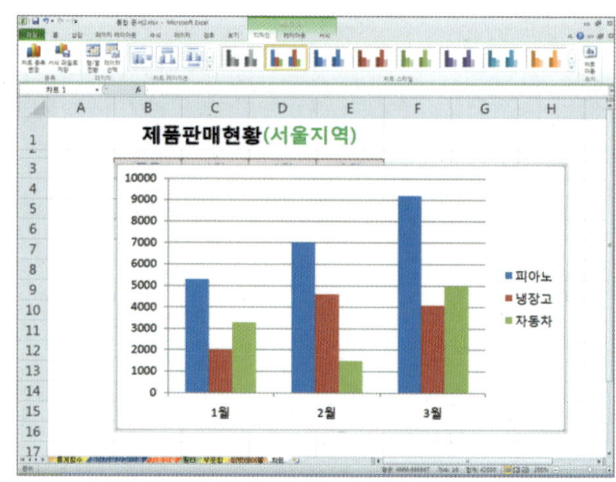

⊙ [차트 제목]을 삽입하려면, [차트 레이아웃]란에서 [레이아웃 1]을 선택합니다.

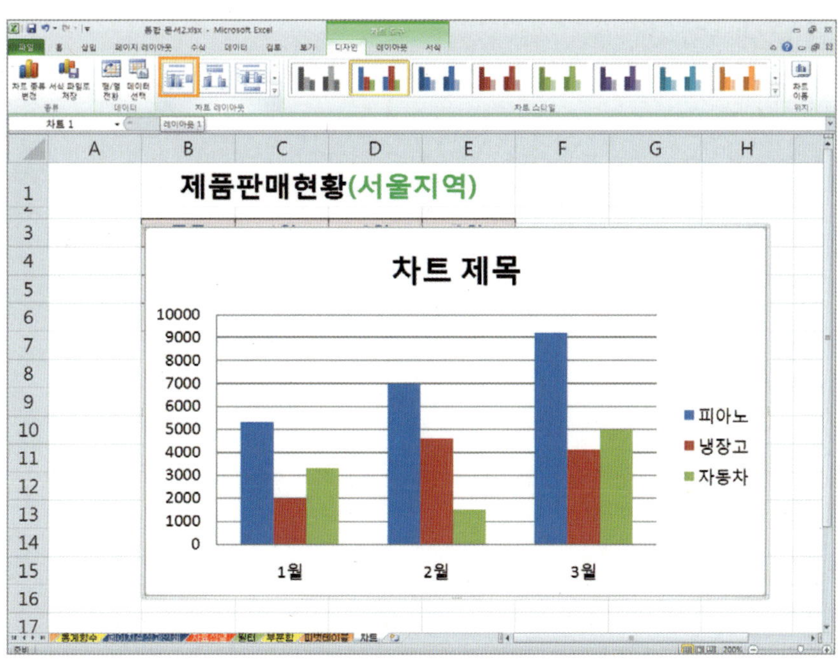

⊙ [차트 제목] 영역을 [클릭]하고, [제품 판매 현황]이라고 입력하면 됩니다.

⊙ [세로(값) 축 제목], [가로(항목) 축 제목]을 삽입하려면, [차트 영역]을 클릭하고, [차트 레이아웃] 오른쪽 [자세히] 버튼을 선택한 후, [레이아웃 9]를 선택합니다.

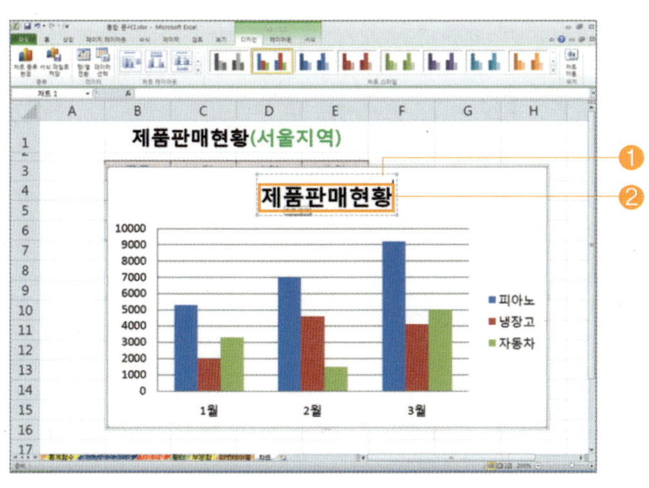

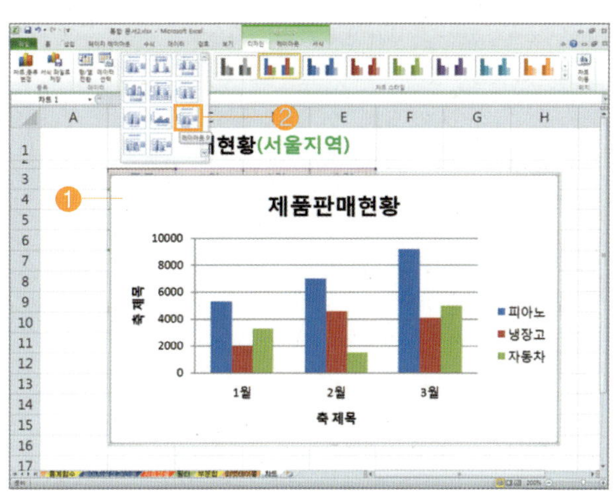

⊚ [세로(값) 축 제목] 영역을 [클릭]하고 [수량]을, [가로(항목) 축 제목] 영역을 [클릭]하고 [1/4분기]를 입력하면 됩니다.

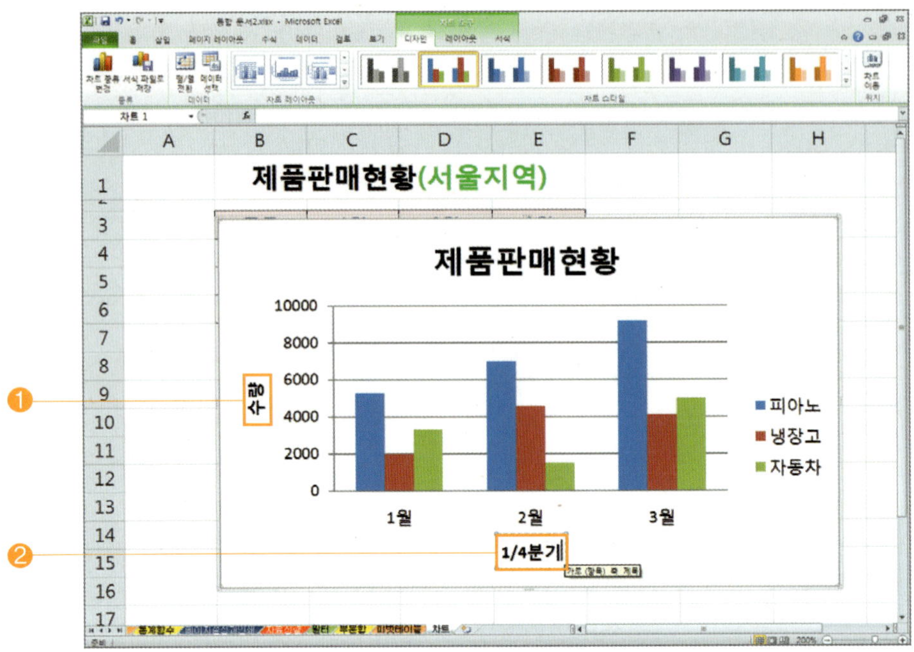

⊚ 다음 화면은 [차트 영역] 내에 [차트 제목], [세로(값) 축 제목], [가로(항목) 축 제목]이 삽입된 모양입니다.

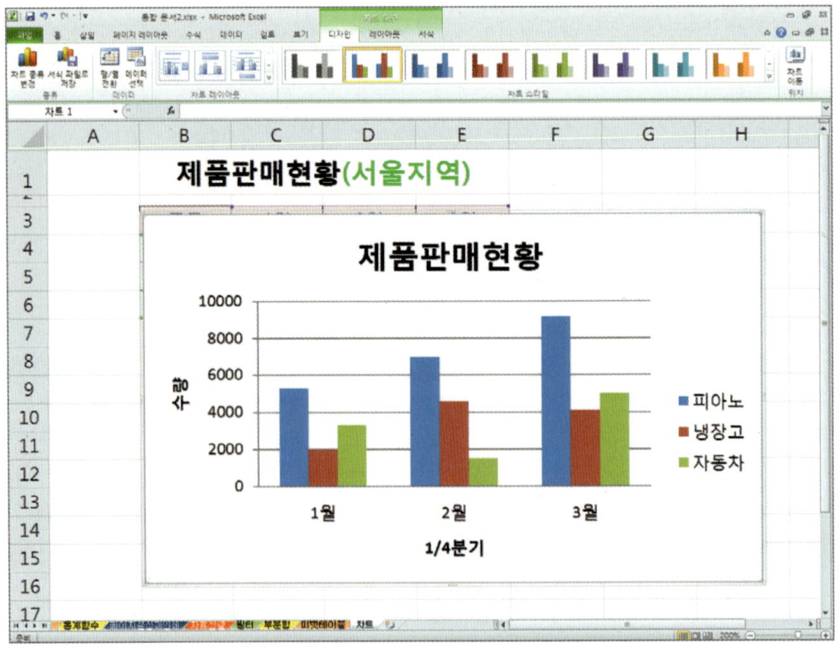

2 [차트 이동]을 하려면, 차트 영역을 [클릭]하여 [크기 조정 핸들]이 나타날 때, [마우스 왼쪽 버튼]을 누른 상태에서 원하는 위치로 이동하면 됩니다.

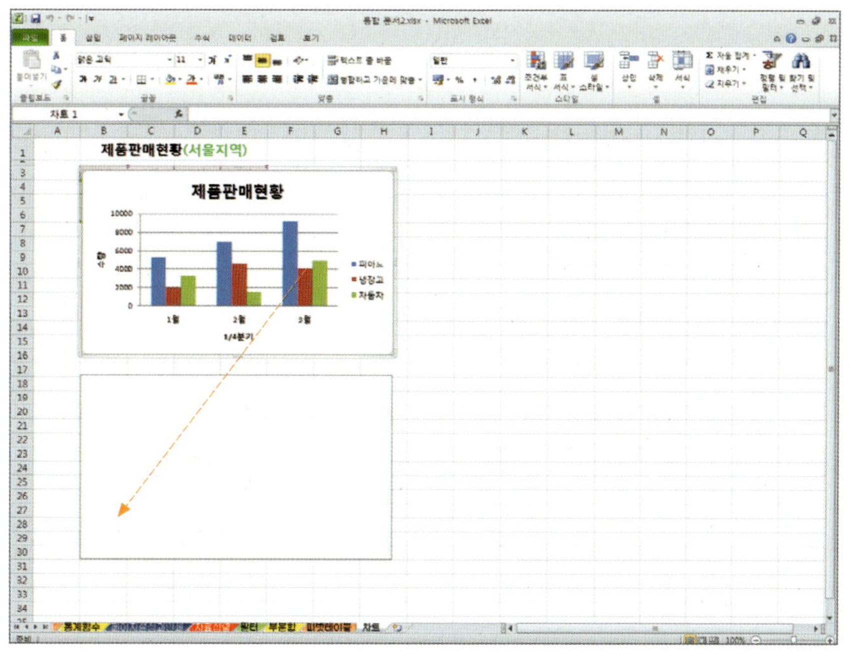

3 [차트 종류 변경]을 하려면, 차트 영역을 [클릭]하여 [크기 조정 핸들]이 나타날 때, 메뉴 표시줄에서 [차트 도구] ➡ [디자인] ➡ [차트 종류 변경]을 선택합니다.

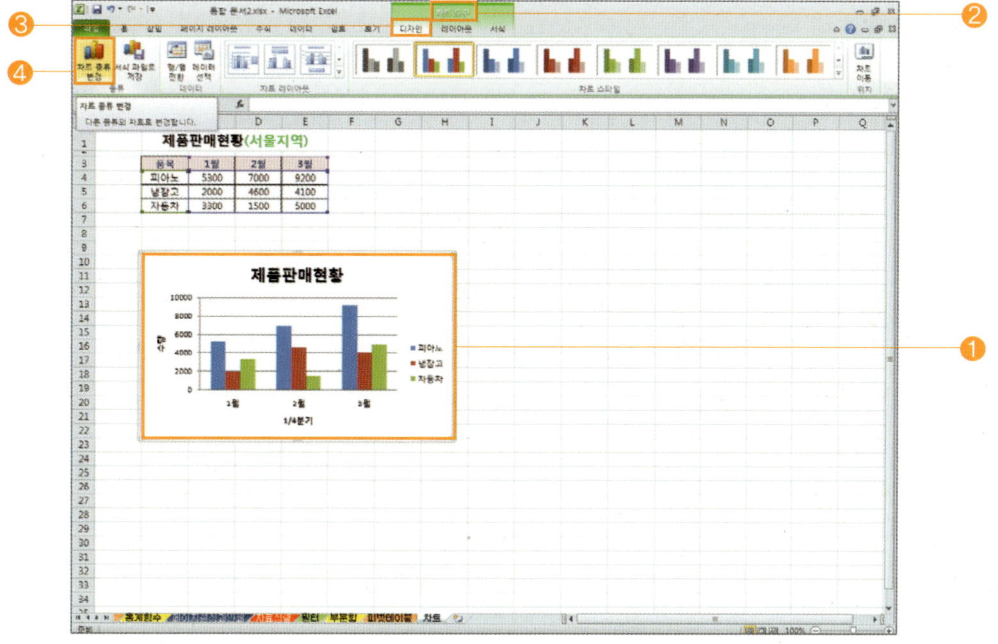

⊙ [차트 종류 변경] 대화상자가 나타나면 [차트 종류]를 [원형]으로, [세로 막대형]란에서 [누적 원통형]을 선택하고, [확인] 버튼을 누르면 됩니다.

⊙ 다음 화면은 [누적 원통형] 차트로 변경된 모양입니다.

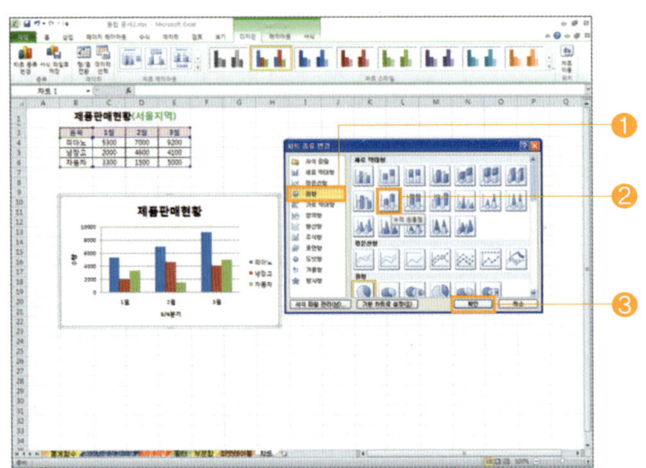

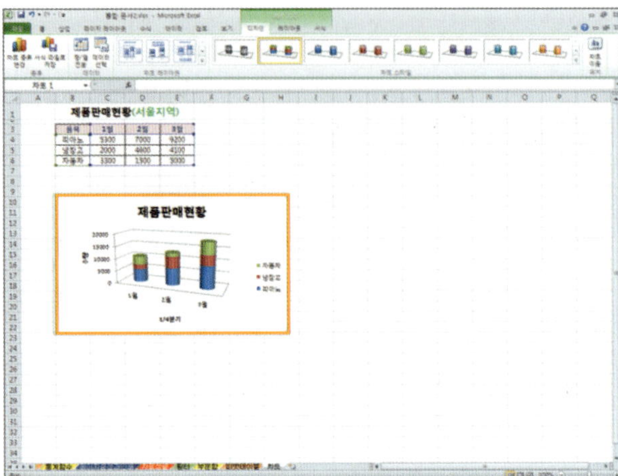

4 [차트 레이아웃]을 설정하려면, 차트를 [클릭]하여 [크기조정핸들]이 나타날 때 [차트 도구] ➡ [레이아웃]을 선택하고, [테이블] 및 [축]란에서 원하는 항목을 설정하면 됩니다.

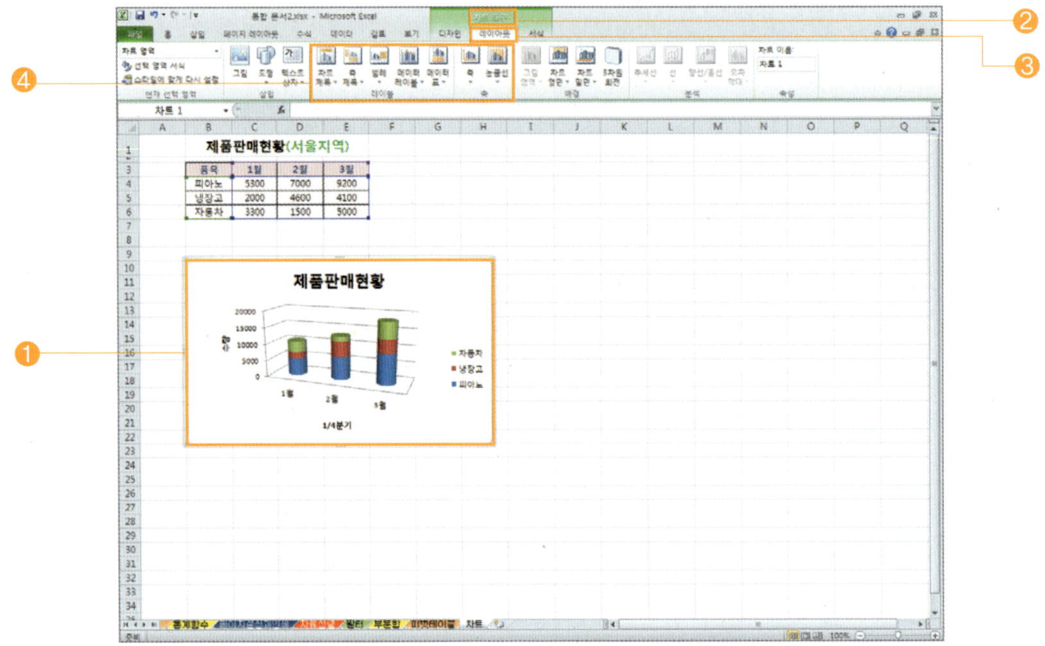

⊚ [눈금선]을 설정하려면, [축]란에서 [눈금선] ➡ [기본 세로 눈금선] ➡ [주 눈금선]을 선택하면 됩니다.

⊚ [데이터 레이블]을 설정하려면, [레이블]란에서 [데이터 레이블] ➡ [표시]를 선택하면 됩니다.

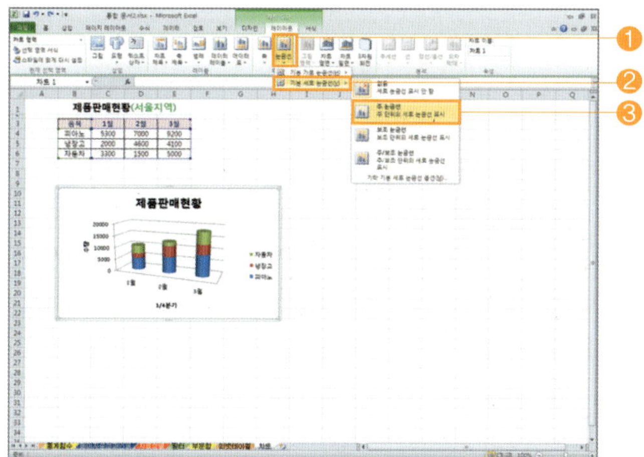

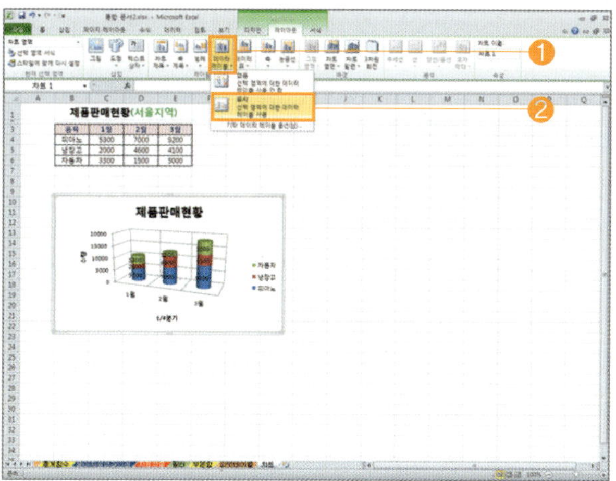

5 [차트 서식 변경]을 하려면, [차트 도구] ➡ [디자인] ➡ [차트 종류 변경]을 선택한 후, [차트 종류 변경] 대화상자에서 차트 종류를 [세로 막대형] ➡ [묶음 세로 막대형]으로 변경하고, [확인] 버튼을 선택하면 됩니다.

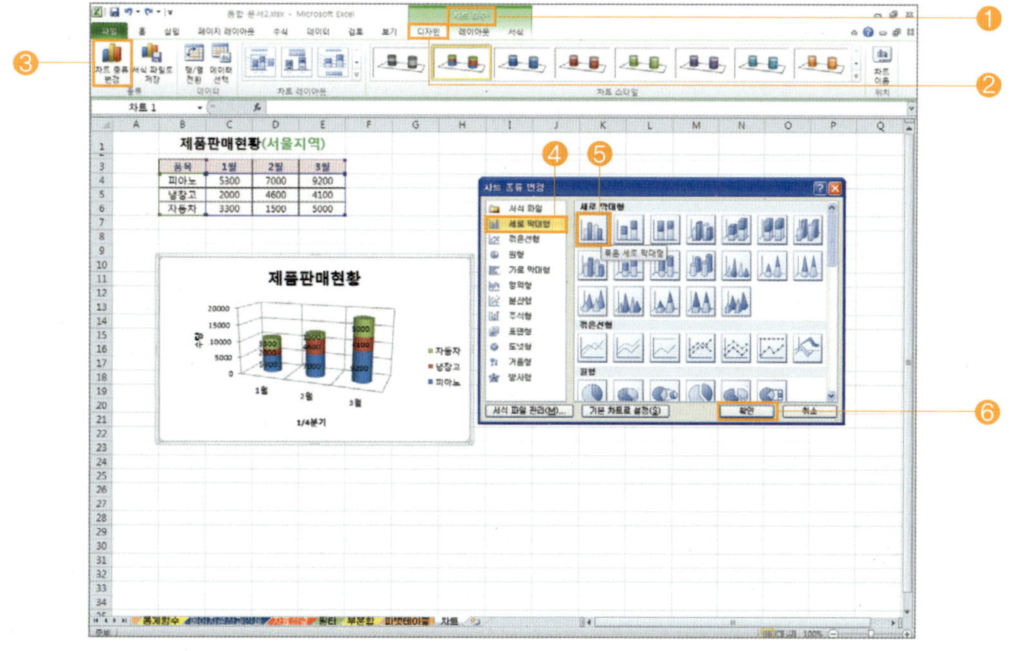

⊛ [차트 영역] 위에 마우스를 놓고, [마우스 오른쪽 버튼]을 누르면 단축 메뉴가 나타나는데, 여기서 [글꼴]을 선택합니다.

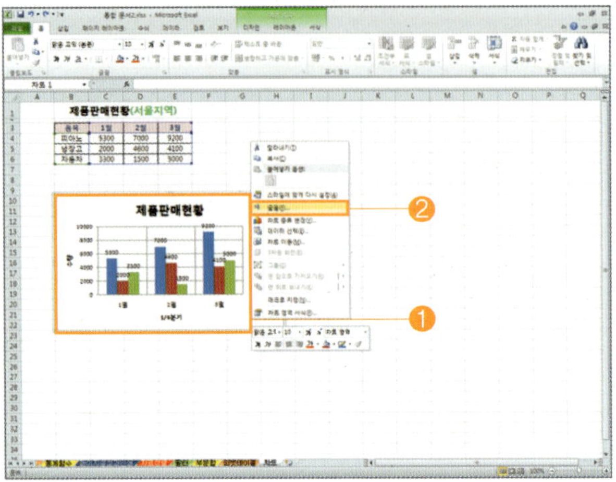

⊛ 다음 화면은 자료 전체에 [밑줄] 서식이 지정된 모양입니다.

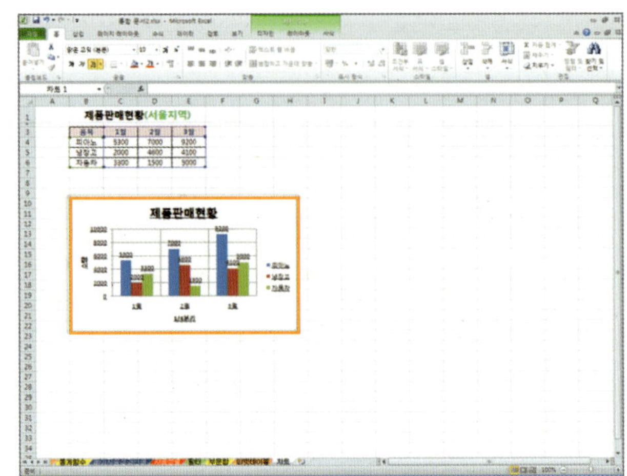

⊛ [글꼴] 대화상자에서 [글꼴]을 클릭하고, [밑줄 스타일]란에서 [단일선]을 선택한 다음, [확인] 버튼을 누르면 됩니다.

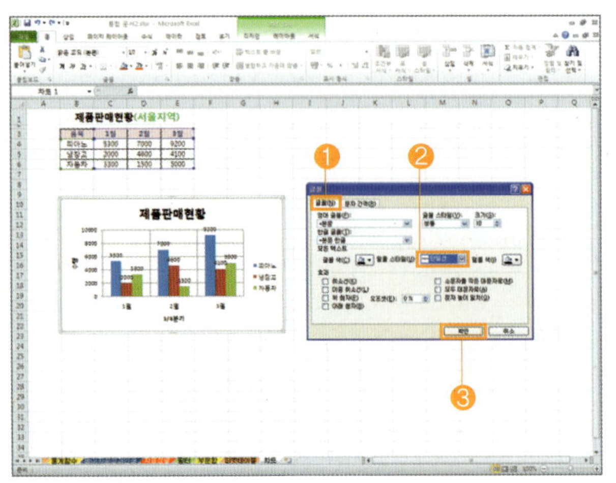

⊛ [차트 제목 서식]을 변경하려면, [차트 제목] 위에 마우스를 놓고, [마우스 오른쪽 버튼]을 누르면 단축 메뉴가 나타나는데, 여기서 [차트 제목 서식]을 선택합니다.

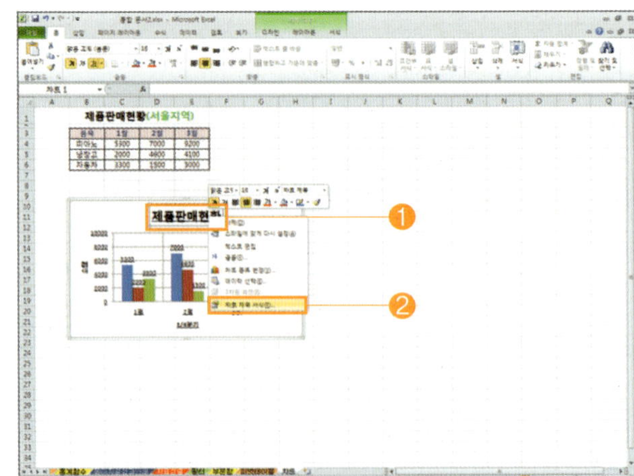

[차트 제목 서식] 대화상자에서 [채우기] ➡ [그라데이션 채우기]를 선택한 후, [닫기] 버튼을 누르면 됩니다.

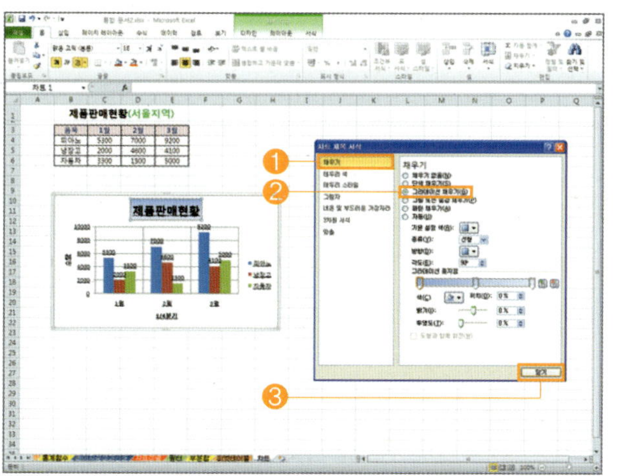

[글꼴] 대화상자에서 [글꼴]을 선택하고, [크기]를 [22]로, [글꼴색]을 [빨강, 강조 2]로 선택한 다음, [확인] 버튼을 누르면 됩니다.

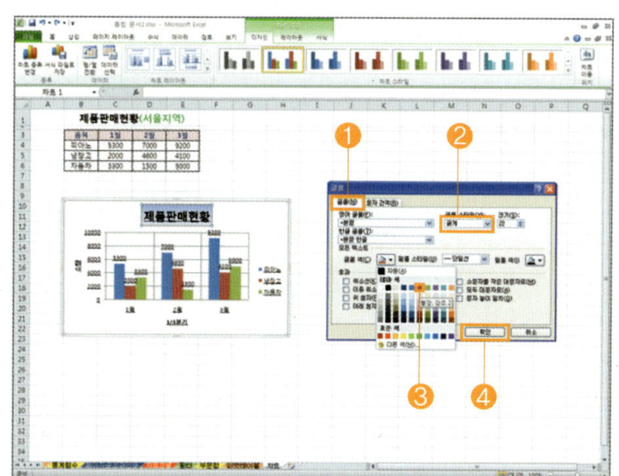

[차트 제목 서식]의 [글꼴]을 변경하려면, [차트 제목] 위에 마우스를 놓고, [마우스 오른쪽 버튼]을 누르면 단축 메뉴가 나타나는데, 여기서 [글꼴]을 선택합니다.

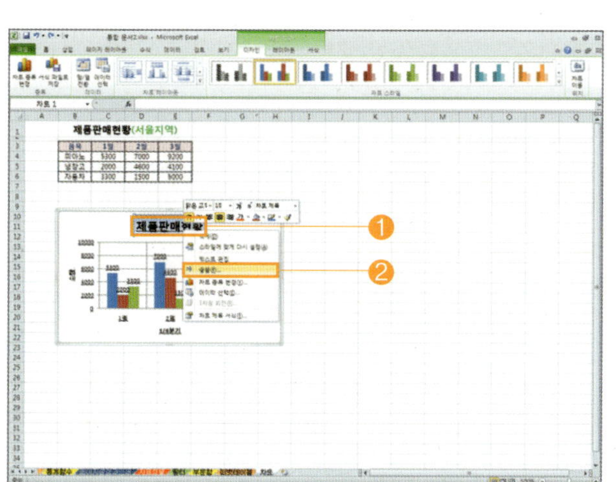

다음 화면은 [차트 제목]의 채우기, 글꼴 크기 및 색상이 변경된 모양입니다.

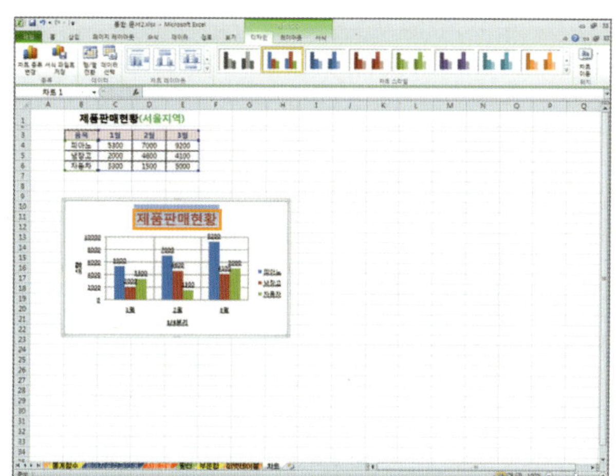

⏩ [데이터 계열]을 변경하려면, 변경하려는 [자동차] 테이터 계열 위에 마우스를 놓고, [마우스 오른쪽 버튼]을 누르면 단축 메뉴가 나타나는데, 여기서 [데이터 계열 서식]을 선택합니다.

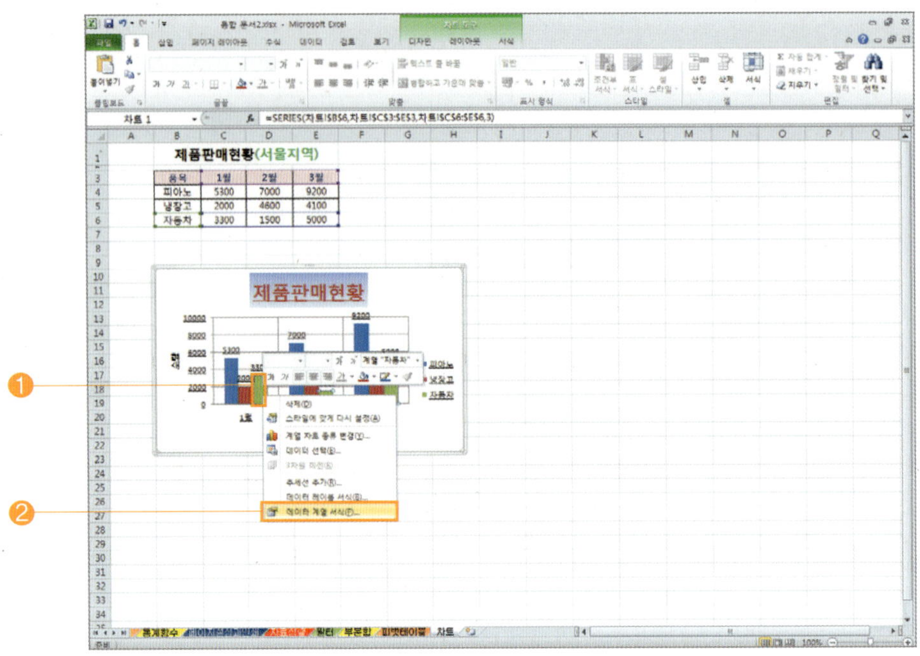

⏩ 대화상자에서 [채우기] 항목란에 있는 [그림 또는 질감 채우기]를 선택합니다.

⏩ [클립 아트]를 클릭한 후, [그림 선택] 대화상자에서 원하는 그림을 선택하고, [확인]을 누릅니다.

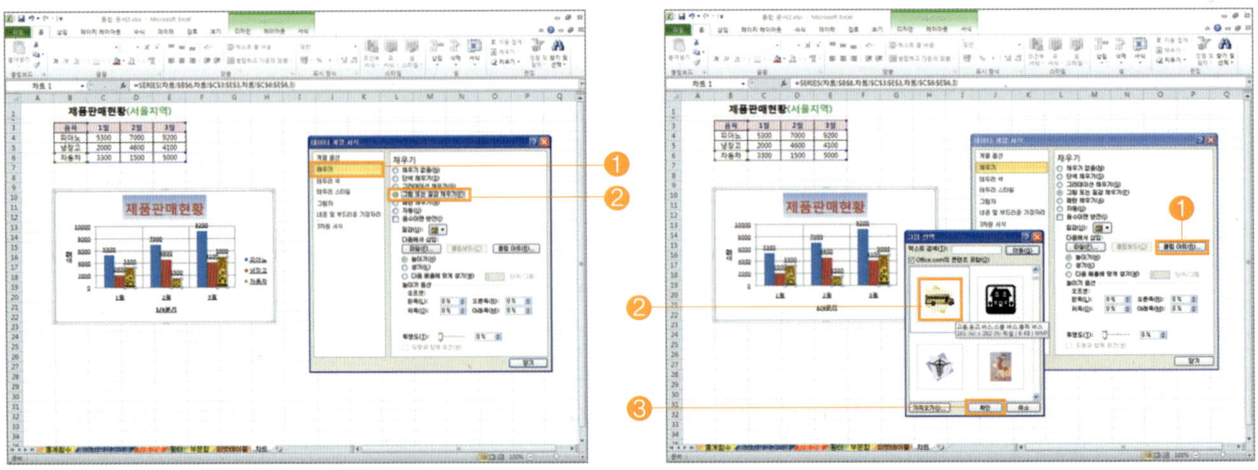

[데이터 계열 서식] 대화상자에서 [쌓기]를 선택하고, [닫기] 버튼을 눌러서 대화상자를 닫으면 됩니다.

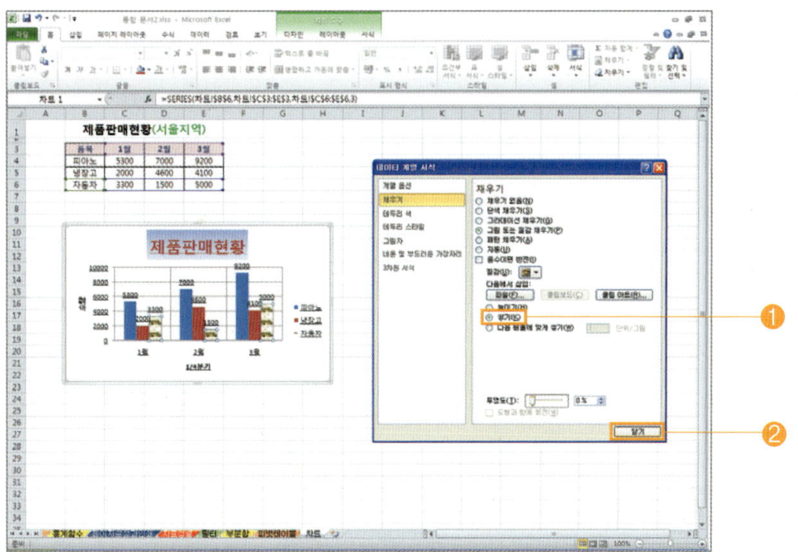

다음 화면은 [데이터 계열]에 변경된 그림이 지정된 모양입니다.

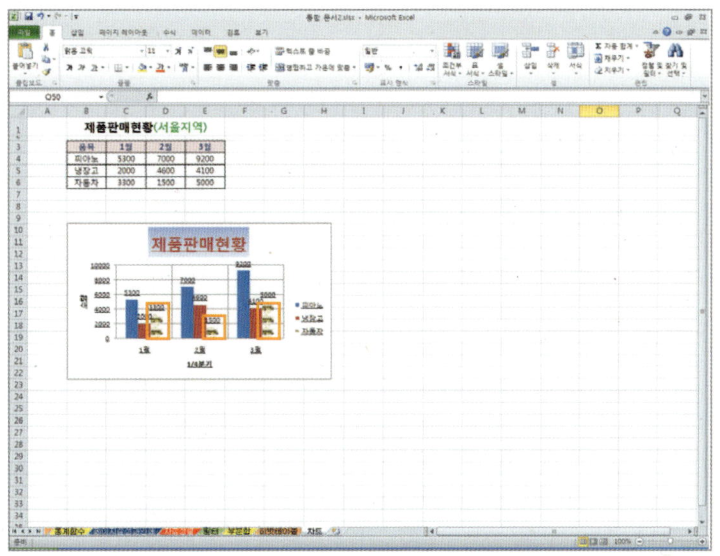

데이터 계열이란...

• 단일 데이터 시트의 행이나 열을 참고하여 만든 차트에 나타나 서로 관련 있는 데이터 그룹을 말합니다.

6 [차트 크기 조절]을 하려면, 차트 영역을 [클릭]하면 [크기 조정 핸들]이 나타나는데, 여기서 [크기 조정 핸들] 위에 마우스 포인터를 놓고 [마우스 왼쪽 버튼]을 누른 상태에서 [드래그]하면 됩니다.

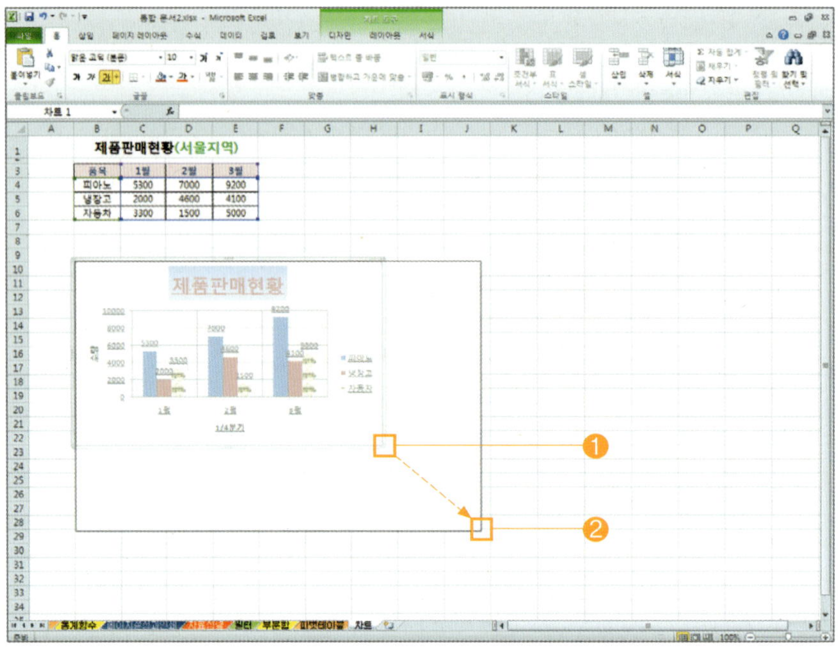

7 [자료 수정]을 하려면, 수정하려는 [B4] 셀을 선택하고, [컴퓨터]라고 입력한 후, Enter 키를 누르면 됩니다.

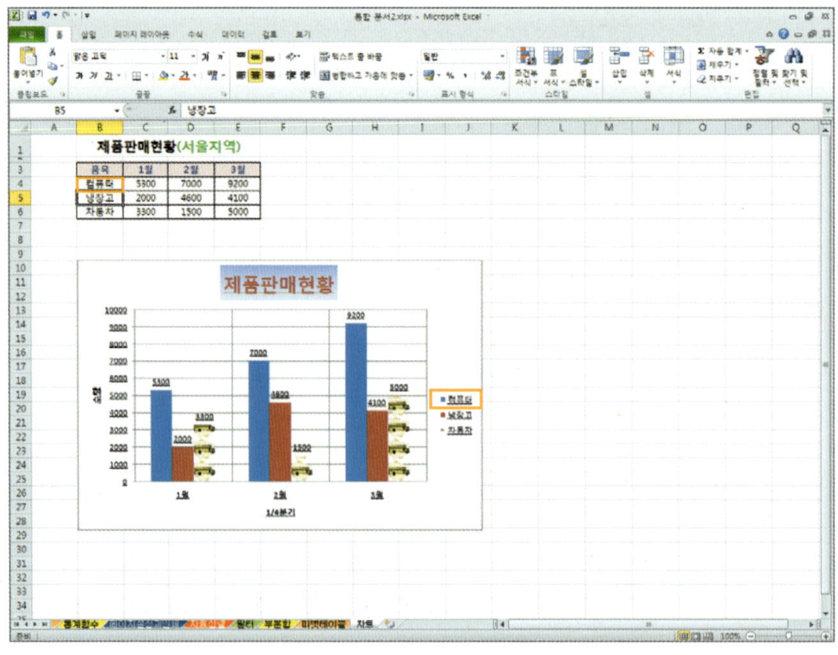

■ '인구밀도현황' 자료를 차트로 만들어 통합 문서에 삽입하시오.

• 작성한 차트를 알아보기 쉽게 꾸미기 위하여 차트의 크기, 종류, 서식 등을 변경합니다.

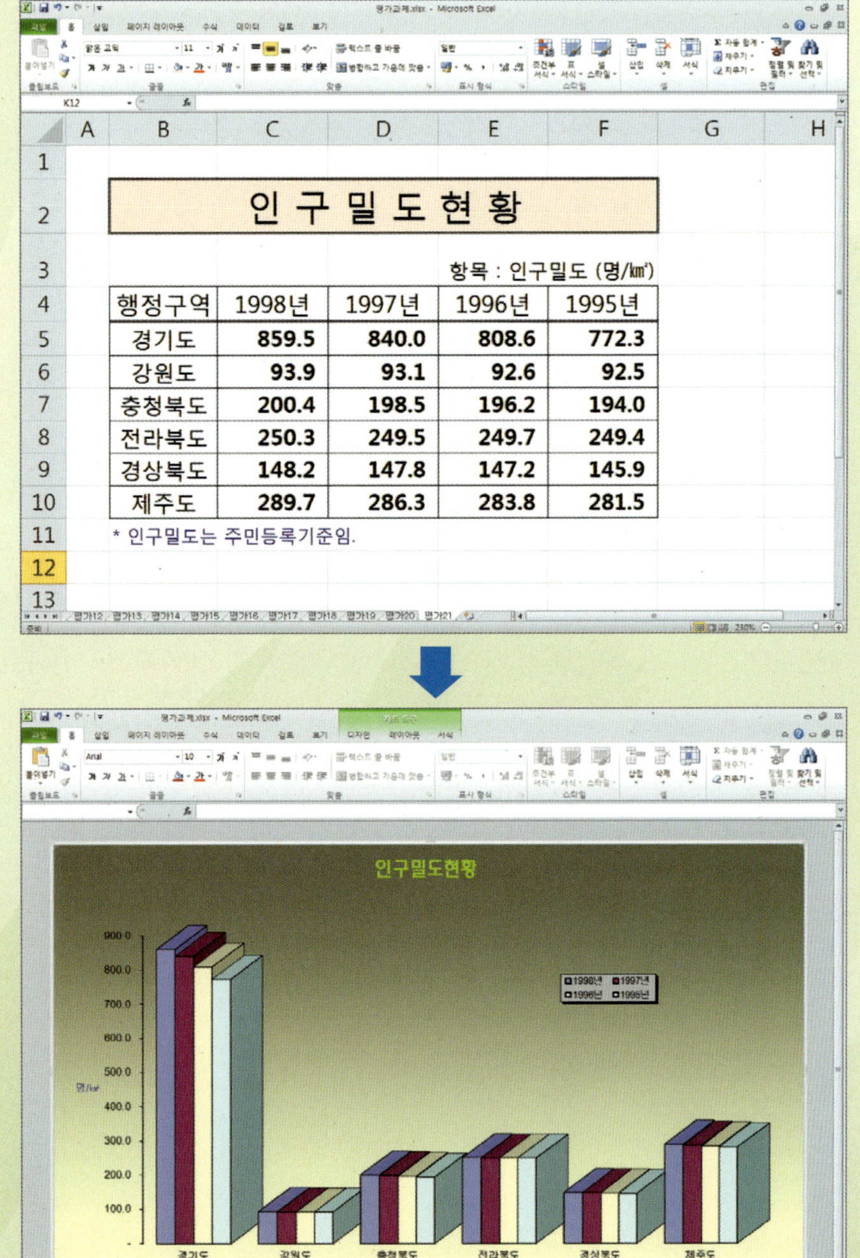

엑셀 2010 클립 모음집에서 제공하는 다양한 종류의 그림, 사진, 동영상을 워크 시트에 삽입, 편집하여 다양한 모양으로 만들 수 있습니다.

1 [클립 아트 삽입]을 하려면, 클립 아트를 삽입하려는 [셀을 선택]한 후, 메뉴 표시줄에서 [삽입] ➡ [클립 아트]를 선택합니다.

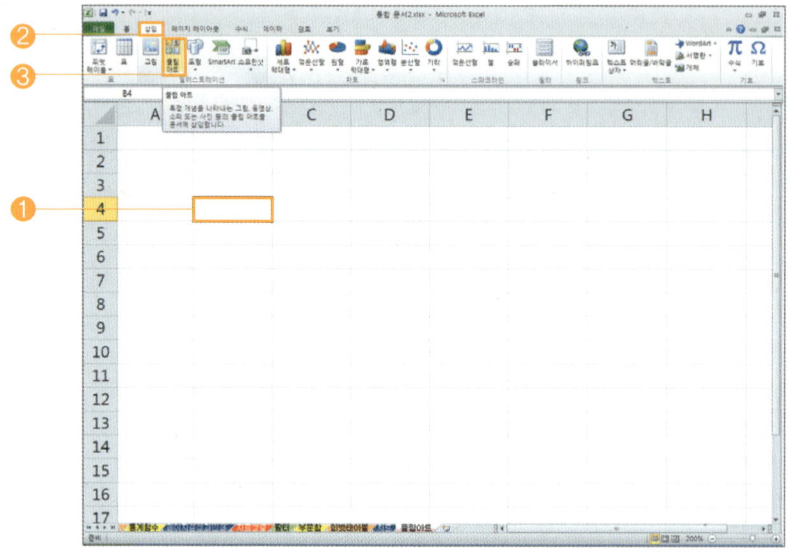

[클립 아트] 작업창이 나타나면 [검색 대상]란에 원하는 종류의 [내용을 입력]하고, [이동] 버튼을 누릅니다.

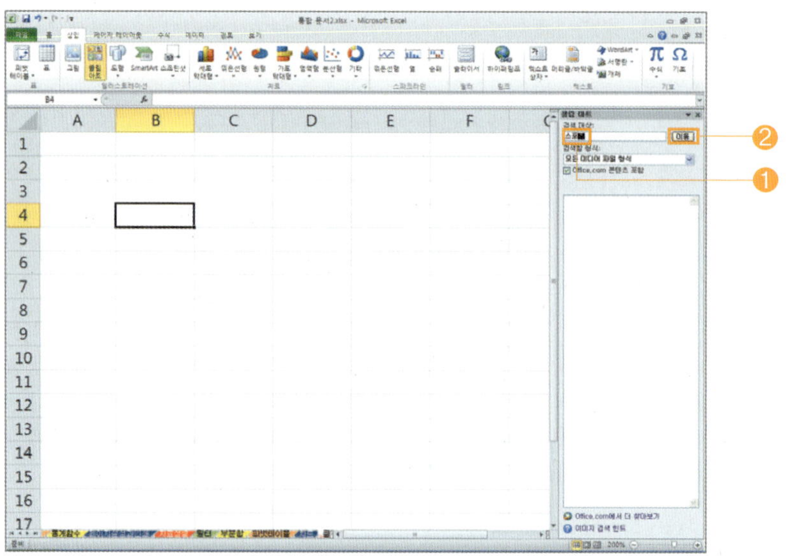

⊚ 작업창에 입력한 클립에 해당하는 [그림이 종류별]로 분류되어 나타납니다.

⊚ 삽입하려는 그림을 [클릭]하거나, 삽입하려는 [클립의 목록 단추]를 선택한 후, 단축 메뉴에서 [삽입]을 선택하면 됩니다.

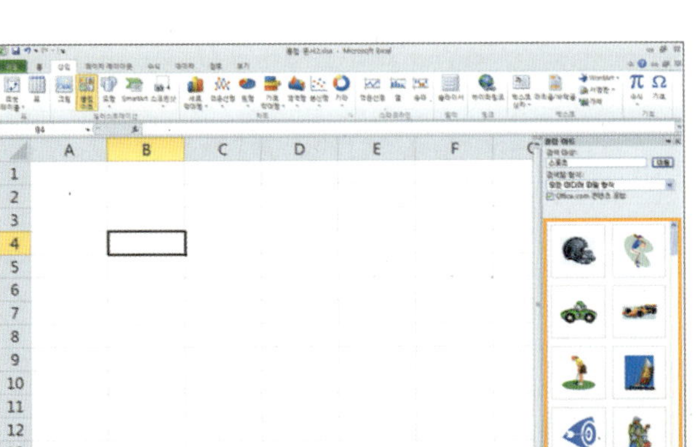

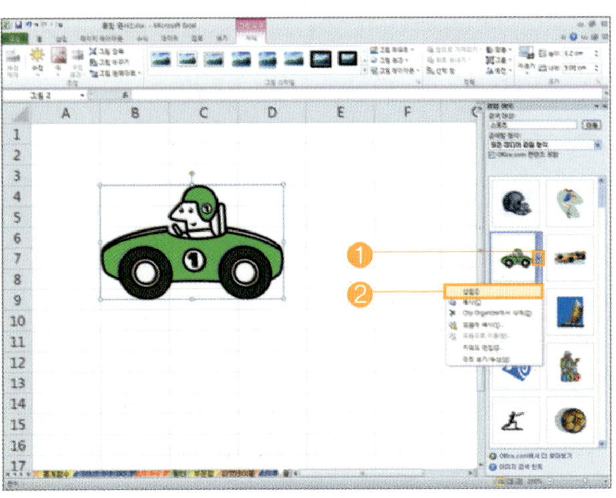

2 [그림 크기]를 변경하려면, 삽입된 그림을 [클릭]하면 [크기 조정 핸들]이 나타나는데, 여기서 조절점 위에 마우스 포인터를 놓고, [마우스 왼쪽 버튼]을 누른 상태에서 [드래그]하면 됩니다.

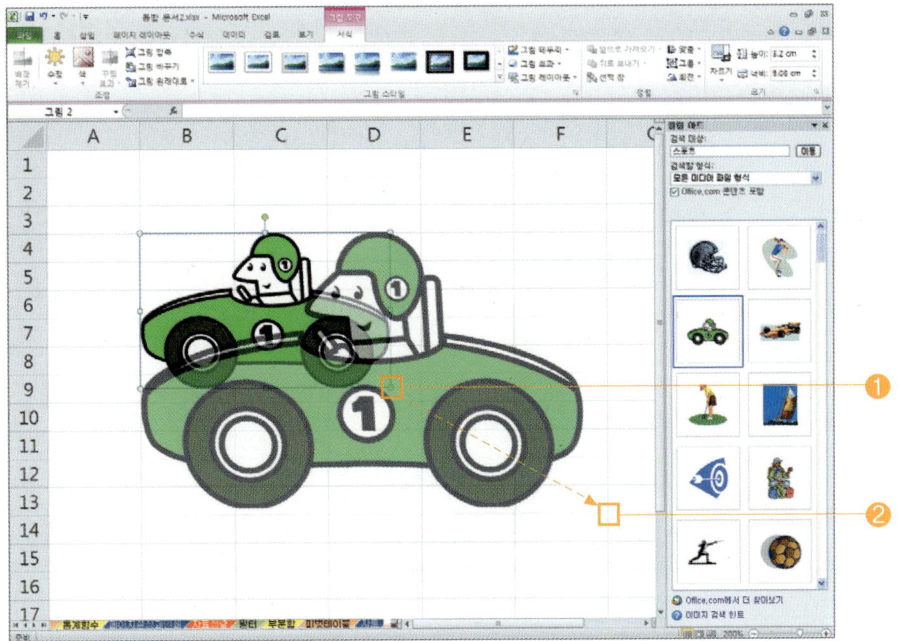

3 [그림 이동]을 하려면, 이동하려는 그림 위에 마우스 포인터를 놓고, [마우스 왼쪽 버튼]을 누른 상태에서 원하는 위치까지 [드래그]하면 됩니다.

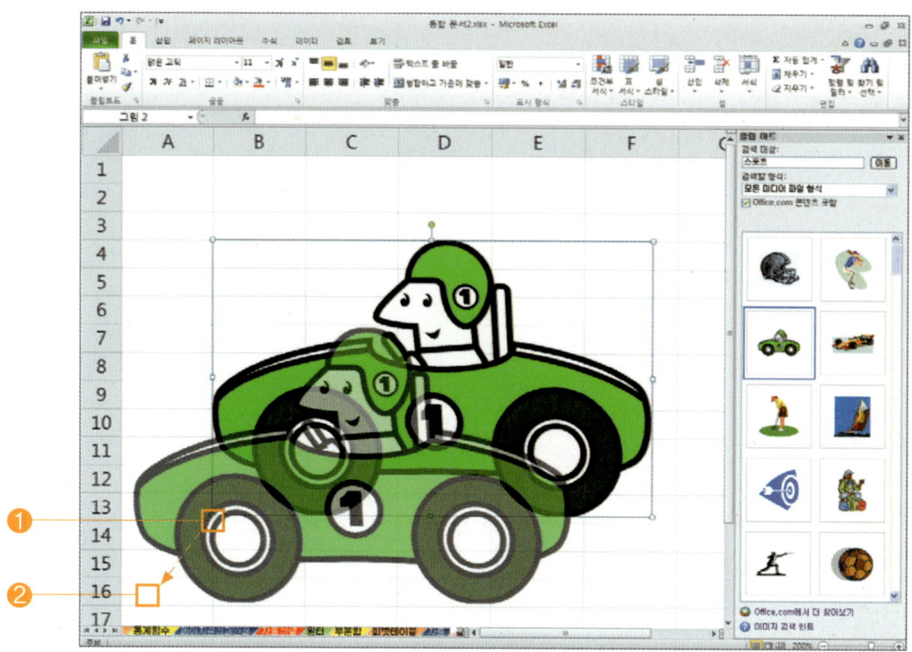

4 [선 색]을 지정하려면, 지정하려는 [그림을 선택]하고, [마우스 오른쪽 버튼]을 누른 후, 단축 메뉴에서 [그림 서식]을 클릭합니다.

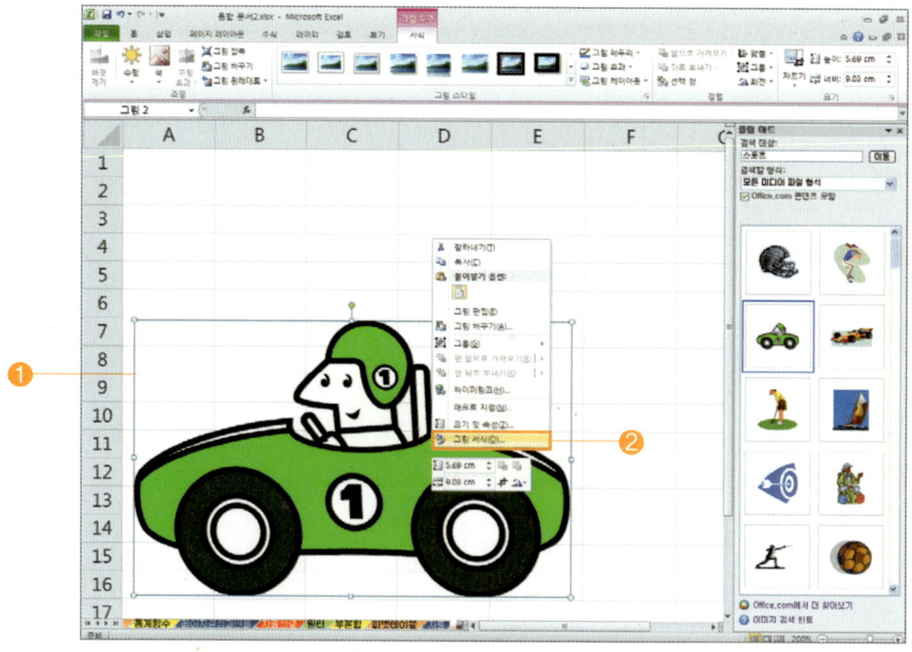

◈ [그림 서식] 대화상자가 나타나면, [선 색] ➡ [실선]을 클릭하고, [색]란에서 원하는 색을 선택한 후, [닫기] 버튼을 누르면 됩니다.

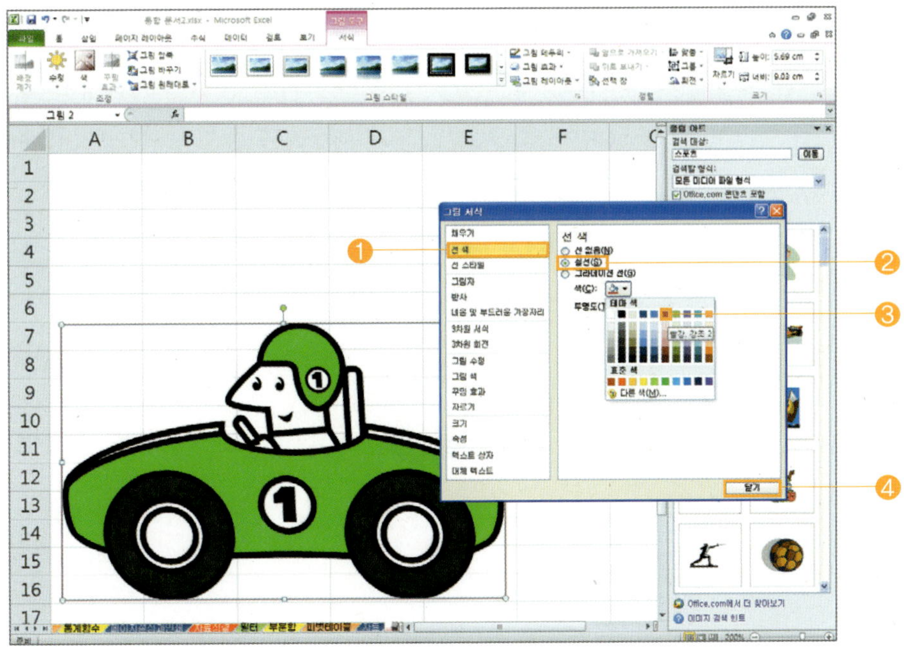

◈ [색 채우기]를 하려면, 채우기하려는 [그림을 선택]하고, [마우스 오른쪽 버튼]을 누른 후, 단축 메뉴에서 [그림 서식]을 클릭합니다.

◈ [그림 서식] 대화상자가 나타나면, [채우기] ➡ [그라데이션 채우기]를 선택한 후, [닫기] 버튼을 누르면 됩니다.

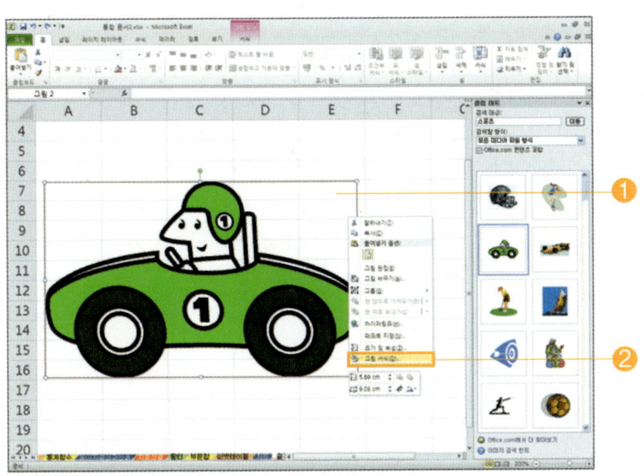

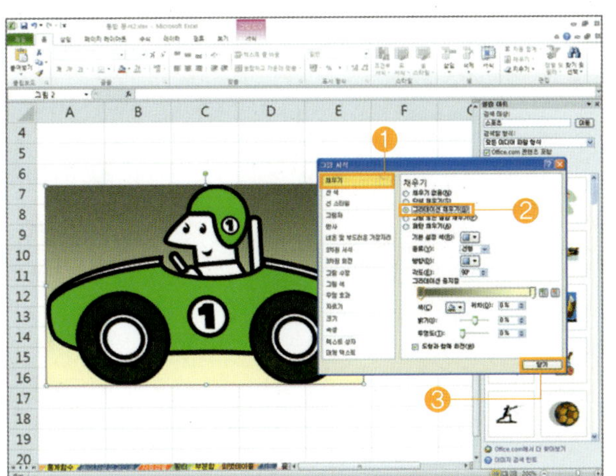

⊙ 다음 화면은 클립 아트에 [테두리 선]과 [색 채우기]가 설정된 모양입니다.

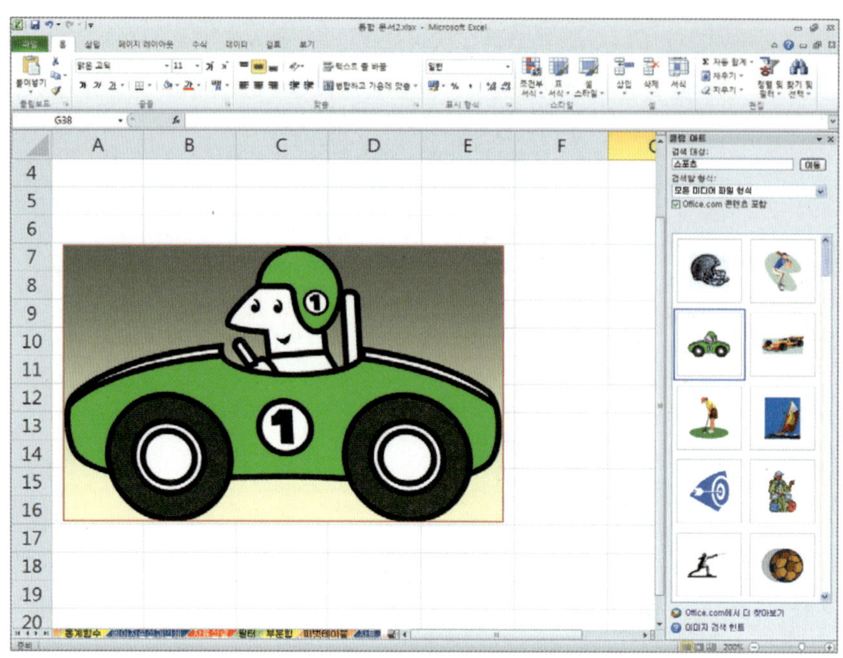

5 [그림 수정]을 하려면, 수정하려는 [그림을 선택]하고, [그림 도구] ➡ [수정]을 선택한 후, 원하는 [밝기 및 대비]를 선택하면 됩니다.

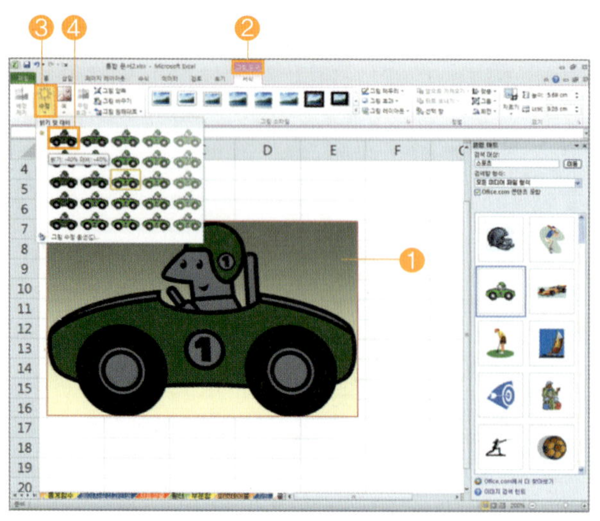

6 [그림 색]을 변경하려면, 변경하려는 [그림을 선택]하고, [그림 도구] ➡ [색]을 선택한 후, 원하는 [그림색]을 선택하면 됩니다.

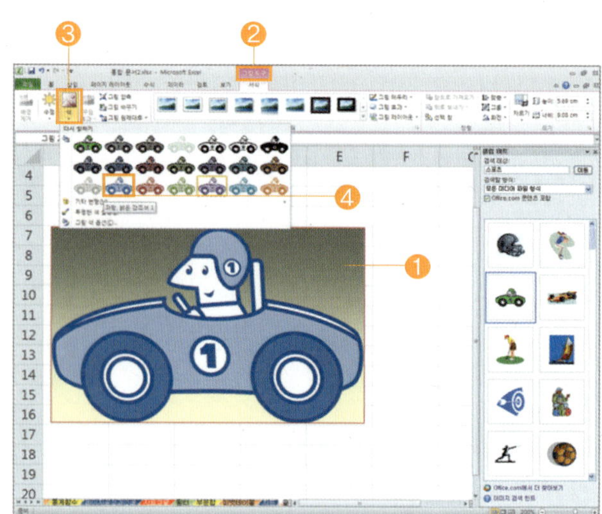

27 그림 파일

그림과 같은 그래픽 데이터에는 비트맵 형식과 벡터 형식인 bmp, gif, jpeg, cdr, pcx 등이 있으며, 이러한 형식의 그림 파일들을 원하는 위치에 삽입하고 변경할 수 있습니다.

1 [그림 파일 삽입]을 하려면, 그림 파일을 삽입하려는 [셀을 선택]한 후, 메뉴 표시줄에서 [삽입] ➡ [그림]을 선택합니다.

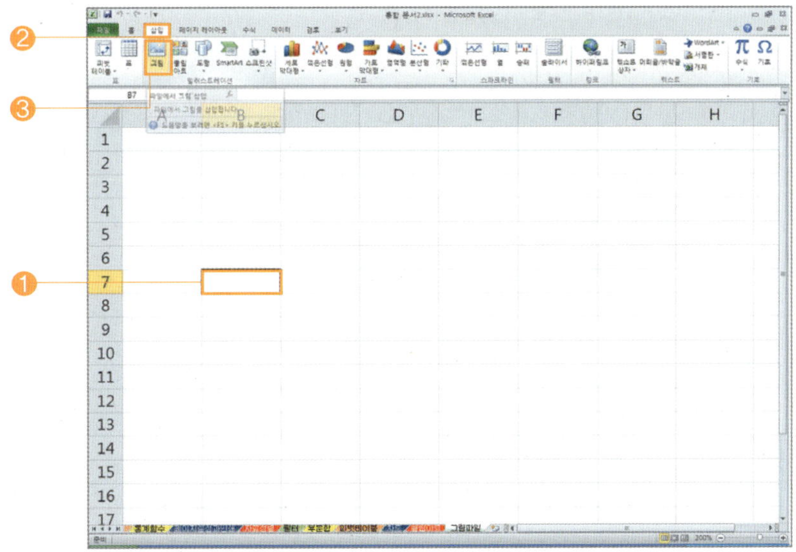

⊙ [그림 삽입] 대화상자에서 그림 파일이 있는 [경로]/[폴더]를 지정하고, 목록에서 원하는 [그림 파일]을 선택한 후, [삽입] 버튼을 누르면 됩니다.

⊙ 다음 화면은 그림 파일이 [워크 시트 내에 삽입]된 모양입니다.

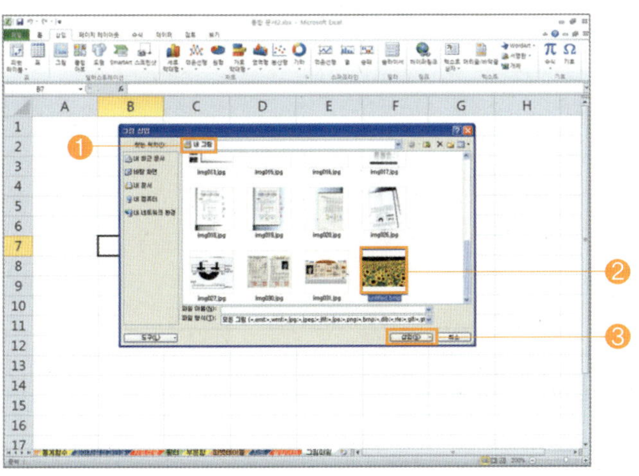

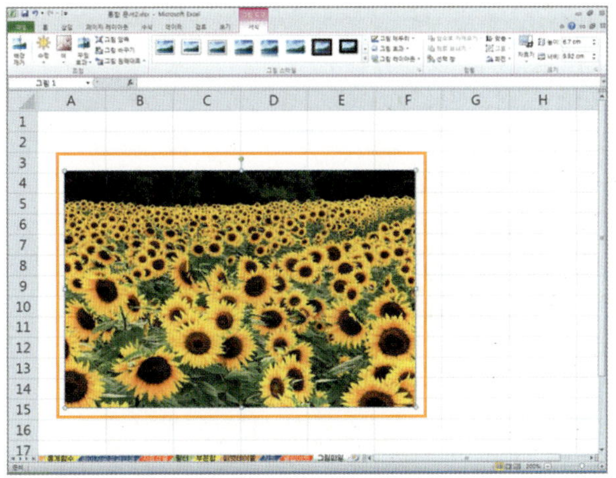

2 [그림 스타일]을 변경하려면, 변경하려는 [그림을 선택]하고, [그림 도구] ➡ [서식]을 선택한 후,
그림 스타일란에서 [금속 타원]을 선택하면 됩니다.

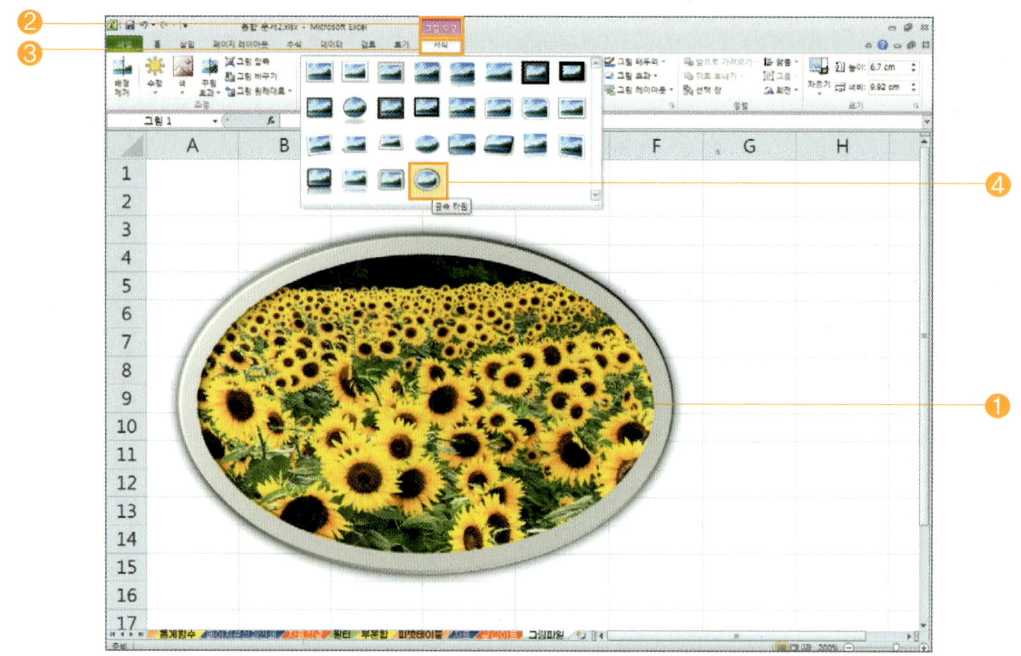

3 [그림 자르기]를 하려면, 자르기하려는 [그림을 선택]하고, [그림 도구] ➡ [서식] ➡ [자르기] ➡ [자르기]를 선택합니다.

❯ 자르기하려는 [해당면의 중앙 자르기 핸들]을 자르기할 만큼 [안쪽으로 끌면] 됩니다.

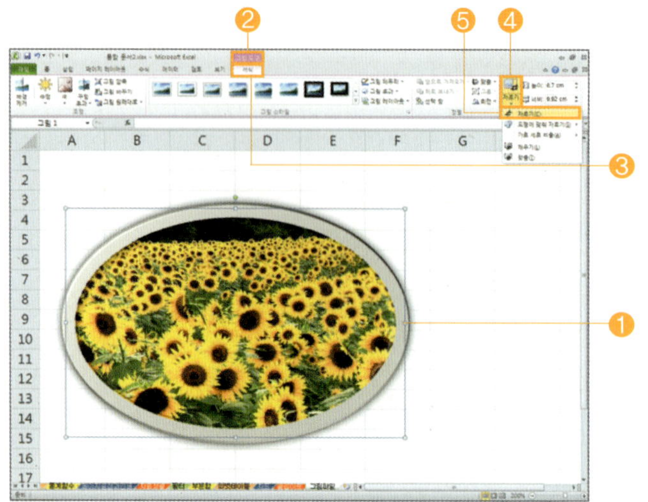

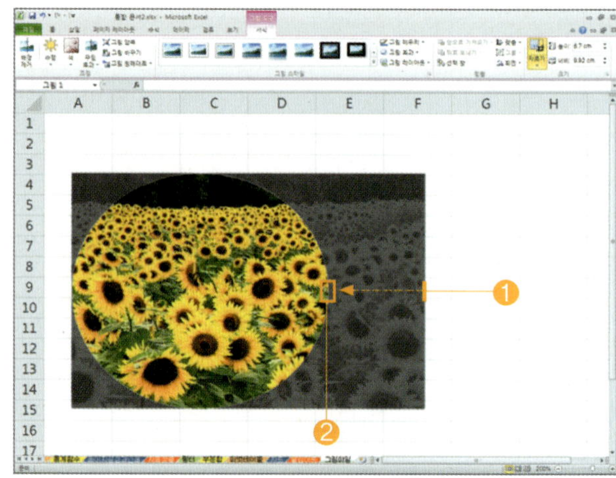

28 워드아트(WordArt)

워드아트를 사용하면 다양한 종류의 제목 문자열을 작성할 수 있으며, 워드아트로 입력한 문자열은 워드아트 서식을 변경하여 워크 시트에 자유롭게 배치할 수 있습니다.

1 [워드아트 만들기]를 하려면, [삽입] ➡ [WordArt]를 선택하고, 여기서 원하는 [모양을 선택]합니다.

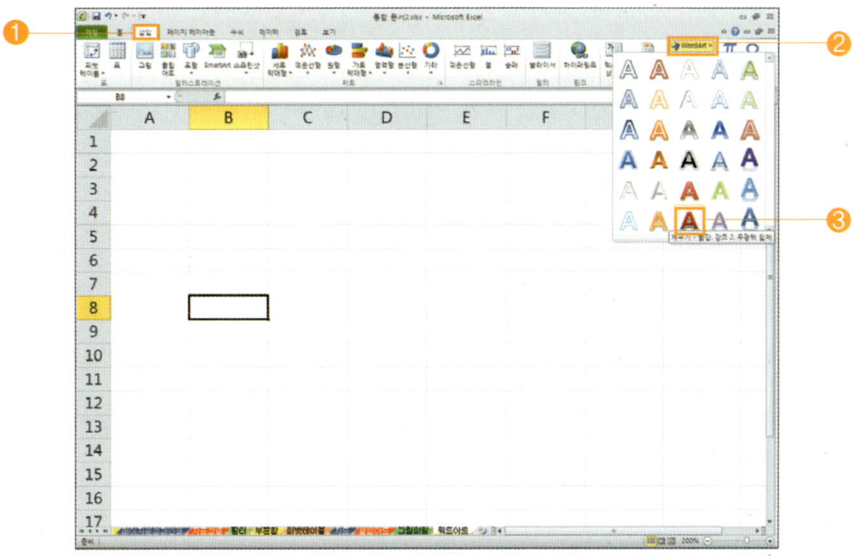

▶ [WordArt 텍스트 편집]란에 원하는 [내용을 입력]하고, WordArt 텍스트 상자 밖을 마우스로 [클릭]하면 됩니다.

▶ 다음 화면은 워드아트가 [워크 시트 내에 삽입]된 모양입니다.

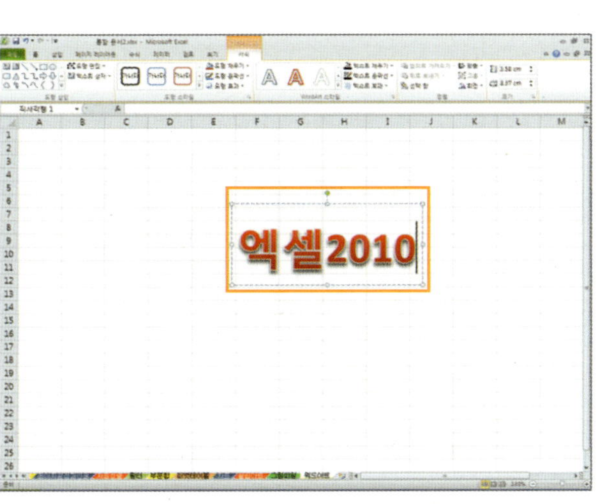

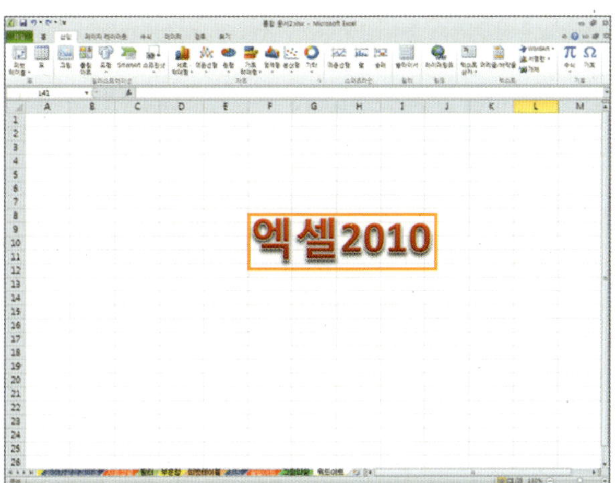

2 [텍스트 효과]를 지정하려면, 지정하려는 [워드아트를 선택]하고, [그리기 도구] ➡ [서식] ➡ [텍스트 효과] ➡ [변환]을 선택하면, 여러 가지 형태의 모양이 나타나는데, 여기서 지정하려는 [모양을 선택]하면 됩니다.

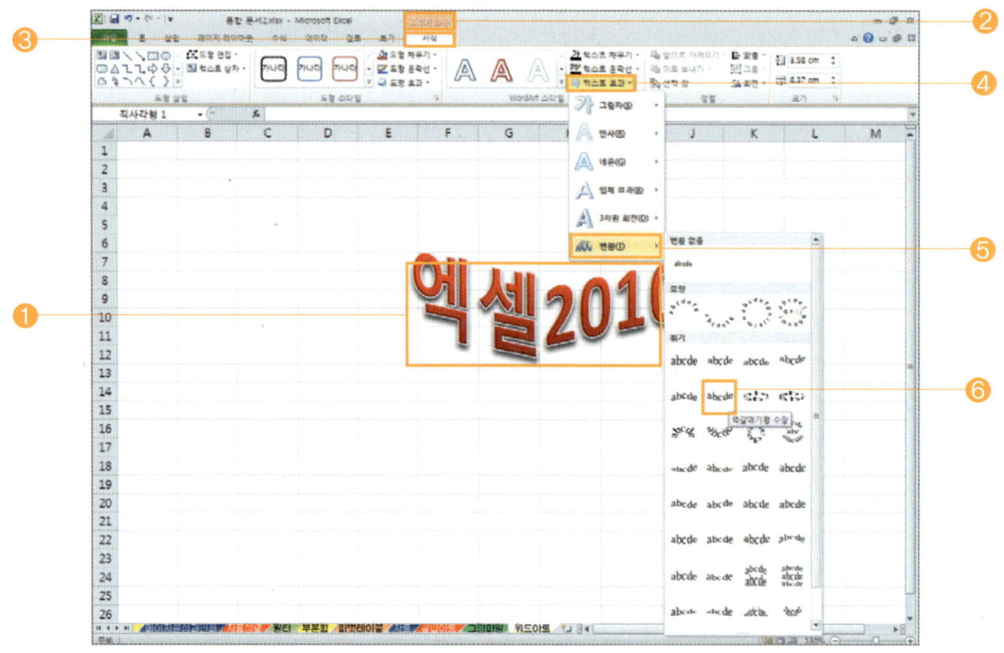

3 [도형 스타일]을 변경하려면, 변경하려는 [워드아트를 선택]하고, [도형 스타일]란에서 변경하려는 [도형을 선택]하면 됩니다.

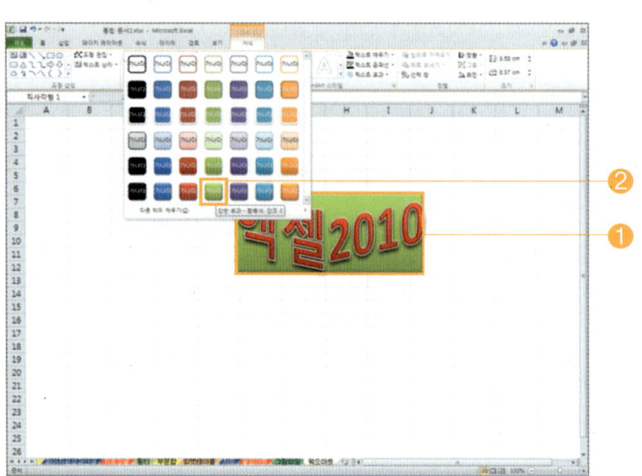

4 [글자 회전]을 하려면, 회전하려는 [워드아트를 선택]하고, [각도를 자유롭게 회전 아이콘]을 클릭한 상태에서 회전하면 됩니다.

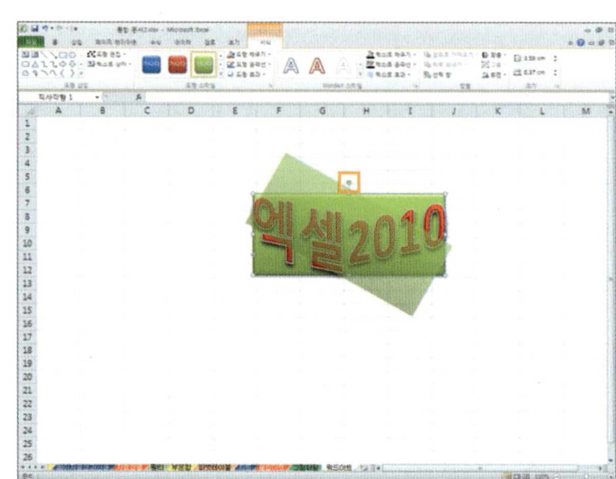

- '초대장' 자료를 관리하시오.

- 워드아트 및 그림, 클립 아트 기능을 이용하여 자료 꾸미기를 합니다.

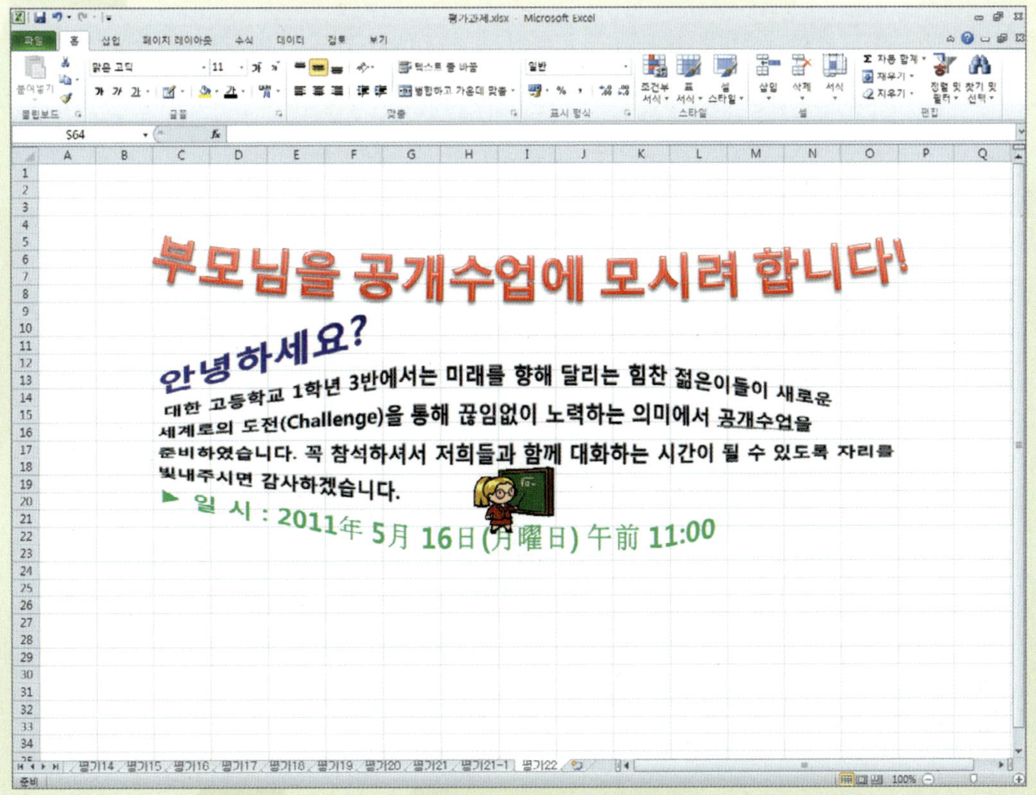

도형이란 다양한 선, 연결 기호, 블록 화살표, 사각형, 원 등과 같이 이미 만들어져 있는 모양들의 그룹으로, 그리기 도구 모음 상자에서 도형을 선택하여 여러 가지 모양을 워크 시트에 삽입할 수 있습니다.

1 [도형 그리기]를 하려면, [삽입] ➡ [도형]을 선택하고, 여기서 원하는 [모양을 선택]합니다.

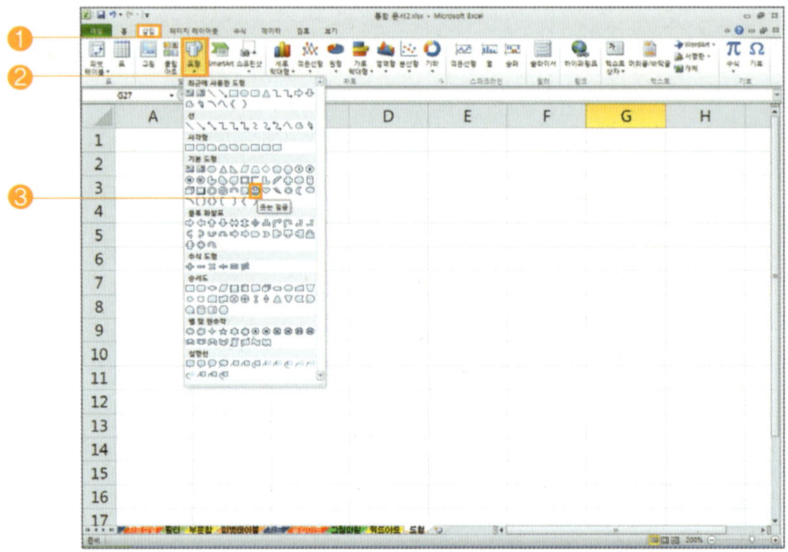

▶ 마우스 포인터가 십자 모양으로 변경되면, 원하는 위치에 마우스 포인터를 놓고 [드래그]하면 됩니다.

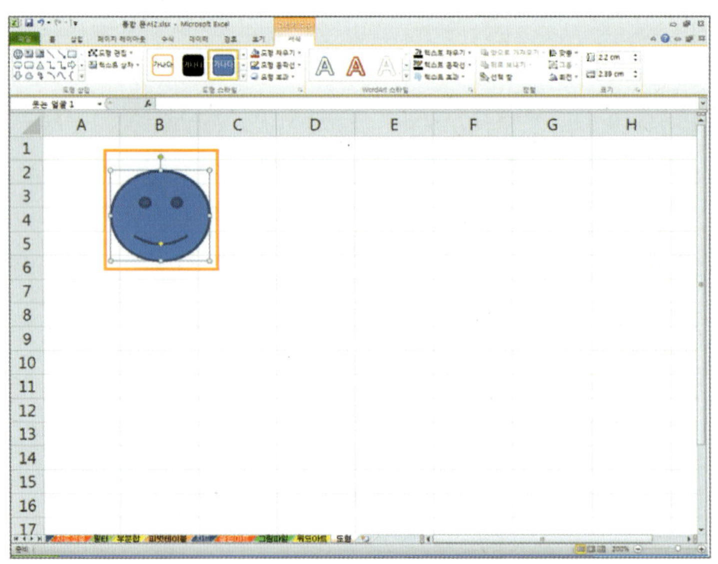

2 [도형 복사]를 하려면, 복사하려는 [도형을 선택]하고, Ctrl 키를 누른 상태에서 원하는 곳으로 [드래그]하면 됩니다.

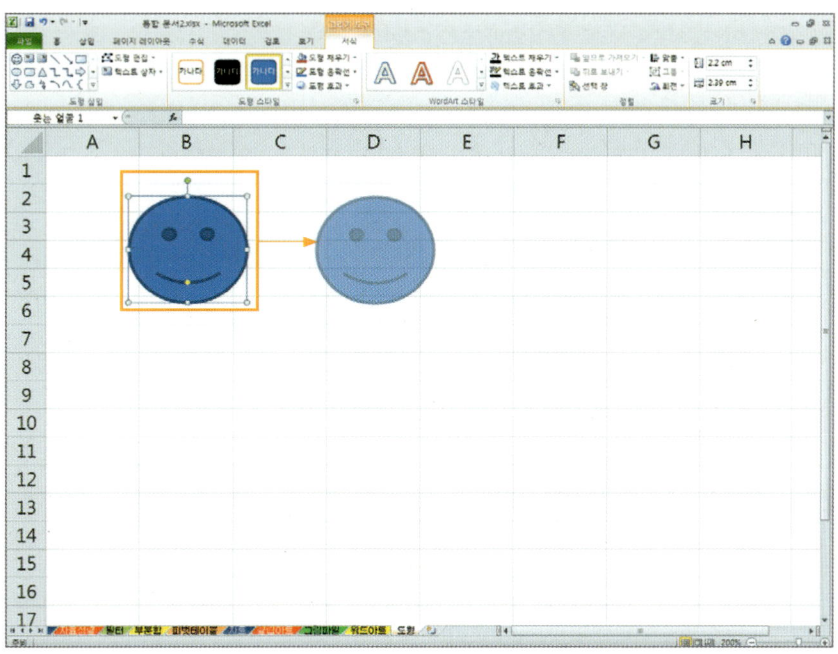

3 [도형 서식]을 변경하려면, 서식을 변경하려는 [도형을 선택]한 후, 단축 메뉴에서 [도형 서식]을 클릭하여 대화상자에서 원하는 항목을 변경하면 됩니다.

[색 채우기]를 하려면, 대화상자에서 [채우기]를 선택하고, 채우기란에 있는 [그라데이션 채우기]를 선택합니다.

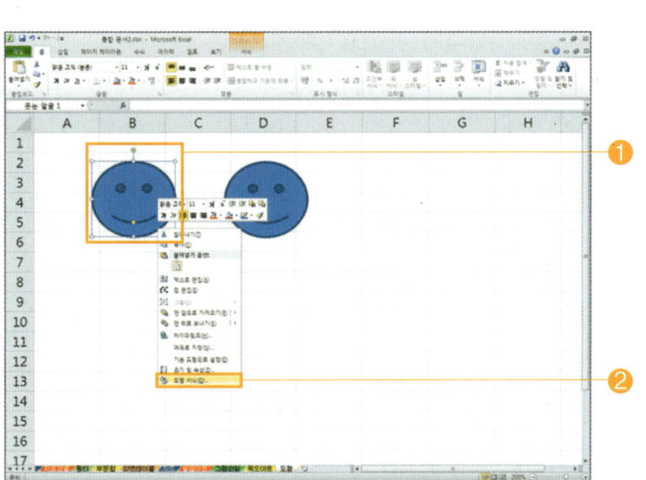

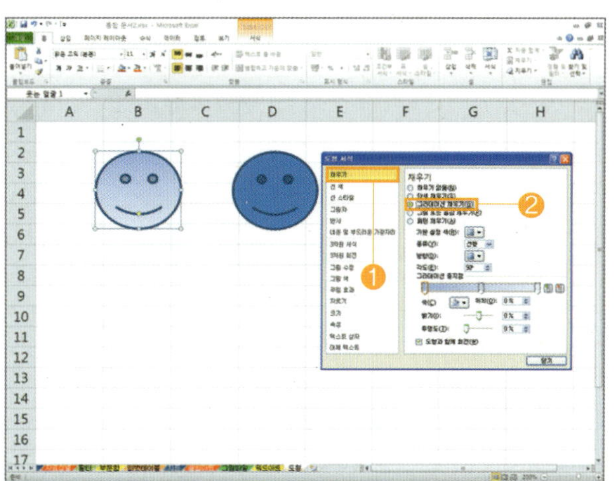

⊙ 여기서 [기본 설정색]란의 목록 단추를 클릭하여 [이끼]를 선택하고, [닫기] 버튼을 누르면 됩니다.

⊙ 다음 화면은 도형에 [채우기 효과]가 지정된 모양입니다.

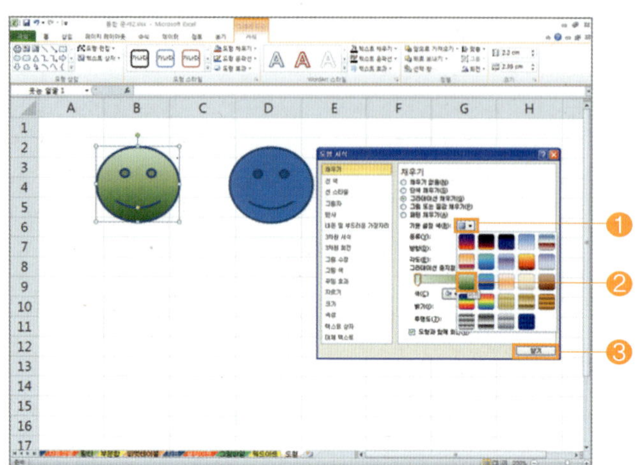

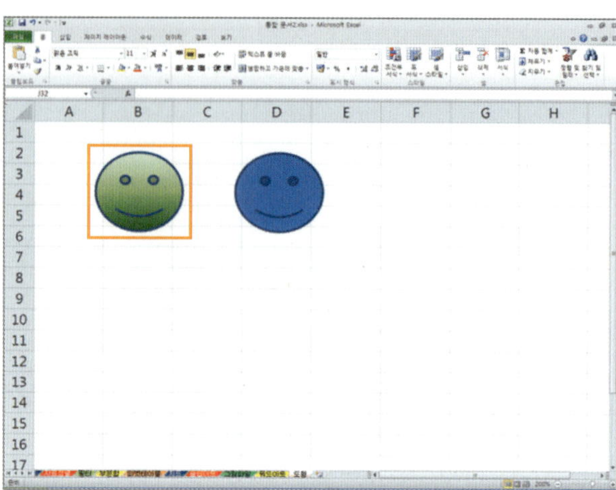

4 [도형 효과]를 지정하려면,

⊙ [그림자 효과]를 지정하려면, [도형을 선택]하고 [그리기 도구] ➡ [서식] ➡ [도형 효과] ➡ [그림자]를 선택한 후, [원근감]란에서 [원근감 대각선 왼쪽 위]를 선택하면 됩니다.

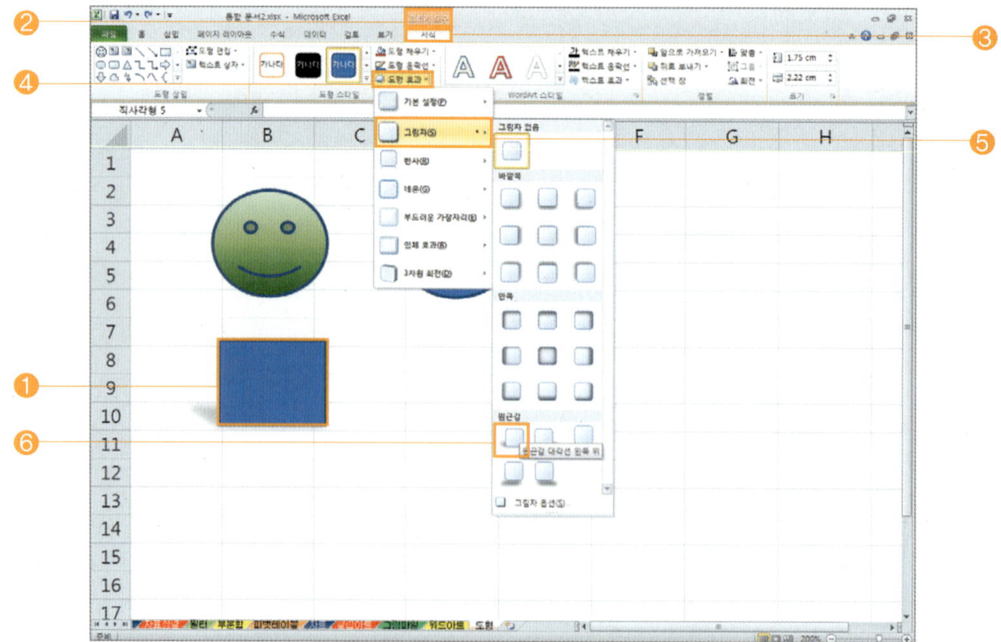

[입체 효과]를 지정하려면, [도형을 선택]하고 [도형 효과]란에서 [입체 효과] ➡ [낮은 수준의 경사]를 선택하면 됩니다.

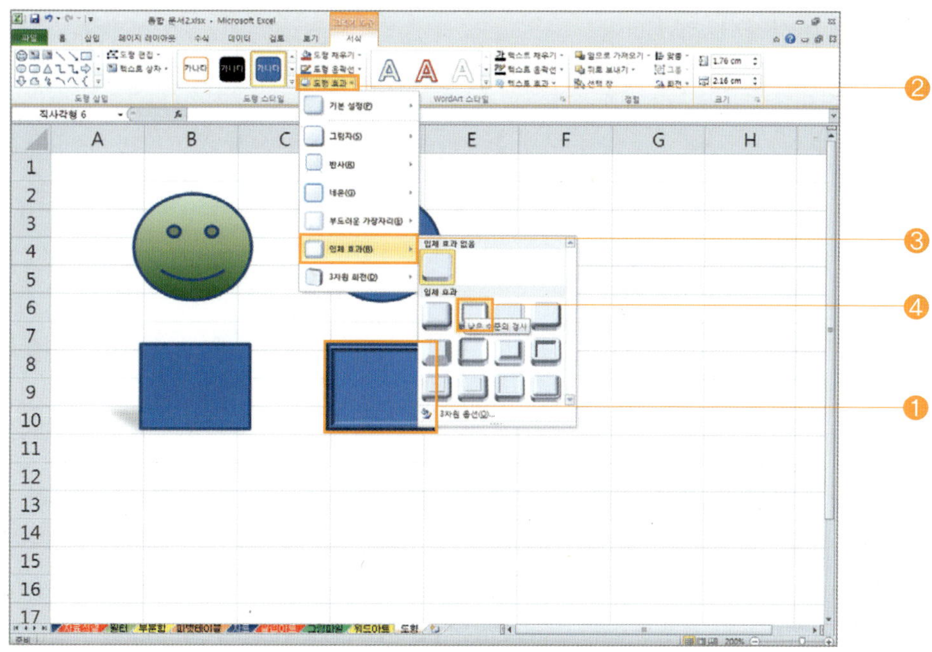

5 [글자 넣기]를 하려면, [도형을 선택]하고, [마우스 오른쪽 버튼]을 누르면 단축 메뉴가 나타나는데, 여기서 [텍스트 편집]을 선택합니다.

텍스트 상자에 [글자를 입력]하고, 텍스트 상자 밖을 마우스로 [클릭]하면 됩니다.

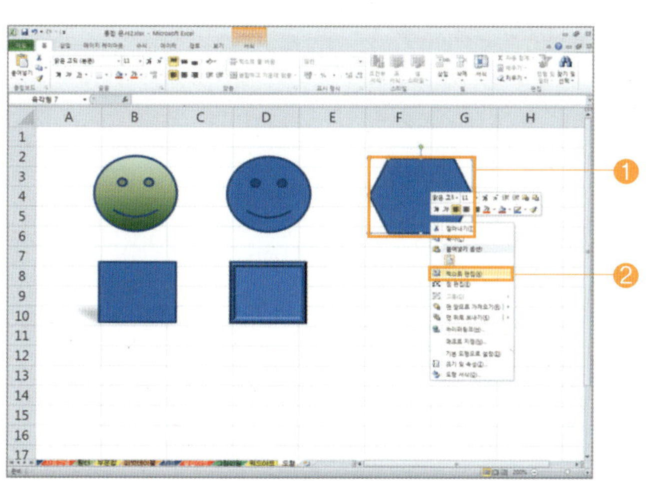

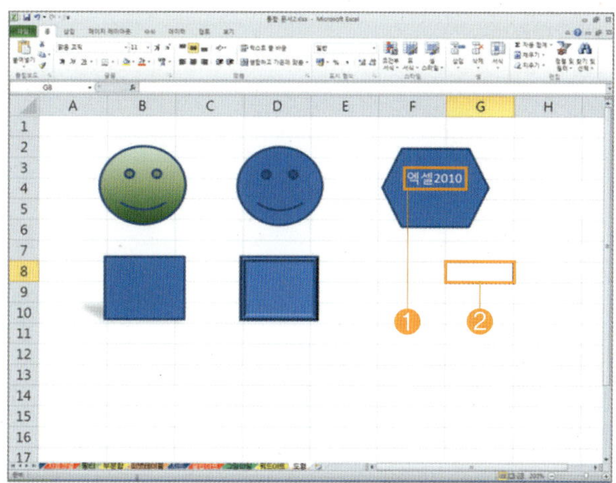

6 [그룹 만들기]를 하려면, Shift 키를 누른 상태에서 그룹 만들기하려는 [도형을 선택]한 후, [마우스 오른쪽 버튼]을 누르고 [그룹] ➡ [그룹]을 선택하면 됩니다.

◇ 다음 화면은 [4개의 개체]가 [1개의 개체]로 설정된 모양입니다.

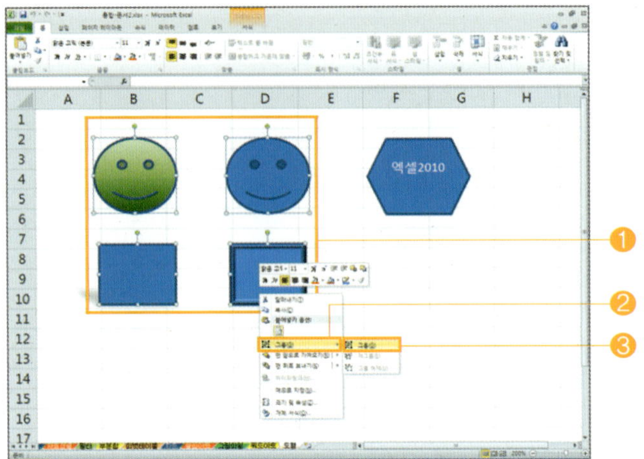

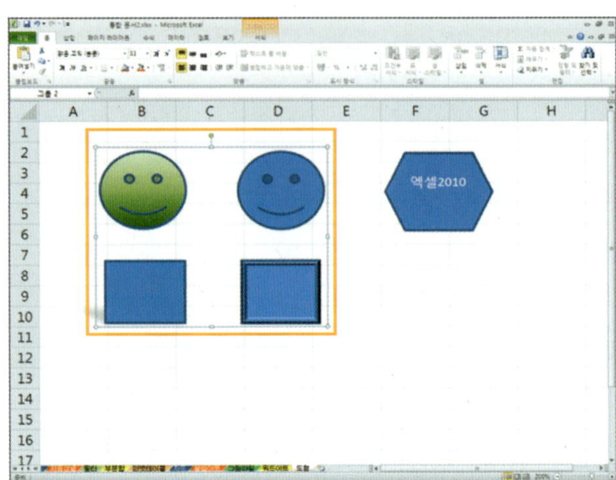

7 [텍스트 상자 만들기]를 하려면, [삽입] ➡ [텍스트 상자] ➡ [가로 텍스트 상자]를 클릭합니다.

◇ 텍스트 상자 만들기하려는 곳에 마우스를 위치한 후, [드래그]하여 크기를 조절합니다.

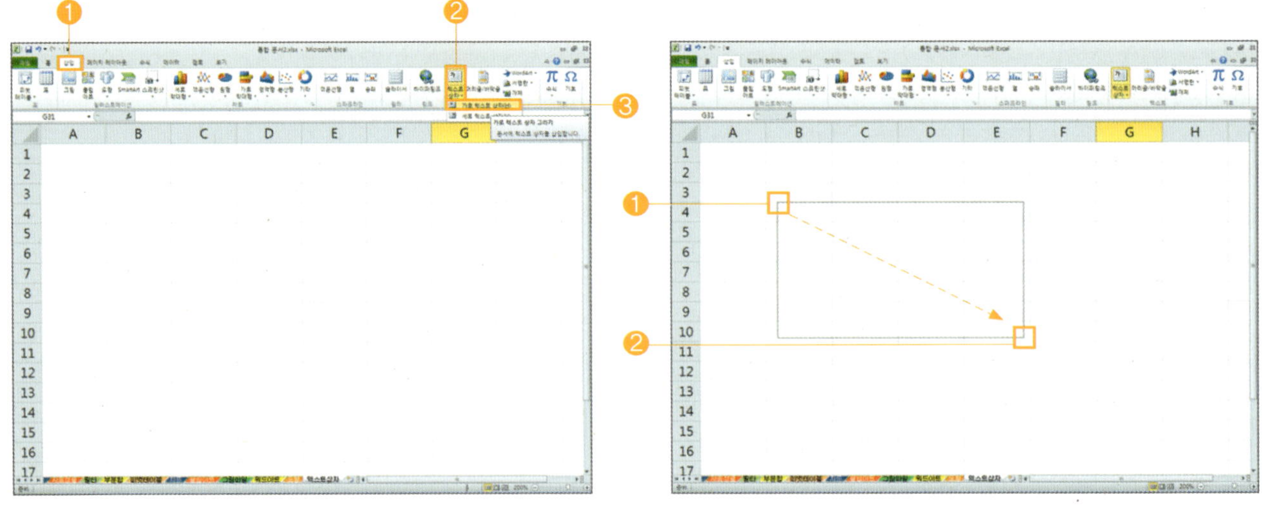

텍스트 상자에 원하는 [내용을 입력]하고, 텍스트 상자 밖을 마우스로 [클릭]하면 됩니다.

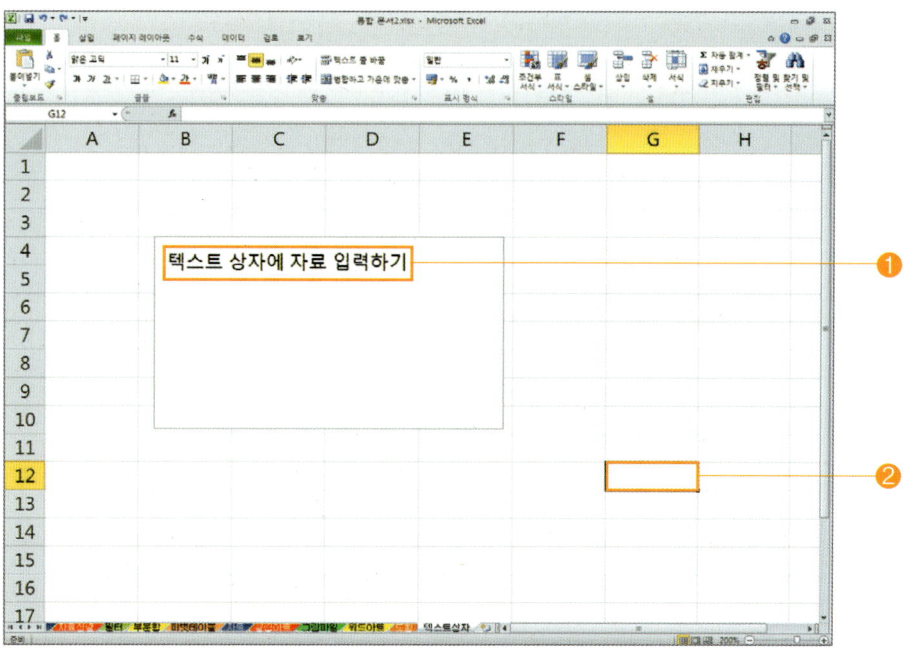

8 [텍스트 상자 글꼴]을 변경하려면, 변경하려는 내용을 [블록 설정]한 후, [마우스 오른쪽 버튼]을 누르면 단축 메뉴가 나타나는데, 여기서 [글꼴]을 선택합니다.

[글꼴] 대화상자가 나타나면 원하는 [글꼴]을 지정한 후, [확인] 버튼을 누르면 됩니다.

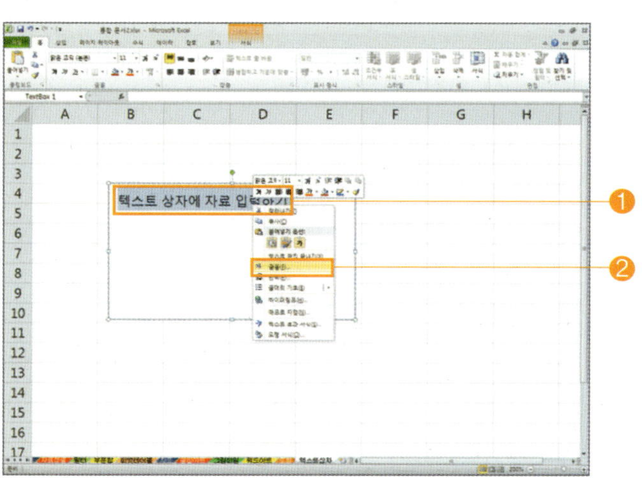

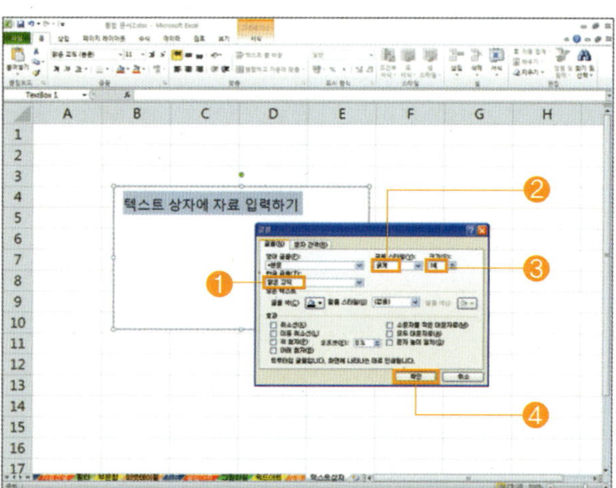

스마트아트(SmartArt)

워크 시트에 목록형, 프로세스형, 주기형, 계층구조형, 관계형 등을 추가하거나 변경하여 다양한 형태의 문서를 보기 좋게 만들 수 있습니다.

1 [조직도 삽입]을 하려면, [삽입] ➡ [SmartArt]를 선택합니다.

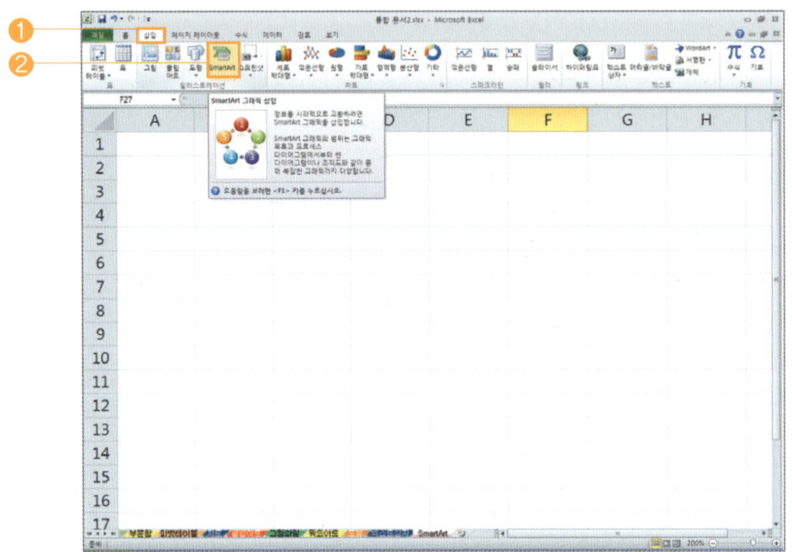

▶ [SmartArt 그래픽 선택] 대화상자가 나타나면, [계층 구조형] ➡ [조직도형]을 선택하고, [확인] 버튼을 누르면 됩니다.

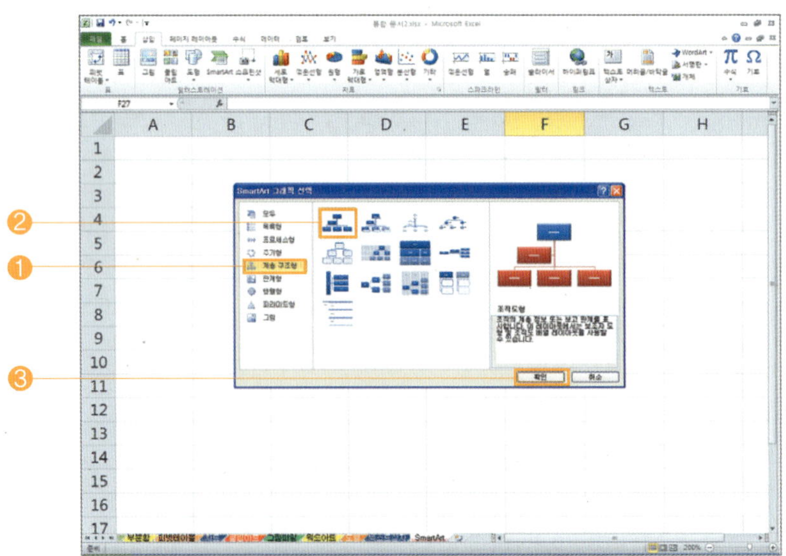

2 [글자 넣기]를 하려면, 글자를 넣으려는 [조직도를 선택]하고 텍스트 상자에 [글자를 입력]하면 됩니다.

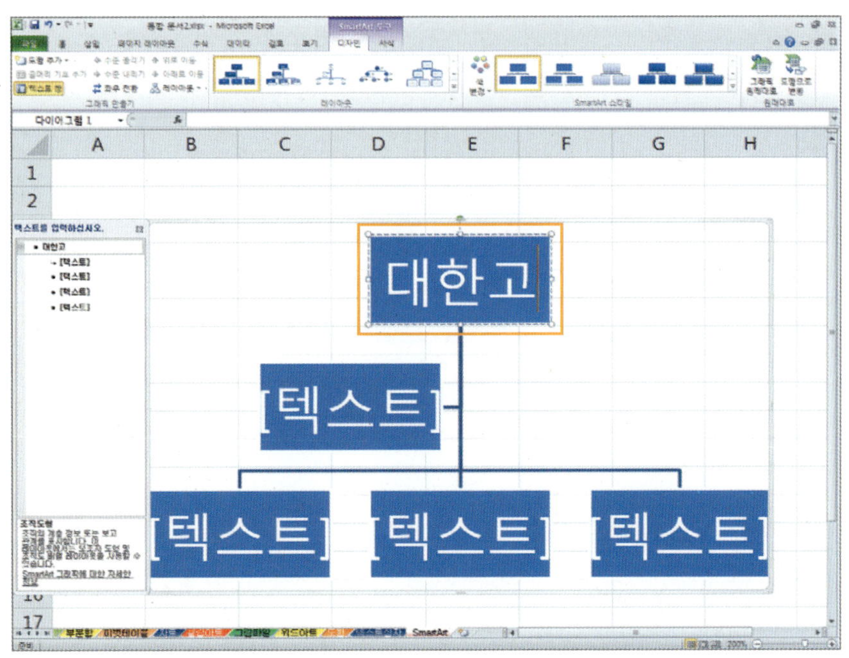

3 [조직도 추가]를 하려면, 추가하려는 [조직도를 선택]하고, [SmartArt 도구] ➡ [디자인] ➡ [도형 추가] 목록 단추를 클릭한 후, [보조자 추가]를 선택하면 됩니다.

⊙ 다음 화면은 [보조자 추가]의 조직도가 추가된 모양입니다.

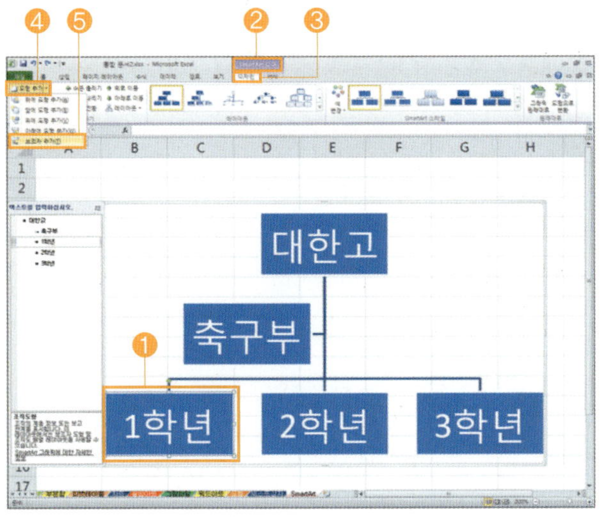

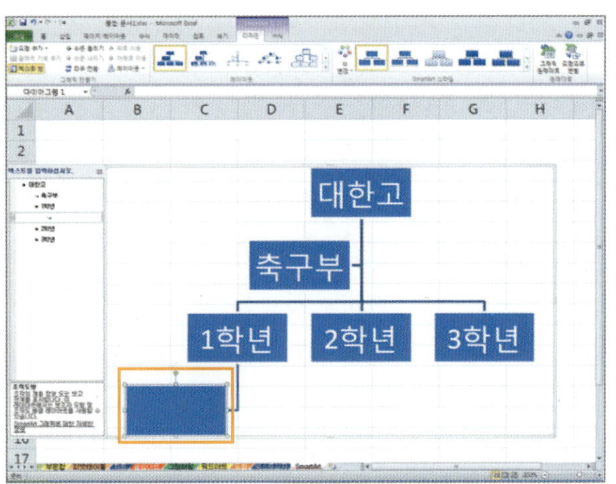

4 [조직도 삭제]를 하려면, 삭제하려는 [조직도를 선택]하고 Delete 키를 누르면 됩니다.

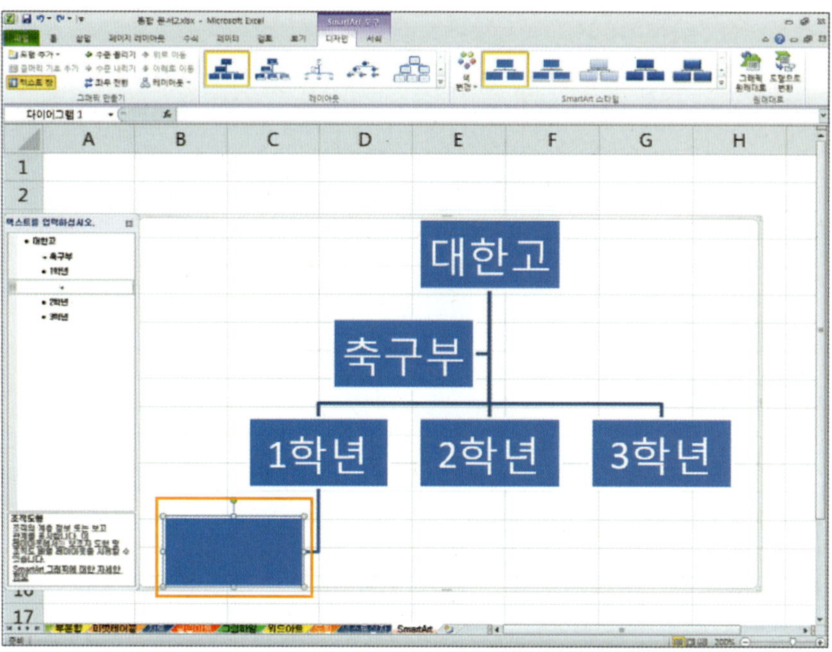

5 [조직도 크기]를 변경하려면, 변경하려는 [조직도를 선택]한 후, 크기 조정 핸들 위에 마우스 포인터를 놓고 [마우스 왼쪽 버튼]을 누른 상태에서 [드래그]하면 됩니다.

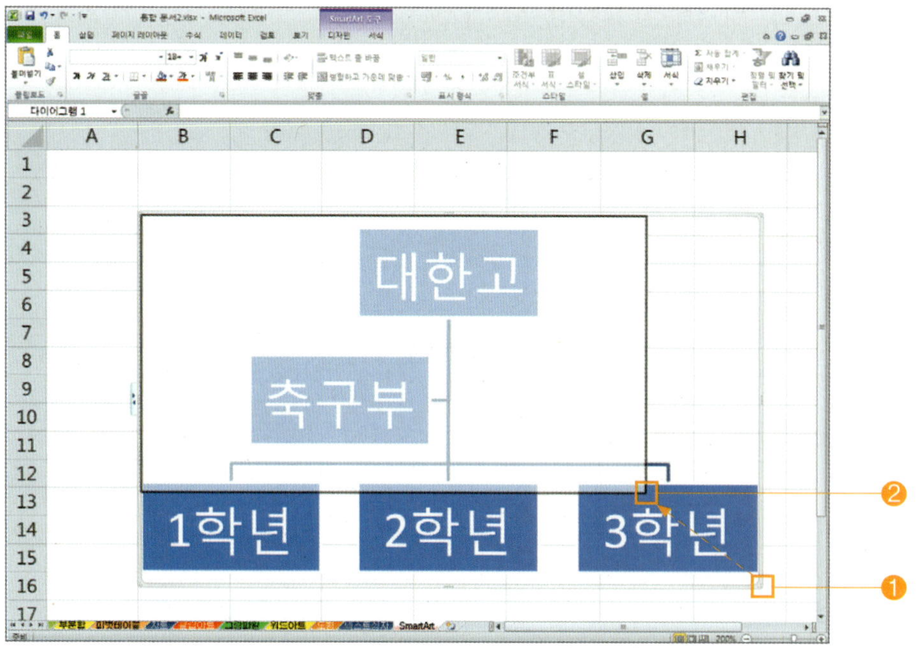

6 [조직도 SmartArt 스타일]을 변경하려면, 변경하려는 [조직도를 선택]하고 [SmartArt 도구] ➡ [디자인] ➡ [색 변경] 목록 단추를 클릭한 후, 원하는 [모양]을 선택하면 됩니다.

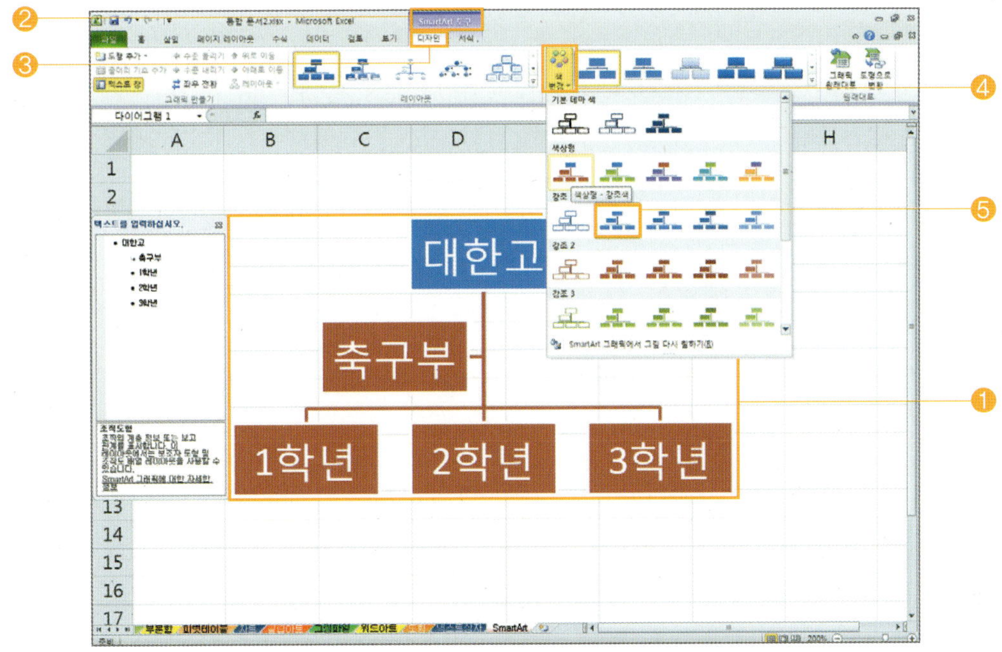

7 [조직도 도형 스타일]을 변경하려면, 변경하려는 [도형을 선택]하고, [SmartArt 도구] ➡ [서식]을 선택한 후, [도형 스타일] 자세히 목록 단추를 클릭합니다.

▷ 도형 스타일란에서 원하는 [모양]을 선택하면 됩니다.

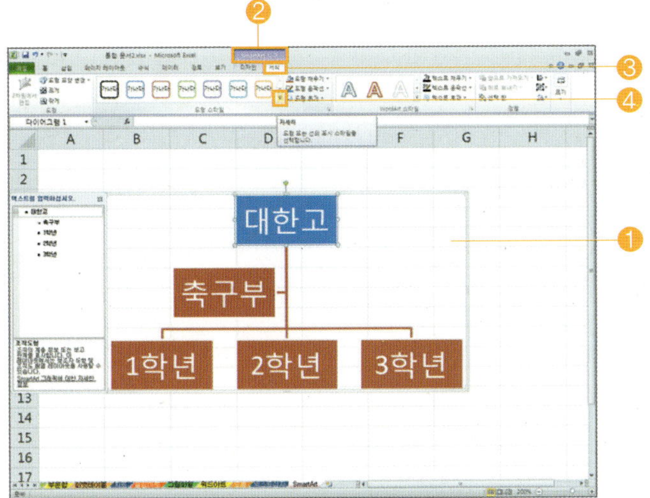

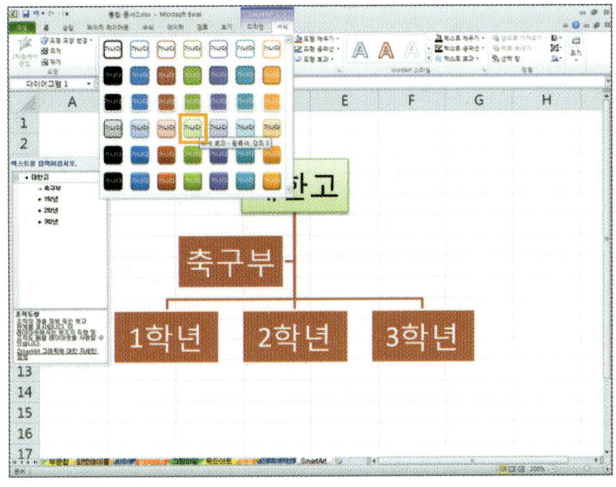

■ '목차' 자료를 관리하시오.

• 텍스트 상자 및 SmartArt 기능을 이용하여 자료 꾸미기를 합니다.

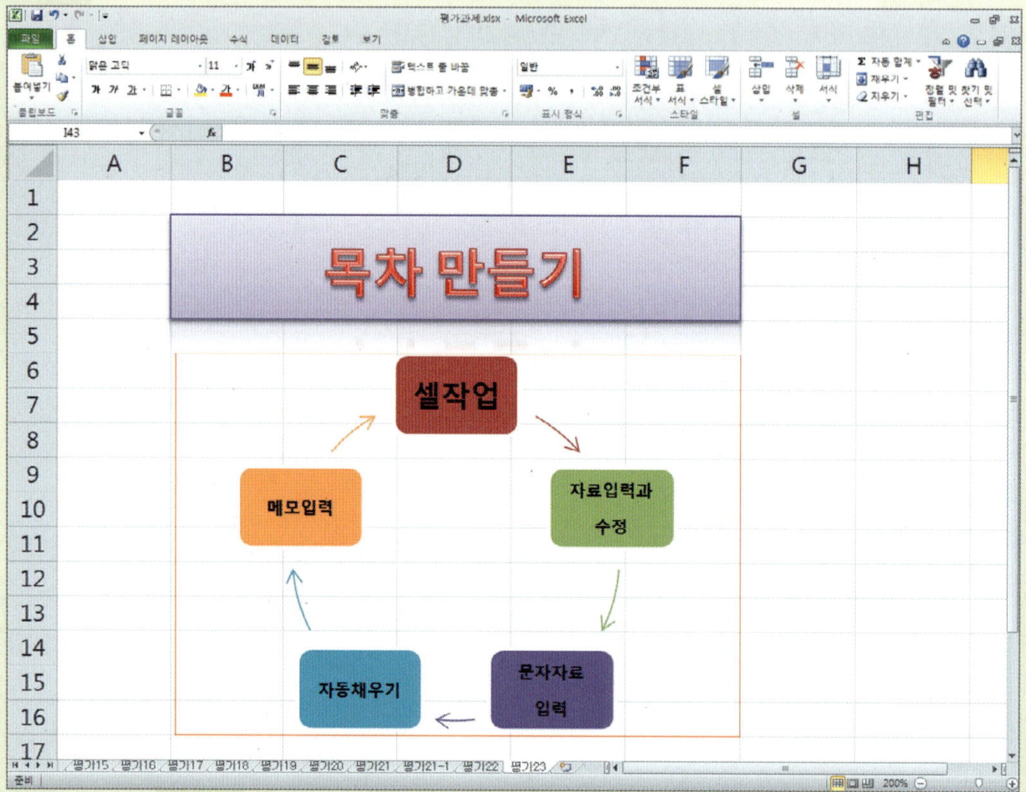

엑셀 2010 프로그램 이외의 다른 응용 프로그램에서 만든 개체나 파일을 엑셀 문서에 삽입하는 기능으로서, 삽입에는 새로 만들기와 파일로부터 만들기가 있습니다.

1 [개체 삽입]을 하려면, 개체를 삽입하려는 [셀을 선택]한 후, [삽입] ➡ [개체]를 선택합니다.

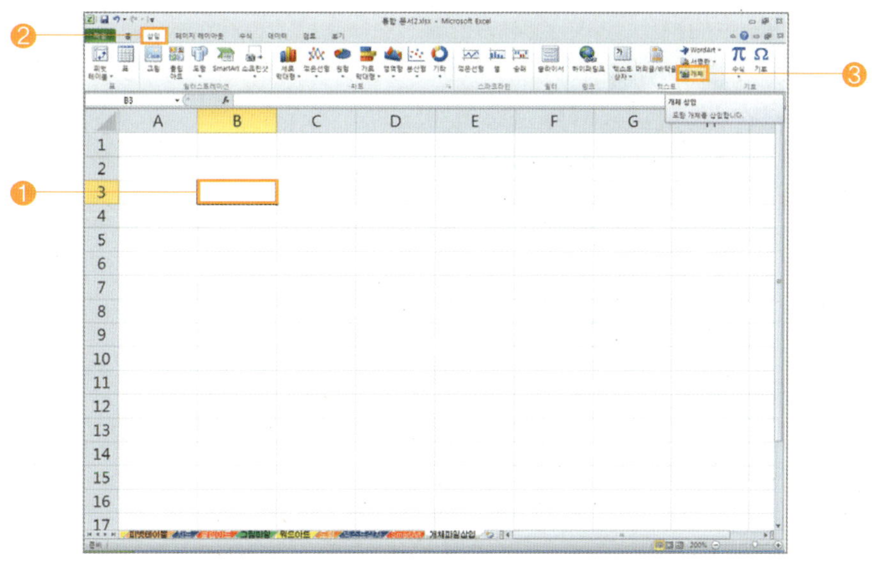

▶ [개체] 대화상자가 나타나면 [개체 유형] 항목에서 [비트맵 이미지]를 선택하고, [확인] 버튼을 누릅니다.

▶ [비트맵 이미지] 프로그램이 나타나면, 삽입된 비트맵 이미지에 [문서 편집]을 한 후, Esc 키를 누르거나 [워크 시트 영역]을 클릭하면 됩니다.

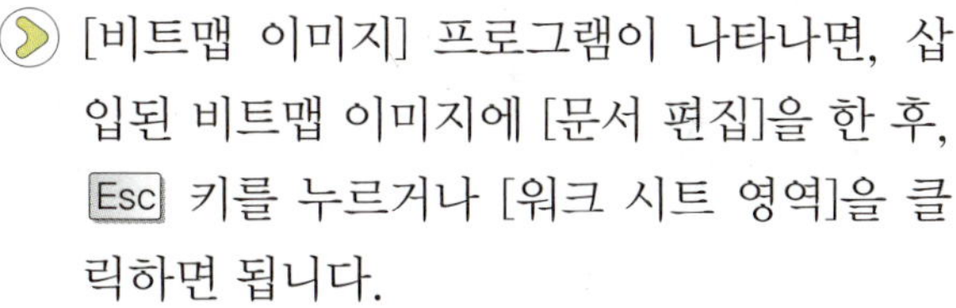

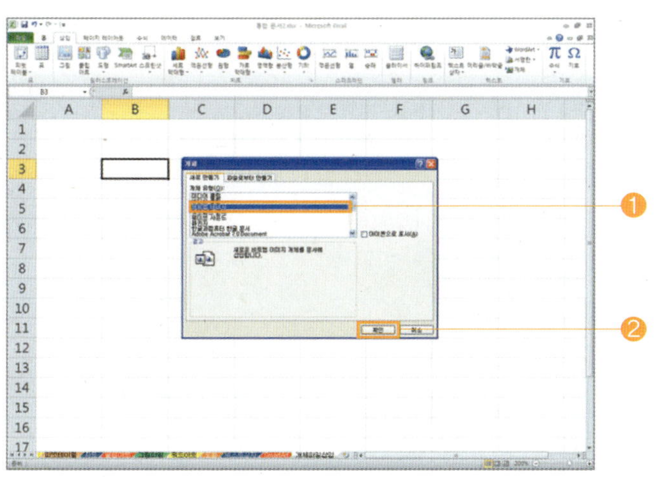

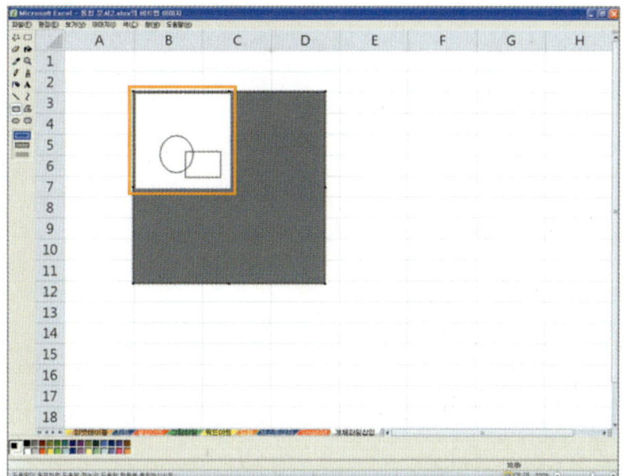

2 [개체 편집]을 하려면, 삽입된 개체를 [더블클릭]하면 비트맵 이미지 프로그램이 나타나는데, 여기서 원하는 부분을 편집하고, Esc 키를 누르면 됩니다.

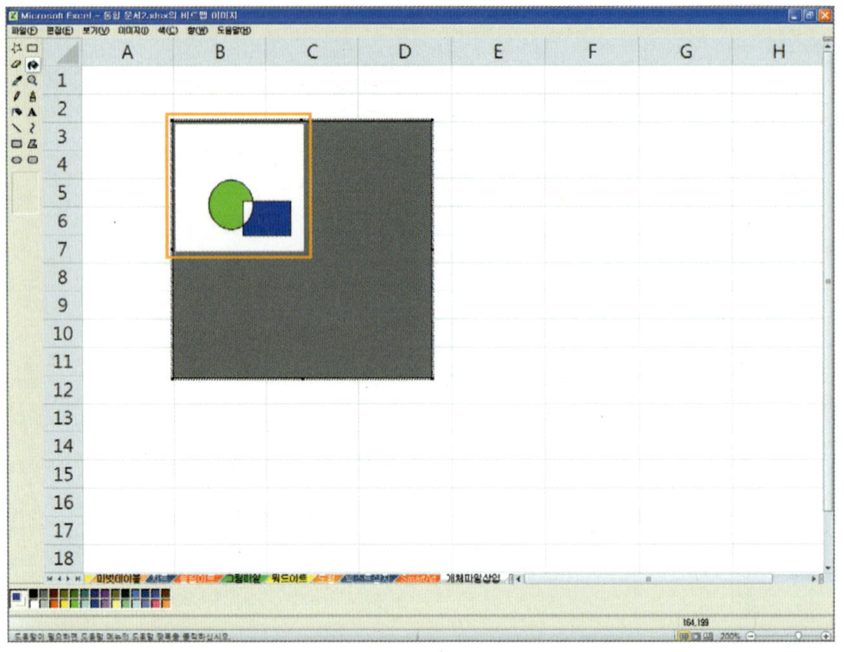

3 [파일 삽입]을 하려면, 파일을 삽입하려는 [셀을 선택]한 후, [삽입] ➡ [개체]를 선택합니다.

▷ [개체] 대화상자에서 [파일로부터 만들기]를 선택하고, [찾아보기]를 클릭합니다.

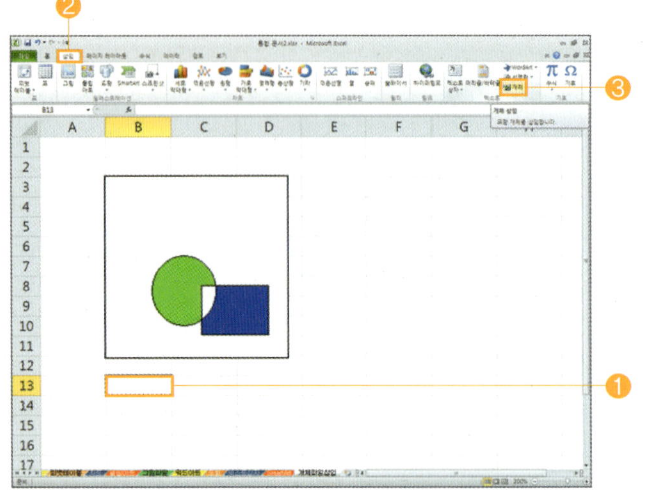

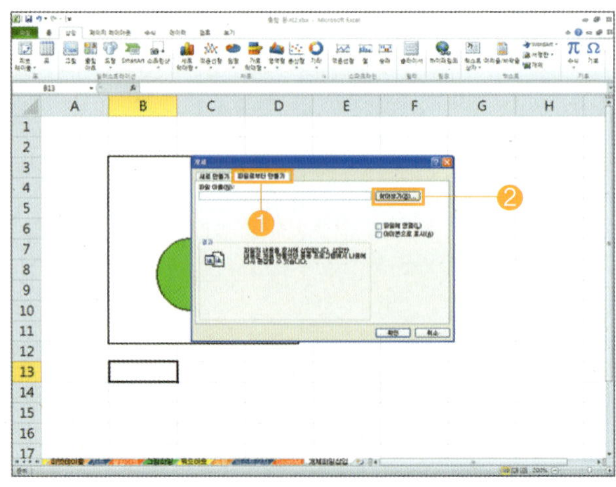

⊙ [찾아보기] 대화상자가 나타나면, 파일이 있는 [경로]/[폴더]를 지정하고, 목록에서 원하는 [파일]
을 선택한 후, [삽입] 버튼을 누릅니다.

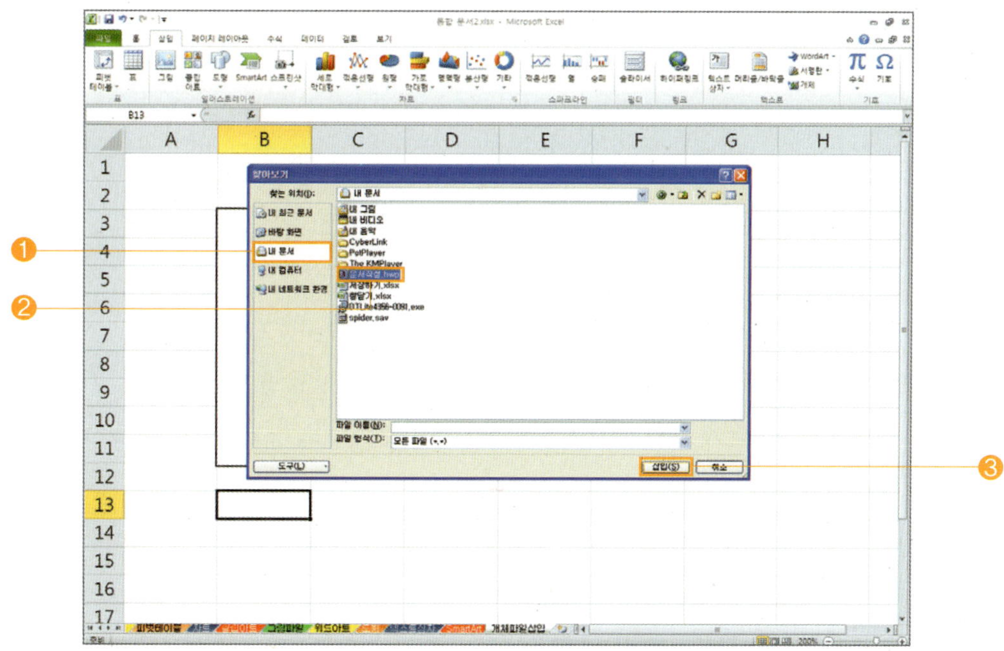

⊙ [개체] 대화상자의 [파일 이름]란에 경로와
파일 이름이 지정되었으면 [확인] 버튼을
누르면 됩니다.

⊙ 다음 화면은 [워드프로세서]에서 작업한 문
서가 [삽입]된 모양입니다.

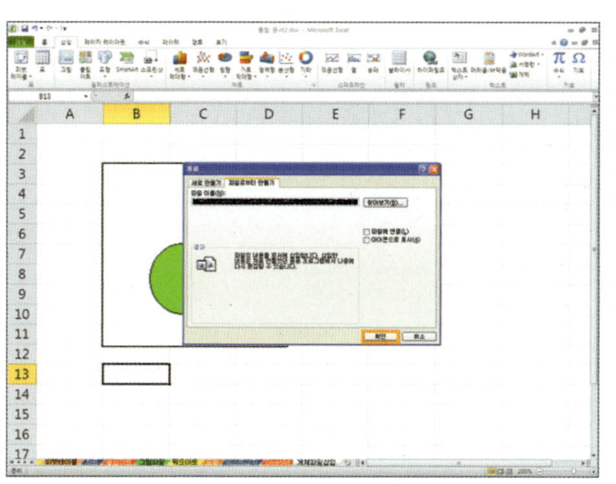

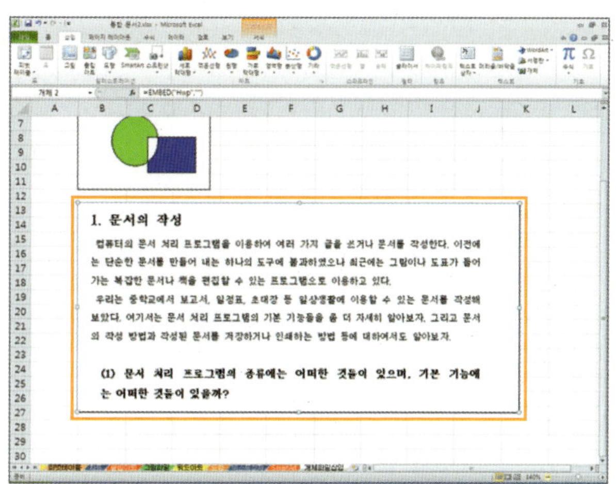

하이퍼링크를 설정하면 워크 시트 안의 특정 시트, 다른 스프레드 시트, 응용 프로그램 및 웹페이지 등 다양한 위치로 이동할 수 있습니다.

1 [특정 시트]로 이동하는 [하이퍼링크 만들기]를 하려면, 하이퍼링크 만들기하려는 [셀을 선택]한 후, [삽입] ➡ [하이퍼링크]를 선택합니다.

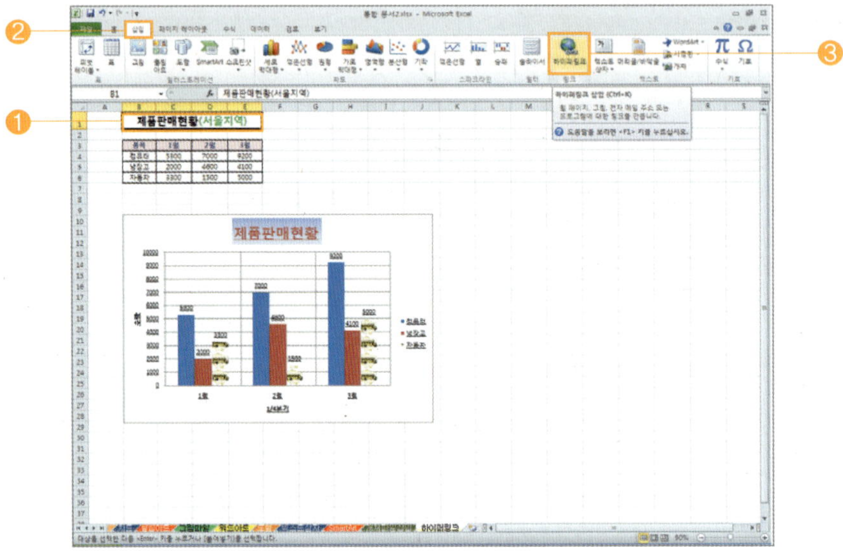

[하이퍼링크 편집] 대화상자가 나타나면, [현재 문서]를 선택하고, [이 문서에서 위치 선택]란에서 원하는 [시트를 선택]한 후, [확인] 버튼을 누르면 됩니다.

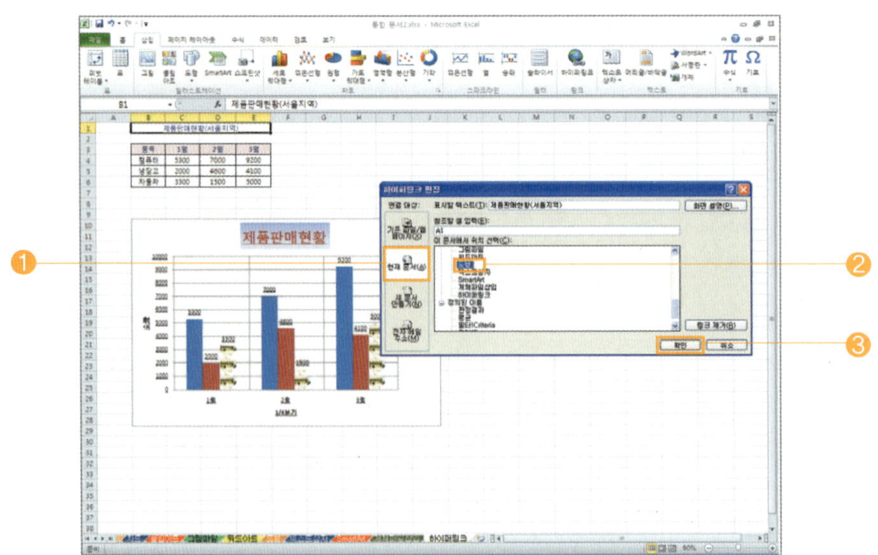

다음 화면은 [하이퍼링크]가 설정된 모양으로 하이퍼링크가 된 문서 위에 마우스 포인터를 놓으면 [손가락 모양]으로 변경됩니다.

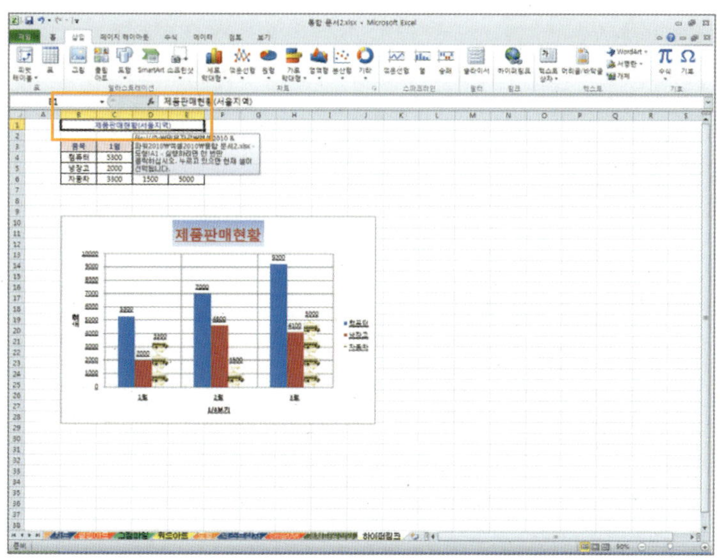

여기서 하이퍼링크된 곳을 [클릭]하면 하이퍼링크된 문서가 나타납니다.

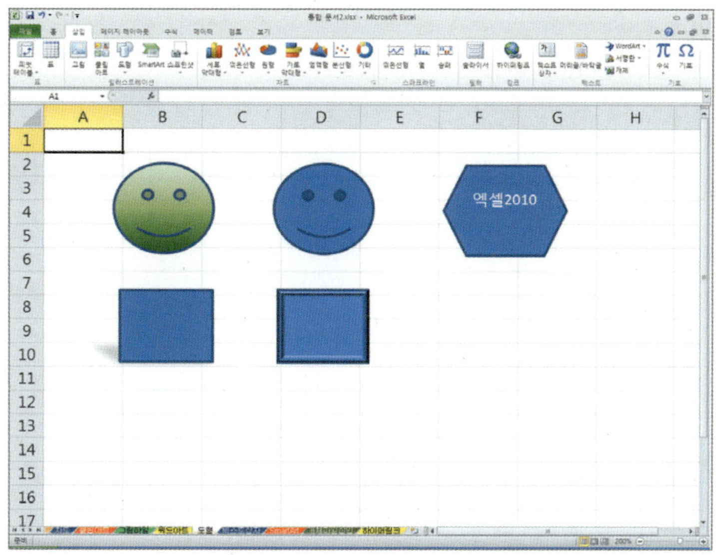

>>> 알아두세요

[하이퍼링크 제거]를 하려면...

1. 제거하려는 [하이퍼링크 위]에 마우스 포인터를 놓습니다.
2. [마우스 오른쪽 버튼]을 누르면, 단축 메뉴가 나타납니다.
3. 단축 메뉴에서 [하이퍼링크 제거]를 선택하면 됩니다.

2 [웹페이지]로 이동하는 [하이퍼링크 만들기]를 하려면, 하이퍼링크 만들기하려는 [셀이나 개체를 선택]한 후, [삽입] ➡ [하이퍼링크]를 선택합니다.

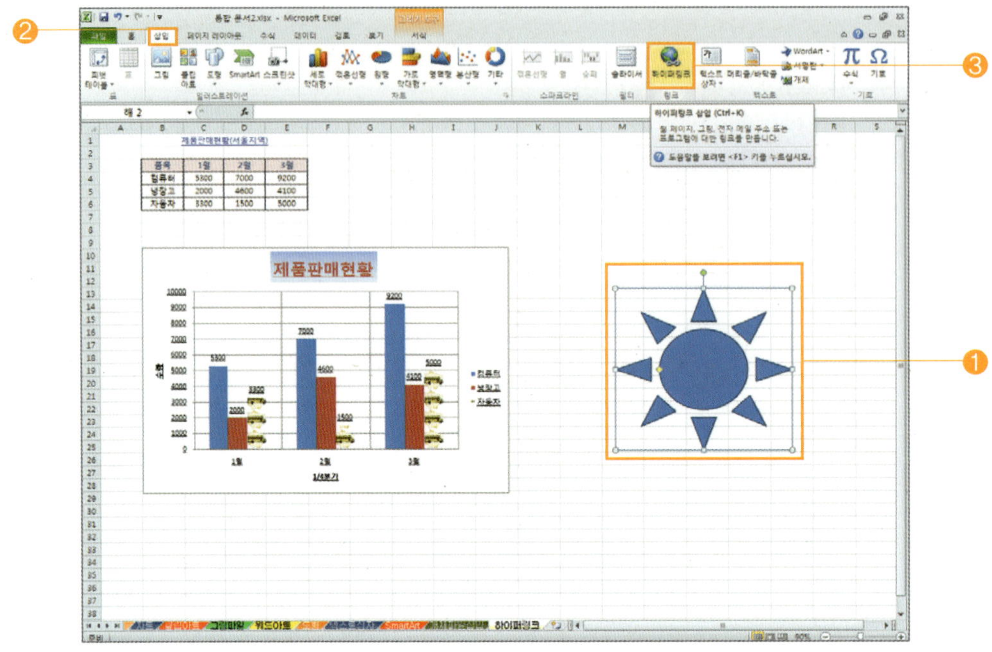

⊙ [하이퍼링크 삽입] 대화상자가 나타나면, [기존 파일/웹페이지]를 선택하고, [주소] 란에 원하는 [웹페이지 주소를 입력]한 후, [확인] 버튼을 누르면 됩니다.

⊙ 다음 화면은 [하이퍼링크]가 설정된 [셀이나 개체]를 클릭하여 웹페이지로 이동된 모양입니다.

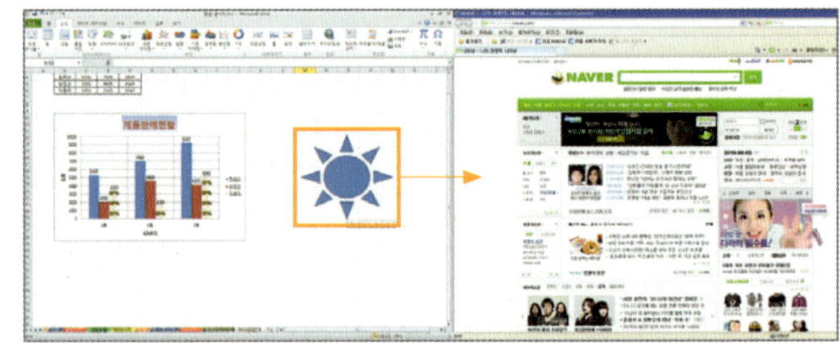

환경 설정이란 엑셀 2010이 실행될 때 설정된 기본값으로 모든 문서에 적용시키는 기능으로서, Excel 옵션 대화상자에서 사용자가 여러 가지의 사용 환경을 설정할 수 있습니다.

1 [환경 설정]을 하려면, [파일] ➡ [옵션]을 선택하면 대화상자가 나타나는데, 여기서 원하는 항목을 설정하여 변경하면 됩니다.

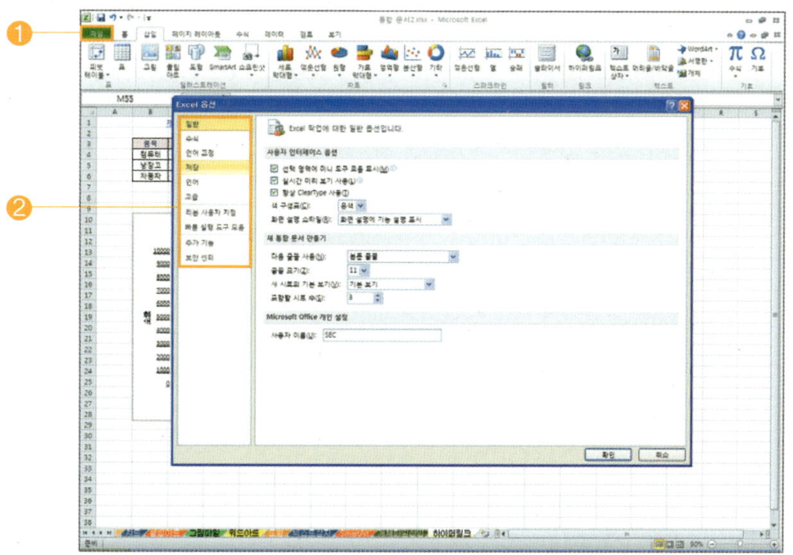

2 [빠른 실행 도구 모음 추가]를 하려면, 대화상자에서 [빠른 실행 도구 모음] 항목을 선택하고, [다음에서 명령 선택]란의 목록 단추를 클릭한 후 [모든 명령]을 선택합니다.

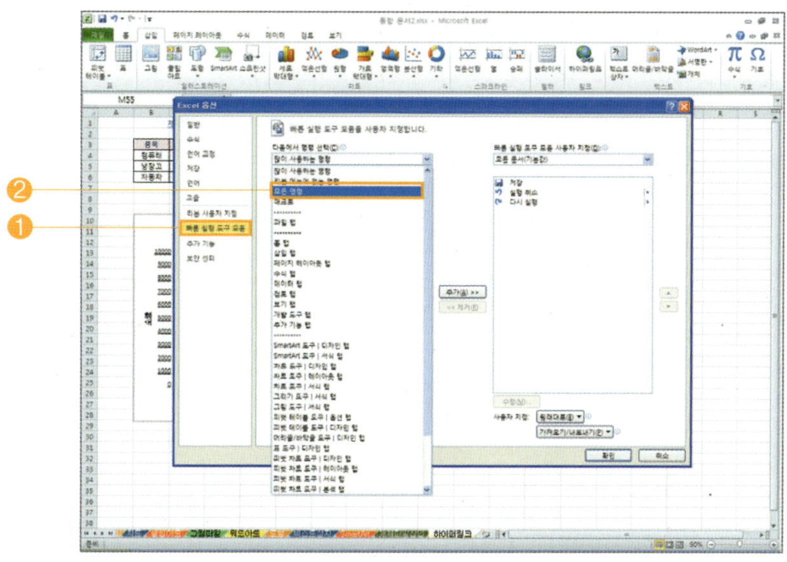

⊙ 여기서, 원하는 항목 [인쇄]를 선택하고, [추가] 버튼을 클릭한 후, [확인] 버튼을 누르면 됩니다.

⊙ 다음 화면은 [빠른 실행 도구 모음줄]에 [인쇄] 아이콘이 추가된 모양입니다.

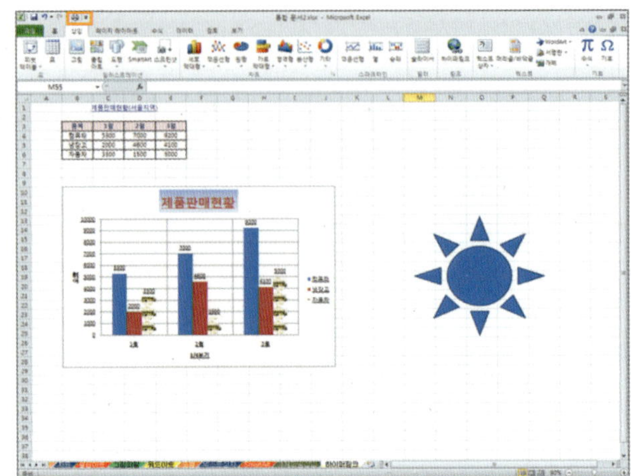

3 [눈금선]이 나타나지 않도록 하려면, 대화 상자에서 [고급] 항목을 선택한 후, [이 워크 시트의 표시 옵션]란에 있는 [눈금선 표시]를 선택하면 항목 앞에 ☑가 나타나지 않는데, 여기서 [확인] 버튼을 누르면 됩니다.

⊙ 다음 화면은 워크 시트 내에 있는 [눈금선]이 나타나지 않은 모양입니다.

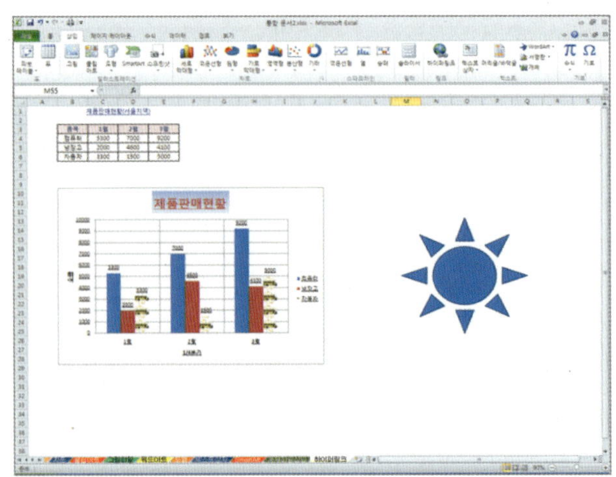

엑셀 2010에 관한 대부분의 정보를 제공받을 수 있는 곳으로, F1 키를 누르거나 도움말 메뉴를 선택하면 원하는 항목의 작업 방법이나 문제점 등을 해결할 수 있습니다.

1 [도움말]을 사용하려면, 메뉴 표시줄에서 [Microsoft Excel 도움말] 아이콘을 클릭합니다.

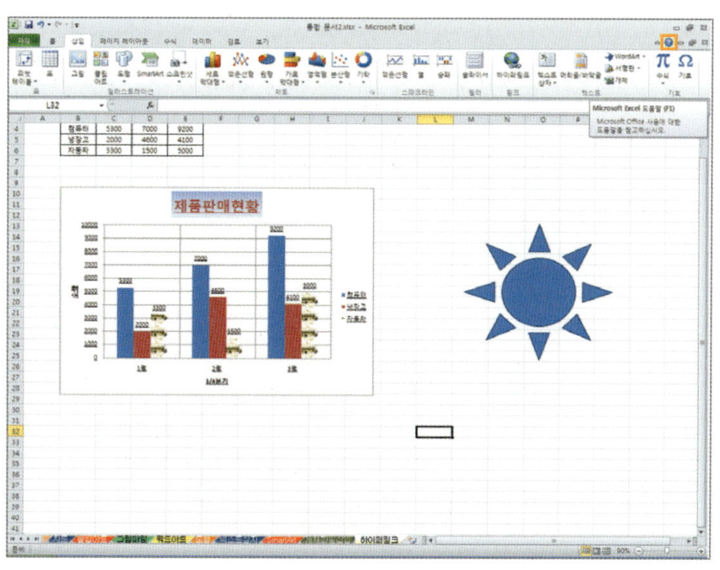

⟫ [검색 도움말]란에 원하는 항목을 [입력]한 후, [검색 단추]를 클릭합니다.

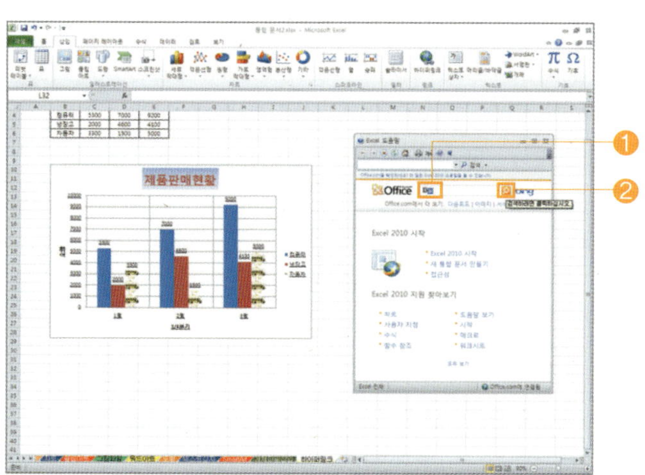

⟫ 여기서 [세부 항목을 클릭]하면 해당 항목에 대한 상세한 도움말을 볼 수 있습니다.

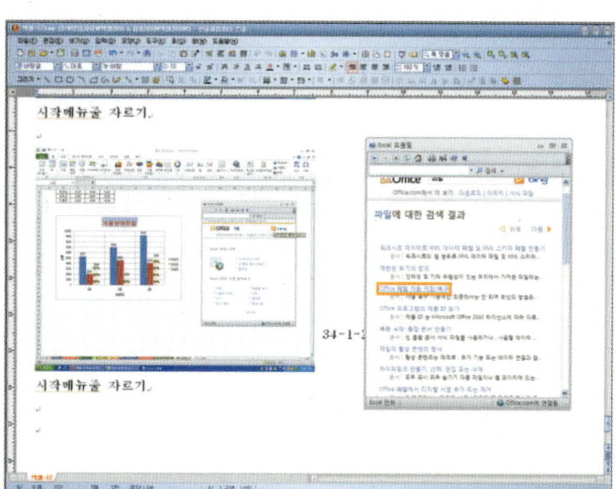

1 파워포인트 2010 시작과 종료

프레젠테이션(Presentation)이란 발표, 보고라는 의미로 파워포인트 2010은 프레젠테이션용으로 가장 적합한 프로그램이며, 기업체나 대학의 소개, 설명회 등에 관련된 문서 작성에 이용하면 편리합니다.

1 파워포인트 2010을 [시작]하려면, 시작 메뉴에서 [시작] ➡ [모든 프로그램] ➡ [Microsoft Office] ➡ [Microsoft PowerPoint 2010]을 차례로 선택합니다. 바탕화면에 있는 [Microsoft PowerPoint 2010 바로가기 아이콘]을 더블클릭하여도 됩니다.

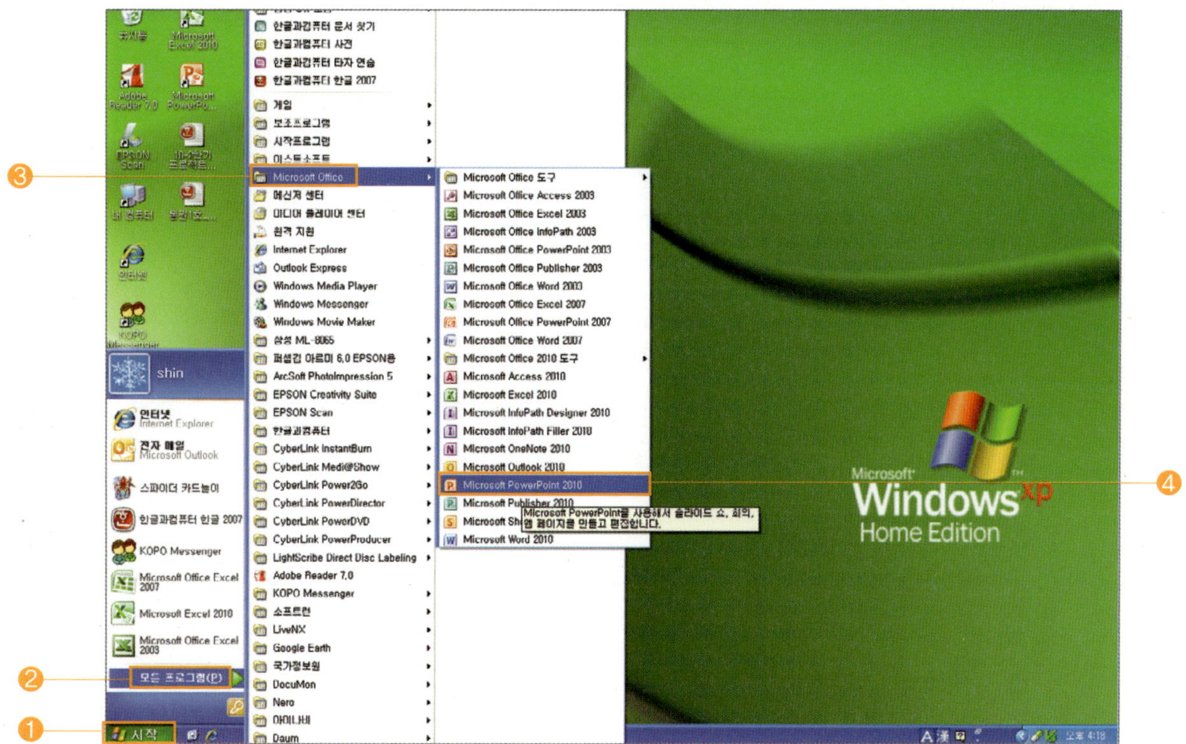

⟫ 잠시 후 [로그화면]이 나타나고, [파워포인트 2010]을 작업할 수 있는 빈 슬라이드가 화면에 나타
납니다.

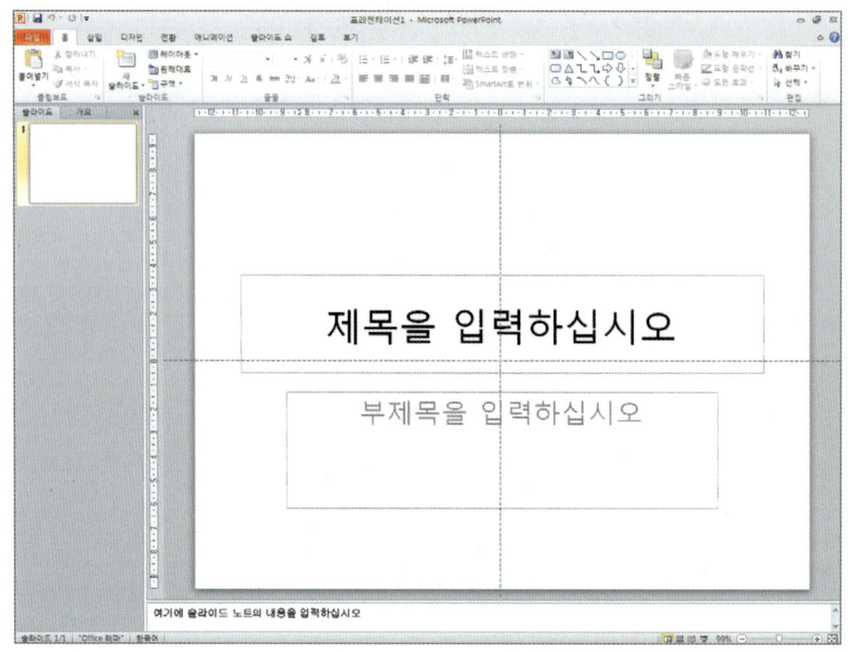

2 파워포인트 2010을 [종료]하려면, [파일] 메뉴를 선택한 후, [끝내기]를 클릭하거나 [닫기] 버튼
을 누르면 됩니다.

● 단축키 : Alt + F4

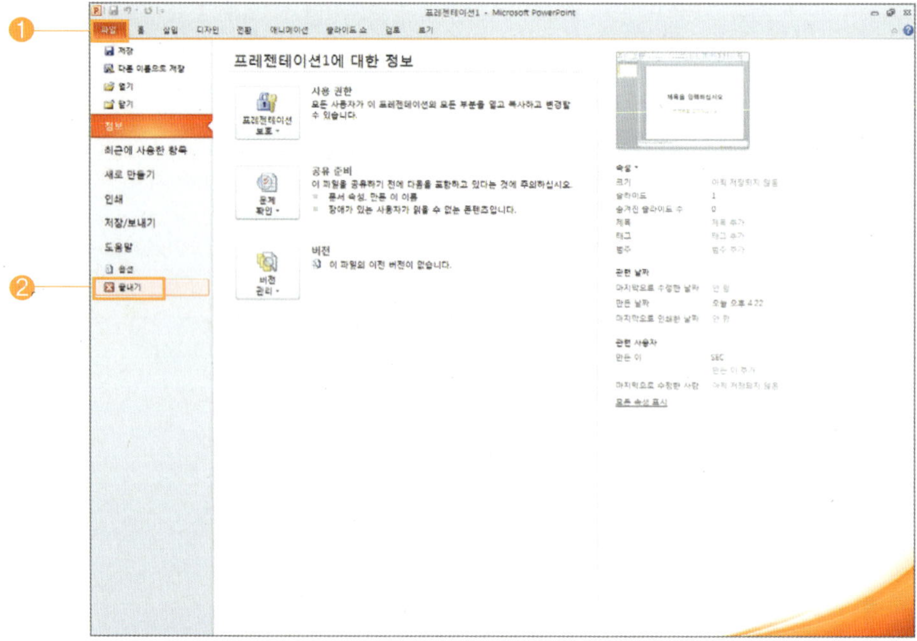

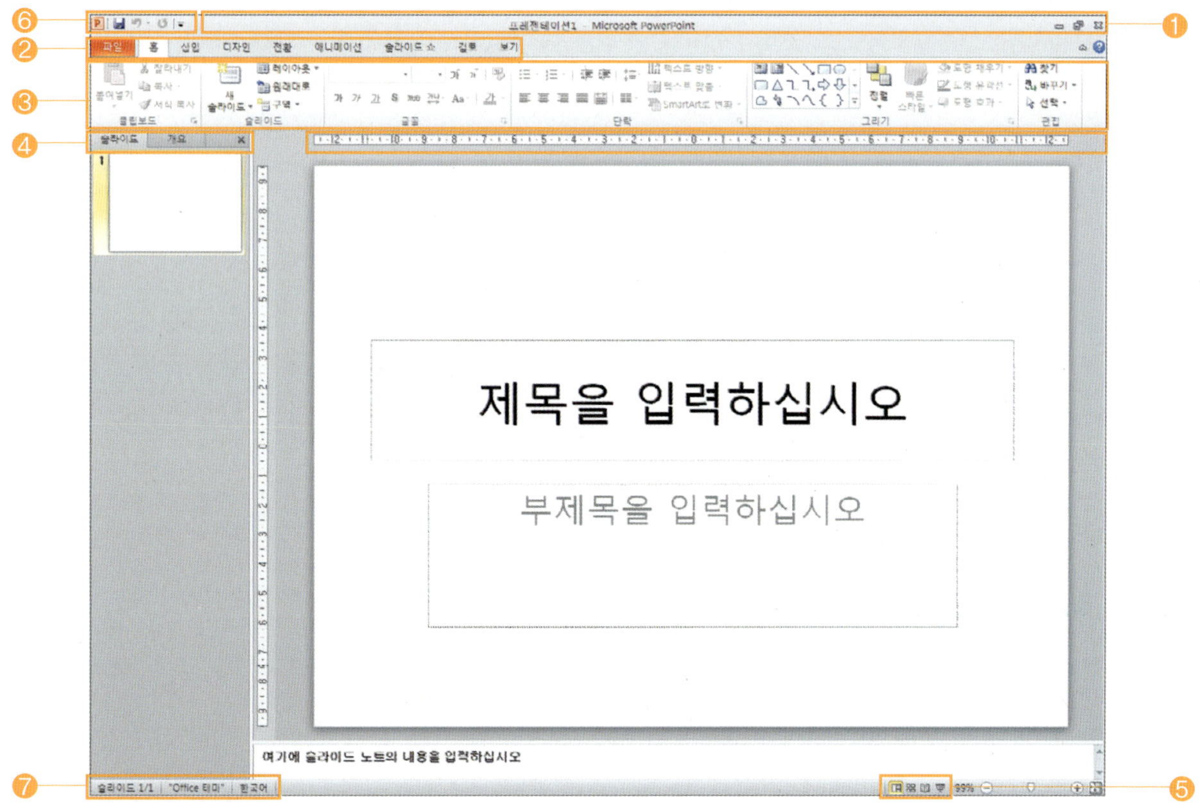

1 제목 표시줄 : 현재 작업 중인 문서의 이름이 나타나는 곳으로서, 문서 창을 관리할 수 있는 창 조절 버튼이 있는 곳입니다.

2 메뉴 표시줄 : 파워포인트 2010에서 제공하는 파일, 편집, 도움말 등과 같은 기능이 있는 곳으로서, 프레젠테이션 작성에 필요한 모든 기능이 포함되어 있는 곳입니다.

3 도구 모음줄 : 메뉴 표시줄에서 자주 사용하는 명령을 아이콘으로 만들어 놓고, 마우스를 이용하여 특정 작업을 실행할 수 있도록 도와주는 기능입니다.

4 기본 보기줄 : 기본 보기는 슬라이드 보기, 개요 보기로 구분되어 있습니다.

5 보기 모음줄 : 문서의 표시 상태를 알아볼 수 있는 곳입니다. 기본 보기, 여러 슬라이드 보기, 읽기용 보기, 슬라이드 쇼 보기가 있는 곳으로서 작업이 용도에 따라 다양하게 전환할 수 있습니다.

6 빠른 실행 도구 모음줄 : 현재 표시되는 기본 메뉴 탭에 사용자가 도구 모음을 추가하거나 제거할 수 있는 곳입니다.

7 상태 표시줄 : 현재 화면에 작업 중인 문서의 정보를 알려주는 곳입니다.

파워포인트 2010에서 사용하는 편집 보기의 종류에는 기본 보기, 슬라이드 보기, 개요 보기, 여러 슬라이드 보기, 읽기용 보기, 슬라이드 쇼 보기가 있으며, 작업의 성격에 따라 작업 전환을 하려면 보기 모음 버튼을 클릭하면 됩니다.

1 [기본 보기]는 슬라이드 보기, 개요 보기로 구분되는 창과 슬라이드 창, 노트 창으로 구성되어 있으며, 슬라이드 창에서는 문자의 입력과 그림, 표, 차트, 소리, 동영상 등을 삽입할 수 있습니다.

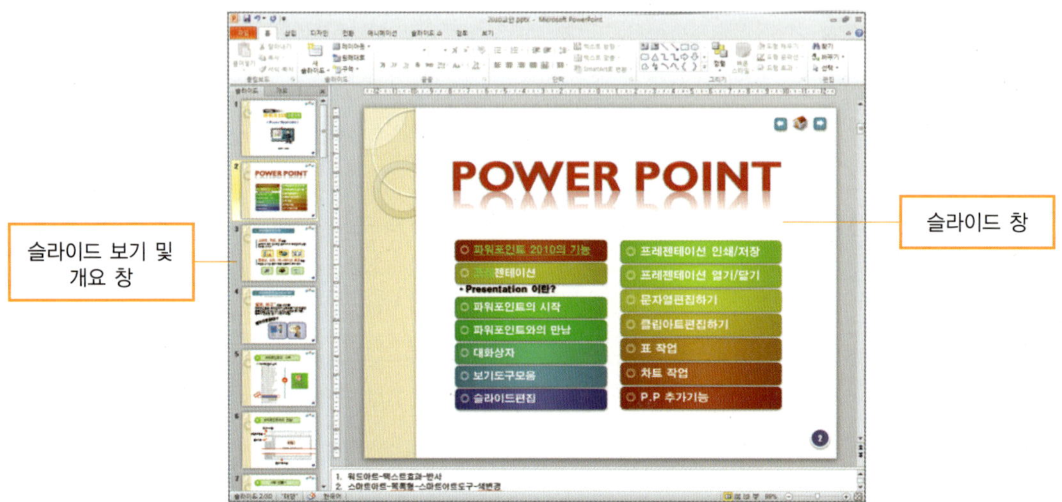

슬라이드 보기 및 개요 창

슬라이드 창

▶ [슬라이드 보기]는 가장 일반적으로 사용하는 작업 화면으로 한 번에 한 화면씩 미리보기할 수 있습니다.

▶ [개요 보기]는 프레젠테이션의 내용을 구성하고 전개할 때 이용하는 것으로, 주로 문자를 입력하고, 글머리 기호, 슬라이드를 재배열할 수 있습니다.

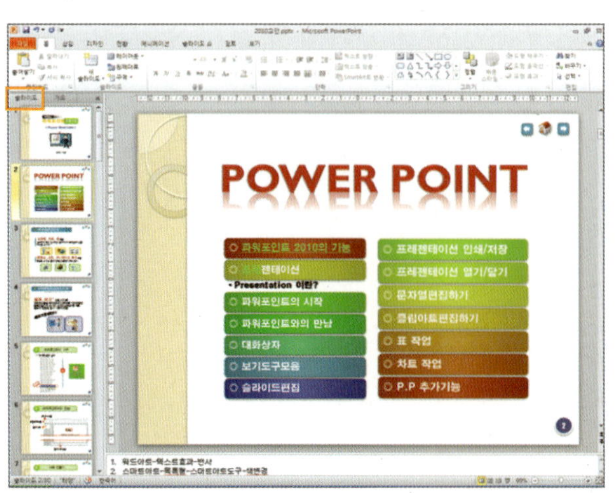

2 [여러 슬라이드 보기]는 화면에 작게 표시된 프레젠테이션의 모든 슬라이드를 모아 놓고, 슬라이드의 순서를 쉽게 정렬 및 구성할 수 있습니다.

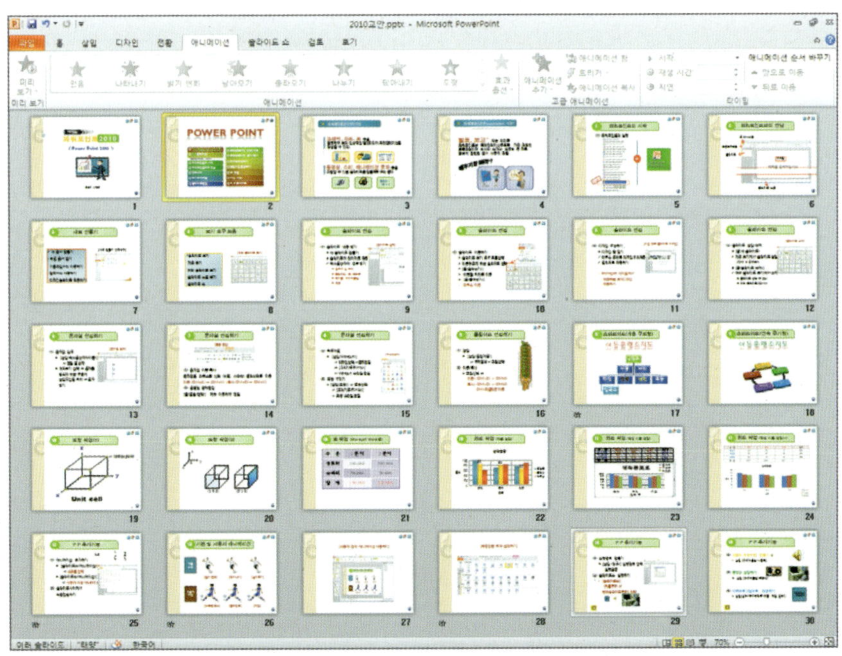

3 [읽기용 보기]는 대형 화면에서 청중에게 프레젠테이션을 보여줄 때 사용하는 것이 아니라 자신의 컴퓨터에서 프레젠테이션을 볼 때 사용합니다.

4 [슬라이드 쇼]는 청중에게 프레젠테이션을 보여줄 때 사용하고, 지정한 순서대로 슬라이드를 보여주며, 동영상, 애니메이션 효과 등을 확인할 수 있습니다.

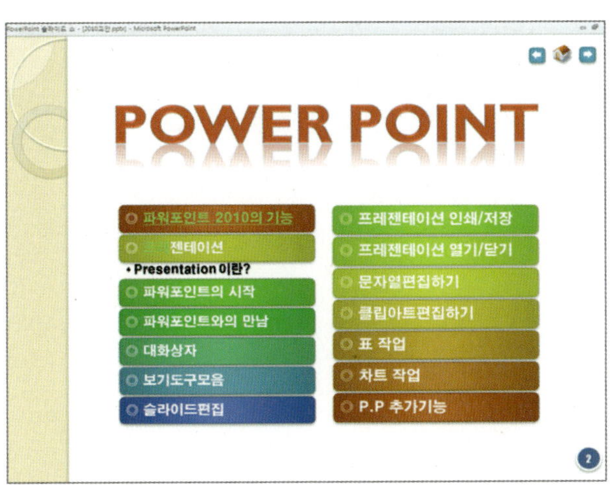

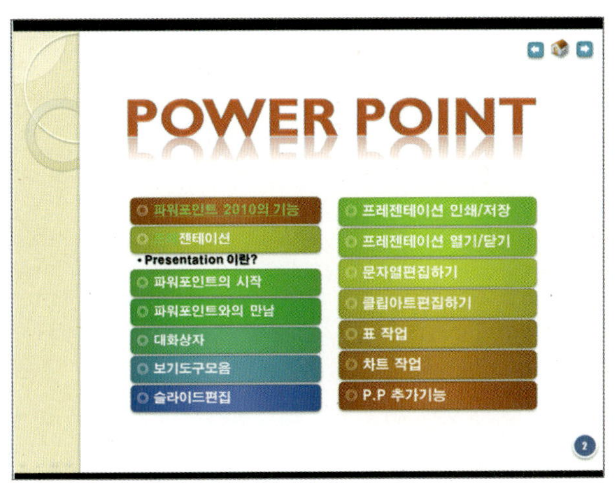

프레젠테이션을 만드는 방법에는 서식 파일, 테마, 새 프레젠테이션을 이용하는 방법이 있으며, 간편하고 빠르게 프레젠테이션을 만들려면 서식 파일이나 테마를 이용하면 됩니다.

1 [서식 파일]을 이용하여 [프레젠테이션 만들기]를 하려면, [시작] ➡ [모든 프로그램] ➡ [Microsoft Office] ➡ [Microsoft PowerPoint 2010]을 선택한 후, 메뉴 표시줄에서 [파일] ➡ [새로 만들기] ➡ [예제 서식 파일]을 선택합니다.

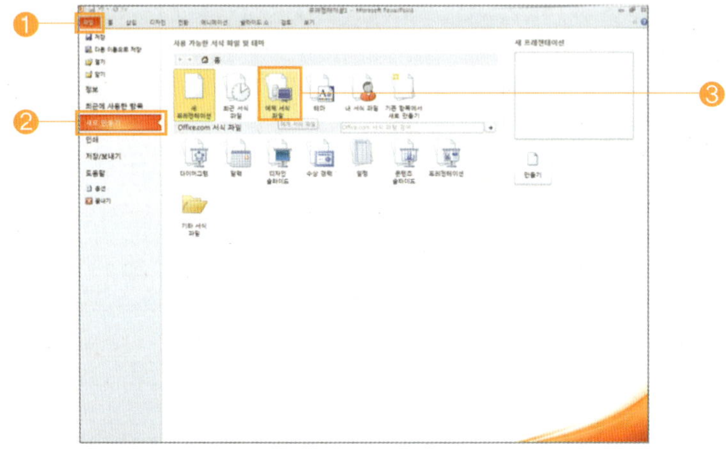

⟫ [예제 서식 파일]란에서 원하는 [프로젝트 상태 보고서] ➡ [만들기]를 선택합니다.

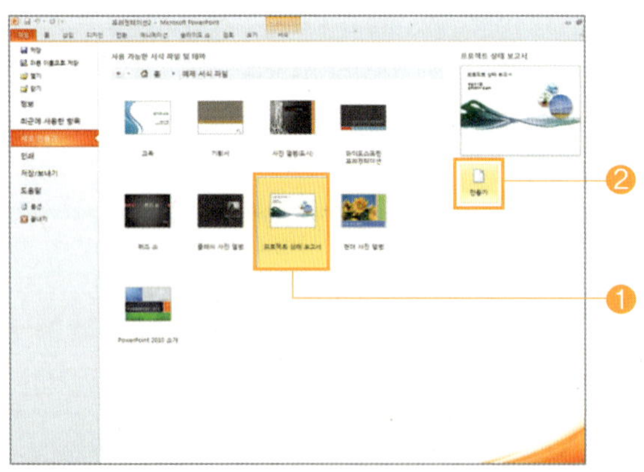

⟫ 프레젠테이션을 만들기 위한 화면이 나타나면, 원하는 [내용을 입력]하면 됩니다.

🔍 **>>> 알아두세요**

서식 파일 이란…

서식이나 색상, 효과 등을 따로 지정하지 않아도 거의 완성된 형태의 슬라이드를 만들 수 있어서, 간편하고 빠르게 프레젠테이션 문서를 만들 수 있습니다.

2 [테마]를 이용하여 [프레젠테이션 만들기]를 하려면, 메뉴 표시줄에서 [파일] ➡ [새로 만들기] ➡ [테마]를 선택합니다.

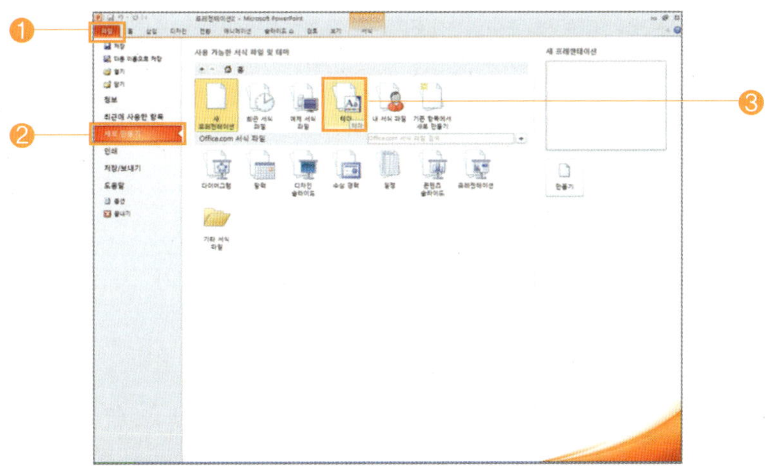

⊙ [테마]란에서 원하는 [고구려 벽화] ➡ [만들기]를 선택합니다.

⊙ 프레젠테이션을 만들기 위한 화면이 나타나면, 제목 입력란에 [전략 제안에 대해서]라고 입력하고, 부제목란에 [기획팀]이라고 입력하면 됩니다.

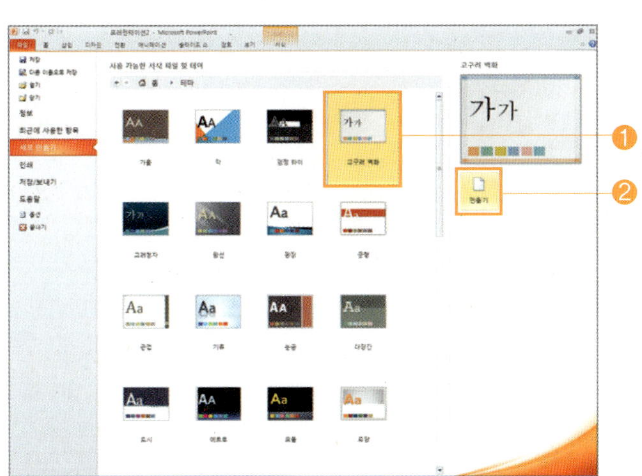

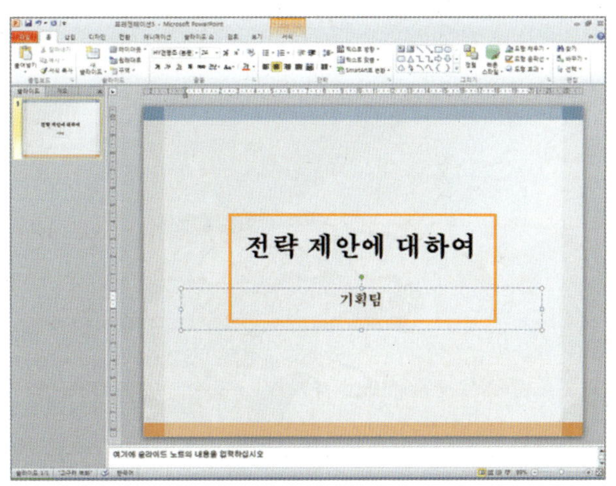

>>> 알아두세요

테마는...

원하는 테마를 선택하여 바탕화면과 개체 서식이 어울리도록 슬라이드를 만들 수 있어서, 사용자가 원하는 형태의 프레젠테이션 문서를 만들 수 있습니다.

3 [새 프레젠테이션]을 이용하여 [프레젠테이션 만들기]를 하려면, 메뉴 표시줄에서 [파일] ➡ [새로 만들기] ➡ [새 프레젠테이션]을 선택합니다.

◎ 도구 모음줄에서 [레이아웃]을 클릭하고, [Office 테마]란에서 원하는 슬라이드의 형태를 선택합니다.

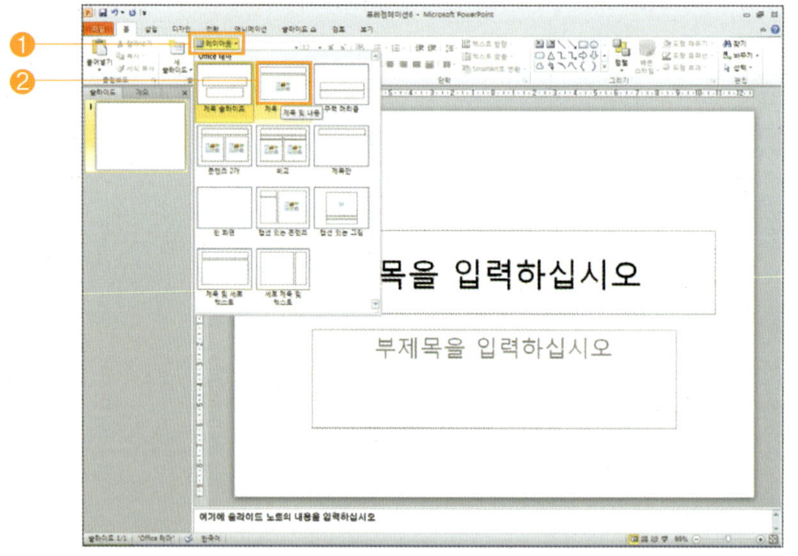

새 프레젠테이션은...

슬라이드만 제공하여 사용자가 처음부터 끝까지 슬라이드를 만들고 구성하여 프레젠테이션 문서를 만들 수 있습니다.

⊙ 선택한 [제목 및 내용] 화면이 나타나면, [제목 입력]란과 [텍스트 입력]란에 원하는 내용을 입력 하면 됩니다.

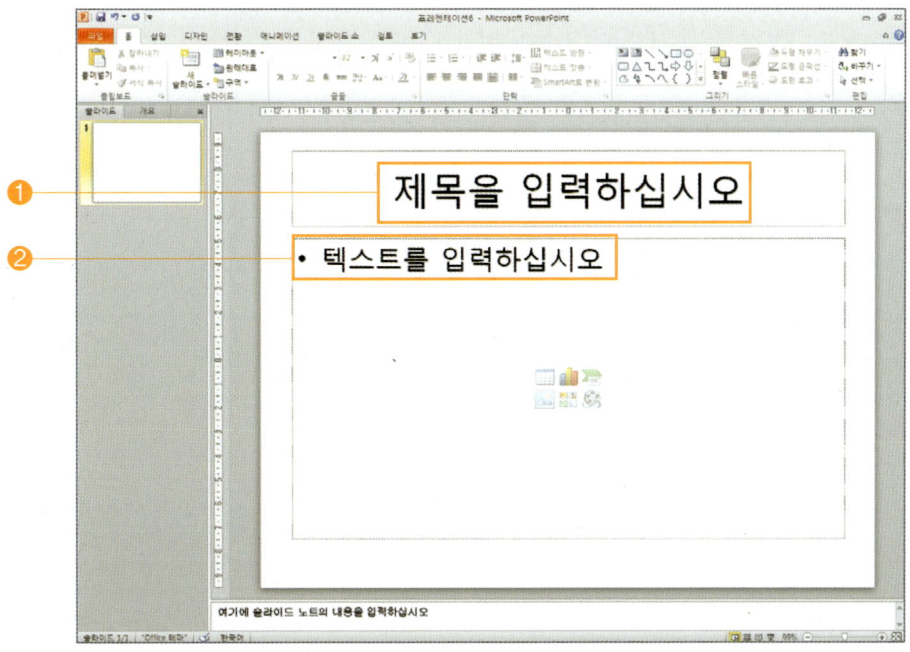

⊙ 다음 화면은 [레이아웃]이 적용된 슬라이드에 내용이 입력된 모양입니다.

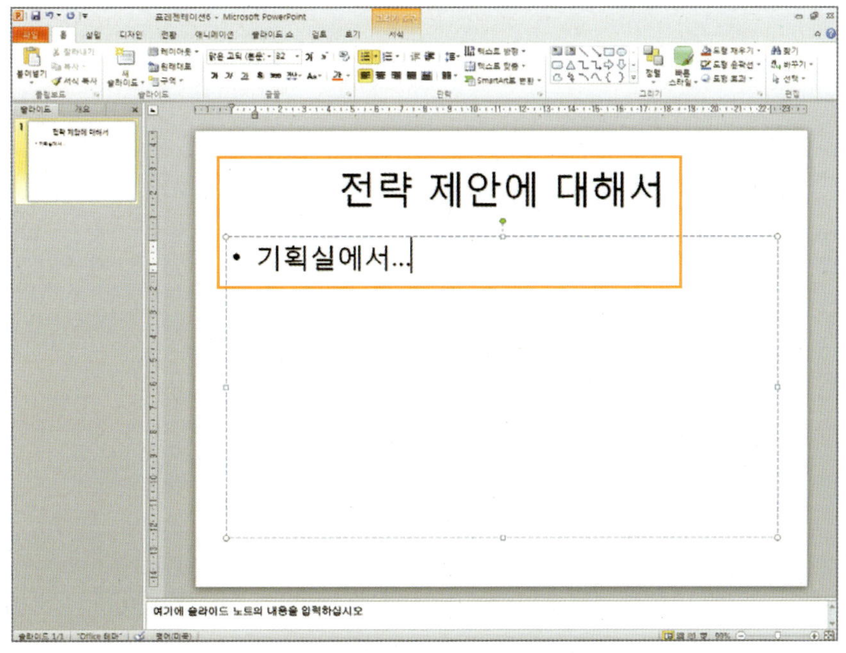

슬라이드란 프레젠테이션을 구성하는 기본 요소로서 슬라이드의 삽입, 레이아웃 변경, 이동, 복제 등의 작업을 하여 효율적으로 프레젠테이션을 만들 수 있도록 합니다.

1 [새 슬라이드 삽입]을 하려면,

⟫ [메뉴 표시줄]을 이용하여 [새 슬라이드 삽입]을 하려면, [홈] ➡ [새 슬라이드]를 선택하고, [Office 테마]란에서 원하는 슬라이드의 형태를 선택하면 됩니다.

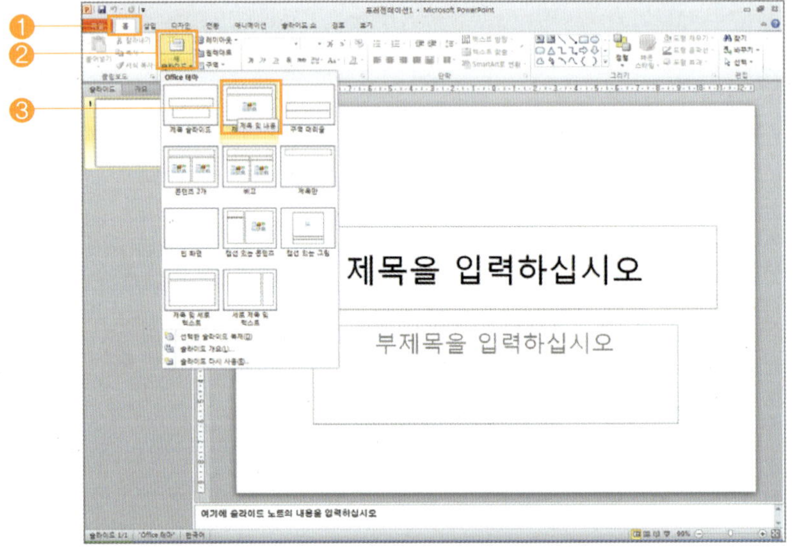

⟫ 다음 화면은 [제목 및 내용] 슬라이드가 삽입된 모양입니다.

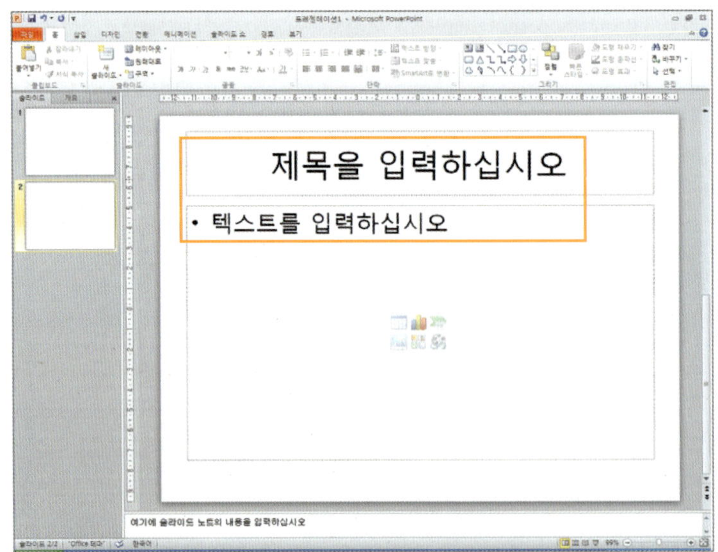

2 [슬라이드 레이아웃 변경]을 하려면, 변경하려는 [제목 및 내용] 슬라이드를 [슬라이드 보기 및 개요 창]에서 선택합니다.

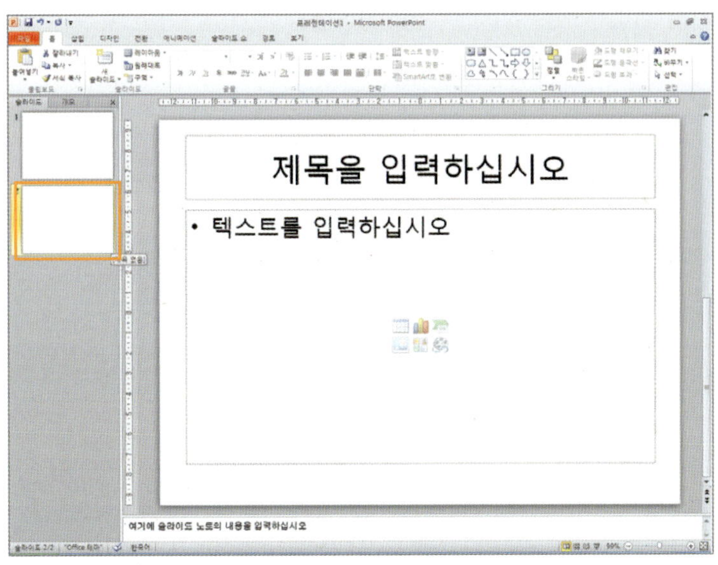

▶ 메뉴 표시줄에서 [홈] ➡ [레이아웃]을 선택하고, [Office 테마]란에서 원하는 슬라이드의 형태를 선택하면 됩니다.

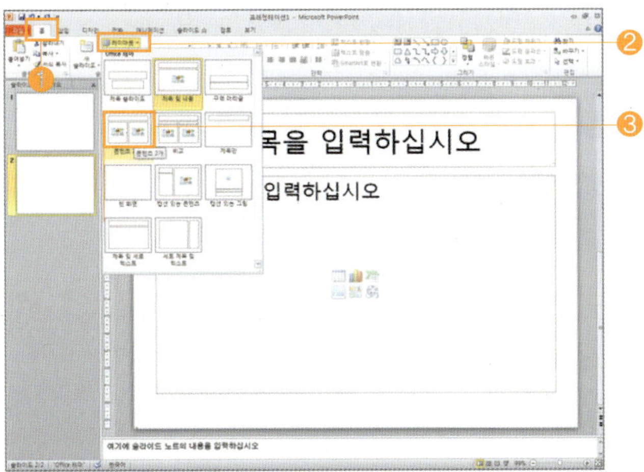

▶ 다음 화면은 [제목 및 내용] 슬라이드가 [콘텐츠 2개] 슬라이드로 변경된 모양입니다.

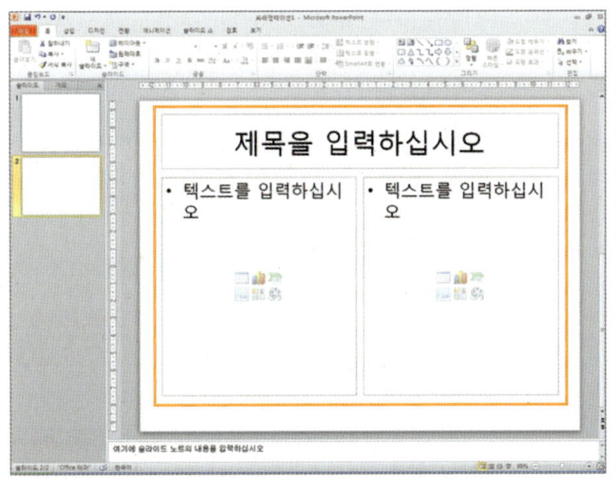

>>> 알아두세요

자주 사용하는 슬라이드 레이아웃에는...
제목 슬라이드, 제목 및 내용 슬라이드, 빈 화면 슬라이드, 제목만 슬라이드, 콘텐츠 2개 슬라이드 등이 있습니다.

3 [특정 슬라이드로 이동]을 하려면, 슬라이드 창에 있는 [스크롤 바]를 마우스로 클릭한 상태에서 이동하려는 슬라이드 번호로 [끌기]하면 됩니다.

● [슬라이드 보기 및 개요 창]에서 이동하려는 슬라이드를 선택하여도 됩니다.

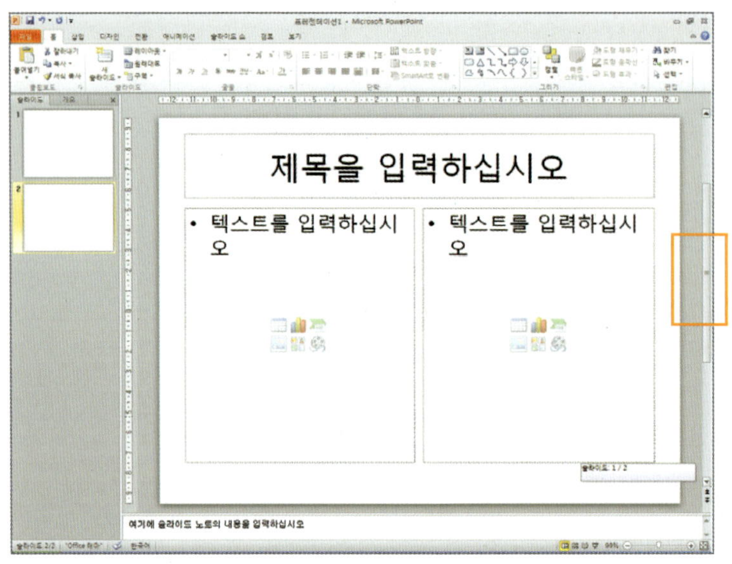

4 [슬라이드 복제]를 하려면, [슬라이드 보기 및 개요 창]에서 복제하려는 [제목] 슬라이드를 선택합니다.

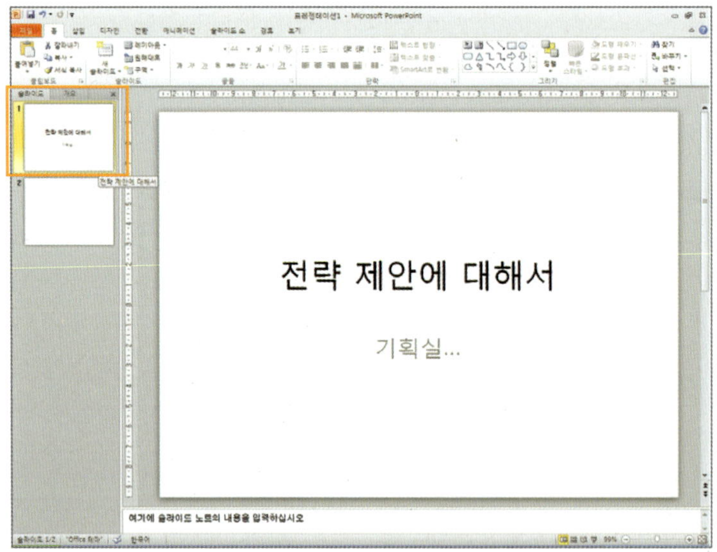

[여러 슬라이드 보기] 화면에서 특정 슬라이드로 [이동]하려면…
해당 슬라이드를 [더블클릭]하면 됩니다.

◎ 메뉴 표시줄에서 [홈] ➡ [복사] ➡ [복제]를 선택하면 됩니다.

◎ 다음 화면은 제목 슬라이드가 [복제]된 모양입니다.

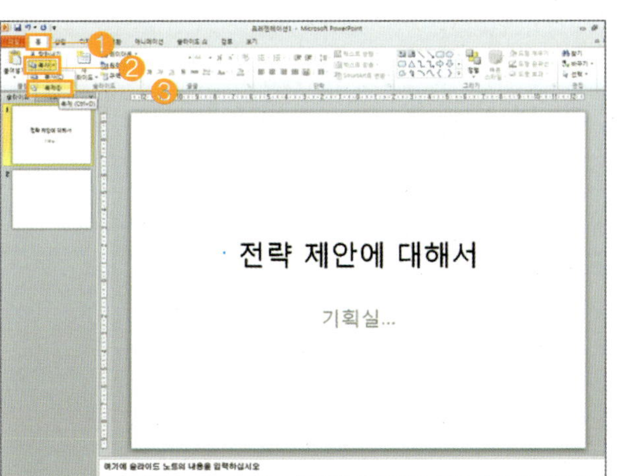

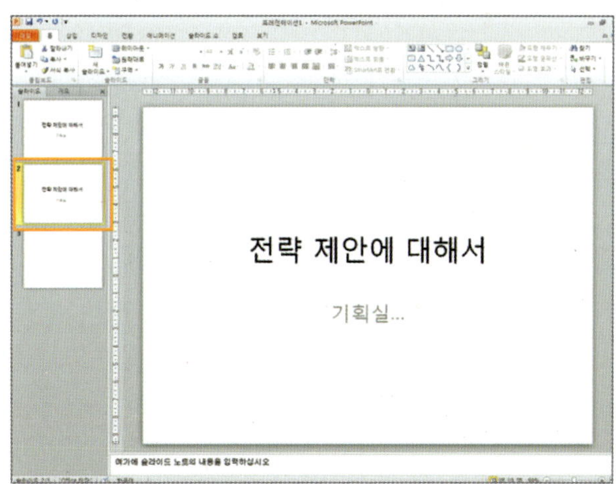

5 [슬라이드 삭제]를 하려면, [슬라이드 보기 및 개요 창]에서 삭제하려는 [제목] 슬라이드를 선택한 후, [마우스 오른쪽 버튼]을 누르고, 단축 메뉴에서 [슬라이드 삭제]를 선택하면 됩니다.

● 삭제하려는 [슬라이드를 선택]하고 Delete 키를 눌러도 됩니다.

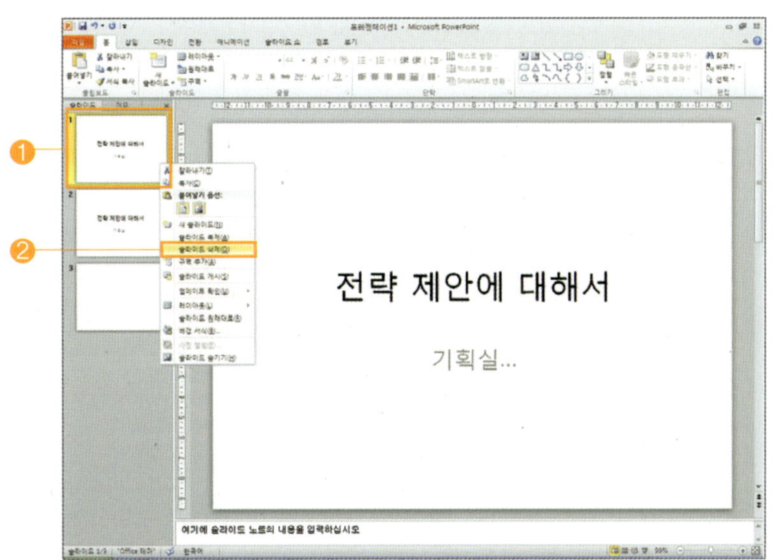

>>> 알아두세요

[여러 슬라이드 보기] 화면에서 여러 슬라이드를 [삭제]하려면...

Ctrl 키를 누른 상태에서 삭제하려는 슬라이드를 선택하고, 단축 메뉴에서 [슬라이드 삭제]를 선택하면 됩니다.

⊛ [여러 슬라이드 삭제]를 하려면, [슬라이드 보기 및 개요 창]에서 Shift 키를 누른 상태에서 삭제하려는 슬라이드를 선택한 후, [마우스 오른쪽 버튼]을 누르고, 단축 메뉴에서 [슬라이드 삭제]를 선택하면 됩니다.

⊛ 다음 화면은 선택한 [슬라이드]가 [삭제]된 모양입니다.

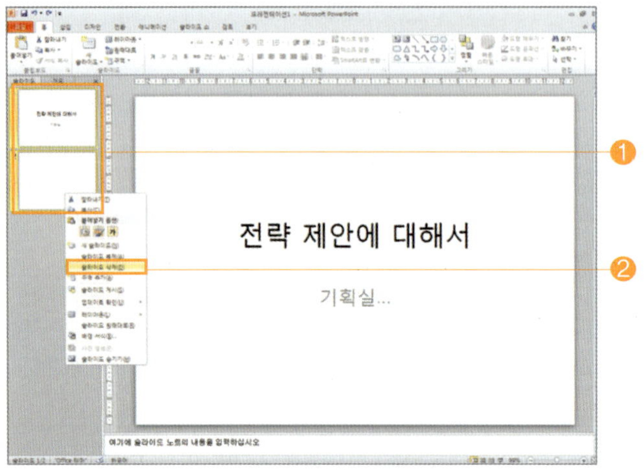

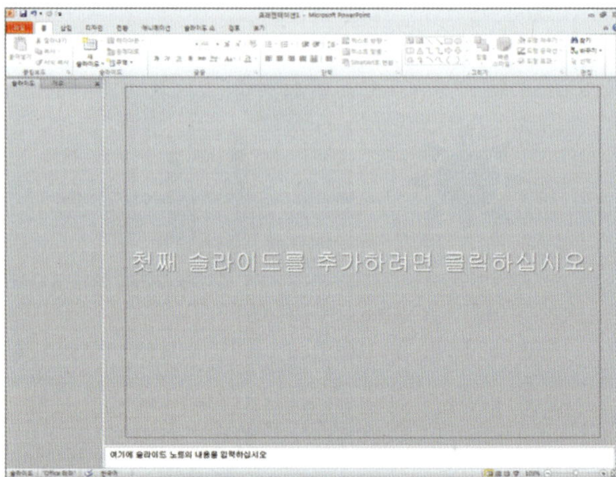

6 삭제된 슬라이드를 [되살리기]하려면, [빠른 실행 도구 모음줄]에서 단축 아이콘[↺]을 선택하면 됩니다.

● 단축키 : Ctrl + Z

● 단축 아이콘 :

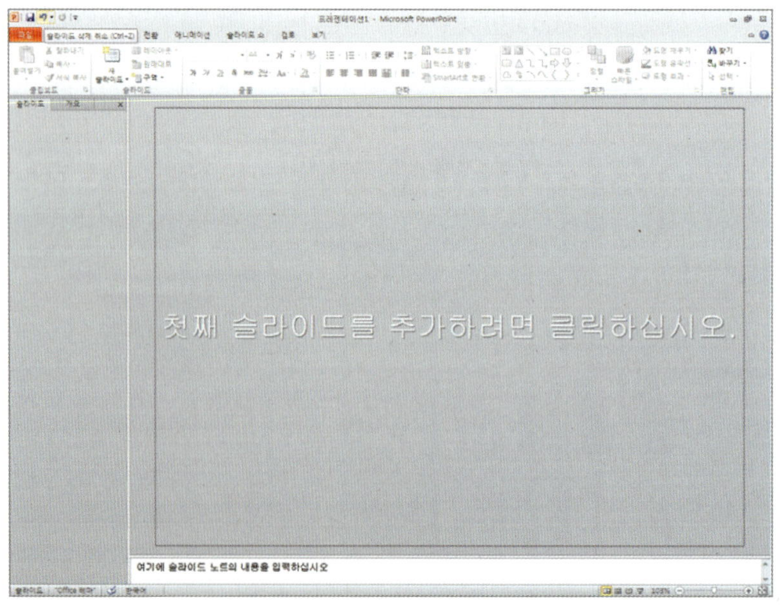

개체 틀이란 슬라이드를 만들 때 나타나는 점선으로 된 테두리 상자로서 그림, 도형, 클립 아트, 차트 등과 같은 개체에 대해 틀을 제공하며, 텍스트 개체 틀 안에 마우스 포인터를 놓고 클릭하면 글자를 입력하거나 수정할 수 있습니다.

1 [한글/영문 입력]을 하려면, 슬라이드 창에서 [제목을 입력하십시오]라는 텍스트 틀 위에 마우스 포인터를 놓고 [클릭]하면, 마우스 포인터 모양이 [|]로 변경됩니다.

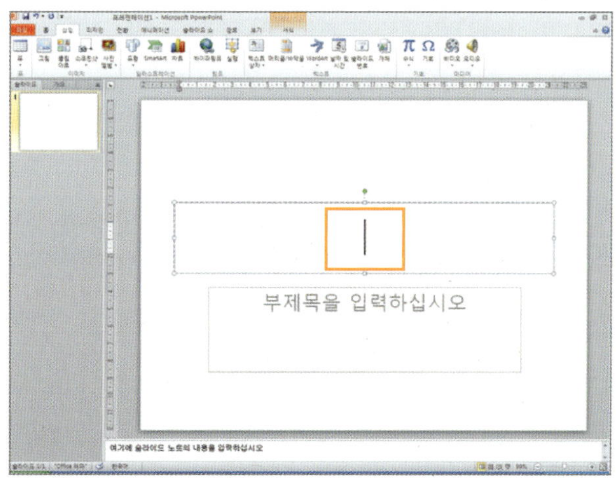

▶ [텍스트 틀]에 내용을 입력할 수 있는 상태로 변경되면 제목을 입력하면 됩니다.
● 한/영 전환 표시기가 [가]인 상태에서 [한글]을 입력합니다.

▶ [부제목을 입력하십시오]라는 텍스트 틀 위에 마우스 포인터를 놓고 [클릭]한 후, 부제목을 입력하면 됩니다.
● 한/영 전환 표시기가 [A]인 상태에서 [영문]을 입력합니다.

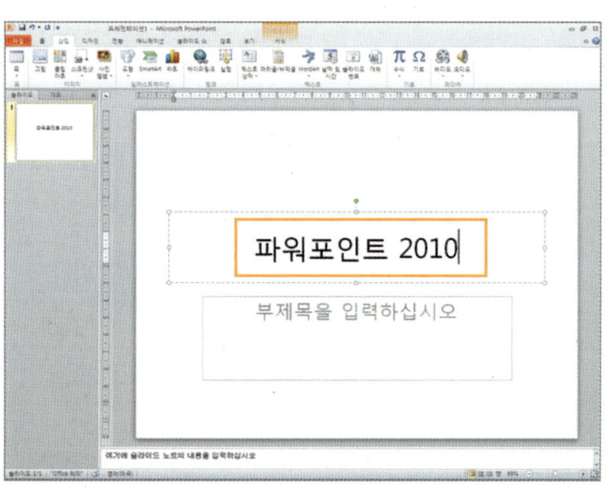

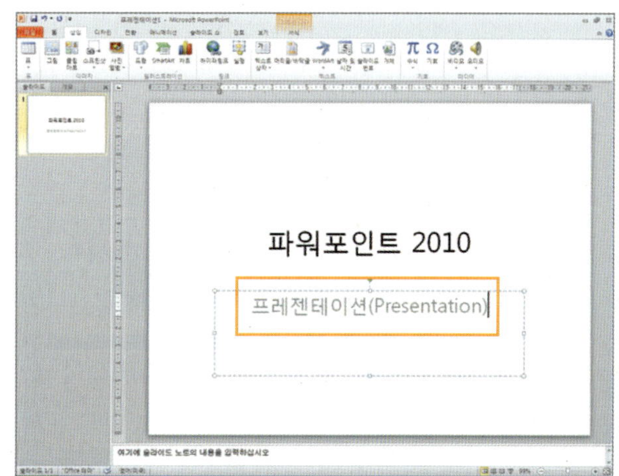

2 [한자 입력]을 하려면, 메뉴 표시줄에서 [홈] ➡ [새 슬라이드] ➡ [구역 머리글]을 선택하여 새 슬라이드를 삽입합니다.

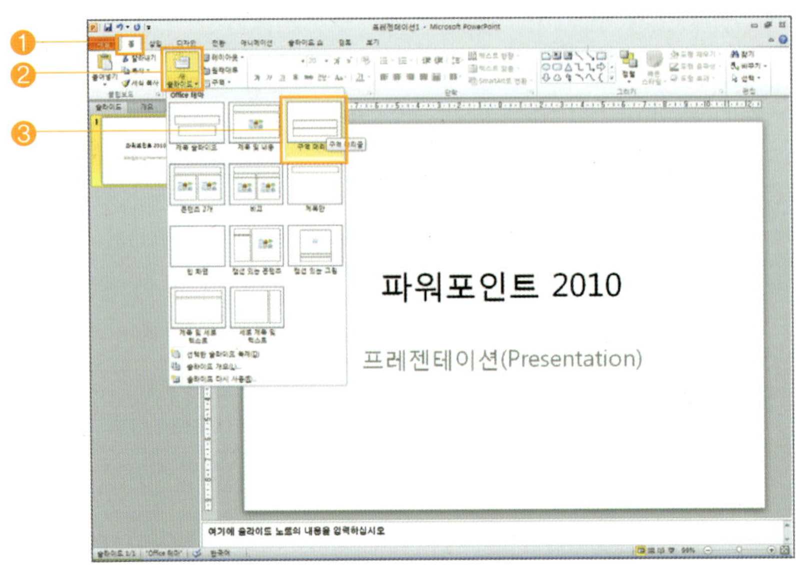

▶ 슬라이드 창에 [제목을 입력하시오]라는 텍스트 틀을 클릭한 후, 한자음에 해당하는 글자를 [한글로 입력]합니다.

▶ 한자로 변환하려는 글자 앞에 [커서를 이동]한 후, 메뉴 표시줄에서 [검토] ➡ [한글/한자 변환]을 선택합니다.

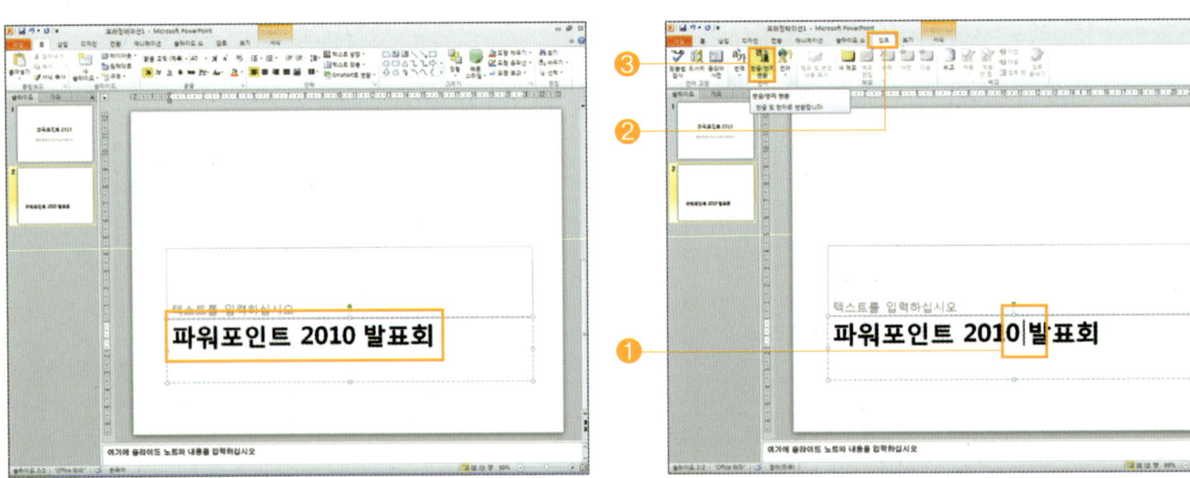

개체 틀 크기를 조정하려면…

크기를 조절하려는 [개체를 선택]하고 [크기 조정 핸들] 위에 마우스 포인터를 놓고 [마우스 왼쪽 버튼]을 누른 상태에서 [드래그]하면 됩니다.

[한글/한자 변환] 대화상자가 나타나면, [변환]을 선택하면 됩니다.

- 한 글자씩 변환하려면, 대화상자에서 [한 글자씩]을 선택하고, 원하는 글자를 [더블클릭]하면 됩니다.

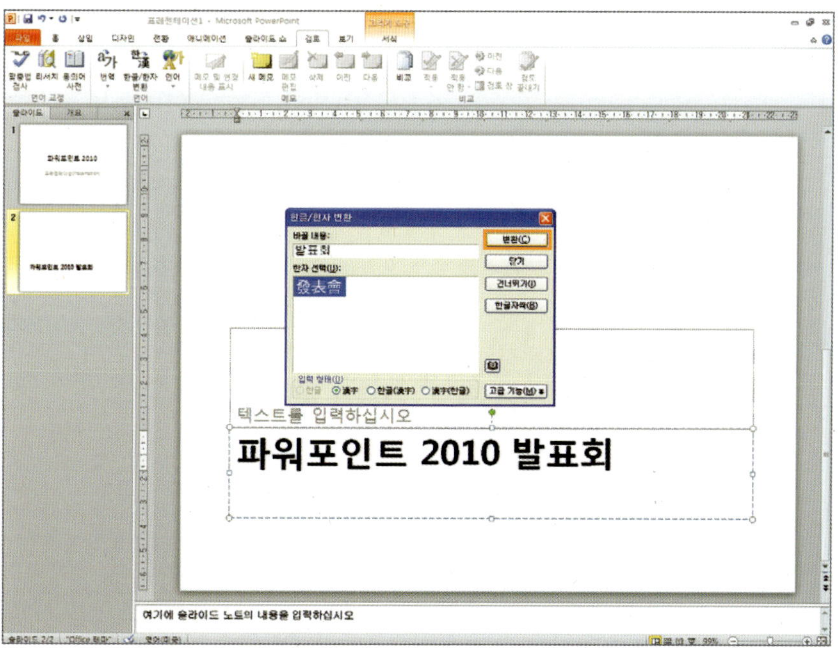

다음 화면은 한글이 한자로 변환된 모양입니다.

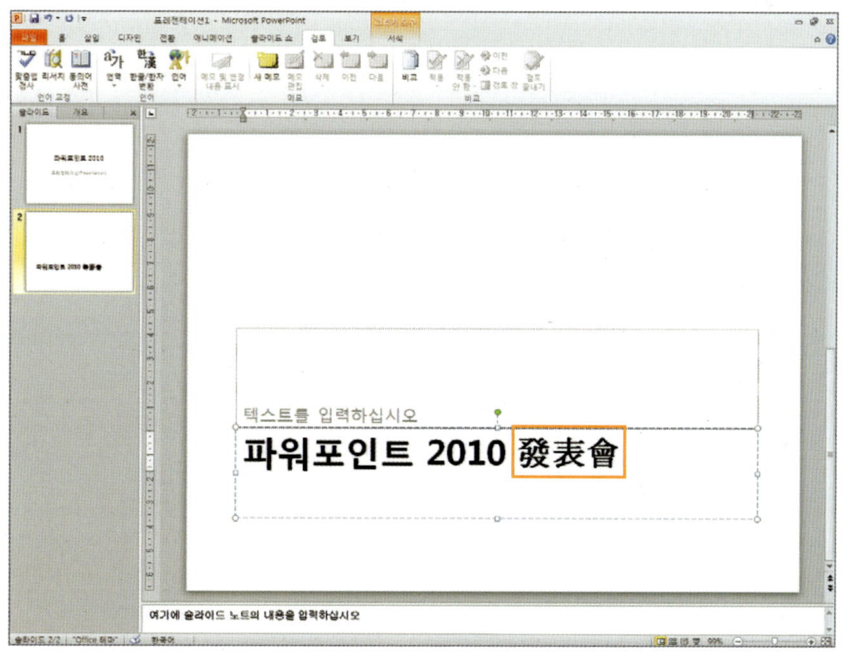

3 [기호/특수문자 입력]을 하려면, 기호를 입력하려는 위치에 마우스 포인터를 놓고, 메뉴 표시줄에서 [삽입] ➡ [기호]를 선택합니다.

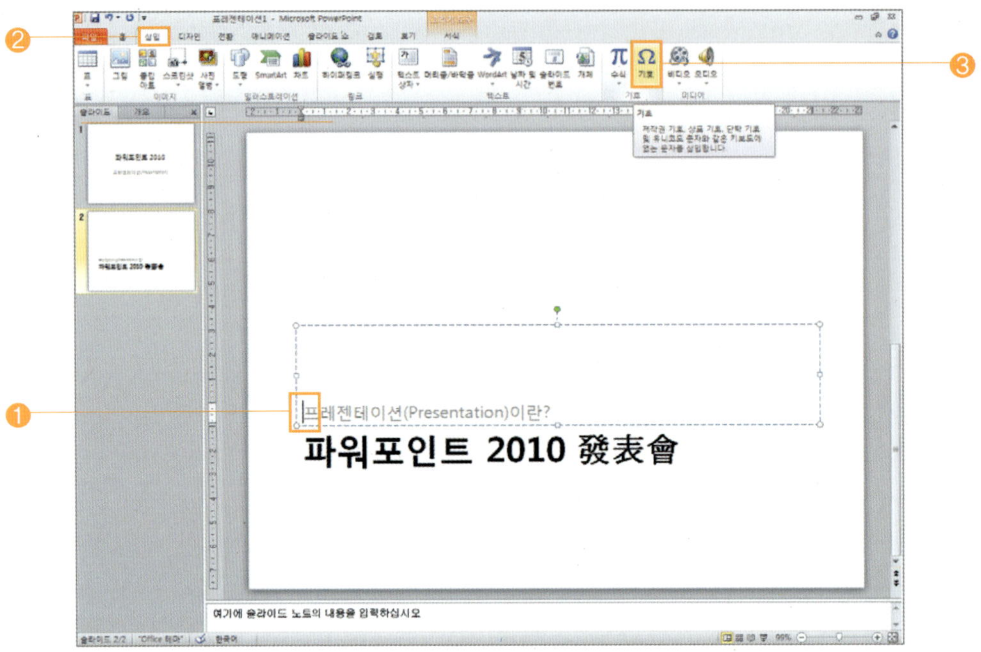

▶ [기호] 대화상자에서 [글꼴]란에 있는 목록 단추를 클릭하여 [Wingdings3]을 선택합니다.

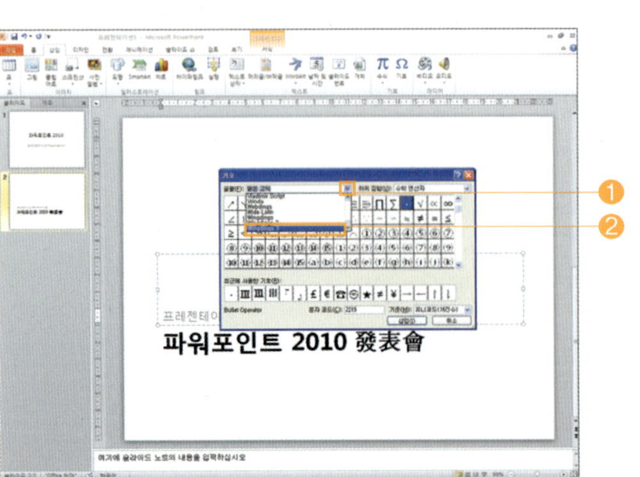

▶ 마우스를 이용하여 원하는 [기호]를 선택한 후, [삽입] 버튼을 누르고, [닫기] 버튼을 클릭하면 됩니다.

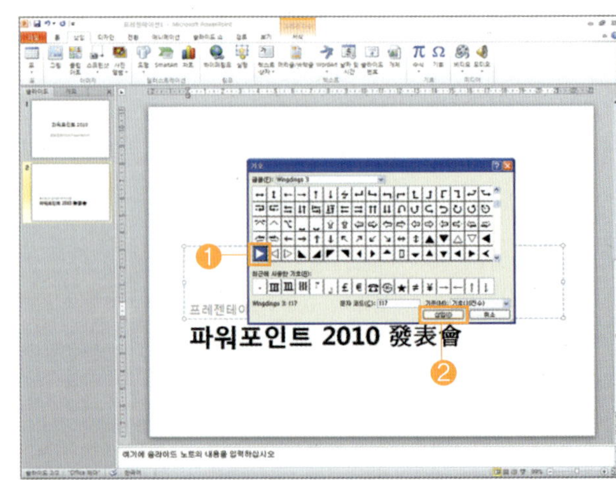

4 [글자 삽입]을 하려면, 글자를 삽입하려는 위치에 마우스 포인터를 놓고 [클릭]하면, 텍스트 틀이 내용을 삽입할 수 있는 상태로 변경됩니다.

▶ 여기서, 원하는 내용을 [입력]하면 새로운 글자가 삽입됩니다.

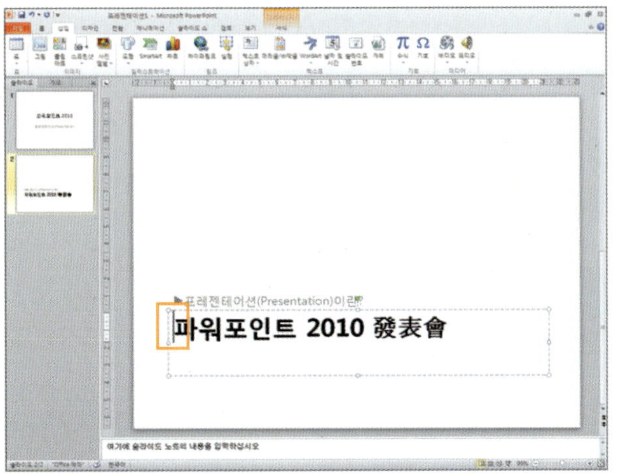

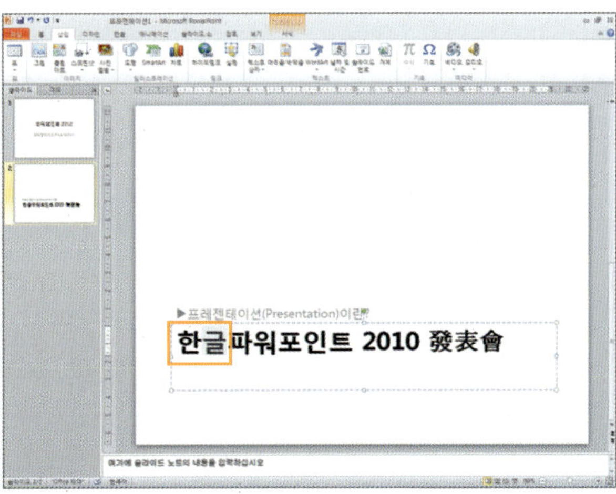

5 [글자 삭제]를 하려면, 글자를 삭제하려는 위치에 마우스 포인터를 놓고 [클릭]하면, 텍스트 틀이 내용을 삭제할 수 있는 상태로 변경됩니다.

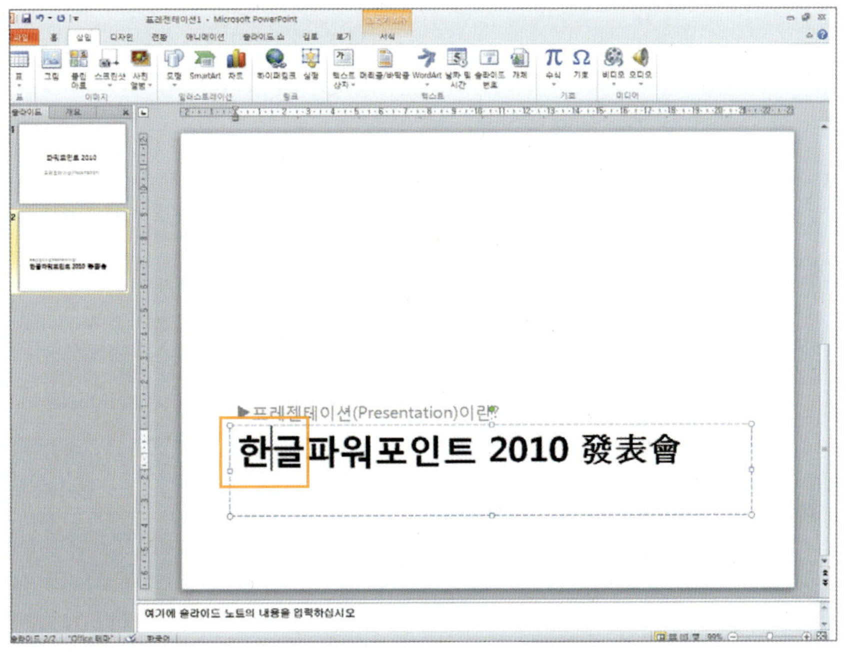

⊙ 여기서, [왼쪽 글자]를 삭제하려면, Back Space 키를 누르고, [오른쪽 글자]를 삭제하려면 Delete 키를 누르면 됩니다.

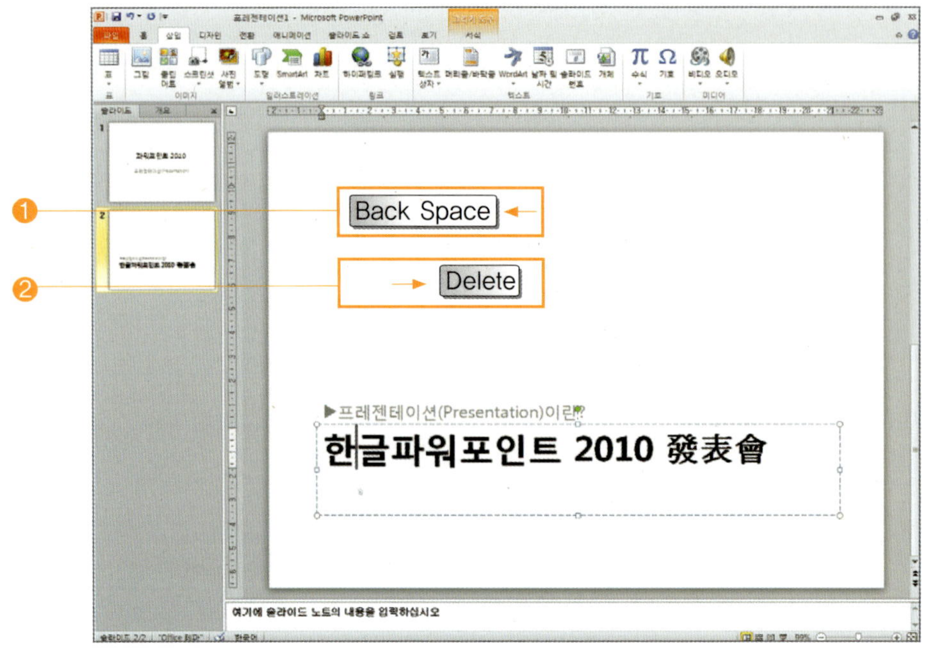

6 [맞춤법 검사]를 하려면, 텍스트 틀란에 다음 화면과 같이 [Presentation]이라고 입력한 후, 메뉴 표시줄에서 [검토] ➡ [맞춤법 검사]를 선택합니다.

⊙ [맞춤법 검사] 대화상자에서 사전에 없는 단어가 있거나 맞춤법이 틀렸으면 [추천 단어]를 보여주는데, [추천 단어]란에서 적절한 단어를 선택한 후, [변경] 버튼을 선택하면 됩니다.

● 교정하지 않으려면 [건너뛰기]를 선택하면 됩니다.

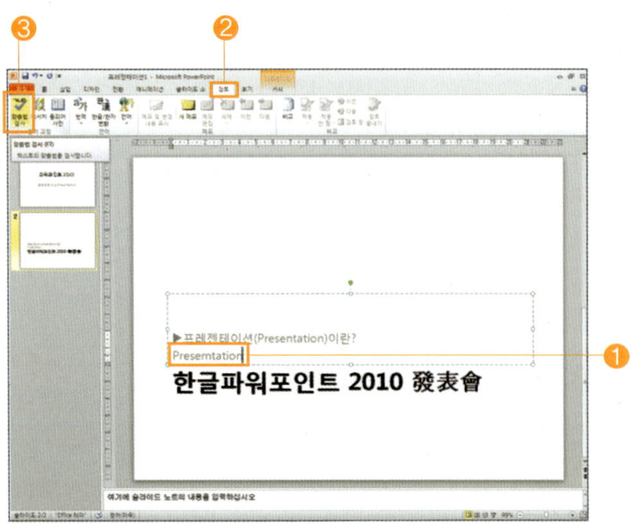

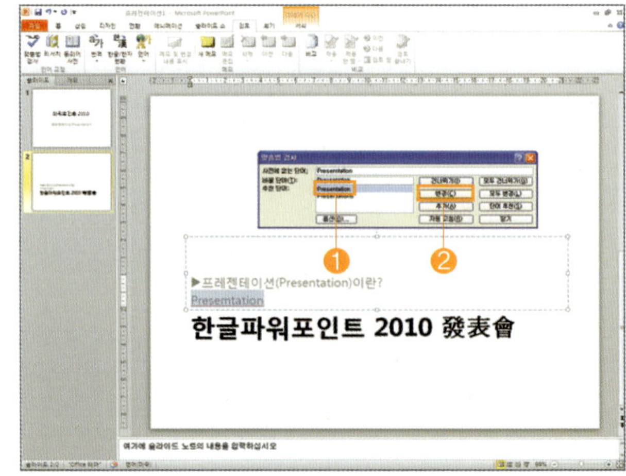

7 [텍스트 바꾸기]를 하려면, 메뉴 표시줄에서 [홈] ➡ [바꾸기] ➡ [바꾸기]를 선택합니다.

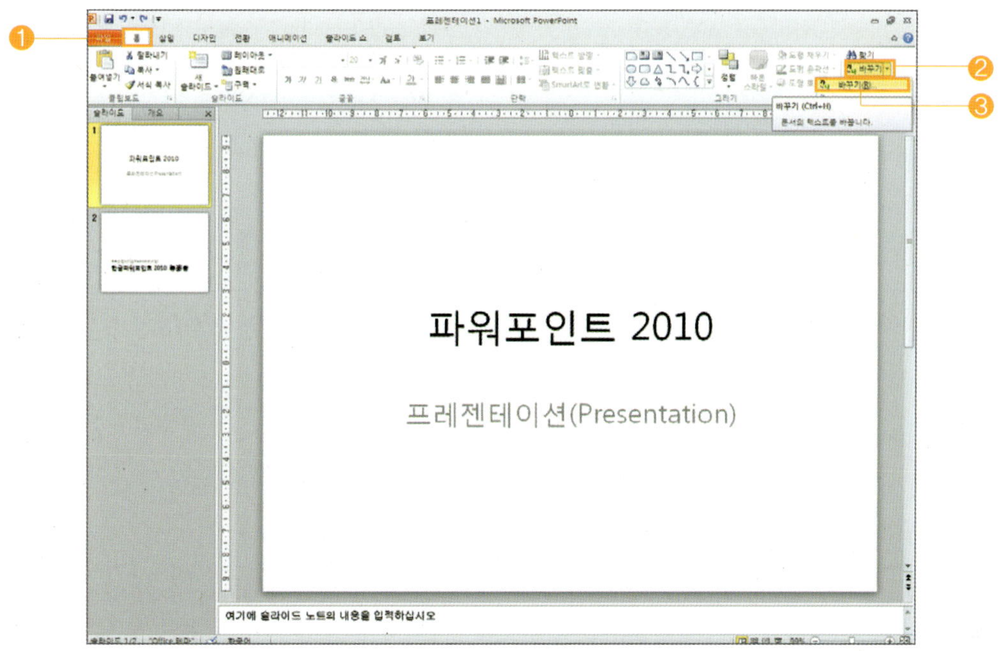

⊙ [바꾸기] 대화상자가 나타나면 찾을 내용 란에 [파워포인트]를 입력하고, 바꿀 내용 란에 [PowerPoint]를 입력한 후, [모두 바 꾸기]를 선택한 다음, [확인] 버튼을 누르면 됩니다.

⊙ 다음 화면은 슬라이드의 텍스트 바꾸기가 된 모양입니다.

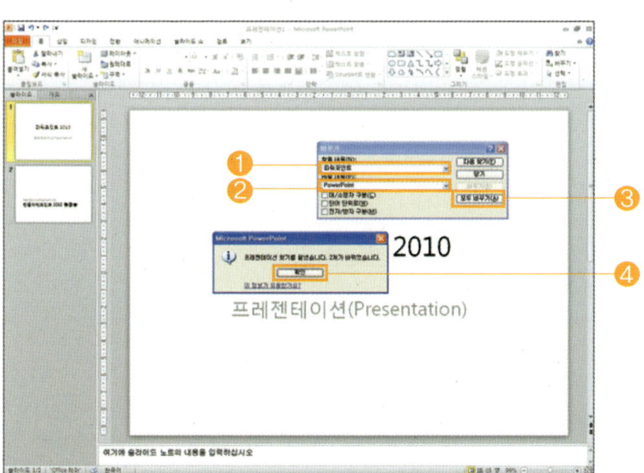

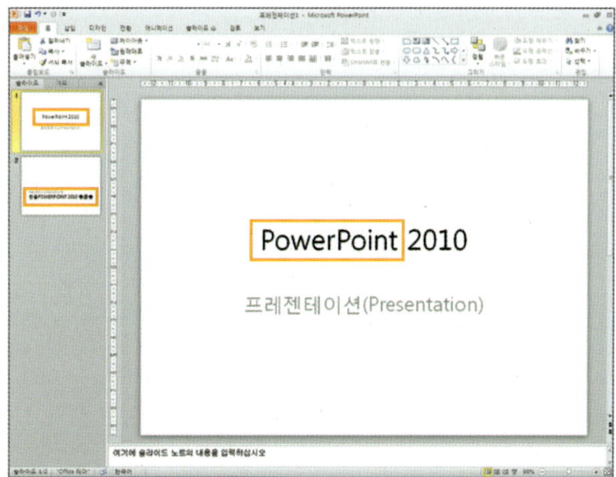

■ 다음과 같은 내용의 슬라이드를 작성하시오.

• 제목 및 내용 슬라이드를 선택합니다.

• 한글, 영문, 한자, 기호와 같은 문자를 입력하여 내용을 작성합니다.

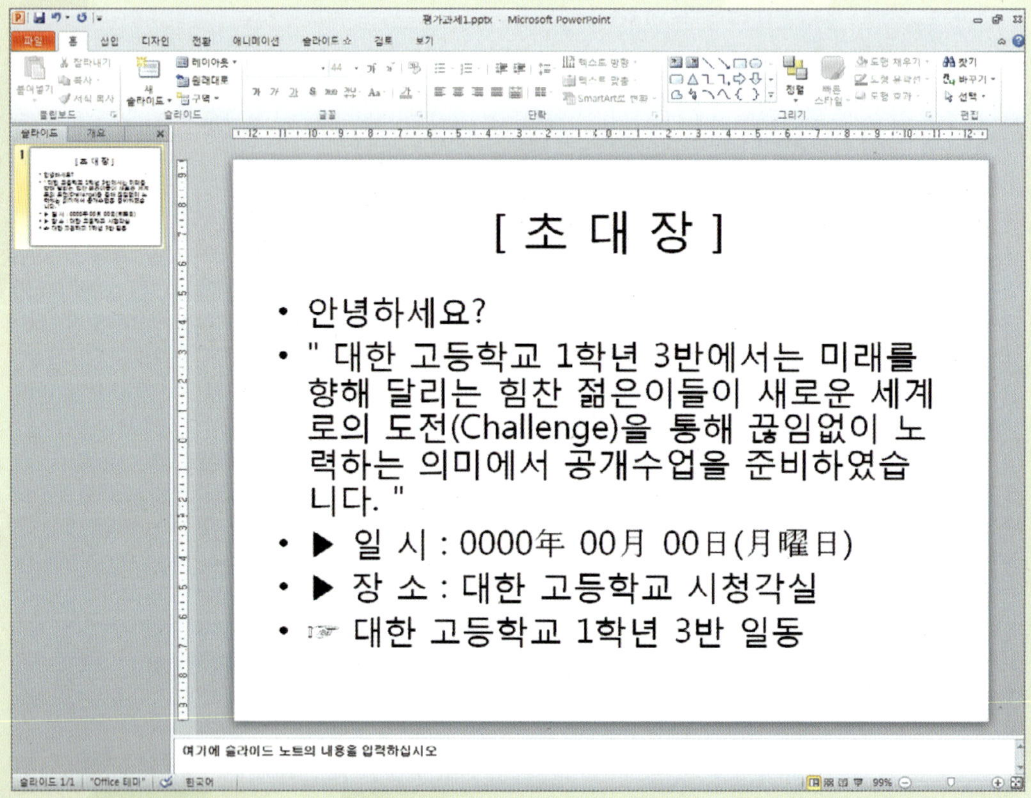

편집 화면에 있는 문서를 저장하지 않고 작업을 종료하면 작성한 문서는 사라지게 되므로, 수시로 저장하는 것이 바람직합니다. 프레젠테이션 문서를 저장할 때의 파일 형식에는 PowerPoint 프레젠테이션(*.pptx), PowerPoint97–2003 프레젠테이션(*.ppt), PDF(*.pdf), PowerPoint 서식 파일(*.potx) 등이 있습니다.

1 [문서 저장]을 하려면, [새로운 문서]인 경우 [파일] ➡ [저장]을 클릭하면, [다른 이름으로 저장] 대화상자가 나타납니다.

● 제목 표시줄에 [프레젠테이션(번호).pptx]–Microsoft PowerPoint인 경우는 새로운 문서를 의미 합니다.

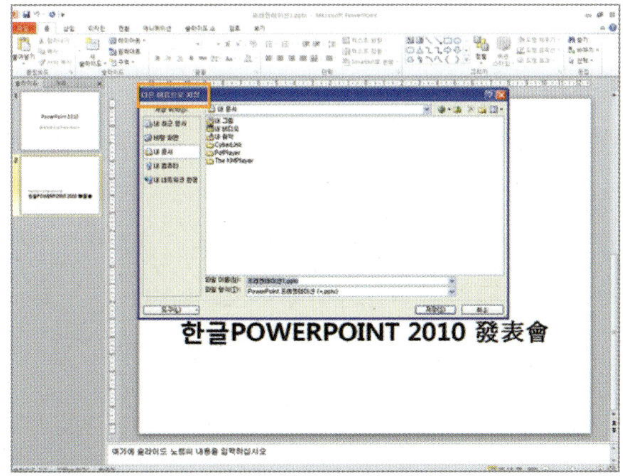

⨠ [저장 위치]를 지정하고, [파일 이름]란에 파일명을 [발표회]로 입력한 후, [저장] 버튼을 선택하면 됩니다.

● [파일명]이 이미 있는 문서를 작성한 후 [저장]을 하면 [다른 이름으로 저장] 대화상자가 나타나지 않고 저장됩니다.

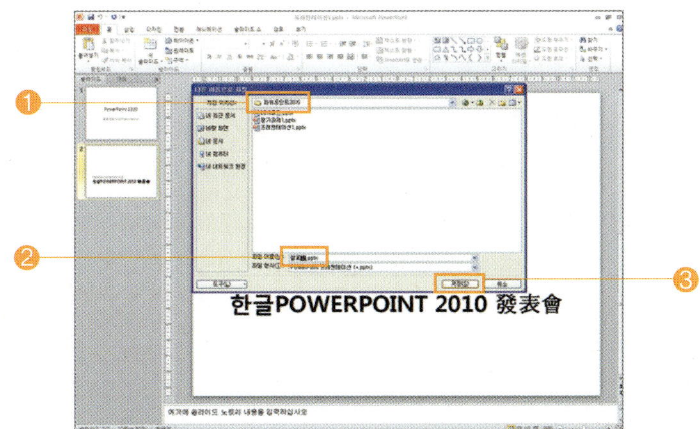

다음 화면은 파일명이 [발표회]로 저장된 모양입니다.

2 파워포인트 2010을 [종료]하려면, 메뉴 표시줄에서 [파일] ➡ [끝내기]를 선택하거나, [닫기] 버튼을 클릭하면 됩니다.

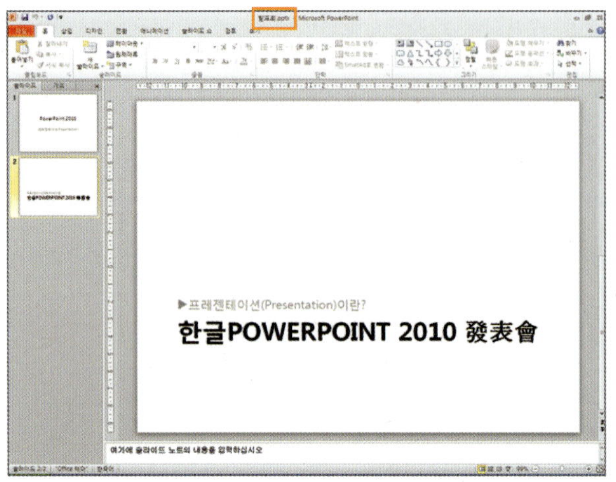

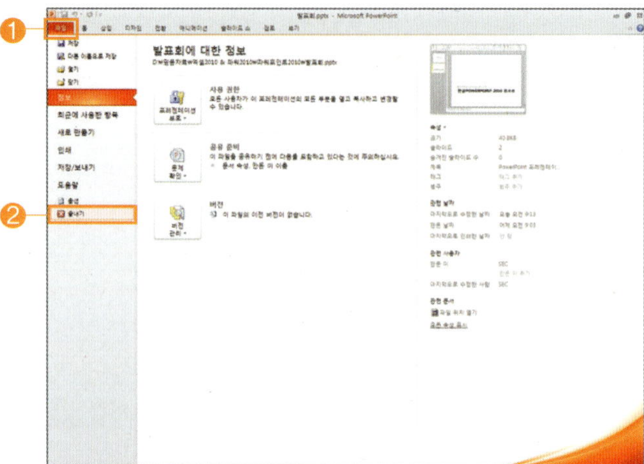

3 [문서 열기]를 하려면, 파워포인트 2010을 실행하면 빈 슬라이드 화면이 나타나는데, 메뉴 표시줄에서 [파일] ➡ [열기]를 선택한 후, [찾는 위치]란에서 원하는 [파일을 선택]하면 됩니다.

● [파일] ➡ [최근에 사용한 항목]을 선택하여 문서 열기를 하여도 됩니다.

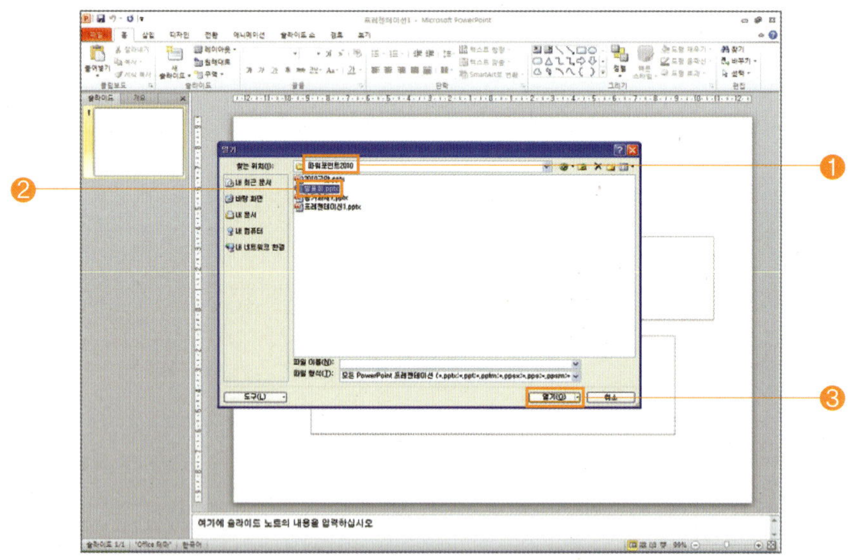

>>> 알아두세요

PDF 문서 만들기로 저장을 하면…
글꼴, 서식 및 이미지는 유지하면서 다른 사용자가 쉽게 내용을 변경할 수 없습니다.

| 입력된 글자의 글꼴, 크기, 글자색 등의 모양을 변경하여 다양하고 멋진 슬라이드를 만들 수 있습니다.

1 [글꼴]을 변경하려면, 변경하려는 글자를 [블록 설정]하고, 메뉴 표시줄에서 [홈]을 선택합니다.

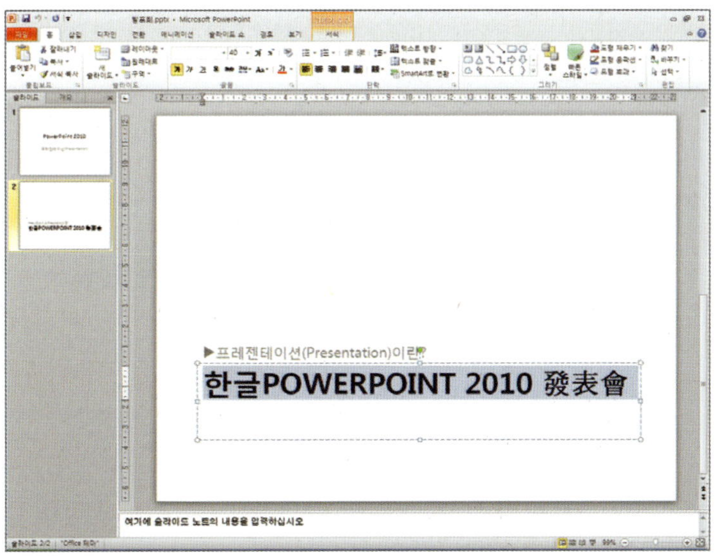

[홈] 도구 모음줄이 나타나면, 글꼴란에서 [글꼴]상자 오른쪽에 있는 [목록 단추]를 클릭하여 [HY 견고딕]을 선택하면 됩니다.

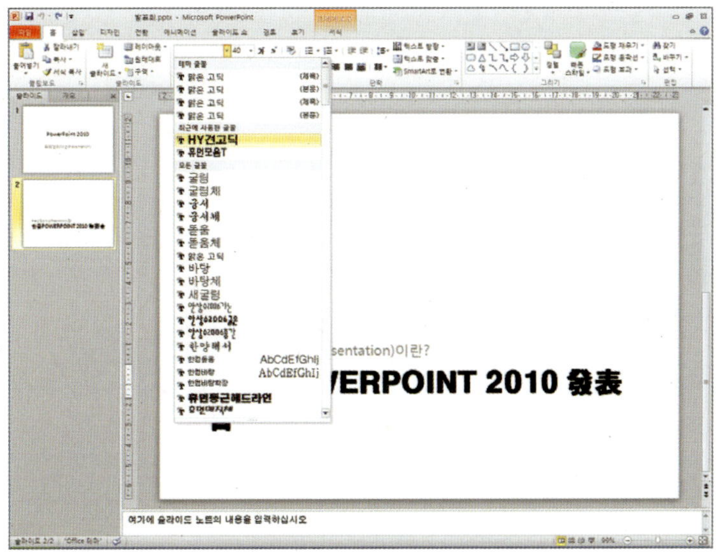

2 [글꼴 크기]를 변경하려면, 변경하려는 글자를 [블록 설정]한 후, 글꼴란에서 [글꼴 크기] 상자 오른쪽에 있는 [목록 단추]를 클릭하여 [36]을 선택하면 됩니다.

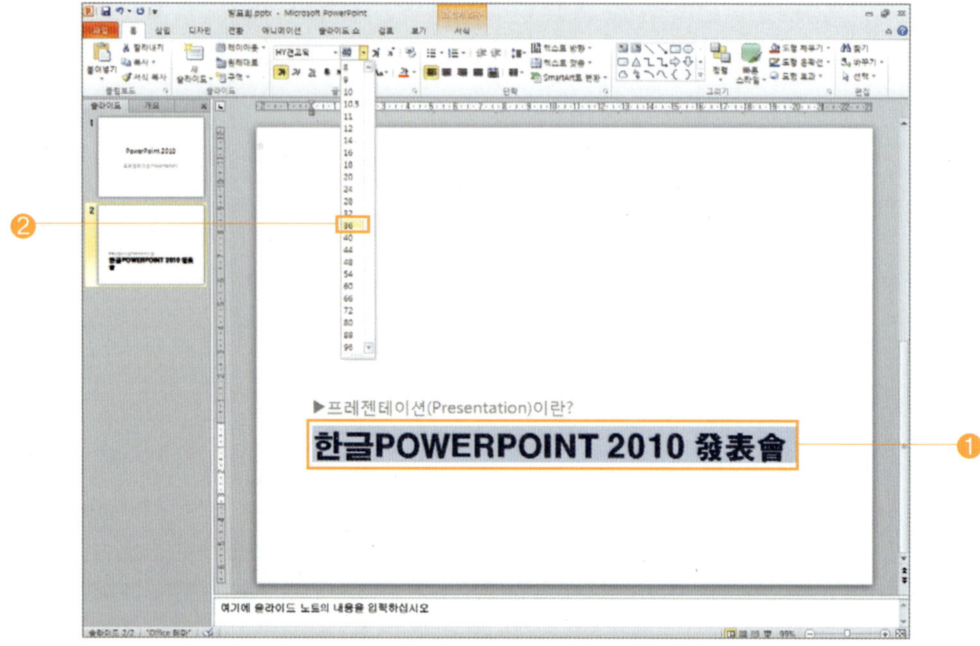

3 [기울임꼴]로 변경하려면, 변경하려는 글자를 [블록 설정]한 후, 글꼴란에서 [기울임꼴] 아이콘을 선택하면 됩니다.

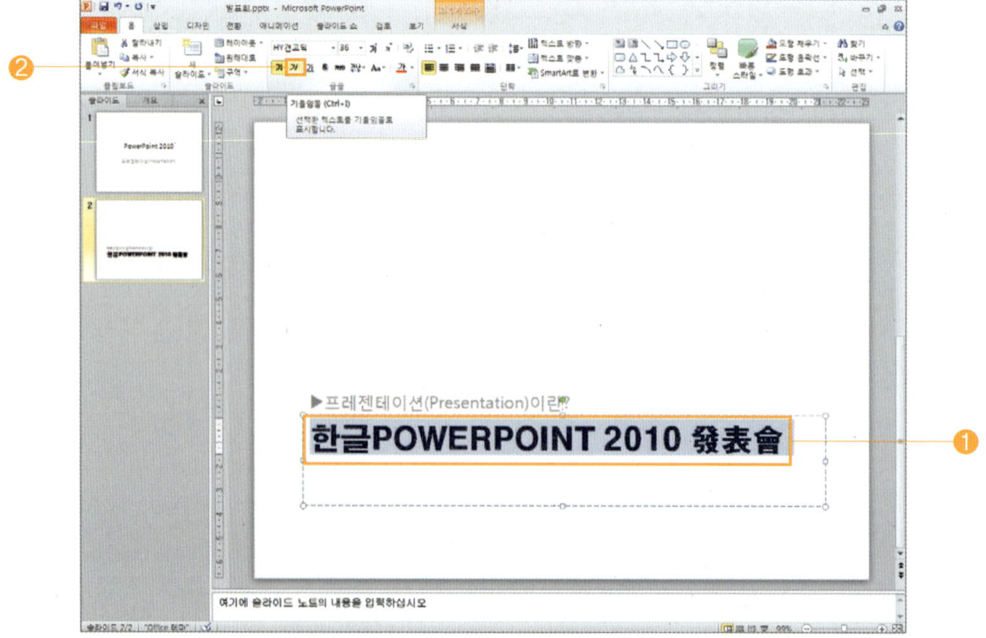

4 [밑줄]을 넣으려면, 변경하려는 글자를 [블록 설정]한 후, 글꼴란에서 [밑줄] 아이콘을 선택하면
됩니다.

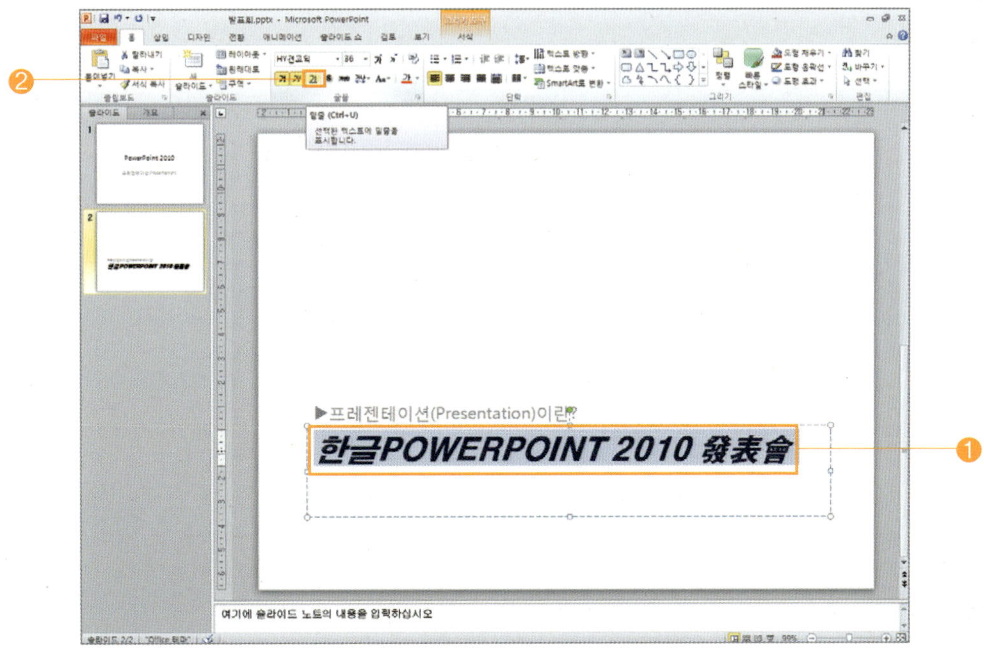

5 [그림자 효과]를 넣으려면, 변경하려는 글자를 [블록 설정]한 후, 글꼴란에서 [텍스트 그림자] 아
이콘을 선택하면 됩니다.

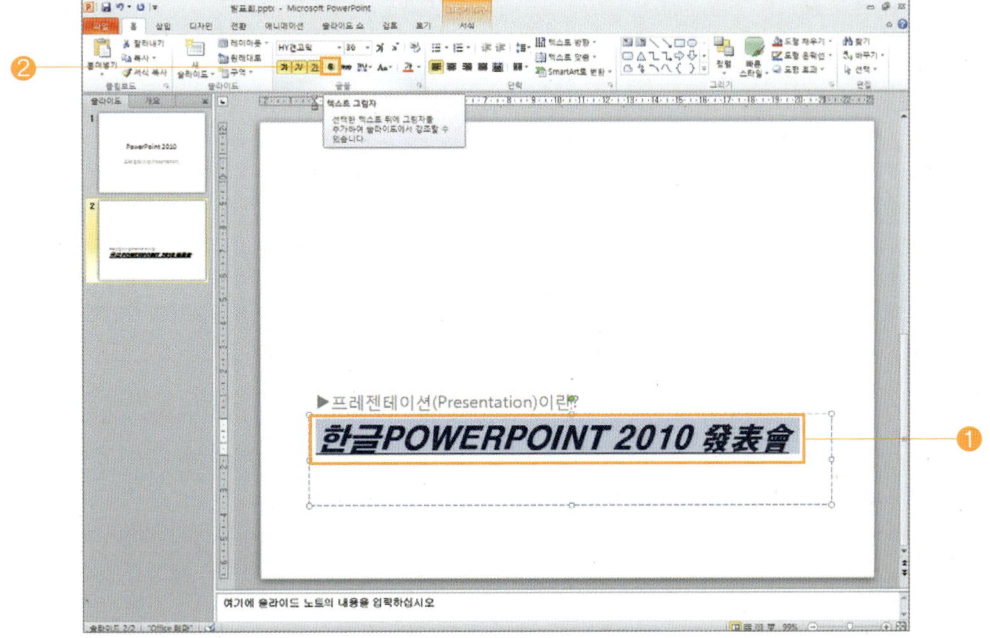

6 [글자색]을 변경하려면, 변경하려는 글자를 [블록 설정]한 후, 글꼴란에서 [글꼴색] 아이콘 옆의 [목록 단추]를 클릭하여 원하는 글꼴색을 선택하면 됩니다.

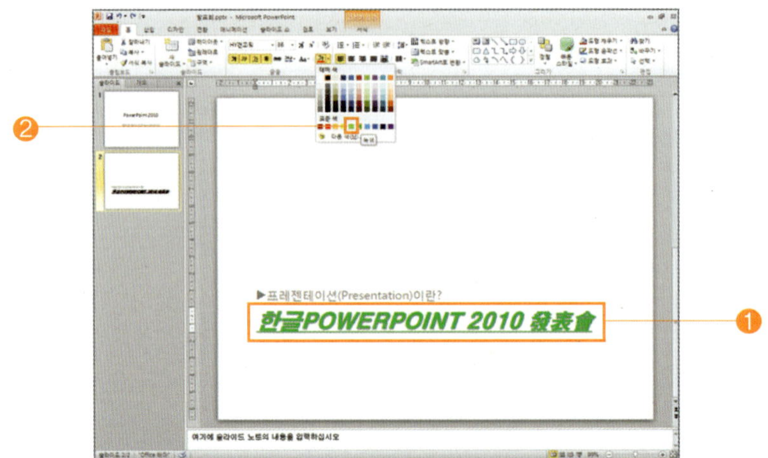

7 [문자 간격]을 변경하려면, 변경하려는 글자를 [블록 설정]한 후, 글꼴란에서 [문자 간격] 아이콘 옆의 [목록 단추]를 클릭하여 원하는 글자 간격을 선택하면 됩니다.

◎ 다음 화면은 [글자의 모양]을 변경하여 완성한 슬라이드 모양입니다.

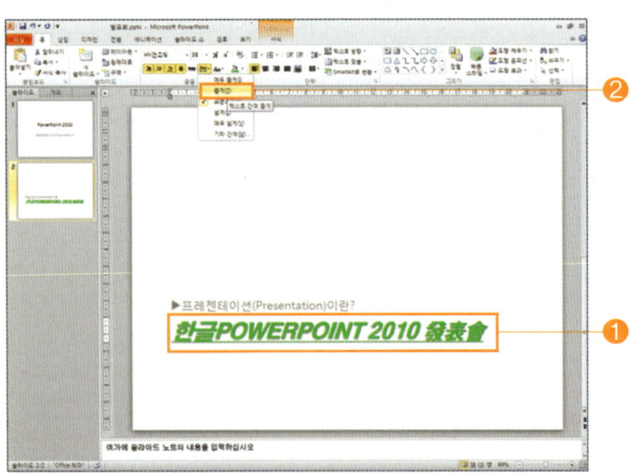

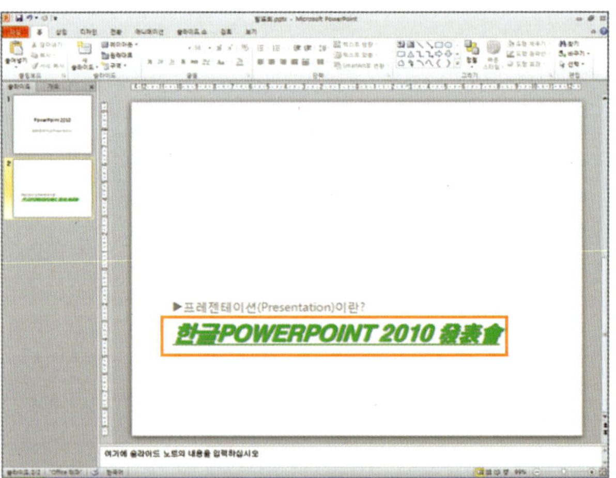

8 [텍스트 채우기]를 하려면, 채우기하려는 글자를 [블록 설정]한 후, 메뉴 표시줄에서 [그리기 도구] ➡ [서식]을 선택합니다.

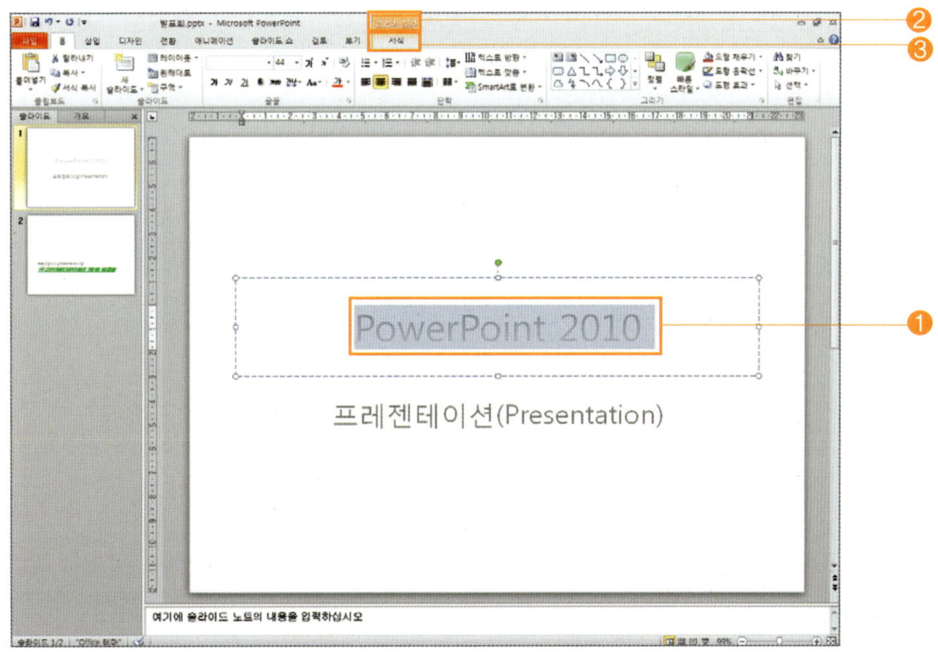

[서식] 도구 모음줄이 나타나면, WordArt 스타일란에서 [텍스트 채우기]를 클릭하고, [그라데이션] ➡ [선형 아래쪽]을 선택하면 됩니다.

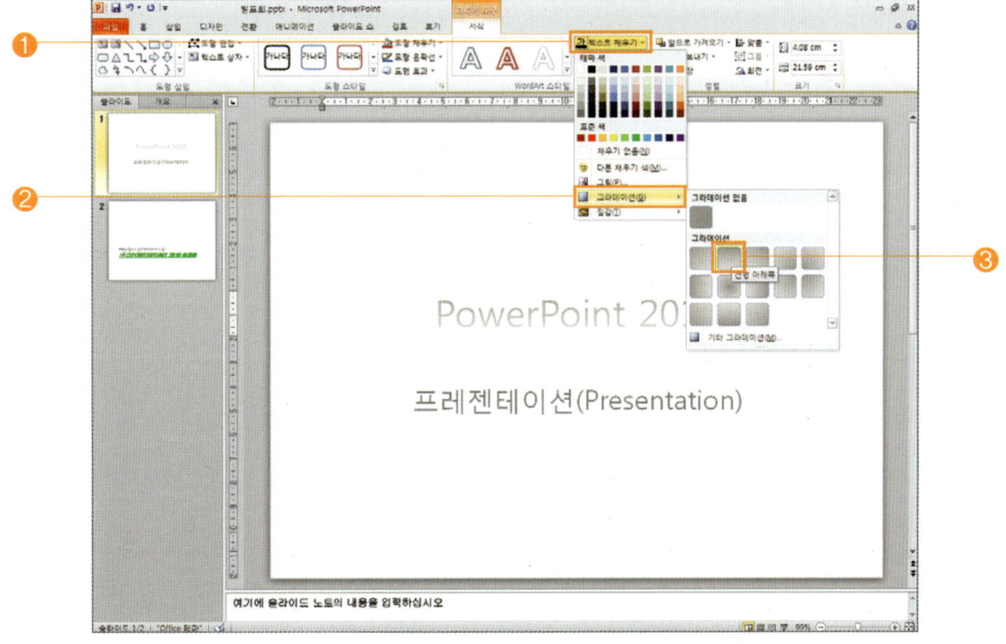

9 [텍스트 윤곽선]을 변경하려면, 변경하려는 문자를 [블록 설정]한 후, [텍스트 윤곽선] ➡ [두께] ➡ [1pt]를 선택하면 됩니다.

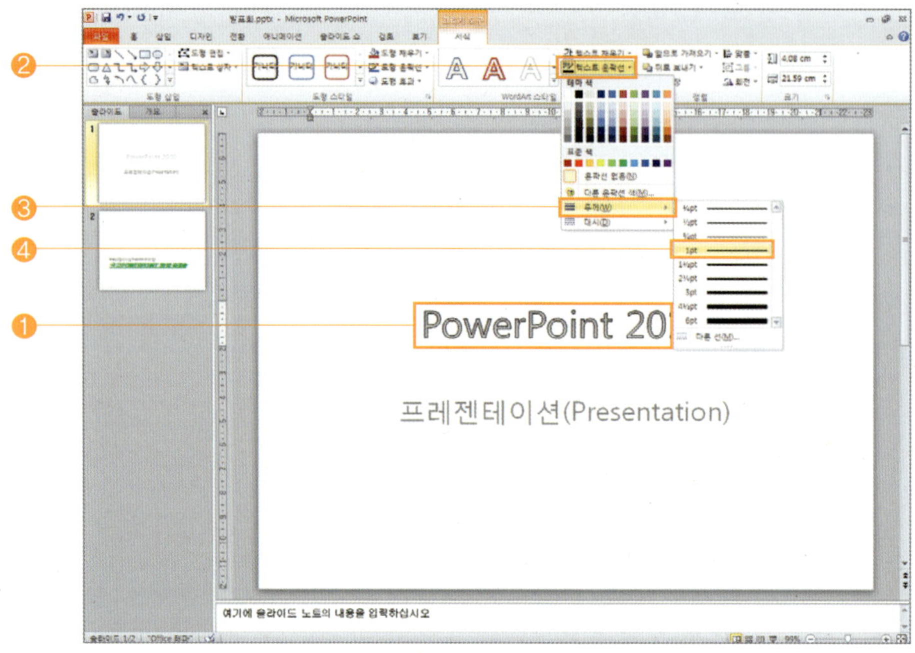

10 [텍스트 효과]를 지정하려면, 지정하려는 글자를 [블록 설정]한 후, [텍스트 효과] ➡ [반사] ➡ [근접 반사, 터치]를 선택하면 됩니다.

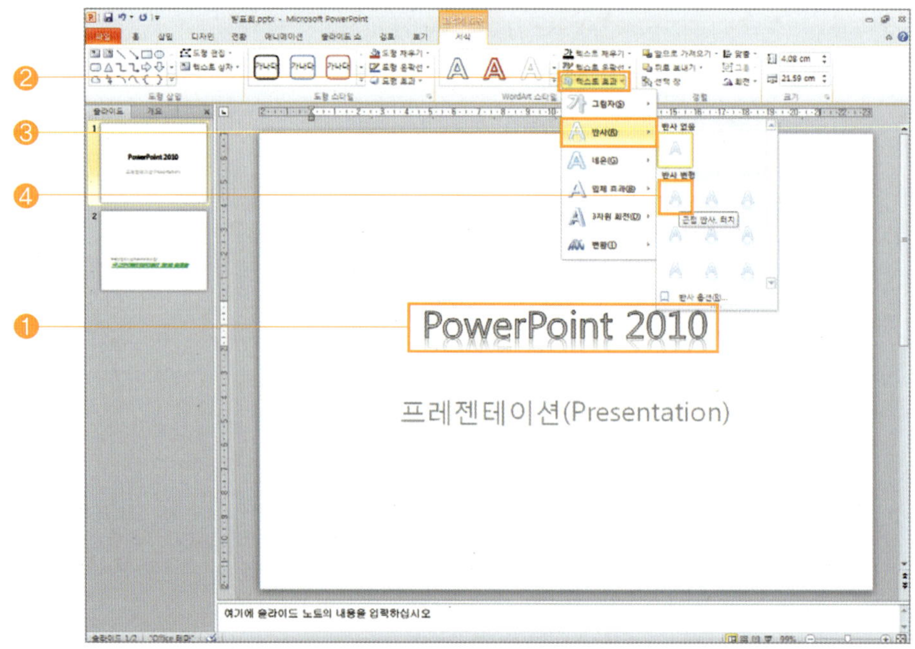

11 [텍스트의 표시 스타일]을 변경하려면, 변경하려는 글자를 [블록 설정]한 후, [자세히] 목록 단추를 클릭하고, [선택한 텍스트에 적용]란에서 [그라데이션 채우기 – 주황, 강조 6, 안쪽 그림자]를 선택하면 됩니다.

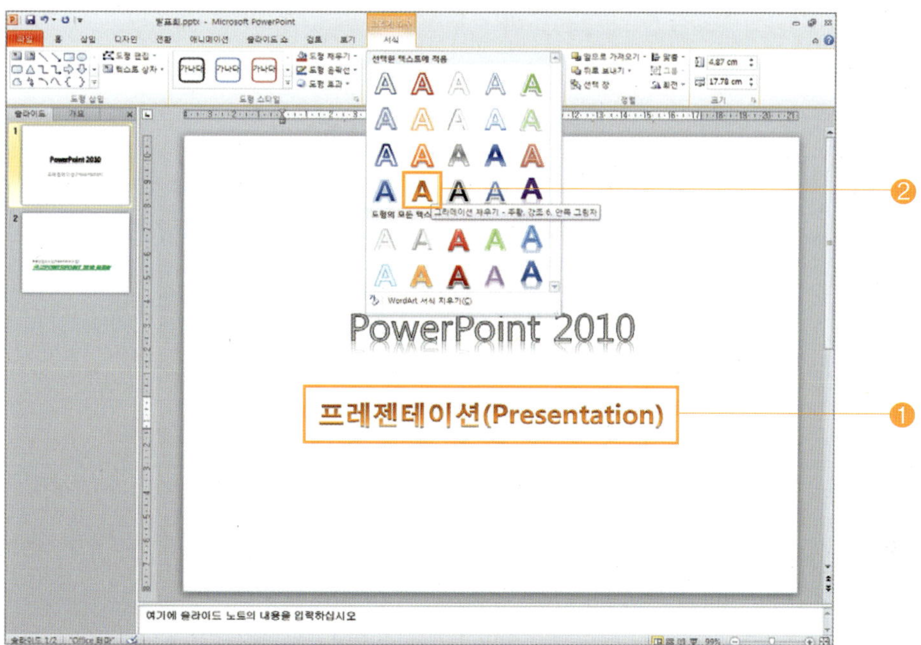

다음 화면은 [글자의 WordArt 스타일]을 변경하여 완성한 슬라이드 모양입니다.

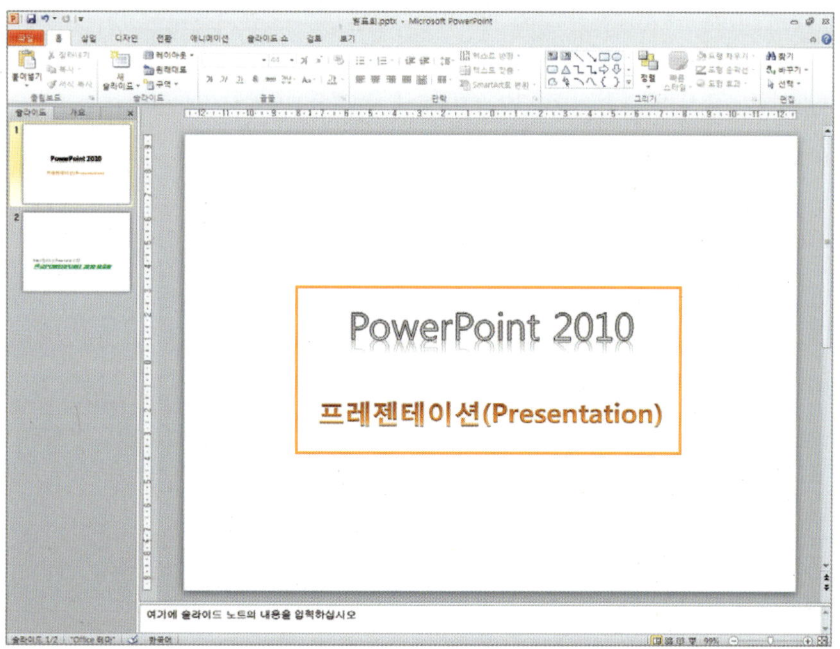

■ 다음과 같은 내용의 슬라이드를 작성하고 꾸미기한 후 저장하시오.

• 제목 및 내용 슬라이드를 선택합니다.

• 글꼴란에서 글꼴 이름, 크기, 굵기, 기울임꼴, 밑줄, 텍스트 그림자, 글꼴색을 변경합니다.

• WordArt 스타일란에서 텍스트 채우기, 텍스트 윤곽선, 텍스트 효과, 텍스트의 표시 스타일을 변경합니다.

• 저장 위치를 지정하여 '자전거' 라는 파일명으로 저장합니다.

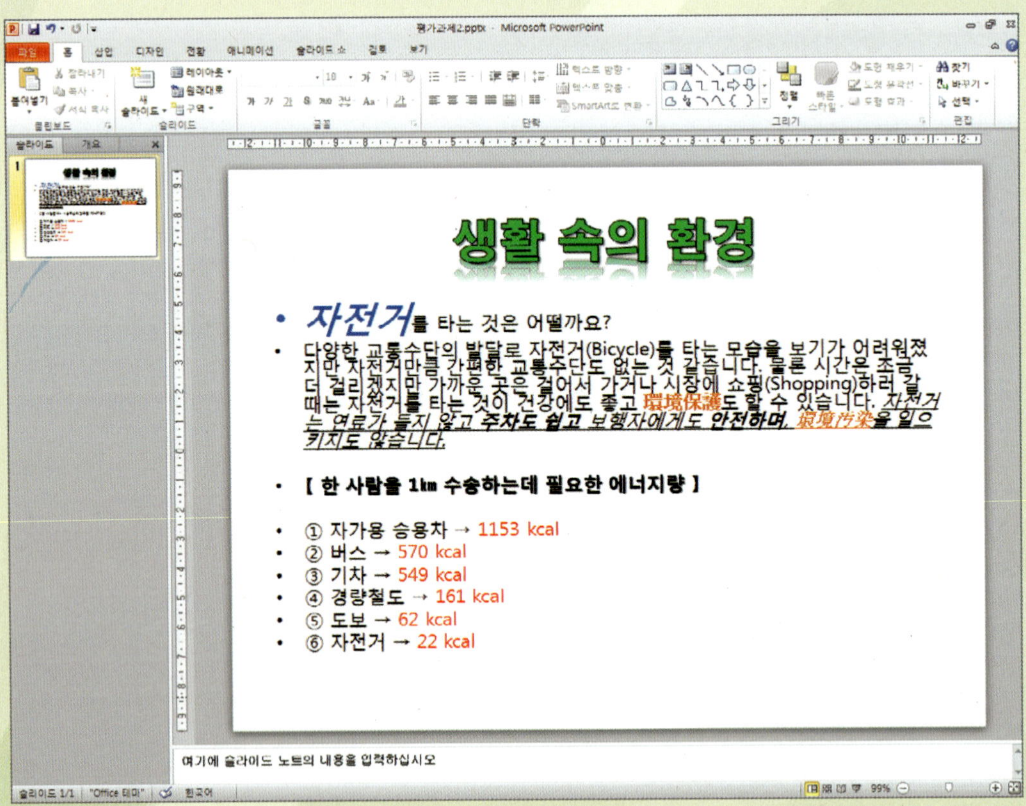

단락이란 문장의 처음에서 Enter 키를 치기 전까지의 모든 문장을 의미하며, 단락 맞춤, 줄 간격, 글머리 기호 등을 변경하면 다양한 형식의 슬라이드를 만들 수 있습니다.

1 [단락 맞춤]을 변경하려면, [홈] 도구 모음줄에서 [새 슬라이드]를 선택하고, [Office 테마]란에서 [제목 및 내용] 슬라이드를 선택합니다.

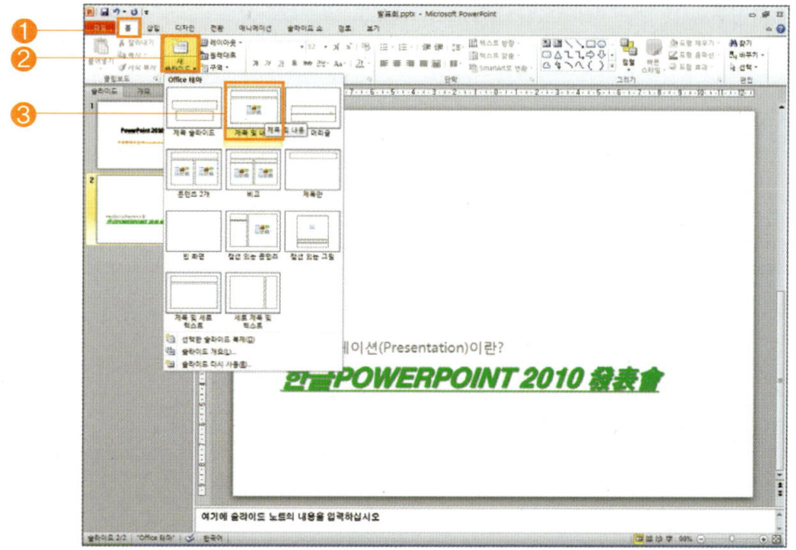

⯈ [제목 및 내용] 슬라이드가 삽입되면, 다음 화면과 같은 [내용을 입력]합니다.

⯈ [가운데 맞춤]을 하려면, 변경하려는 단락 위에 [커서를 이동]한 후, [홈]을 선택한 다음, [단락]란에서 [가운데 맞춤] 아이콘을 선택하면 됩니다.

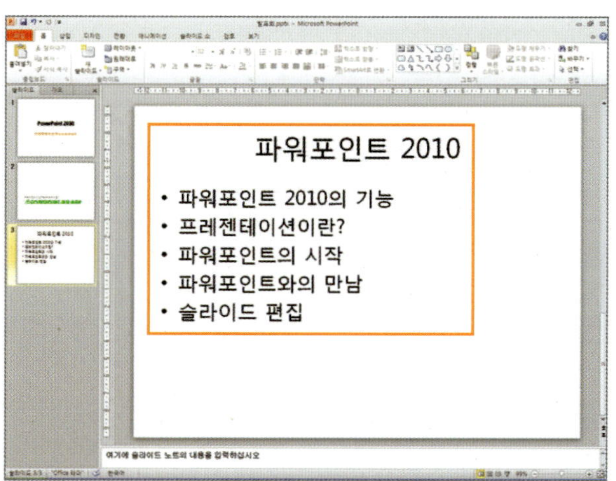

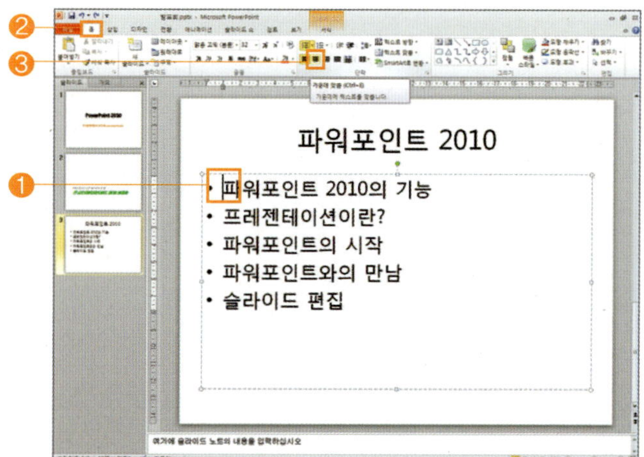

▶ [텍스트 오른쪽 맞춤]을 하려면, 변경하려는 단락 위에 [커서를 이동]한 후, 단락란에서 [텍스트 오른쪽 맞춤] 아이콘을 선택하면 됩니다.

▶ [균등 분할]을 하려면, 변경하려는 단락 위에 [커서를 이동]한 후, 단락란에서 [균등 분할] 아이콘을 선택하면 됩니다.

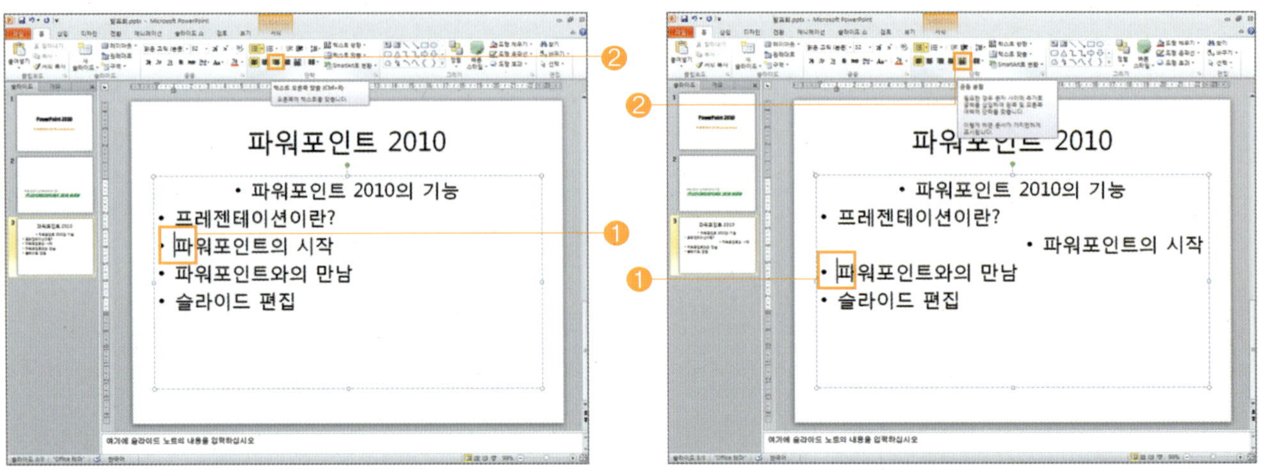

▶ 다음 화면은 [단락 맞춤]을 변경하여 완성한 슬라이드 모양입니다.

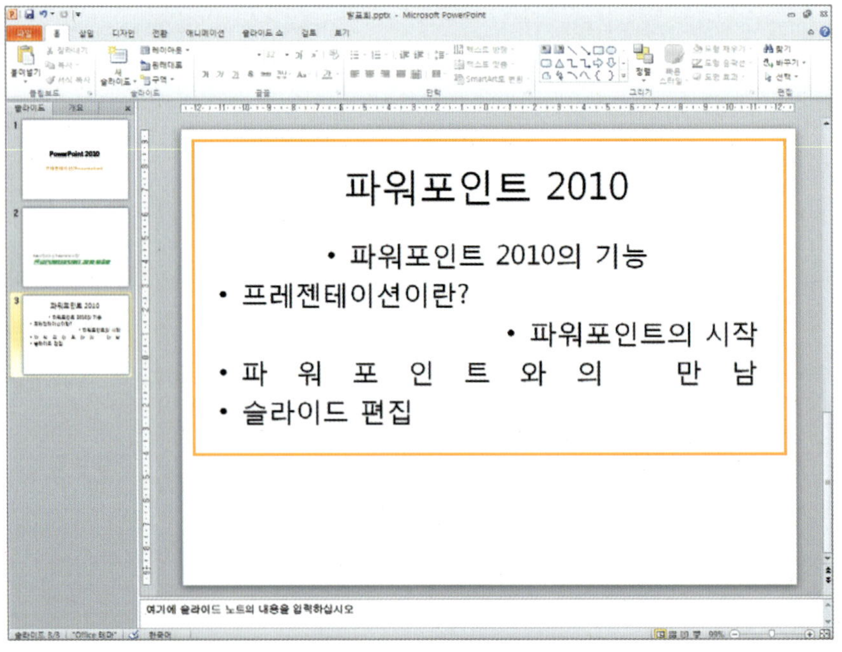

2 [줄 간격]을 변경하려면, 변경하려는 단락을 [블록 설정]한 후, [단락]란에서 [단락 대화상자 표시 아이콘]을 선택합니다.

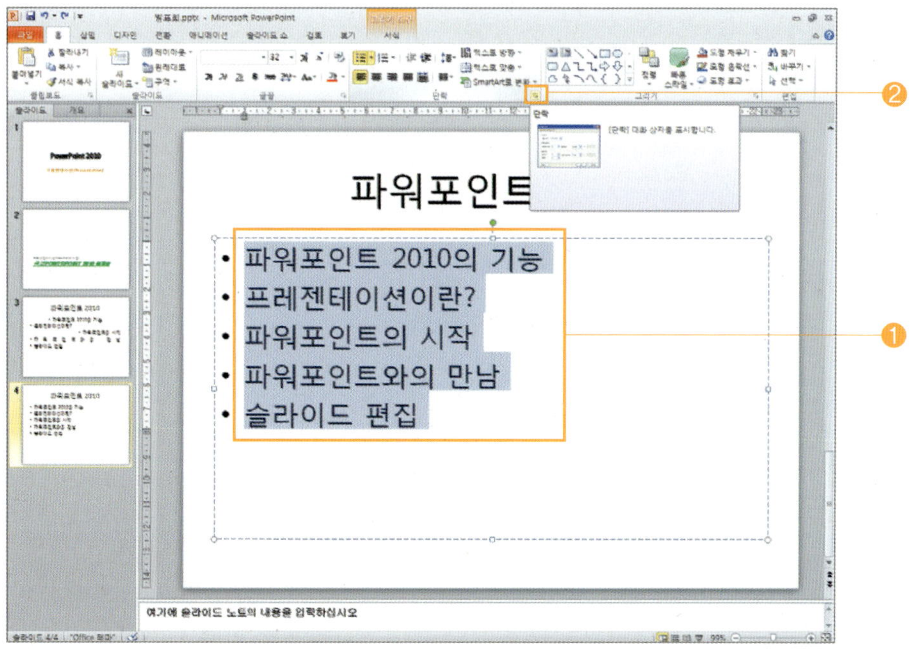

> [단락] 대화상자가 나타나면, [줄 간격]란에 있는 목록상자에서 [1.5줄]을 선택한 후, [확인] 버튼을 누르면 됩니다.

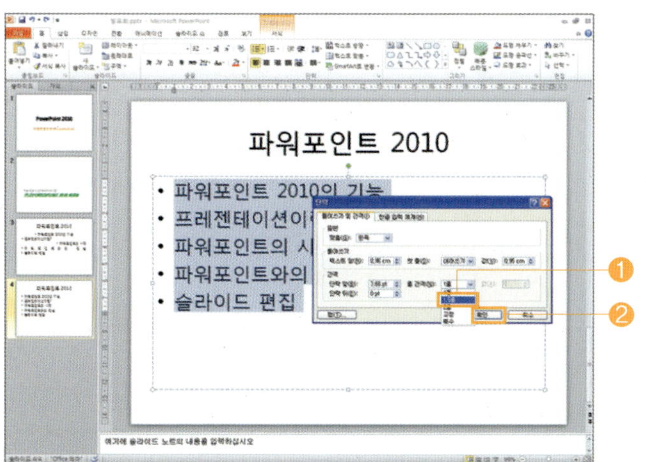

> 다음 화면은 [줄 간격]을 변경하여 완성한 슬라이드 모양입니다.
> - 줄 간격 : 선택한 글자의 수직 줄 간격을 말합니다.

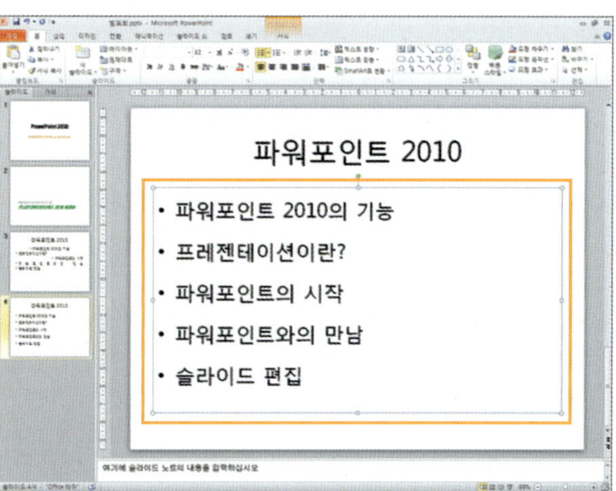

3 [글머리 기호 모양]을 변경하려면, 변경하려는 단락 위에 [커서를 이동]한 후, 단락란에서 [글머리 기호] 아이콘 옆의 목록 단추를 클릭한 다음, [글머리 기호 및 번호 매기기]를 선택합니다.

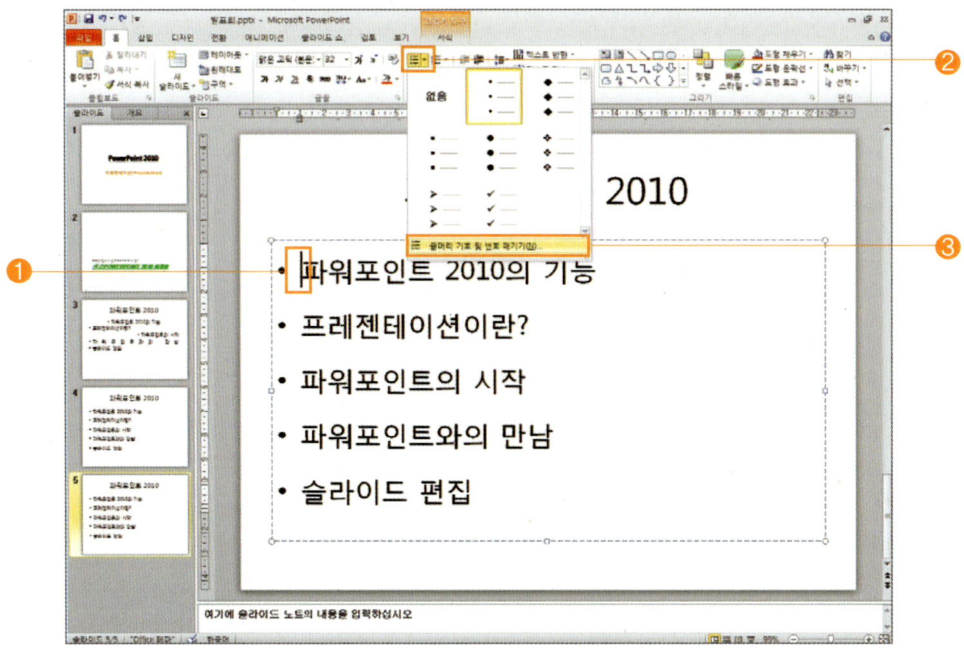

⊛ 대화상자에서 [글머리 기호]를 선택한 후, 원하는 항목을 [마우스]나 [화살표] 키를 이용하여 선택한 다음, [확인] 버튼을 누르면 됩니다.

⊛ [번호 매기기]를 하려면, 번호 매기기를 하려는 단락 위에 [커서를 이동]한 후, [글머리 기호 및 번호 매기기] 대화상자에서 [번호 매기기]를 선택합니다.

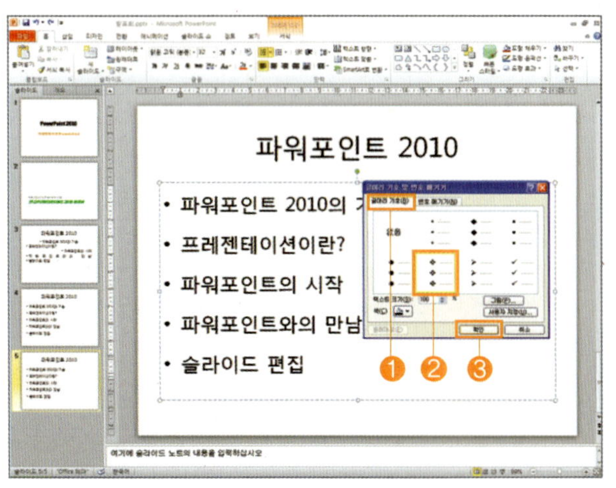

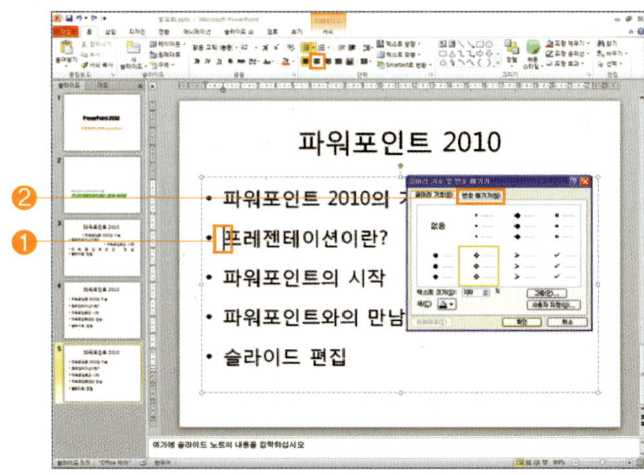

원하는 형태의 [번호]를 선택한 후, [확인]
버튼을 누르면 됩니다.

[글머리 기호/번호 없애기]를 하려면, 없애
려는 단락 위에 [커서를 이동]한 후, 단락란
에서 눌러져 있는 [글머리 기호]나 [번호 매
기기] 아이콘을 누르면 됩니다.

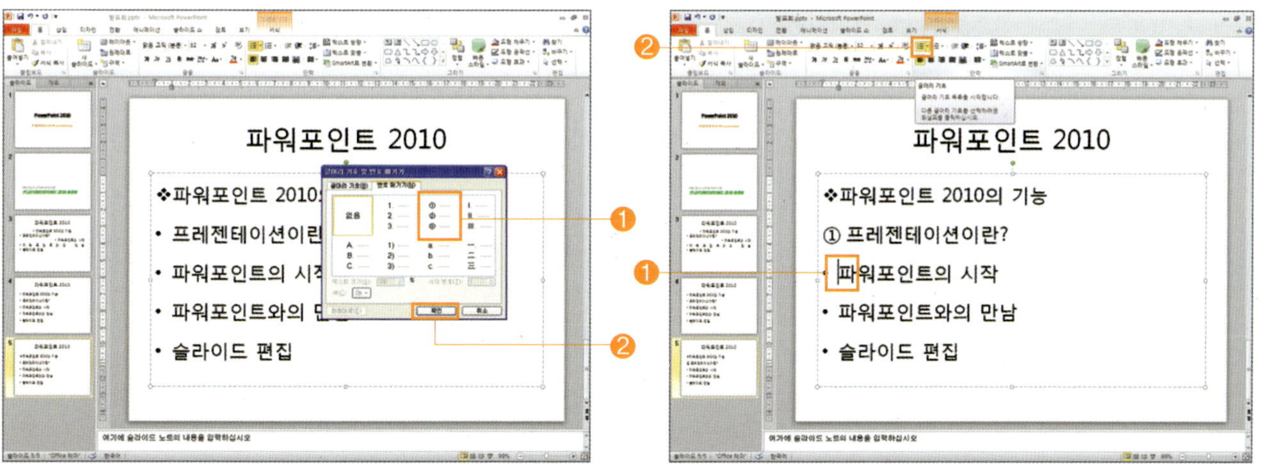

다음 화면은 [글머리 기호 모양]을 변경하여 완성한 슬라이드입니다.

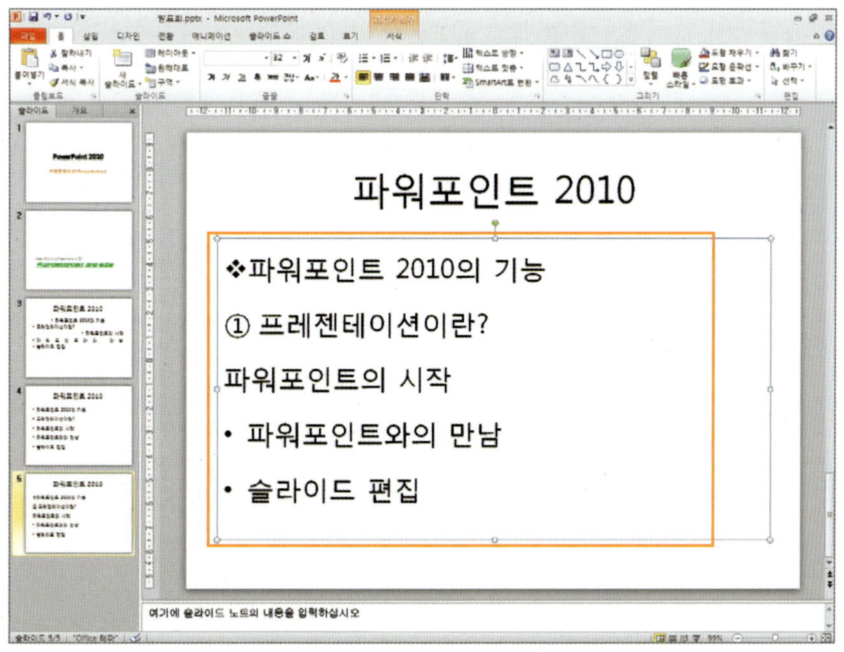

■ 다음과 같은 내용의 슬라이드를 작성하시오.

• 제목 및 내용 슬라이드를 삽입합니다.

• 입력한 문자를 원하는 모양으로 꾸미기 합니다.

• 글머리 기호를 변경합니다.

• 단락의 모양을 변경합니다.

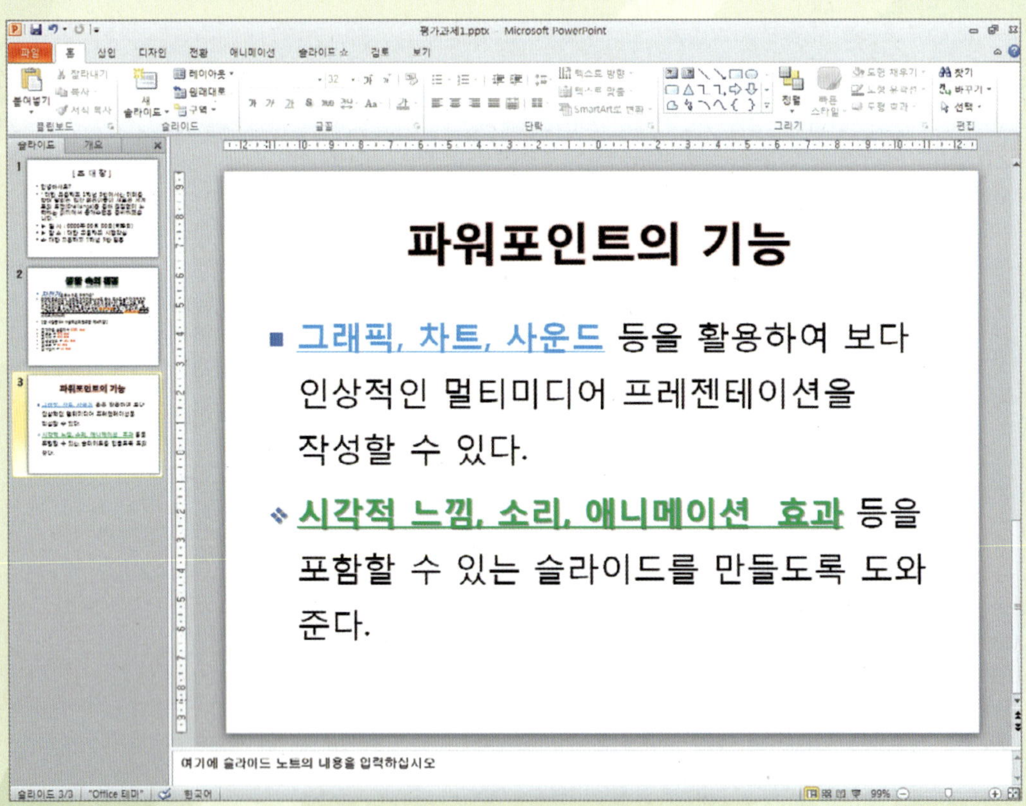

■ 다음과 같은 내용의 슬라이드를 작성하시오.

• 제목 및 내용 슬라이드를 삽입합니다.

• 입력한 문자를 원하는 모양으로 꾸미기 합니다.

• 단락의 모양을 변경합니다.

• 글머리 기호를 변경합니다.

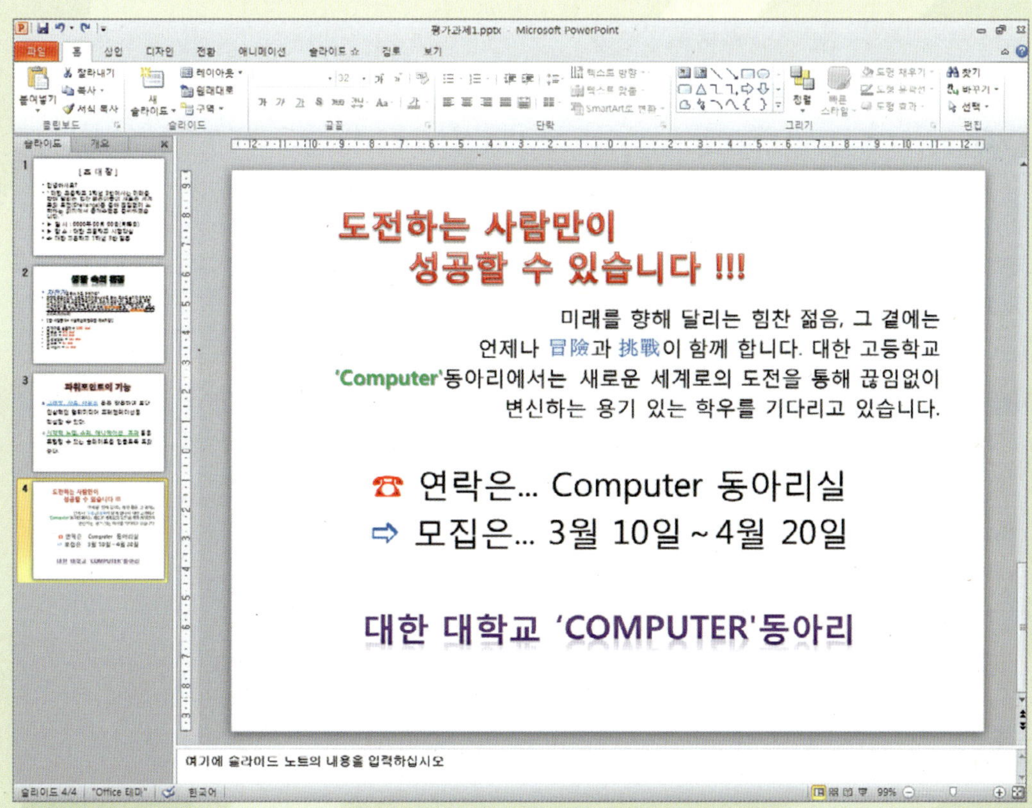

개체란 응용 프로그램이나 파워포인트에서 그린 도형이나 그래픽을 말하며, 다양한 형태의 선, 도형, 블록 화살표, 사각형, 원 등과 같은 개체를 슬라이드에 삽입할 수 있습니다.

1 [선 그리기]를 하려면, 홈 도구 모음줄에서 [새 슬라이드]를 선택하고, [Office 테마]란에서 [빈 화면] 슬라이드를 선택하면 새 슬라이드가 삽입됩니다.

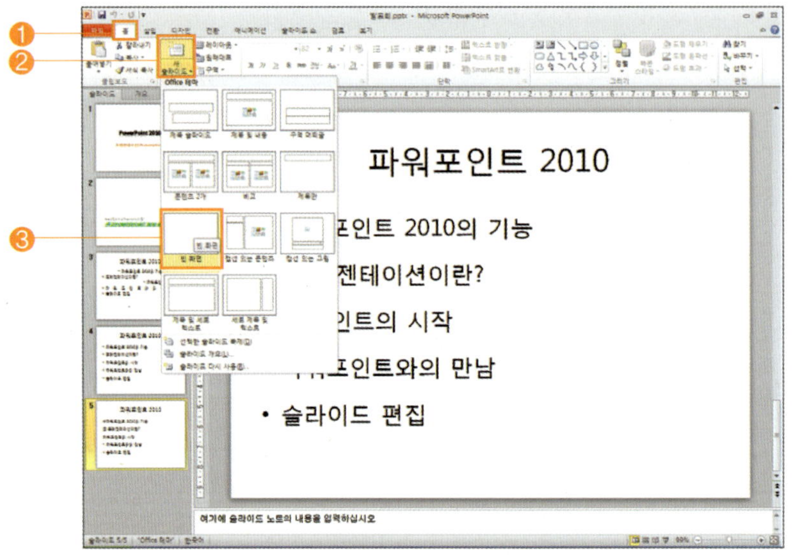

⊙ [직선]을 그리려면 [삽입] ➡ [도형] ➡ [＼]을 선택합니다.

⊙ 마우스 포인터가 십자 모양으로 변경되면 원하는 위치에 마우스 포인터를 놓고, [마우스 왼쪽 버튼]을 누른 상태에서 [드래그]하면 됩니다.

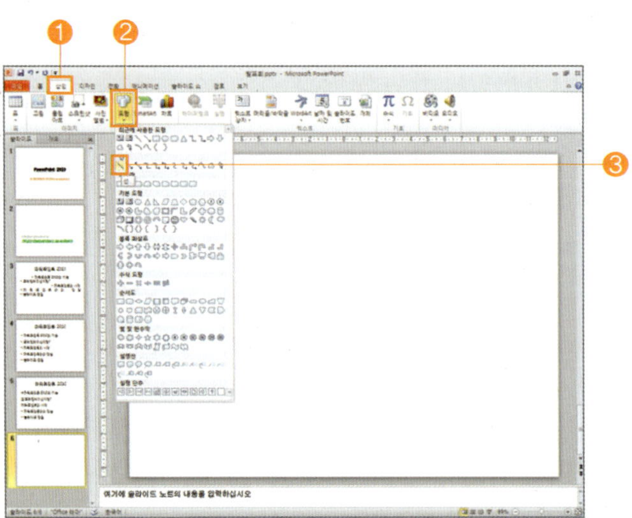

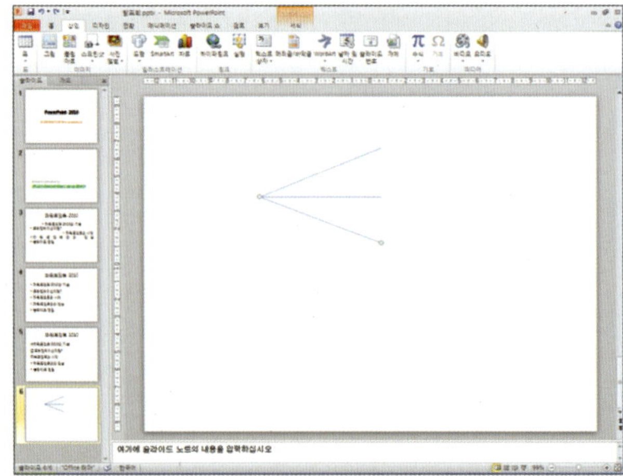

⊙ [곡선]을 그릴려면, [삽입] ➡ [도형] ➡ [△]을 선택합니다.

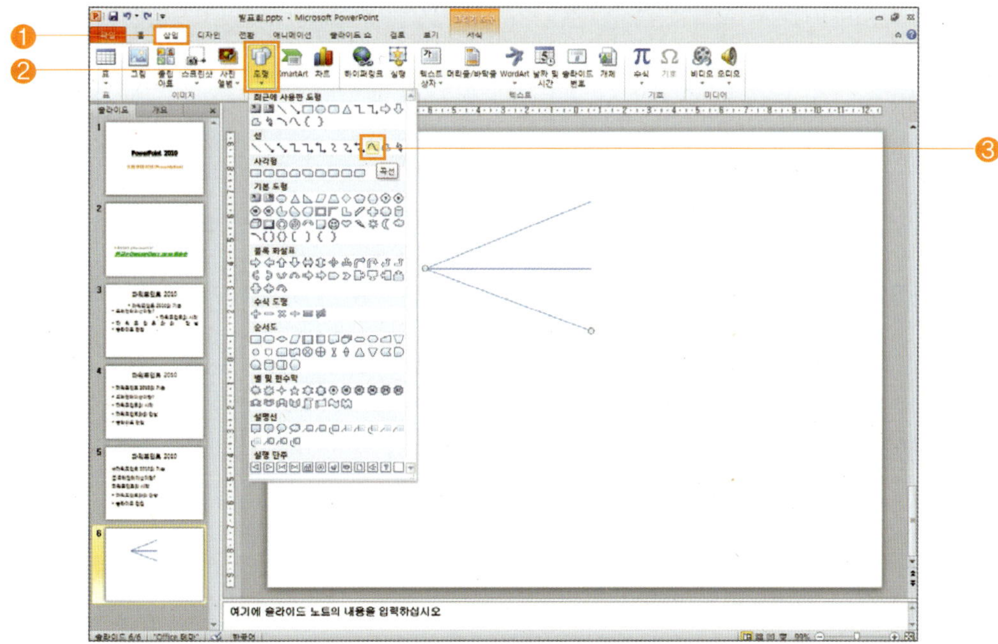

⊙ 원하는 위치에 마우스 포인터를 놓고 [클릭]한 후, 구부러지는 곳마다 [클릭]하면서 곡선을 그린 다음 끝내려는 위치에서 [더블클릭]하면 됩니다.

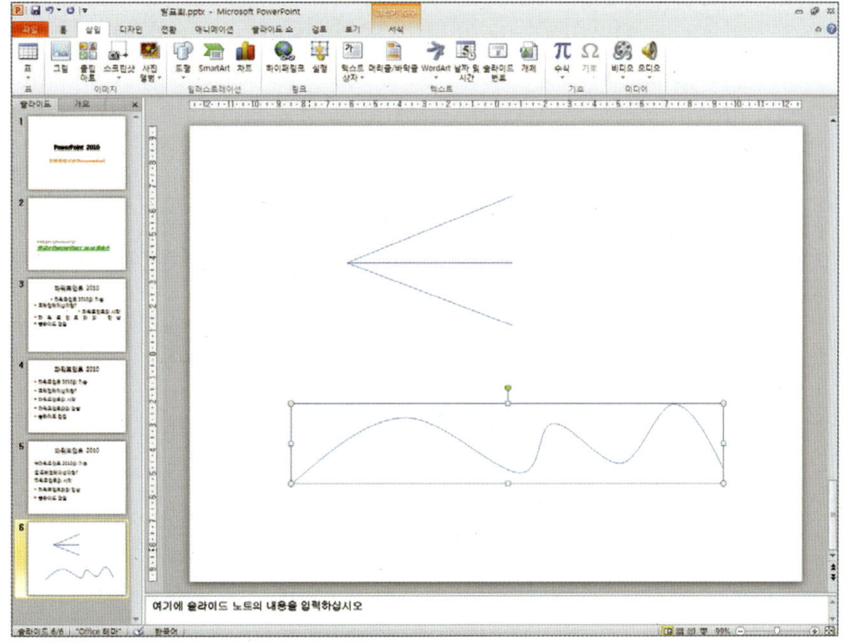

2 [도형 그리기]를 하려면, 홈 도구 모음줄에서 [새 슬라이드]를 선택하고, 작업 창에서 [Office 테마]란에서 [빈 화면] 슬라이드를 선택합니다.

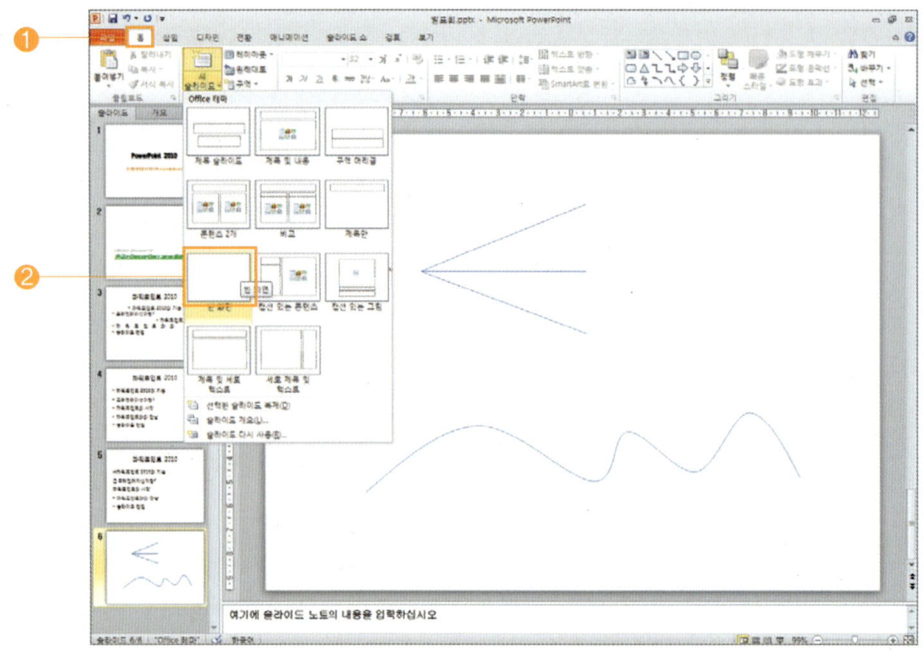

⟫ [사각형/원]을 그리려면, [삽입] ➡ [도형] ➡ [⬜]을 선택합니다.

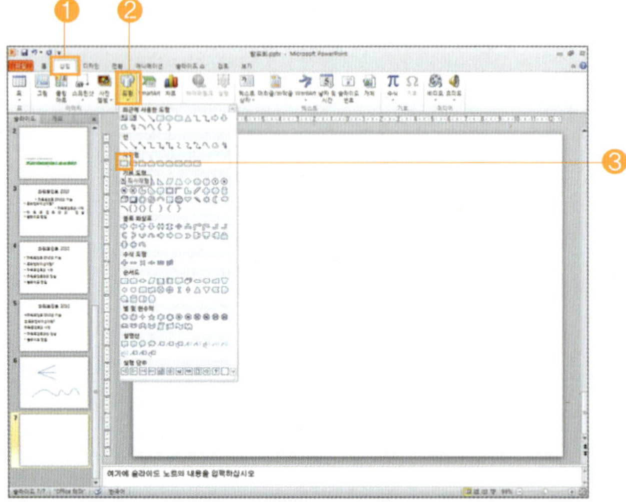

⟫ 마우스 포인터가 십자 모양으로 변경되면 원하는 위치에 마우스 포인터를 놓고, [마우스 왼쪽 버튼]을 누른 상태에서 [드래그]하면 됩니다.

● Shift 키를 누른 상태에서 드래그하면, 가로 : 세로 비율이 1 : 1인 도형을 그릴 수 있습니다.

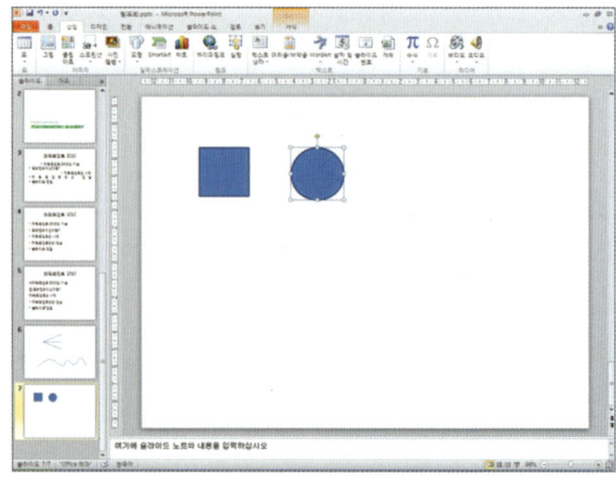

◉ [정육각형]을 그리려면 [삽입] ➡ [도형] ➡ [⬡]을 선택합니다.

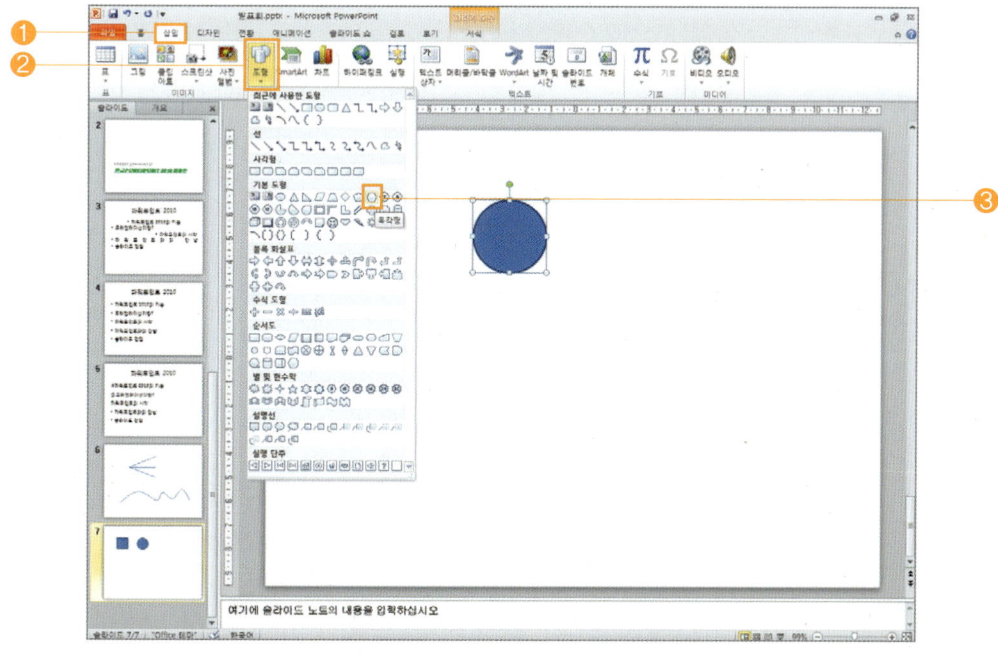

◉ 원하는 위치에 마우스 포인터를 놓고, Shift 키와 [마우스 왼쪽 버튼]을 누른 상태에서 [드래그]하면 됩니다.

◉ [동심원]을 그리려면, 메뉴 표시줄에서 [보기] ➡ [안내선]을 선택합니다.
● [안내선]을 이용하면 슬라이드 상의 원하는 위치에 개체를 정확히 이동, 정렬할 수 있습니다.

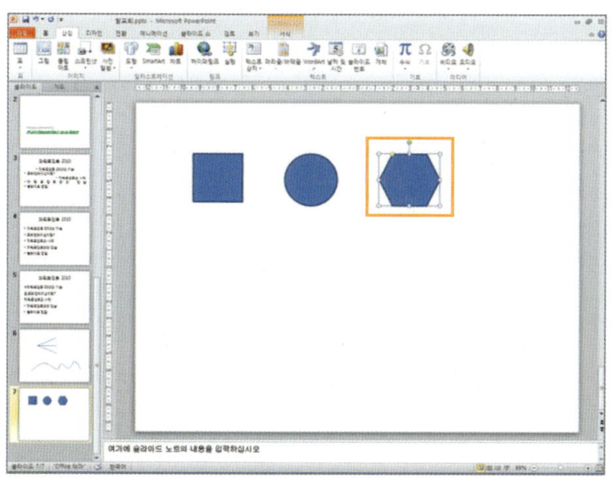

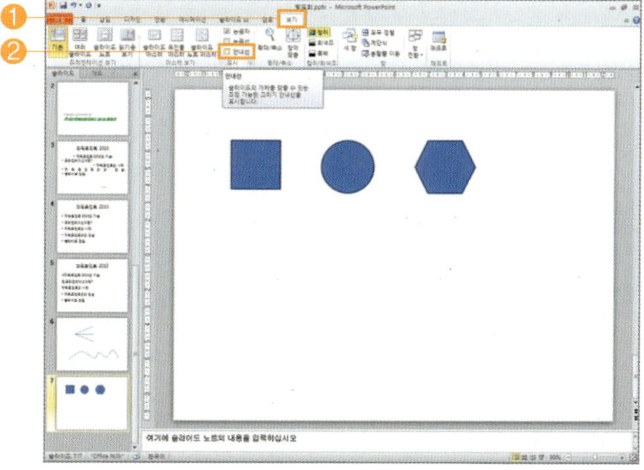

메뉴 표시줄에서 [삽입] ➡ [도형] ➡ [◯]을 선택합니다.

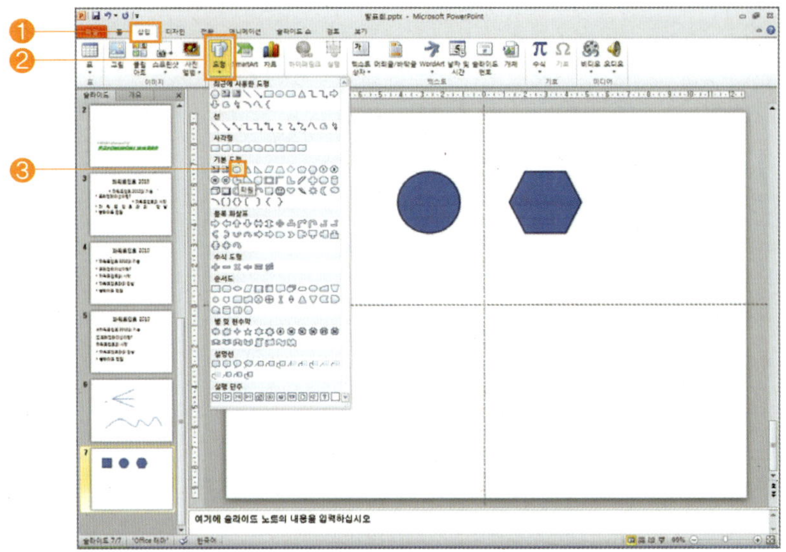

마우스 포인터를 [안내선 교점] 위에 놓고, Ctrl 키 및 Shift 키와 [마우스 왼쪽 버튼]을 누른 상태에서 [드래그]하면 됩니다.

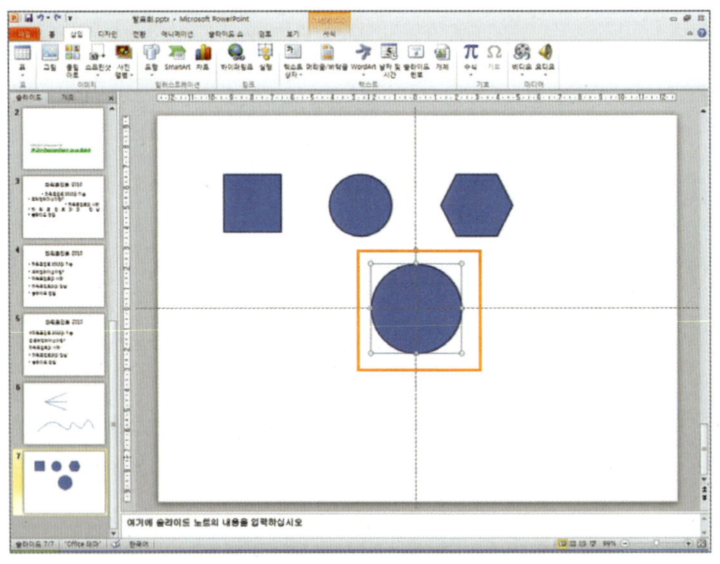

안내 선이란...

- 슬라이드에 가로 및 세로 정렬을 위한 선으로, 안내선을 숨기거나 나타낼 수 있습니다.
- 단축 메뉴에서 [눈금 및 안내선]을 선택하면, [눈금 및 안내선] 대화상자가 나타나는데, 여기서 [안내선 설정]을 지정할 수 있습니다.

 개체 편집

개체 편집이란 특정한 개체를 선택하여 크기 조절, 이동, 복사, 회전 맞춤 등을 하여 보다 효율적으로 프레젠테이션 만들기를 하기 위한 것입니다.

1 [개체 선택]을 하려면,

- [한 개의 개체] 선택을 하려면, 마우스를 이용하여 원하는 개체를 클릭하면 됩니다.
  - [채워지지 않은 개체] 선택은 테두리를 선택하여야 됩니다.

- [여러 개의 개체] 선택을 하려면 Shift 키를 누른 상태에서 원하는 개체를 선택하면 됩니다.

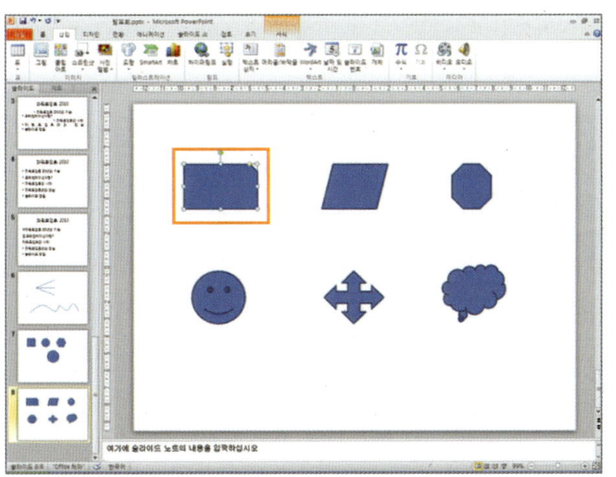

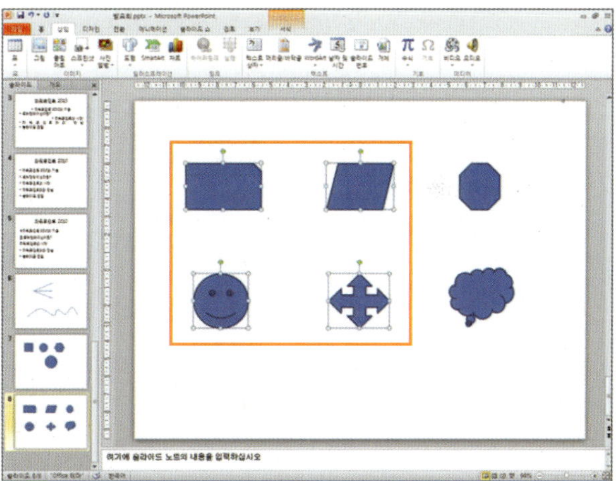

- [전체의 개체] 선택을 하려면, 메뉴 표시줄에서 [홈] ➡ [선택] ➡ [모두 선택]을 선택하면 됩니다.
  - [모두 선택]을 하면 작업 중인 창에 있는 모든 글자와 개체가 선택됩니다.

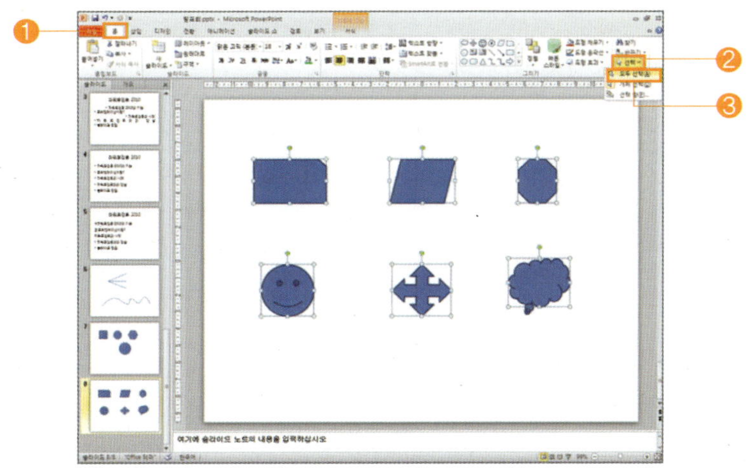

2 [개체 크기 조절]을 하려면, 변경하려는 [개체를 선택]하면 [크기 조정 핸들]이 나타나는데, 여기서 원하는 [크기 조정 핸들] 위에 마우스 포인터를 놓고, [마우스 왼쪽 버튼]을 누른 상태에서 [드래그]하면 됩니다.

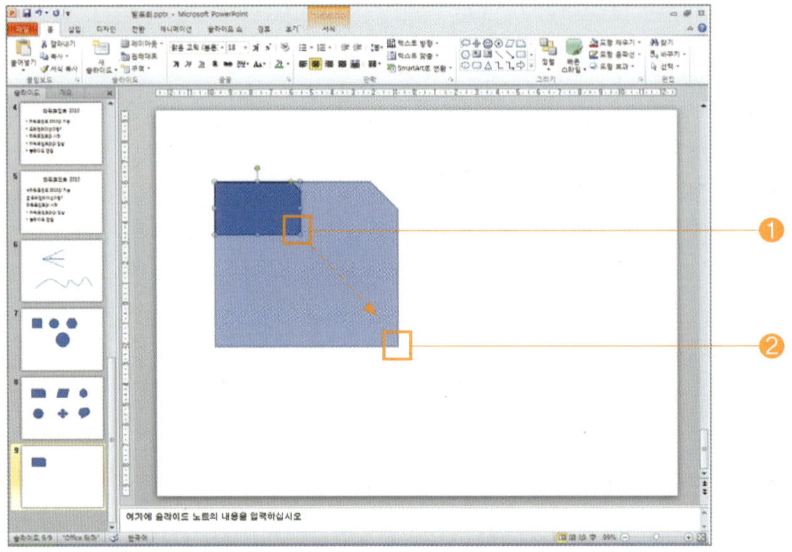

3 [개체 이동]을 하려면, 이동하려는 [개체를 선택]한 후 개체 위에 마우스 포인터를 놓고, [마우스 왼쪽 버튼]을 누른 상태에서 이동하면 됩니다.

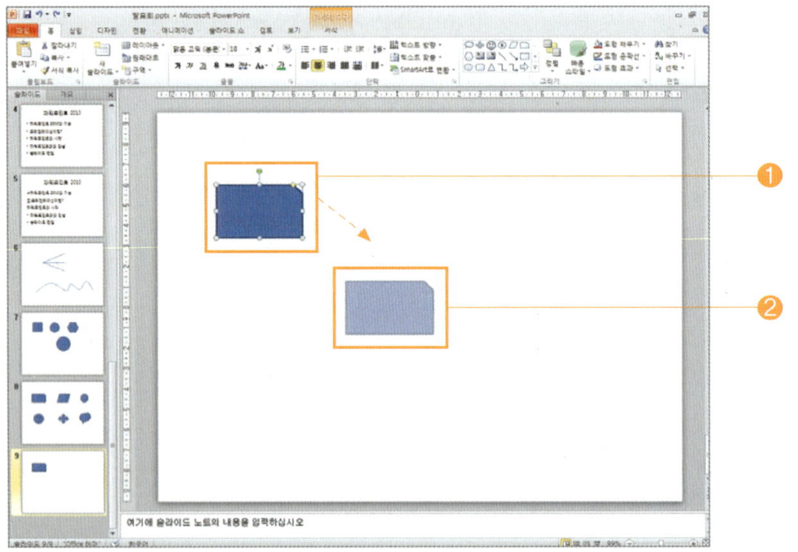

>>> 알아두세요

개체를 미세 이동하려면...

개체를 선택하고 [방향] 키를 이용하여 이동하면 됩니다.

4 [개체 복사]를 하려면, 복사하려는 [개체를 선택]하고, Ctrl 키를 누른 상태에서 원하는 곳으로 [드래그]하면 됩니다.

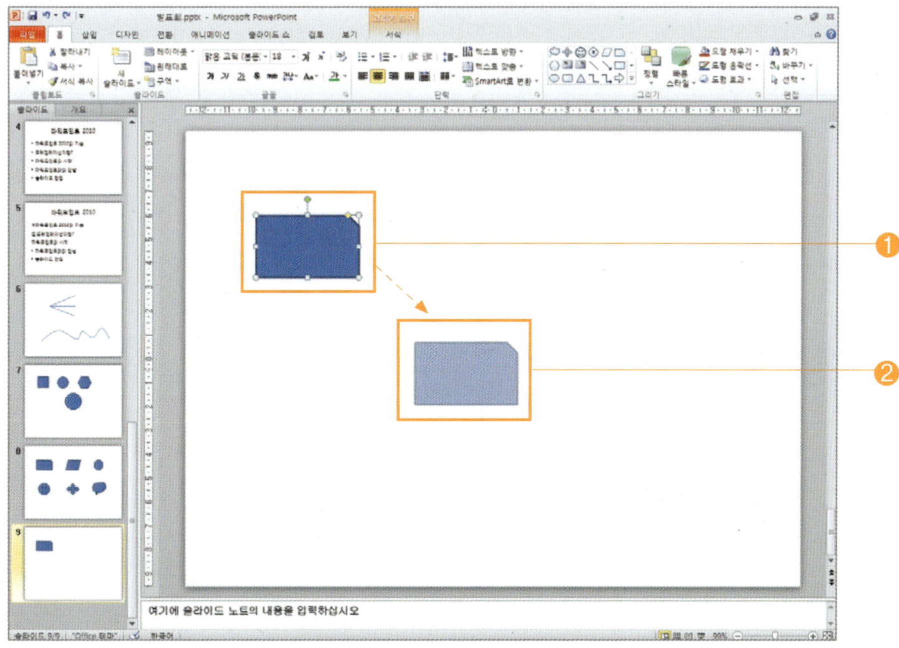

5 [개체 회전]을 하려면, 회전하려는 [개체를 선택]하고, [각도를 자유롭게 회전하는 아이콘]을 클릭한 상태에서 회전하면 됩니다.

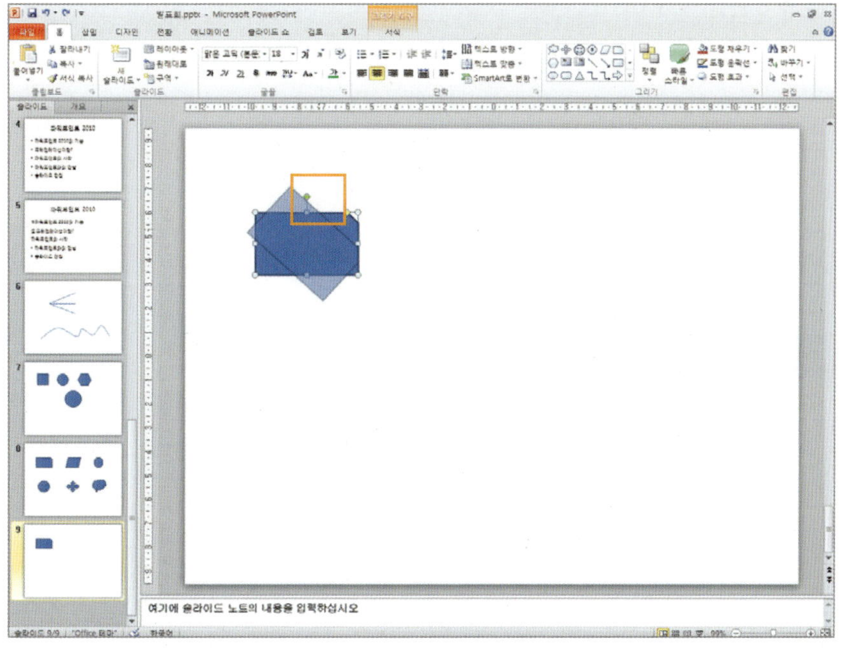

6 [안내선]을 이용하여 [개체 맞추기]를 하려면, 안내선 위에 마우스를 놓고, [마우스 왼쪽 버튼]을 누른 상태에서 [드래그]하면 안내선의 위치가 변경됩니다.

- [안내선 복사]를 하려면, Ctrl 키를 누른 상태에서 [드래그]하면 됩니다.

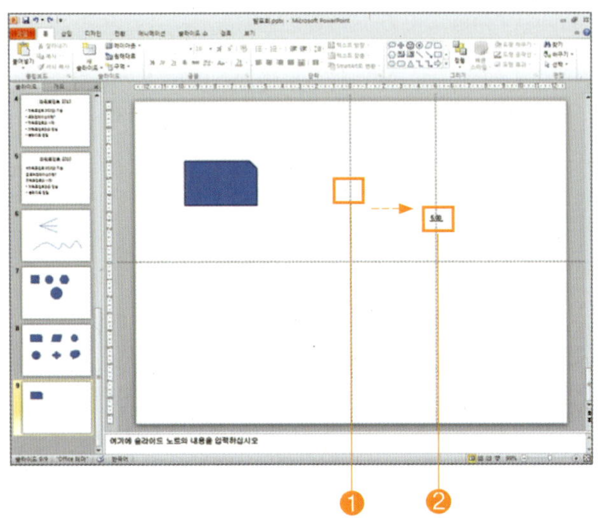

맞추기를 하려는 [개체를 선택]한 후, 개체를 안내선 위치로 [드래그]하면 됩니다.

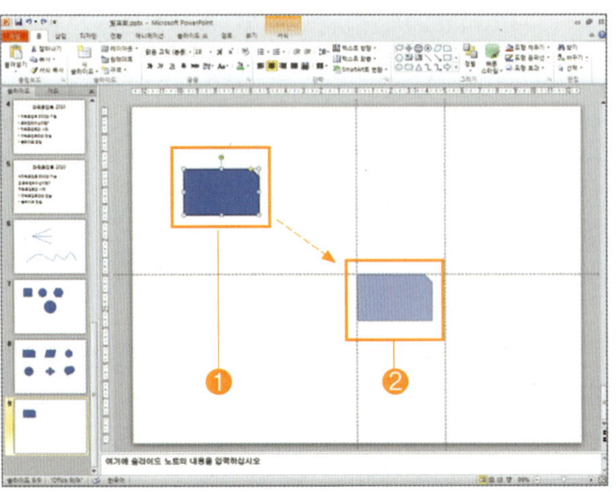

[개체를 같은 간격으로 맞추기]를 하려면, 마우스를 이용하여 맞추기하려는 [개체를 선택]합니다.

- Shift 키를 누른 상태에서 마우스로 선택하여도 됩니다.

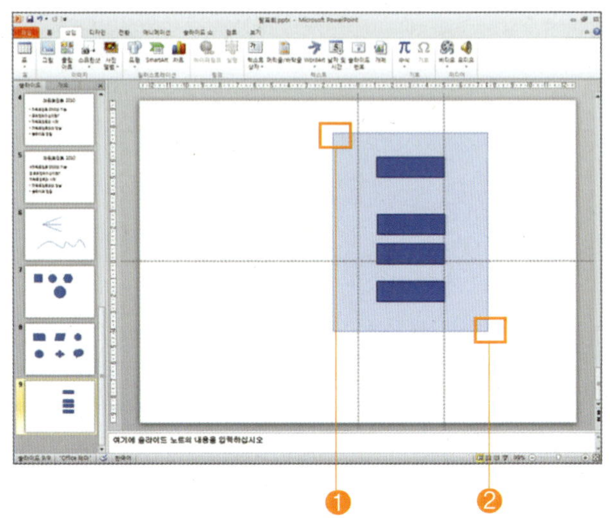

홈 도구 모음줄에서 [정렬] ➡ [맞춤] ➡ [세로 간격을 동일하게]를 차례로 선택하면 됩니다.

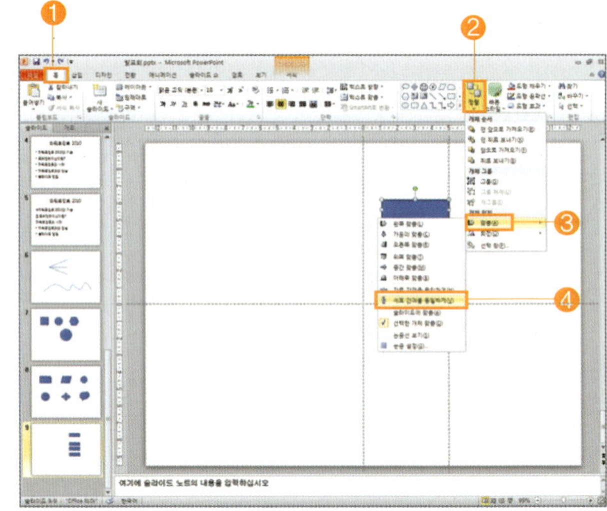

7 [글자넣기]를 하려면, 글자넣기하려는 [개체를 선택]하고, [마우스 오른쪽 버튼]을 눌러 단축 메뉴에서 [텍스트 편집]을 선택한 후, [글자를 입력]하면 됩니다.

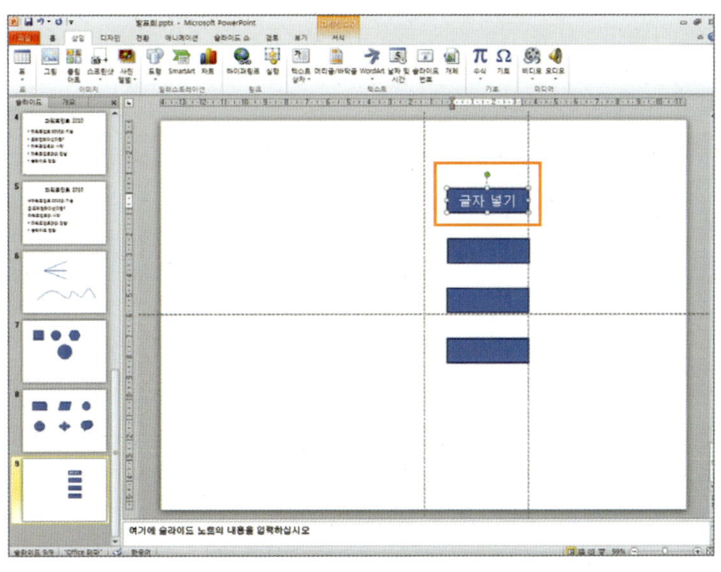

8 [연결선 만들기]를 하려면, 삽입 도구 모음 줄에서 [도형] ➡ [꺾인 양쪽 화살표 연결선]을 선택합니다.

연결하려는 개체 위에 마우스를 놓고, 연결 위치가 [빨간 사각형]으로 나타나면 [마우스 왼쪽 버튼]을 누른 상태에서 다른 개체를 가리킨 다음 연결 위치를 [클릭]하면 됩니다.

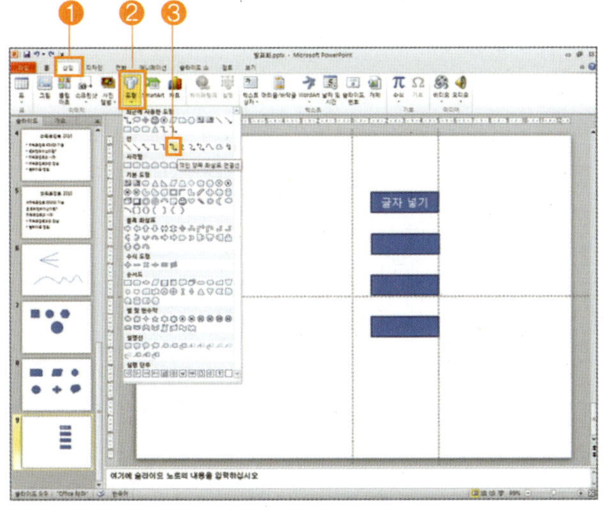

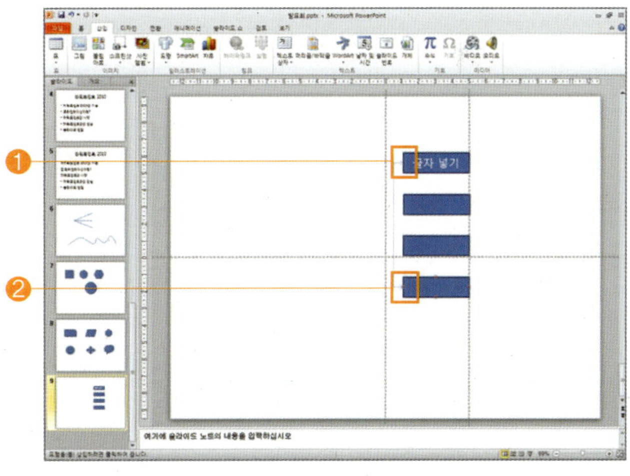

연결 선이란…

개체와 개체를 연결하여 주는 선으로 [조직도]나 [순서도]를 만들 때 매우 유용합니다.

9 [그룹 만들기]를 하려면, Shift 키를 누른 상태에서 그룹 만들기하려는 [개체를 선택]합니다.

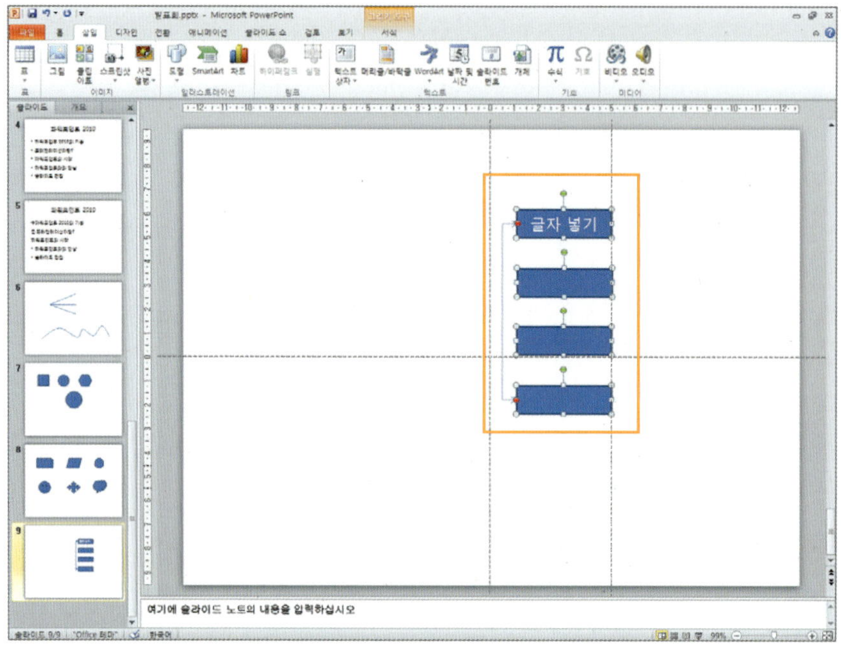

홈 도구 모음줄에서 [정렬] ➡ [그룹]을 선택하면 하나의 [개체]가 됩니다.

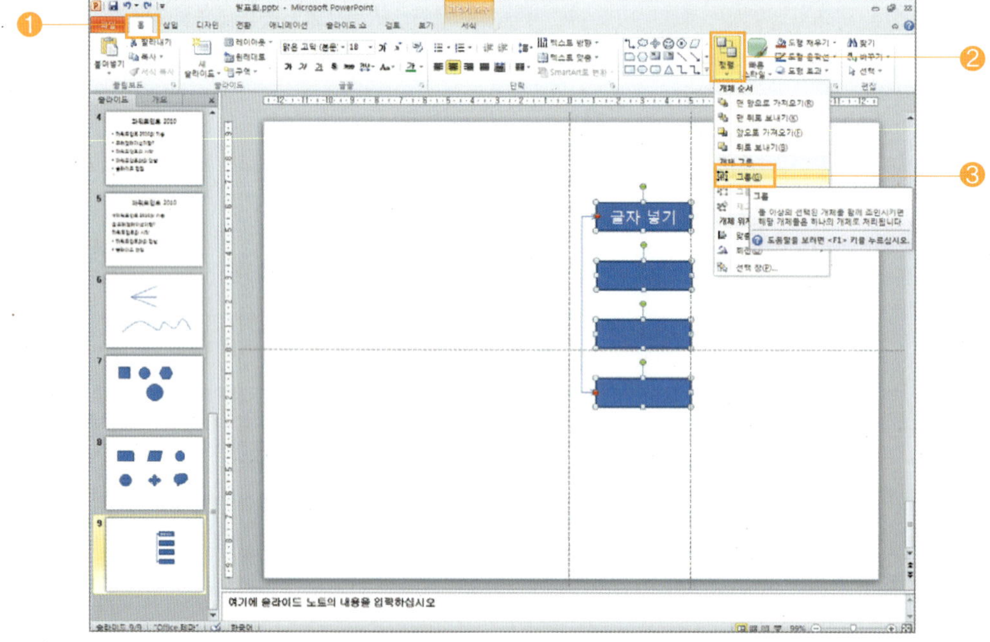

10 [자유형이나 곡선의 모양]을 변경하려면, 변경하려는 [개체를 선택]합니다.

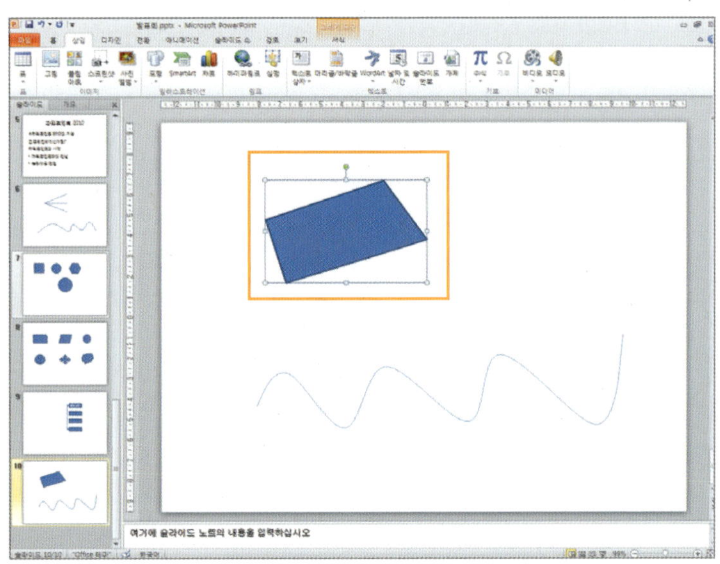

⟩ 메뉴 표시줄에서 [그리기 도구] ➡ [서식]을 선택한 후, 도형 삽입란에서 [도형 편집] ➡ [점 편집]을 선택합니다.

⟩ 변경하려는 개체에 [점]이 나타나면, [점을 선택]한 후, 원하는 위치로 [드래그]하면 됩니다.

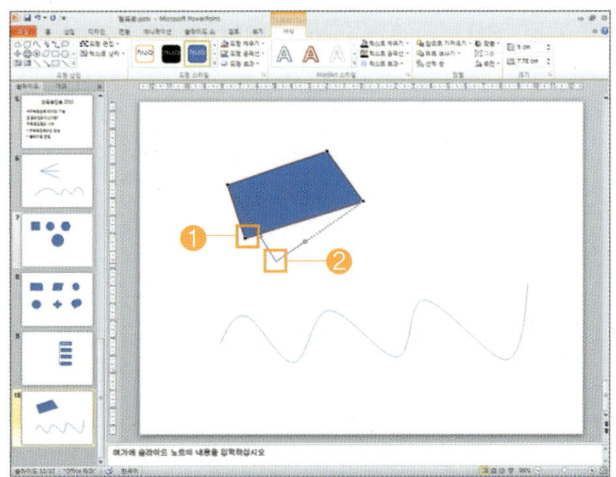

>>> 알아두세요

• 점 추가를 하려면, 원하는 위치를 선택한 후, [마우스 오른쪽 버튼]을 누르고 단축 메뉴에서 [점 추가]를 선택하면 됩니다.
• 점 삭제를 하려면, 원하는 점을 선택하고, 단축 메뉴에서 [점 삭제]를 선택하면 됩니다.

11 [텍스트 상자]를 변경하려면, 삽입 도구 모음줄에서 [텍스트 상자] ➡ [가로 텍스트 상자]를 선택한 후, [내용을 입력]합니다.

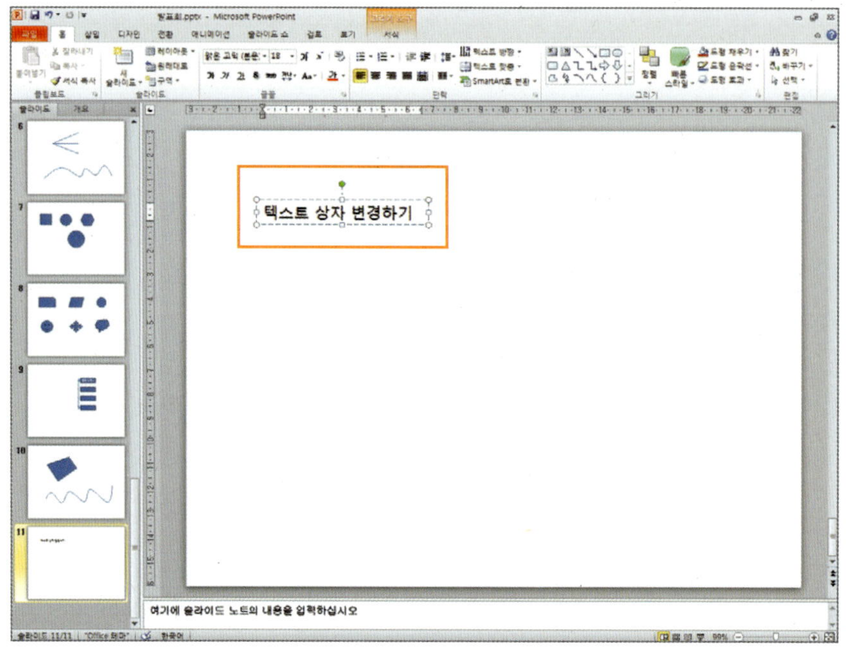

변경하려는 [개체를 선택]하고, [글꼴 및 단락]을 변경한 후, [개체 틀]의 크기를 변경하면 됩니다.

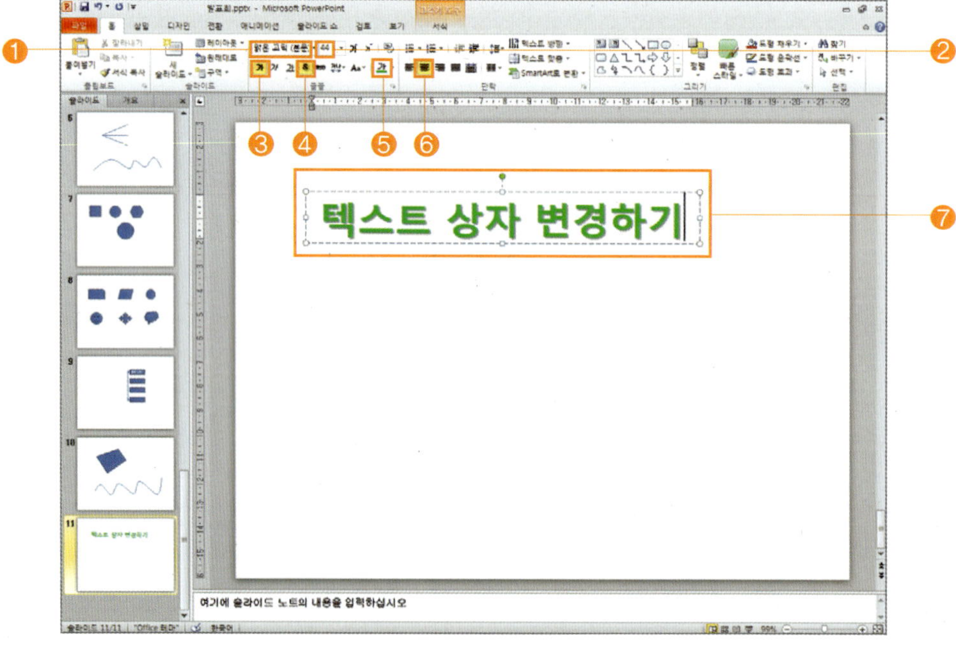

■ 다음과 같은 내용의 슬라이드를 작성하시오.

• 제목만 슬라이드를 삽입합니다.

• 선 그리기, 도형 그리기, 블록 화살표 등을 사용할 때 개체 그리기 및 개체 편집을 합니다.

• 텍스트 상자를 사용하여 내용을 입력하고 꾸미기 합니다.

• 안내선을 이용하여 개체 맞추기를 합니다.

12 개체 서식

만들어진 개체나 개체 틀에 도형 채우기, 도형 윤곽선, 도형 효과 등을 지정하여 다양한 모양으로 변경할 수 있습니다.

1 [선 색]을 변경하려면, 변경하려는 [개체를 선택]하고, [그리기 도구] ➡ [서식] ➡ [도형 윤곽선]을 클릭한 후, 원하는 [색상을 선택]하면 됩니다.

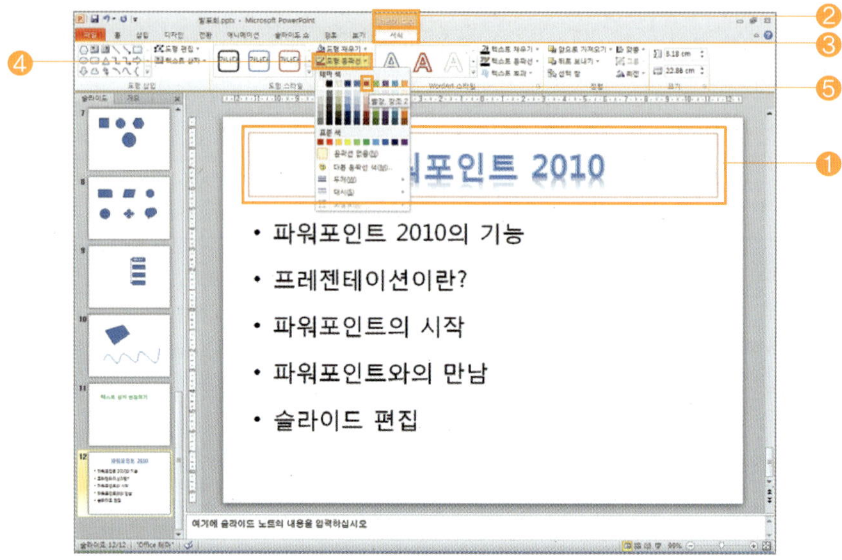

2 [선두께 스타일]을 변경하려면, 변경하려는 [개체를 선택]하고, [그리기 도구] ➡ [서식] ➡ [도형 윤곽선] ➡ [두께]를 클릭한 후, 원하는 [스타일을 선택]하면 됩니다.

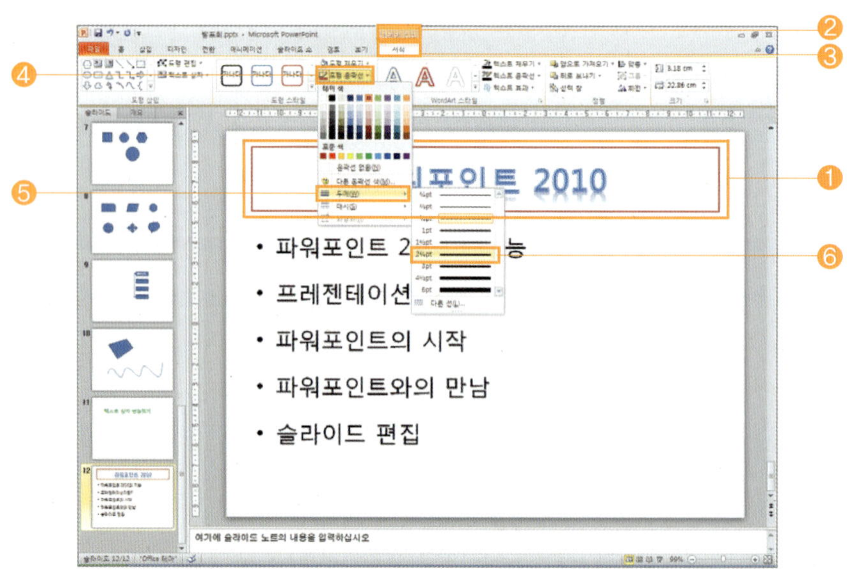

3 [대시 스타일]을 변경하려면, 변경하려는 [개체를 선택]하고, [그리기 도구] ➡ [서식] ➡ [도형 윤곽선] ➡ [대시]를 클릭한 후, 원하는 [스타일을 선택]하면 됩니다.

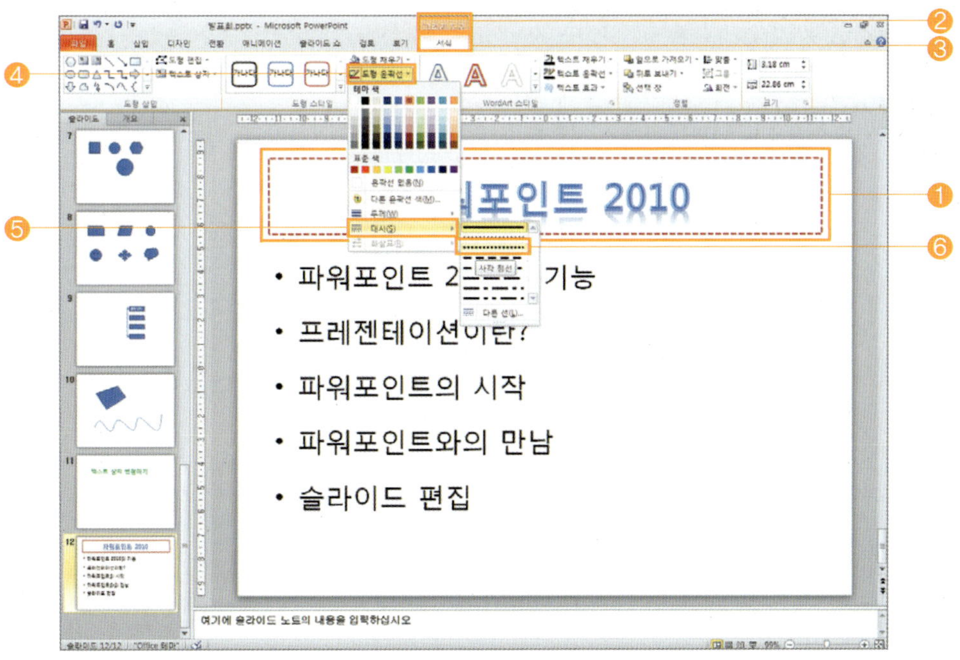

4 [화살표 스타일]을 변경하려면, 변경하려는 [개체를 선택]하고, [도형 스타일]란에서 [도형 윤곽선] ➡ [화살표]를 클릭한 후, 원하는 [스타일을 선택]하면 됩니다.

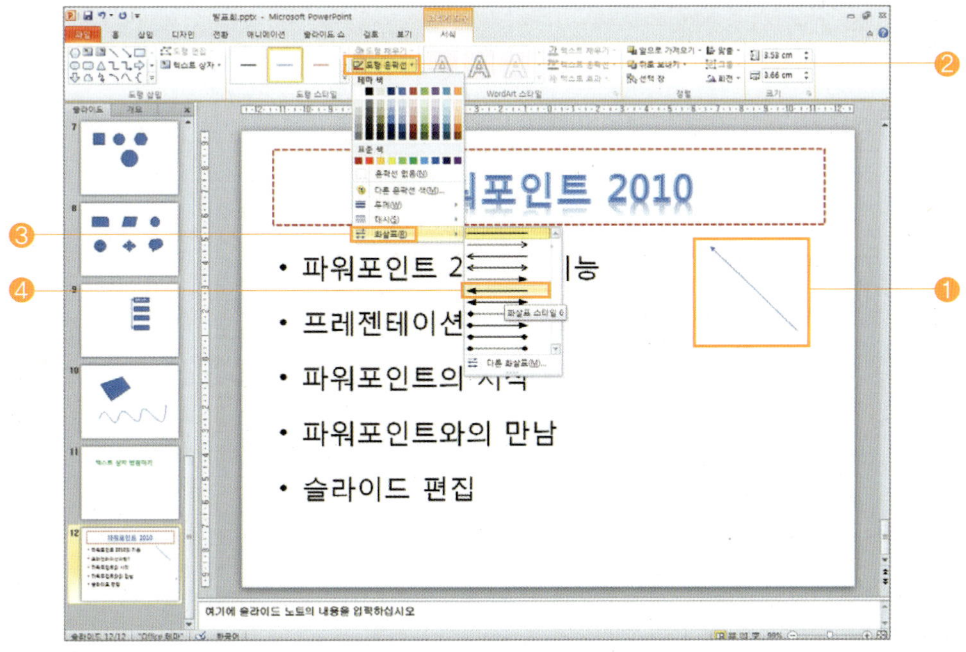

5 [색 채우기]를 하려면, 채우기하려는 [개체를 선택]하고, [도형 스타일]란에서 [도형 채우기]를 클릭한 후, 원하는 [색상을 선택]하면 됩니다.

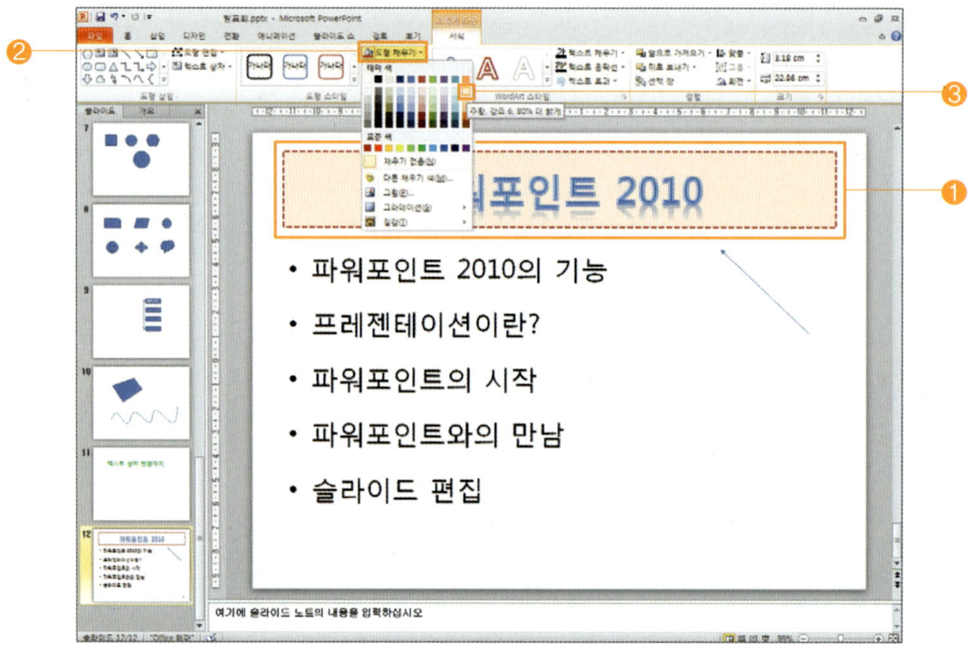

[그라데이션]을 넣으려면, 그라데이션을 넣으려는 [개체를 선택]하고, [도형 스타일]란에서 [도형 채우기] ➡ [그라데이션] ➡ [가운데에서]를 선택하면 됩니다.

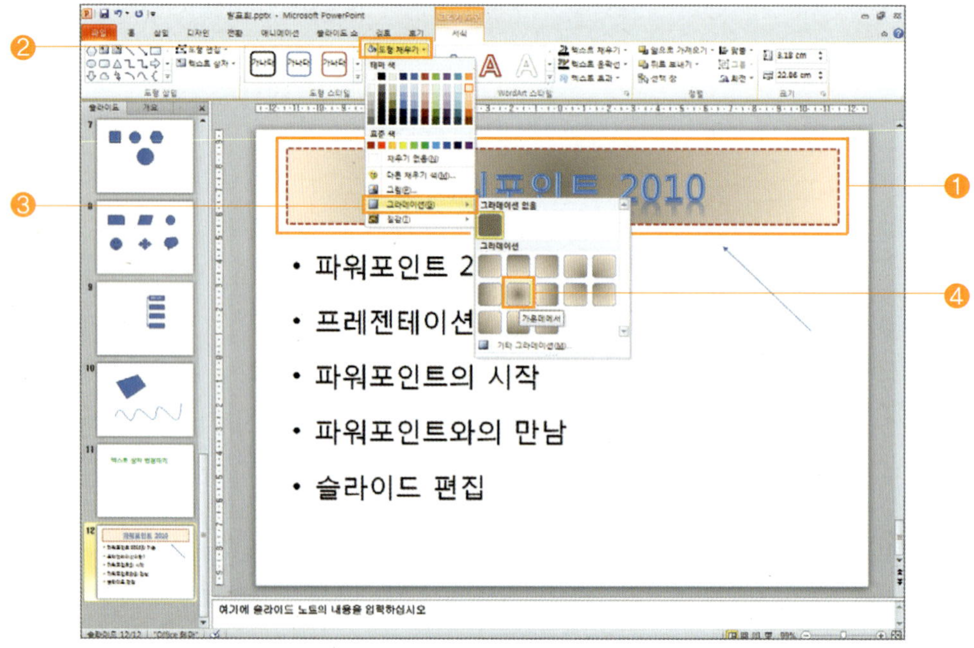

6 [도형 효과]를 넣으려면, 도형 효과를 넣으려는 [개체를 선택]하고, [도형 스타일]란에서 [도형 효과]를 클릭한 후, 원하는 [도형 효과]를 선택하면 됩니다.

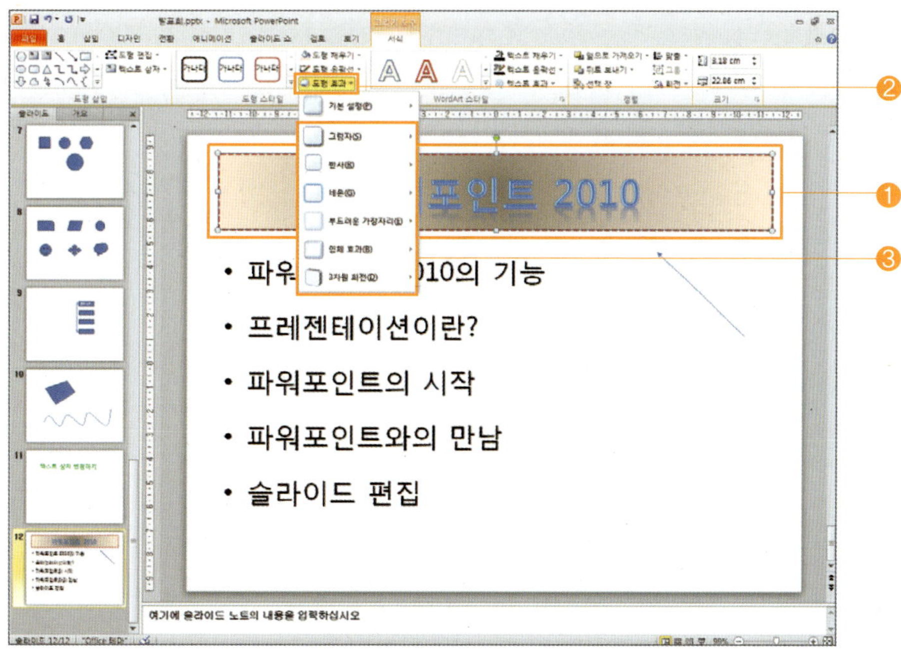

[입체 효과]를 넣으려면, [도형 스타일]란에서 [입체 효과] ➡ [리블렛]을 선택하면 됩니다.

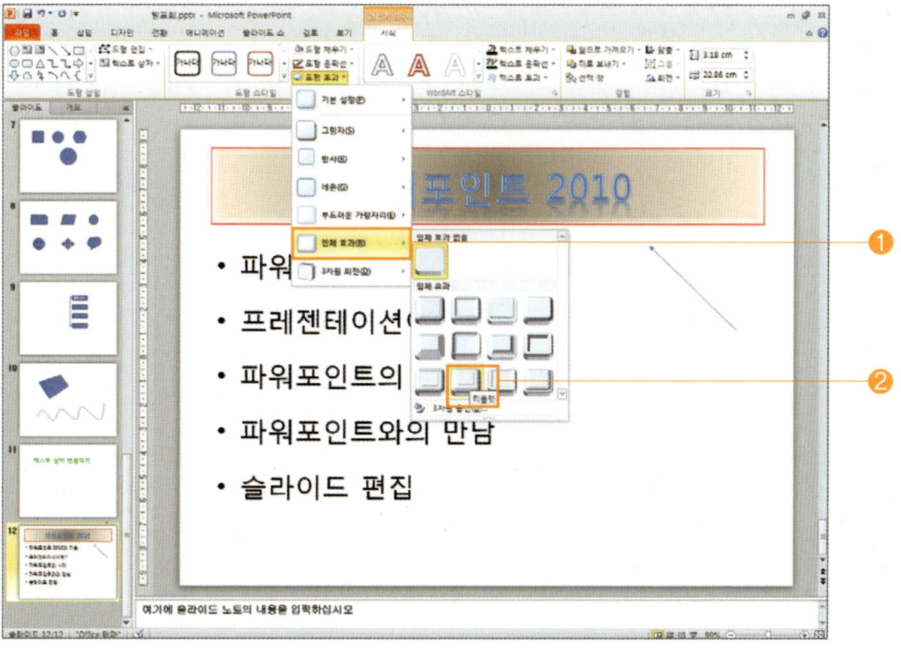

7 [도형 또는 선 스타일]을 변경하려면, 도형 또는 선 스타일을 변경하려는 [개체를 선택]하고, [도형 스타일]란에서 [자세히] 목록 단추를 클릭한 후, 원하는 [스타일을 선택]하면 됩니다.

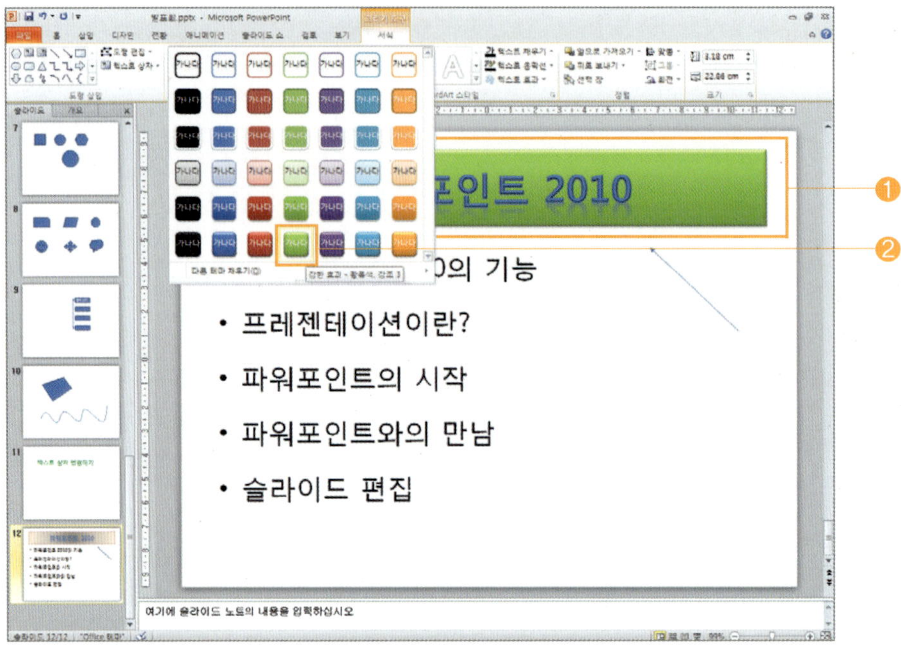

8 [개체 크기]를 변경하려면, 개체 크기를 변경하려는 [개체를 선택]하고, [크기]란에서 [도형 높이] 란에 [2.8]을, [도형 너비]란에 [20]을 입력하면 됩니다.

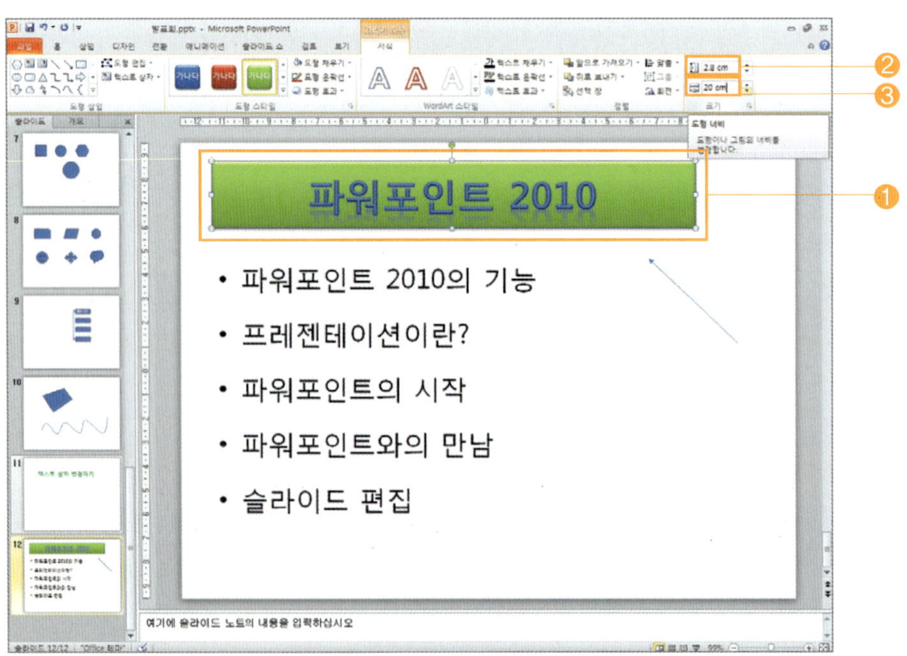

■ 다음과 같은 내용의 슬라이드를 작성하시오.

• 선 색, 선 두께 스타일, 색 채우기 등을 이용하여 제목 틀 꾸미기를 합니다.

• 도형 스타일을 이용하여 도형 꾸미기를 합니다.

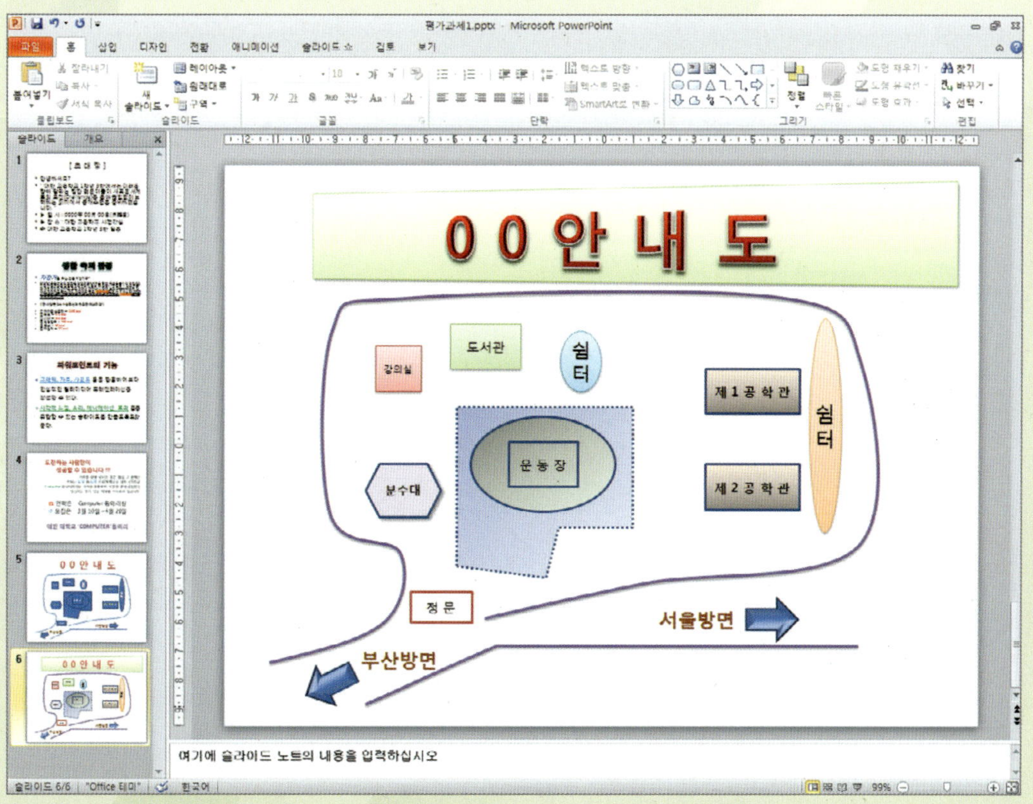

파워포인트 2010 클립 모음집에서 제공하는 다양한 종류의 그림, 사진, 소리, 동영상 등을 슬라이드에 삽입하여 프레젠테이션을 보다 멋지게 꾸밀 수 있습니다.

1 [클립 아트 삽입]을 하려면, 클립 아트를 삽입하려는 [슬라이드를 선택]한 후 메뉴 표시줄에서 [삽입] ➡ [클립 아트]를 선택합니다.

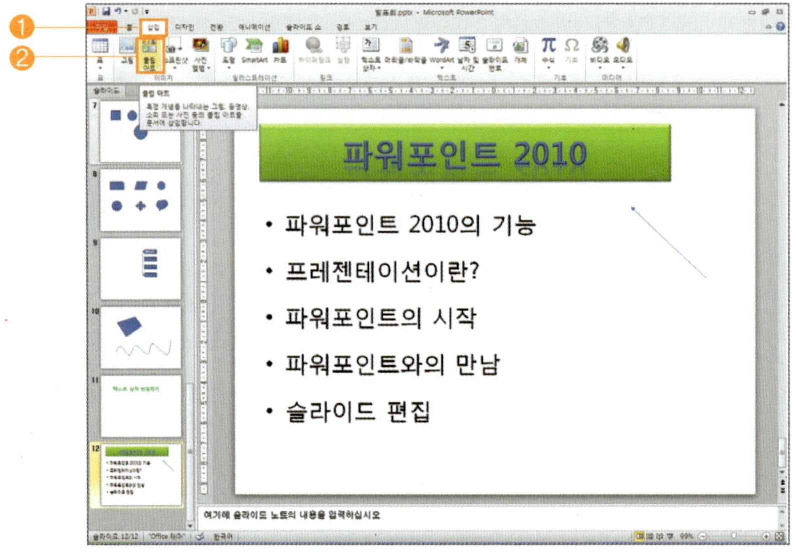

[클립 아트] 작업창이 나타나면, [검색 대상]란에 원하는 종류의 [내용을 입력]하고, [이동] 버튼을 누릅니다.

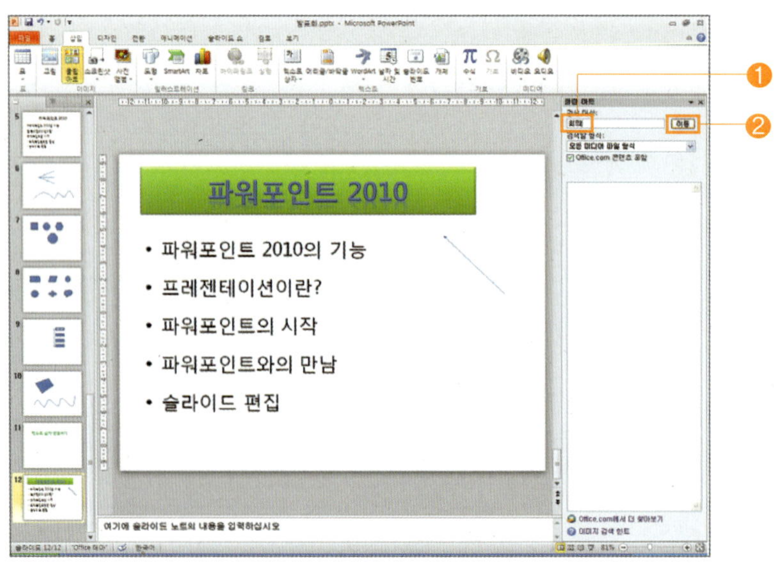

⊚ 작업창에 입력한 클립에 해당하는 [그림이 종류별]로 분류되어 나타납니다.

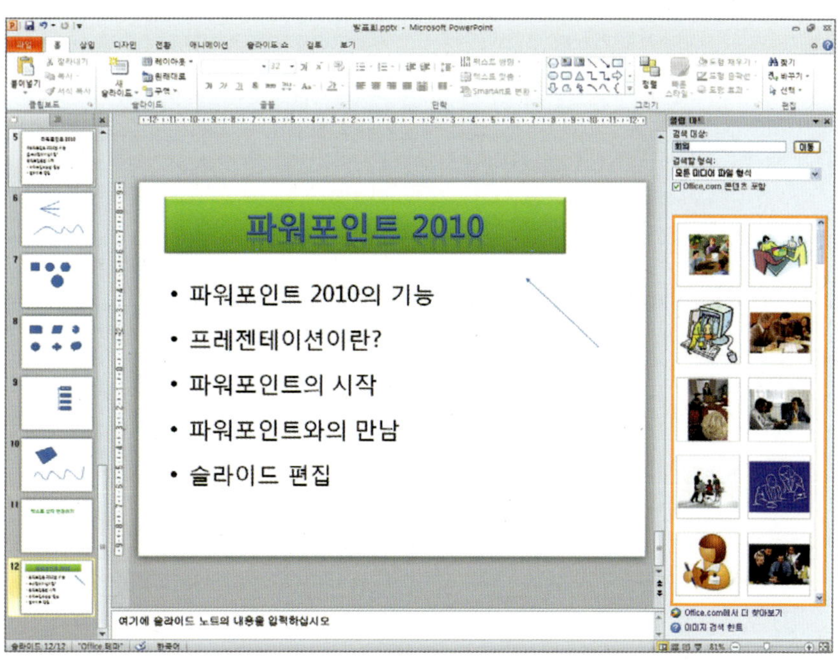

⊚ 여기서 삽입하려는 그림을 [클릭]하거나, 삽입하려는 [클립의 목록 단추]를 선택한 후, 단축 메뉴에서 [삽입]을 선택하면 됩니다.

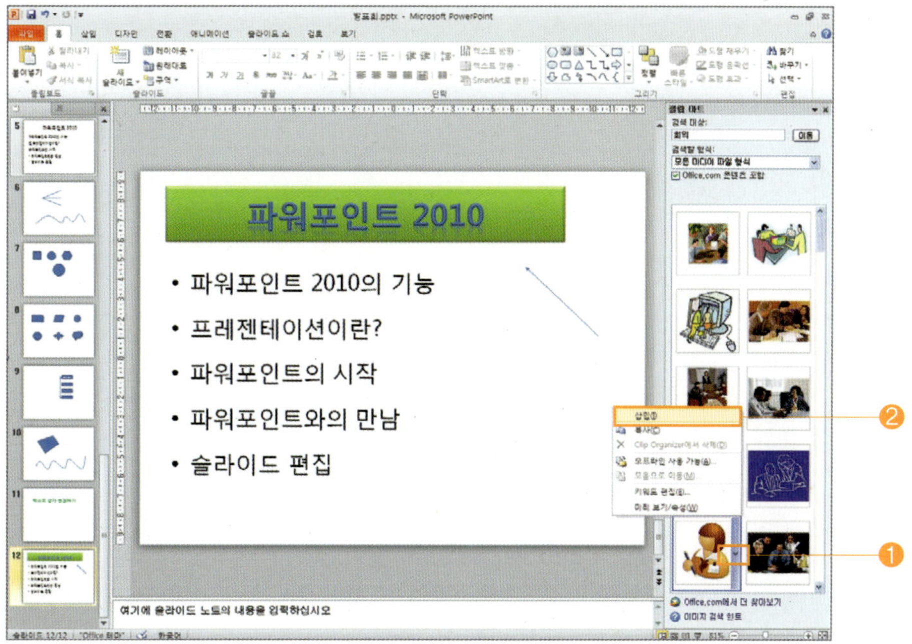

2 [개체 크기]를 변경하려면, 삽입된 개체를 [클릭]하면 크기 조정 핸들이 생기는데, 여기서 크기 조정 핸들 위에 마우스 포인터를 놓고, [마우스 왼쪽 버튼]을 누른 상태에서 [드래그]합니다.

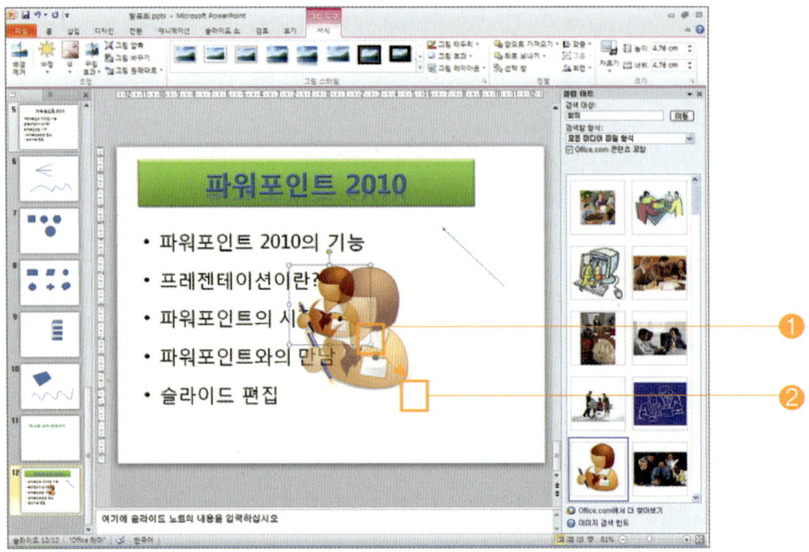

3 [개체 이동]을 하려면, 이동하려는 개체 위에 마우스 포인터를 놓고, [마우스 왼쪽 버튼]을 누른 상태에서 원하는 위치까지 [드래그]하면 됩니다.

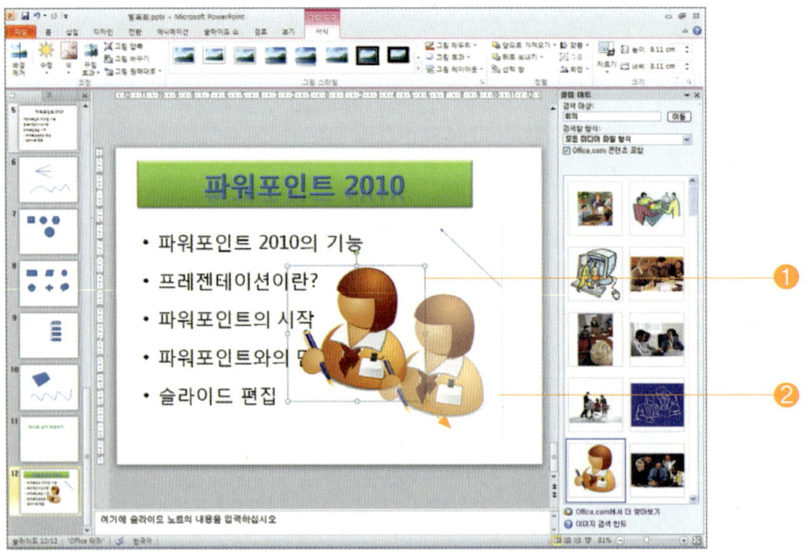

>>> 알아두세요

클립 모음집에 추가할 수 있는 [파일의 형식]은…

bmp, cgm, gif, jpg, wmf, png 등입니다.

4 [선 색]을 지정하려면, 지정하려는 [개체를 선택]하고, [마우스 오른쪽 버튼]을 누른 후, 단축 메뉴에서 [그림 서식]을 클릭합니다.

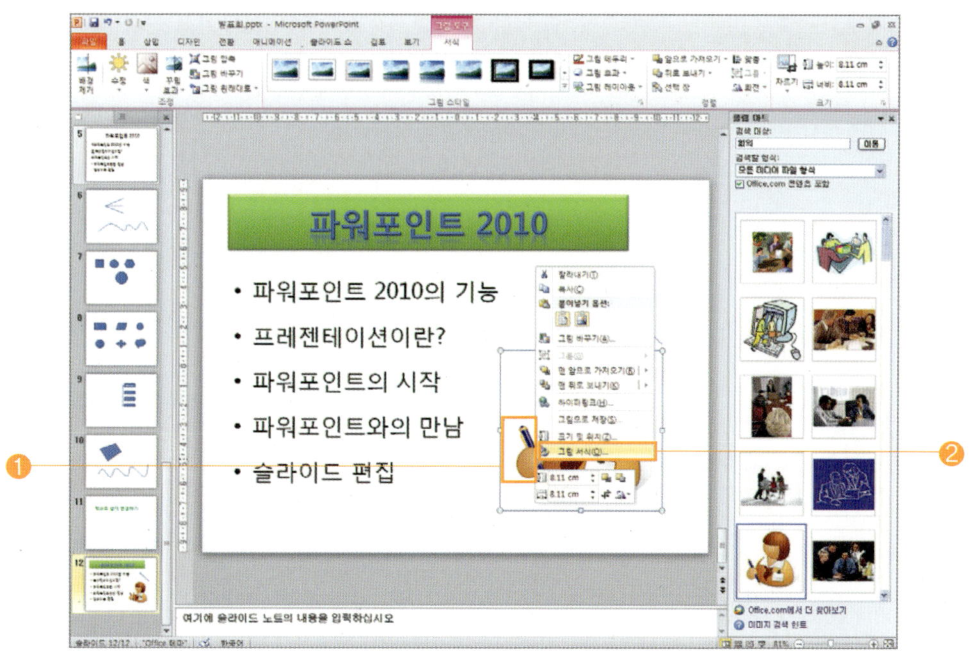

▶ [그림 서식] 대화상자가 나타나면, [선 색] ➡ [실선]을 클릭하고, [색]란에서 원하는 [색]을 선택한 후, [닫기] 버튼을 누르면 됩니다.

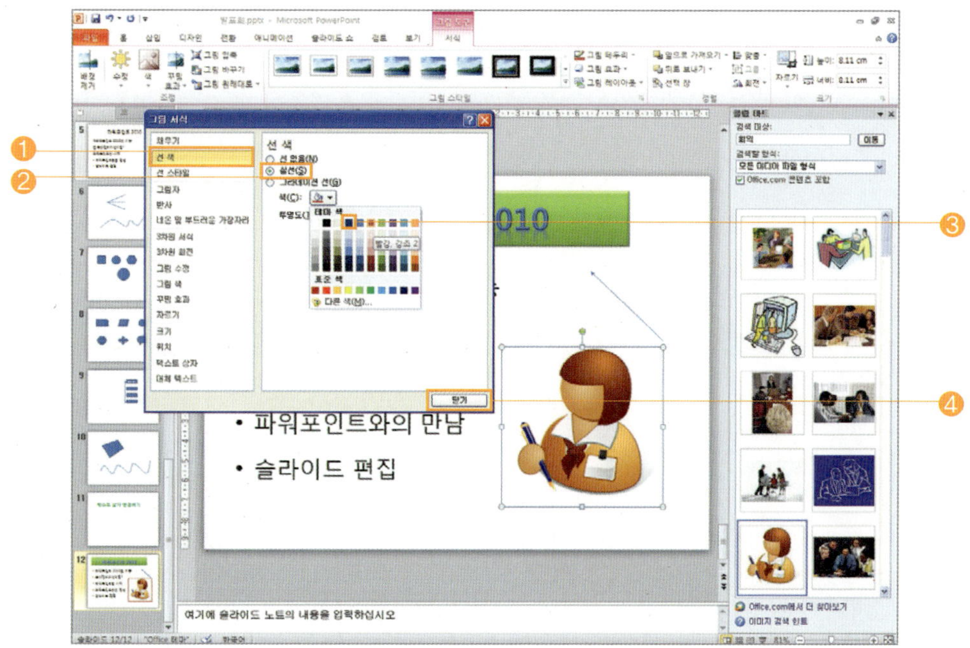

⊛ [색 채우기]를 하려면, 채우기하려는 [개체를 선택]하고, [마우스 오른쪽 버튼]을 누른 후, 단축 메뉴에서 [그림 서식]을 클릭합니다.

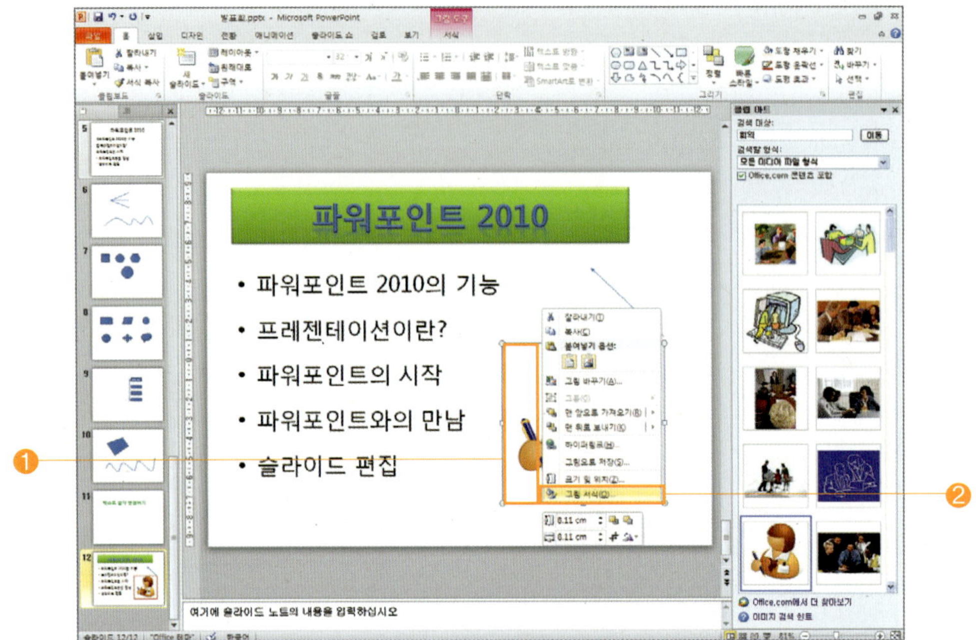

⊛ [그림 서식] 대화상자가 나타나면, [채우기] ➡ [그라데이션 채우기]를 선택한 후, [닫기] 버튼을 누르면 됩니다.

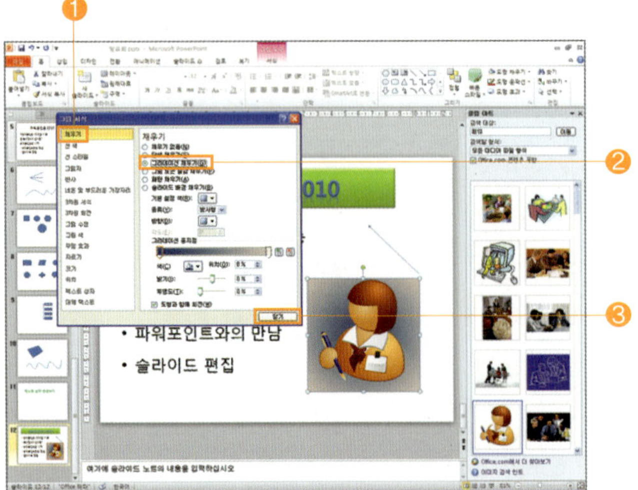

⊛ 다음 화면은 클립 아트 개체에 [테두리 선]과 [색 채우기]가 설정된 모양입니다.

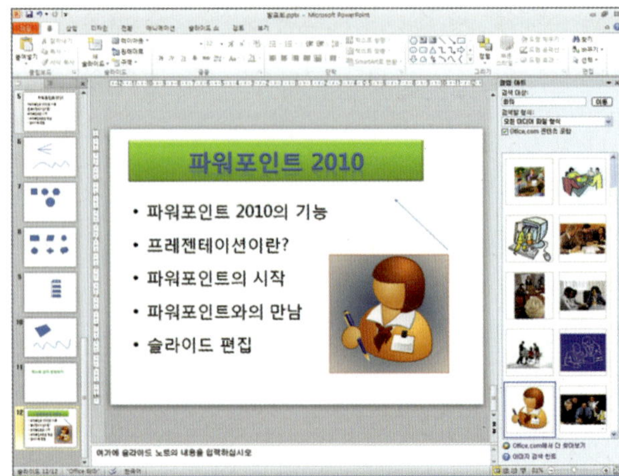

5 [그림 수정]을 하려면, 수정하려는 [개체를 선택]하고, [그림 도구] ➡ [수정]을 선택한 후, 원하는
[밝기 및 대비]를 선택하면 됩니다.

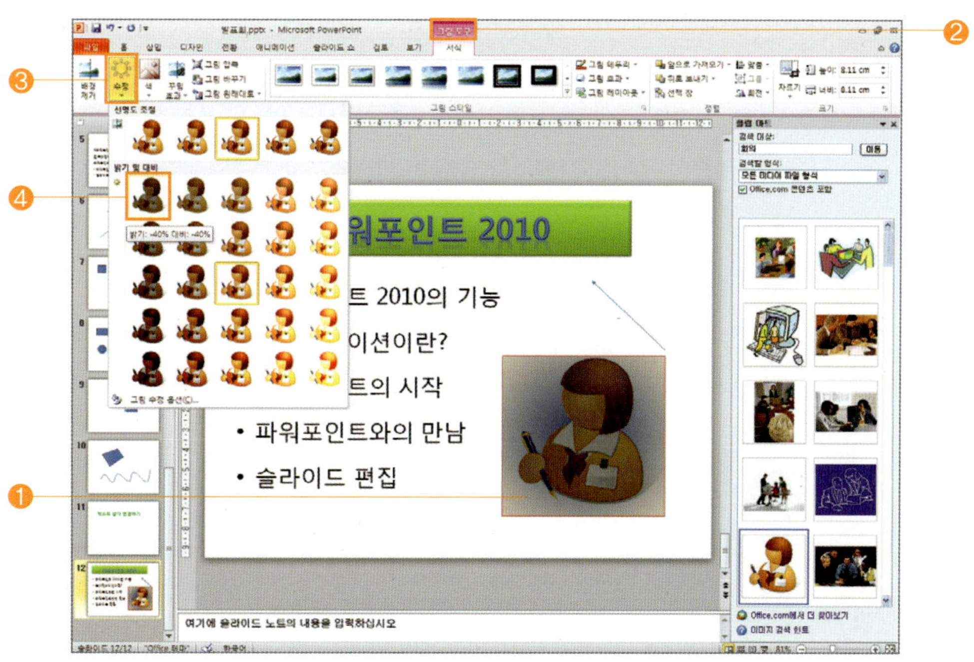

6 [그림색]을 변경하려면, 변경하려는 [개체를 선택]하고, [그림 도구] ➡ [색]을 선택한 후, 원하는
[그림색]을 선택하면 됩니다.

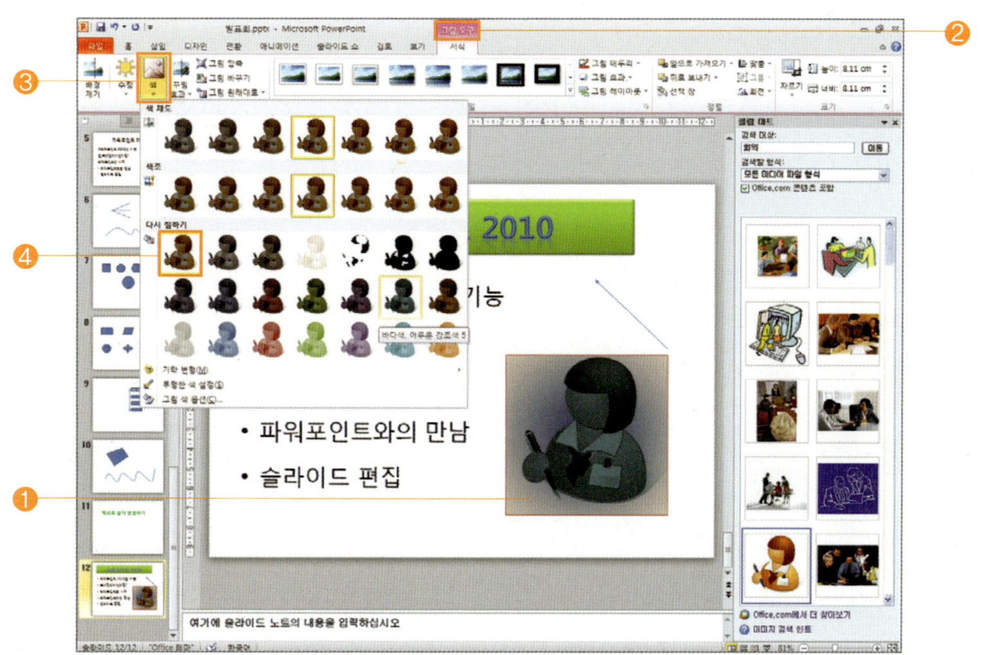

그래픽 파일 형식인 bmp, gif, emf, wmf 등의 파일을 원하는 슬라이드에 삽입, 편집하여 다양한 모양으로 만들 수 있습니다.

1 [그림 파일 삽입]을 하려면, 그림 파일을 삽입하려는 [슬라이드를 선택]한 후, 메뉴 표시줄에서 [삽입] ➡ [그림]을 선택합니다.

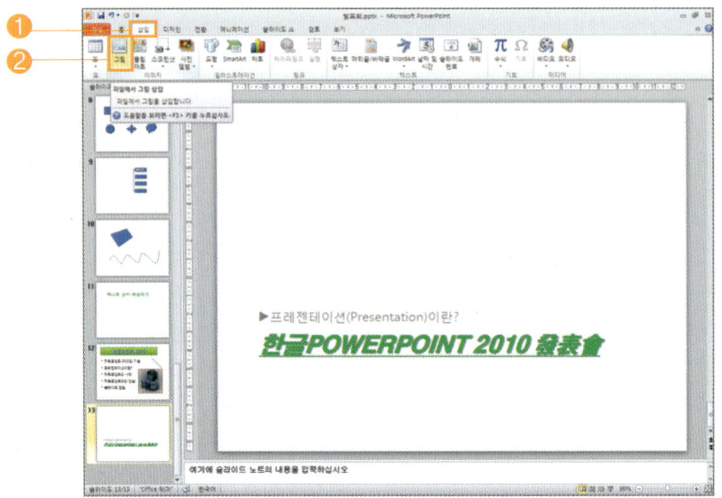

⊚ [그림 삽입] 대화상자에서 그림 파일이 있는 [경로]/[폴더]를 지정하고, [보기] ➡ [축소판 그림]을 클릭한 후, 목록에서 원하는 [그림 파일]을 선택한 다음, [삽입] 버튼을 누르면 됩니다.

⊚ 다음 화면은 슬라이드에 [그림 파일이 삽입]된 모양입니다.

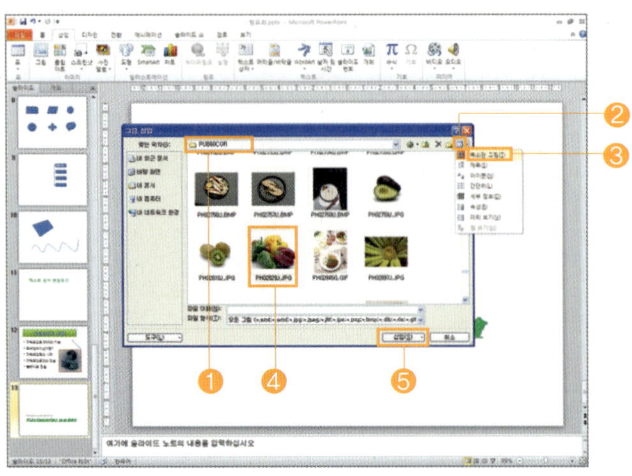

2 [개체를 맨 뒤로 보내기]를 하려면, 보내기하려는 [개체를 선택]하고, 그림 도구 모음줄에서 [뒤로 보내기] ➡ [맨 뒤로 보내기]를 선택하면 됩니다.

3 [그림 효과 변경]을 하려면, 변경하려는 [개체를 선택]하고, 그림 도구 모음줄에서 [그림 효과] ➡ [부드러운 가장자리] ➡ [50 포인트]를 선택하면 됩니다.

⊙ 다음 화면은 슬라이드에 [그림 효과]가 변경된 모양입니다.

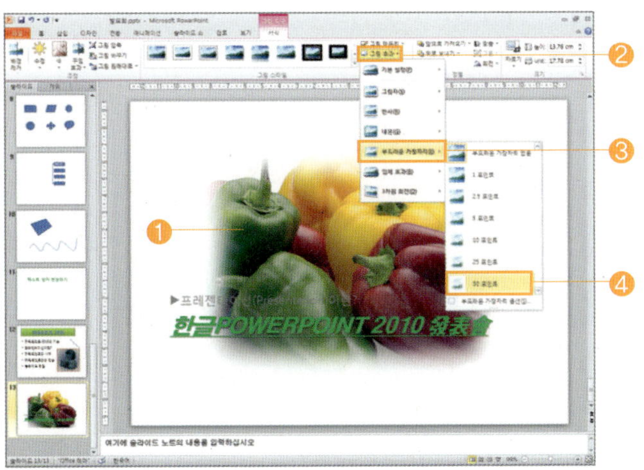
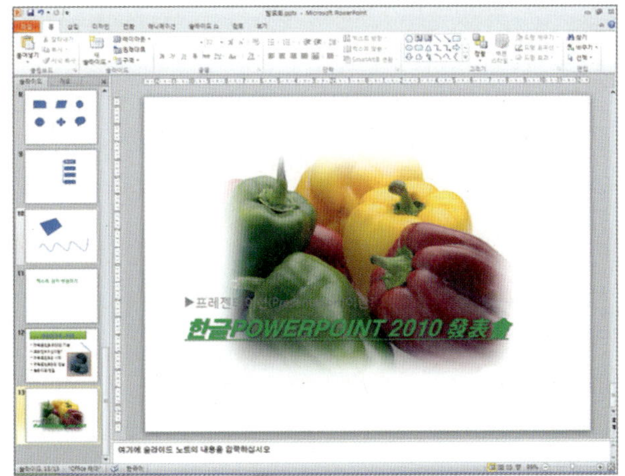

4 [그림 스타일]을 변경하려면, 변경하려는 [그림을 선택]하고, [그림 도구] ➡ [서식]을 선택한 후, 그림 스타일란에서 [입체 무광택, 흰색]을 선택하면 됩니다.

5 [그림 자르기]를 하려면, 자르기하려는 [그림을 선택]하고, [그림 도구] ➡ [서식] ➡ [자르기] ➡ [자르기]를 선택합니다.

⊙ 자르기하려는 [해당면의 모서리 자르기 핸들]을 자르기할 만큼 [끌면] 됩니다.

워드아트를 사용하면 다양한 종류의 제목 문자열을 만들 수 있으며, 워드아트로 입력한 문자열은 워드아트 서식을 변경하여 슬라이드에 자유롭게 배치할 수 있습니다.

1 [워드아트 삽입]을 하려면, 워드아트를 삽입하려는 [슬라이드를 선택]한 후, [삽입] ➡ [WordArt]를 선택하고, 여기서 원하는 [모양을 선택]합니다.

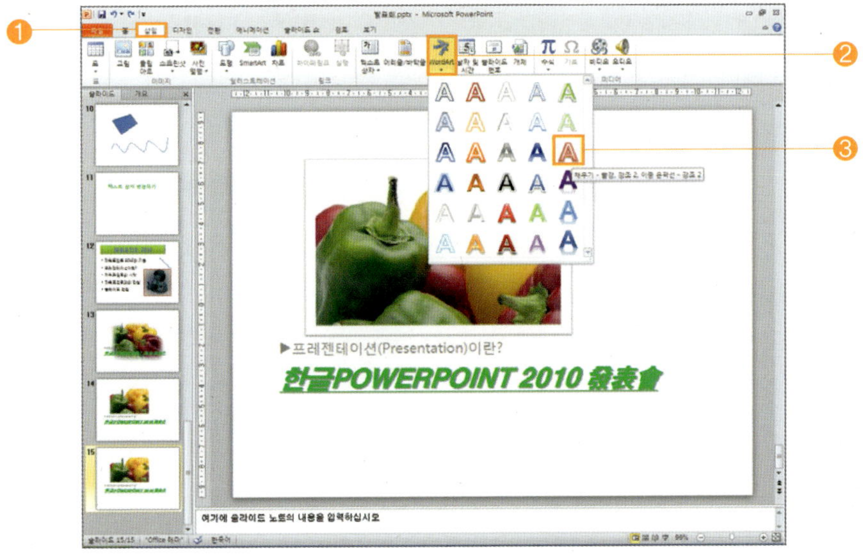

▶ [WordArt 텍스트 편집]란에 원하는 [내용을 입력]하고, WordArt 텍스트 상자 밖을 마우스로 [클릭]하면 됩니다.

▶ 다음 화면은 워드아트가 [슬라이드에 삽입]된 모양입니다.

2 [개체 이동]을 하려면, 이동하려는 [개체를 선택]한 후 개체 위에 마우스 포인터를 놓고, [마우스 왼쪽 버튼]을 누른 상태에서 [이동]하면 됩니다.

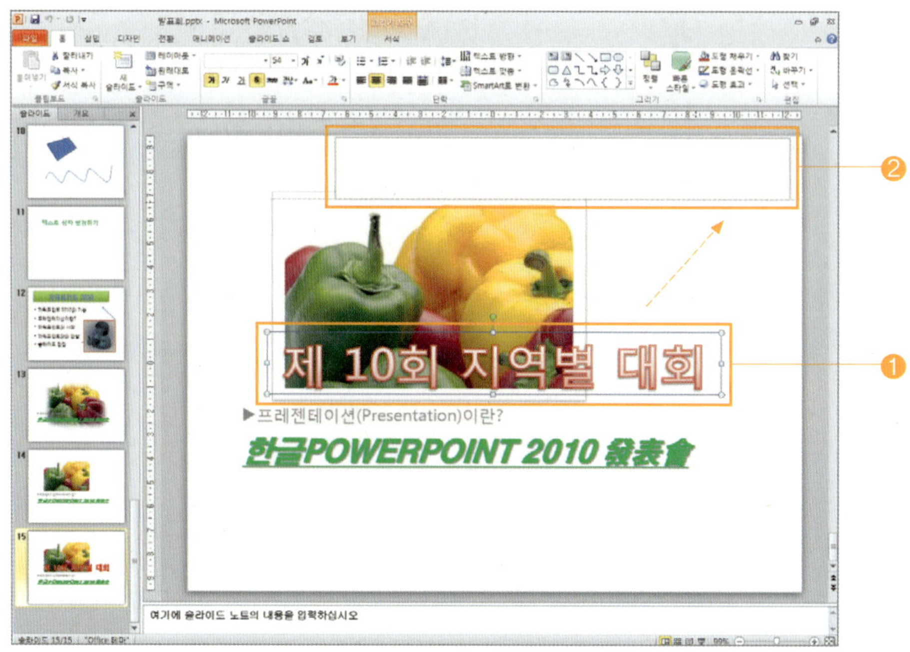

3 [글자 편집]을 하려면, 변경하려는 [개체를 선택]하고, 편집하려는 [내용을 블록 설정]합니다.

◎ 홈 도구 모음줄 [글꼴]란에서 원하는 [글꼴], [크기], [글자 서식]을 지정하면 됩니다.

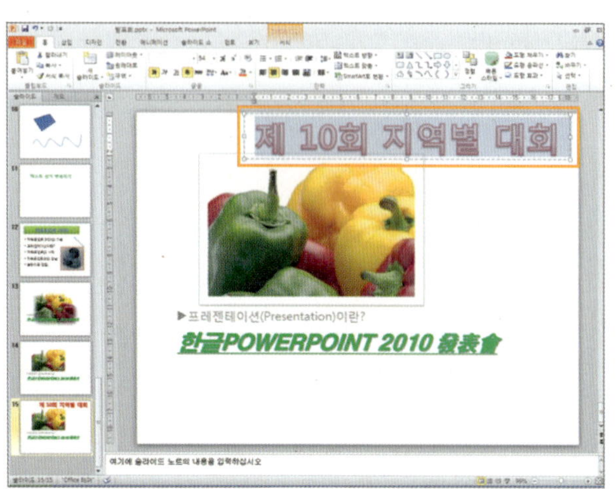

4 [개체 회전]을 하려면, 회전하려는 [개체를 선택]하고, [각도를 자유롭게 회전] 아이콘을 클릭한 상태에서 회전하면 됩니다.

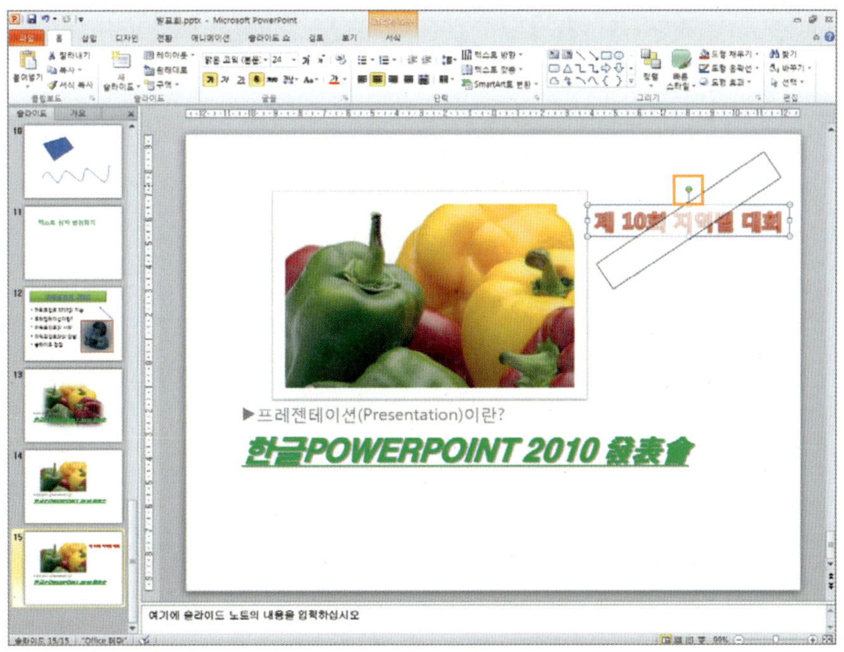

5 [도형 스타일]을 변경하려면, 변경하려는 [개체를 선택]하고, [도형 스타일]란에서 변경하려는 [도형을 선택]하면 됩니다.

6 [텍스트 효과]를 지정하려면, 지정하려는 [개체를 선택]하고, WordArt란에서 [텍스트 효과] ➡ [변환] ➡ [물결1]을 선택하면 됩니다.

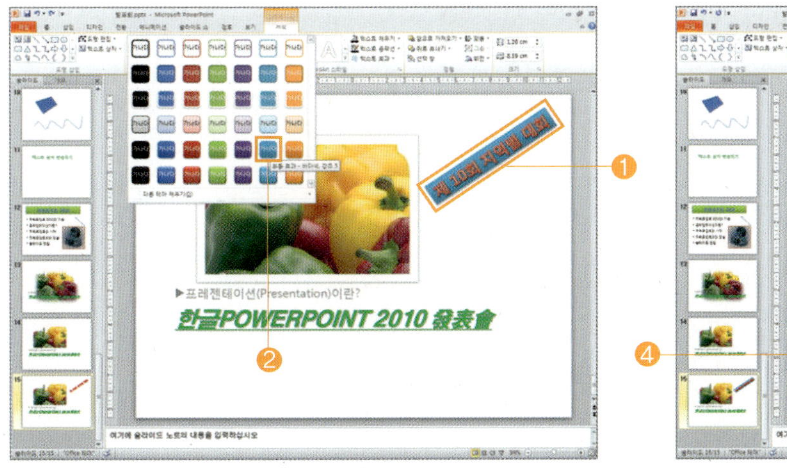

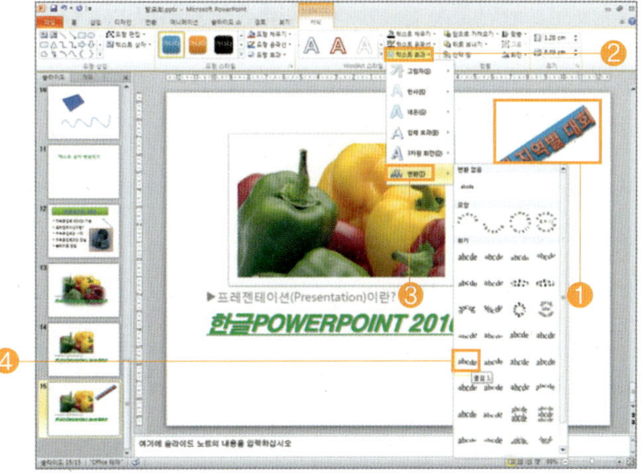

>>> 알아두세요

오디오 삽입을 하려면…

[삽입] ➡ [오디오] ➡ [클립 아트 오디오]를 선택하고, 클립 아트 창에서 원하는 [항목을 클릭]하면 됩니다.

■ 다음과 같은 내용의 슬라이드를 작성하시오.

• 빈 화면 슬라이드를 선택합니다.

• 도형 및 텍스트 상자를 삽입하고, 내용을 작성합니다.

• 개체를 원하는 모양으로 꾸미기 합니다.

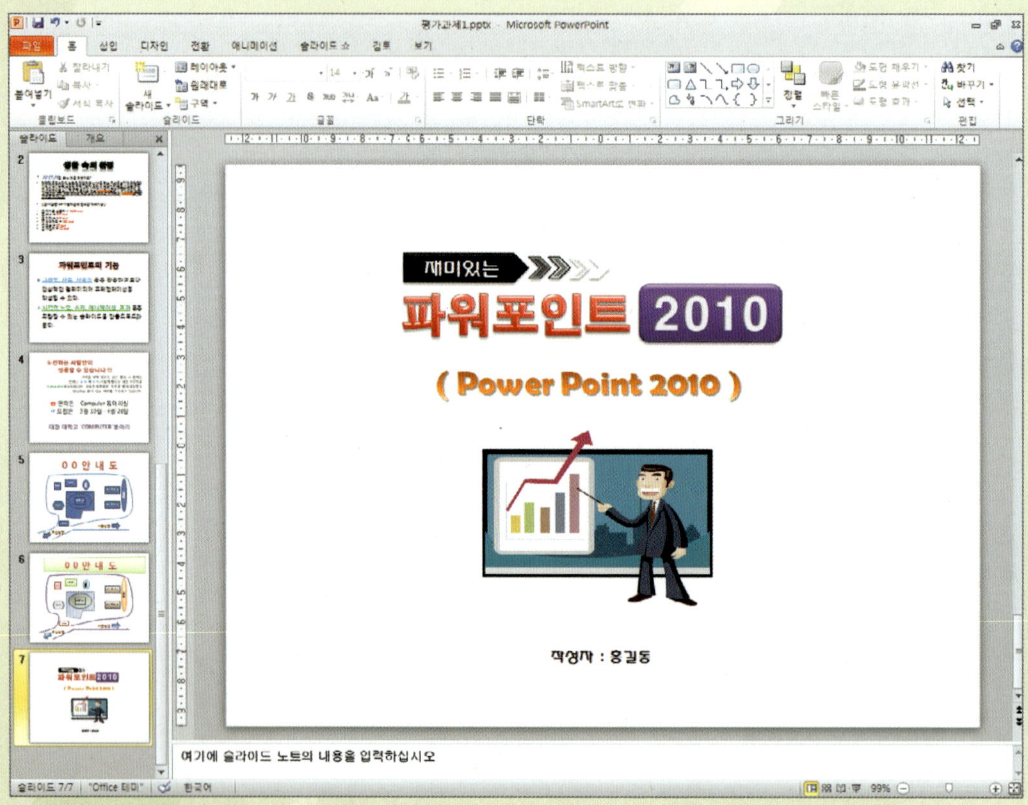

■ 다음과 같은 내용의 슬라이드를 작성하시오.

• 콘텐츠 2개 슬라이드나 제목 및 내용 슬라이드를 선택하여 내용을 작성합니다.

• 도형 및 WordArt를 삽입하고, 내용을 작성합니다.

• 입력한 문자와 개체를 원하는 모양으로 꾸미기 합니다.

• 글머리 기호를 변경합니다.

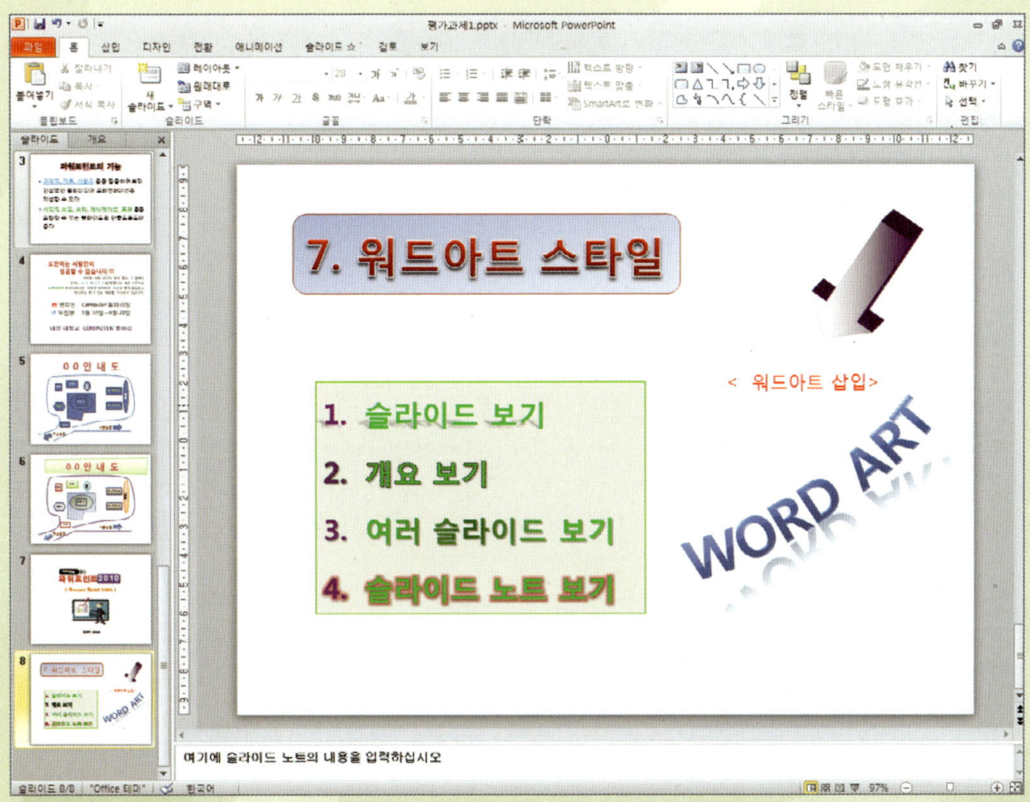

16 스마트아트(SmartArt)

슬라이드에 조직도나 다이어그램을 추가하거나 변경하여 다양한 형태의 슬라이드를 보기 좋게 만들 수 있습니다. SmartArt의 종류에는 목록형, 프로세스형, 주기형, 계층구조형, 관계형 등이 있습니다.

1 [조직도 삽입]을 하려면, 메뉴 표시줄에서 [홈] ➡ [새 슬라이드] ➡ [제목 및 내용]을 선택합니다.

▶ [제목 틀]에 내용을 입력하고, [SmartArt 그래픽 삽입]을 [클릭]합니다.

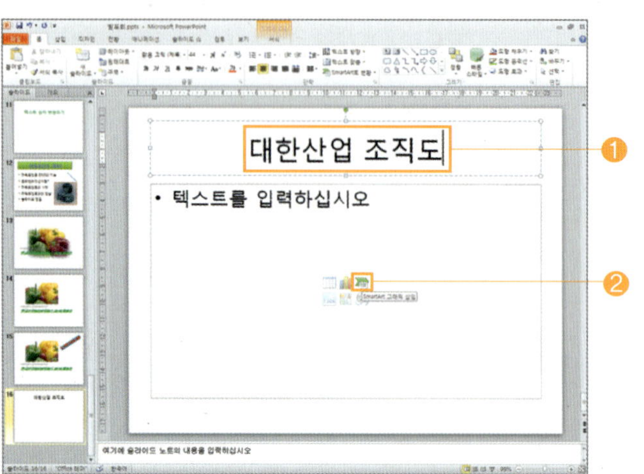

▶ [SmartArt 그래픽 선택] 대화상자가 나타나면, [계층구조형] ➡ [조직도형]을 선택하고, [확인] 버튼을 누르면 됩니다.

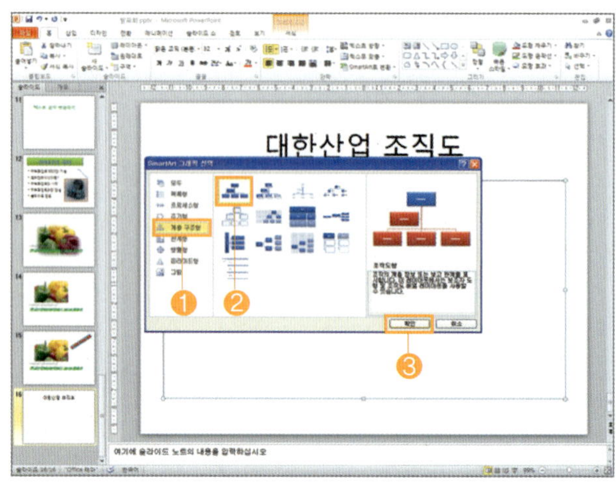

2 [글자 넣기]를 하려면, 글자를 넣으려는 [조직도를 선택]하고 텍스트 상자에 [글자를 입력]하면 됩니다.

- 콘트롤( )을 클릭하면 텍스트 창이 나타나는데, 여기서 글자를 입력하여도 됩니다.

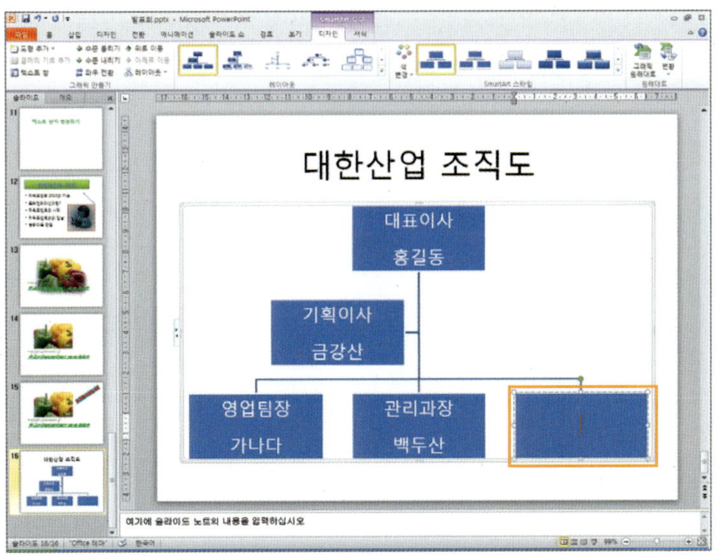

3 [조직도 추가]를 하려면, 추가하려는 [조직도를 선택]하고, [SmartArt 도구] ➡ [디자인] ➡ [도형 추가] 목록 단추를 클릭한 후, [보조자 추가]를 선택하여 [내용을 입력]하면 됩니다.

⊙ 다음 화면은 [보조자 추가]의 조직도가 추가된 모양입니다.

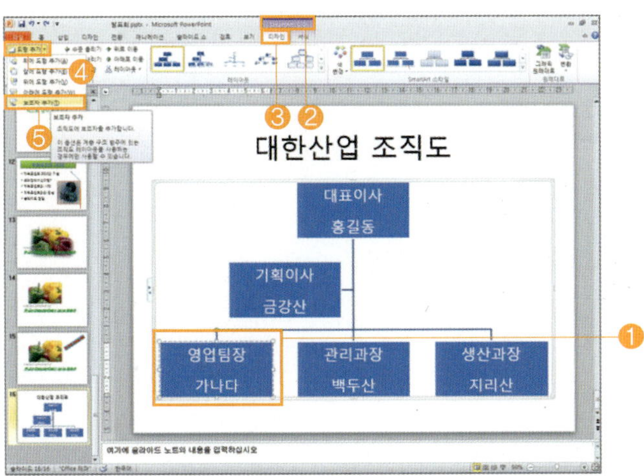 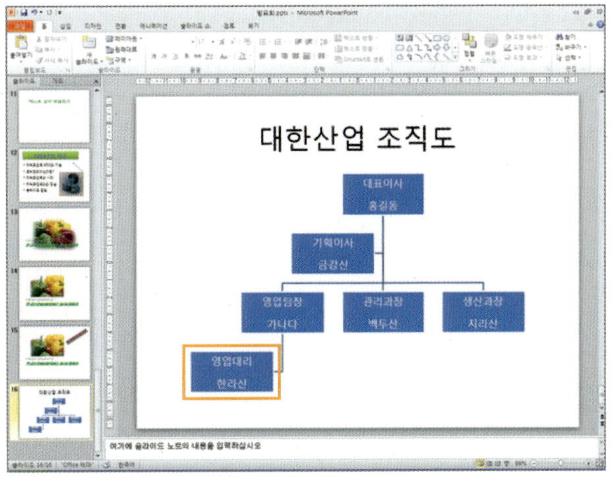

 알아두세요

조직도를 삭제하려면…

삭제하려는 [조직도를 선택]하고 Delete 키를 누르면 됩니다.

4 [글자 모양]을 변경하려면, 변경하려는 [조직도를 선택]하고, 홈 도구 모음줄에서 [글꼴], [크기], [색상]을 변경하면 됩니다.

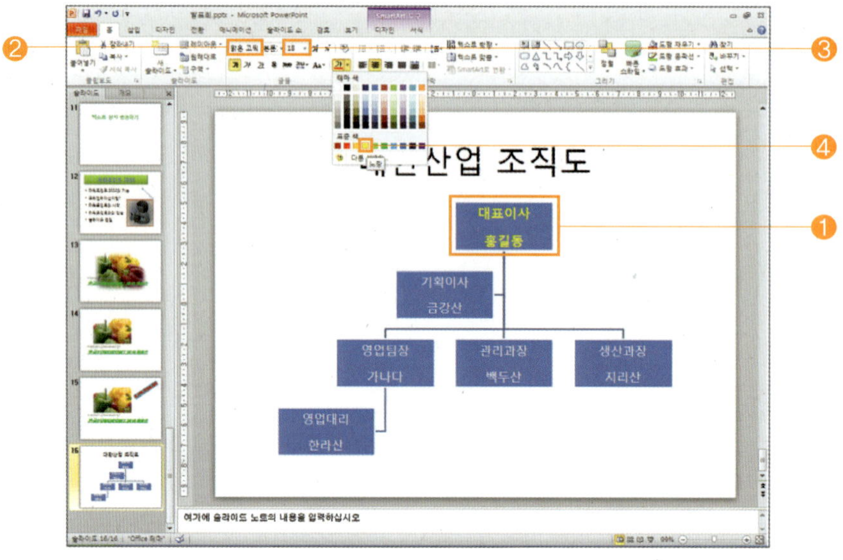

5 [조직도 바탕색]을 변경하려면, 변경하려는 [조직도를 선택]하고, SmartArt 도구 모음줄에서 [서식] ➡ [도형 채우기]를 클릭한 후, 원하는 [색을 선택]하면 됩니다.

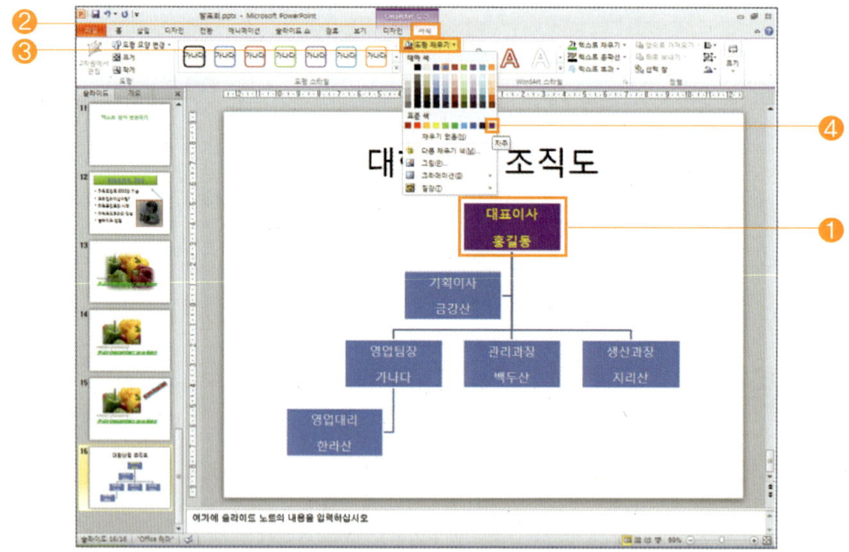

조직도 크기를 변경하려면...

변경하려는 [조직도를 선택]하고, 크기 조정 핸들 위에 마우스 포인터를 놓고 [마우스 왼쪽 버튼]을 누른 상태에서 [드래그]하면 됩니다.

6 [조직도 SmartArt 스타일]을 변경하려면, 변경하려는 [조직도를 선택]하고, [SmartArt 도구]
➡ [디자인] ➡ [색 변경] 목록 단추를 클릭한 후, 원하는 [모양]을 선택하면 됩니다.

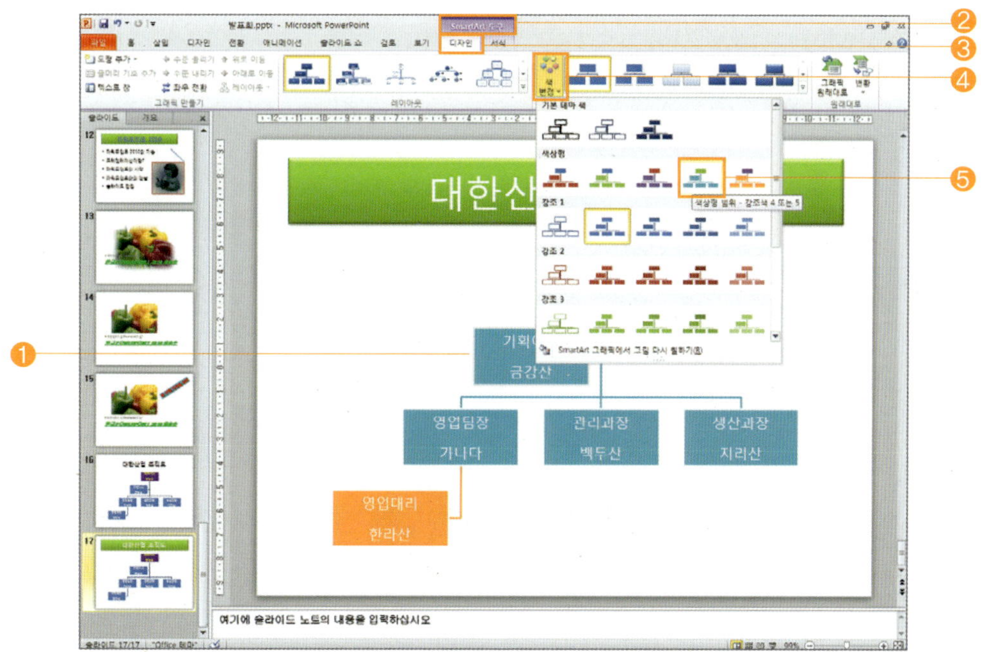

7 [조직도 도형 스타일]을 변경하려면, 변경
하려는 [도형을 선택]하고, [SmartArt 도
구] ➡ [서식]을 선택한 후, [도형 스타일] 자세
히 목록 단추를 클릭합니다.

⊙ [도형 스타일]란에서 원하는 [모양]을 선택
하면 됩니다.

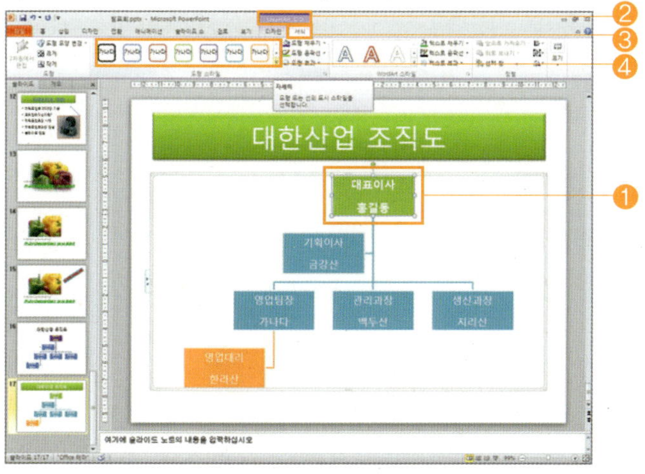

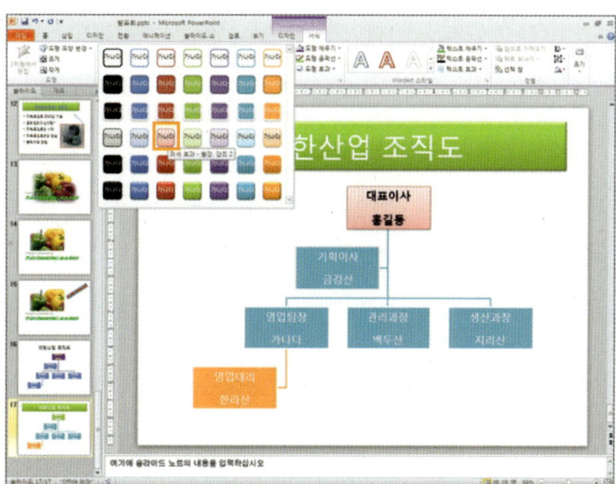

8 [다이어그램 삽입]을 하려면, 메뉴 표시줄에서 [홈] ➡ [새 슬라이드] ➡ [제목 및 내용]을 선택합니다.

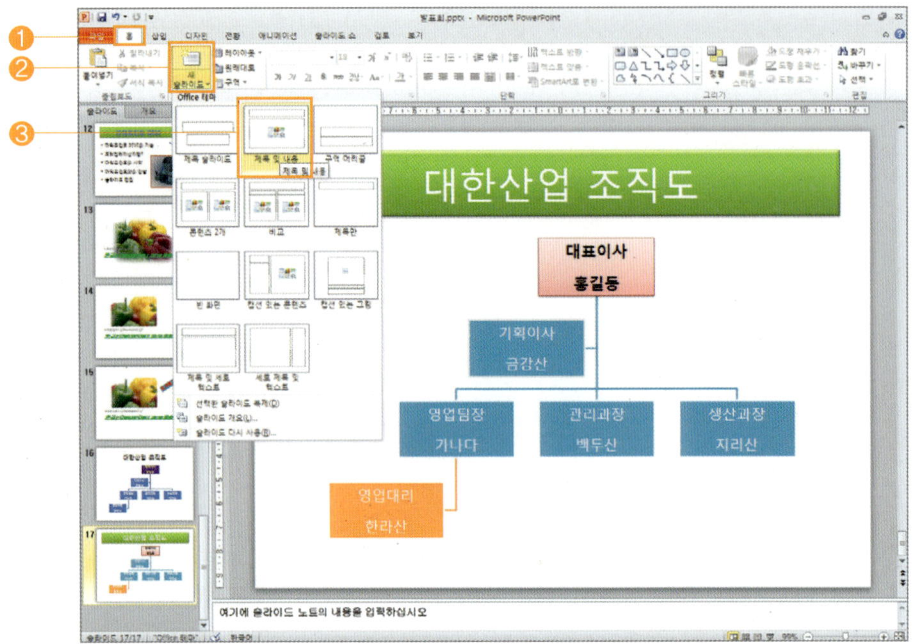

⊙ [제목 틀]에 내용을 입력하고, [SmartArt 그래픽 삽입]을 [클릭]합니다.

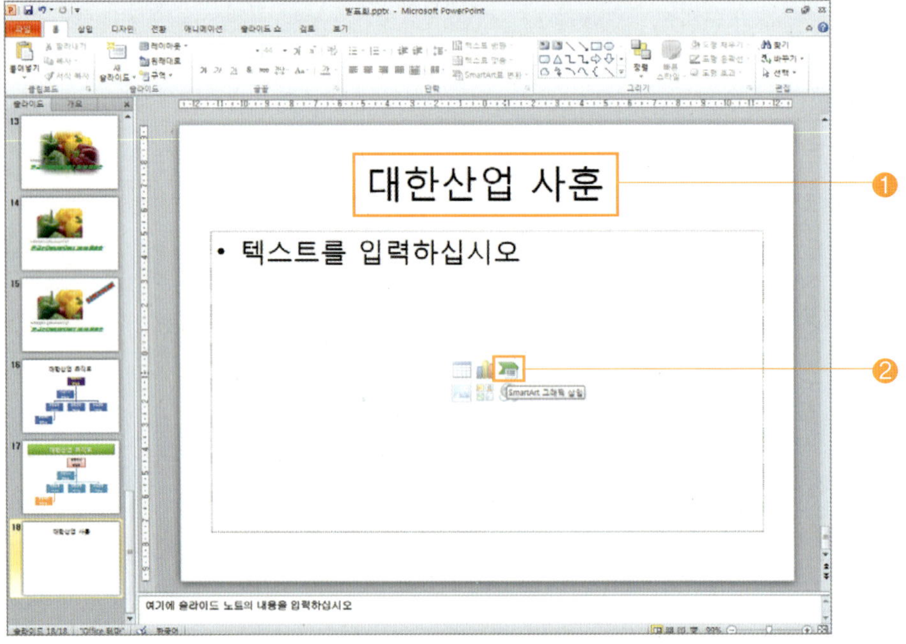

[SmartArt 그래픽 선택] 대화상자가 나타나면, [주기형] ➡ [블록 주기형]을 선택하고, [확인] 버튼을 누르면 됩니다.

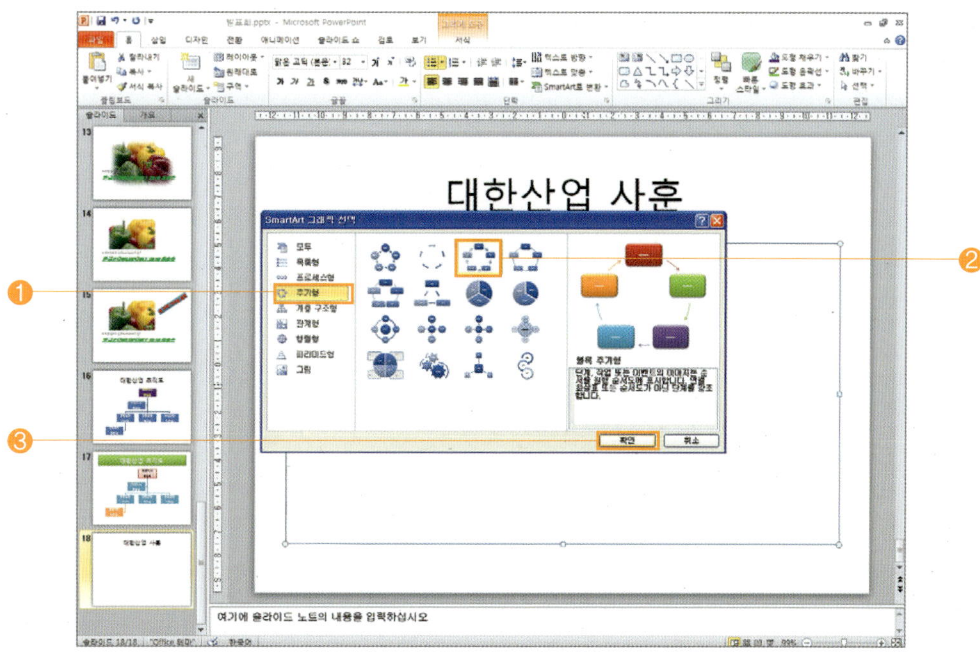

슬라이드에 다이어그램이 삽입되면 [글자 넣기], [글자 모양], [SmartArt 스타일] 등을 지정하여 슬라이드를 작성하면 됩니다.

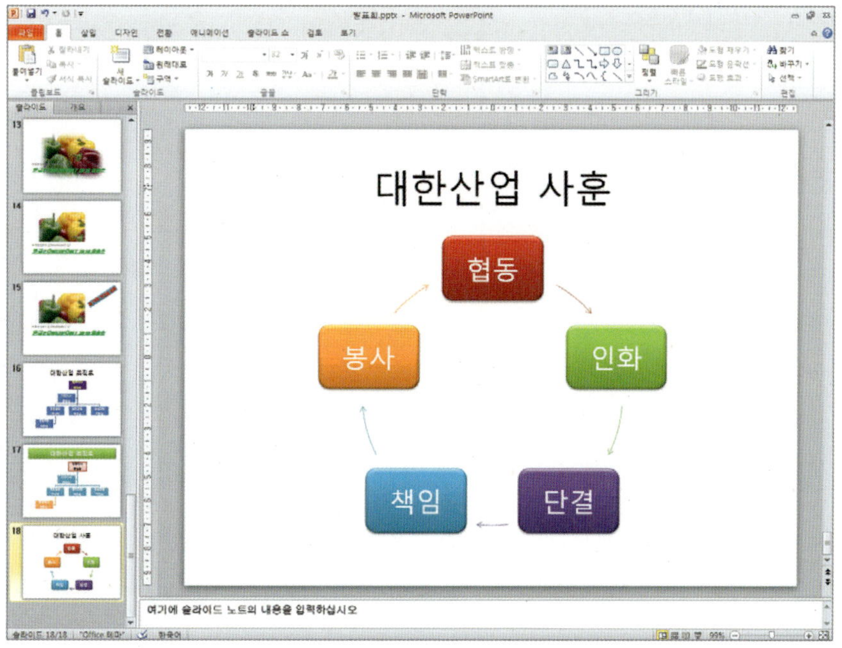

■ 다음과 같은 내용의 슬라이드를 작성하시오.

• 제목 및 내용 슬라이드를 선택합니다.

• SmartArt 그래픽을 삽입하고, 계층구조형 / 가로 다단계 계층형을 선택합니다.

• 제목 틀에 내용을 입력하고, 꾸미기 합니다.

• 개체를 선택하여 내용을 입력하고, 꾸미기 합니다.

• 안내선 기능을 사용합니다.

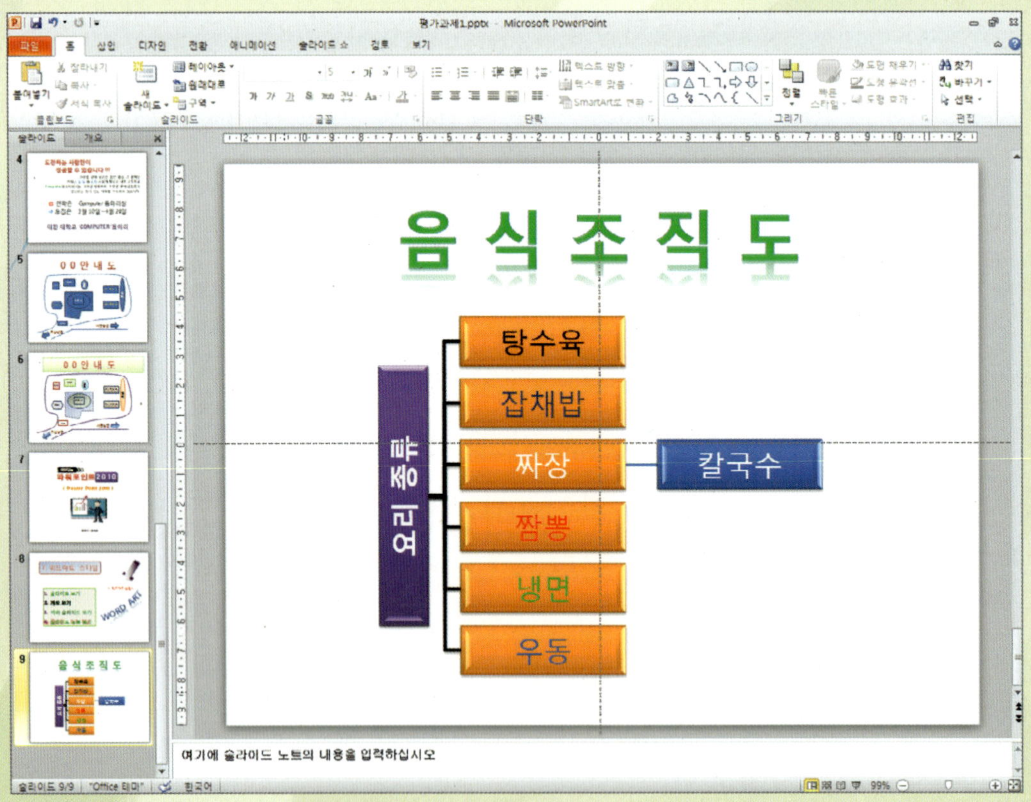

- 다음과 같은 슬라이드를 작성하시오.

- 제목 및 내용 슬라이드를 선택합니다.

- SmartArt 그래픽을 삽입하고, 목록형/세로 글머리 기호 목록형을 선택합니다.

- 제목 틀 및 개체에 내용을 입력하고 꾸미기 합니다.

- 안내선 기능을 사용합니다.

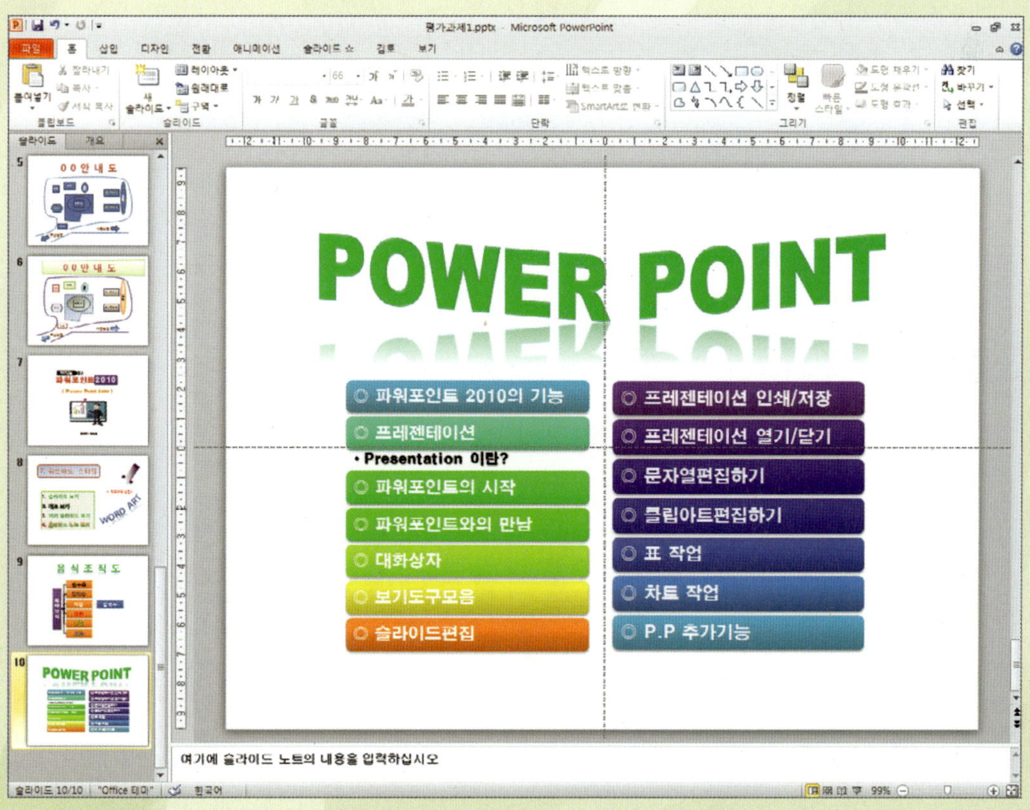

파워포인트 2010에서는 표 만들기가 자유롭고 편리하여 간단한 표뿐만 아니라 복잡한 표도 쉽게 만들 수 있습니다. 복잡한 표를 만들 경우는 표 그리기 기능을 사용하면 됩니다.

1 [표 삽입]을 하려면, 메뉴 표시줄에서 [홈] ➡ [새 슬라이드] ➡ [제목 및 내용]을 선택합니다.

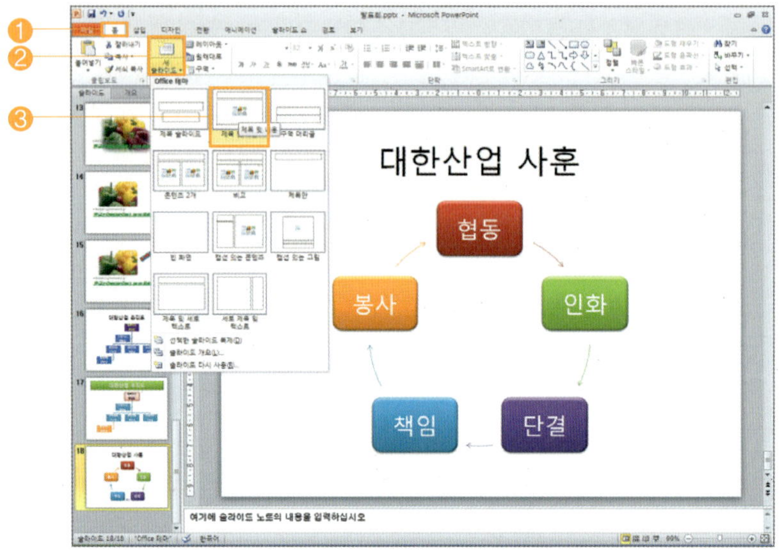

⊙ [제목 틀]에 내용을 입력하고, [표 삽입] 아이콘을 클릭합니다.

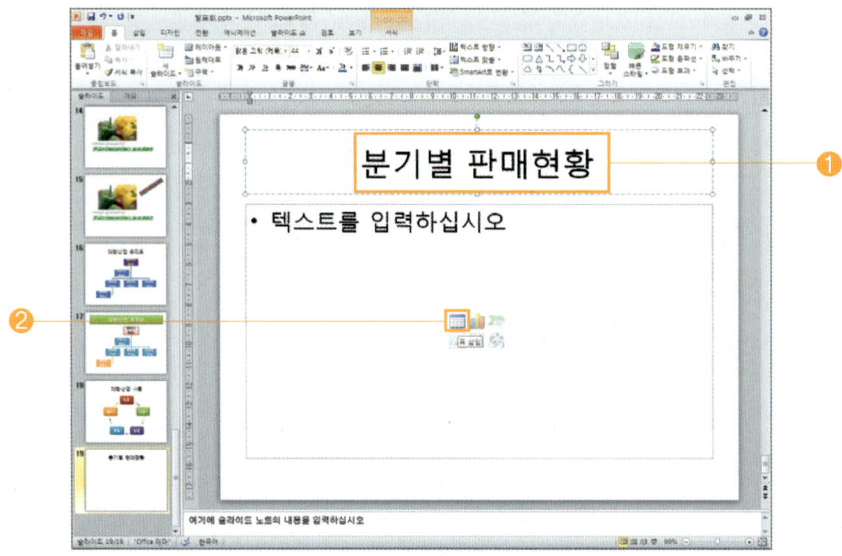

⊗ [표 삽입] 대화상자가 나타나면 [열]과 [행]의 개수를 입력한 후, [확인] 버튼을 클릭하면 됩니다.

⊗ 다음 화면은 슬라이드에 [표가 삽입]된 모양입니다.

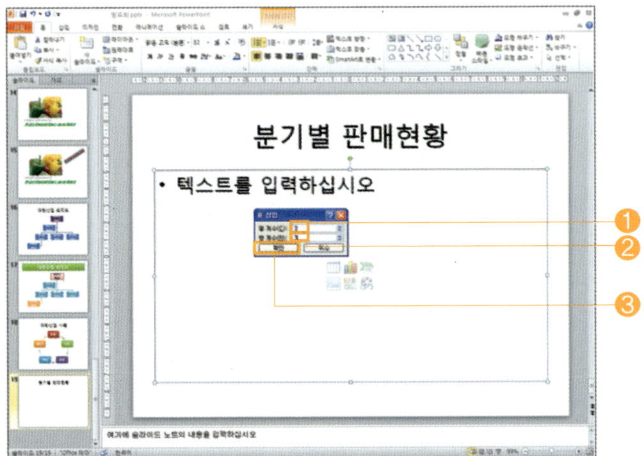

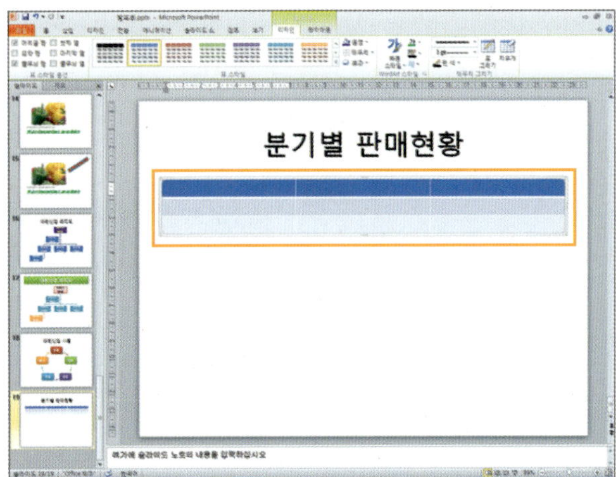

2 [내용 입력]을 하려면, 입력하려는 [셀을 선택]하고, 원하는 [내용을 입력]하면 됩니다.

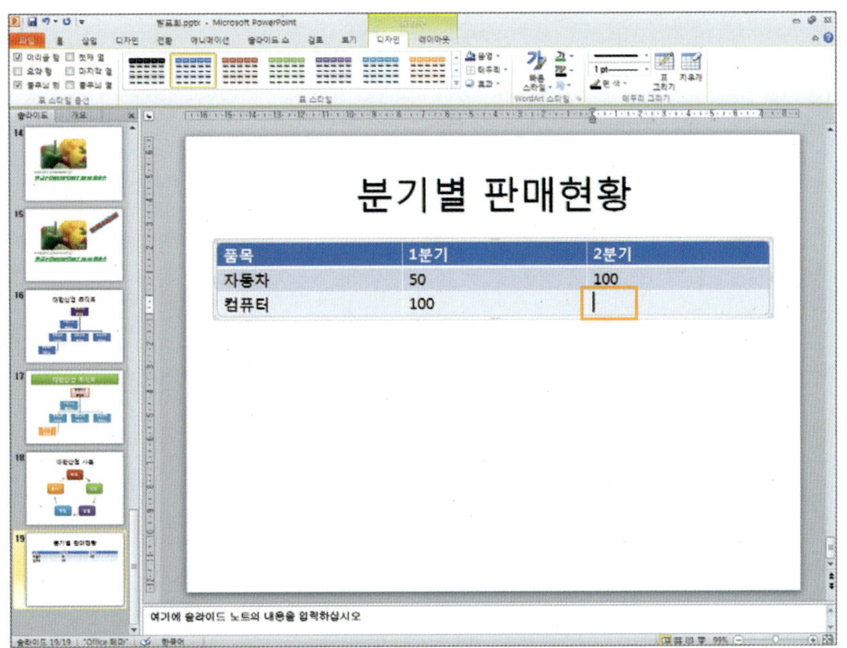

3 [표 그리기]를 하려면, 그리기하려는 [표를 선택]하고, [표 도구] ➡ [디자인] ➡ [표 그리기]를 선택한 후, 원하는 위치에 마우스 포인터를 놓고 [드래그]하면 됩니다.

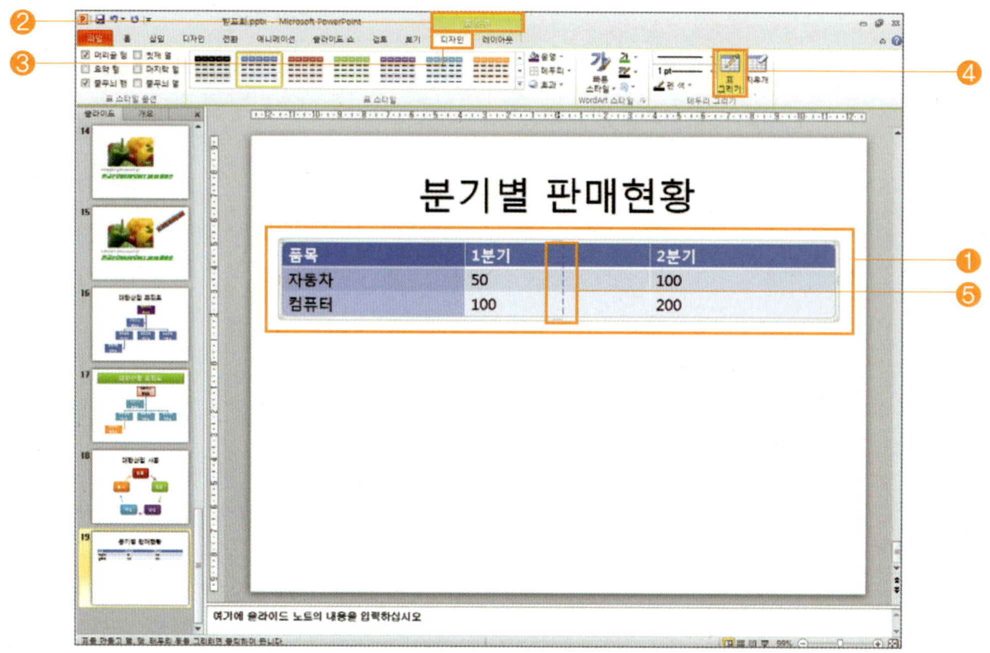

4 [표 지우기]를 하려면, [테두리 그리기]란에서 [지우기]를 선택하고, 지우려는 위치에 마우스 포인터를 놓고, [마우스 왼쪽 버튼]을 누른 상태에서 [드래그]하면 됩니다.

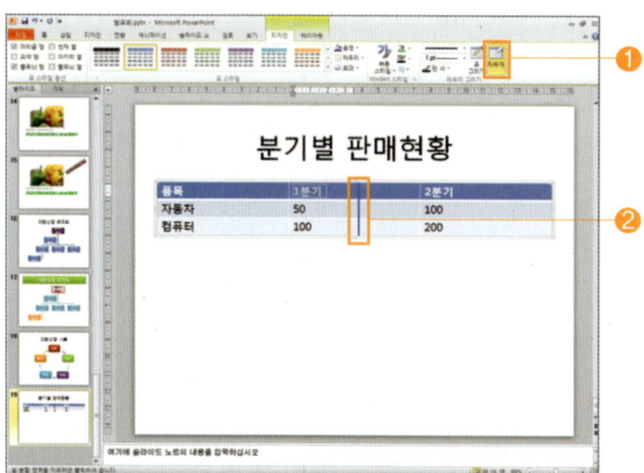

5 [셀 분할]을 하려면, 분할하려는 [셀을 선택]한 후, [표 도구] ➡ [레이아웃] ➡ [셀 분할]을 클릭합니다.

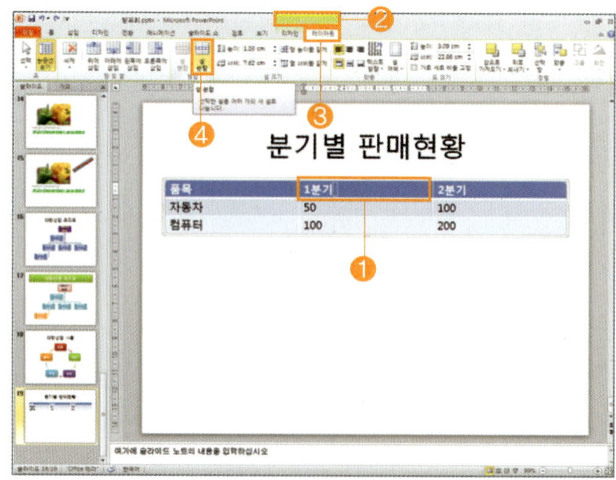

⊛ [셀 분할] 대화상자가 나타나면, 열 개수란에 [2]를, 행 개수란에 [1]을 입력하고, [확인] 버튼을 누르면 됩니다.

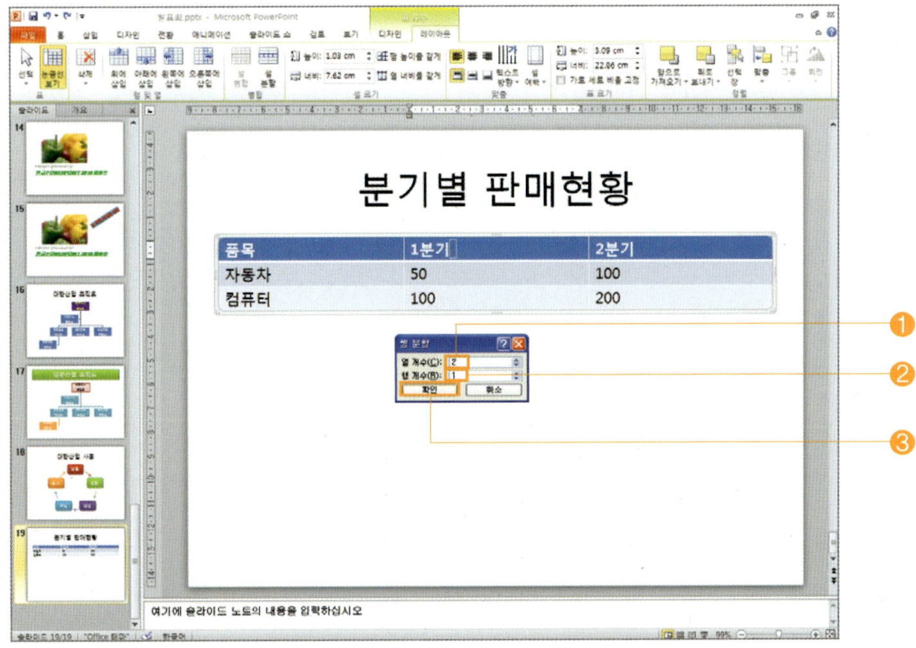

6 [셀 병합]을 하려면, 병합하려는 [셀을 선택]한 후, [표 도구] ➡ [레이아웃] ➡ [셀 병합]을 클릭하면 됩니다.

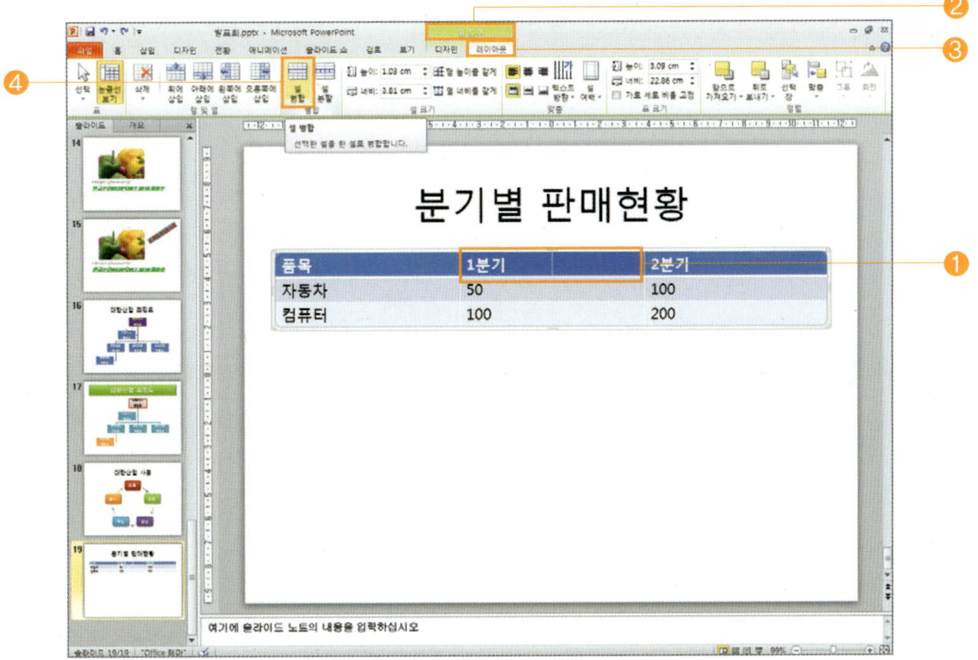

7 [테두리 그리기]를 하려면, 그리기하려는 [셀을 선택]한 후, [표 도구] ➡ [디자인] ➡ [테두리] 목록 단추를 클릭하고, [모든 테두리]를 선택하면 됩니다.

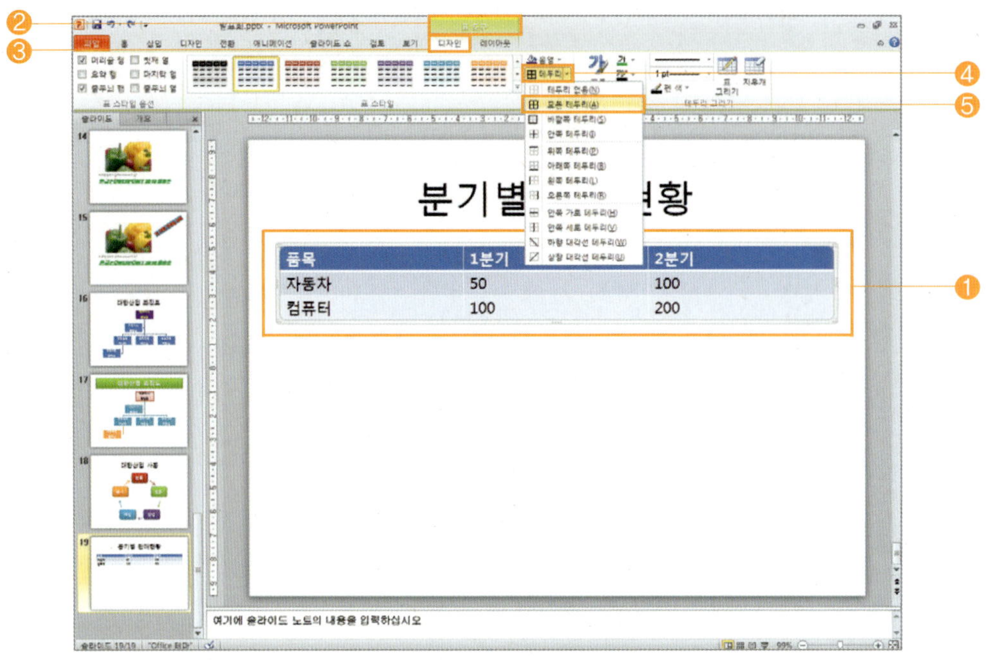

8 [테두리 두께]를 변경하려면, 변경하려는 [셀을 선택]한 후, [테두리 그리기]란에서 [펜 두께] 목록 단추를 클릭하고, [2.25pt]를 선택합니다.

⬭ 원하는 위치에 마우스 포인터를 놓고 [그리기]를 하면 됩니다.

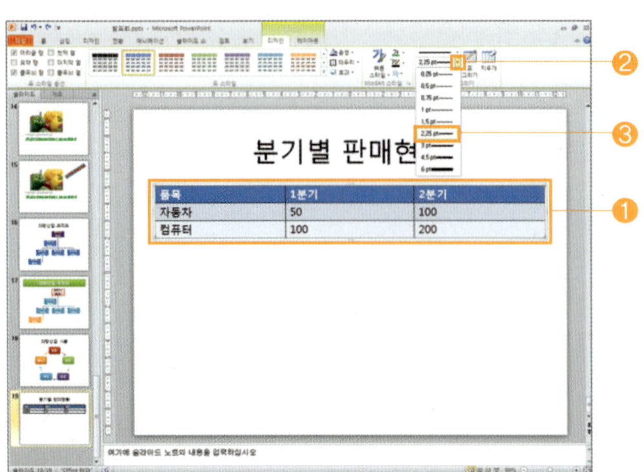

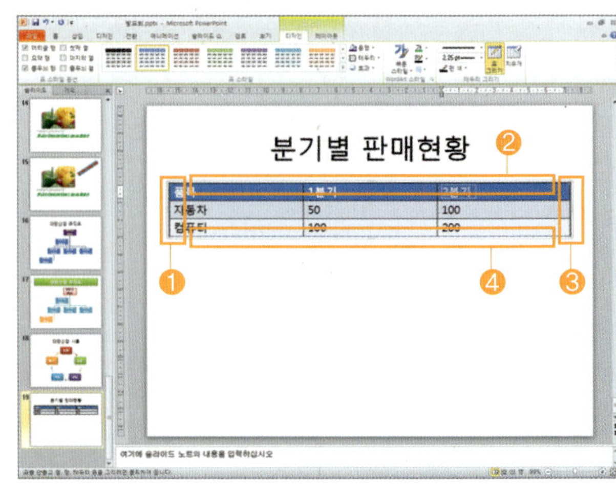

9 [글자 맞춤]을 변경하려면, 변경하려는 [셀을 선택]한 후, [표 도구] ➡ [레이아웃]을 선택하고, [맞춤]란에서 [가운데 맞춤], [세로 가운데 맞춤]을 선택하면 됩니다.

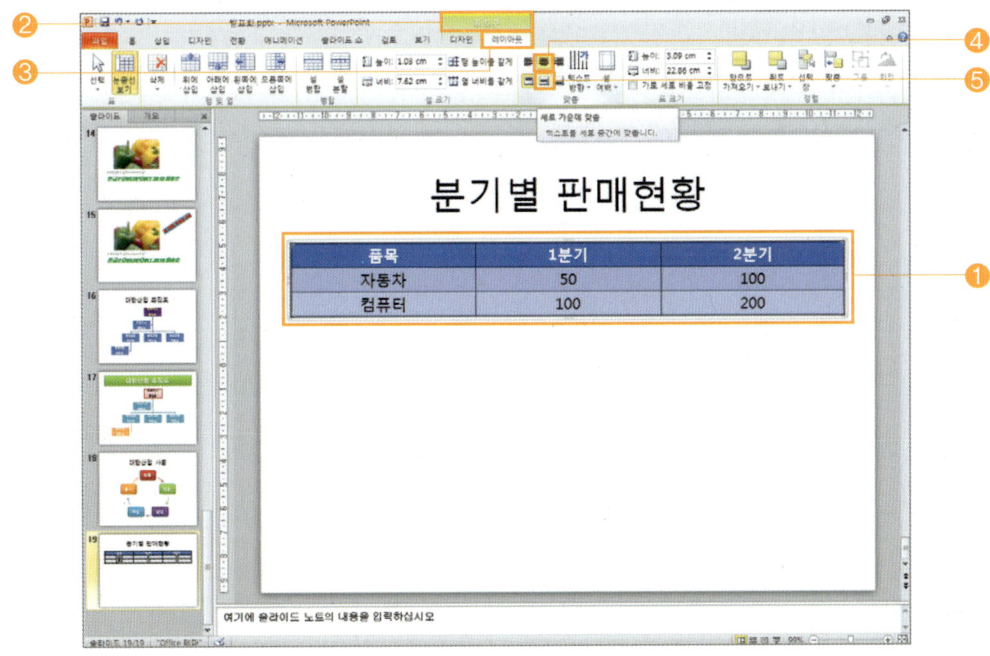

10 [표 크기]를 변경하려면, 변경하려는 [표를 선택]한 후, 마우스 포인터를 크기 조정 핸들 위에 놓고 [마우스 왼쪽 버튼]을 누른 상태에서 [드래그]하면 됩니다.

▶ 다음 화면은 [맞춤 형식], [글꼴], [표 크기] 등을 변경하여 완성한 표 슬라이드입니다.

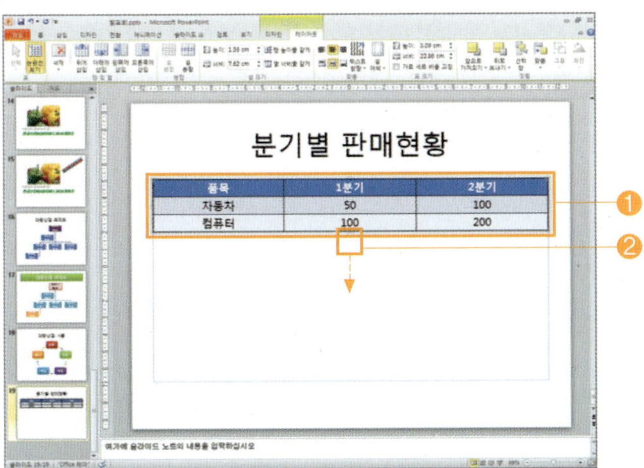

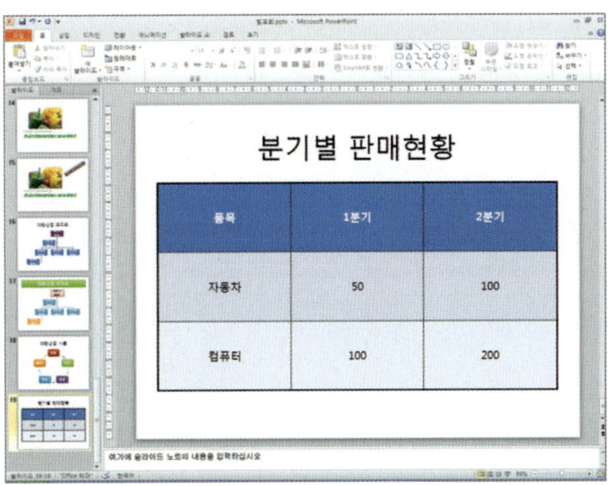

11 [표 스타일]을 변경하려면, 변경하려는 [표를 선택]한 후, [표 도구] ➡ [디자인]을 선택하고, [자세히] 목록 단추를 클릭한 다음 [보통 스타일 4-강조 5]를 선택하면 됩니다.

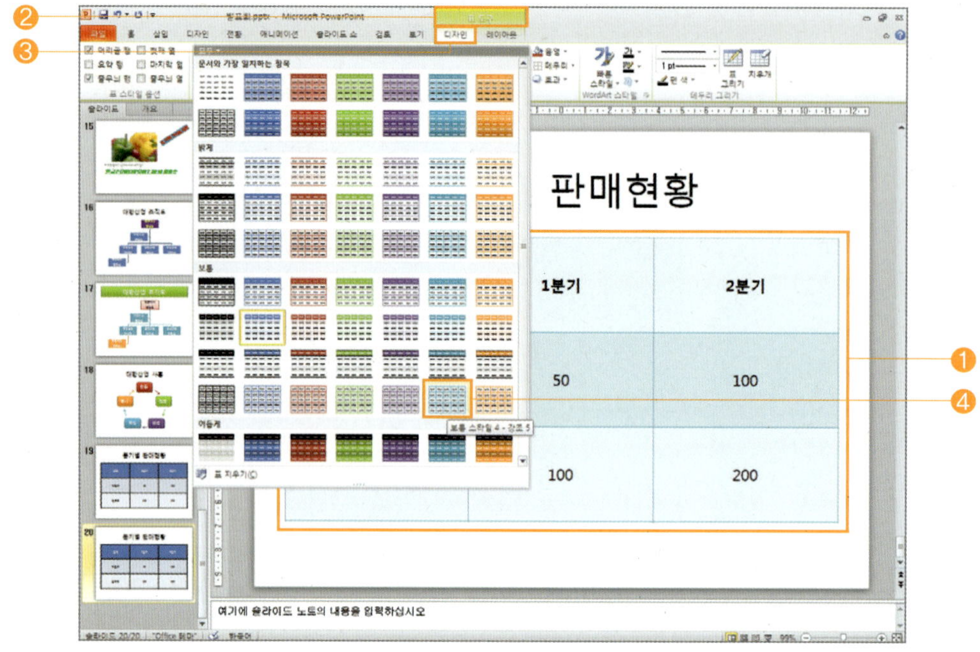

12 [표 효과]를 지정하려면, 지정하려는 [표를 선택]한 후, [표 스타일]란에서 [효과] ➡ [셀 입체 효과] ➡ [둥글게]를 선택하면 됩니다.

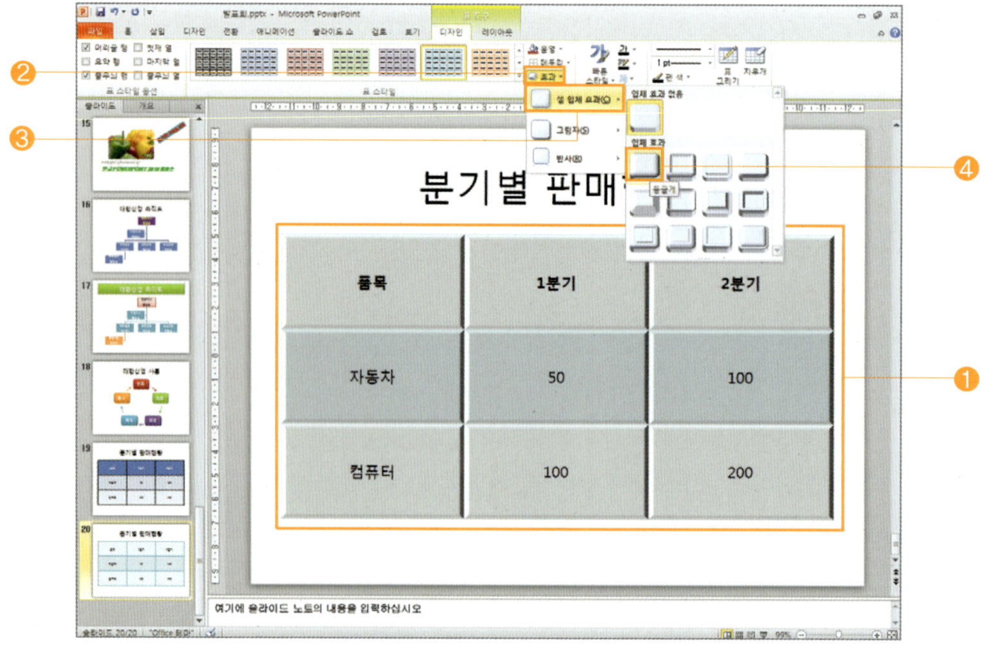

■ 다음과 같은 내용의 슬라이드를 작성하시오.

• 제목 및 내용 슬라이드를 선택합니다.

• 표를 삽입하고, 열과 행의 개수를 입력합니다.

• 제목 틀에 내용을 입력하고, 꾸미기 합니다.

• 표를 선택하여 내용을 입력하고, 꾸미기 합니다.

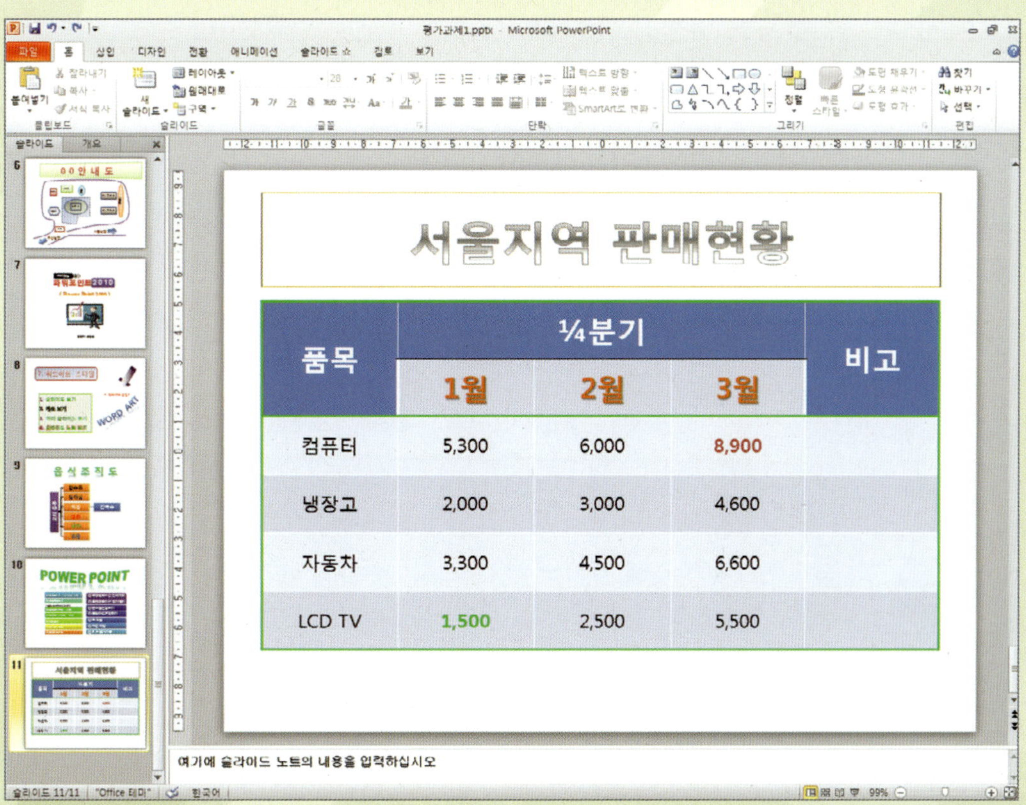

품목	¼분기			비고
	1월	2월	3월	
컴퓨터	5,300	6,000	8,900	
냉장고	2,000	3,000	4,600	
자동차	3,300	4,500	6,600	
LCD TV	1,500	2,500	5,500	

■ 다음과 같은 내용의 슬라이드를 작성하시오.

• 제목 및 내용 슬라이드를 선택합니다.

• 표를 삽입하고, 열과 행의 개수를 입력합니다.

• 표 스타일을 변경합니다.

• 제목 틀에 내용을 입력하고, 꾸미기 합니다.

• 표를 선택하여 내용을 입력하고, 꾸미기 합니다.

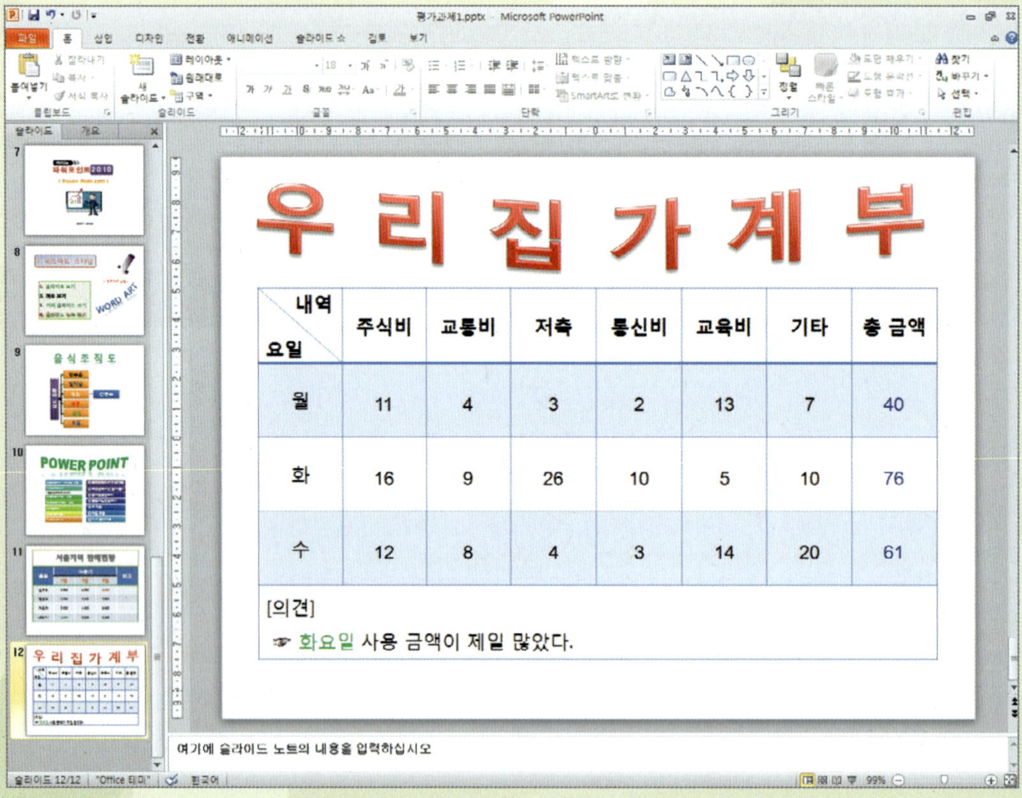

내역\요일	주식비	교통비	저축	통신비	교육비	기타	총 금액
월	11	4	3	2	13	7	40
화	16	9	26	10	5	10	76
수	12	8	4	3	14	20	61

[의견]
☞ 화요일 사용 금액이 제일 많았다.

18 차 트

파워포인트 2010에는 차트 개체 틀이 들어 있는 슬라이드 구성이 있으므로, 이 구성을 이용하여 차트를 작성하면 보다 멋진 프레젠테이션을 만들 수 있습니다. 또한, 엑셀 2010의 차트도 프레젠테이션에 삽입할 수 있습니다.

1 [차트 삽입]을 하려면, 메뉴 표시줄에서 [홈] ➡ [새 슬라이드] ➡ [제목 및 내용]을 선택합니다.

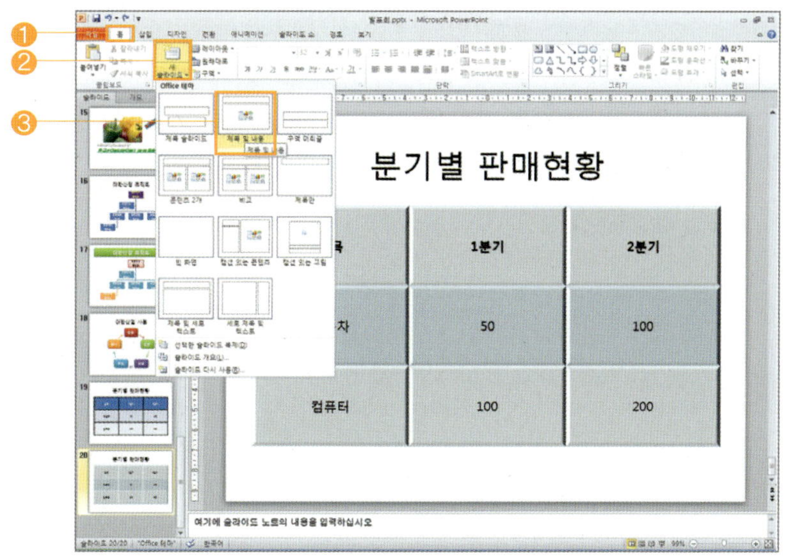

▶ [제목 틀]에 내용을 입력하고, [차트 삽입] 아이콘을 [클릭]합니다.

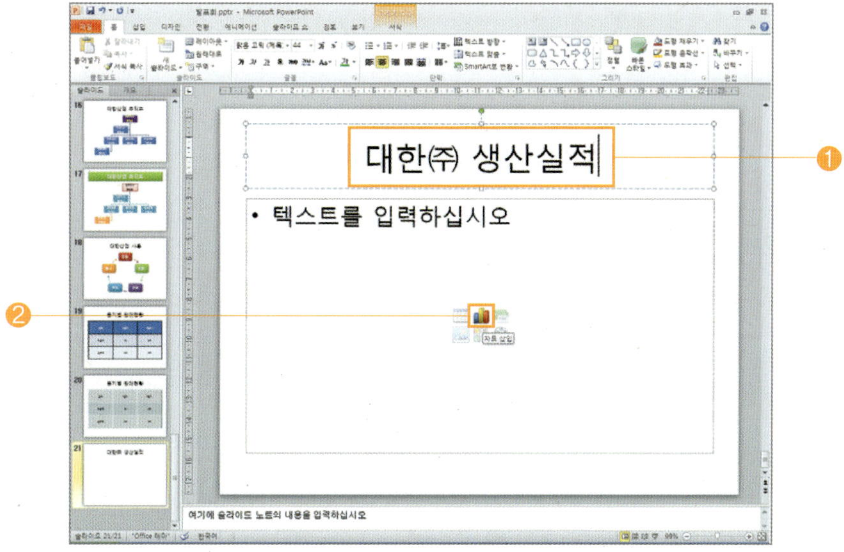

[차트 삽입] 대화상자가 나타나면, [세로 막대형] ➡ [묶은 세로 막대형]을 선택하고, [확인] 버튼을 누릅니다.

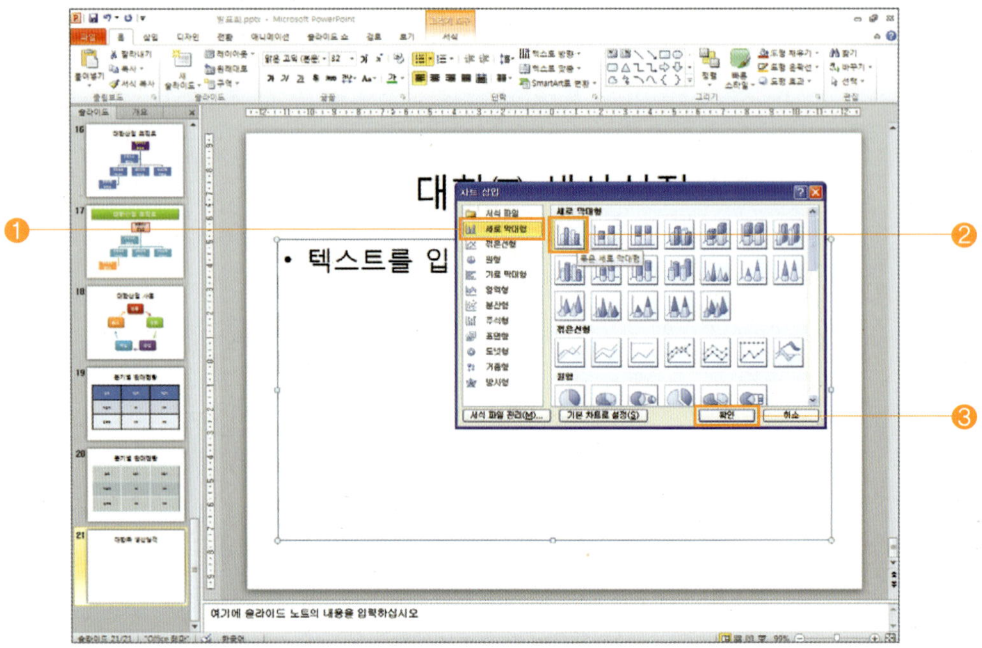

[Microsoft PowerPoint의 차트]가 나타나면, [데이터 시트]에 차트로 구성할 [자료를 입력]하고, [닫기] 버튼을 클릭하면 됩니다.

다음 화면은 슬라이드에 [차트가 삽입]된 모양입니다.

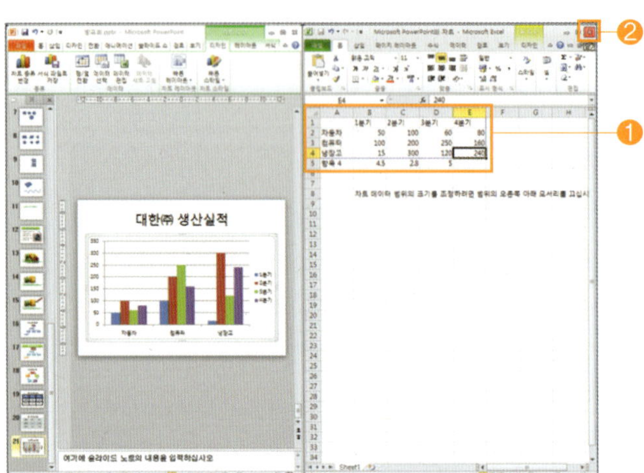

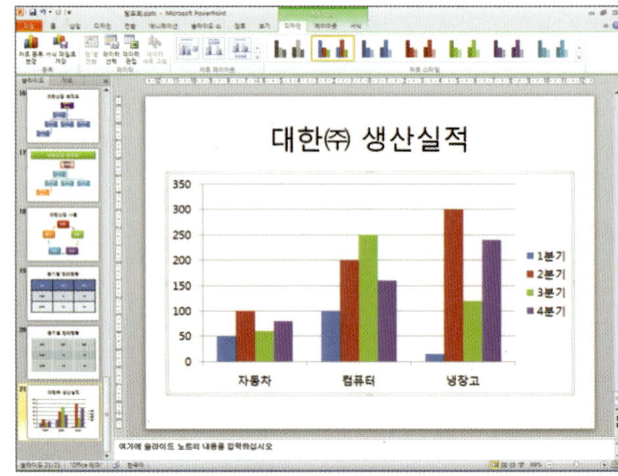

2 [차트 종류 변경]을 하려면, 변경하려는 [차트를 선택]한 후, [차트 도구] ➡ [디자인] ➡ [차트 종류 변경]을 클릭합니다.

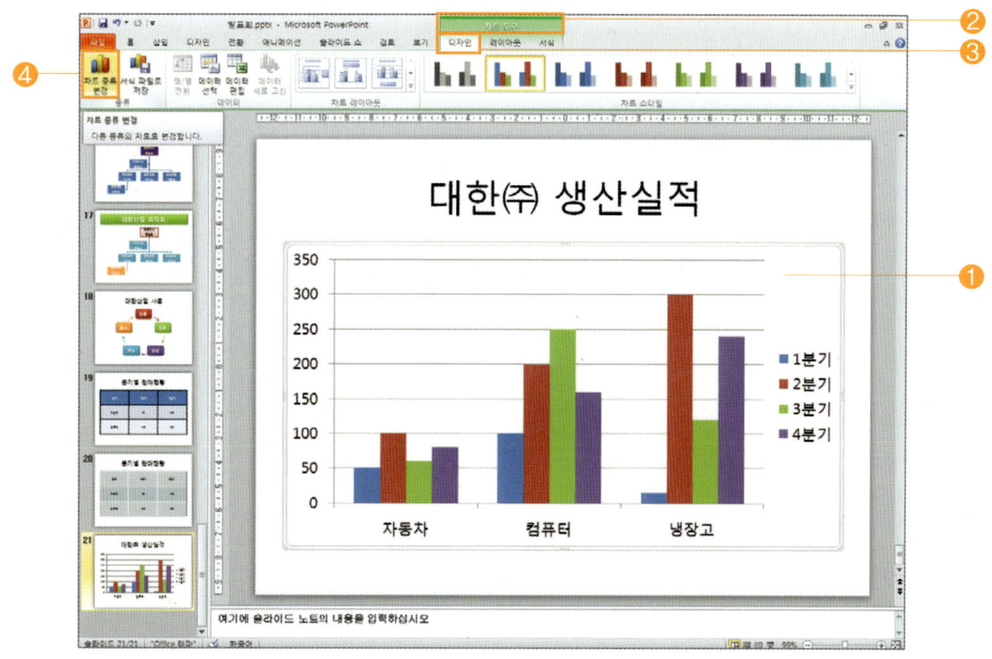

⊙ [차트 종류 변경] 대화상자가 나타나면, [세로 막대형] ➡ [묶은 원통형]을 선택한 후, [확인] 버튼을 누르면 됩니다.

⊙ 다음 화면은 차트의 종류가 [묶은 원통형]으로 변경된 모양입니다.

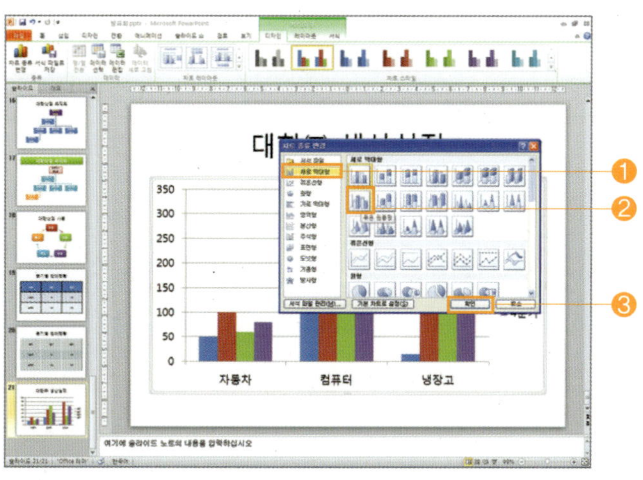

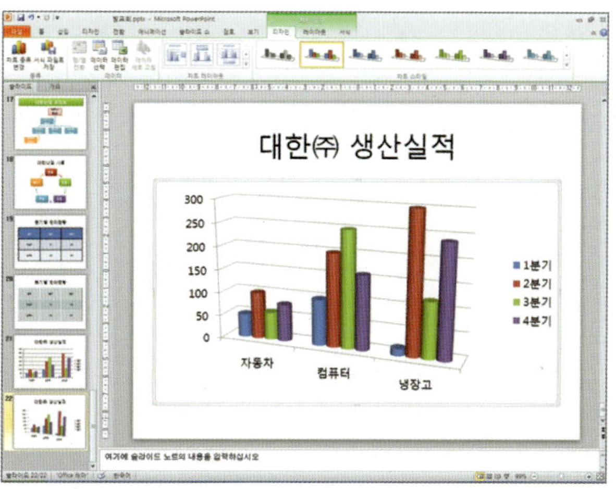

3 [차트 레이아웃]을 설정하려면, 설정하려는 [차트를 선택]한 후, [차트 도구] ➡ [레이아웃]을 선택하고, [레이블] 및 [축]란에서 원하는 항목을 설정하면 됩니다.

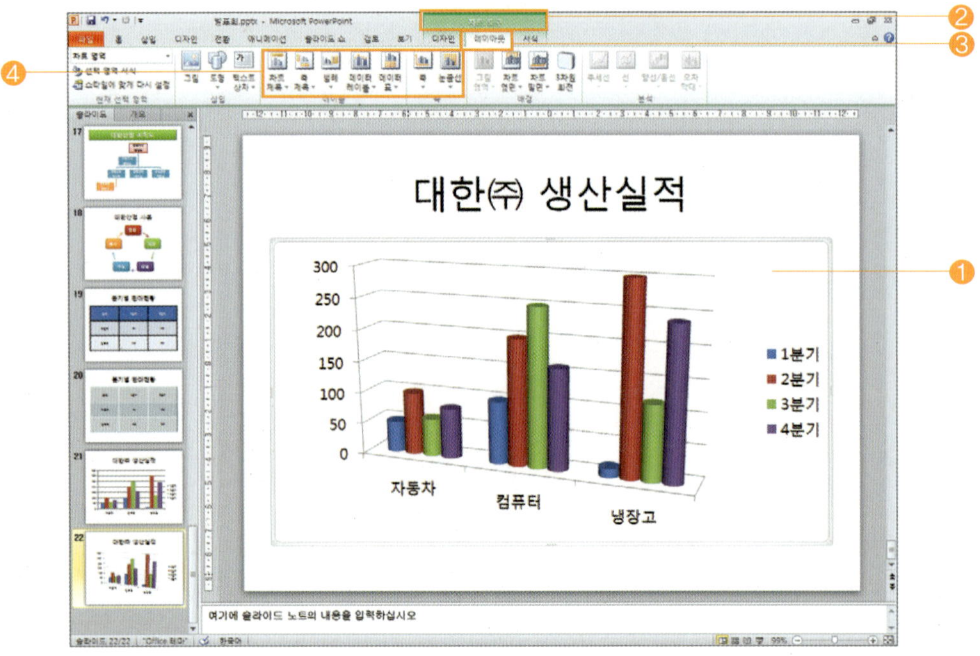

⊚ [차트 제목]을 설정하려면, [레이블]란에서 [차트 제목] ➡ [차트 위]를 선택합니다.

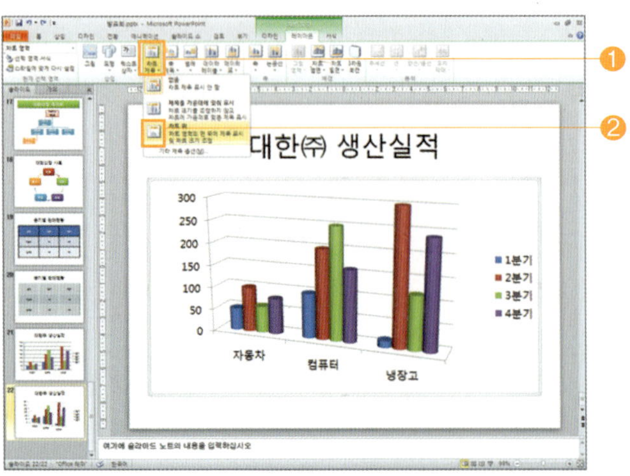

⊚ [차트 제목] 영역을 [클릭]하고, [내용을 입력]하면 됩니다.

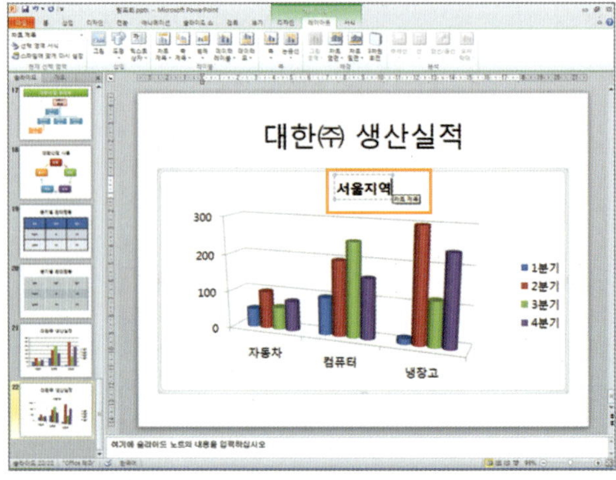

⊗ [가로 축 제목]을 설정하려면, [레이블]란에서 [축 제목] ➡ [기본 가로 축 제목] ➡ [축 아래 제목]을 선택하고, [내용을 입력]하면 됩니다.

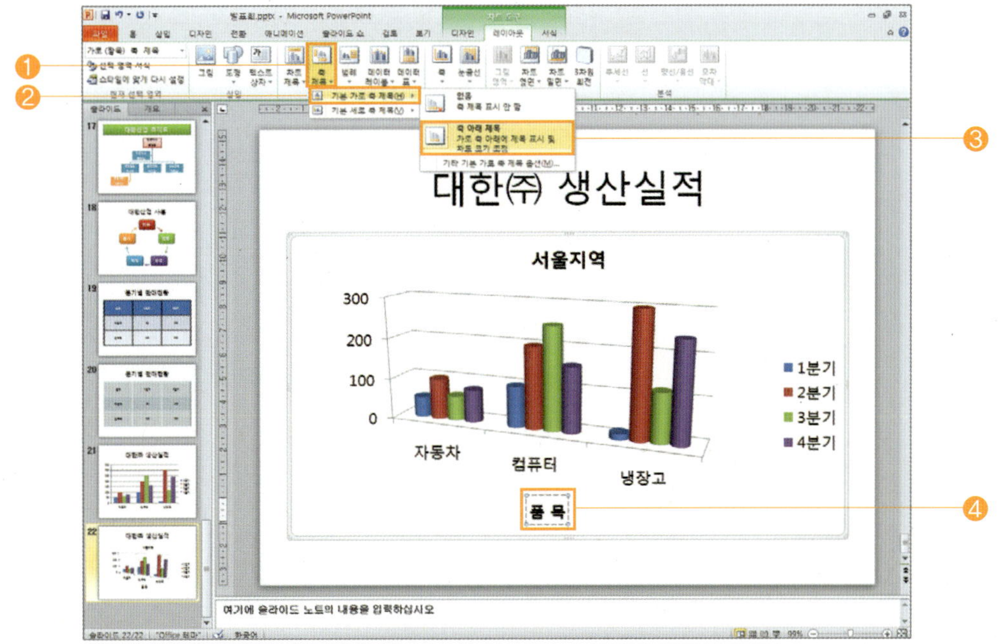

⊗ [세로 축 제목]을 설정하려면, [레이블]란에서 [축 제목] ➡ [기본 세로 축 제목] ➡ [세로 제목]를 선택하고, [내용을 입력]하면 됩니다.

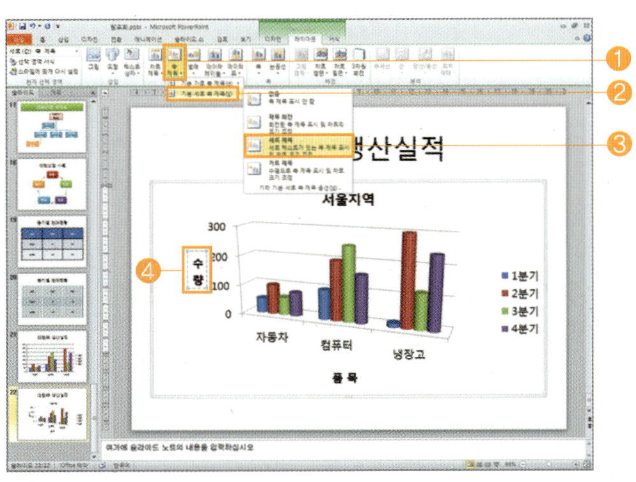

⊗ [눈금선]을 설정하려면, [축]란에서 [눈금선] ➡ [기본 세로 눈금선] ➡ [주 눈금선]을 선택하면 됩니다.

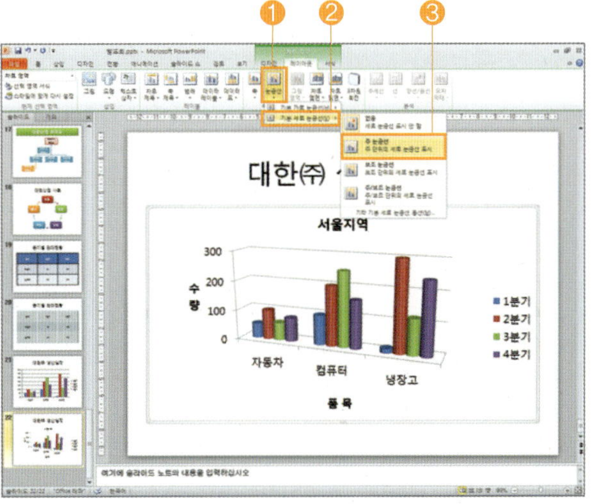

◎ [범례 배치]를 변경하려면, [레이블]란에서 [범례] ➡ [아래쪽에 범례 표시]를 선택하면 됩니다.

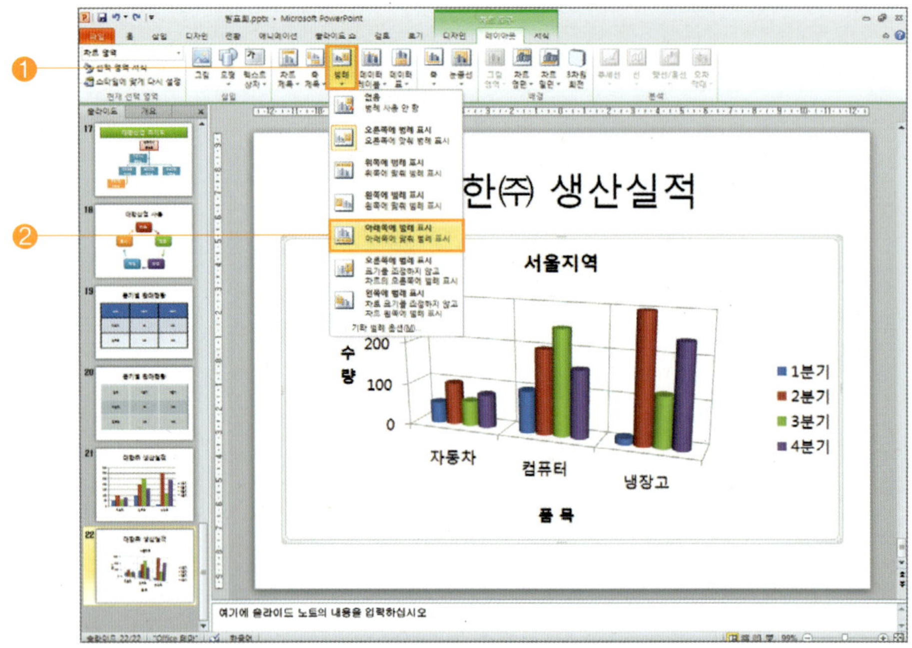

◎ [데이터 레이블]을 설정하려면, 설정하려는 [계열 요소를 선택]하고, [레이블]란에서 [데이터 레이블] ➡ [표시]를 선택하면 됩니다.

◎ 다음 화면은 [차트 레이아웃]을 변경하여 완성한 차트 슬라이드입니다.

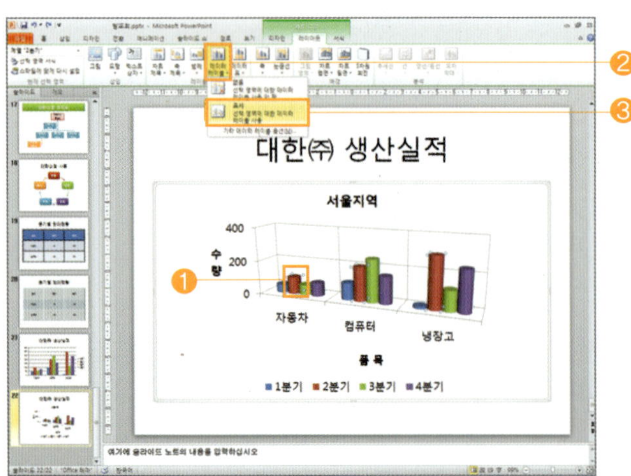

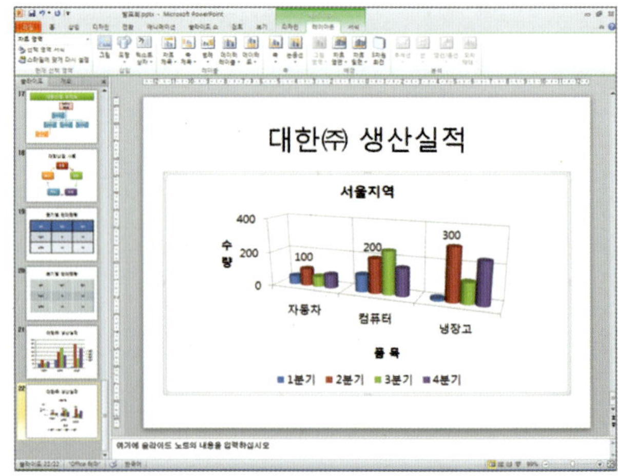

4 [차트 서식]을 변경하려면, 변경하려는 [차트 제목] 위에 마우스를 놓고, [마우스 오른쪽 버튼]을 누르면 단축 메뉴가 나타나는데, 여기서 [글꼴]을 선택합니다.

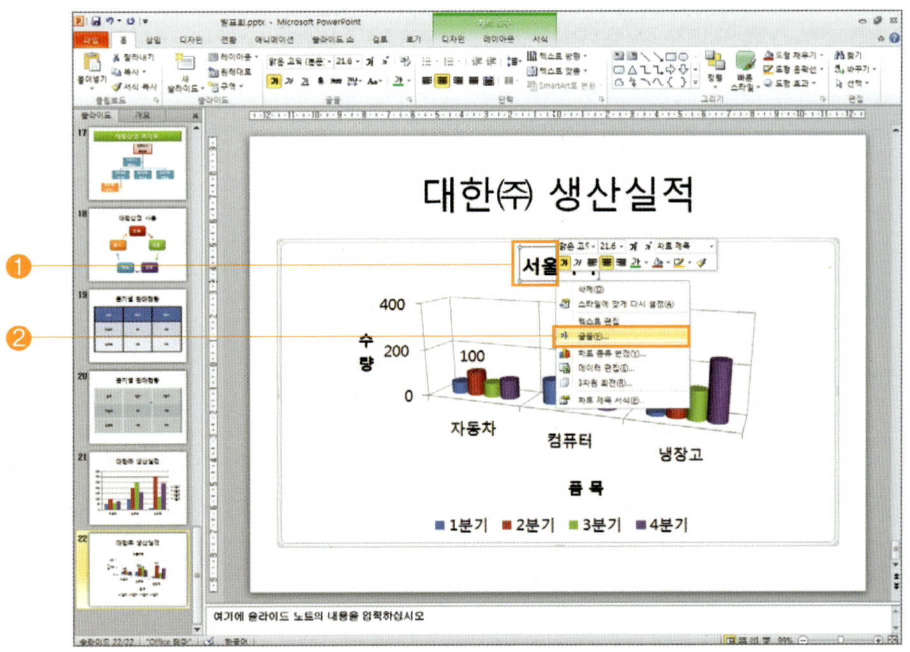

⊙ [글꼴] 대화상자에서 [글꼴] 탭을 클릭하여 [글꼴], [글꼴 스타일], [크기], [글꼴색]을 설정한 후, [확인] 버튼을 누르면 됩니다.

⊙ [도형 스타일]을 변경하려면, 변경하려는 [차트를 선택]하고, [차트 도구] ➡ [서식]을 선택한 후, [도형 스타일]란에서 원하는 [스타일을 선택]하면 됩니다.

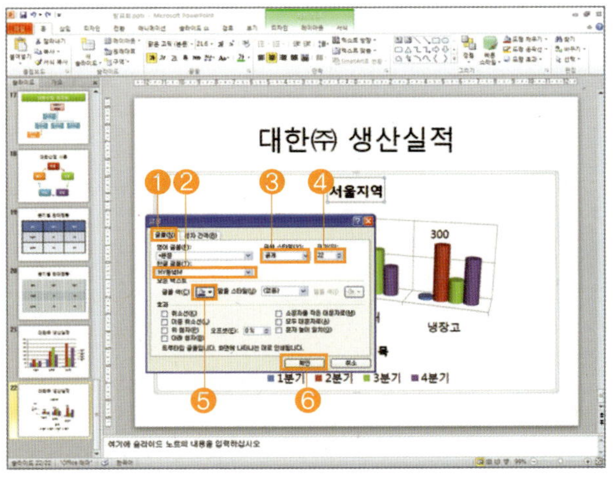

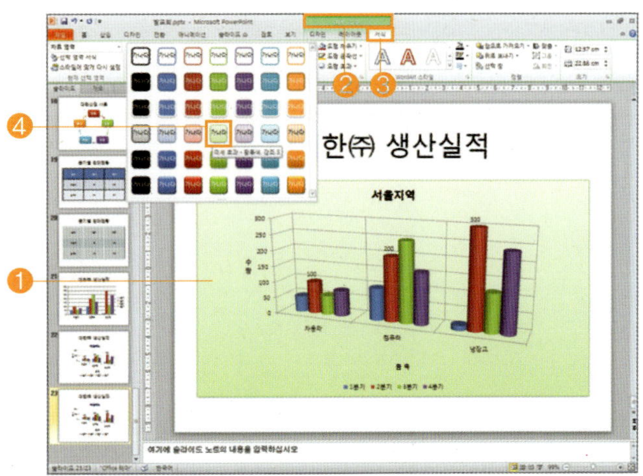

▶ [도형 효과]를 지정하려면, 지정하려는 [차트를 선택]하고, [도형 스타일]란에서 [도형 효과] ➡ [3차원 회전] ➡ [등각 오른쪽을 위로]를 선택하면 됩니다.

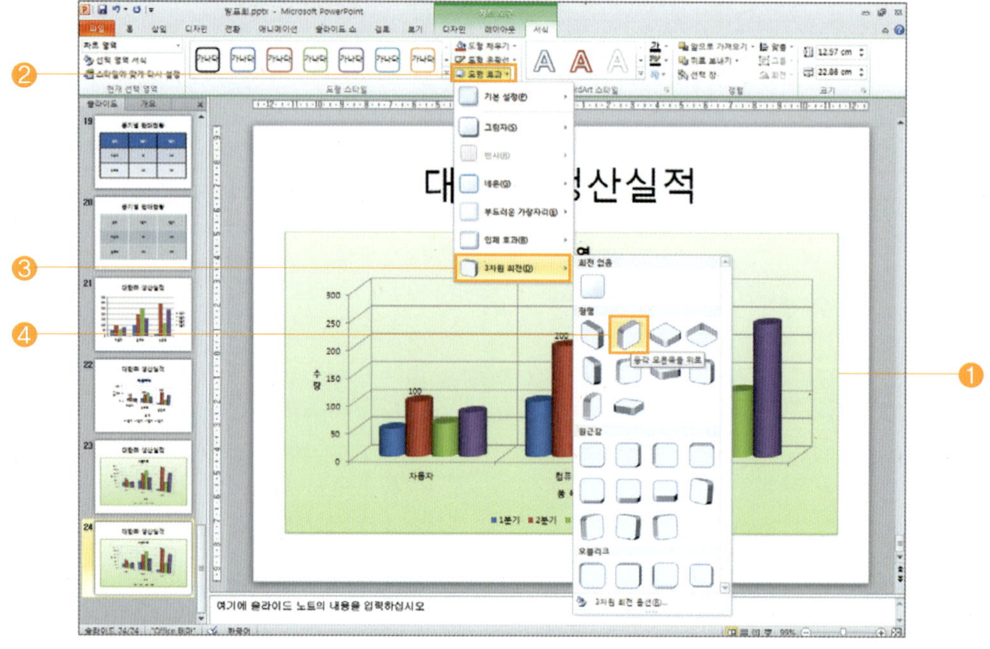

5 [행/열 전환]을 하려면, 전환하려는 [차트를 선택]하고, [차트 도구] ➡ [디자인]을 선택한 후, [데이터 선택]을 클릭합니다.

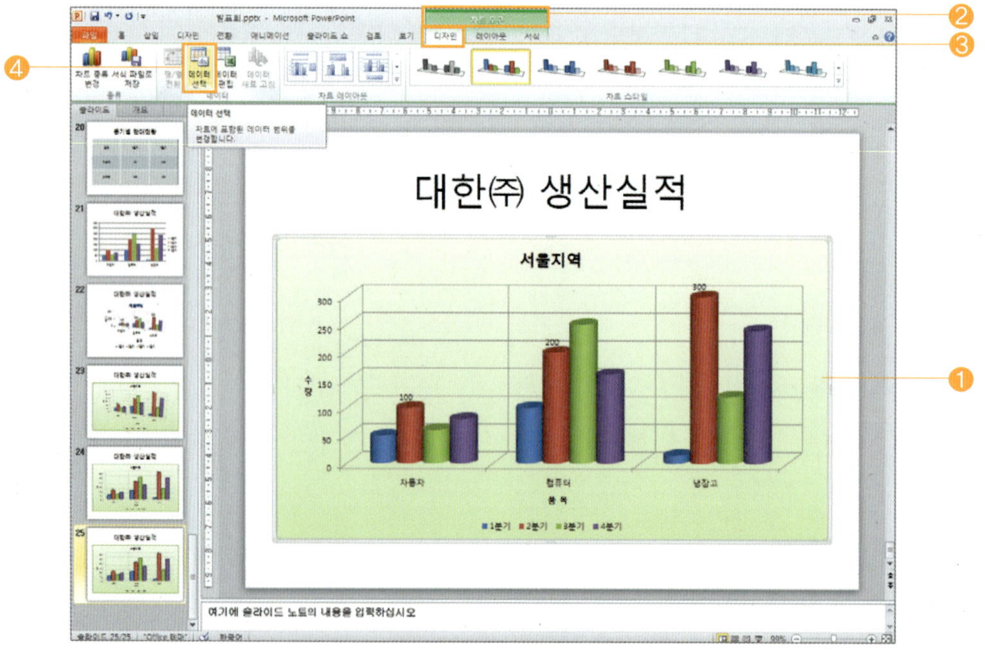

[데이터 원본 선택] 대화상자가 나타나면, [행/열 전환]을 클릭한 후, [확인] 버튼을 누르고 Microsoft PowerPoint의 차트 [닫기] 버튼을 누르면 됩니다.

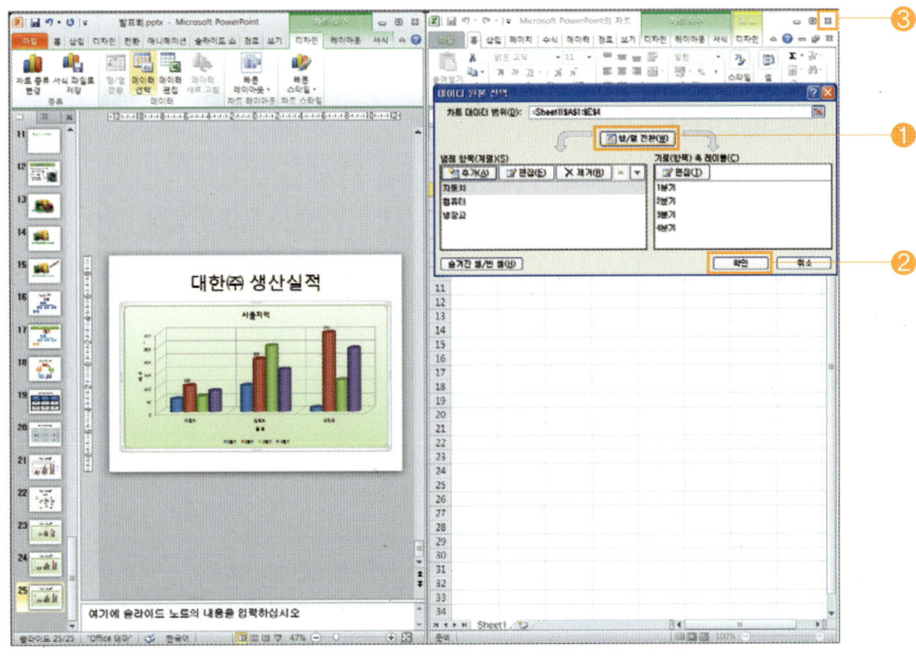

다음 화면은 [행/열 전환]을 하여 완성한 슬라이드입니다.

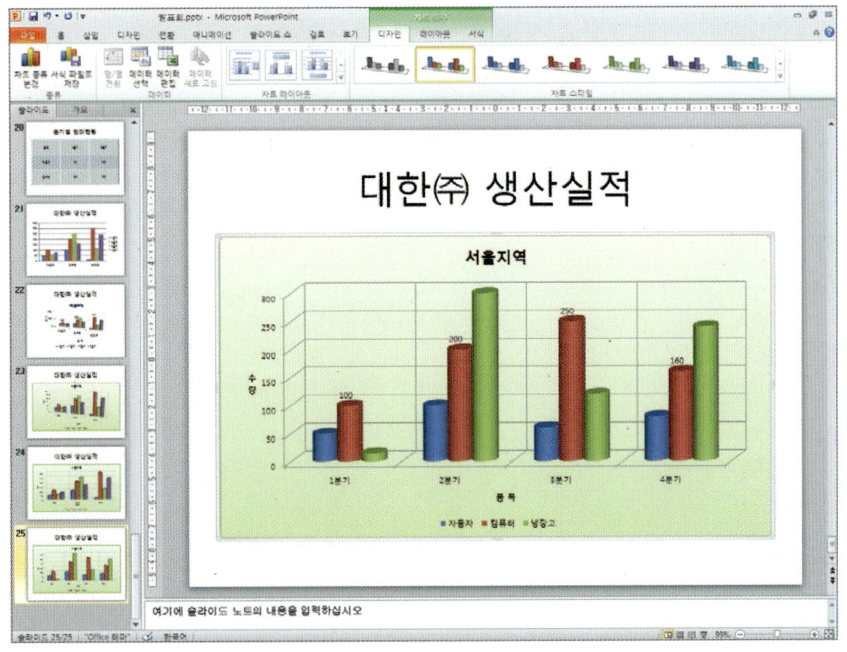

■ 다음과 같은 내용의 슬라이드를 작성하시오.

• 제목 및 내용 슬라이드를 선택합니다.

• 제목틀에 내용을 입력하고 꾸미기 합니다.

• 데이터 시트에 차트로 구성할 자료를 입력합니다.

• 슬라이드에 삽입된 차트를 원하는 모양으로 꾸미기 합니다.

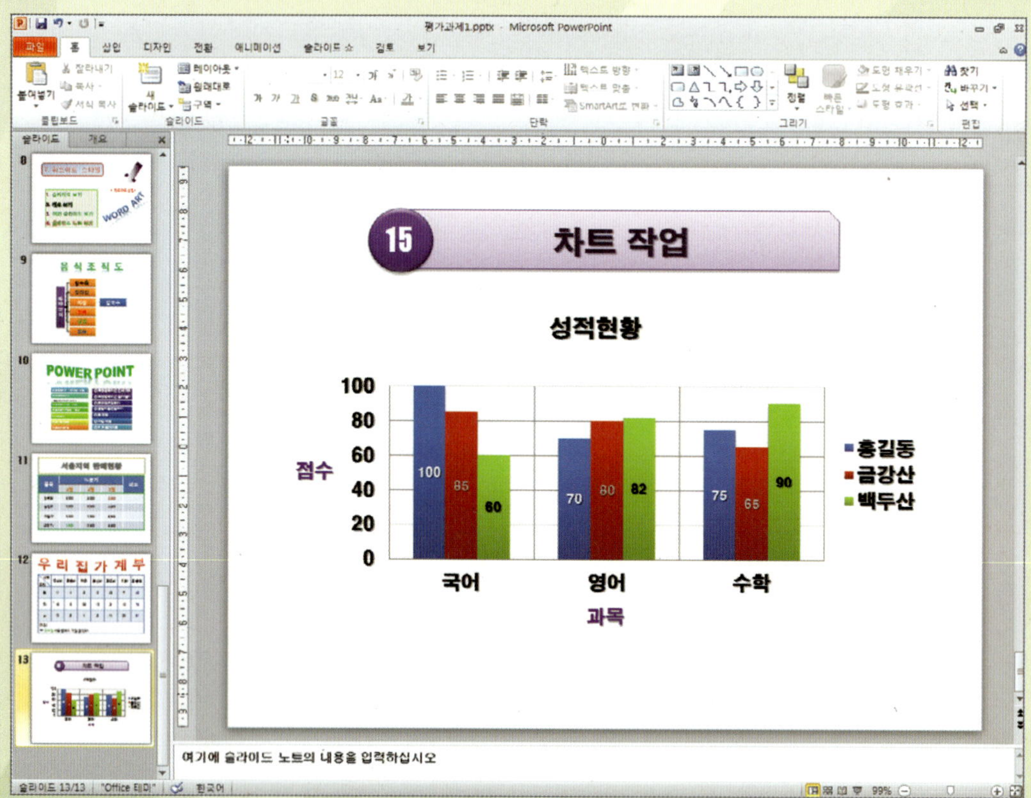

파워포인트 2010에는 수학이나 공학에서 자주 사용하는 다양한 형태의 기호나 문자를 문서에 삽입할 수 있도록 도와주는 기능이 있습니다.

1 [수식 입력]을 하려면, 메뉴 표시줄에서 [홈] ➡ [새 슬라이드] ➡ [제목만]을 선택하고, [제목틀] 에 내용을 입력합니다.

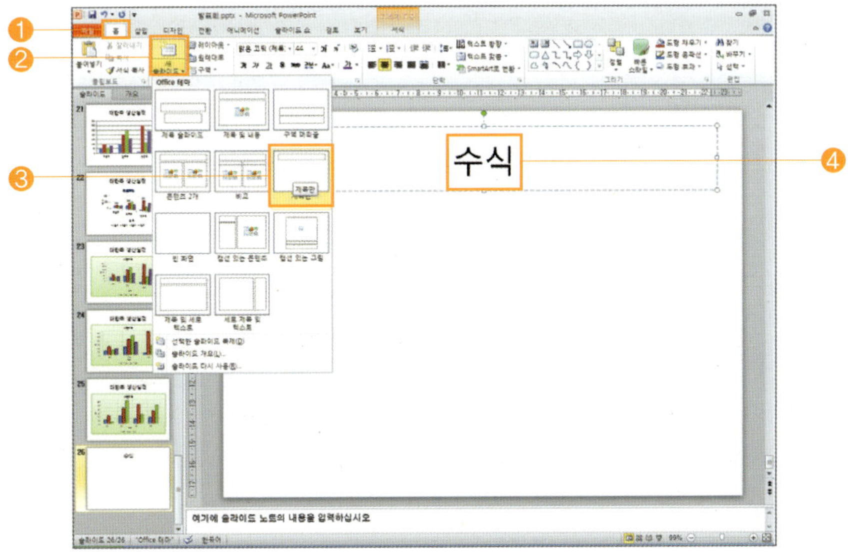

▶ 메뉴 표시줄에서 [삽입] ➡ [수식]을 선택하면 수식을 입력할 수 있는 [개체 틀]과 도구 모음줄이 나타납니다.

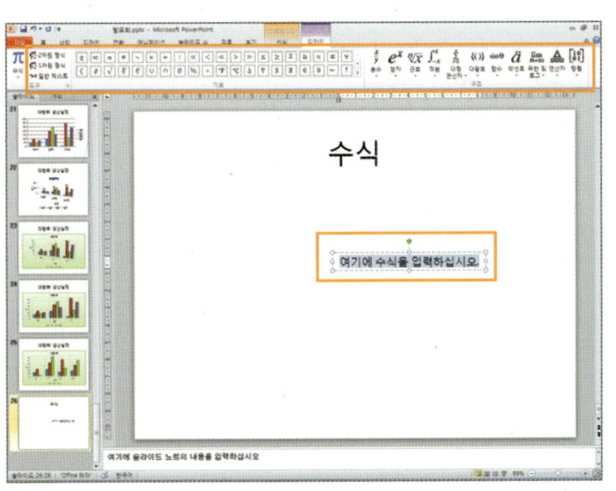

▶ $\log_a x = \dfrac{\log_b x}{\log_b a}\,(b > 1,\ b \neq 1)$을 입력하려면, 구조란에서 [극한 및 로그]를 선택하고, 함수 란에서 [로그]를 선택합니다.

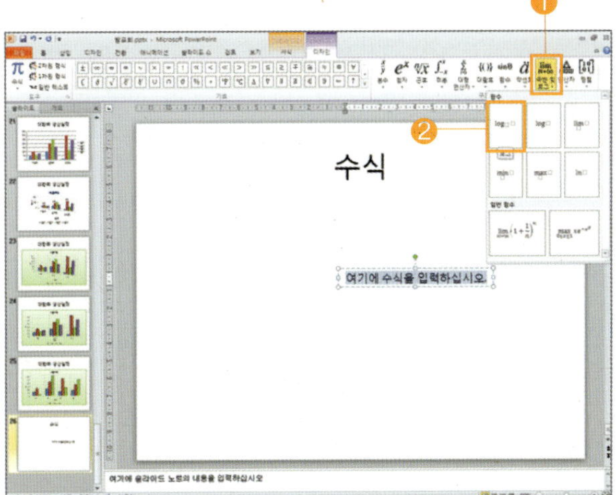

⟫ 마우스를 이용하여 로그 기호 아래의 [괄호를 선택]하고, 키보드에서 [a]를 입력한 후, 진수 [괄호를 선택]하여 [x]를 입력합니다.

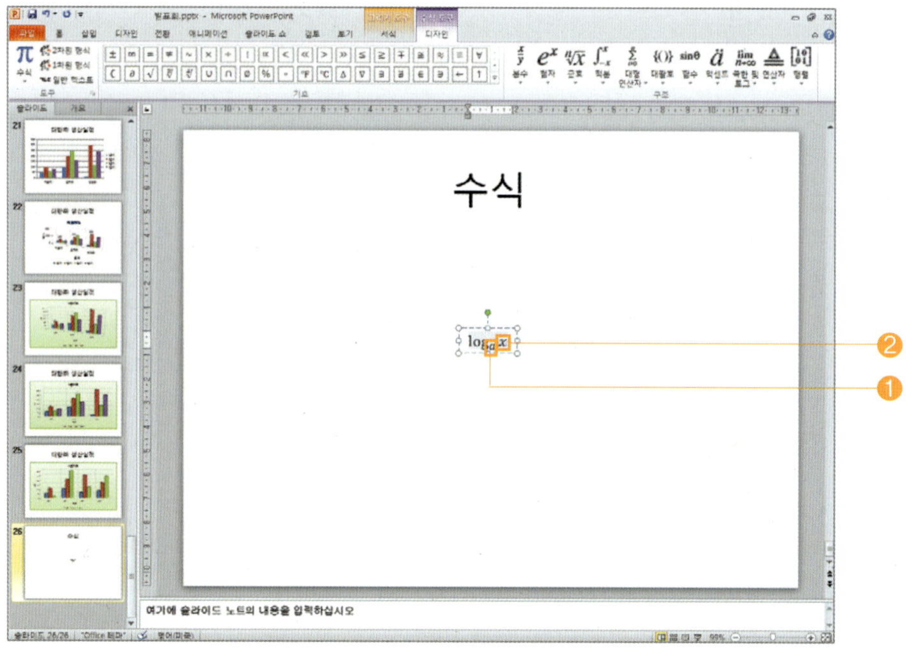

⟫ 기호란에서 [=]를 선택합니다.

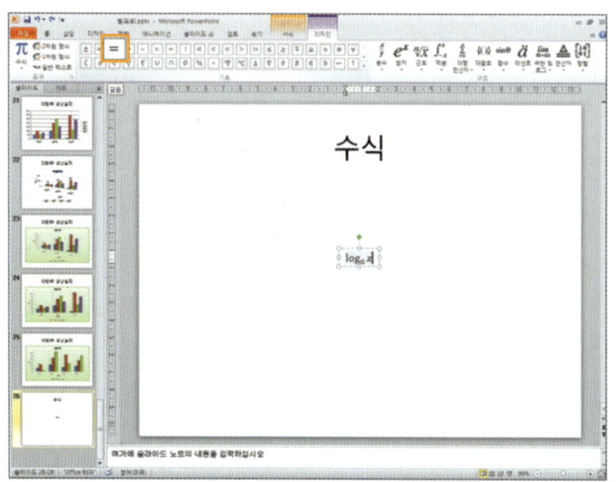

⟫ 구조란에서 [분수] ➡ [상하형 분수]를 선택합니다.

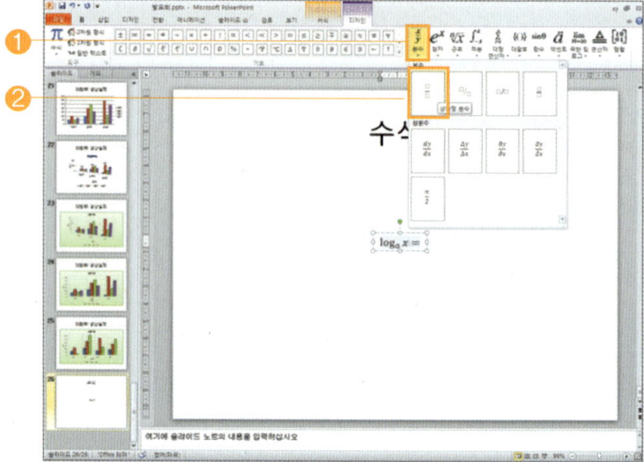

마우스로 분자 [괄호를 선택]하고, [극한 및 로그] ➡ [로그]를 선택합니다.

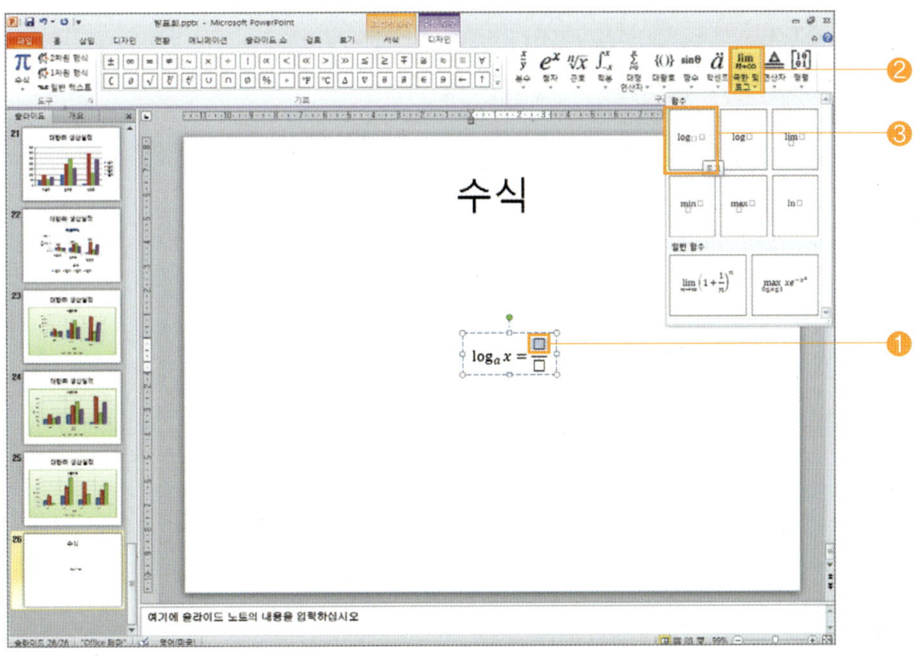

로그 기호 아래의 [괄호를 선택]하고 키보드에서 [b]를 입력한 후, 진수 [괄호를 선택]하여 [x]를 입력합니다.

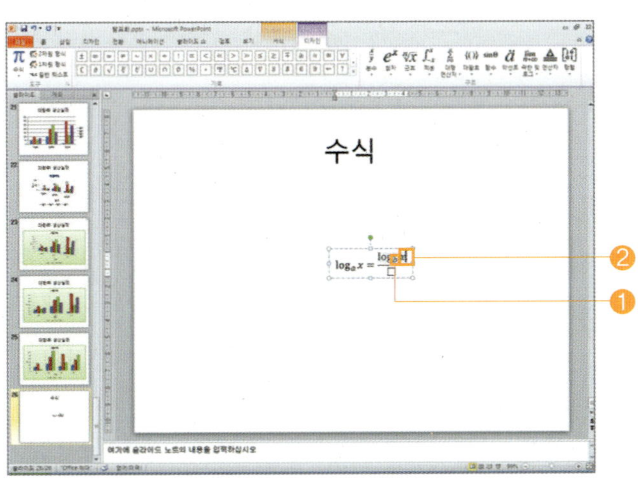

마우스로 분모 [괄호를 선택]하고, [극한 및 로그] ➡ [로그]를 선택합니다.

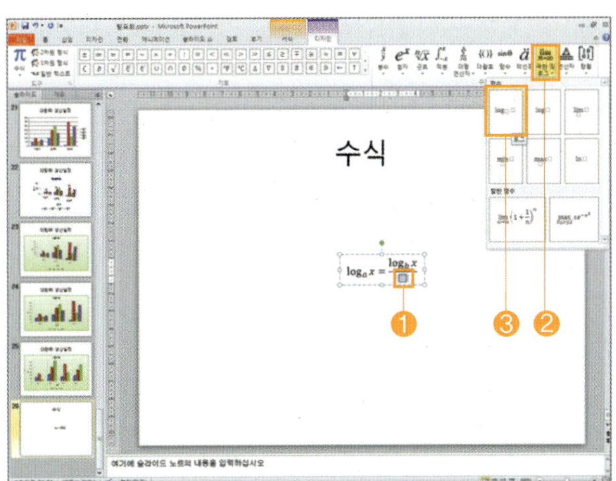

◉ 로그 기호 아래의 [괄호를 선택]하고 키보드에서 [b]를 입력한 후, 진수 [괄호를 선택]하여 [a]를 입력한 다음 커서를 분모 밖으로 이동합니다.

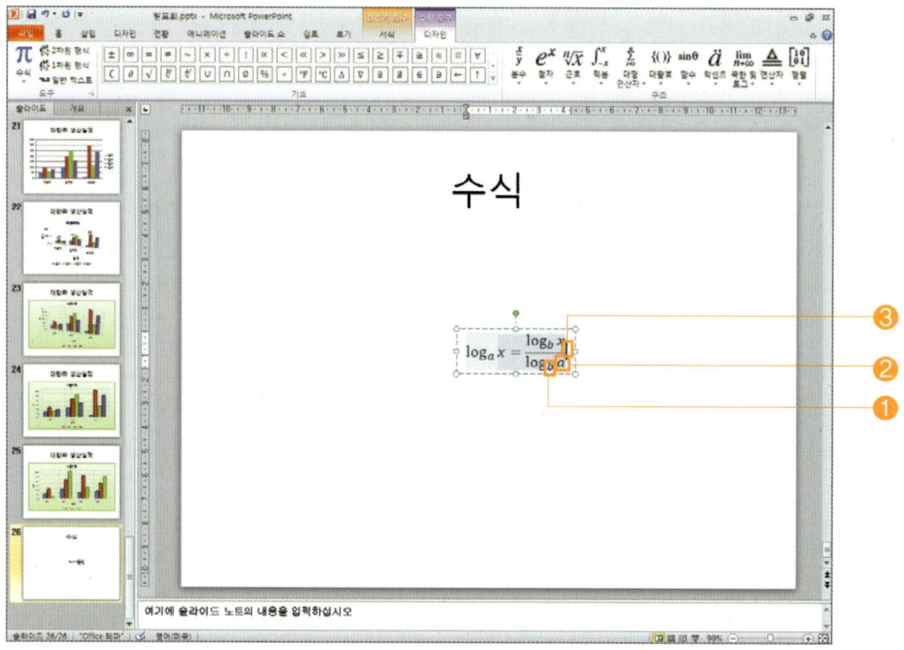

◉ 키보드에서 [(]와 [b]를 입력하고, 기호란 에서 [>]를 선택합니다.

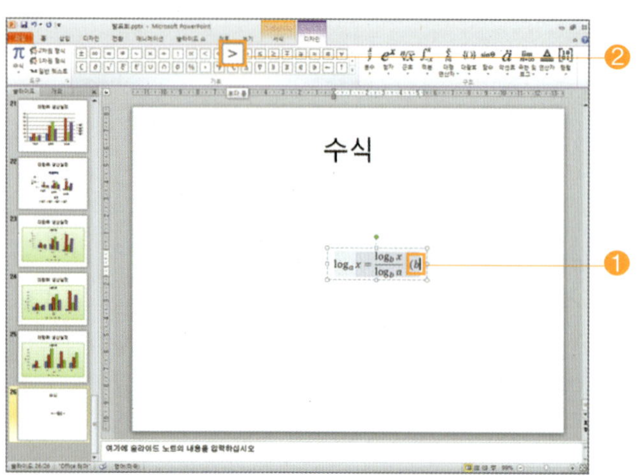

◉ 키보드에서 [1]과 [,]를 입력합니다.

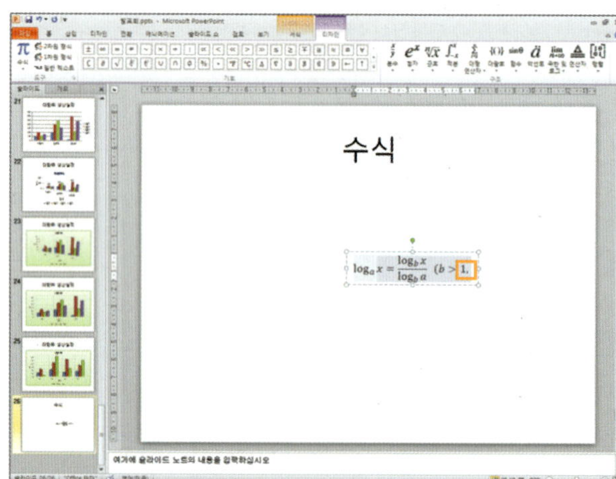

⊗ 키보드에서 [b]를 입력하고, 기호란에서 [≠]를, 키보드에서 [1]과 [)]를 입력하면 됩니다.

⊗ 다음 화면은 수식 도구를 이용하여 완성한 [수식]의 모양입니다.

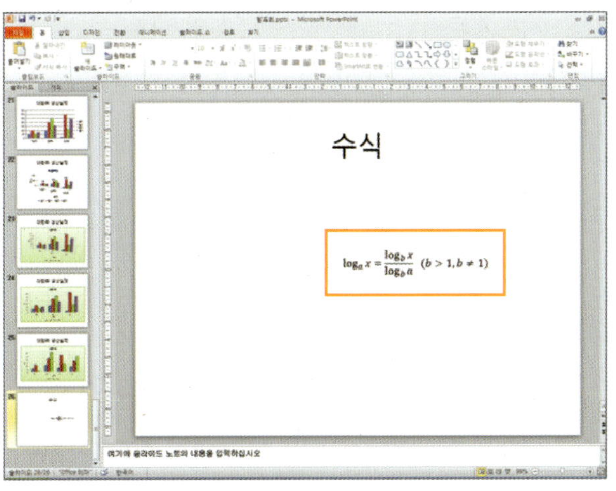

2 [수식 편집]을 하려면, 편집하려는 [개체를 선택]하고, [홈] 도구 모음줄에서 [글꼴] 등을 변경하면 됩니다.

⊗ 다음 화면은 [글꼴]을 변경하여 완성한 슬라이드입니다.

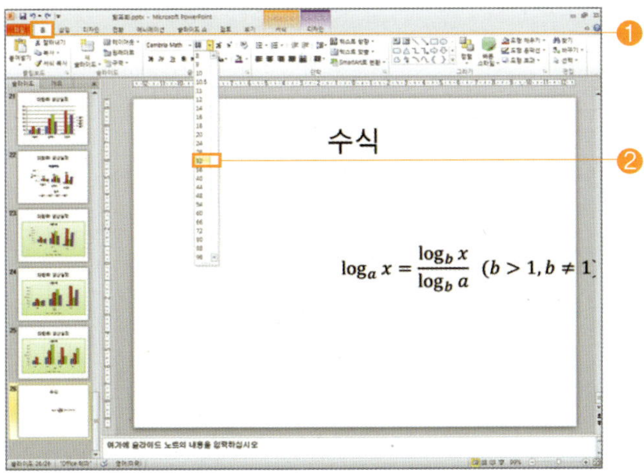

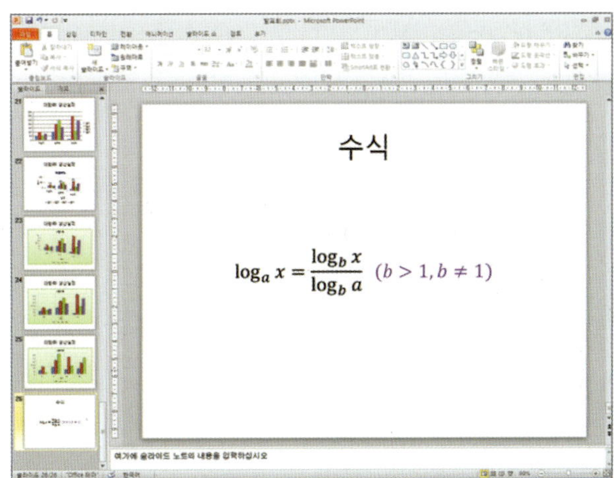

머리글/바닥글이란 슬라이드의 맨 위쪽과 아래쪽에 슬라이드마다 일정한 내용을 삽입하는 것으로서, 날짜나 시간, 슬라이드 번호, 슬라이드 정보 등을 넣을 수 있습니다.

1 [날짜 및 시간 넣기]를 하려면, 넣으려는 [슬라이드를 선택]하고, [삽입] ➡ [날짜 및 시간]을 선택합니다.

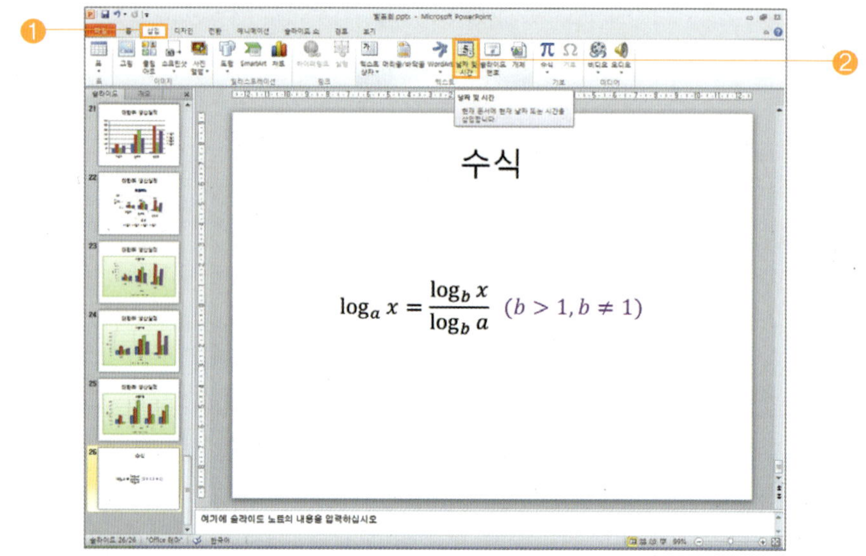

⮞ [머리글/바닥글] 대화상자에서 [슬라이드]를 클릭하고, [날짜 및 시간]을 클릭한 후, [자동으로 업데이트]의 목록상자를 클릭하여 원하는 [유형을 선택]합니다.

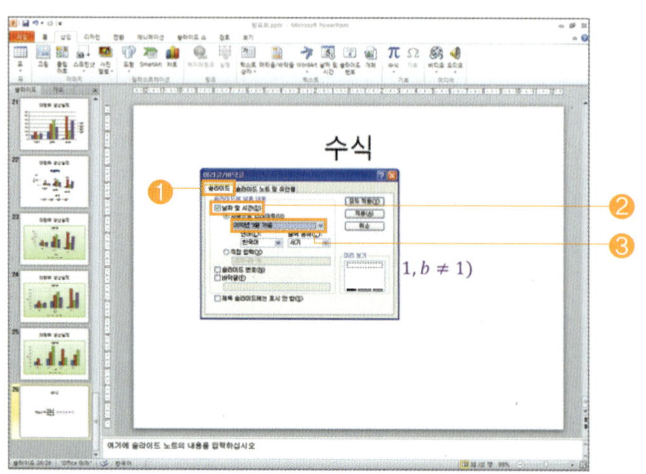

⮞ 여기서, [적용] 버튼을 누르면 현재 선택한 슬라이드에만 적용되고, [모두 적용]을 선택하면 마스터 슬라이드를 포함한 모든 슬라이드에 적용됩니다.

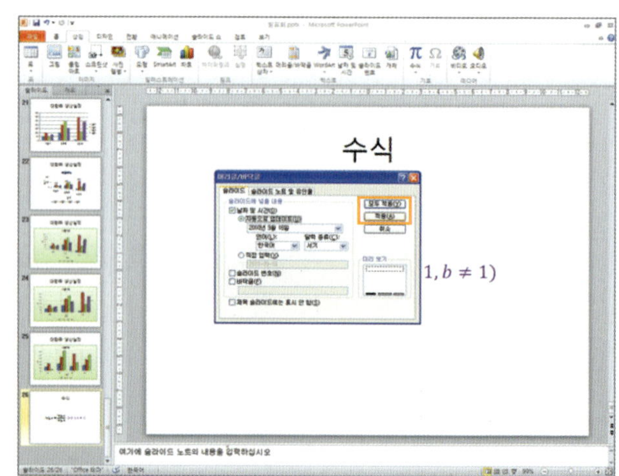

2 [슬라이드 번호 넣기]를 하려면, [삽입] ➡ [슬라이드 번호]를 선택하고, [머리글/바닥글] 대화상자에서 [슬라이드 번호]를 선택한 후 [적용] 버튼을 누르면 됩니다.

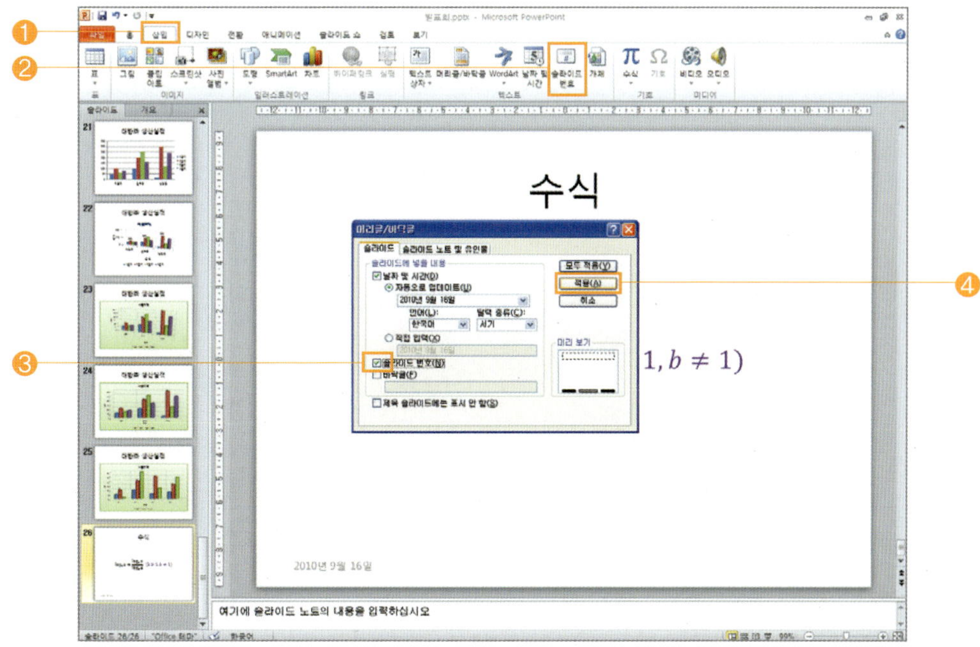

3 [바닥글 넣기]를 하려면, [머리글/바닥글] 대화상자에서 [바닥글]을 선택하고, 목록 상자에서 원하는 [내용을 입력]한 후 [적용] 버튼을 누르면 됩니다.

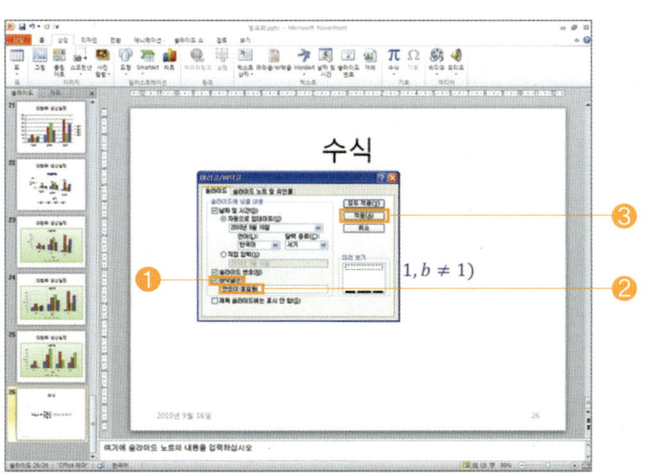

⊙ 다음 화면은 슬라이드에 [날짜], [슬라이드 번호], [바닥글]이 적용된 모양입니다.

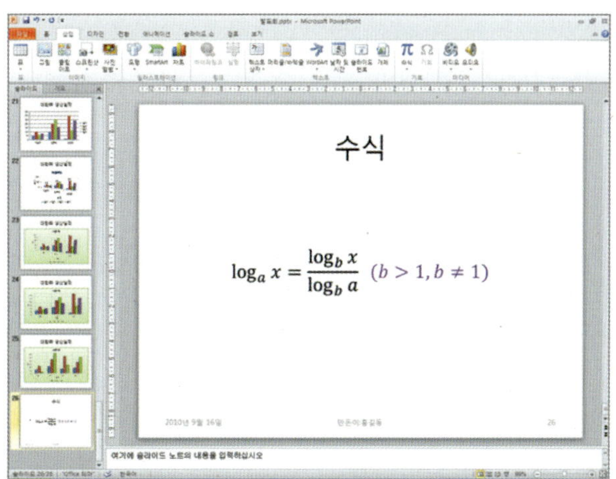

슬라이드 마스터

슬라이드 마스터란 슬라이드의 글꼴, 크기, 색 및 슬라이드 배경색 등을 제어하는 하나의 슬라이드로, 슬라이드 마스터를 변경하면 현재 작업 중인 프레젠테이션 파일을 구성하는 모든 슬라이드에 동일하게 적용됩니다.

1 [배경 스타일 적용]을 하려면, 메뉴 표시줄에서 [보기] ➡ [슬라이드 마스터]를 선택합니다.

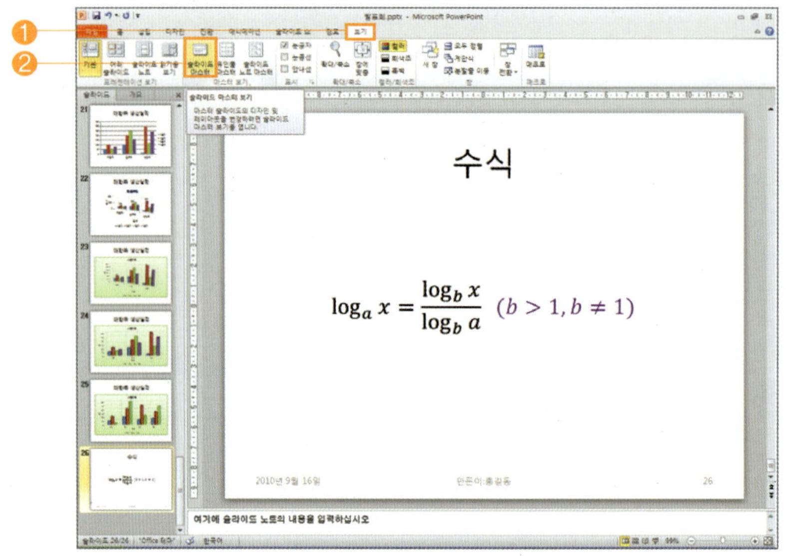

⊙ [슬라이드 마스터] 화면이 나타나면 [1번] 슬라이드를 선택합니다.

● [1번 슬라이드]를 선택하면 모든 마스터에 적용됩니다.

⊙ 슬라이드 마스터 도구 모음줄에서 [배경 스타일] ➡ [스타일 2]를 선택하면 됩니다.

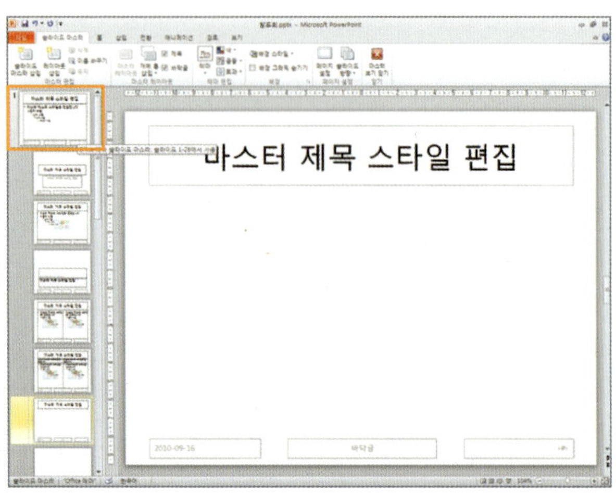

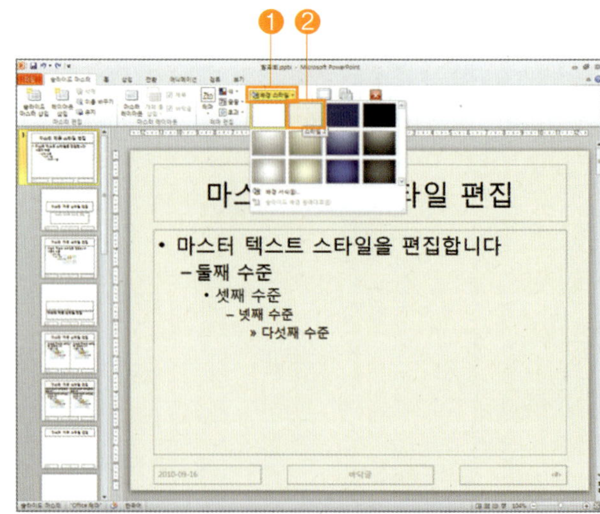

⊙ 잠시 후 모든 슬라이드에 새로운 배경 스
  타일을 적용하고, 다음 화면과 같이 변경
  됩니다.
● 슬라이드 마스터 작업을 끝내려면 [마스터
  보기 닫기] 버튼을 선택하면 됩니다.

⊙ 다음 화면은 [모든 슬라이드]에 [배경 스타
  일]이 적용된 모양입니다.

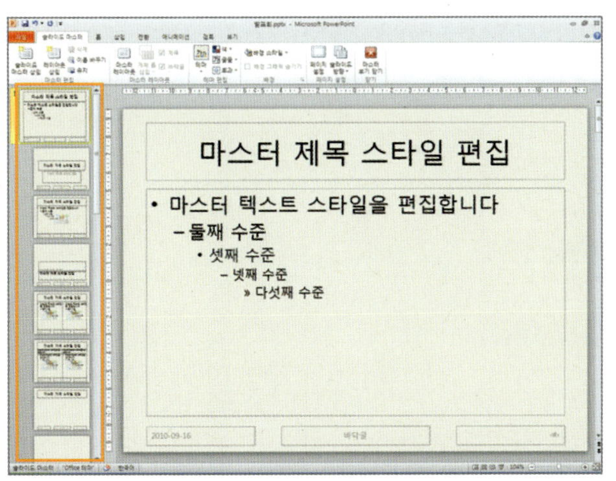

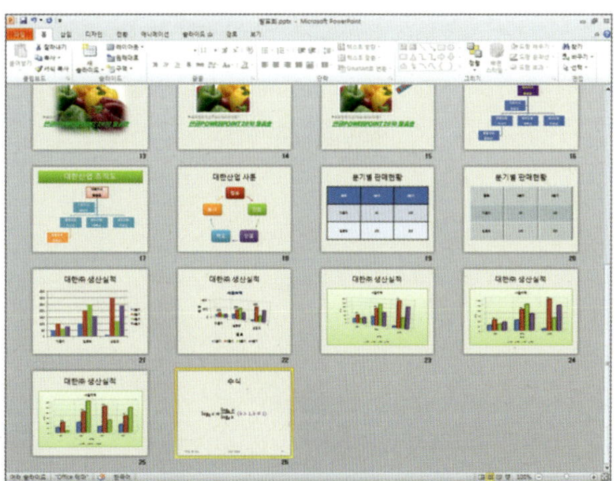

2 [배경색 서식 변경]을 하려면, 슬라이드 마스터 도구 모음줄에서 [배경 스타일] ➡ [배경 서식]을
선택합니다.

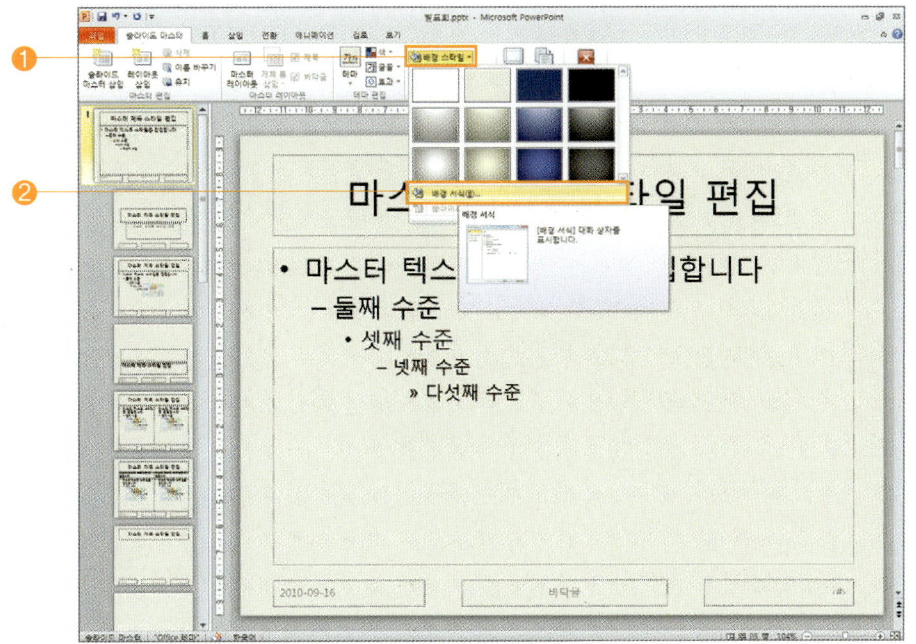

⊗ [배경 서식] 대화상자에서 [채우기] ➡ [단색 채우기]를 선택한 후, [색]란의 목록 단추를 클릭하여 원하는 [색]을 선택한 다음 [닫기] 버튼을 누르면 됩니다.

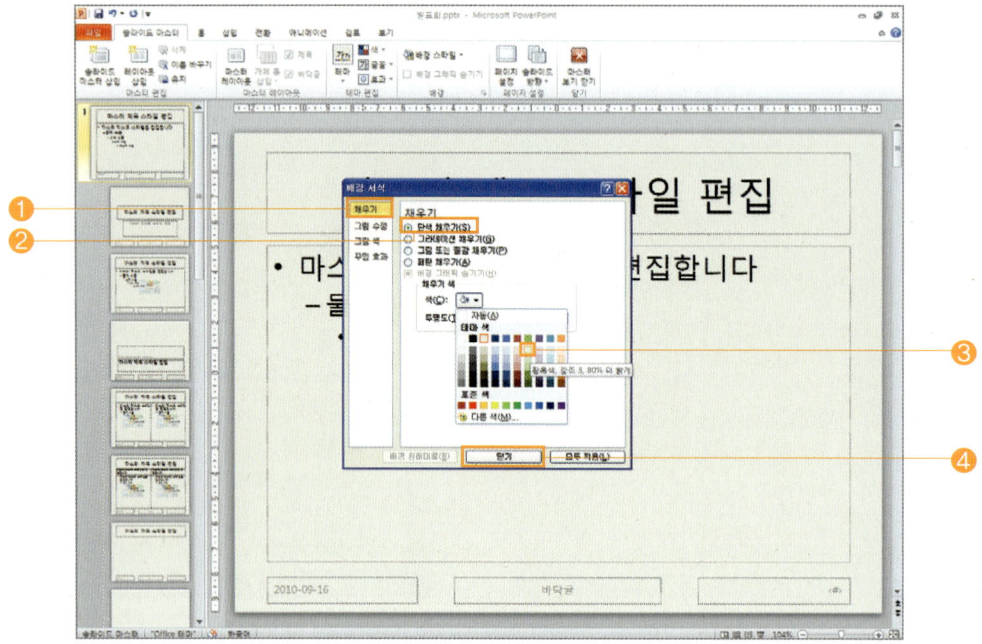

⊗ 다음 화면은 [마스터 슬라이드]에 [배경색]이 적용된 모양입니다.
● [여러 슬라이드 보기] 아이콘을 선택하면, [배경색]이 적용된 모양을 볼 수 있습니다.

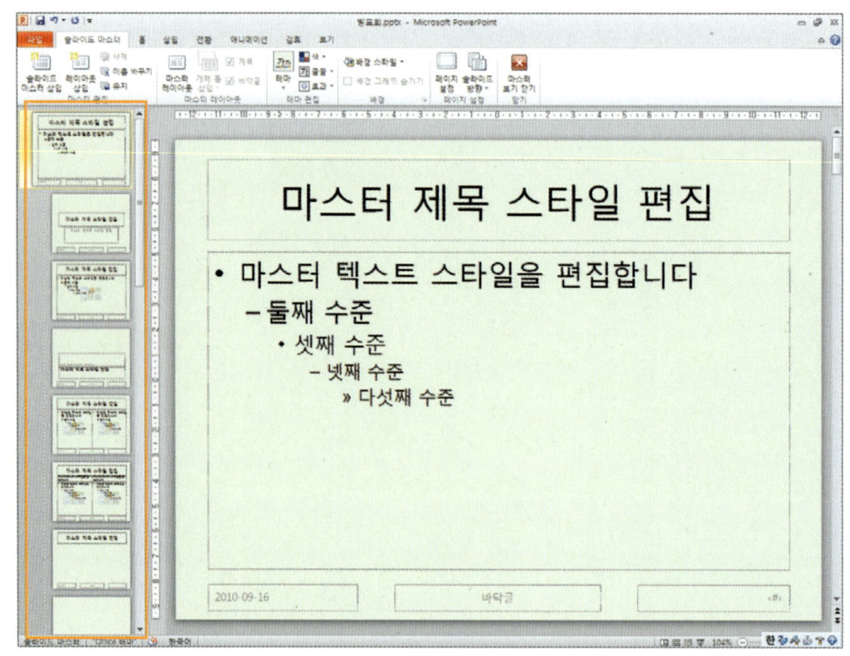

3 [글자 서식 변경]을 하려면, 슬라이드 마스터 화면에서 [제목 틀]을 선택하고, 메뉴 표시줄에 있는 [홈]을 선택합니다.

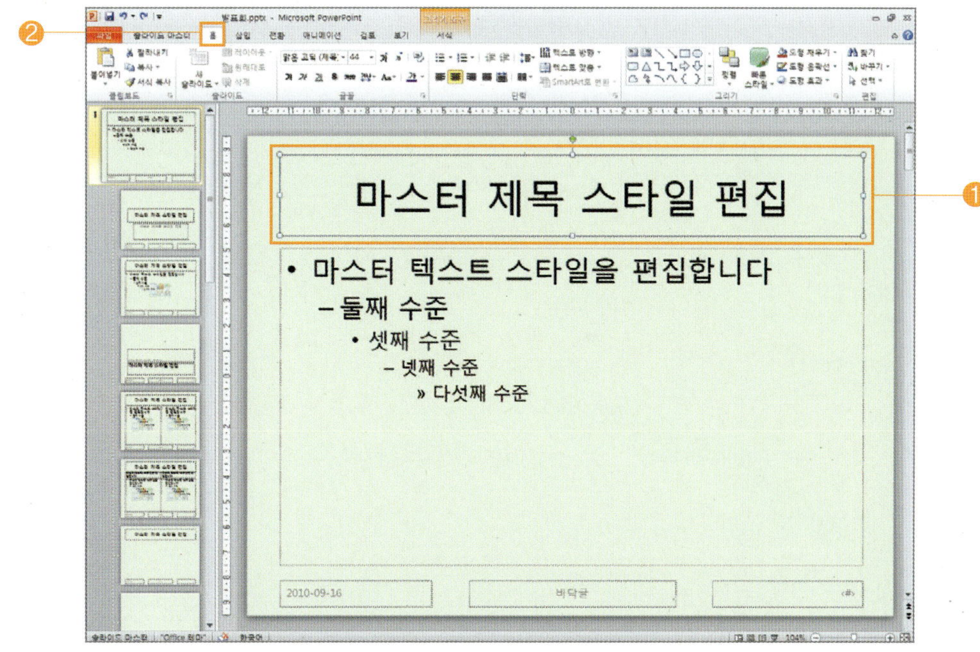

[글꼴]형에서 원하는 항목을 설정하면 됩니다.

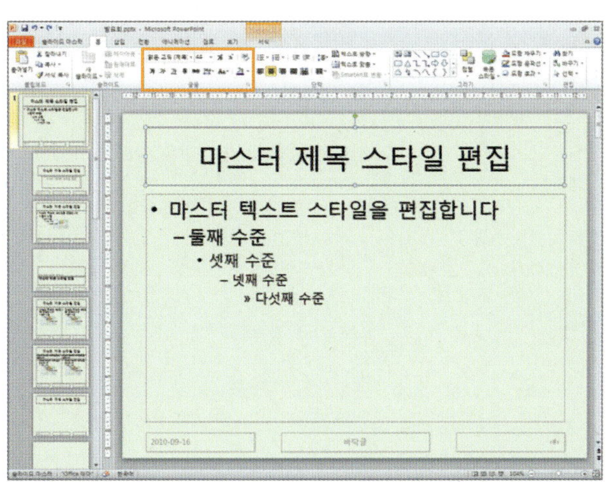

다음 화면은 [슬라이드 마스터]에 [글꼴]과 [글꼴 스타일], [크기], [색상]이 변경된 모양입니다.

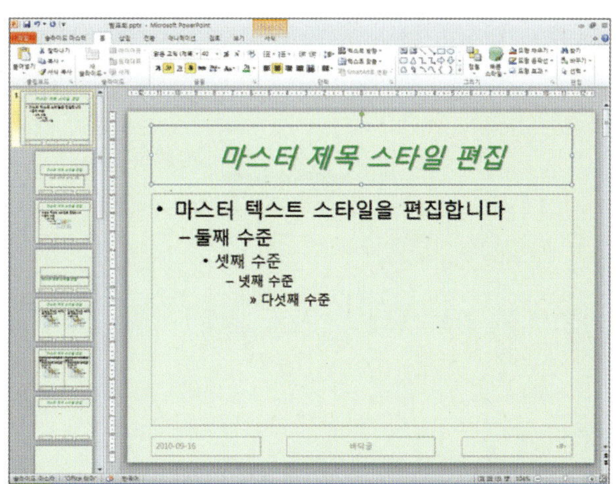

4 [글머리 기호 변경]을 하려면, 슬라이드 마스터 화면에서 본문 영역의 [첫 번째 단락]을 선택하고, [홈] ➡ [글머리 기호] 목록 단추를 선택한 후 [글머리 기호 및 번호 매기기]를 선택합니다.

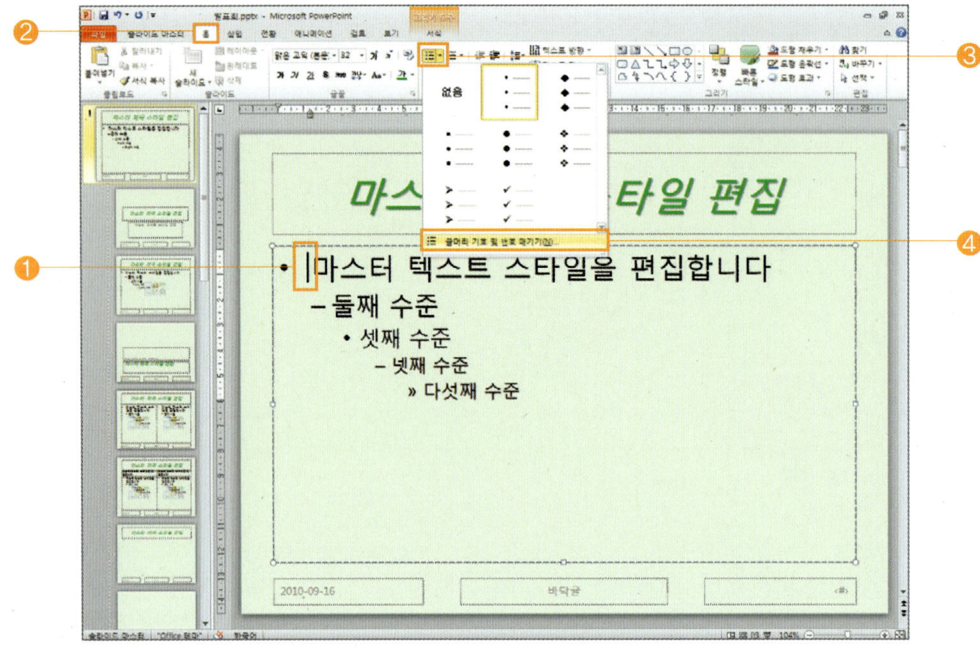

⊗ [글머리 기호 및 번호 매기기] 대화상자에서 [글머리 기호]를 클릭하고, [그림]을 선택합니다.

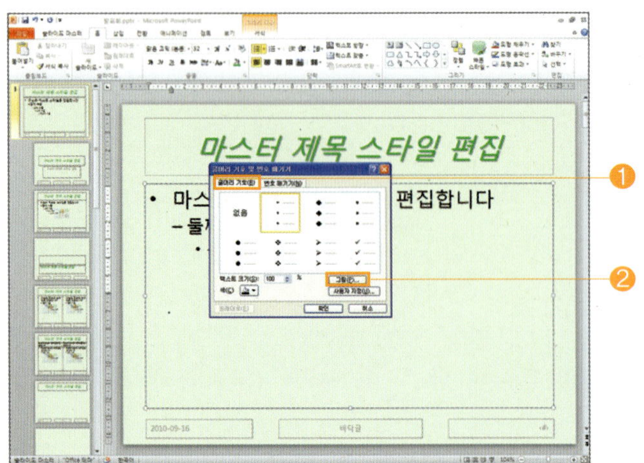

⊗ [그림 글머리 기호] 대화상자에서 원하는 [클립을 선택]하고, [확인] 버튼을 누르면 됩니다.

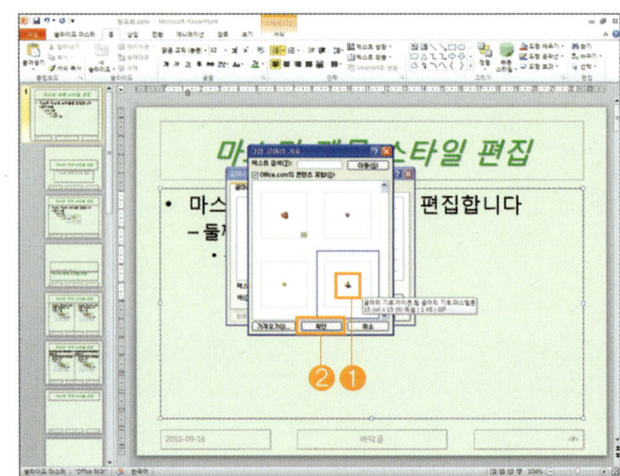

5 [개체 삽입]을 하려면, 슬라이드 마스터 화면에 개체 삽입을 하기 위해서 [삽입] ➡ [도형] ➡ [실행 단추 : 정보]를 선택합니다.

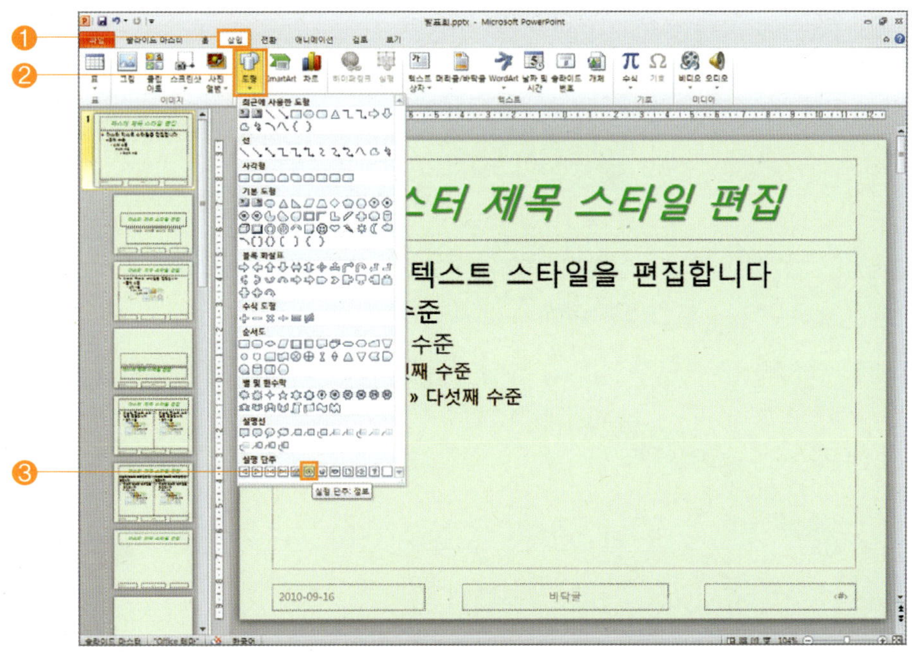

⊙ [개체 삽입]하려는 영역에 마우스 포인터를 놓고, [드래그]하여 크기를 조절한 후 [실행 설정] 대화상자가 나타나면 [취소] 버튼을 누르면 됩니다.

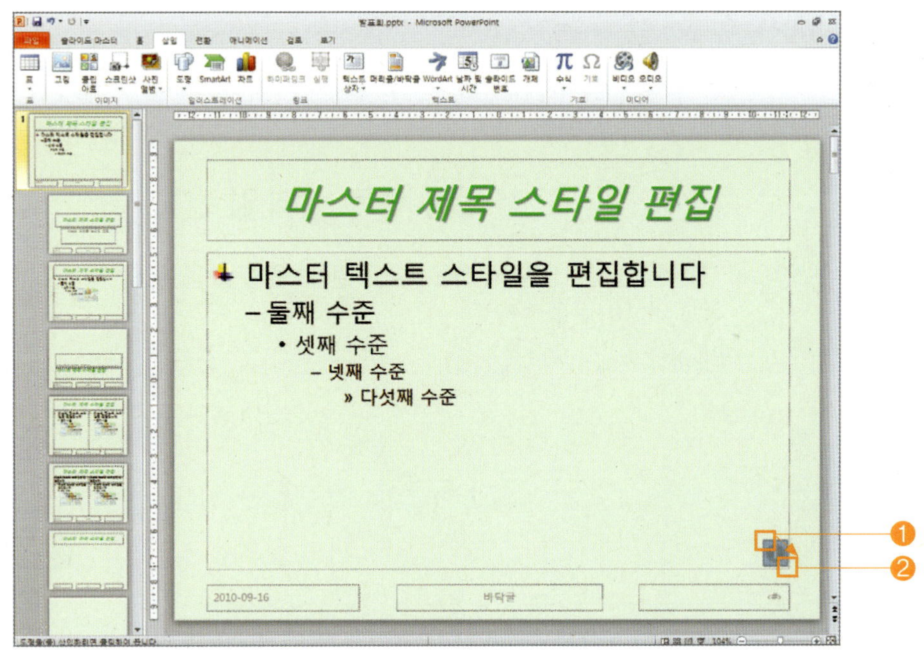

6 [디자인 서식 적용]을 하려면, 슬라이드 마스터 도구 모음줄에서 [테마]를 선택하고, 적용할 [디자인을 선택]하면 됩니다.

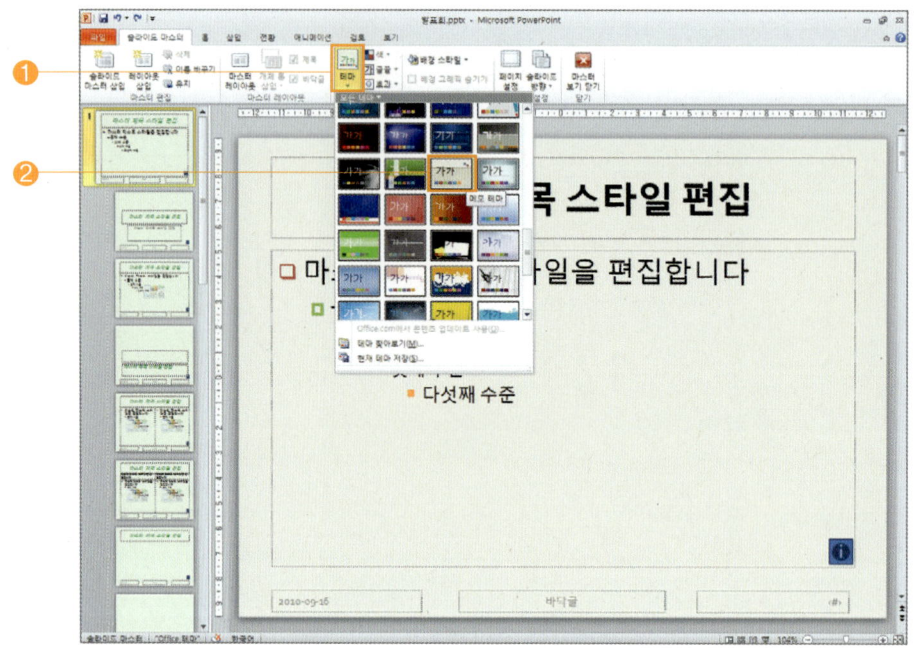

> 다음 화면은 [마스터 슬라이드]에 [메모 테마] 디자인이 적용된 모양입니다.

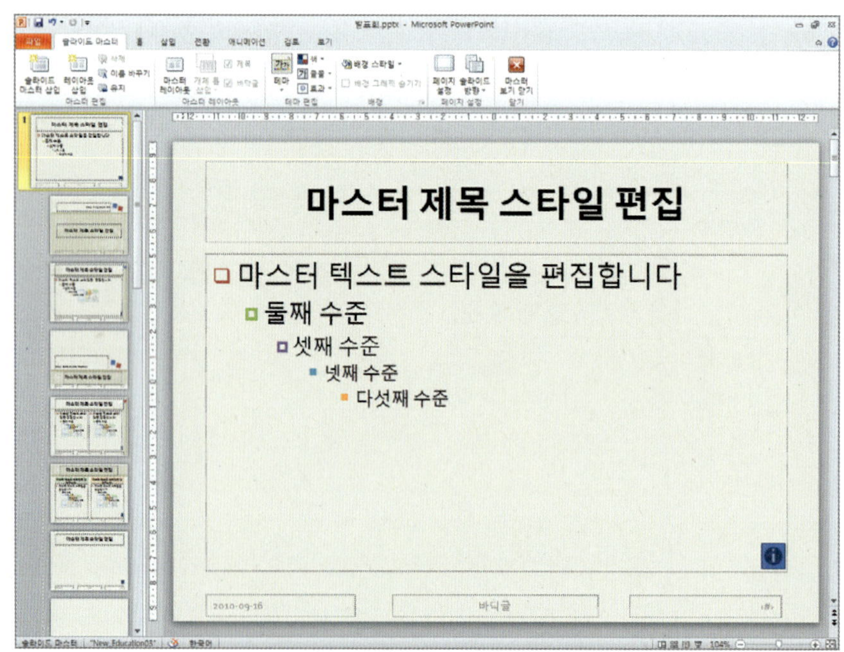

슬라이드 노트란 개요의 일부가 아닌 내용이나 사용자만 볼 수 있는 내용을 따로 기록하여 발표를 하는 동안 참고할 사항이나 청중이 제기할 수 있는 질문에 답변할 수 있는 자료를 모아두는 곳입니다.

1 [슬라이드 노트 만들기]를 하려면, [슬라이드 노트 창]을 클릭하고, 원하는 [내용을 입력]하면 됩니다.

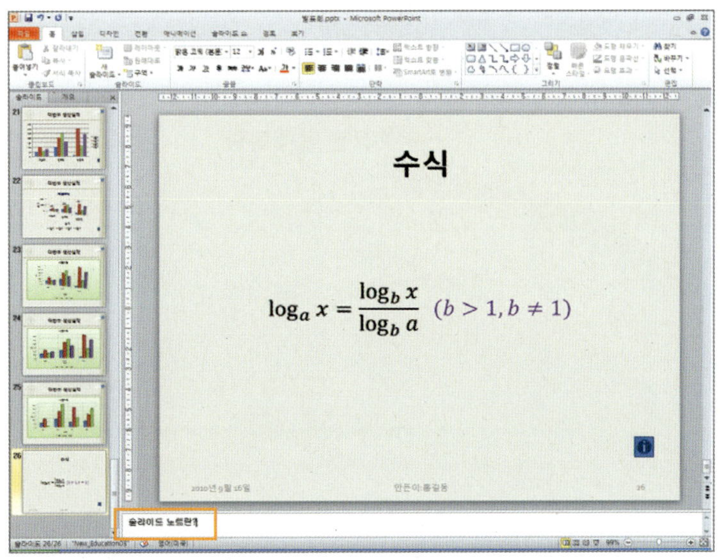

2 [슬라이드 유인물 마스터 변경]을 하려면, [보기] ➡ [유인물 마스터]를 선택합니다.

⊙ [유인물 마스터] 화면이 나타나면, [유인물 마스터] 도구 모음줄에서 원하는 형태를 선택하고, [마스터 보기 닫기] 버튼을 누르면 됩니다.

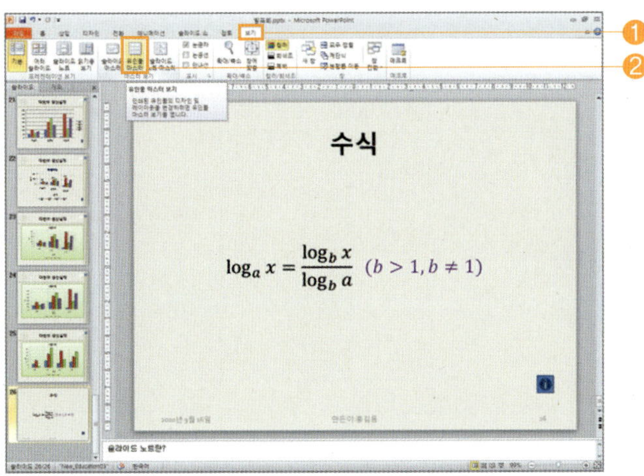

페이지 설정이란 사용자가 작성한 프레젠테이션의 내용을 어떤 모양으로 지정할 것인지를 설정하는 작업으로서, 슬라이드 크기, 슬라이드 방향 등을 변경할 수 있습니다.

1 [페이지 설정]을 하려면, 메뉴 표시줄에서 [디자인] ➡ [페이지 설정]을 선택합니다.

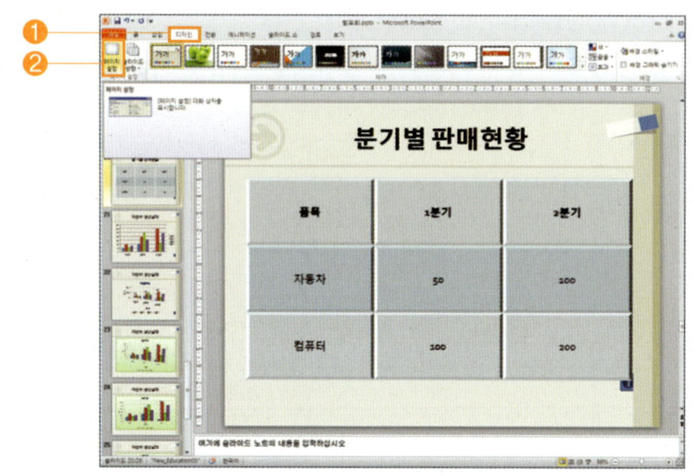

⊚ [페이지 설정] 대화상자가 나타나면, [슬라이드 크기] 목록상자를 클릭하여 [A4 용지 (210×297mm)]를 선택하고, [슬라이드 방향]을 [세로]로 설정한 후, [확인] 버튼을 누르면 됩니다.

⊚ 다음 화면은 슬라이드에 [페이지 설정]이 적용된 모양으로, 모든 슬라이드에 적용됩니다.

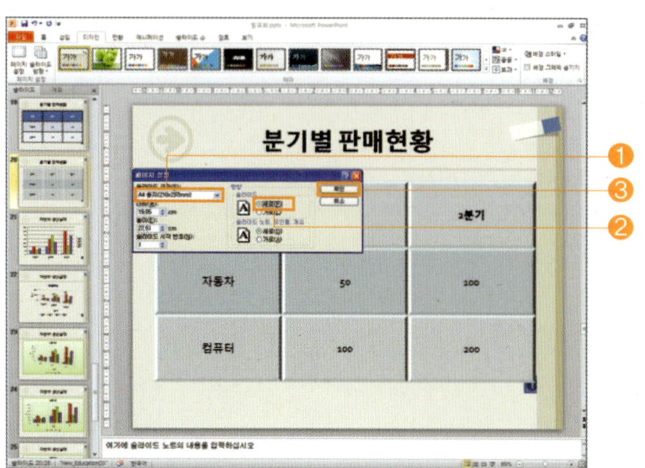

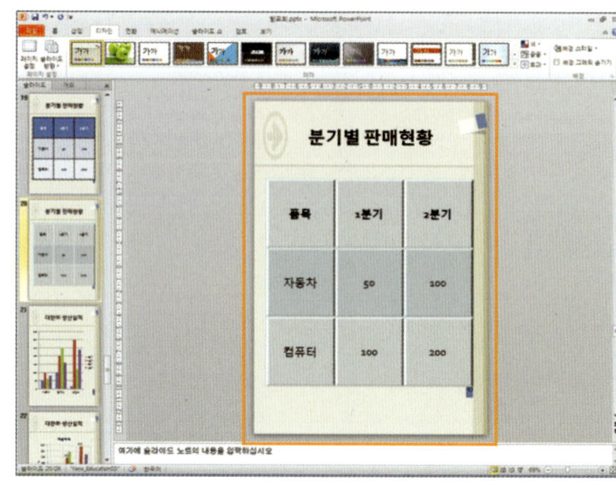

2 [인쇄]를 하려면, [파일] ➡ [인쇄]를 클릭하여, 여기서 원하는 항목을 설정하면 됩니다.

▶ [특정 슬라이드만 인쇄]를 하려면, [설정]란에서 [범위 지정]을 선택하고, [슬라이드 수]란에 원하는 [슬라이드 번호를 입력]한 후, [인쇄] 버튼을 누르면 됩니다.

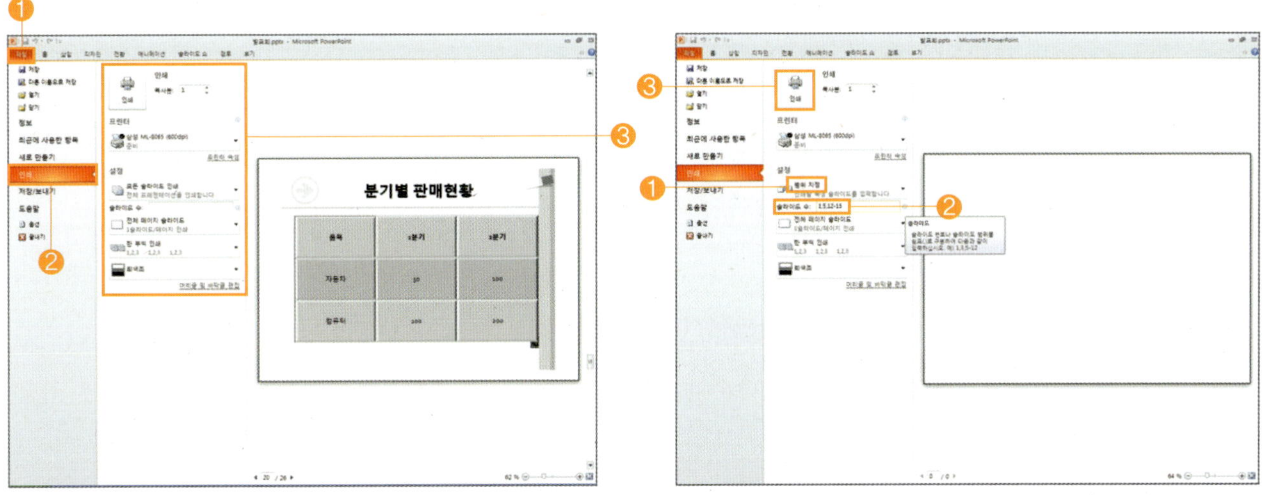

▶ [문서 전체 인쇄]를 하려면, [설정]란에서 [모든 슬라이드 인쇄]를 선택하고, [인쇄] 버튼을 누르면 됩니다.

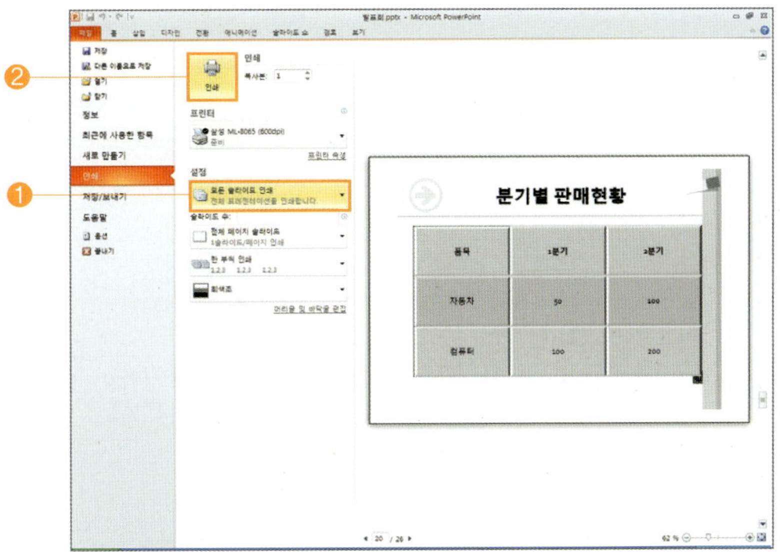

■ 다음과 같은 내용의 슬라이드를 작성하고, 인쇄를 하시오.

• 제목 및 내용 슬라이드를 선택합니다.

• 제목 틀에 내용을 입력하고 꾸미기 합니다.

• 표 작성을 하고 원하는 모양으로 꾸미기 합니다.

• 배경 서식을 지정합니다.

• 인쇄 기능을 이용하여 흑백 인쇄를 합니다.

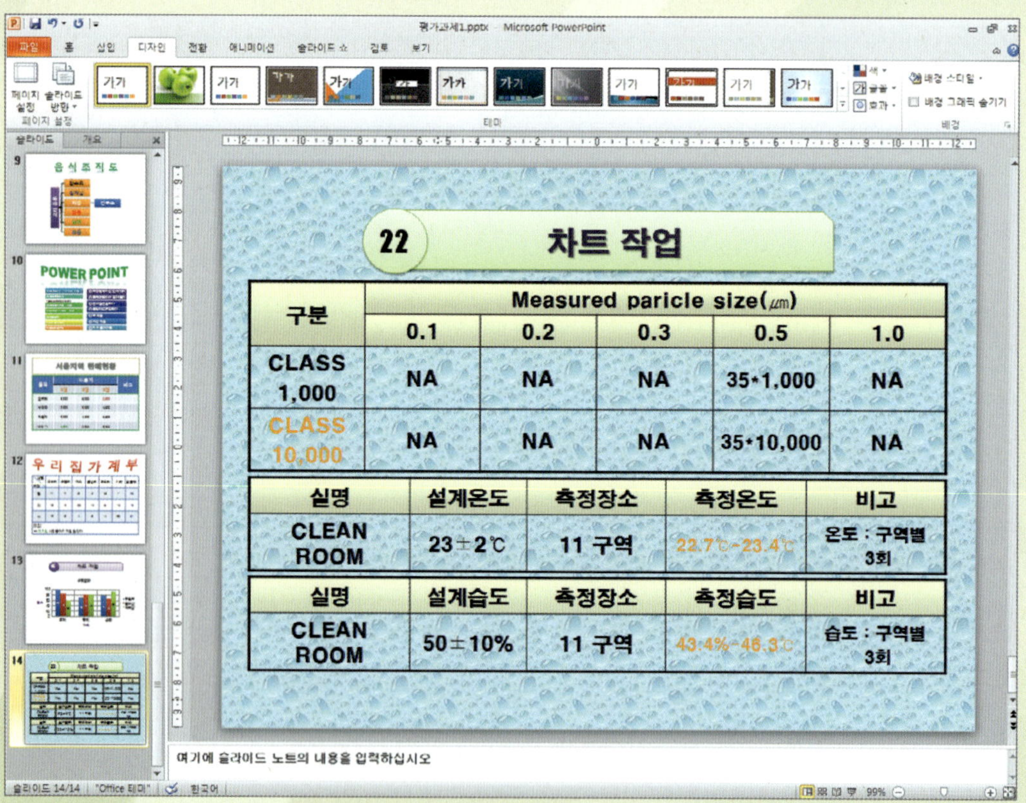

구분	Measured paricle size(㎛)				
	0.1	0.2	0.3	0.5	1.0
CLASS 1,000	NA	NA	NA	35*1,000	NA
CLASS 10,000	NA	NA	NA	35*10,000	NA

실명	설계온도	측정장소	측정온도	비고
CLEAN ROOM	23±2℃	11 구역	22.7℃~23.4℃	온도 : 구역별 3회

실명	설계습도	측정장소	측정습도	비고
CLEAN ROOM	50±10%	11 구역	43.4%~46.3℃	습도 : 구역별 3회

애니메이션이란 글자, 차트, 그림 등에 마치 살아 움직이는 것처럼 시각적 효과나 소리 효과를 적용하는 작업으로서 2010에는 어떤 개체에도 적용할 수 있는 다양한 형태나 애니메이션이 있습니다.

1 [애니메이션 적용]을 하려면, 적용하려는 [개체를 선택]하고, 메뉴 표시줄에서 [애니메이션]을 선택한 후, [애니메이션 창]을 클릭합니다.

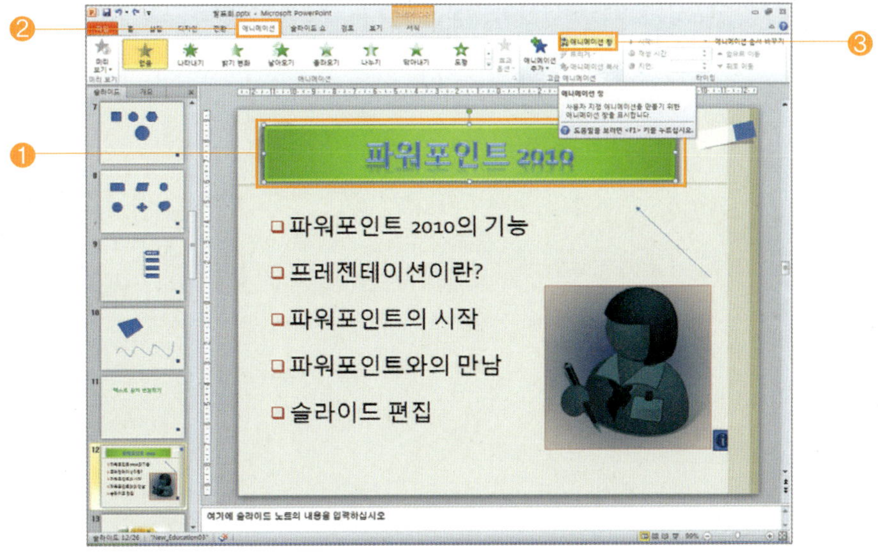

애니메이션 [자세히] 목록 단추를 클릭하고, [나타내기]란에서 [날아오기]를 선택하면 됩니다.

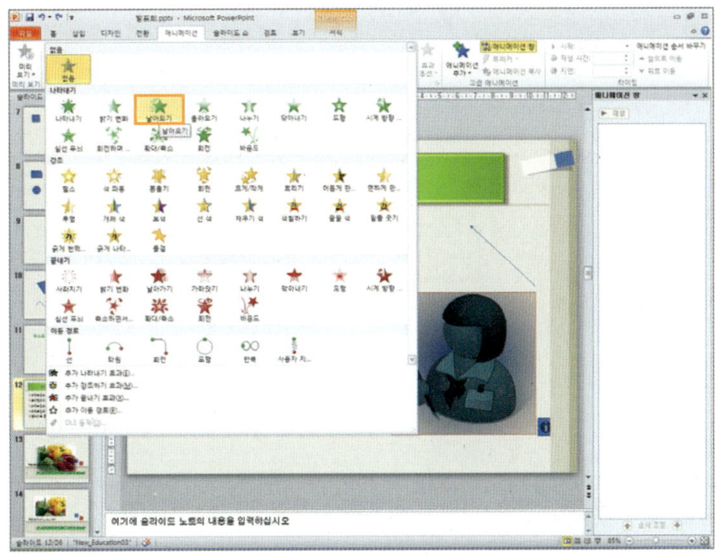

2 [적용한 애니메이션 보기]를 하려면, 애니메이션 창에서 [▶ 재생] 버튼을 누르면 됩니다.

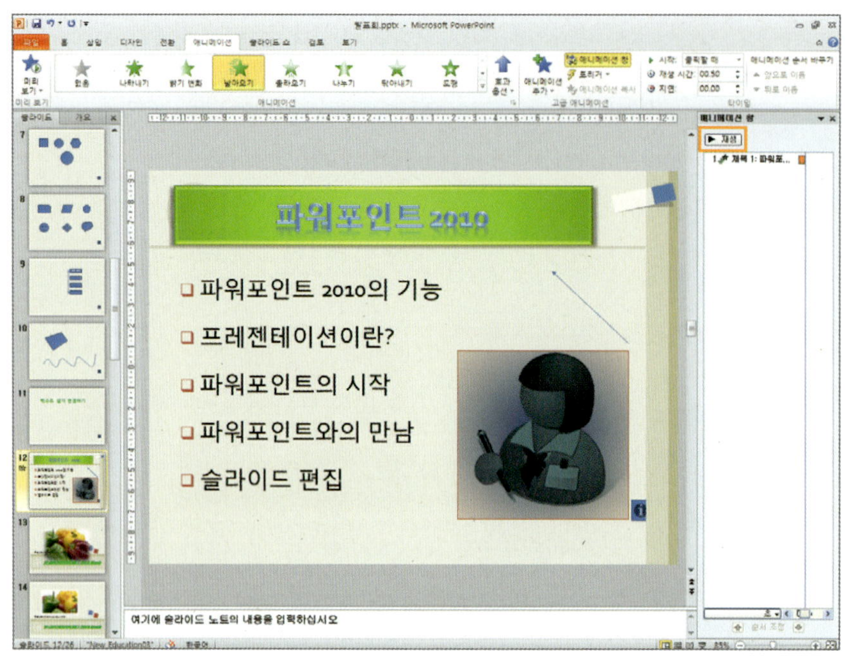

⊙ [애니메이션 없음]을 하려면, 변경하려는 [개체를 선택]하고, [애니메이션]란에서 [없음]을 선택하면 됩니다.

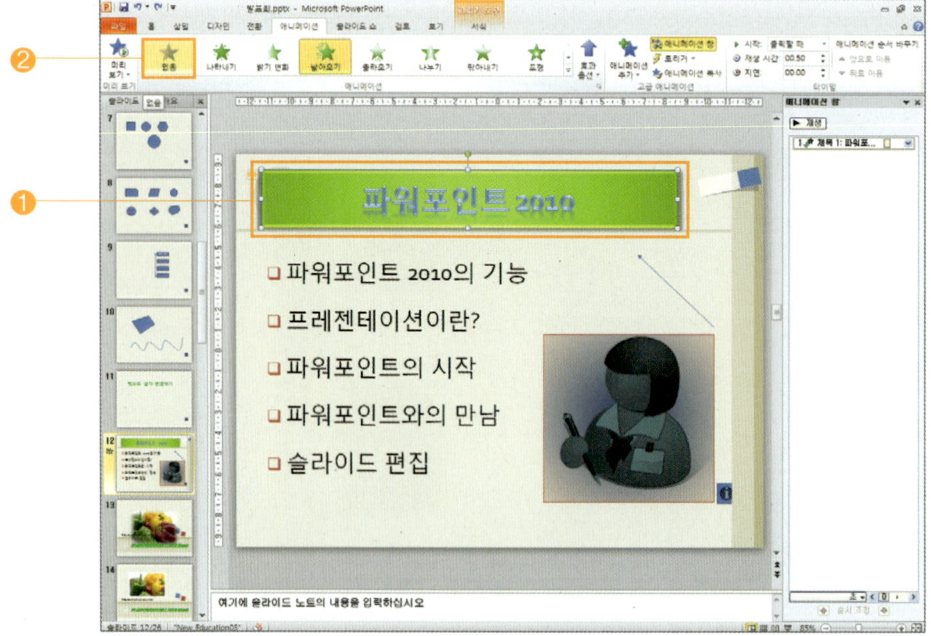

4 [애니메이션 순서 조정]을 하려면, 다음과 같이 [개체를 선택]하고, [애니메이션]란에서 [닦아내기]를 선택합니다.

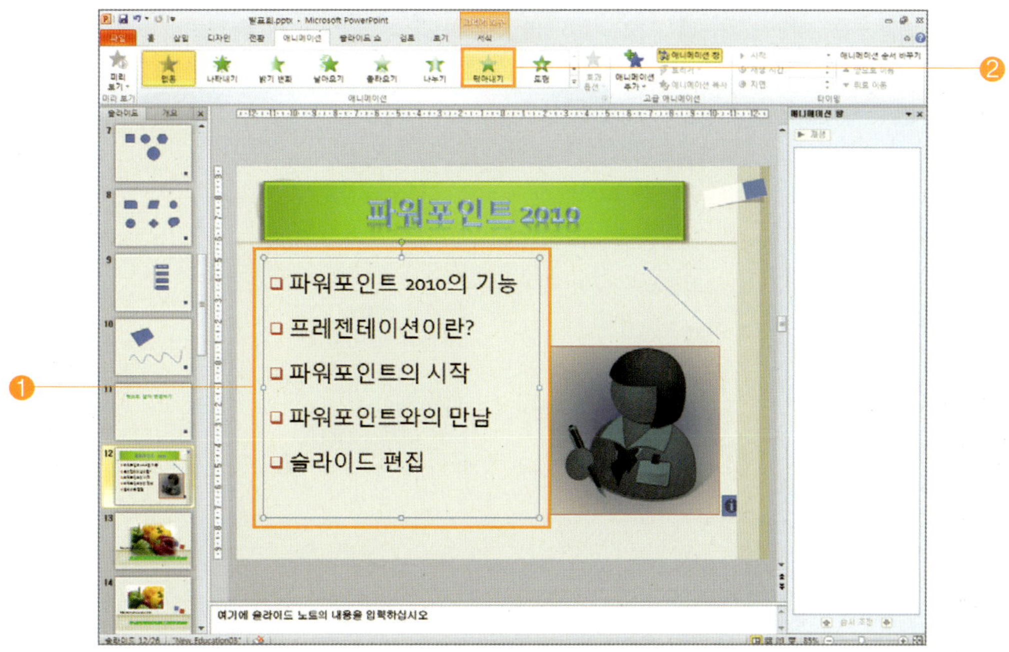

⟫ [순서 조정]을 하려는 [개체를 선택]하고, [애니메이션 창]란에서 [내용 확장] 목록 단추를 클릭합니다.

⟫ [애니메이션 창]에 있는 목록에서 [이동할 항목을 선택]한 후, [순서 조정] 버튼을 누르면 됩니다.

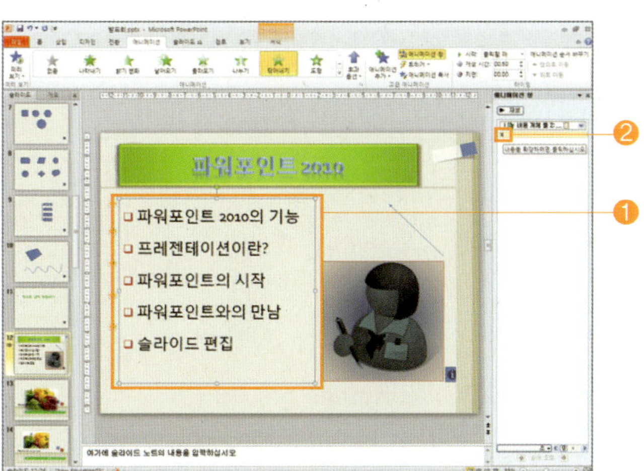

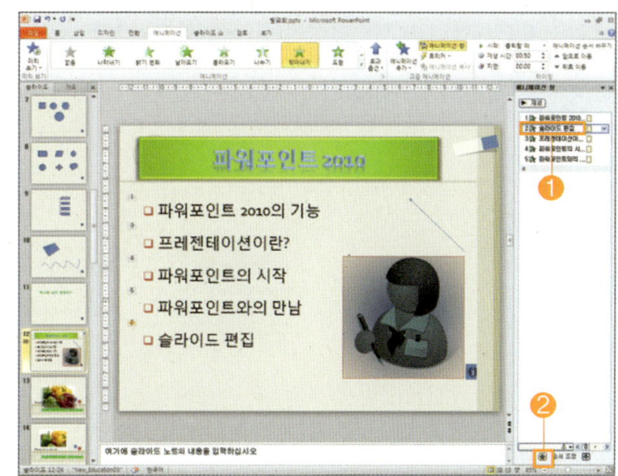

⊘ 다음은 애니메이션의 순서를 조정한 화면입니다.

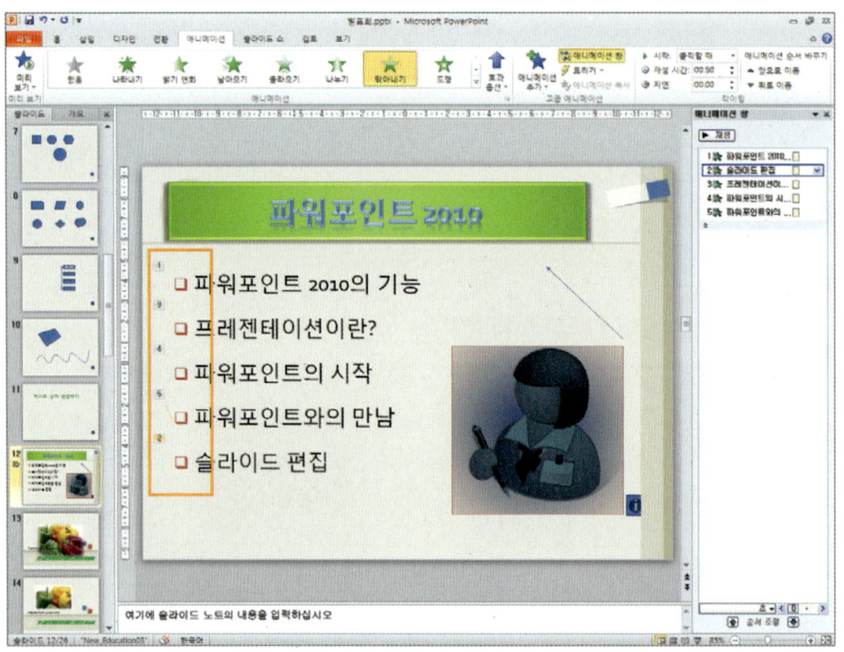

5 [애니메이션 추가]를 하려면, 추가하려는 [개체를 선택]하고, 고급 [애니메이션]란 에서 [애니메이션 추가]를 선택합니다.

⊘ [강조]란에서 [흔들기]를 선택하면 됩니다.

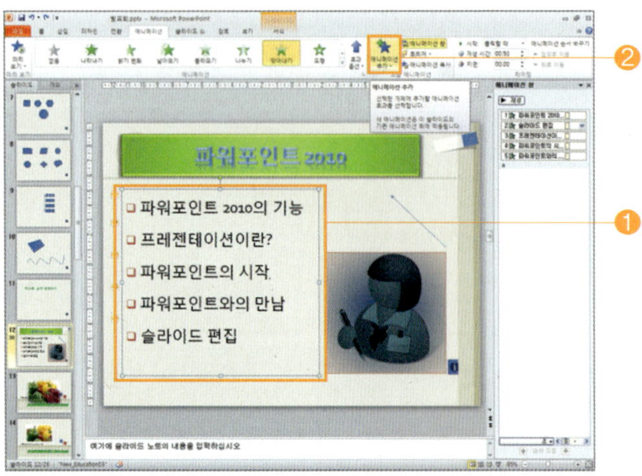

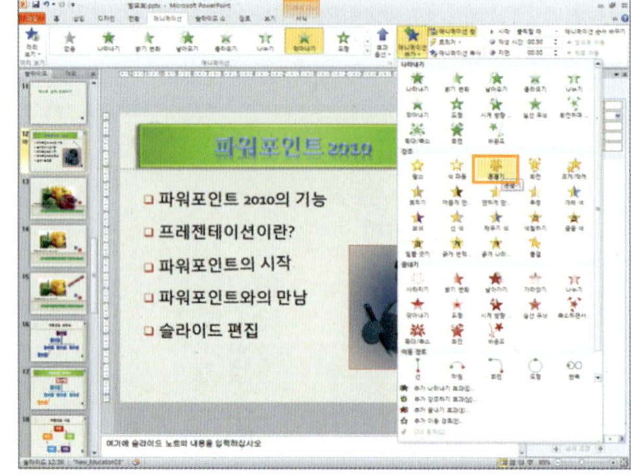

다음 화면은 애니메이션이 추가된 화면입니다.

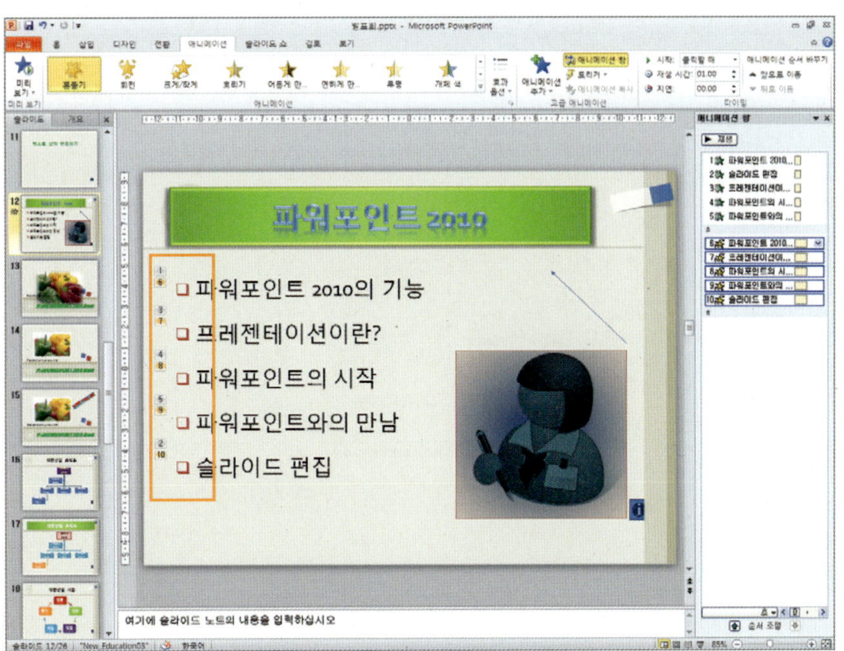

■ 다음과 같은 내용의 슬라이드를 작성하고, 애니메이션 적용을 하시오.

• 빈 화면 슬라이드를 선택합니다.

• 텍스트 상자를 이용하여 제목 꾸미기를 합니다.

• 개체를 삽입하고 해당하는 애니메이션을 적용합니다.

화면 전환이란 한 슬라이드에서 다른 슬라이드로 넘어갈 때 실행되는 효과로서, 하나의 슬라이드나 모든 슬라이드에 적용할 수 있습니다.

1 [화면 전환 설정]을 하려면, 설정하려는 [슬라이드를 선택]하고, 메뉴 표시줄에서 [전환]을 선택합니다.

전환 도구 모음줄이 나타나면, [슬라이드 화면 전환]란에서 [전환 유형]을, [타이밍]란에서 [소리]와 [기간]을 설정하면 됩니다.

2 [화면 전환 없음]을 하려면, 변경하려는 [슬라이드를 선택]하고, [슬라이드 화면 전환]란에서 [없음]을 선택하면 됩니다.

하이퍼링크와 실행 단추를 설정하면 프레젠테이션 안의 특정 슬라이드, 다른 프레젠테이션, 응용 프로그램 및 웹 페이지 등 다양한 위치로 이동할 수 있습니다.

1 [특정 슬라이드]로 이동하는 [하이퍼링크 만들기]를 하려면, 하이퍼링크 만들기하려는 내용을 [블록 설정]하고, 메뉴 표시줄에서 [삽입] ➡ [하이퍼링크]를 선택합니다.

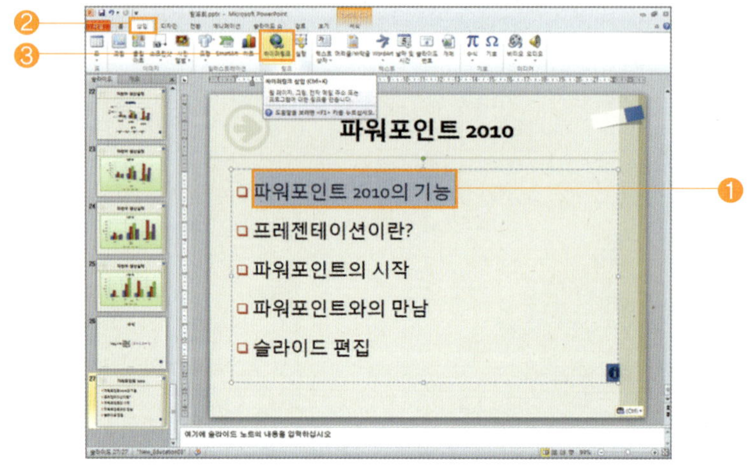

⟫ [하이퍼링크 삽입] 대화상자가 나타나면, [연결 대상] 항목에서 [현재 문서]를 선택합니다.

⟫ [이 문서에서 위치 선택] 목록상자에서 하이퍼링크를 눌렀을 때 이동하려는 슬라이드를 선택하면, 슬라이드 미리보기 화면이 나타나는데, 여기서 [확인] 버튼을 누르면 됩니다.

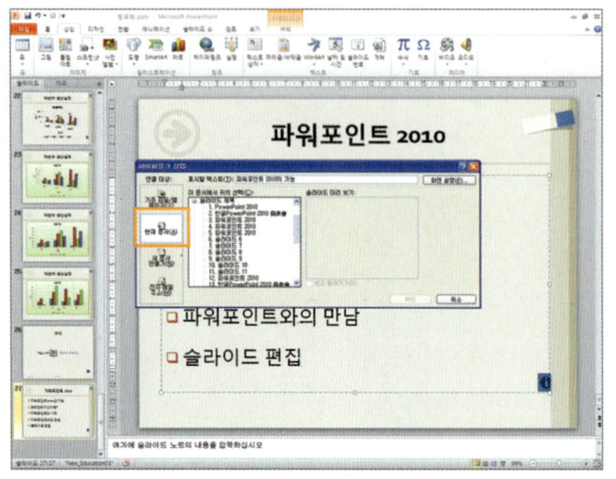

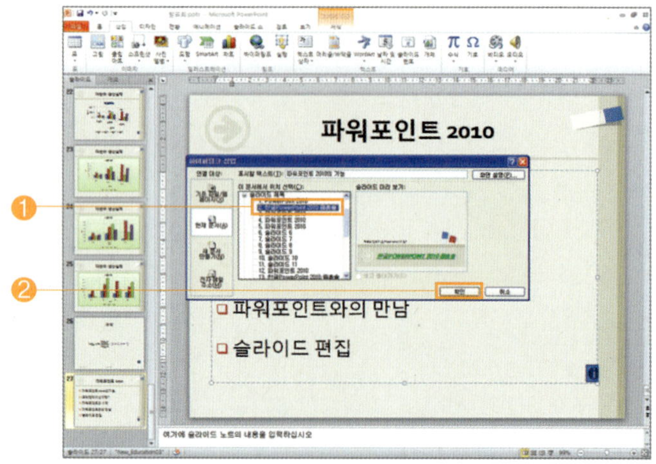

5 [하이퍼링크 미리보기]를 하려면, 메뉴 표시줄에서 [슬라이드 쇼] ➡ [현재 슬라이드부터]를 선택합니다.

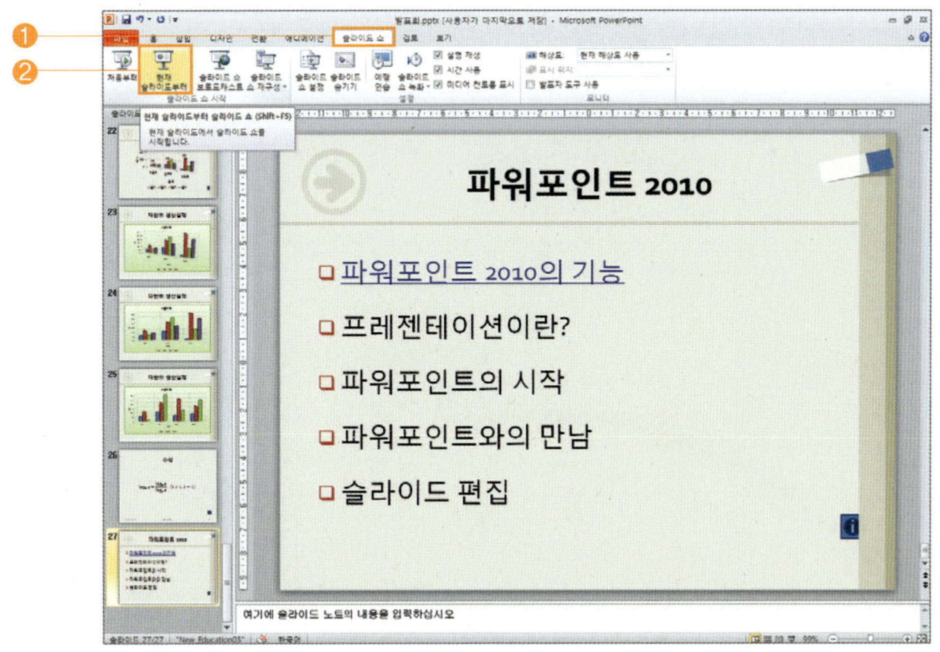

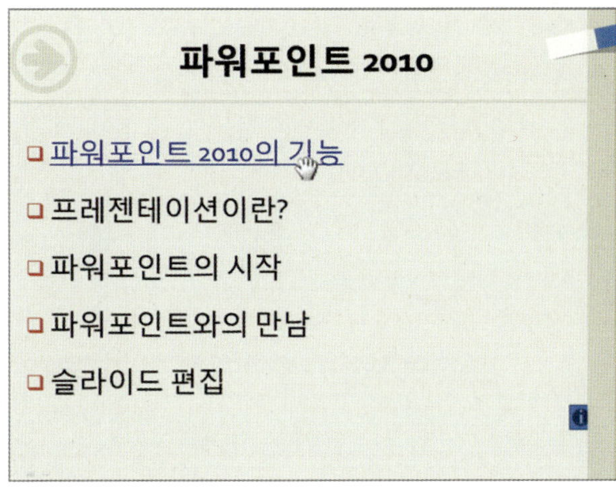

[하이퍼링크 만들기]가 된 내용 위에 마우스 포인터를 놓으면 [손가락 모양]으로 변경되는데, 이 곳을 [클릭]하면 하이퍼링크된 슬라이드가 나타납니다.

다음 화면은 [하이퍼링크]된 슬라이드로 이동된 모양입니다.

3 [다른 파일]로 이동하는 [하이퍼링크 만들기]를 하려면, 하이퍼링크 만들기하려는 [개체를 선택]하고, 메뉴 표시줄에서 [삽입] ➡ [하이퍼링크]를 선택합니다.

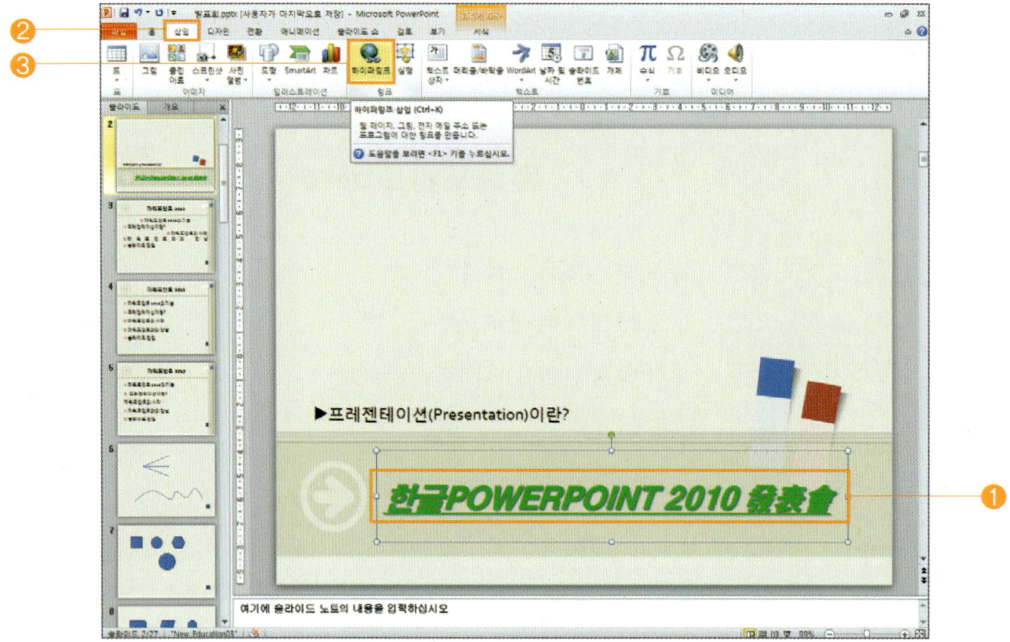

⊙ [하이퍼링크 삽입] 대화상자가 나타나면, [연결 대상] 항목에서 [기존 파일/웹페이지]를 선택한 후, 연결하려는 파일을 선택하고 [확인] 버튼을 누릅니다.

⊙ 다음 화면은 [다른 파일]과 하이퍼링크된 슬라이드 화면으로, 이 곳을 클릭하면 연결된 파일로 이동합니다.

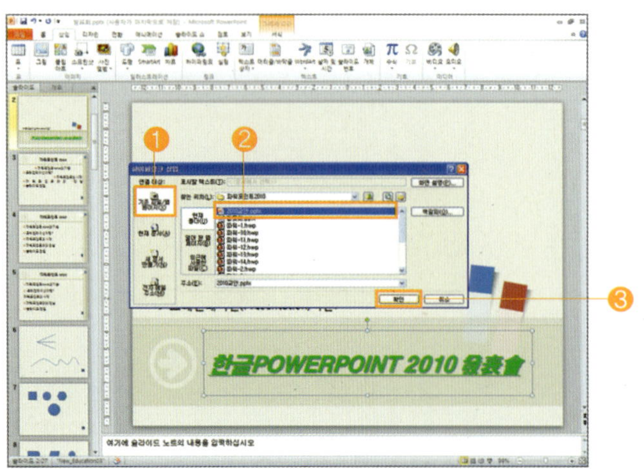

4 [실행 단추 만들기]를 하려면, 특정 슬라이드에 실행 단추를 만들기 위해서 메뉴 표시줄에서 [보기] ➡ [슬라이드 마스터]를 선택합니다.

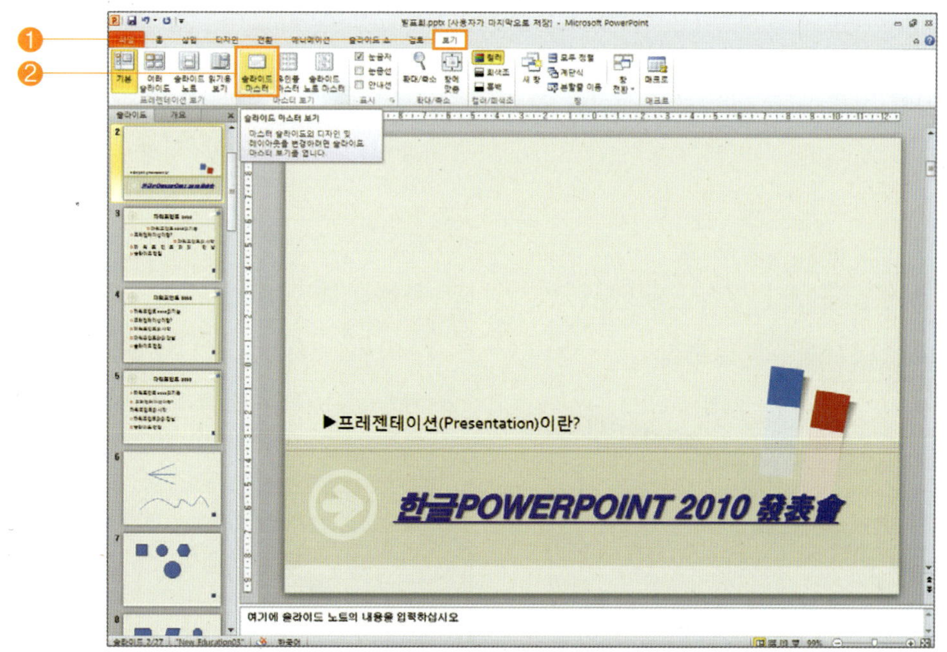

⊙ [슬라이드 마스터] 화면이 나타나면, [1번] 슬라이드를 선택하고, 메뉴 표시줄에서 [삽입] ➡ [도형] ➡ [실행 단추 : 홈]을 선택합니다.

⊙ 원하는 위치에 마우스를 [드래그]하여 실행 단추를 만듭니다.

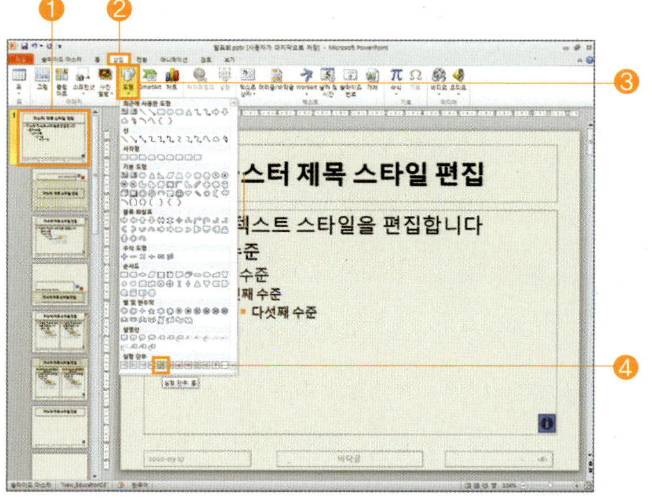

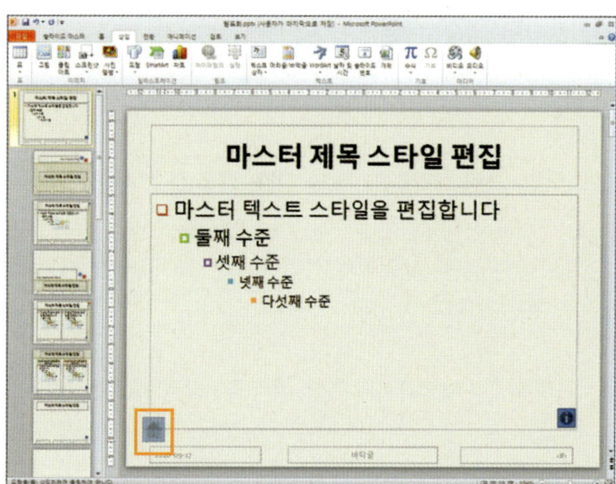

⊛ [실행 설정] 대화상자가 나타나면 [마우스를 클릭할 때] 항목을 선택하고, [하이퍼링크]란의 목록 단추를 클릭한 후, 목록상자에서 [첫째 슬라이드]를 선택한 다음, [확인] 버튼을 누르면 됩니다.

⊛ 다음 화면은 슬라이드 화면에 [실행 단추]가 만들어진 모양으로, 이 곳을 클릭하면 첫 번째 슬라이드로 이동합니다.

● 일반적으로 [제목] 슬라이드나 [구역 머리글] 슬라이드는 첫 번째 슬라이드로 사용되므로 실행 단추 적용을 하지 않습니다.

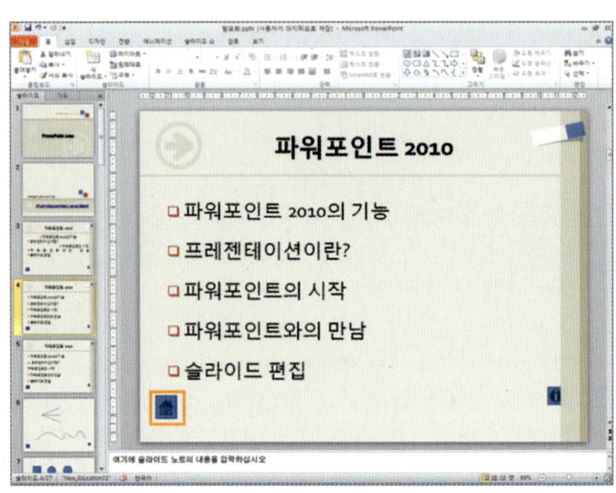

① ② ③ ④

직접 그린 [개체]에 실행 단추 적용을 하려면...

• [개체 선택]을 한 후, 메뉴 표시줄에서 [삽입] ➡ [실행]을 선택합니다
• [실행 설정] 대화상자가 나타나면 [하이퍼링크]를 클릭하고, 목록상자에서 원하는 [항목을 선택]한 후, [확인] 버튼을 누르면 됩니다.

[제목] 슬라이드나 [구역 머리글] 슬라이드에 실행 단추 적용을 하려면...

[슬라이드 마스터] 화면에서 설정하려는 슬라이드를 선택하고, 실행 단추 만들기를 한 후, 하이퍼링크를 적용하면 됩니다.

슬라이드 쇼란 슬라이드를 청중들에게 프레젠테이션하는 것으로서, 프레젠테이션에 앞서 예행 연습, 쇼 설정, 쇼 재구성 등의 작업을 하면 보다 효과적인 프레젠테이션을 할 수 있습니다.

1 [슬라이드 쇼 시작]을 하려면, [파워포인트 화면]에서는 [슬라이드 쇼] ➡ [처음부터]를 선택하면 됩니다.

● [슬라이드 쇼] 아이콘이나 F5 키를 선택하여도 됩니다.

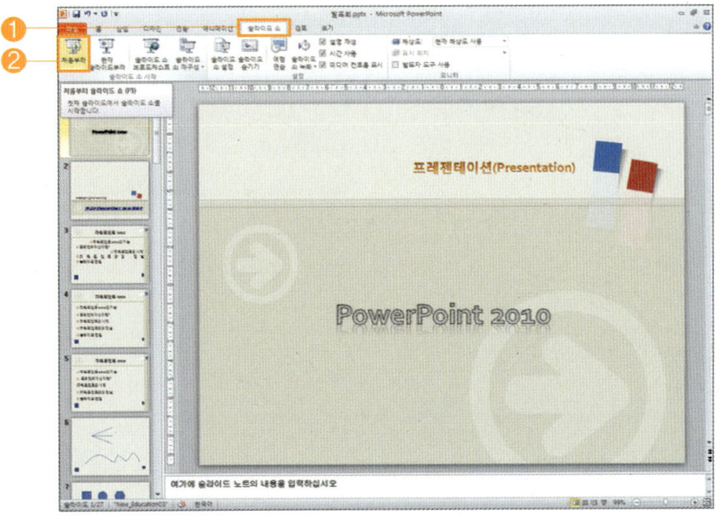

⊙ [바탕 화면]에서 시작하려면, [내 컴퓨터]에서 슬라이드 쇼를 시작할 [파일을 선택]한 후, [마우스 오른쪽 버튼]을 누르고 단축 메뉴에서 [슬라이드 쇼]를 선택하면 됩니다.

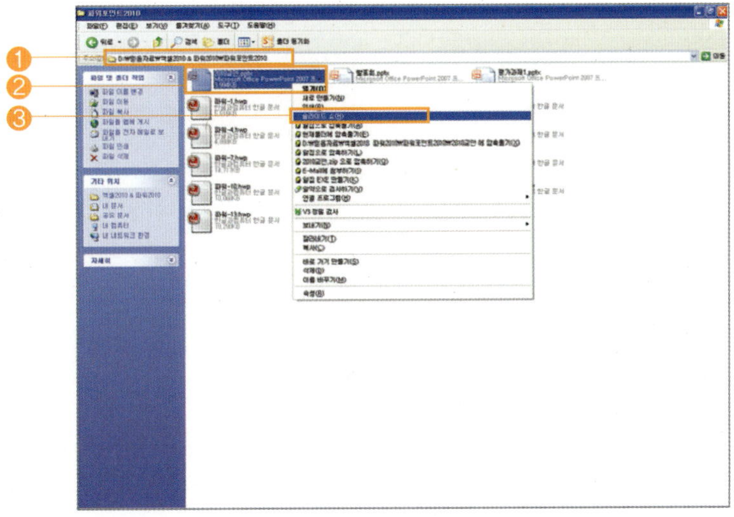

2 [예행 연습]을 하려면, 예행 연습을 진행할 프레젠테이션을 선택하고, 메뉴 표시줄에서 [슬라이드 쇼] ➡ [예행 연습]을 선택합니다.

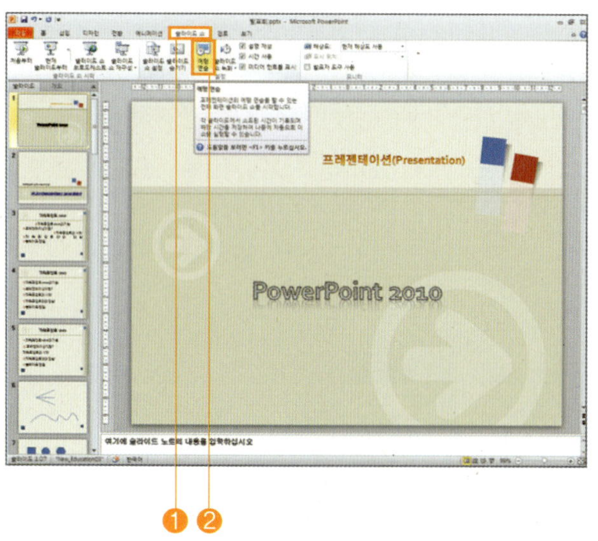

슬라이드 예행 연습이 끝나면, 시간을 기록하여 슬라이드 쇼를 볼 때 적용하기 위해서 [예] 버튼을 누르면 됩니다.

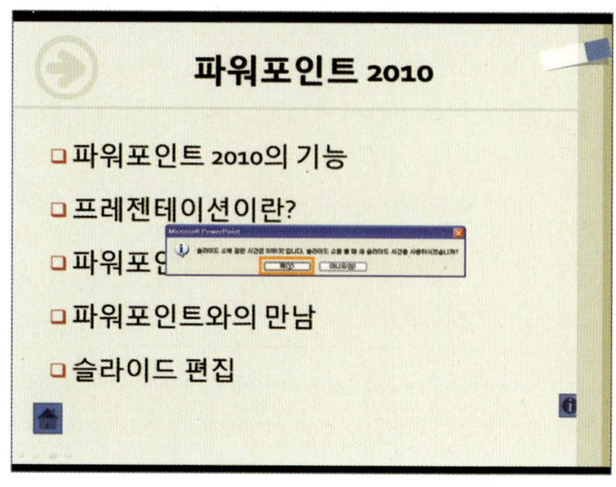

[녹화] 대화상자가 나타나면, 각각의 슬라이드에 적용할 [시간을 설정]한 후, [다음] 버튼을 클릭하여 다음 슬라이드로 전환하여 시간 설정을 합니다.

다음 화면은 여러 슬라이드 보기 화면에서 각 슬라이드에 [소요 시간]이 적용된 모양입니다.

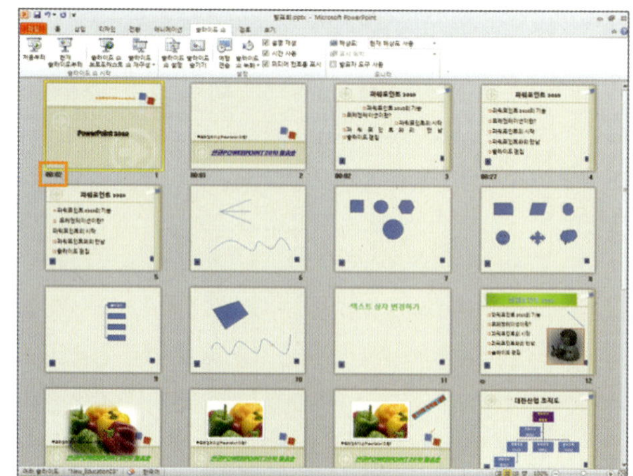

3 [슬라이드 숨기기]를 하려면, 여러 슬라이드 보기 화면 상태에서 숨기기하려는 [슬라이드를 선택]하고, 메뉴 표시줄에서 [슬라이드 쇼] ➡ [슬라이드 숨기기]를 선택하면 됩니다.

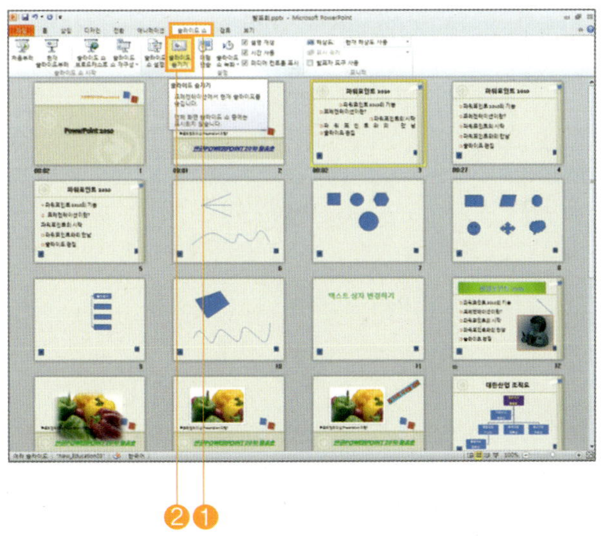

4 [슬라이드 쇼 설정]을 하려면, 메뉴 표시줄에서 [슬라이드 쇼] ➡ [쇼 설정]을 선택합니다.

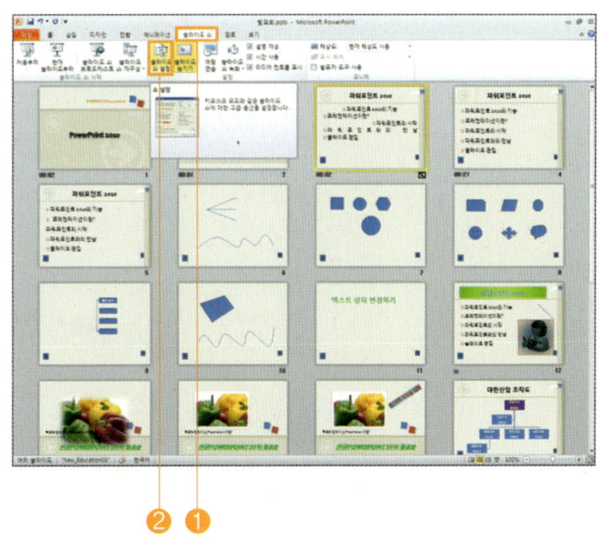

⊙ 다음 화면은 [슬라이드 숨기기]가 적용된 모양으로, 슬라이드 쇼를 진행하는 동안 나타나지 않습니다.

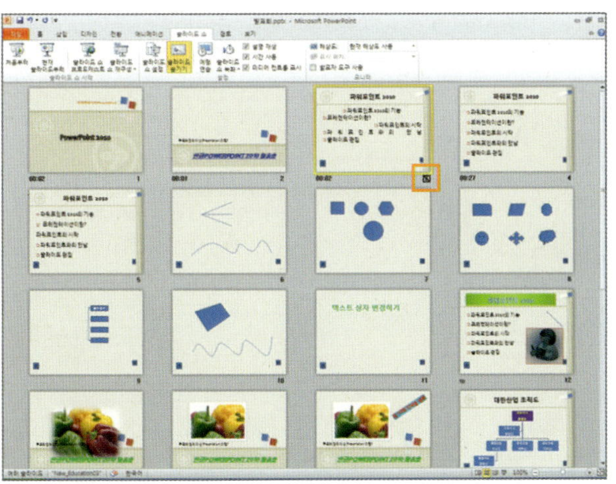

⊙ [쇼 설정] 대화상자가 나타나면, [쇼 형식] 란에서 원하는 항목을 선택하고, [슬라이드 표시], [화면 전환 방식]을 설정한 후, [확인] 버튼을 누르면 됩니다.

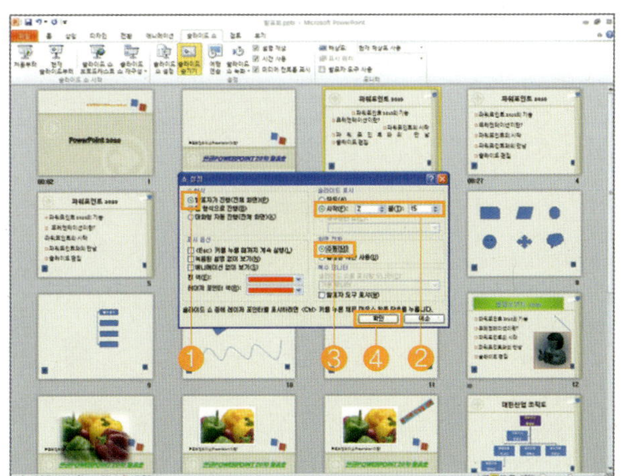

5 [슬라이드 쇼 재구성]을 하려면, 메뉴 표시줄에서 [슬라이드 쇼] ➡ [슬라이드 쇼 재구성] ➡ [쇼 재구성]을 선택합니다.

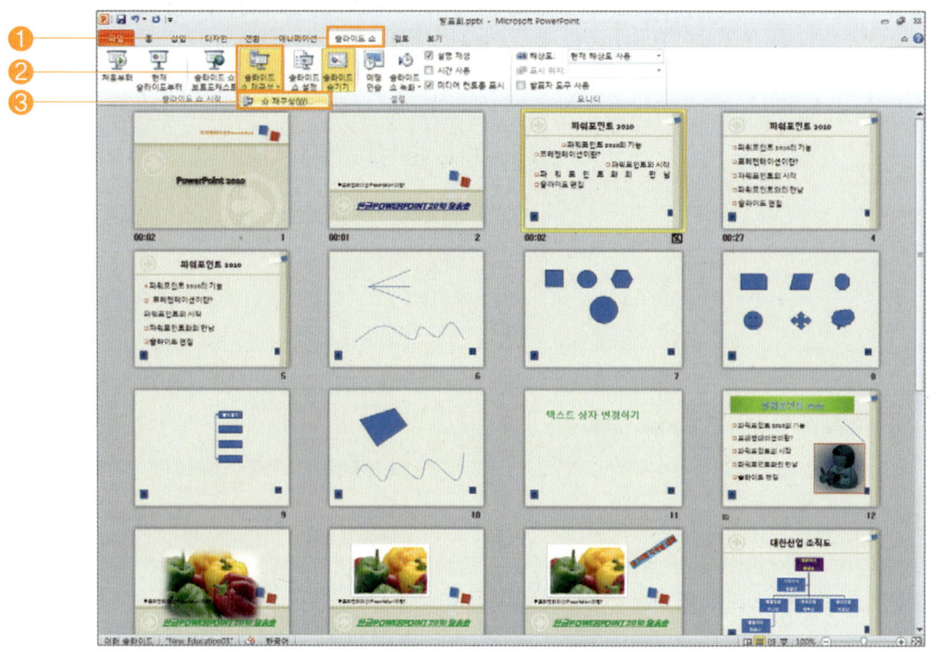

⊙ [쇼 재구성] 대화상자에서 [새로 만들기]를 선택합니다.

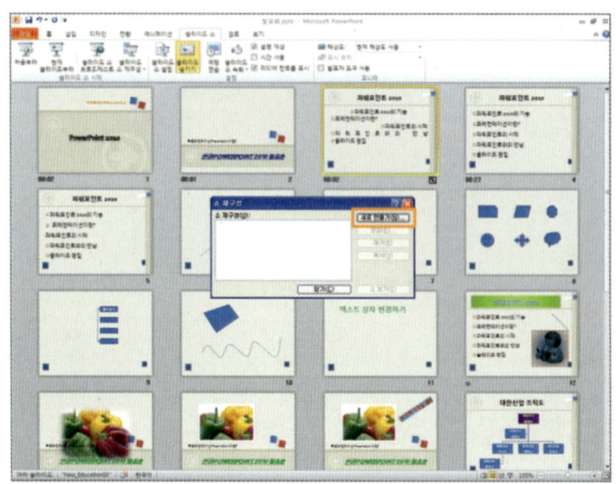

⊙ [쇼 재구성하기] 대화상자가 나타나면, [프레젠테이션에 있는 슬라이드] 목록상자에서 재구성하려는 [항목을 선택]하고, [추가] 버튼을 클릭합니다.

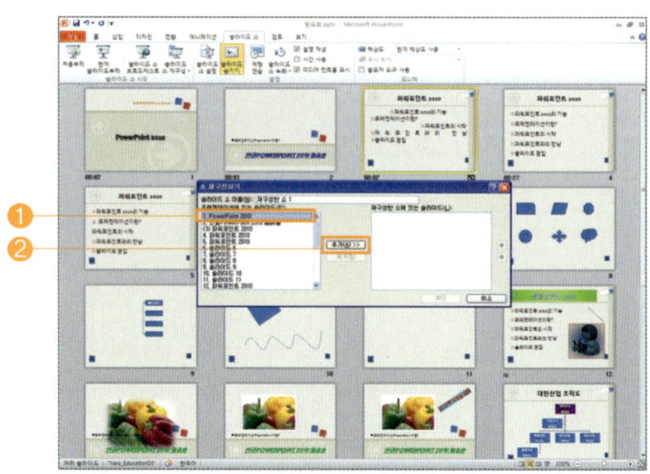

슬라이드 재구성이 끝나면 [슬라이드 쇼 이름] 목록상자에 재구성한 [쇼 이름을 입력]하고, [확인] 버튼을 누릅니다.

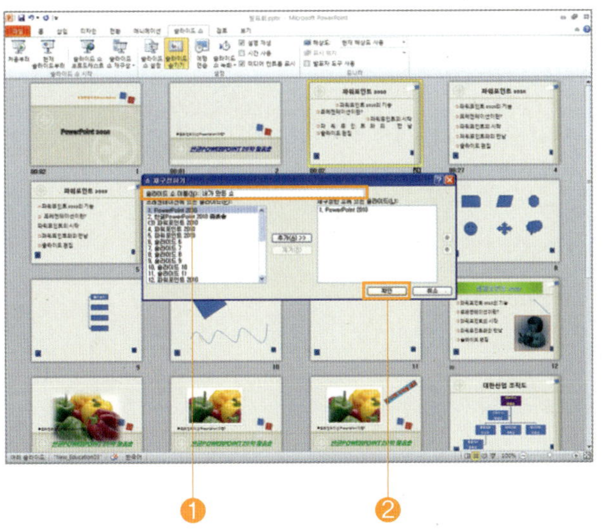

6 [펜 사용]을 하려면, 단축 메뉴에서 [포인터 옵션] ➡ [펜]을 선택합니다.

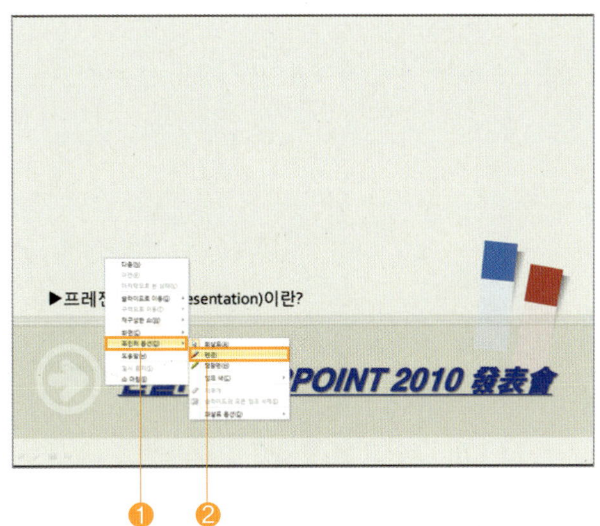

[쇼 재구성] 대화상자의 [쇼 재구성]란에 슬라이드 쇼 이름이 입력되는데, 여기서 [닫기] 버튼을 누르면 됩니다.

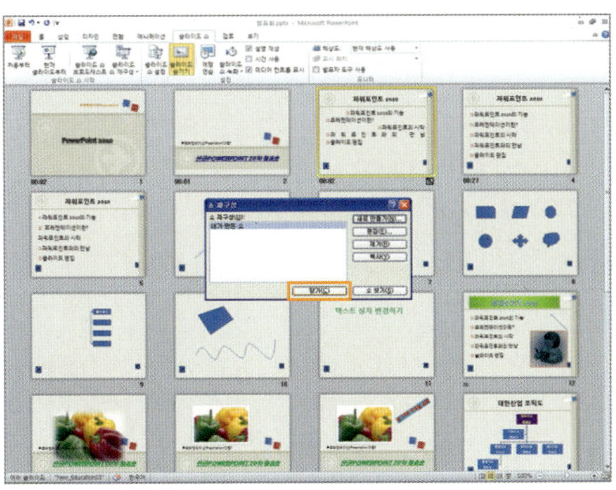

마우스 포인터가 [펜 모양]으로 변경되면, 원하는 부분에 마우스를 [드래그]하면 됩니다.

파워포인트 2010에 관한 대부분의 정보를 제공받을 수 있는 곳으로, F1 키를 누르거나 도움말 메뉴를 선택하면 원하는 항목의 작업 방법이나 문제점 등을 해결할 수 있습니다.

1 [도움말]을 사용하려면, 메뉴 표시줄에서 [Microsoft PowerPoint 도움말] 아이콘을 클릭합니다.

▶ [검색 도움말]란에 원하는 항목을 [입력]한 후, [검색 단추]를 클릭합니다.

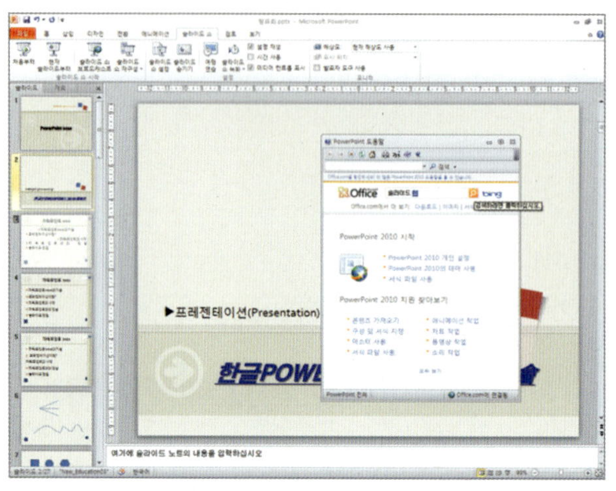

▶ 여기서, [세부 항목을 클릭]하면 해당 항목에 대한 상세한 도움말을 볼 수 있습니다.

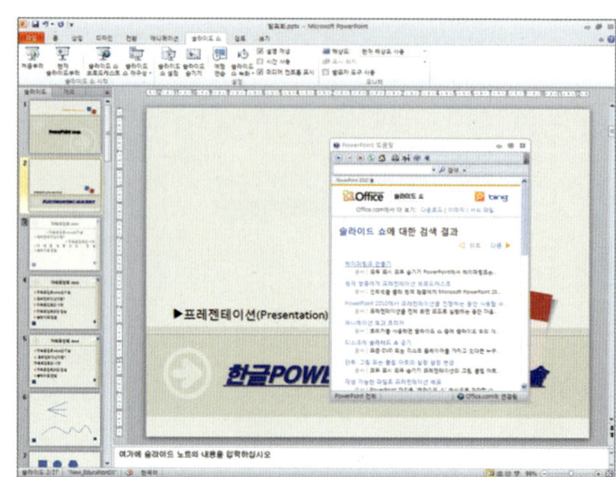

■ 다음과 같은 내용의 슬라이드를 작성하시오.

- 새 슬라이드를 삽입합니다.
- 스마트아트를 이용하여 내용을 작성하고, 꾸미기 합니다.
- 글상자를 이용하여 내용을 작성하고, 꾸미기 합니다.
- 클립 아트, 도형 등과 같은 개체를 삽입하고 꾸미기 합니다.
- 슬라이드에 디자인을 적용합니다.
- 슬라이드 마스터에 날짜, 슬라이드 번호를 넣고, 실행 단추 만들기를 한 후, 실행 설정을 합니다.
- 슬라이드에 애니메이션을 적용하고, 슬라이드 쇼를 실행합니다.

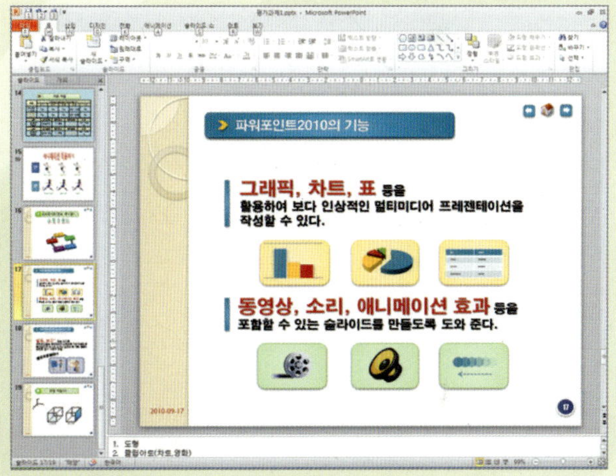

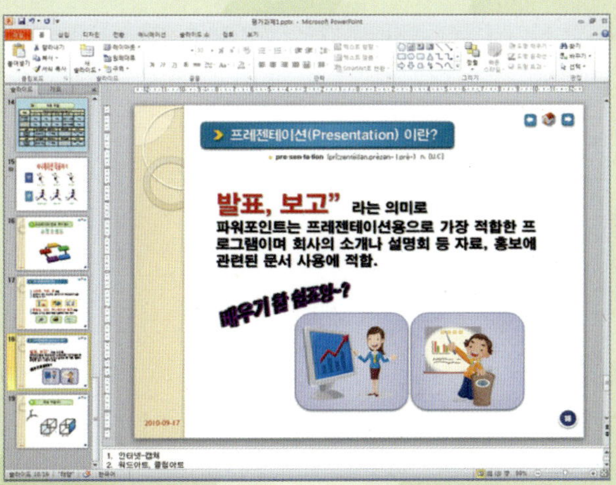

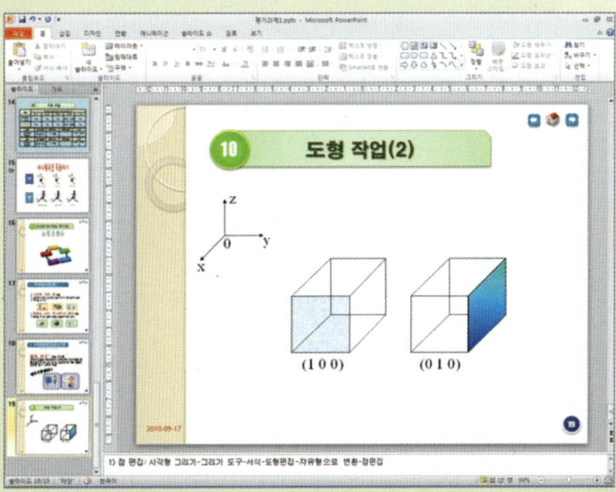

엑셀&파워포인트 2010

2011년 1월 10일 1판 1쇄
2017년 3월 15일 1판 2쇄

저자 : 신동철
펴낸이 : 이정일

펴낸곳 : 도서출판 **일진사**
www.iljinsa.com

04317 서울시 용산구 효창원로 64길 6
대표전화 : 704-1616, 팩스 : 715-3536
등록번호 : 제1979-000009호(1979.4.2)

값 20,000원

ISBN : 978-89-429-1205-6

EXCEL & POWERPOINT